“十二五”普通高等教育本科国家级规划教材

钢结构原理与设计

（第2版）

陈志华　编著

内 容 简 介

本书讲述了钢结构的特性、基本理论和计算方法等基础知识以及单层钢结构、多层钢结构和高层钢结构的设计思想和方法，每种钢结构都从结构体系的特点开始介绍。

本书共分10章：钢结构概论，钢结构设计方法，钢结构的材料，钢结构的连接，轴心受力构件，受弯构件，拉弯和压弯构件，单层厂房钢结构设计，多层钢结构设计，高层钢结构设计。

本书是高等院校土木工程专业的本科教材，也可以供土建、道桥、水利、港口、地下和建筑工程等专业人员参考使用。

图书在版编目(CIP)数据

钢结构原理与设计(第2版)/陈志华编著. —天津：天津大学出版社，2011.5(2019.7第2版)

ISBN 978-7-5618-3958-4

Ⅰ.①钢…　Ⅱ.①陈…　Ⅲ.①钢结构－理论②钢结构－结构设计　Ⅳ.①TU391

中国版本图书馆CIP数据核字(2011)第101064号

出版发行　天津大学出版社
地　　址　天津市卫津路92号天津大学内(邮编：300072)
网　　址　publish.tju.edu.cn
电　　话　发行部：022-27403647
印　　刷　廊坊市海涛印刷有限公司
经　　销　全国各地新华书店
开　　本　185mm×260mm
印　　张　27.25
字　　数　696千
版　　次　2011年5月第1版　2019年7月第2版
印　　次　2019年7月第4次
印　　数　6001－7500
定　　价　55.00元

第二版前言

钢结构是一种“绿色”的工程结构，不仅是天然的装配式结构，钢材还可以回收利用，不会造成大量的建筑垃圾，符合可持续发展的理念，因此可推广应用。

目前，我国的钢结构研究正处于迅猛发展的时期。我国的钢产量已经连续多年位居世界第一，2009—2016 年，我国钢结构产量呈现逐年增长趋势。2016 年，我国钢结构产量约为 5 618 万吨，同比增长 12.2%。2018—2023 年，钢结构行业有望保持稳中向好的发展态势。预计到 2023 年，我国钢结构的产量将超过 13 000 万吨。2016 年，国务院办公厅印发的《关于大力发展装配式建筑的指导意见》指出，我国要力争用 10 年左右时间，使装配式建筑占新建建筑的比例达到 30%。在政策推动下，钢结构行业有望迎来重大机遇。

近年来，国家也在大力支持钢结构的发展，从原来的“节约用钢”“合理用钢”发展到“积极用钢”。钢结构的“绿色”特性、钢产量的基础和政策技术的支持等使钢结构的应用得到了蓬勃发展。钢结构的新材料（如高强钢、耐候钢等）、新技术（如高层和大跨度钢结构技术）和新工艺的成果日新月异。随着《钢结构设计标准》（GB 50017—2017）的颁布，按照新规范和钢结构发展现状修改原有钢结构教材变得十分必要。

本书讲述了钢结构的特性、基本理论和计算方法等基础知识以及单层钢结构、多层钢结构和高层钢结构的设计思想和方法，每种钢结构都从结构体系的特点开始介绍。同时，书中给出了钢结构的定义、按照应用领域和结构特点的分类以及钢结构设计思想和方法等内容。

全书正文分为 10 章，包括：钢结构概论，钢结构设计方法，钢结构的材料，钢结构的连接，轴心受力构件，受弯构件，拉弯和压弯构件，单层厂房钢结构设计，多层钢结构设计，高层钢结构设计。

本书是高等院校土木工程专业的本科教材，也可以供土建、道桥、水利、港口、地下和建筑工程等专业人员参考使用。

在本书的编写过程中得到了中国钢结构协会专家委员会多位专家的指导和帮助，书中部分内容还引用了同行专家论著中的成果。特别感谢刘锡良教授为本书的编写提供了很好的建议，花费心血审阅了全书。

由于作者水平有限，书中纰漏在所难免，希望读者批评指正，在此表示感谢。

陈志华
2019 年 6 月

目　录

第1章　钢结构概论

1.1　钢结构的定义和特点

钢结构是把钢板、圆钢、钢管、钢索及各种型钢等钢材加工、连接、安装组成的工程结构。钢结构需要承受各种可能的自然和人为环境的作用,是具有足够可靠性和良好社会经济效益的工程结构物和构筑物。

钢材可以回收冶炼而重复利用,钢结构是一种节能环保型、可循环使用的建筑结构,符合经济持续健康发展的要求。除了在高层建筑、大型厂房、大跨度空间结构、轻钢结构、住宅建筑中大量采用钢结构外,各部门中也大量采用钢结构,如公路铁路桥梁、火电主厂房和锅炉钢架、输变电铁塔、广播电视通信塔、海洋石油平台、核电站、风力发电、水利建设、地下基础钢板桩等。城市建设需要大量的钢结构,如地铁、城市轻便铁路、立交桥、环保建筑、公共设施、临时建筑等。另外,钢结构还广泛用于超市货架、脚手架、广场小品、雕塑和临时展厅等小型轻型结构。

钢结构与其他结构相比有下列特点。

1. 材料强度高

钢的容重虽然较大,但强度更高,与其他建筑材料相比,钢材的容重与屈服点的比值较小。在相同的荷载和约束条件下,采用钢结构时,结构的自重通常较小。当跨度和荷载相同时,钢屋架的重量只有钢筋混凝土屋架重量的1/4~1/3,若采用薄壁型钢屋架或空间结构则更轻。由于重量较轻,便于运输和安装,因此钢结构特别适用于跨度大、高度高、荷载大的结构,也最适用于可移动、有装拆要求的结构。

2. 钢材的塑性和韧性好

钢材质地均匀,有良好的塑性和韧性。由于钢材的塑性好,钢结构在一般情况下不会因偶然超载或局部超载而突然断裂破坏;钢材的韧性好,则使钢结构对动荷载的适应性较强。钢材的这些性能为钢结构的安全可靠提供了充分的保证。

3. 钢材更接近于匀质等向体,计算可靠

钢材的内部组织比较均匀,非常接近匀质体,其各个方向的物理力学性能基本相同,接近各向同性体。在使用应力阶段,钢材属于理想弹性工作,弹性模量高达206 GPa,因而变形较小。此性能和力学计算中的假定符合程度很好,所以钢结构的实际受力情况和力学计算结果最相符。因此,钢结构计算准确、可靠性较高,适用于有特殊重要意义的建筑物。

4. 建筑用钢材焊接性良好

由于建筑用钢材的焊接性好,使钢结构的连接大为简化,可满足制造各种复杂形状结构的需要。但焊接时产生很高的温度,温度分布很不均匀,结构各部位的冷却速度也不同。因此,不但在热影响区(焊缝附近)材料性质有变坏的可能,而且还会有较高的焊接残余应力产生,使结构中的应力状态复杂化。

5. 钢结构制造简便，施工方便，具有良好的装配性

钢结构由各种型材组成，都采用机械加工，在专业化的金属结构厂制造，制作简便，成品的精确度高。制成的构件可运到现场拼装，采用焊接或螺栓连接。由于结构较轻，施工方便，建成的钢结构也易于拆卸、加固或改建。

钢结构的制造虽需较复杂的机械设备和严格的工艺要求，但与其他建筑结构相比，钢结构的工业化程度最高，能成批大量生产，制造精确度高。采用工厂制造、工地安装的施工方法，可缩短周期、降低造价、提高经济效益。

6. 钢材具有不渗漏性，适用于密闭结构

钢材本身组织非常致密，当采用焊接连接，甚至铆钉或螺栓连接时，都易做到紧密不渗漏。因此钢材是制造容器，特别是高压容器、大型油罐、气柜、输油管道的良好材料。

7. 钢材易于锈蚀，应采取防护措施

钢材在潮湿环境中，特别是处于有腐蚀性介质的环境中容易锈蚀，必须刷油漆或镀锌加以保护，而且在使用期间还应定期维护。钢结构腐蚀等级分为 A、B、C、D 4 级：A 级为钢材表面覆盖着氧化皮而几乎没有铁锈；B 级为钢材表面发生锈蚀并且部分氧化皮已经剥离；C 级为钢材表面氧化皮已经因腐蚀而剥落或可以刮除，并且有少量点蚀；D 级为钢材表面氧化皮已经因腐蚀而全面剥离，并且已经普遍发生点蚀。

影响涂层质量的因素有：底材处理的程度、涂装工艺和施工环境、涂层的厚度、涂层的选择等。

钢结构表面的特点是：经常会被油污、水分、灰尘覆盖；高温轧制或热加工过程中会产生黑色氧化皮（Fe_3O_4）；钢铁在自然环境下会产生红色铁锈（Fe_2O_3）。

我国已研制出一些高效能的防护漆，其防锈效能和镀锌相同，但费用却低得多。同时，国内已研制成功喷涂锌铝涂层及氟碳涂层的新技术，为钢结构的防锈提供了新途径。

8. 钢结构的耐热性好，但防火性差

众所周知，钢材耐热而不防火，随着温度的升高，强度会降低。温度在 250 ℃以内时，钢的性质变化很小；温度达到 300 ℃以后，强度逐渐下降；达到 450 ~ 650 ℃时，强度为零。因此，钢结构的防火性较钢筋混凝土差。当周围环境存在辐射热，温度在 150℃以上时，就须采取遮挡措施。一旦发生火灾，因钢结构的耐火时间不长，当温度达到 650 ℃以上时，结构可能瞬时全部崩溃。为了提高钢结构的耐火等级，通常采用包裹的方法，但这样处理既提高了造价，又增加了结构所占的空间。我国研制成功了多种防火涂料，当涂层厚度达 15 mm 时，可使钢结构耐火极限达 1.5 h，增减涂层厚度，可满足钢结构不同耐火极限的要求。

1.2 钢结构的分类和应用

按照不同的标准，钢结构可有不同的分类方法，下面仅按其应用领域和结构体系进行分类说明。

1.2.1 按应用领域分类

1. 民用建筑钢结构

建设部于 1997 年颁布的《1996—2010 年建筑技术政策》中首次提出了“发展钢结构，加速推广轻钢结构，研究推广组合结构的应用以及研究开发膜结构、张拉结构与空间结构体系”等

技术与措施，明确了我国建筑技术政策的导向，由多年来的限制钢结构使用转变为发展、推广钢结构的应用。在这一政策的指导和支持下，从重大工程、标志性建筑使用钢结构到钢结构普遍使用发展迅速，呈现出从未有过的兴旺景象。在我国钢结构行业快速发展，产量、产值成倍增长的同时，工程质量不断提高，钢结构相关技术和管理水平也有了显著的进步，在制作、安装、钢材供应等方面达到国内外先进水平，为国民经济发展做出了贡献。

民用建筑钢结构以房屋钢结构为主要对象。按传统的耗钢量大小来区分，大致可分为普通钢结构、重型钢结构和轻型钢结构。其中，重型钢结构指采用大截面和厚板的结构，如高层钢结构、重型厂房和某些公共建筑等；轻型钢结构指采用轻型屋面和墙面的门式刚架房屋、某些多层建筑、压型钢板薄壁拱壳屋盖等，网架、网壳等空间结构也属于轻型钢结构范畴。以上是钢结构的主要类型，另外还有索膜结构、幕墙支撑结构、组合和复合结构等。

我国在"十五"期间，建筑钢结构发展已取得巨大成绩，"十一五"期间仍继续坚持鼓励发展钢结构的相关政策措施，保持其连续性和稳定性。推广和扩大钢结构的应用，要加强科技导向的规划和措施指导作用，促进钢结构整体的持续发展。高层和超高层建筑优先采用合理的钢结构或钢—混凝土结构体系，大跨度建筑积极采用空间网格结构、立体桁架结构、索膜结构以及施加预应力的结构体系，结合市场需求，积极开发钢结构的住宅建筑体系，并逐步实现产业化。在以后相当长的一段时间内，钢结构的需求将保持持续增长的趋势。目前，要加快钢结构住宅建设的研究开发和工程应用，使钢结构住宅建筑更加完善配套，提高住宅建设的工业化、产业化水平。

建筑钢结构与混凝土、木结构等相比，具有轻质、高强、受力均匀、易于工业化、能耗小、绿色环保、可循环使用、符合可持续发展等优点。同时，因其造价较高，对设计、制造、安装的要求较严，需要相关的辅助材料与之配套(尤其是住宅房屋)，使其发展受多种因素影响。

按照中国钢结构协会的分类标准，民用建筑结构分为高层钢结构(图1-1)、大跨度空间钢结构(图1-2)、钢—混凝土组合结构(图1-3)、索膜钢结构(图1-4)、住宅钢结构(图1-5)、幕墙钢结构(图1-6)等。

图1-1　上海环球金融中心

图1-2　国家体育馆

图 1-3　北京银泰中心

图 1-4　美国佐治亚穹顶

图 1-5　武汉世纪花园

图 1-6　新保利大厦

2. 一般工业建筑钢结构

一般工业建筑钢结构主要包括单层厂房、双层厂房、多层厂房等,用于重型车间的承重骨架,例如冶金工厂的平炉车间、初轧车间、混凝土炉车间,重型机械厂的铸钢车间、水压机车间、锻压车间,造船厂的船体车间,电厂的锅炉框架,飞机制造厂的装配车间以及其他工厂跨度较大车间的屋架、吊车梁等。我国鞍钢、武钢、包钢和上海宝钢等几个著名的冶金联合企业的许多车间都采用了各种规模的钢结构厂房,上海重型机器厂、上海江南造船厂中也都有高大的钢结构厂房。几个典型的工业钢结构厂房如图 1-7 ~ 图 1-10 所示。

3. 桥梁钢结构

钢桥建造简便、迅速,易于修复,因此钢结构广泛用于中等跨度和大跨度的桥梁中。我国著名的杭州钱塘江大桥(1934—1937 年)是最早自己设计的钢桥,此后,武汉长江大桥(1957 年)、南京长江大桥(1968 年)均为钢结构桥梁,其规模和难度都举世闻名,标志着我国桥梁事业已步入世界先进行列。

20 世纪 90 年代以来,我国连续刷新桥梁跨度的纪录,现在建设的钢桥已不再是原来意义上的全钢结构,而是包含了钢结构、钢与混凝土组合结构、钢管混凝土结构及钢骨混凝土结构。现在我国钢桥的建设正处于一个迅速发展的阶段,不管是铁路桥梁、公路桥梁还是市政桥梁,

图 1-7　莱钢炼钢厂 50 吨转炉工程

图 1-8　定州 600 MW 电站锅炉钢架

图 1-9　某厂房安装现场

图 1-10　多层厂房

从材料的开发应用、科研成果的应用以及设计水平、制造水平、施工技术水平的提高等方面，都越来越与钢桥建设的规模相适应。我国新建和在建的钢桥，在建筑跨度、建筑规模、建筑难度和建筑水平等方面都达到了一个新的高度，如上海卢浦大桥（图 1-11）、重庆朝天门长江大桥（图 1-12）、九江长江大桥、芜湖长江大桥等。国外著名的钢桥有美国的金门大桥（图 1-13）、法国米劳大桥（图 1-14）、日本的明石海峡大桥等。

图 1-11　上海卢浦大桥

图 1-12　重庆朝天门长江大桥

图 1-13　金门大桥

图 1-14　法国米劳大桥

4. 密闭压力容器钢结构

钢结构还可用于要求密闭的容器制造中，如大型储液罐、煤气柜等炉壳要求能承受很大压力，另外温度急剧变化的高炉结构、大直径高压输油管和煤气管道等也均采用钢结构。上海在1958年就建成了容积为54 000 m^3的湿式贮气柜。上海金山及吴泾等石油、化工基地有众多的钢结构容器。一些容器、管道、锅炉、油罐等的支架也都采用钢结构。

锅炉行业近几年来得到了迅猛的发展，特别是发电用的大型锅炉，由于经济发展的需要，向着大型化的方向发展。发电厂主厂房和锅炉钢结构的用钢量增加很快，其大量采用中厚板、热轧 H 型钢，主要是 Q345 和 Q235 钢。一些工程实例见图 1-15 ~ 图 1-18。

图 1-15　马钢新区高炉

图 1-16　宝钢高炉

图 1-17　大连大豆储油罐

图 1-18　青岛高合化工安装工程

5. 塔桅钢结构

塔桅钢结构是指高度较大的无线电桅杆、微波塔、广播和电视发射塔架、高压输电线路塔架、化工排气塔、石油钻井架、大气监测塔、旅游瞭望塔、火箭发射塔等，如图 1-19、图 1-20。我国在 20 世纪 60 至 70 年代建成的大型塔桅结构有：200 m 高的广州电视塔、210 m 高的上海电视塔、194 m 高的南京跨越长江输电线路塔、325 m 高的北京环境气象桅杆、1990 年落成的 212 m 高的汕头电视塔、260 m 高的大庆电视塔等。

图 1-19　河南电视塔

图 1-20　宝钢特大型塔架式双筒集合型 200 m 钢烟囱

近年来，广播电视事业迅速发展，广播电视塔桅结构工程技术也不断发展，已建成的一批有代表性的电视塔，如中央电视塔（405 m）、上海东方明珠广播电视塔（468 m）（图1-21）、广州新电视塔（610 m）（图 1-22）。

这些结构除了自重轻、便于组装外，还因构件截面小，大大减小了风荷载，从而取得了很好的经济效益。

6. 船舶海洋钢结构

人类在开发和利用海洋的活动中，形成了海洋产业，发展出种类繁多的"海洋工程结构物"，人们一般将江、河、湖、海中的钢结构物统称为海洋钢结构，海洋钢结构主要用于资源勘测、采油作业、海上施工、海上运输、海上潜水作业、生活服务、海上抢险救助、海洋调查等。

船舶海洋钢结构基本上可分为"舰船"和"海洋工程装置"两大类，近些年我国研制出了高技术、高附加值的大型与超大型新型船舶（图 1-23、图 1-24），研制出了具有先进技术的战斗舰船，研制出了具有高风险、高投入、高回报、高科技、高附加值的海洋工程装置（图 1-25、图 1-26）。

7. 水利钢结构

我国近年来大力加快基础建设，在建和将建设相当数量的水利枢纽，钢结构在水利工程中占有相当大的比重。

图 1-21　上海东方明珠广播电视塔

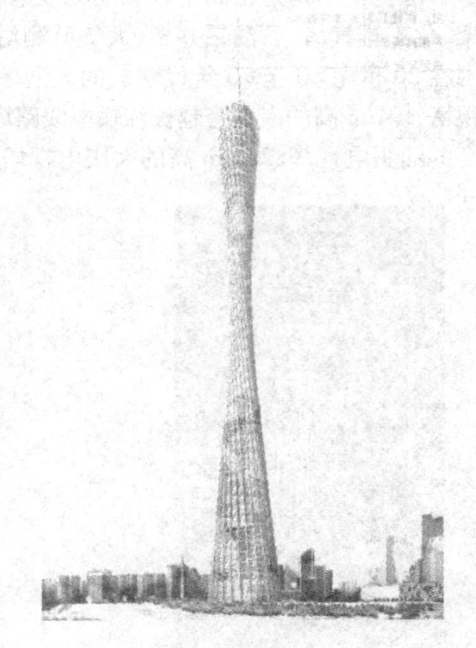

图 1-22　广州新电视塔

图 1-23　我国 5. 8 万吨软钢臂式“渤海明珠”号

图 1-24　我国 16 万吨软钢臂式“渤海世纪”号

图 1-25　海上石油平台

图 1-26　SPAR 平台

钢结构在水利工程中用于以下方面：钢闸门，用来关闭、开启或局部开启水工建筑物中过水孔口的活动结构；拦污栅，主要包括拦污栅栅叶和栅槽两部分，栅叶结构由栅面和支撑框架所组成；升船机（升船机和船闸是两种不同的船舶通航设施）；压力管，压力管道是从水库、压力前池或调压室向水轮机输送水量的水管。如图 1-27、图 1-28 所示。

图 1-27　港口机械

图 1-28　三峡工程永久船闸

8. 煤炭电力钢结构

火电厂中钢结构主要应用在干煤棚、运煤系统皮带机支架（输煤栈桥）、火电厂主厂房、管道、烟风道及钢支架、烟气脱硫系统、粉煤灰料仓、输电塔等方面；风力发电中的风力发电机、风叶支柱等采用钢结构；垃圾发电厂中的焚烧炉等采用钢结构；核电站中钢结构主要用于压力容器、钢烟囱、水泵房、安全壳等。如图 1-29、图 1-30 所示。

9. 钎钢和钎具

钎具也可称为钻具，由钎头、钎杆、连接套、钎尾组成。它是钻凿、采掘、开挖用的工具，有近千个品种规格，用于矿山、隧道、涵洞、采石、城建等工程中。钎钢是制作钎具的原材料，也有近百个品种规格。钎具按照凿岩工作的方式又可分为冲击式钎具、旋转式钎具、刮削式钎具等，如图 1-31、图 1-32 所示。

图 1-29　某发电厂干煤棚

图 1-30　宁夏灵武电厂

图 1-31　钎钢

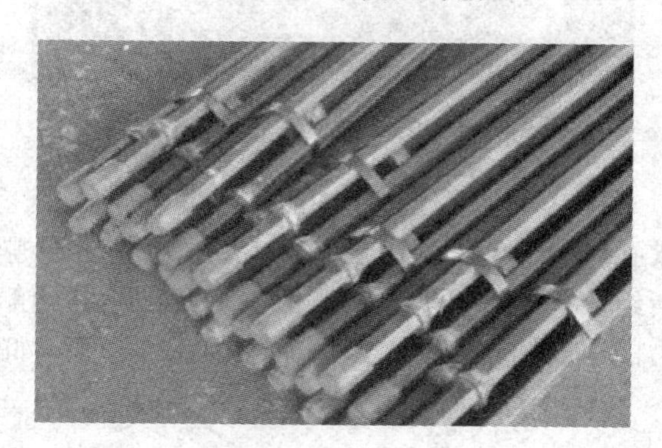

图 1-32　钎具

随着国民经济建设的进一步发展以及多处铁路、公路、水利水电、输气工程、市政基础工程的修建和开工，对钎钢、钎具产品提出了更高、更多、更新的要求。客观来说，钎钢、钎具行业是一个朝阳工业，它将迎来更加灿烂的明天。

10. 地下钢结构

地下钢结构主要用于桩基础、基坑支护等，如钢管桩、钢板桩等，见图 1-33、图 1-34。

图 1-33　钢板桩河堤

图 1-34　钢板桩围堰

11. 货架和脚手架钢结构

超市中的货架、展览用的临时设施多采用钢结构，建筑施工中大量使用的脚手架也都采用钢结构，如图1-35、图1-36所示。

图1-35　货架

图1-36　脚手架

12. 雕塑和小品钢结构

钢结构因其轻盈简洁的外观备受景观师的青睐，很多雕塑以钢结构作为骨架，很多城市小品和标志物则直接用钢结构做出各种造型，如图1-37、图1-38所示。

图1-37　南海观音佛像

图1-38　天津塘沽迎宾道标志建筑

1.2.2　按结构体系工作特点分类

1）梁状结构　由受弯工作的梁组成的结构，如图1-39、图1-40所示。

2）刚架结构　由受压、弯工作的直梁和直柱组成的框形结构，如图1-41、图1-42所示。

3）拱结构　主要承受轴力并由拱底两端推力维持平衡的结构，如图1-43、图1-44所示。

4）桁架结构　主要是由受拉或压的杆件组成的结构，如图1-45、图1-46所示。

5）网架结构　主要是由受拉或压的杆件组成的空间平板形网状结构，如图1-47、图1-48所示。

图 1-39　吊车梁

图 1-40　36 米跨度钢梁

图 1-41　百安居家居超市

图 1-42　回龙观车辆段停车列检库

图 1-43　上海磁悬浮工程

图 1-44　天津地铁一号线西横堤站

6）网壳结构　主要是由受拉或压的杆件组成的空间曲面形网状结构，如图 1-49、图 1-50 所示。

7）预应力钢结构　由张力索（或链杆）和受压杆件组成的结构，如图 1-51、图 1-52 所示。

8）悬索结构　以张拉索为主承重结构的结构，如图 1-53、图 1-54 所示。

9）复合结构　是指由不同类型的结构组合而形成的一种新的结构体系，如图 1-55 ~ 图 1-58 所示。

图 1-45　青岛流亭国际机场

图 1-46　苏格兰福斯海湾桥

图 1-47　广州空港航空货运站

图 1-48　南京新华印刷厂综合楼

图 1-49　岭南明珠体育馆

图 1-50　中国炮弹研究院仿真实验室

图 1-51　台湾桃园县体育馆

图 1-52　英国伦敦千年穹顶

图 1-53　江阴长江大桥

图 1-54　浙江黄龙体育中心

图 1-55　天津滨海国际会展中心

图 1-56　天津市永乐桥

图 1-57　北京工业大学体育馆

图 1-58　上海浦东国际机场二期候机楼

1.3　钢结构设计的发展方向

目前,我国钢产量已跃居世界第一,且还在不断增加,钢结构的应用也会有更大的发展。为了适应这一新的形势,钢结构的设计水平应该迅速提高。通过对国内外的现状分析可知,钢结构设计的发展方向有以下几方面。

1. 高效能钢材的研究和应用

高效能钢材的含义是:采用各种可能的技术措施,提高钢材的承载力效能。

H 型钢的应用已有了长足的发展,现正在赶超世界水平。压型钢板在我国的应用也趋于成熟。

冷弯薄壁型钢的经济性是大家熟知的,但目前产量还不够,有待进一步提高,以满足生产和设计的需要。近来冷弯方矩管的应用发展较快。

由于 Q345 钢强度高,可节约大量钢材,我国目前已较普遍采用 Q345 钢。现在更高强度的 Q390 钢材也已开始应用。在 2008 北京奥运会国家体育场“鸟巢”(图 1-59)工程中使用了 Q460 钢材。其他高强度钢如 30 硅钛钢(屈服强度≥400 MPa)、15 锰钒氮钢(屈服强度为 450 MPa)也有应用,但未列入《钢结构设计标准》。国外高强度钢发展很快,1969 年美国规范列入屈服强度为 685 MPa 的钢材,1975 年苏联规范列入屈服强度为 735 MPa 的钢材。今后,随着冶金工业的发展,研究强度更高的钢材及其合理的使用将是重要的课题。

用于连接材料的高强度钢已有 45 钢和 40 硼钢,这两种材料制成的高强度螺栓广泛用于各种工程。40 硼钢屈服强度为 635 MPa,抗拉强度为 785 MPa,经热处理后屈服强度不低于 970 MPa,抗拉强度为 1 080 MPa。现推荐采用 20 锰钛硼钢作为高强度螺栓专用钢材,其强度级别与 40 硼钢相同。

图 1-59　2008 北京奥运会国家体育场“鸟巢”

2. 结构和构件计算的研究和改进

现在已广泛应用新的计算技术和测试技术对结构和构件进行深入计算和测试,为了解结构和构件的实际性能提供了有利条件。计算和测试手段愈先进,就愈能反映结构和构件的实际工作情况,从而合理使用材料,发挥其经济效益,并保证结构的安全。例如钢材塑性的充分利用问题经过多年研究,已将成果反映于现行的《钢结构设计标准》中;其他如动力荷载作用下的结构反应问题、残余应力对压杆稳定的影响问题、板件屈曲后的承载能力问题等,都已用新计算技术和测试手段取得了新的进展。

最近,在应用概率理论考虑结构安全度方面也取得了新的进展。新规范中采用以概率理论为基础的极限状态设计方法,用可靠指标度量结构的可靠度,以分项系数的设计表达式进行计算,也是改进计算方法的一个重要方面。

自从欧拉提出轴心受压柱的弹性稳定理论的临界力计算公式以来,迄今已有 200 多年。在此期间,很多学者对各类构件的稳定问题作了不少理论分析和实验研究工作,但是在结构的稳定理论计算方面还存在不少问题。例如:各种压弯构件的弯扭屈曲、薄板屈曲后强度的利用、各种刚架体系的稳定以及空间结构的稳定等,所有这些方面的问题都有待进一步深入研究。

3. 结构形式的革新

新的结构形式有薄壁型钢结构、悬索结构、膜结构、树状结构(图 1-60)、开合结构(图 1-61)、折叠结构(图 1-62)、悬挂结构(图 1-63)等。这些结构适用于轻型大跨屋盖结构、高层建筑和高耸结构等,对减少耗钢量有重要意义。我国应用新结构逐年有所增长,特别是空间网格结构发展很快,空间结构经济效果很好。

图 1-60　树状结构

图 1-61　南通奥林匹克体育馆

图 1-62　折叠结构

图 1-63　幕墙悬挂结构

4. 预应力钢结构的应用

在一般钢结构中增加一些高强度钢构件,并对结构施加预应力,是预应力钢结构中采用的最普遍形式之一。它的实质是以高强度钢材代替部分普通钢材,从而达到节约钢材、提高结构效能和经济效益的目的。但是,两种强度不同的钢材用于同一构件中共同受力,必须采取施加预应力的方法才能使高强度钢材充分发挥作用。我国从 20 世纪 50 年代开始对预应力钢结构进行理论和试验研究,并在一些工程中开始采用。20 世纪 90 年代预应力结构有了一个飞跃,弦支穹顶(图 1-64)、张弦梁(图 1-65)等复合结构已经用于很多大型体育场馆和会展中心,预应力桁架、预应力网架(图 1-66、图 1-67)也在很多工程中得到了广泛应用。

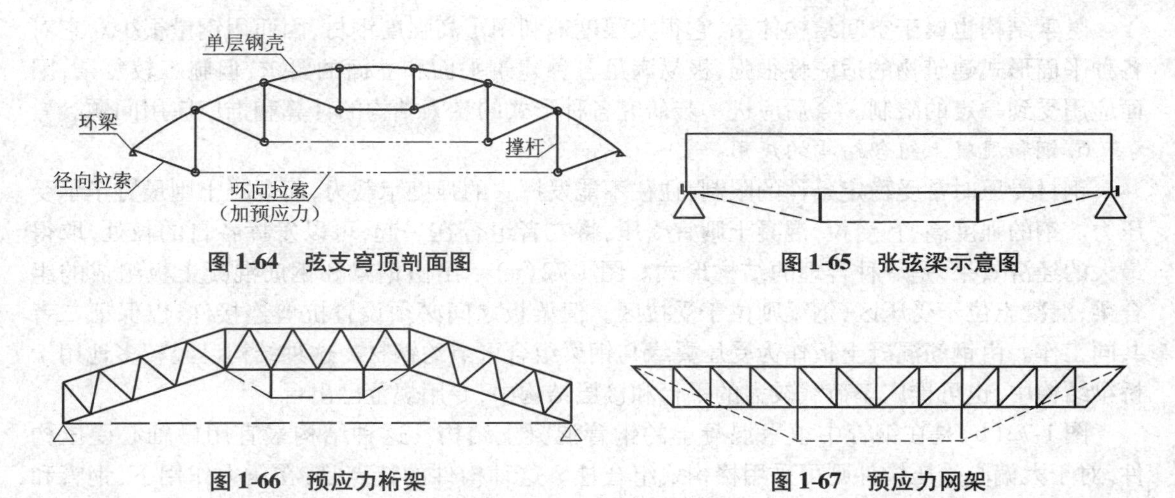

图 1-64　弦支穹顶剖面图

图 1-65　张弦梁示意图

图 1-66　预应力桁架

图 1-67　预应力网架

5. 空间结构的发展

以空间体系的空间网格结构代替平面结构可以节约钢材，尤其是跨度较大时，经济效果尤为显著。空间网格结构对各种平面形式建筑物的适应性很强，近年来在我国发展很快，特别是采用了市场化的空间结构分析程序后，如天津博物馆（图 1-68）、国家大剧院（图 1-69）、上海文化广场以及全国各地的体育馆和展览馆等已不下数千座工程。2008 年北京奥运会体育场馆大多采用空间结构，如国家游泳中心“水立方”（图 1-70）、大连热带雨林馆（图 1-71）等。

图 1-68　天津博物馆

图 1-69　国家大剧院

图 1-70　国家游泳中心“水立方”

图 1-71　大连热带雨林馆

悬索结构也属于空间结构体系，它很大限度地利用了高强度钢材，因而用钢量很少。它对各种平面形式建筑物的适应性很强，极易满足各种建筑平面和立面的要求，但施工较复杂，因而应用受到一定的限制。今后应进一步研究各种形式的悬索结构的计算和推广应用问题。

6. 钢和混凝土组合结构的应用

钢材受压时常受稳定条件的限制，往往不能发挥它的强度承载力，而混凝土则最宜于承受压力。钢的强度高、宜受拉，混凝土则宜受压，将二者组合在一起，可以发挥各自的长处，取得最大的经济效果，是一种合理的结构形式。图1-72(a)示出由钢梁和钢筋混凝土板组成的组合梁，混凝土位于受压区，钢梁则位于受拉区。但梁板之间必须设置抗剪连接件，以保证二者共同工作。由钢筋混凝土板作为受压翼缘与钢梁组合可节约钢材。这种结构已经较多地用于桥梁结构中，也可推广至荷载较大的平台和楼层结构中，专用规范已出台。

图1-72(b)是在钢管中填素混凝土的钢管混凝土结构。这种结构最宜用做轴心受压构件，对于大偏心受压构件则可采用格构式组合柱。这种构件的特点是：在压力作用下，钢管和混凝土之间产生相互作用的紧箍力，使混凝土处于三向受压的应力状态下工作，大大提高了它的抗压强度，还改善了它的塑性，提高了抗震性能。对于薄钢管，因得到了混凝土的支持，提高了稳定性，使钢材强度得以充分发挥。这一结构已在国内得到广泛应用，厂房柱、高层建筑框架柱等均采用钢—混凝土组合结构，如高355.8 m的深圳赛格广场大厦为世界最高的钢—混凝土组合结构(图1-73)。以后还应进一步深入研究它的工作性能、合理的计算理论及构造和施工等问题。近年来，由住宅钢结构带动的方钢管混凝土结构(图1-72(c))也开始大量应用。

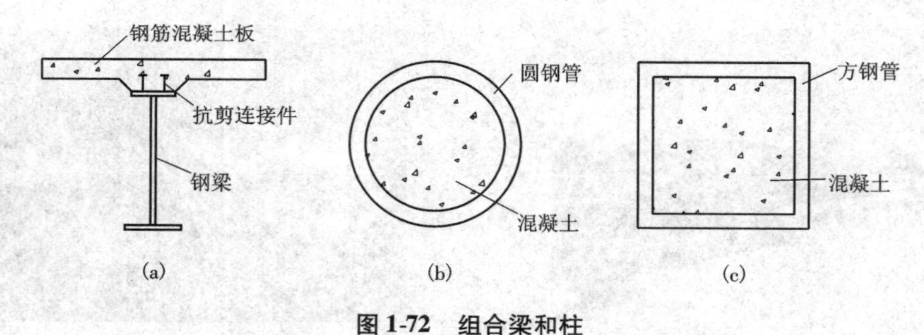

图1-72 组合梁和柱

(a)组合梁；(b)圆钢管混凝土柱；(c)方钢管混凝土结构

7. 高层钢结构的研究和应用

随着我国对外开放政策的实施，工业建设得到了迅速的发展。而随着城市人口的不断增多，大城市的不断扩大，城市用地的矛盾也不断上升。为了节约用地，减少城市公共设施的投资，近年来在北京、上海、深圳和广州等地，相继修建了一些高层和超高层建筑物。例如上海金茂大厦(88层，高420.5 m)、广州中信广场(80层，高391.1 m)、深圳地王大厦(69层，高383.95 m)、深圳赛格广场(72层，高355.8 m)、上海恒隆广场(66层，高288.2 m)、上海明天广场(55层，高284.6 m)等。这些高层建筑都采用了钢结构框架体系，楼层结构很多采用了钢梁、压型钢板上浇混凝土的组合楼盖，施工简便迅速。

我国在高层和超高层建筑方面与国外经济发达国家相比，在设计理念、新产品研究开发、钢材品种质量、制作安装的设备及计算机应用以及科学管理等方面，还有不少差距。如目前超

图 1-73 深圳赛格广场大厦

高层建筑大多是国外建筑师的方案中标，他们在规划、环境、建筑、功能上确有独特之处。但随着深圳地王大厦（图 1-74）和上海金茂大厦（图 1-75）等超高层钢结构的建成，我国高层钢结构的技术水平已有了长足的进步。深圳第一高楼平安金融中心（图 1-76）于 2014 年建成，中央电视台新台址（斜楼）（图 1-77）以其独特的造型和超高的施工难度也成为钢结构的一种代表。

图 1-74 深圳地王大厦

图 1-75 上海金茂大厦

8. 优化原理的应用

结构优化设计包括确定优化的结构形式和确定优化的截面尺寸。由于电子计算机的逐步普及，促使结构优化设计得到相应的发展。我国编制的钢吊车梁标准图集，就是根据耗钢量最小的条件写出目标函数，把强度、稳定性、刚度等一系列设计要求作为约束条件，用计算机解得优化的截面尺寸，比过去的标准设计节省钢材 5% ~10%。优化设计已逐步推广到塔桅结构、

图 1-76　深圳卓越皇岗世纪中心

图 1-77　中央电视台新台址

空间结构设计等各个方面。

9. 钢结构主要节点及新类型的应用

钢结构主要节点有螺栓球节点(图 1-78)、焊接球节点(图 1-79)、铸钢节点(图 1-80)、树状结构节点(图 1-81)和各种特殊节点(图 1-82)等。

图 1-78　螺栓球节点

图 1-79　焊接球节点

图 1-80　多分枝的铸钢节点

图 1-81　树状结构与屋顶连接节点

图 1-82　钢结构连接节点

第2章　钢结构设计方法

2.1　钢结构的设计原则

1. 设计思想

钢结构设计应在以下设计思想的基础上进行。

①钢结构在运输、安装和使用过程中必须有足够的强度、刚度和稳定性，并应符合防火、防腐蚀要求，整个结构必须安全可靠。

②应从工程实际情况出发，合理选用材料、结构方案和构造措施，应符合建筑物的使用要求，具有良好的耐久性。

③尽可能节约钢材，减轻钢结构重量。

④尽可能缩短制造、安装时间，节约劳动工日。

⑤结构要便于运输、便于维护。

⑥可能的条件下，尽量注意美观，特别是对外露结构，有一定的建筑美学要求。

根据以上各项要求，钢结构设计应该重视、贯彻和研究充分发挥钢结构特点的设计思想和降低造价的各种措施，做到技术先进、经济合理、安全适用、确保质量。

2. 技术措施

为了体现钢结构的设计思想，可以采取以下的技术措施。

①在规划结构时尽量做到尺寸模数化、构件标准化、构造简洁化，以便于钢结构制造、运输和安装。

②尽量采用新的结构体系，例如用空间结构体系代替平面结构体系，结构形式要简化、明确、合理。

③尽量采用新的计算理论和设计方法，推广适当的线性和非线性有限元方法，研究薄壁结构理论和结构稳定理论。

④尽量采用焊缝和高强螺栓连接，研究和推广新型钢结构连接方式。

⑤尽量采用具有较好经济指标的优质钢材、合金钢或其他轻金属，尽量使用薄壁型钢。

⑥尽量采用组合结构或复合结构，例如钢与钢筋混凝土组合梁、钢管混凝土构件及由索组成的复合结构等。

钢结构设计应因地制宜、量材使用，切忌生搬硬套。上述措施不是在任何场合都行得通的，应结合具体条件进行方案比较，采用技术、经济指标都好的方案。此外，还要总结、创造和推广先进的制造工艺和安装技术，任何脱离施工的设计都不是成功的设计。

2.2　设计方法

设计钢结构时，必须满足一般的设计准则，即在充分满足功能要求的基础上，做到安全可靠、技术先进、确保质量和经济合理。结构计算的目的是保证结构构件在使用荷载作用下能安全可靠地工作，既要满足使用要求，又要符合经济要求。结构计算是根据拟定的结构方案和构造，按所承受的荷载进行内力计算，确定出各杆件的内力，再根据所用材料的特性，对整个结构和构件及其连接进行核算，看其是否符合经济、安全、适用等方面的要求。但从一些现场记录、调查数据和试验资料看来，计算中所采用的标准荷载和结构实际承受的荷载之间、钢材力学性能的取值和材料的实际数值之间、计算截面和钢材实际尺寸之间、计算所得的应力值和实际应力数值之间以及估计的施工质量与实际质量之间，都存在着一定的差异，所以计算的结果不一定很安全可靠。为了保证安全，结构设计的计算结果必须留有余地，使之具有一定的安全度。建筑结构的安全度是保证房屋或构筑物在一定使用条件下连续正常工作的安全储备，有了这个储备才能保证结构在各种不利条件下的正常使用。

1. 钢结构计算方法

我国的钢结构计算方法，中华人民共和国成立以来曾经有过4次变化，即：中华人民共和国成立初期到1957年，采用总安全系数的容许应力计算法；1957年到1974年，采用3个系数的极限状态计算法；1974年到1988年，采用以结构的极限状态为依据，进行多系数分析，用单一安全系数的容许应力计算法；目前新的《钢结构设计标准》，除疲劳设计采用容许应力法外，均采用以概率理论为基础的极限状态设计方法，用分项系数设计表达式进行计算。

1957年以前，钢结构采用容许应力的安全系数法进行设计。安全系数为定值且都凭经验选定，因而设计的结构和不同构件的安全度不可能相等，这种设计方法显然是不合理的。

20世纪50年代，出现了一种新的设计方法——极限状态设计法，即根据结构或构件能否满足功能要求来确定它们的极限状态。一般规定有两种极限状态。第一种是结构或构件的承载力极限状态，包括静力强度、动力强度和稳定等计算。达此极限状态时，结构或构件达到了最大承载能力而发生破坏，或达到了不适于继续承受荷载的巨大变形。第二种是结构或构件达到使用功能上允许的某个限值的状态，或称为正常使用极限状态。达此极限状态时，结构或构件虽仍保持承载能力，但在正常荷载作用下产生的变形使结构或构件已不能满足正常使用的要求（静力作用产生的过大变形和动力作用产生的剧烈振动等），或不能满足耐久性的要求。各种承重结构都应按照上述两种极限状态进行设计。

极限状态设计法比安全系数设计法要合理些，也先进些。它把有变异性的设计参数采用概率分析引入到结构设计中。根据应用概率分析的程度可分为3种水准，即半概率极限状态设计法、近似概率极限状态设计法和全概率极限状态设计法。

我国采用的极限状态设计法属于水准一，即半概率极限状态设计法。只有少量设计参数，如钢材的设计强度、风雪荷载等采用概率分析确定其设计值，大多数荷载及其他不定性参数由于缺乏统计资料而仍采用经验值；同时结构构件的抗力（承载力）和作用效应之间并未进行综合的概率分析，因而仍然不能使所设计的各种构件有相同的安全度。

20世纪60年代末，国外提出了近似概率极限状态设计法，即水准二。主要是引入了可靠性设计理论，可靠性包括安全性、适用性和耐久性。把影响结构或构件可靠性的各种因素都视为独立的随机变量，根据统计分析确定失效概率来度量结构或构件的可靠性。

2. 承载力极限状态

（1）近似概率极限状态设计法

结构或构件的承载力极限状态方程可表达为

$$Z=g(x_1,x_2,\cdots,x_n)=0 \tag{2.2.1}$$

式中,x_i是影响结构或构件可靠性的各物理量,都是相互独立的随机变量,例如材料抗力、几何参数和各种作用产生的效应(内力)。各种作用包括恒载、各种可变荷载、地震、温度变化和支座沉陷等。

将各因素概括为两个综合随机变量,即结构或构件的抗力 R 和各种作用对结构或构件产生的效应 S,式(2.2.1)可写成

$$Z=g(R,S)=R-S=0 \tag{2.2.2}$$

结构或构件的失效概率可表示为

$$p_f=p(Z<0) \tag{2.2.3}$$

设 R 和 S 的概率统计值均服从正态分布(设计基准期取50年),可分别算出它们的平均值μ_R、μ_S和标准差σ_R、σ_S,则极限状态函数 $Z=R-S$ 也服从正态分布,它的平均值和标准差分别为

$$\mu_Z=\mu_R-\mu_S;\quad \sigma_Z=\sqrt{\sigma_R^2+\sigma_S^2} \tag{2.2.4}$$

图2-1表示极限状态函数 $Z=R-S$ 的正态分布,图中由 $-\infty$ 到0的阴影面积表示 $Z<0$ 的概率,即失效概率 p_f需采用积分法求得。由图可见,平均值μ_Z等于$\beta\sigma_Z$,显然β值和失效概率 p_f存在着如下对应关系:

$$p_f=\phi(-\beta) \tag{2.2.5}$$

这样,只要计算出β值就能获得对应的失效概率 p_f,见表2-1。β 称为可靠指标,由下式计算:

$$\beta=\mu_Z/\sigma_Z=(\mu_R-\mu_S)/\sqrt{\sigma_R^2+\sigma_S^2} \tag{2.2.6}$$

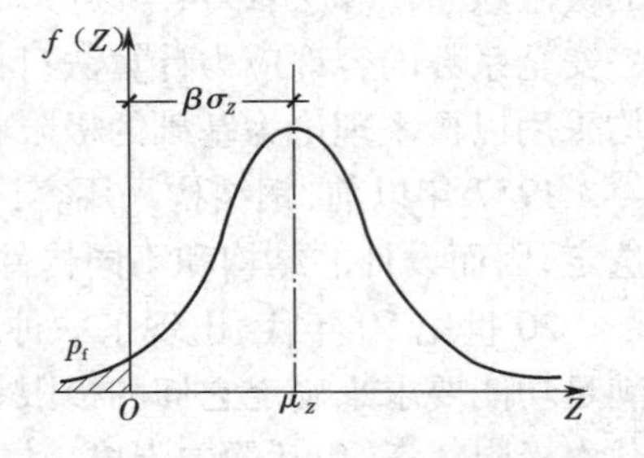

图2-1　$Z=R-S$ 的正态分布

当 R 和 S 的统计值不服从正态分布时,结构构件的可靠指标应以它们的当量正态分布的平均值和标准差代入式(2.2.6)来计算。

表2-1　失效概率与可靠指标的对应值

β	2.5	2.7	3.2	3.7	4.2
p_f	6.2×10^{-3}	3.5×10^{-3}	6.9×10^{-4}	1.1×10^{-4}	1.3×10^{-5}

由于 R 和 S 的实际分布规律相当复杂,我们采用了典型的正态分布,因而算得的β和p_f值是近似的,故称为近似概率极限状态设计法。在推导β公式时,只采用了 R 和 S 的二阶中心矩,同时还作了线性化的近似处理,故又称“一次二阶矩法”。

这种设计方法只需知道 R 和 S 的平均值和标准差或变异系数,就可计算构件的安全指标β值,使β值满足规定值即可。《钢结构设计标准》(GB 50017—2017)采用的最低可靠指标β为3.2。

由上列公式可见,此法将构件的抗力(承载力)和作用效应的概率分析联系在一起,以安全指标作为度量结构构件安全度的尺度,可以较合理地对各类构件的安全度作定量分析比较,以达到等安全度的设计目的。但是这种设计方法比较复杂,较难掌握,很多人也不习惯,因而仍宜采用广大设计人员所熟悉的分项系数设计公式。

(2)分项系数表达式

因为

$$S = G + Q_1 + \sum_{i=2}^{n} \psi_{ci} Q_i$$

取　$G = \gamma_G C_G G_K$

$Q_1 = \gamma_{Q1} C_{Q1} G_{1K}$

$Q_i = \gamma_{Qi} C_{Qi} G_{iK}$

引入结构重要性系数,则

$$S = \gamma_0 (\gamma_G C_G G_K + \gamma_{Q1} C_{Q1} Q_{1K} + \sum_{i=2}^{n} \psi_{ci} \gamma_{Qi} C_{Qi} Q_{iK}) \tag{2.2.7}$$

式中　γ_0——结构重要性系数,把结构分成一、二、三3个安全等级,分别采用1.1、1.0和0.9;

C——荷载效应系数,即单位荷载引起的结构构件截面或连接中的内力,按一般力学方法确定(其角标G指永久荷载,Qi指各可变荷载);

G_K和Q_{iK}——永久荷载和各可变荷载标准值,见荷载规范;

ψ_{ci}——第i个可变荷载的组合系数,取0.6,只有一个可变荷载时取1.0;

γ_G——永久荷载分项系数,一般采用1.3,当永久荷载效应对结构构件的承载力有利时,宜采用1.0;

γ_{Q1}和γ_{Qi}——第1个和其他第i个可变荷载分项系数,一般情况可采用1.5。

式中,Q_1是引起构件或连接最大荷载效应的可变荷载效应。对于一般排架和框架结构,由于很难区分产生最大效应的可变荷载,可采用以下简化式计算:

$$S = \gamma_0 (\gamma_G C_G G_K + \psi \sum_{i=1}^{n} \gamma_{Qi} C_{Qi} Q_{iK}) \tag{2.2.8}$$

式中,荷载组合系数ψ取0.85。

构件本身的承载能力(抗力)R只是材料性能和构件几何因素等的函数,即

$$R = f_K \cdot A / \gamma_R = f_d A \tag{2.2.9}$$

式中　γ_R——抗力分项系数;

f_K——材料强度标准值;

f_d——结构所用材料和连接的设计强度;

A——构件或连接的几何因素(如截面面积和截面抵抗矩等)。

考虑到一些结构构件和连接工作的特殊条件,有时还应乘以调整系数。例如施工条件较差的高空安装焊缝和铆钉连接的,应乘0.9;单面连接的单个角钢按轴心受力计算强度和连接时,应乘0.85等。

将式(2.2.7)、式(2.2.8)和式(2.2.9)代入式(2.2.2),可得

$$\gamma_0 (\gamma_G C_G G_K + \gamma_{Q1} C_{Q1} Q_{1K} + \sum_{i=2}^{n} \psi_{ci} \gamma_{Qi} C_{Qi} Q_{iK}) \leqslant f_d A \tag{2.2.10}$$

及

$$\gamma_0 (\gamma_G C_G G_K + \psi \sum_{i=1}^{n} \gamma_{Qi} C_{Qi} Q_{iK}) \leqslant f_d A \tag{2.2.11}$$

为了照顾到设计工作者的习惯,将以上公式改写为应力表达式

$$\gamma_0(\sigma_{Gd}+\sigma_{Q1d}+\sum_{i=2}^{n}\psi_{ci}Q_{Qid})\leqslant f_d \tag{2.2.12}$$

及

$$\gamma_0(\sigma_{Gd}+\psi\sum_{i=1}^{n}Q_{Qid})\leqslant f_d \tag{2.2.13}$$

式中 σ_{Gd}——永久荷载设计值 $G_d(G_d=\gamma_G G_K)$ 在结构构件的截面或连接中产生的应力；

σ_{Q1d}——第 1 个可变荷载的设计值 $(Q_{1d}=\gamma_{Q1}\cdot Q_{1K})$ 在结构构件的截面或连接中产生的应力（该应力大于其他任意第 i 个可变荷载设计值产生的应力）；

σ_{Qid}——第 i 个可变荷载设计值 $(Q_{id}=\gamma_{Qi}\cdot Q_{iK})$ 在结构构件的截面或连接中产生的应力。

其余符号同前。这就是现行《钢结构设计标准》中采用的计算公式。

各分项系数值是经过校准法确定的。所谓校准法是使按式(2.2.10)计算的结果，基本符合按式(2.2.6)要求的可靠指标 β。不过当荷载组合不同时，应采用不同的各分项系数才能符合 β 值的要求，这给设计带来困难。因此用优选法对各分项系数采用定值，而使各不同荷载组合计算结果的 β 值相差最小。

当考虑地震荷载的偶然荷载组合时，应按抗震设计规范的规定进行。

对于结构构件或连接的疲劳强度计算，由于疲劳极限状态的概念还不够确切，只能暂时沿用容许应力设计法，还不能采用上述的极限状态设计法。

式(2.2.12)和式(2.2.13)虽然是用应力计算式表达，但和过去的容许应力设计法不同，是比较先进的一种设计方法。不过由于有些因素尚缺乏统计数据，暂时只能根据以往的设计经验来确定。还有待于继续研究和积累有关的统计资料，进而才能采用更为科学的全概率极限状态设计法（水准三）。

3. 正常使用极限状态

结构构件的第二种极限状态是正常使用极限状态。钢结构设计主要控制变形，仅考虑短期效应组合，不考虑荷载分项系数。

$$v=v_{GK}+v_{Q1K}+\sum_{i=2}^{n}\psi_{ci}v_{QiK}\leqslant[v] \tag{2.2.14}$$

式中 v_{GK}——永久荷载标准值在结构或构件中产生的变形值；

v_{Q1K}——第 1 个可变荷载的标准值在结构或构件中产生的变形值（该值大于其他任意第 i 个可变荷载标准值产生的变形值）；

v_{QiK}——第 i 个可变荷载标准值在结构或构件中产生的变形值；

$[v]$——结构或构件的容许变形值，按规范规定采用。

有时只需要保证结构和构件在可变荷载作用下产生的变形能够满足正常使用的要求，这时式(2.2.14)中的 v_{GK} 可不计入。

2.3 钢结构抗疲劳设计

钢材在持续反复荷载作用下，在其应力远低于强度极限，甚至还低于屈服极限的情况下，也会发生破坏,这种"积劳成疾"的现象称为钢材的疲劳。

能够导致钢结构疲劳的荷载是动力的或循环性的活荷载,如桥式吊车对吊车梁的作用,车辆对桥梁的作用,海浪对海洋结构的作用,剧烈的地震使结构物反复摇摆等。过去土建钢结构考虑疲劳计算主要是对铁路桥梁,但是,随着焊接结构的发展,疲劳破坏也有增无减,焊接吊车梁的疲劳破坏时有发生,焊接公路钢桥的疲劳破坏也屡见不鲜。

钢材在疲劳破坏之前,并没有明显变形;疲劳破坏是一种突然发生的断裂,断口平直。所以疲劳破坏属于反复荷载作用下的脆性破坏。

一般地说,疲劳破坏经历3个阶段,即裂纹的形成,裂纹的缓慢扩展,裂纹的迅速断裂。对于钢结构,实际上只有后两个阶段,因为在钢材生产和结构制造等过程中,不可避免地在结构的某些部位存在着局部微小缺陷,如钢材化学成分的偏析、非金属杂质;非焊接构件表面上的刻痕、轧钢皮的凹凸、轧钢缺陷和分层以及制造时的冲孔、剪边、火焰切割带来的毛边和裂纹;焊接构件中有焊渣侵入的焊缝趾部、存在于焊缝内的气孔与欠焊,这些缺陷都是可能产生裂纹的主要部位,它们本身也起着类似于微裂纹的作用,故可称其为"类裂纹"。应力集中可以使个别晶粒很快出现塑性变形及硬化等,从而大大降低了钢材的疲劳强度。由此可见,钢材的疲劳破坏首先是由于钢材内部结构不均匀(微小缺陷)和应力分布不均所引起的。

钢结构构件中存在的几何改变、微观裂纹或类似的缺陷会导致应力集中。在多次反复荷载作用下,微观裂纹不断开展,应力集中现象也会越来越严重。当荷载反复循环达到一定次数(疲劳寿命)n时,裂纹扩展使得净截面承载力不足以承受外力作用时,构件突然断裂,发生疲劳破坏。

钢结构中一般的应力集中,在静力荷载作用下,常因钢材的塑性发展其高峰应力相对减小,较低应力部位的应力增大,故使截面的不均匀应力趋于均匀,因而不影响截面的极限承载力,设计时可不考虑其影响。但较严重的应力集中,在高峰应力区域内总是存在着较大的应力场,使钢材的塑性变形困难而出现脆性断裂,特别是在动力荷载作用下,常是结构发生疲劳破坏的重要原因。

在钢结构和钢构件中,产生应力集中的原因极为复杂。钢结构和钢构件在截面改变处都会产生应力集中,如构件之间的连接节点、柱脚、构件的变截面处以及截面开孔等削弱处。此外,对于非焊接结构,有钢材表面的凹凸麻点、刻痕,轧钢时的夹渣、分层,切割边的不平整,冷加工产生的微裂纹以及螺栓孔等等;对于焊接结构还有焊缝外形及其缺陷,缺陷包括气孔、咬肉、夹渣、焊根、起弧和灭弧处的不平整、焊接裂纹等等。

钢材的疲劳强度与反复荷载引起的应力种类(拉应力、压应力、剪应力和复杂应力等)、应力循环形式、应力循环次数、应力集中程度和残余应力等有着直接关系。除此之外,结构和构件所处的环境等也都会对其疲劳强度造成影响。在腐蚀性介质环境中,疲劳裂纹扩展的速率会受到不利的影响要加快。

1. 应力比和应力幅

反复荷载引起的应力循环形式有同号应力循环和异号应力循环两种类型。循环中绝对值最小的峰值应力$\sigma_{\min}$与绝对值最大的峰值应力$\sigma_{\max}$之比$\rho=\frac{\sigma_{\min}}{\sigma_{\max}}$(拉应力取正号,压应力取负号)称为应力比。当$\rho<0$时,为异号应力循环;$\rho>0$时,为同号应力循环;$\rho=1$时表示静荷载。应力循环的各种形式见图2-2。

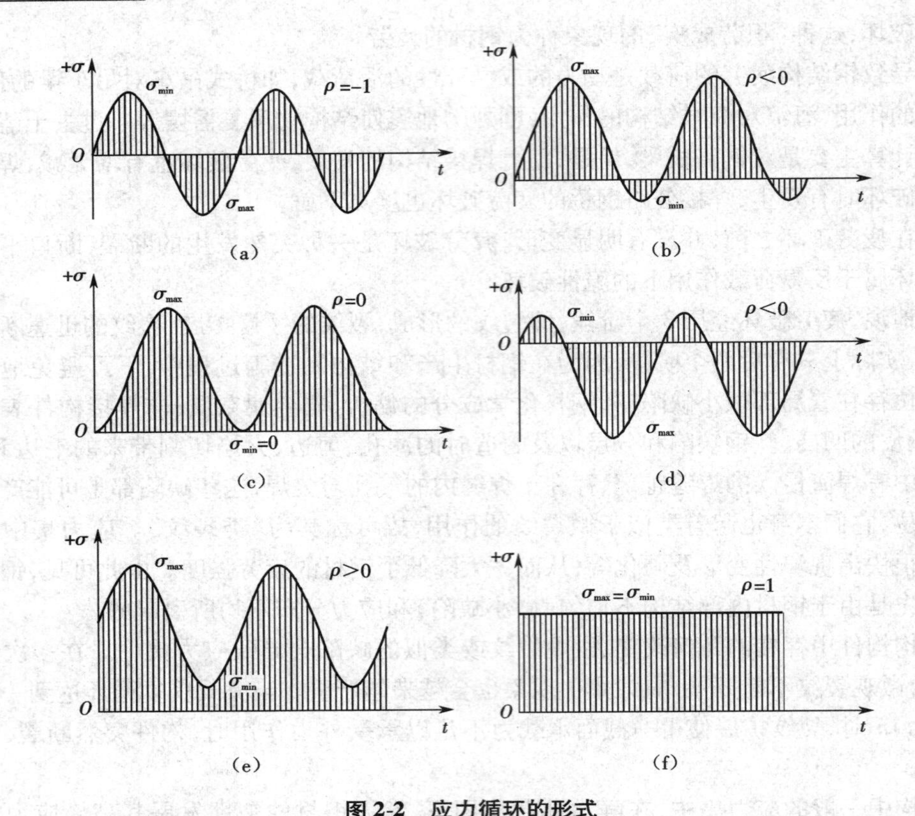

图 2-2　应力循环的形式

(a)完全对称应力循环;(b)、(d)异号应力循环;(c)脉冲应力循环;(e)同号应力循环;(f)静荷载

对焊接结构而言,由于焊缝附近存在着很大的焊接残余应力,其数值甚至达到钢材的屈服点f_y,名义上的应力循环特征(应力比)$\rho=\frac{\sigma_{min}}{\sigma_{max}}$并不能代表疲劳裂缝处的应力状态。实际上的应力循环是从受拉屈服强度f_y开始,变动一个应力幅$\Delta\sigma=\sigma_{max}-\sigma_{min}$(与前面不同,此处$\sigma_{max}$为最大拉应力,取正值,$\sigma_{min}$为最小拉应力或压应力,拉应力取正值,压应力取负值)。对于在反复应力作用下的焊接结构,无论任何形式的应力谱,由于受残余应力的影响,凡是拉应力达到f_y的部位,其实际的应力循环都是由实际最大应力$\sigma_{max}=f_y$下降到$\sigma_{min}=(f_y-\Delta\sigma)$,然后再升至$f_y$的循环。因此,无论对何种形式的循环应力谱,都可用$\Delta\sigma=\sigma_{max}-\sigma_{min}$表示其应力幅。因而焊接连接或焊接构件的疲劳性能直接与应力幅$\Delta\sigma=\sigma_{max}-\sigma_{min}$有关,而与名义上的应力比$\rho=\frac{\sigma_{min}}{\sigma_{max}}$关系不是非常密切。图 2-3 表示不同应力循环形式下的应力幅。

应力幅有常幅与变幅两类。常幅指各应力循环中$\Delta\sigma$为常量,变幅指$\Delta\sigma$随时间变化,按此划分,应力谱也可分为常幅循环应力谱与变幅应力谱两种谱型。变幅应力谱如图 2-4 所示。$\Delta\sigma$的大小直接影响疲劳强度,所对应应力幅相同的结构一般认为其疲劳强度相同,应力幅越大,疲劳强度越低。

2. 疲劳强度与应力循环次数(疲劳寿命)

当应力循环的形式不变时,钢材的疲劳强度与应力循环的次数(疲劳寿命)有关。根据试验资料可绘得如图 2-5 所示曲线。图中纵坐标为疲劳强度,横坐标是相应的反复次数(即试验

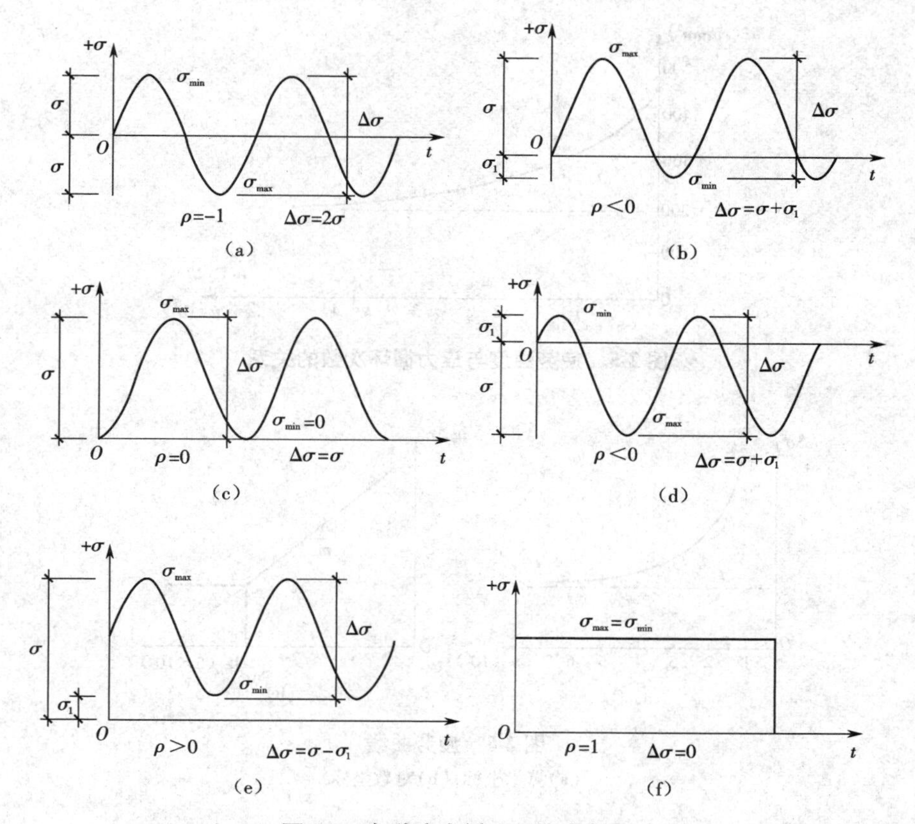

图 2-3　各种应力循环下的应力幅

(a)完全对称应力循环;(b)、(d)异号应力循环;(c)脉冲应力循环;(e)同号应力循环;(f)静荷载

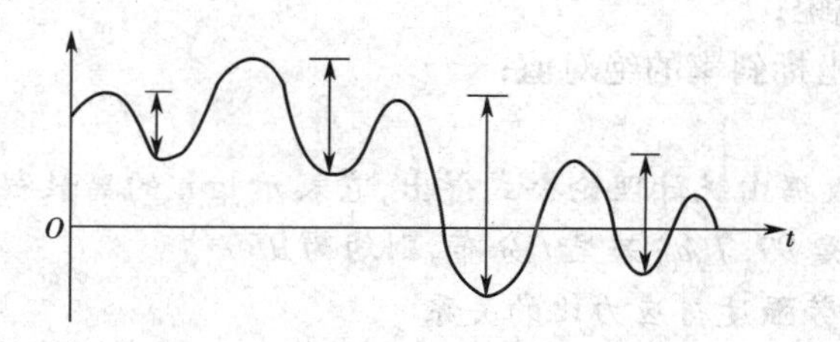

图 2-4　变幅应力谱

到疲劳破坏时的反复次数),曲线的渐近线表示即使应力循环次数达到无穷多次,试件仍然不会破坏,这就是所谓疲劳强度极限。

3. 疲劳曲线

在疲劳试验设备上对不同应力幅 $\Delta\sigma$ 作用下的构件或连接进行常幅疲劳破坏试验,可得到不同应力幅 $\Delta\sigma$ 作用下试件疲劳破坏时的不同应力循环次数 n,再进行归类并绘制 $\Delta\sigma$—n 曲线,即得疲劳曲线。

图 2-6(a)是按算术坐标绘制的 $\Delta\sigma$—n 疲劳曲线,类似双曲线形。当采用双对数坐标时,疲劳曲线则呈直线关系(见图 2-6(b)),其方程为:

$$\lg n = b - m \lg \Delta\sigma \tag{2.3.1}$$

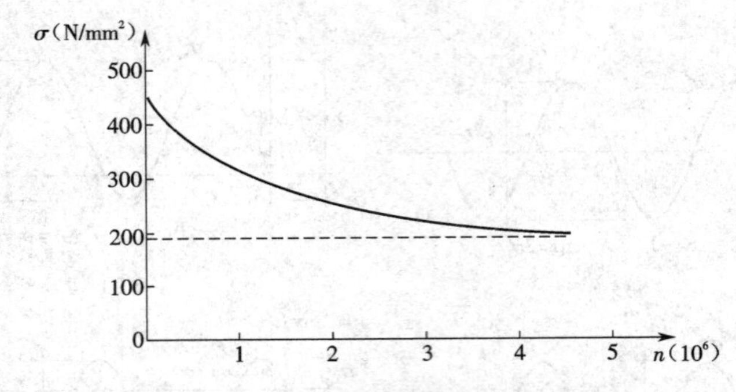

图 2-5 疲劳强度与应力循环次数的关系

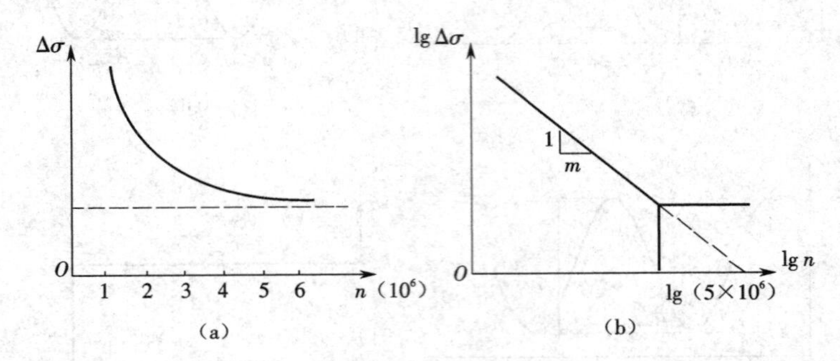

图 2-6 疲劳曲线

(a)算术坐标;(b)对数坐标

当考虑试验点的离散性时,需要有一定的概率保证,则方程变为:

$$\lg n = b - m\lg \Delta\sigma - 2\sigma_n \tag{2.3.2}$$

式中 b——n 轴上的截距;

m——直线对纵坐标斜率的绝对值;

σ_n——标准差。

注:σ_n 可根据试验数据由统计理论公式得出,它表示 $\lg n$ 的离散程度,若 $\lg n$ 呈正态分布,$\Delta\sigma < [\Delta\sigma]$ 的保证效率是 97.7%,若呈 t 分布,则约为 95%。

4. 钢材小试件的疲劳强度与应力比的关系

图 2-7 所示的疲劳强度 σ^ρ 与应力比 ρ 的关系曲线,是根据许多试验数据绘出的,这些试验数据是用无残余应力的小试件或实物模拟缩尺试件所做的疲劳试验而得到的。图中以 σ_{max}(疲劳强度)为纵坐标,σ_{min} 为横坐标。A 点纵坐标 σ_{-1} 代表 $\rho = -1$ 时的疲劳强度,C 点的纵坐标 σ_0 代表 $\rho = 0$ 时的疲劳强度,B 点的纵坐标等于屈服强度 f_y。由于曲线 ACB 接近直线,因此可以近似地把 ACB 看成一条直线。AB 延长线与横轴的交点为 D,AB 的斜率 K 可用下式表示:

$$K = \frac{\sigma_0 - \sigma_{-1}}{\sigma_{-1}} \tag{2.3.3}$$

则 AB 段上任意 E 点的疲劳强度 σ_{max} 可写成:

$$\sigma_{max} = \sigma^\rho = \frac{\sigma_0}{1 - K\rho} \tag{2.3.4}$$

其中 σ_0 由试验取得,不同构造细部得出不同疲劳强度值。

工程上一般以按循环次数 $n=2\times10^6$ 绘出的 ABC 曲线作为设计依据。

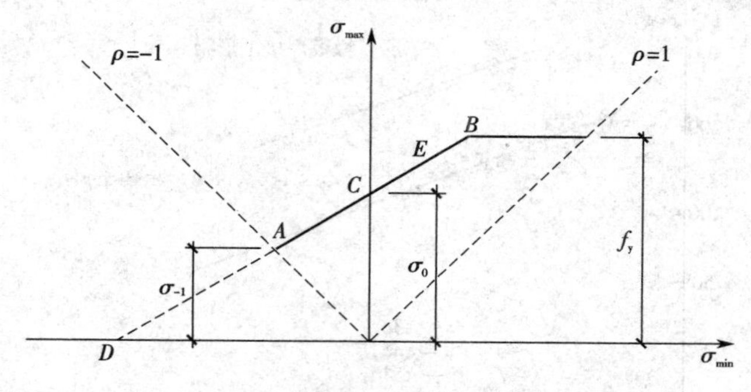

图 2-7　疲劳强度分析图

5. 应力幅 $\Delta\sigma$ 与循环次数 n 的关系

近年来，随着疲劳试验设备的发展，疲劳试验已由小试件试验发展到足尺的大型构件实物试验。试验中，获得了大量与实际结构的外部和内部条件完全一致的疲劳性能的真实数据。图 2-8 绘出了单层及多层翼缘板焊接工形梁的两组试验结果。可以看出，不同的最小应力值（从 $-42.2\ \text{N/mm}^2$ 到 $70\ \text{N/mm}^2$ 和从 $-70\ \text{N/mm}^2$ 到 $98\ \text{N/mm}^2$）对应力幅统计破坏循环次数并无明显影响。

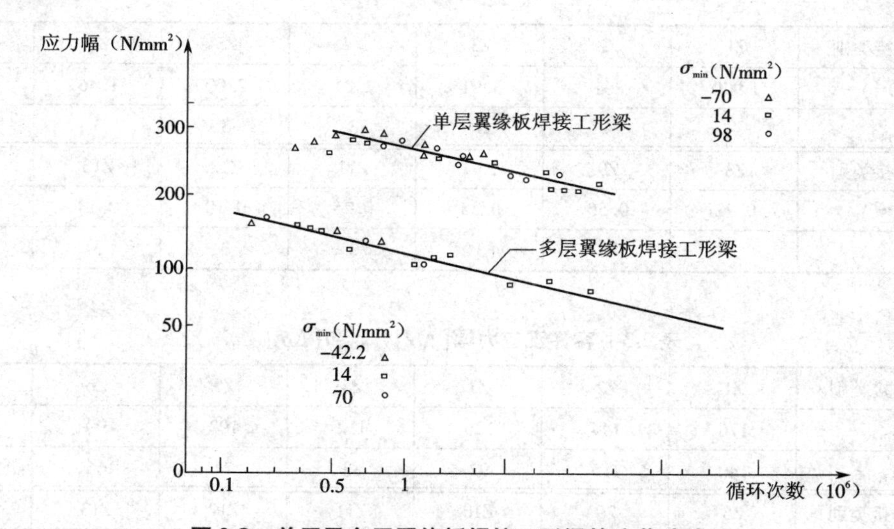

图 2-8　单层及多层翼缘板焊接工形梁的疲劳试验

图 2-9 绘出了不同钢种单层及多层翼缘板焊接工形梁的试验结果。可以看出，不同钢种（$f_y=252\sim700\ \text{N/mm}^2$）在相同应力幅条件下，两种梁的破坏循环次数与钢种关系不密切。

以上试验说明，应力幅 $\Delta\sigma$ 是控制各种焊接连接和焊接构件疲劳破坏循环次数的最主要的应力变量。

图 2-8 和图 2-9 采用双对数坐标，疲劳强度试验结果沿斜直线排列，因此可得到应力幅 $\Delta\sigma$ 与循环次数 n 之间的关系为

$$\Delta\sigma=\left(\frac{c}{n}\right)^{\frac{1}{\beta}} \tag{2.3.5}$$

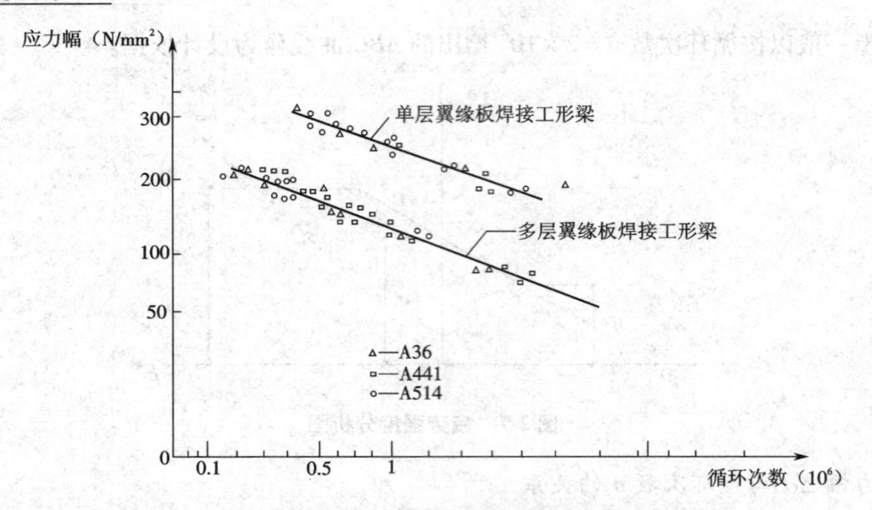

图 2-9　不同钢种单层及多层翼缘板焊接工形梁的疲劳试验

式中 c、β 由试验得到，按照表 2-2 采用。该式与按照断裂力学理论推导的公式一致。表 2-3 为循环次数为 2×10^6 的容许正应力幅。

表 2-2　参数 c、β

构件与连接类别	Z1	Z2	Z3	Z4	Z5	Z6	Z7
$c(\times10^{12})$	1 920	861	3.91	2.81	2.00	1.46	1.02
β	4	4	3	3	3	3	3
构件与连接类别	Z8	Z9	Z10	Z11	Z12	Z13	Z14
$c(\times10^{12})$	0.72	0.50	0.35	0.25	0.18	0.13	0.09
β	3	3	3	3	3	3	3

表 2-3　容许正应力幅 $[\Delta\sigma]_{2\times10^6}$ 和 $[\Delta\sigma]_{5\times10^6}$　　N/mm^2

构件与连接类别	Z1	Z2	Z3	Z4	Z5	Z6	Z7
$[\Delta\sigma]_{2\times10^6}$	176	144	125	112	100	90	80
$[\Delta\sigma]_{5\times10^6}$	140	115	92	83	74	66	59
构件与连接类别	Z8	Z9	Z10	Z11	Z12	Z13	Z14
$[\Delta\sigma]_{2\times10^6}$	71	63	56	50	45	40	36
$[\Delta\sigma]_{5\times10^6}$	52	46	41	37	33	29	26

为了能够使式(2.3.5)付诸实际，不必针对每一个实际结构都做一次疲劳试验，可以根据钢结构和钢构件中常用的构造形式选择若干种作为典型形式，按实际结构的要求进行试件制作，然后进行疲劳试验，得到各种典型类别的应力幅 $\Delta\sigma$ 与疲劳循环次数 n 之间的曲线如图 2-10所示，并由此确定各类别的 c 和 β 系数，供设计查用。图中类别 1 具有最小的应力集中，随着类别次序的增高，应力集中也随之增大。

式(2.3.5)考虑安全系数后，得

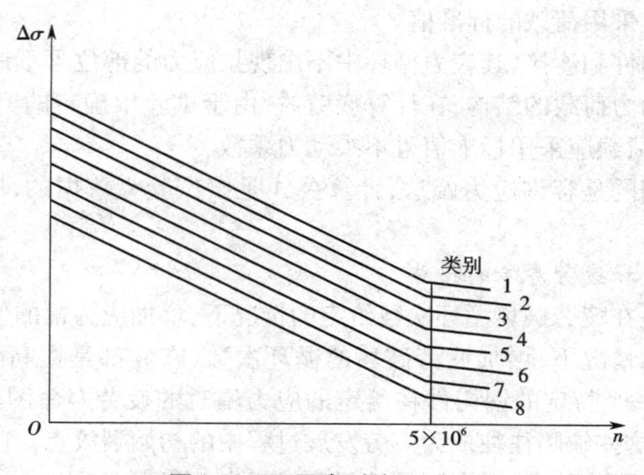

图 2-10 不同类别的 $\Delta\sigma$—n

$$[\Delta\sigma]=\left(\frac{c}{n}\right)^{\frac{1}{\beta}} \tag{2.3.6}$$

则应力幅计算表达式为

$$\Delta\sigma\leqslant\gamma_t[\Delta\sigma_L] \tag{2.3.7}$$

式中 γ_t——板厚或直径修正系数。

上述疲劳强度的确定是针对焊接结构和常幅应力循环的情况,不属于这种情况的,要作适当的处理。

对于非焊接结构,疲劳强度与应力比关系密切,为了疲劳强度验算公式的统一性,非焊接结构也采用应力幅准则,一般都采用下式对应力幅进行调整:

$$\Delta\sigma=\sigma_{\max}-\alpha\sigma_{\min} \tag{2.3.8}$$

式中 α——系数。

对于变幅应力循环的情况,如吊车和车辆荷载产生的应力循环,可将变幅疲劳转换为应力循环200万次常幅疲劳,即

$$n=\sum n_i+\sum n_j \tag{2.3.9}$$

$$\Delta\sigma_e=\left[\frac{\sum n_i(\Delta\sigma_i)^{\beta}+([\Delta\sigma]_{5\times10^6})^{-2}\sum n_j(\Delta\sigma_j)^{\beta+2}}{2\times10^6}\right]^{\frac{1}{\beta}} \tag{2.3.10}$$

式中 n——总循环次数;

$\Delta\sigma_e$——由变幅疲劳预期使用寿命折算成循环次数为 2×10^6 次的等效正应力幅(N/mm^2);

$\Delta\sigma_i,n_i$——应力谱中循环次数 $n\leqslant5\times10^6$ 范围内的正应力幅 $\Delta\sigma_i$(N/mm^2)及其频次;

$\Delta\sigma_j,n_j$——应力谱中循环次数 $5\times10^6\leqslant n\leqslant1\times10^8$ 范围内的正应力幅 $\Delta\sigma_j$(N/mm^2)及其频次。

这样,变幅疲劳就可以用等效应力幅 $\Delta\sigma_e$ 按等幅疲劳计算。

疲劳计算中有以下问题应该注意。

①对直接承受动力荷载重复作用的构件及连接,当应力变化的循环次数 $n\geqslant5\times10^4$ 时,应进行疲劳计算。

②计算荷载时应采用荷载的标准值。

③对非焊接的构件和连接,其应力循环中不出现拉应力的部位可不计算疲劳强度。

④对直接承受动力荷载的结构,在计算疲劳时,由于试验中确定的容许应力幅[$\Delta\sigma$]已包含了动力的影响,故荷载应采用标准值且不乘动力系数。

⑤疲劳计算采用的是容许应力幅法,计算公式是以试验为依据的,应力幅按弹性工作计算,且不计永久荷载。

6. 提高疲劳强度和疲劳寿命的措施

提高疲劳强度是在疲劳破坏循环次数给定的情况下,增加应力幅的值;提高疲劳寿命则是在应力幅的值给定的情况下,增加疲劳破坏的循环次数,它们都是提高耐疲劳性能的表现方式。图 2-11 给出了一个特定的钢构件在给定的应力幅时的疲劳寿命图。钢构件不可避免地会存在初始缺陷,而这些缺陷往往成为疲劳发展过程中的初始裂纹点。因此,钢构件的疲劳破坏过程就不存在裂纹形成阶段,只有裂纹扩展和最后断裂两个阶段。由于最后断裂往往在瞬间完成,因此裂纹扩展阶段就成为构件的疲劳寿命。图 2-11 中 A 点为初始裂纹点,B 点为瞬间断裂点,曲线 AB 就是裂纹扩展过程,由 A 点到 B 点的荷载循环次数即为构件的疲劳寿命。

从图 2-11 中可以看出,在应力幅给定的情况下,要提高疲劳寿命有两种方法。一种方法是减小初始缺陷,即初始裂缝尺寸,如由 a_1 减小为 a_0,则可增加疲劳寿命 Δn_1 次。另一种方法是延迟瞬间断裂 B 点到 C 点,则可增加疲劳寿命 Δn_2 次。

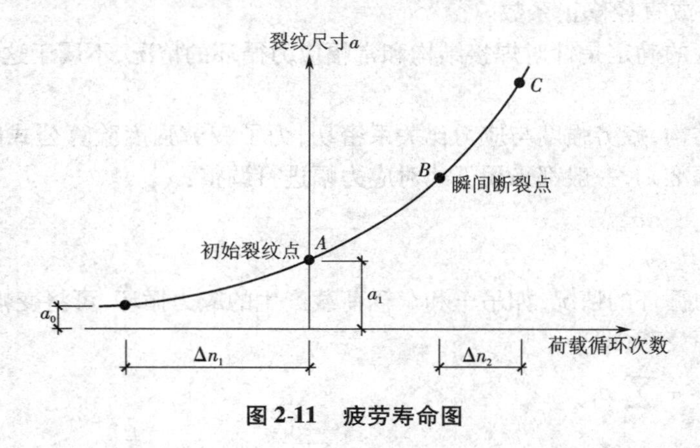

图 2-11　疲劳寿命图

具体做法包括以下几点:

①采取合理的构造细节设计,尽可能减少应力集中;

②严格控制施工质量,以减小初始裂纹尺寸;

③采取必要的工艺措施,例如磨去对接焊缝的表面余高部分、打磨角焊缝焊趾以及打磨纵向角焊缝端部等,减小应力集中程度。

第 3 章　钢结构的材料

3.1　钢结构对材料的要求

建筑钢结构对材料的要求主要表现为以下几方面。

①强度要求，即对材料屈服强度与抗拉强度的要求。材料强度高可减轻结构自重。

②塑性、韧性要求，即要求钢材具有良好的适应变形与抗冲击能力，以防止脆性破坏。

③耐疲劳性能及适应环境能力要求，即要求材料本身具有良好的抗动力荷载性能及较强的适应低、高温等环境变化的能力。

④冷、热加工性能及焊接性能要求。

⑤耐久性能要求，主要指材料的抗锈蚀能力，即要求钢材具备在外界环境作用下仍能维持其原有力学及物理性能基本不变的能力。

⑥生产与价格方面的要求，即要求钢材易于施工、价格合理。

据此，《钢结构设计标准》(GB 50017—2017)推荐承重结构宜采用的钢有碳素结构钢中的 Q235 及低合金高强结构钢中的 Q345、Q390、Q420、Q460 和 Q345GJ。

3.2　钢材的破坏形式

钢材的破坏形式分为塑性破坏与脆性破坏两类。

塑性破坏(又称为延性破坏)的特征是：钢材在断裂破坏时已经产生很大的塑性变形，其断口呈纤维状，色发暗，有时能看到滑移的痕迹。钢材的塑性破坏可通过采用一种标准圆棒试件进行拉伸破坏试验加以验证。钢材在发生塑性破坏时变形特征明显，很容易被发现并及时采取补救措施，因而不至于引起严重后果。适度的塑性变形能起到调整结构内力分布的作用，使原先结构应力不均匀的部分趋于均匀，从而提高结构的承载能力。

脆性破坏的特征是：钢材在断裂破坏前没有明显的变形征兆，其断口平齐，呈有光泽的晶粒状。钢材的脆性破坏可通过采用一种比标准圆棒试件更粗并在其中部位置车有小凹槽(凹槽处的净截面面积与标准圆棒截面面积相同)的试件进行拉伸破坏试验加以验证。由于脆性破坏具有突然性，无法预测，故比塑性破坏要危险得多，在钢结构工程设计、施工与安装中应采取适当措施尽量避免。

3.3　钢材的主要性能

钢材的主要性能包括钢材的力学性能、焊接性能与耐久性能。

3.3.1 钢材的力学性能

钢材的力学性能通常指钢厂生产供应的钢材在各种作用(如拉伸、冷弯和冲击等单独作用)下显示出的性能,包括强度、塑性、冷弯性能及韧性等方面。性能须由相应试验测定,试验用试件的制作和试验方法须按照相关国家标准规定进行。

1. 强度性能

钢材的强度性能可用几个有代表性的强度指标来表述,包括材料的比例极限f_p、弹性极限f_e、屈服点f_y与抗拉强度f_u。这些强度指标值可通过采用标准试件(见图3-1)在常温(10～35 ℃)、静载(满足静力加载的加载速度)作用下进行一次加载拉伸试验所得到的钢材应力—应变关系曲线来显示。如图3-2(a)所示曲线为低碳钢单向均匀拉伸试验应力—应变曲线,从中可反映钢材不同受力阶段(弹性、弹塑性、塑性、强化及颈缩破坏5个阶段)强度性能的几个指标。图3-2(b)为钢材前3个阶段的σ—ε关系曲线细部放大图。各受力阶段的特征叙述如下。

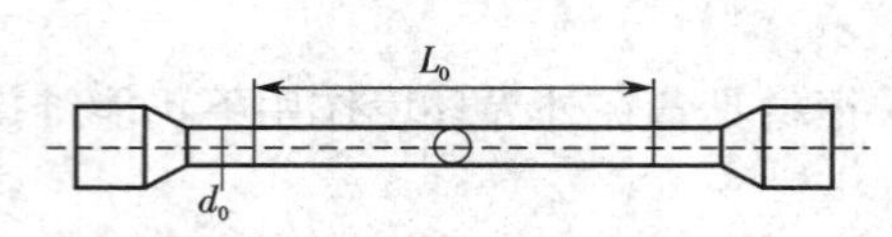

图3-1　单项静力拉伸试验的标准试件

(1)弹性阶段(OAB段)

弹性阶段特征:当$\sigma \leqslant f_p$时,σ与ε呈线性关系,直线OA的斜率称为钢材的弹性模量E。在钢结构设计中,对所有钢材统一取E值,$E = 2.06 \times 10^5$ N/mm^2。由于f_e与f_p非常接近,故通常将弹性极限f_e以内的线段(即OAB段)近似看成直线段,并且只有在此阶段($\sigma \leqslant f_e$)卸荷时,材料才不会留下残余变形。

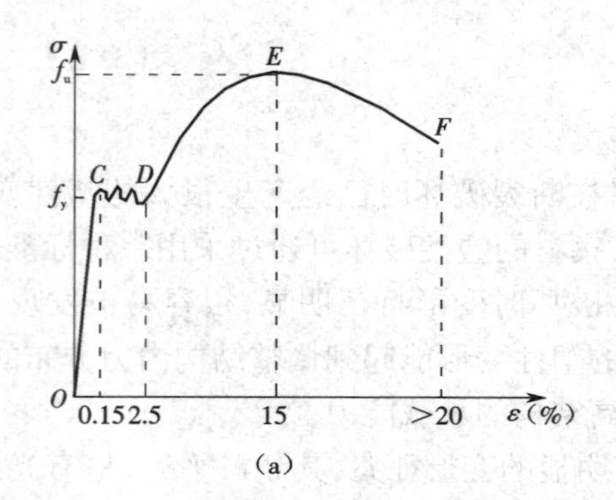

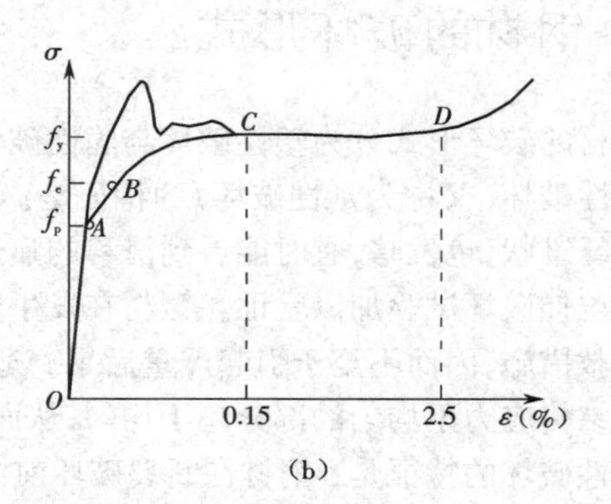

图3-2　低碳钢单向均匀拉伸试验应力—应变关系曲线

(2)弹塑性阶段(BC段)

弹塑性阶段特征:σ与ε呈非线性关系,曲线各点切线模量E_t(即斜率$\mathrm{d}\sigma/\mathrm{d}\varepsilon$)随应力增大而减小,当$\sigma = f_y$时,$E_t = 0$。

对低碳钢,f_y对应的应变ε约为0.15%,对于高碳钢(即没有明显屈服台阶的钢材)可取卸荷后残余应变$\varepsilon = 0.2\%$所对应的应力为f_y(如图3-3所示)。但在进行钢结构设计时,一般将f_y作为承载能力极限状态计算的限值,即钢材强度的标准值f_K,并据以确定钢材的强度设计值f。

(3)塑性阶段(也称屈服阶段)(CD段)

塑性阶段特征:当σ超过f_y后,钢材暂时不能承受更大的荷载,且伴随产生很大的变形

（塑性流动），流幅 ε 达到 0.15%～2.5%，这时钢材屈服。

因此，进行钢结构设计时常将 f_y 作为强度极限承载力的标志，并将应力 σ 达到 f_y 之前的材料称为完全弹性体，达到 f_y 之后的材料称为完全塑性体，从而将钢材视为理想弹塑性体（见图 3-4）。

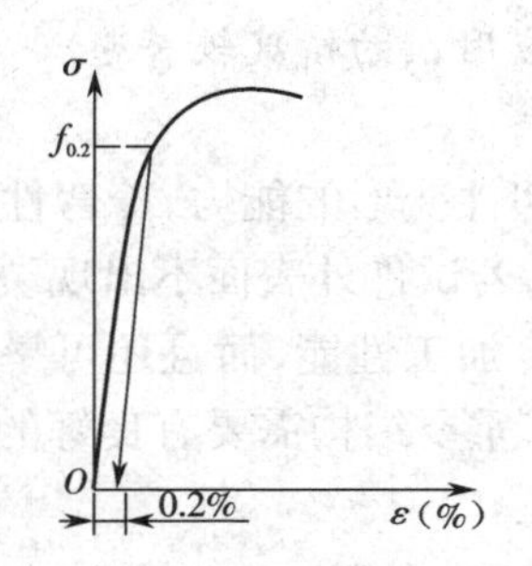

图 3-3　无明显屈服台阶钢材的应力—应变关系曲线

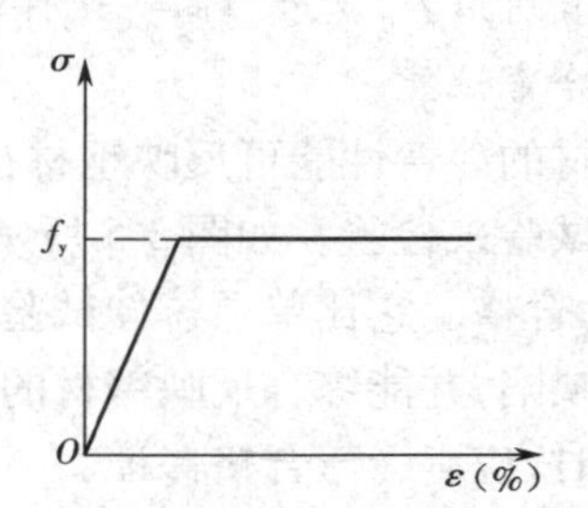

图 3-4　理想弹塑性材料的应力—应变关系曲线

（4）强化阶段（*DE* 段）

强化阶段特征：钢材内部组织得到调整，强度逐渐提高，塑性变形继续加大，直到应变值 ε 达到 20% 甚至更大，所对应的应力达到最大值 f_u。

（5）颈缩破坏阶段（*EF* 段）

当应力达到 f_u 后，试件局部开始出现横向收缩（即颈缩），随后变形剧增，荷载下降，直至断裂。f_u 是钢材破坏前能够承受的最大应力，但此时钢材的塑性变形非常大，故无实用意义，设计时仅作为钢材的强度储备考虑，常用 f_y/f_u（屈强比）表征钢材强度储备大小。

综上所述，屈服点 f_y 与抗拉强度 f_u 是反映钢材强度的两个重要应用性指标。

注：钢材在单向受压（短试件）时，受力性能基本上与单向受拉相同。受剪时的情况也类似，但屈服点 τ_y 及抗剪强度 τ_u 均低于 f_y 和 f_u；剪切应变模量 G 也低于弹性模量 E。

2. 塑性

塑性是指钢材破坏前产生塑性变形的能力，其值可用由静力拉伸试验得到的力学性能指标伸长率 δ 与截面收缩率 Ψ 来衡量。δ 与 Ψ 值越大，表明钢材塑性越好。

δ 与 Ψ 是反映钢材塑性变形能力的两个指标。Ψ 值还可反映钢材的颈缩部分在三向拉应力情况下的最大塑性变形能力，这对于需考虑厚度方向抗层状撕裂能力的 Z 向钢板很重要。

δ 等于试件拉断后的原标距的塑性变形（即伸长值）与原标矩之比值，以百分数表示。Ψ 等于颈缩断口处截面面积的缩减值与原截面面积之比值，以百分数表示。δ 与 Ψ 的计算公式如下。

（1）伸长率 δ

$$\delta = \frac{L_1 - L_0}{L_0} \times 100\% \tag{3.3.1}$$

式中　L_0——试件原标距长度（参见图 3-1）；

L_1——试件拉断后标距的长度。

（2）截面收缩率 Ψ

$$\psi = \frac{A_0 - A_1}{A_0} \times 100\% \tag{3.3.2}$$

式中　A_0——试件原横截面面积；

　　　A_1——试件颈缩时断口处横截面面积。

注：δ的大小还与试件的原标距长度L_0与试件原直径d_0之比相关，一般有δ_5与δ_{10}两种试验计算值。以$L_0=5d_0$试件试验并计算出的δ值用δ_5表示。同样，以$L_0=10d_0$试件试验并计算出的δ值则用δ_{10}表示。同一试件的δ_5比δ_{10}要偏大一些，通常应用δ_5的情况较普遍。

3. 冷弯性能

钢材的冷弯性能可反映钢材在常温下进行冷加工时产生塑性变形的能力，冷弯性能可通过冷弯试验来检验。如图3-5所示，试验时需将试件弯成180°，若试件外表面不出现裂纹和分层，即为合格。它比单项拉伸试验更严格，不仅能反映钢材的冷加工性能，而且还可暴露钢材的内部缺陷，并能综合反映钢材的塑性性能和冶金质量。因此，重要结构需要有良好的冷热加工性能时，应有冷弯合格保证。

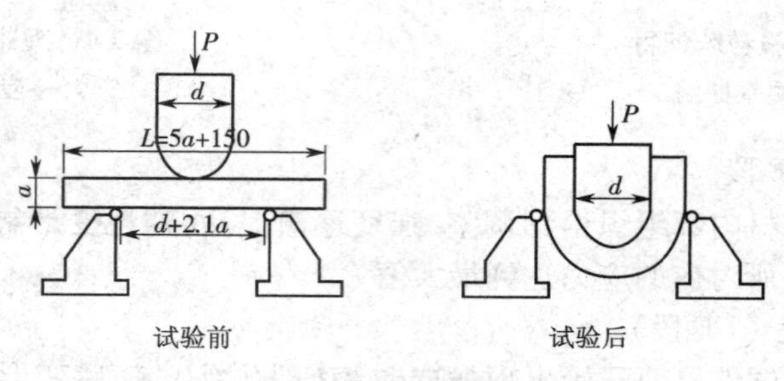

图3-5　冷弯性能试验

注：钢筋冷弯试验的操作方法及步骤。

①目的：检验钢材常温下承受规定弯曲程度的变形能力，从而确定其塑性和可加工性能，并显示其缺陷。

②主要仪器设备：压力试验机、万能试验机、特殊试验机、冷弯压头等。

③试验方法及步骤：

a. 试件长度为$5a+150$(mm)，a为试件的计算直径；

b. 弯心直径和弯曲角度按热轧钢筋分级及相应的技术要求表选用，一般Ⅱ级钢筋弯心直径$d=3a$($a=6\sim25$ mm)；

c. 按图调整两支辊间距离，使之等于$d+2.1a$；

d. 按图装置试件后，平稳地施加荷载，钢筋须绕弯心弯曲到要求的弯曲角度。

④结果鉴定：试件弯曲后，检查弯曲处的外缘及侧面，如无裂缝、断裂或起层现象，即认为冷弯试验合格，否则为不合格。

4. 韧性

钢材的韧性可用冲击试验来判定，并可用冲击韧性值(即击断试样所需的冲击功A_{kv})表示，单位为J(焦耳)。如图3-6所示，试验时采用截面10 mm×10 mm、长55 mm且中间开有V形缺口的长方体试件，放在冲击试验机上用摆锤击断，击断时所需的冲击功A_{kv}越大，表明钢材的韧性越好。试验时，刚好击断试件缺口时的摆锤重量与其垂直下落高度之乘积即为所消耗的冲击功。

以上方法称为恰贝试验(Charpy V-notch test)法，一般为国内外所通用。我国过去多数规

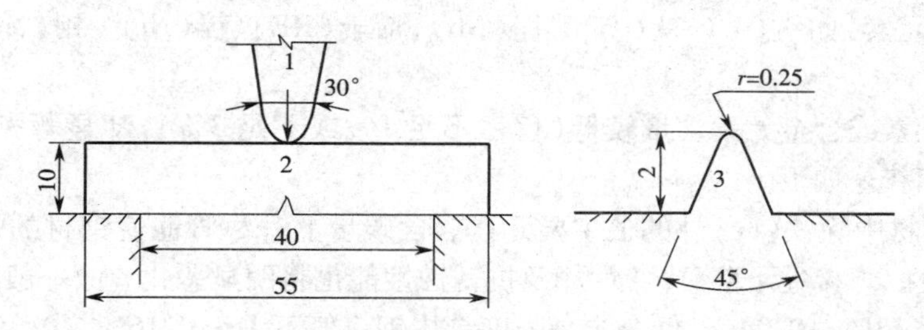

图 3-6　冲击韧性试验及试件缺口形式

1—摆锤;2—试件;3—V 形缺口

范也推荐采用过梅氏试验(Mesnager test)法,即采用 U 形缺口试件,并用缺口断裂截面上单位面积所消耗的冲击功,即单位冲击功 a_k 表示,单位为 J/cm^2。

注:冲击韧性还与温度有关,当温度低于某一负温值时,冲击韧性值将急剧降低。因此在寒冷地区建造的直接承受动力荷载的钢结构,除应有常温冲击韧性的保证外,尚应依钢材的类别,使其具有 −20 ℃或 −40 ℃的冲击韧性保证,应保证 $A_{kv} \geq 27$ J(焦耳),且冲击试验钢材试件须按纵向轧制方向切取。

3.3.2　钢材的焊接性能与耐久性能

1. 焊接性

钢材的焊接性是指在给定的构造形式和焊接工艺条件下获得符合质量要求的焊缝连接的性能。焊接性能差的钢材在焊接的热影响区容易发生脆性裂缝(如热裂缝或冷裂缝),不易保证焊接质量,除非采用特定的复杂焊接工艺。故对于重要的承受动力荷载的焊接结构,应对所用钢材进行焊接性能的鉴定。钢材的焊接性能可用试验焊缝的试件进行试验,以测定焊缝及其热影响区钢材的抗裂性、塑性和冲击韧性等。

钢材的焊接性能除了与钢的含碳量等化学成分密切相关外,还与钢的塑性及冲击韧性有密切关系。一般来说冲击韧性合格的钢材,其焊接质量也容易保证。

2. 耐久性

钢材的耐久性主要表现为其抗腐蚀性能。对于长期暴露在空气中或经常处于干湿交替环境下的钢结构,容易产生锈蚀破坏。腐蚀对钢结构的危害不仅仅是对钢材有效截面的均匀削弱,而且由此产生的局部锈坑会导致应力集中,从而降低结构的承载力,使其产生脆性破坏。故对钢材的防锈蚀问题及防腐措施应特别重视。

3.4　各种因素对钢材主要性能的影响

3.4.1　化学成分的影响

化学成分直接影响到钢的颗粒组织和结晶构造,从而影响钢材的力学性能。

碳素结构钢中纯铁含量约占 99%,其余元素如有利元素碳(C)、锰(Mn)、硅(Si)及有害元素硫(S)、磷(P)、氧(O)、氮(N)等约占总含量的 1%,属微量元素。

低合金高强度结构钢中,除含有以上所有元素外,为改善某些性能,还掺有总含量不超过

3%的其他合金元素,如钒(V)、钛(Ti)、铌(Nb)、稀土(RE)、镍(Ni)、钼(Mo)、铬(Cr)、铜(Cu)等。

尽管微量元素或合金元素含量较低(仅占不足1%或不足3%),却显著影响钢材的各方面性能。现分别叙述如下。

碳(C)是钢材中除铁(Fe)外的最主要元素。含碳量上升尽管能使钢材的强度上升,却会导致其塑性、韧性、焊接性下降,冷弯性能及抗锈蚀性能也将明显恶化。故一般限定含量:碳素钢一般不大于0.12% ~0.24%,低合金高强度结构钢一般不大于0.16% ~0.2%。

锰(Mn)为一种较弱的脱氧剂,含适量Mn可使强度提高,并可降低有害元素S、O的热脆影响,改善钢材的热加工性能及热脆倾向。对其他性能如塑性及冲击韧性只有轻微降低,故一般限定含量:碳素钢一般不大于0.5% ~1.5%,低合金高强度结构钢一般为1.6% ~1.8%。

硅(Si)为一种较强的脱氧剂,含适量Si可使强度大为提高,对其他性能影响不大,但过量(达1%左右)也会导致钢材塑性、韧性、焊接性下降,冷弯性能及抗锈蚀性能也将恶化,故一般限定含量:碳素钢为不大于0.3% ~0.35%,热轧低合金高强度结构钢不超过0.55%。

硫(S)一般以硫化铁(FeS)的形式存在,高温时会融化而导致钢材变脆(如焊接或热加工时就有可能引起热裂纹),称为热脆。故一般含量应严格控制,碳素钢一般为不大于0.035% ~0.05%,低合金高强度结构钢一般为0.025% ~0.035%,Z向钢要求更严,一般为0.01% ~0.015%。

磷(P)虽能提高钢材的强度及抗锈蚀性能,但会导致钢材的塑性、冲击韧性、焊接性及冷弯性能严重降低,特别是在低温时会使钢材变脆,称为冷脆,故一般含量也应严格控制,碳素钢一般为0.035% ~0.045%,低合金高强度结构钢一般为0.025% ~0.035%。

氧(O)和氮(N)的情况分别类似于硫(S)和磷(P),氧(O)易产生热脆,故一般含量应低于0.05%;氮(N)易导致冷脆,一般控制其含量不超过0.008%。

另外,合金元素也可明显提高钢的综合性能,如钒(V)、钛(Ti)、铌(Nb)可提高钢的韧性,稀土(RE)有利于脱氧脱硫,镍(Ni)、钼(Mo)、铬(Cr)可提高钢的低温韧性,铜(Cu)可提高钢的耐腐蚀性能。

3.4.2 冶炼与轧制的影响

1. 冶炼过程中的影响

①偏析:钢中化学成分不均匀称为偏析,偏析易造成钢材塑性、韧性、冷弯性能及焊接性变差。如沸腾钢在冶炼过程中由于脱氧脱氮不彻底,其偏析现象比镇静钢要严重得多。

②非金属夹杂:主要指硫化物及氧化物等掺杂在钢材中而使其性能变坏。如硫化物易导致钢材热脆,氧化物则严重降低其力学性能及工艺性能。

③裂纹:冶炼过程中,一旦出现裂纹,将严重影响钢材的冲击韧性、冷弯性能及抗疲劳性能。

④分层:钢材在厚度方向不密合,分成多层的现象叫分层。分层将从多方面严重影响钢材性能,如大大降低钢材的冲击韧性、冷弯性能、抗脆断能力及疲劳强度,尤其是在承受垂直于板面的拉力时易产生层状撕裂。

2. 轧制过程中的影响

①压缩比与轧制方向将影响其性能。如压缩比大的小型钢材薄板、小型钢等的强度、塑

性、冲击韧性等性能就优于压缩比小的大型钢材。故规范中钢材的力学性能标准往往根据其性能进行分段。另外，钢材的性能还与轧制方向有关，顺着轧制方向的力学性能优于垂直于轧制方向的力学性能。

②轧制后是否热处理及其处理方式也将影响钢材性能。如轧制后采用淬火后回火的调质工艺处理，不仅可改善钢的组织、消除残余应力，还可显著提高钢材强度。

3.4.3　温度的影响

1. 升温影响

当钢材温度在正温范围内由0 ℃上升至100 ℃时，钢材的强度微降，塑性微增，性能有小幅波动，但变化不大。但当温度继续升至250 ℃左右时，钢材的抗拉强度增大，塑性和韧性却下降，常出现脆性破坏特征（因表面氧化膜呈蓝色故又称蓝脆破坏，在蓝脆温度范围内进行热加工，钢材易产生裂纹）。当温度继续上升至260～320 ℃时，钢材的强度和弹性模量开始快速下降，而伸长率显著增大，钢材将出现徐变现象。当温度升至400 ℃时，钢材的强度和弹性模量陡降，当温度升至600 ℃时，强度接近于零。因此，当结构长期受辐射热达150 ℃以上或可能受灼热熔化金属侵害时，结构应该考虑设置隔热保护层。

2. 降温影响

当材料由常温降到负温时，强度略有提高，但塑性和韧性降低，材料变脆，随着温度继续降低到某一负温区间时，其冲击韧性陡降，破坏特征明显由塑性破坏转变为脆性破坏，出现低温冷脆破坏。图3-7为钢材冲击韧性与温度的关系曲线，其拐点所对应的温度 T_0 称为脆性转变温度。设计中选用钢材时，应使其脆性转变温度区的下限温度 T_1 低于结构所处的工作环境温度，才可保证钢结构低温工作的安全。故在低温环境工作的结构，往往要有负温（如0 ℃、-20 ℃或-40 ℃）冲击韧性的合格保证，以防止发生低温脆断。

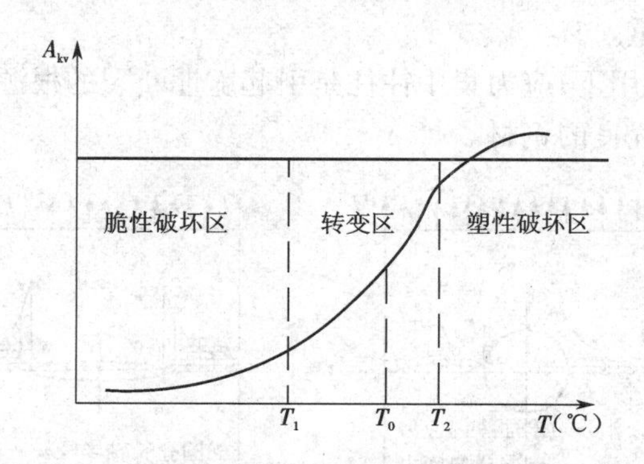

图3-7　A_{kv}值随温度变化情况

3.4.4　钢材硬化的影响

1. 冷作硬化（又称应变硬化）

钢材在常温下加工称为冷加工，冷轧、冷弯、冲孔、机械剪切等冷加工能使钢材产生很大的塑性变形，使屈服强度 f_y 得到提高，而钢材的塑性和韧性却会降低，这种现象称为冷作硬化或应变硬化。冷作硬化会增加结构脆性破坏的危险，对直接承受动载的结构尤为不利。因此，钢结构一般不利用冷作硬化来提高强度，对重要结构用材还要采取刨边措施来消除冷作硬化的影响。

2. 时效硬化

钢材随时间增长强度得到提高,塑性、韧性却下降的现象称为时效硬化。其产生原因是钢材在冶炼时留在纯铁体中的少量氮和碳固溶体,会随时间增长逐渐析出并形成氮化物和碳化物,从而对纯铁体的塑性变形起阻碍作用。不同种类钢材的时效硬化过程可从几小时到数十年不等。

3. 人工时效

若在钢材产生10%的塑性变形后,再加热到200~300 ℃,然后冷却到室温,可使时效硬化加速发展,只需几小时即可完成,这称为人工时效。对特别重要的结构钢材可作这样的人工时效处理,然后再检测其冲击韧性。

3.4.5 复杂应力状态的影响

在复杂应力如平面或立体应力作用下,钢材的屈服并不只取决于某一方向的应力,而是由反映各方向应力综合影响的屈服条件来确定。同号应力场将使材料脆性加大,异号应力场会使材料较容易进入塑性状态。复杂应力状态下钢材的屈服条件将在3.5节中加以叙述。

3.4.6 应力集中的影响

钢构件在孔洞、缺口、凹角等缺陷或截面变化处,由于截面突然改变,致使应力线曲折、密集,故在孔洞边缘或缺口尖端附近,会产生局部高峰应力,其余部位应力较低,应力分布很不均匀,这种现象称为应力集中。

在应力高峰区域除产生同向应力 σ_x 外,还将产生横向应力 σ_y 甚至应力 σ_z,形成三向状态,如图3-8和图3-9所示。这种同号的双向或三向应力场有使钢材变脆的趋势,应力集中系数越大,变脆的倾向越严重。

在负温或动力荷载作用下,应力集中往往是引起脆性断裂的根源,设计中应设法避免或减小应力集中,并选用质量优良的钢材。

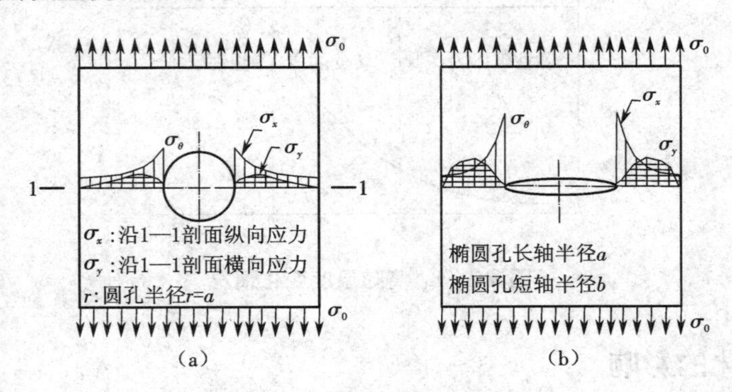

图3-8 孔边应力集中现象

(a)圆孔;(b)椭圆孔

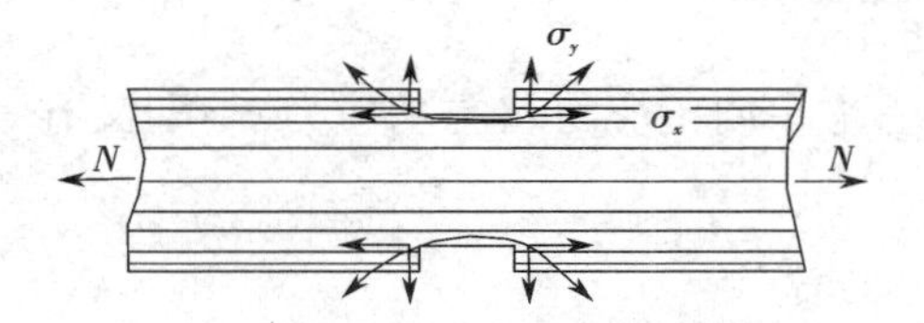

图 3-9　槽口处应力集中现象

3.4.7　其他因素的影响

其他因素如残余应力或重复荷载也会对钢材的性能产生影响。钢材因在热轧氧割焊接的加热与冷却过程中在构件内部产生的自相平衡的拉压应力而形成残余应力。残余应力虽对构件的强度无影响,但对构件的变形(刚度)、疲劳以及稳定承载力有不利影响。

重复荷载作用会导致钢材疲劳而发生脆性断裂。

3.5　复杂应力作用下钢材的屈服条件

钢材在单向应力作用下,常以屈服点作为由弹性工作状态转变为塑性工作状态的判定条件。钢材在复杂应力作用下(如图 3-10 所示),则不能以某一方向的应力是否达到 f_y 来判别,而须利用折算应力 σ_{eq} 来判定,即当 $\sigma_{eq} < f_y$ 时,认为处于弹性状态,当 $\sigma_{eq} \geqslant f_y$ 时,认为材料进入塑性状态,材料屈服。

按材料力学的能量强度理论,σ_{eq} 用应力分量和主应力表达的公式分别如下:

$$\sigma_{eq} = \sqrt{\sigma_x^2 + \sigma_y^2 + \sigma_z^2 - (\sigma_x\sigma_y + \sigma_y\sigma_z + \sigma_z\sigma_x) + 3(\tau_{xy}^2 + \tau_{yz}^2 + \tau_{zx}^2)} \tag{3.5.1}$$

$$\sigma_{eq} = \sqrt{\sigma_1^2 + \sigma_2^2 + \sigma_3^2 - (\sigma_1\sigma_2 + \sigma_2\sigma_3 + \sigma_1\sigma_3)} \tag{3.5.2}$$

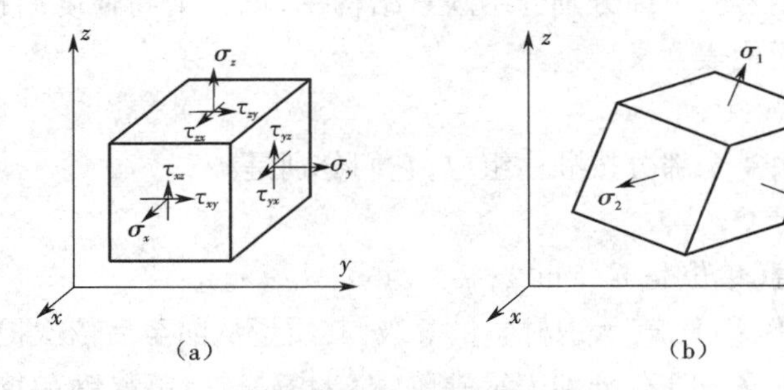

图 3-10　复杂应力状态

(a)一般应力状态;(b)主应力状态

由以上两式可见,当 3 个主应力或 3 个正应力同号且非常接近时,即使各自都远远超过钢材屈服强度,材料也很难进入塑性状态,甚至破坏时呈现脆性特征。但当有一向应力为异号,另两向同号应力相差又较大时,材料就较容易进入塑性状态。

当三向应力中有一向应力极小且可忽略不计时,即以上式子中可以分别取 $\sigma_3 = 0$ 及 $\sigma_z = 0, \tau_{yz} = \tau_{zx} = 0$,分别得到如下式子:

$$\sigma_{eq} = \sqrt{\sigma_x^2 + \sigma_y^2 - \sigma_x\sigma_y + 3\tau_{xy}^2} \tag{3.5.3}$$

$$\sigma_{eq}=\sqrt{\sigma_1^2+\sigma_2^2-\sigma_1\sigma_2} \tag{3.5.4}$$

但对于普通梁,一般只考虑单向正应力 σ 与剪应力 τ, 即又有

$$\sigma_{eq}=\sqrt{\sigma^2+3\tau^2} \tag{3.5.5}$$

对于纯剪状态(即 $\sigma=0$),有

$$\sigma_{eq}=\sqrt{3}\tau$$

若令 $\sigma_{eq}=f_y$,即得

$$\tau=0.58f_y$$

《钢结构设计标准》中一般将钢材的抗剪强度设计值取为 f_y 的 0.58,就是基于这一推导。

3.6 钢材的种类和钢材规格

3.6.1 钢材的分类

钢材按化学成分可分为非合金钢、低合金钢与合金钢 3 类。若按主要性能及使用特性划分,非合金钢还可进一步分为以规定最低强度(碳素结构钢属于此类)或以限制含碳量为主的各种类别,低合金钢又可进一步划分为低合金高强度结构钢与低合金耐候钢等类别。钢结构中常用的只是碳素结构钢和低合金高强度结构钢中的几个牌号以及性能较优的几类专用结构钢(如桥梁用钢、耐候钢及高层建筑结构用钢等)。对用于紧固件的螺栓及焊接材料类用钢,还有其他工艺要求。

3.6.2 钢材的牌号

钢材的牌号简称为钢号。下面分别介绍碳素结构钢、低合金高强度结构钢及某些专用结构钢的钢号表示方法及所代表含义。

1. 碳素结构钢

碳素结构钢的钢号由 4 个部分按顺序组成,它们分别是:

①代表屈服点的字母 Q;

②屈服强度 f_y 的数值(单位是 N/mm^2);

③质量等级符号 A、B、C、D,表示钢材质量等级,其质量从前至后依次提高;

④脱氧方法符号 F、b、Z 和 TZ,分别表示沸腾钢、半镇静钢、镇静钢和特殊镇静钢(其中 Z 和 TZ 在钢号中可省略不写)。

例如,Q235-B·F, 表示屈服强度为 235 N/mm^2 的 B 级沸腾钢;Q235-C 表示屈服强度为 235 N/mm^2 的 C 级镇静钢。钢材的质量等级中,A、B 级钢按脱氧方法分为沸腾钢、半镇静钢或镇静钢,C 级只有镇静钢,D 级只有特殊镇静钢。A、B、C、D 各级的化学成分及力学性能均有所不同,Q235 钢系列的主要力学性能见表 3-1,其他更详细的情况可参见规范 GB/T 700—2006。

碳素结构钢常用 4 种牌号:Q195,Q215,Q235 及 Q275。其中 Q235 是 GB 50017—2017 推荐采用的钢材。在力学性能方面,A 级只保证 f_y, f_u 与 δ_5,对冲击韧性不作要求,冷弯试验按需

方要求而定；而对 B 、C 、D 3 级，6 项指标 f_y、f_u、δ_5、Ψ、180 度冷弯性能指标及常温或负温（B 级 +20 ℃，C 级 0 ℃ ，D 级 -20 ℃）冲击韧性 A_{kv} 均需保证。

2. 低合金高强度结构钢

低合金高强度结构钢是在冶炼碳素结构钢时加入一种或几种适量的合金元素而成的钢。其钢材牌号的表示方法与碳素结构钢相似，但质量等级分为 B、C、D、E、F 5 级，且无脱氧方法符号。例如 Q355-B，Q390-D，Q420-E。

按规范 GB/T 1591—2018 的划分，低合金高强度钢有 Q355、Q390、Q420 和 Q460 四种。其中 Q355、Q390、Q420 被重点推荐使用，此三种牌号钢的主要拉伸性能、伸长率、冲击韧性见表 3-2 至表 3-4，其他更详细情况可参见 GB/T 1591—2018。在力学性能方面，Q355、Q390、Q420 三种钢均为镇静钢和特殊镇静钢，其中 A 级需保证 f_y，f_u 与 δ_5，不要求保证冲击韧性，冷弯试验按需方要求保证，而对 B、C、D、E 四级，6 项指标均需保证。

2019 年 2 月 1 日开始实施的《低合金高强度结构钢》（GB/T 1591—2018），Q345 钢级被替换为 Q355 钢级，但是在《钢结构设计标准》（GB 50017—2017）中仍然采用 Q345 钢，尚未更新，日后应该会随之改为 Q355 钢。

表 3-1　Q235 钢的力学性能

<table>
<tr><th rowspan="2">钢材厚度或直径/mm</th><th colspan="3">拉伸试验</th><th colspan="3">180°冷弯试验（$b=2a$）</th><th colspan="2">冲击韧性</th></tr>
<tr><th>f_y /（N/mm²） ≥</th><th>f_u /（N/mm²）</th><th>δ_5/% ≥</th><th>纵向</th><th>横向</th><th>质量等级</th><th>温度 /℃</th><th>A_{kv}/J（纵向）（≥）</th></tr>
<tr><td rowspan="2">≤16</td><td rowspan="2">235</td><td rowspan="12">370~500</td><td rowspan="2">26</td><td rowspan="6">$d=a$</td><td rowspan="6">$d=1.5a$</td><td rowspan="3">A</td><td rowspan="3">—</td><td rowspan="3">—</td></tr>
<tr></tr>
<tr><td rowspan="2">16~40</td><td rowspan="2">225</td><td rowspan="2">26</td></tr>
<tr><td rowspan="3">B</td><td rowspan="3">+20</td><td rowspan="9">27</td></tr>
<tr><td rowspan="2">40~60</td><td rowspan="2">215</td><td rowspan="2">25</td></tr>
<tr></tr>
<tr><td rowspan="2">60~100</td><td rowspan="2">215</td><td rowspan="2">24</td><td rowspan="3">$d=2a$</td><td rowspan="3">$d=2.5a$</td><td rowspan="3">C</td><td rowspan="3">0</td></tr>
<tr></tr>
<tr><td rowspan="2">100~150</td><td rowspan="2">195</td><td rowspan="2">22</td></tr>
<tr><td rowspan="3">$d=2.5a$</td><td rowspan="3">$d=3a$</td><td rowspan="3">D</td><td rowspan="3">-20</td></tr>
<tr><td rowspan="2">150~200</td><td rowspan="2">185</td><td rowspan="2">21</td></tr>
<tr></tr>
</table>

注：①Q235-A 级钢的冷弯试验，在需方有要求时才进行。当冷弯合格时，抗拉强度上限可以不作为交货条件。

②用沸腾钢轧制的 Q235-B 级钢材，其厚度（直径）一般不大于 25 mm。

③进行拉伸和弯曲试验时，钢板和钢带应取横向试样，伸长率允许降低 1%（绝对值）。型钢应取纵向试样。

④表中 b 为试件宽度，a 为钢材厚度（或直径），d 为弯心直径。

表 3-2　热轧 Q355、Q390、Q420、Q460 钢的拉伸性能

<table>
<tr><th colspan="2">牌号</th><th colspan="9">上屈服强度 R_{eH}[a]/MPa
不小于</th><th colspan="4">抗拉强度 R_m/MPa</th></tr>
<tr><th rowspan="2">钢级</th><th rowspan="2">质量等级</th><th colspan="13">公称厚度或直径/mm</th></tr>
<tr><th>≤16</th><th>>16 ~40</th><th>>40 ~63</th><th>>63 ~80</th><th>>80 ~100</th><th>>100 ~150</th><th>>150 ~200</th><th>>200 ~250</th><th>>250 ~400</th><th>≤100</th><th>>100 ~150</th><th>>150 ~250</th><th>>250 ~400</th></tr>
<tr><td rowspan="2">Q355</td><td>B、C</td><td rowspan="2">355</td><td rowspan="2">345</td><td rowspan="2">335</td><td rowspan="2">325</td><td rowspan="2">315</td><td rowspan="2">295</td><td rowspan="2">285</td><td rowspan="2">275</td><td>—</td><td rowspan="2">470 ~630</td><td rowspan="2">450 ~600</td><td rowspan="2">450 ~600</td><td>—</td></tr>
<tr><td>D</td><td>265[b]</td><td>450 ~600[b]</td></tr>
</table>

续表

牌号		上屈服强度 R_{eH}[a]/MPa 不小于									抗拉强度 R_m/MPa			
Q390	B、C、D	390	380	360	340	340	320	—	—	—	490~650	470~620	—	—
Q420[c]	B、C	420	410	390	370	370	350	—	—	—	520~680	500~650	—	—
Q460[c]	C	460	450	430	410	410	390	—	—	—	550~720	530~700	—	—

[a] 当屈服不明显时，可用规定塑性延伸强度 $R_{p0.2}$ 代替上屈服强度。

[b] 只适用于质量等级为 D 的钢板。

[c] 只适用于型钢和棒材。

表 3-3　热轧 Q355、Q390、Q420、Q460 钢的伸长率

牌号		断后伸长率 A/% 不小于						
钢级	质量等级	公称厚度或直径/mm						
		试样方向	≤40	>40~63	>63~100	>100~150	>150~250	>250~400
Q355	B、C、D	纵向	22	21	20	18	17	17[a]
		横向	20	19	18	18	17	17[a]
Q390	B、C、D	纵向	21	20	20	19	—	—
		横向	20	19	19	18	—	—
Q420[b]	B、C	纵向	20	19	19	19	—	—
Q460[b]	C	纵向	20	17	17	17	—	—

[a] 只适用于质量等级为 D 的钢板。

[b] 只适用于型钢和棒材。

表 3-4　Q355、Q390、Q420、Q460 钢的冲击韧性

牌号		以下试验温度的冲击吸收能量为最小值 KV_2/J									
钢级	质量等级	20 ℃		0 ℃		-20 ℃		-40 ℃		-60 ℃	
		纵向	横向	纵向	横向	纵向	横向	纵向	横向	纵向	横向
Q355、Q390、Q420	B	34	27	—	—	—	—	—	—	—	—
Q355、Q390、Q420、Q460	C	—	—	34	27	—	—	—	—	—	—
Q355、Q390、	D	—	—	—	—	34[a]	27[a]	—	—	—	—
Q355N、Q390N、Q420N	B	34	27	—	—	—	—	—	—	—	—
Q355N、Q390N、Q420N、Q460N	C	—	—	34	27	—	—	—	—	—	—
	D	55	31	47	27	40[b]	20	—	—	—	—
	E	63	40	55	34	47	27	31[c]	20[c]	—	—
Q355N	F	63	40	55	34	47	27	31	20	27	16
Q355M、Q390M、Q420M	B	34	27	—	—	—	—	—	—	—	—

续表

牌号		以下试验温度的冲击吸收能量为最小值 KV_2/J									
Q355M、Q390M、Q420M、Q460M	C	—	—	34	27	—	—	—	—	—	—
	D	55	31	47	27	40[b]	20	—	—	—	—
	E	63	40	55	34	47	27	31[c]	20[c]	—	—
Q355M	F	63	40	55	34	47	27	31	20	27	16
当需方未指定试验温度时，正火、正火轧制和热机械轧制的 C、D、E、F 级钢分别做 0 ℃、-20 ℃、-40 ℃、-60 ℃冲击。冲击试验取纵向试样。经供需双方协商也可取横向试样。											

[a]仅适用于厚度大于 250 mm 的 Q335D 的钢板。

[b]当需方指定时，D 级钢可做 -30 ℃冲击试验，冲击吸收能量纵向不小于 27 J。

[c]当需方指定时，E 级钢可做 -50 ℃冲击试验，冲击吸收能量纵向不小于 27 J，横向不小于 16 J。

3. 专用结构钢

(1)特殊用途的钢结构常采用专用结构钢

专用结构钢的钢号是在相应钢号后再加上专业用途代号，如压力容器、桥梁、船舶和锅炉及高层建筑用钢材的专业用途代号分别为 R、q、C、g 及 GJ。如 Q355q(原 16Mnq)、Q235GJ 分别表示桥梁钢与高层建筑结构用钢。

(2)耐候钢

在钢材冶炼时加入少量的合金元素(如 Cu、Cr、Ni、Mo、Nb、Ti、Zr、V 等)，可提高钢材的耐腐蚀性能，也称为耐大气腐蚀钢，详见规范《焊接结构用耐候钢》(GB/T 4172—2008)。例如 Q355NH(原 15MnCuCr—QT)钢表示含碳量为 0.15%，合金元素为锰、铜、铬的淬火加回火热处理耐候钢。

(3)连接用钢

钢结构连接中的铆钉、高强度螺栓、焊条用钢丝等，也需采用满足各自连接件要求的专门用钢。详细情况可参阅第 4 章。

3.6.3　钢材的种类与规格

钢结构所用钢材的种类按市场供应主要有热轧成型的钢板、型钢以及冷弯成型的薄壁型钢与压型板等，如图 3-11 ~ 图 3-13 所示。

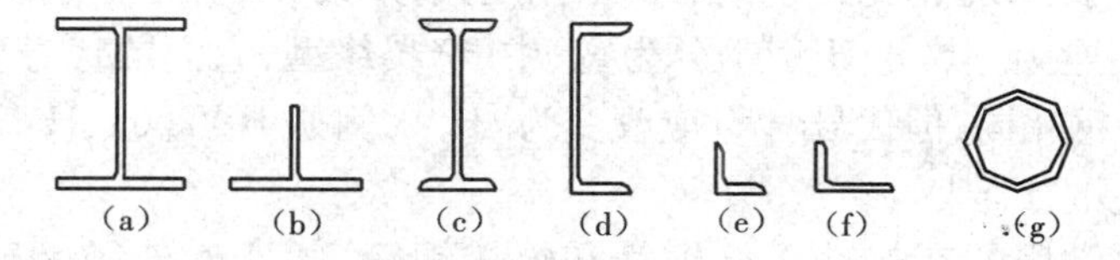

图 3-11　热轧型钢

(a)H 型钢；(b)T 型钢；(c)工字钢；(d)槽钢；
(e)等边角钢；(f)不等边角钢；(g)钢管

1. 钢板

钢板的标注符号是"-(截面代号)宽度×厚度×长度"，单位为 mm，亦可用"-宽度×厚度"或"-厚度"来表示。如钢板 -360×12×3 600 可表示为 -360×12 或直接用符号 -12 表

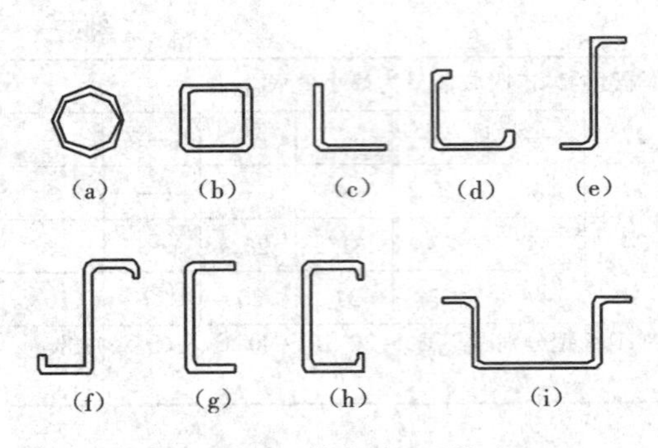

图 3-12　冷弯薄壁型钢

(a)焊接薄壁钢管;(b)方钢管;(c)等边角钢;
(d)卷边等边角钢;(e)Z 形钢;(f)卷边 Z 形钢;
(g)槽钢;(h)卷边槽钢;(i)向外卷边槽钢

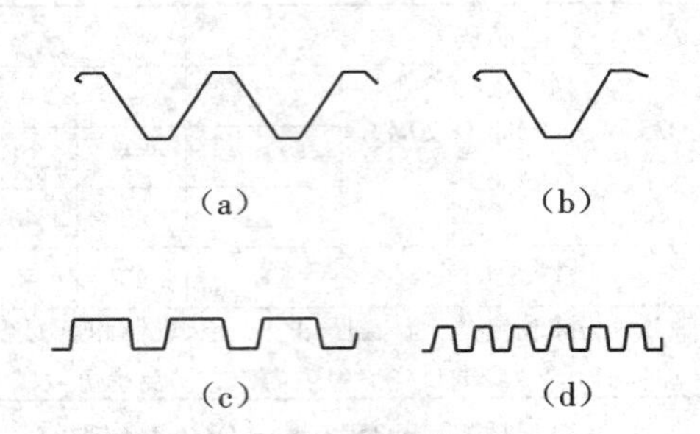

图 3-13　部分压型钢板板型

(a)W 形;(b)V 形;(c)U 形;(d)波浪形

示。常用钢板有:

①薄钢板(厚度 0.35 ~4 mm);

②厚钢板(厚度 4.5 ~60 mm);

③特厚板(板厚 >60 mm);

④扁钢(厚度 4 ~60 mm,宽度为 12 ~200 mm)。

2. 热轧型钢

钢结构常用的型钢有角钢、槽钢、工字型钢和 H 型钢、T 型钢、钢管等。除 H 型钢和钢管有热轧和焊接成型外,其余型钢均为热轧成型。现分叙如下。

角钢:分为等边和不等边角钢两种。角钢标注符号是"∟边宽 × 厚度"(等边角钢)或"∟长边宽 × 短边宽 × 厚度"(不等边角钢),单位为 mm。如∟ 100 ×8 和∟ 100 ×80 ×8。

槽钢:有热轧普通槽钢和轻型槽钢两种。槽钢规格用槽钢符号(普通槽钢和轻型槽钢的符号分别为[与 Q[ )和截面高度(单位为 cm)表示。当腹板厚度不同时,还要标注出腹板厚度类别符号 a、b、c,例如[10、[20a、Q[20a。与普通槽钢截面高度相同的轻型槽钢,其翼缘和腹板均较薄,截面面积小但回转半径大。

工字钢:有普通工字钢和轻型工字钢两种。标注方法与槽钢相同,但槽钢符号"[" 应改为 "I",例如 I18、I50a、QI50。

H 型钢与 T 型钢: H 型钢比工字钢的翼缘宽度大,并为等厚度,截面抵抗矩较大且质量较小,便于与其他构件连接。热轧 H 型钢分为宽、中、窄翼缘型,它们的代号分别为 HW、HM 和 HN。标注方法与槽钢相同,但代号"[" 应改变为"H",例如 HW260a、HM360、HN300b。T 型钢是由 H 型钢对半分割而成。

钢管:钢结构中常用的有热轧无缝钢管和焊接钢管。用"Φ 外径 × 壁厚"表示,单位为 mm,例如 Φ360 ×6。

3. 冷弯型钢与压型钢板

冷弯薄壁型钢:采用薄钢板冷轧制成。与相同截面积的热轧型钢相比,其截面抵抗矩大,钢材用量显著减少。其截面形式和尺寸可按工程要求合理设计,壁厚一般为 1.5 ~5 mm,但因板壁较薄,对锈蚀影响较为敏感。故承重结构受力构件的壁厚不宜小于 2 mm。

常用冷弯薄壁型钢的截面形式有等边角钢、卷边等边角钢、Z 型钢、卷边 Z 型钢、槽钢、卷边槽钢(C型钢)、钢管等。

冷弯厚壁型钢：即用厚钢板(大于6 mm)冷弯成的方管、矩形管、圆管等。

压型钢板：是冷弯型钢的另一种形式,它是用厚度为0.32～2 mm的镀锌或镀铝锌钢板、彩色涂层钢板冷轧(压)成的各种类型的波形板。

冷弯型钢和压型钢板分别适用于轻钢结构的承重构件和屋面、墙面构件。

4.其他钢材的使用

当上述钢材不能满足要求时,还可选用优质碳素结构钢或其他低合金钢。当在有腐蚀介质环境中使用钢结构时,可采用耐候钢。具体可参考《钢结构材料手册》。

3.6.4　钢材的选用原则及需考虑的因素

钢材选用的基本原则是安全、可靠、经济、合理。选择钢材时既要确定所用钢材的钢号,又要提出应有的力学性能和化学成分保证项目,它是钢结构设计的首要环节。

选用钢材时,不顾钢材的受力特性或过分注重强度与质量等级都是不合适的,前者容易使钢材发生脆性破坏,后者会导致钢材价格过高,造成浪费。因此应根据结构的不同特点来选择适宜的钢材。通常应综合考虑以下因素。

①结构的重要性。根据《建筑结构可靠度设计统一标准》(GB 50068—2018)中结构破坏后的严重性,首先应判明建筑物及其构件的分类(为重要、一般还是次要)及安全等级(为一级、二级还是三级)。

②荷载的性质。要考虑结构所受荷载的特性,如是静荷还是动荷,是直接动荷还是间接动荷。

③连接方法。需考虑钢材是采用焊接连接还是非焊接连接形式,以便选择符合实际要求的钢材。

④结构的工作环境。需考虑结构的工作温度及周围环境中是否有腐蚀性介质。

⑤钢材的厚薄程度。需选用厚度较大的钢材时,应考虑其厚度方向抗撕裂性能较差的因素,从而决定是否选择Z向钢。

按照上述原则,《钢结构设计标准》结合我国多年来的工程实践和钢材生产情况,对承重结构的钢材推荐采用Q235、Q345、Q390、Q420、Q460和Q345GJ。

沸腾钢质量虽然较差,但在常温、静力荷载下的力学性能和焊接性能与镇静钢的差异并不明显,故仍可用于一般承重结构。然而,《钢结构设计标准》对下列情况中的焊接承重结构和构件仍然规定不应采用Q235沸腾钢。

①直接承受动力荷载或振动荷载且需验算疲劳的结构。

②工作环境温度低于－20 ℃时的直接承受动力荷载或振动荷载但可不验算疲劳的结构以及承受静荷载的受弯及受拉的重要承重结构。

③工作温度等于或低于－30 ℃的所有承重结构。

对承重结构的钢材,应具有抗拉强度、屈服点、伸长率和硫、磷含量的合格保证,对焊接结构还应具有冷弯试验和碳含量的合格保证。这是《钢结构设计标准》的强制性条文,是焊接承重结构钢材应具有的强度和塑性性能的基本保证,也是焊接性能保证的要求。对于承受静力荷载或间接承受动力荷载的结构,如一般的屋架、托架、梁、柱、天窗架、操作平台或者类似结构的钢材等,可按此要求选用。如对Q235钢,可选用Q235-B·F或Q235-B。

《钢结构设计标准》进一步规定:对于需要验算疲劳的焊接结构和起重量≥50 t 的中级工作制吊车梁,还应具有常温(+20 ℃)冲击韧性的合格保证,即应选用各钢号的 B 级钢材。当结构工作温度低于 0 ℃但不低于 -20 ℃时,Q235、Q345 钢应具有 0 ℃冲击韧性的合格保证,即应选用 Q235-C 和 Q345-C 钢;对 Q390、Q420、Q460 钢应具有 -20 ℃冲击韧性的合格保证,即应选用 Q390-D、Q420-D 和 G460-D 钢。当结构工作温度低于 -20 ℃时,对 Q235、Q345 钢应具有 -20 ℃冲击韧性的合格保证,即应选用 Q235-D 和 Q345-D、Q460-D 钢;对 Q390、Q420、Q460 钢应具有 -40 ℃冲击韧性的合格保证,即应选用 Q390-E、Q420-E 和 Q460-E 钢。

3.7 钢结构材料的要点

①钢结构对材料的要求主要包括强度、塑性、韧性、抗动力性能、耐久性、冷热加工性能、焊接性及生产价格等。

②钢材在受力破坏时呈现出塑性破坏和脆性破坏两种特征。脆性破坏为无明显变形的突然性断裂,危险性大,应在设计、制造、安装中严加防范。

③钢材的主要力学性能包括强度、塑性、冷弯性能与冲击韧性 4 个方面,并可用 6 个指标加以体现:强度指标 2 个,即屈服点 f_y 与抗拉强度 f_u;塑性指标 1 个,即伸长率 δ 或截面收缩率 Ψ;180°冷弯性能指标 1 个;常温和低温冲击韧性指标(A_{kv})2 个。它们可分别由单向均匀拉伸试验和冷弯、冲击试验取得。采用的钢材均应符合各自的标准。

④影响钢材主要力学性能的因素主要包括化学成分、冶炼和轧制工艺(如脱氧程度,是镇静钢还是沸腾钢,是否产生偏析、非金属夹杂、裂纹、分层等)、工作温度、硬化(冷作硬化与时效硬化)、复杂应力与应力集中等方面。另外,焊接和氧割等产生的残余应力也会导致构件的刚度和稳定性能降低。碳素结构钢的化学成分中铁约占 99%,其他元素如碳、锰、硅等有利元素和硫、磷、氧、氮等有害杂质元素约占 1%。在低合金高强度结构钢中还含有总量低于 3% 以改善钢的某些性能的合金元素,如锰、钒、铌、钛、稀土等。所有化学元素的含量均应符合标准规定,尤其是碳和硫、磷的含量更应严格要求,否则会影响钢材的强度、塑性、韧性和焊接性,增加脆性断裂的危险。三向同号应力会导致钢材变脆,三向异号应力会使结构强度降低。如构造中的孔洞、截面突变等会导致应力集中而引起脆断,重复荷载会引起结构疲劳破坏,升降温超过一定限度将会出现高温蓝脆或低温冷脆现象而使材料强度降低。

⑤复杂应力作用下钢材的屈服条件是,材料的折算应力 σ_{eq} 值超过其屈服强度而使材料进入塑性状态进而屈服。其中折算应力 σ_{eq} 可按照材料力学的能量强度理论公式进行计算。

⑥钢材选用的基本原则是安全、可靠、经济、合理。钢材应根据结构的重要性、荷载特征、连接方法和工作条件等选用,一般可按重要、一般和次要建筑物,重要构件(吊车梁等)、一般构件(屋架、梁、柱等)和次要构件(梯子、栏杆等)选择。选用时,受拉、受弯构件的要求应高于受压构件;承受动力荷载的构件的要求应高于承受静力荷载的构件;需要计算疲劳的结构和吊车起重量等于或大于 50 t 的中级工作制吊车梁的要求应高于中、轻级工作制吊车梁;焊接结构的要求应高于栓接结构;低温结构(工作温度等于或低于 0 ℃)的要求应高于常温结构;受侵蚀介质作用的结构要求应高于正常工作环境的结构;厚钢板结构的要求应高于薄钢板结构。

⑦焊接承重结构采用的钢材一般应有强度、塑性、冷弯和碳、硫、磷含量的合格保证。对需要验算疲劳的焊接结构的钢材,应具有 +20 ℃冲击韧性的合格保证。当结构工作温度低于

0 ℃但不低于 -20 ℃时，对 Q235、Q345 钢应有 0 ℃冲击韧性的合格保证；对 Q390、Q420、Q460 钢应具有 -20 ℃冲击韧性的合格保证。当结构工作温度低于 -20 ℃时，对 Q235、Q345 钢应具有 -20℃冲击韧性的合格保证，对 Q390、Q420、Q460 钢应具有 -40 ℃冲击韧性的合格保证。

⑧钢结构所用钢材种类主要有热轧成型的钢板、热轧型钢、冷弯成型的薄壁型钢与压型板等。热轧成型的钢板包括薄钢板、厚钢板、特厚板与扁钢 4 类；热轧型钢包括角钢、槽钢、工字型钢和 H 型钢、T 型钢、钢管等；冷弯型钢包括冷弯薄壁型钢与冷弯厚壁型钢两类。各种类型板材的表示方法、使用场合及形状特征均有所不同。

第 4 章　钢结构的连接

4.1　钢结构的连接方法

钢结构是由若干构件组合而成的。连接的作用就是通过一定的手段将板材或型钢组合成构件,或将若干构件组合成整体结构,以保证其共同工作。因此,连接方式及其质量优劣直接影响钢结构的工作性能。钢结构的连接必须符合安全可靠、传力明确、构造简单、制造方便和节约钢材的原则。连接接头应有足够的强度,要有适宜于施行连接手段的足够空间。

钢结构的连接方法可分为焊缝连接、铆钉连接和螺栓连接 3 种(图 4-1)。

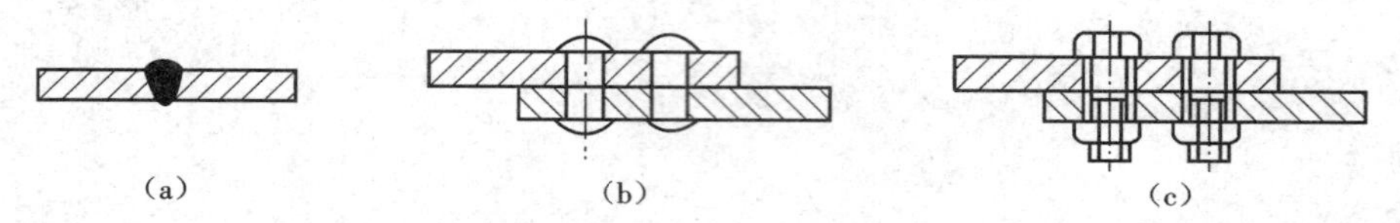

图 4-1　钢结构的连接方法

(a)焊缝连接;(b)铆钉连接;(c)螺栓连接

4.1.1　焊缝连接

焊缝连接是现代钢结构最主要的连接方法。其优点是:构造简单,任何形式的构件都可直接相连;用料经济,不削弱截面;制作加工方便,可实现自动化操作;连接的密闭性好,结构刚度大。其缺点是:在焊缝附近的热影响区内,钢材的金相组织发生改变,导致局部材质变脆;焊接残余应力和残余变形使受压构件承载力降低;焊接结构对裂纹很敏感,局部裂纹一旦发生,就容易扩展到整体,低温冷脆问题较为突出。

4.1.2　铆钉连接

铆钉连接由于构造复杂,费钢费工,现已很少采用。但是铆钉连接的塑性和韧性较好,传力可靠,质量易于检查,在一些重型和直接承受动力荷载的结构中,有时仍然采用。

4.1.3　螺栓连接

螺栓连接分普通螺栓连接和高强度螺栓连接两种。

1. 普通螺栓连接

普通螺栓分为 A、B、C 3 级。A 级与 B 级为精制螺栓,C 级为粗制螺栓。C 级螺栓材料性能等级为 4.6 级或 4.8 级。小数点前的数字表示螺栓成品的抗拉强度不小于 400 N/mm^2,小数点及小数点以后的数字表示其屈强比(屈服点与抗拉强度之比)为 0.6 或 0.8。A 级和 B 级螺栓材料性能等级则为 5.6 级与 8.8 级。

C级螺栓由未经加工的圆钢轧制而成。由于螺栓表面粗糙，一般采用在单个零件上一次冲成或采用钻模钻成设计孔径的孔（Ⅱ类孔）。螺栓孔的直径比螺栓杆的直径大1.5~3 mm（详见表4-1）。对于采用C级螺栓的连接，由于螺栓杆与螺栓孔之间有较大的间隙，受剪力作用时，将会产生较大的剪切滑移，连接的变形大，但安装方便，且能有效地传递拉力，故一般可用于沿螺栓杆轴受拉的连接中，以及次要结构的抗剪连接或安装时的临时固定。

A、B级精制螺栓是由毛坯在车床上经过切削加工精制而成的。表面光滑，尺寸准确，螺杆直径与螺栓孔径相同，对成孔质量要求高。由于有较高的精度，因而受剪性能好。但制作和安装复杂，价格较高，已很少在钢结构中采用。

表4-1　C级螺栓孔径

螺杆公称直径/mm	12	16	20	(22)	24	(27)	30
螺栓孔公称直径/mm	13.5	17.5	22	(24)	26	(30)	33

2. 高强度螺栓连接

高强度螺栓连接有两种类型：一种是只依靠摩擦阻力传力，并以剪力不超过接触面摩擦力作为设计准则，称为摩擦型连接；另一种是允许接触面滑移，以连接达到破坏的极限承载力作为设计准则，称为承压型连接。

高强度螺栓一般采用45钢、40B钢和20MnTiB钢加工而成，经热处理后，螺栓抗拉强度应分别不低于830 N/mm^2 和1 040 N/mm^2，即前者的性能等级为8.8级，后者的性能等级为10.9级。摩擦型连接高强度螺栓的孔径比螺栓公称直径 d 大1.5~2.0 mm；承压型连接高强度螺栓的孔径比螺栓公称直径 d 大1.0~1.5 mm。

摩擦型连接的剪切变形小，弹性性能好，施工较简单，可拆卸，耐疲劳，特别适用于承受动力荷载的结构。承压型连接的承载力高于摩擦型，连接紧凑，但剪切变形大，故不得用于承受动力荷载的结构中。

4.2　焊接方法和焊缝连接形式

4.2.1　钢结构常用焊接方法

焊接方法有很多，但在钢结构中通常采用电弧焊。电弧焊有手工电弧焊、埋弧焊（埋弧自动或半自动焊）以及气体保护焊等。

1. 手工电弧焊

这是最常用的一种焊接方法（如图4-2）。通电后，在涂有药皮的焊条与焊件之间产生电弧。电弧的温度可高达3 000 ℃。在高温作用下，电弧周围的金属变成液体，形成熔池。同时，焊条中的焊丝很快熔化，滴落入熔池中，与焊件的熔融金属相互结合，冷却后即形成焊缝。焊条药皮则在焊接过程中产生气体，保护电弧和熔化金属，并形成熔渣覆盖着焊缝，防止空气中的氧、氮等有害气体与熔化金属接触而形成易脆的化合物。

手工电弧焊的设备简单，操作灵活方便，适于任意空间位置的焊接，特别适于焊接短焊缝。但生产效率低，劳动强度大，焊接质量与焊工的精神状态和技术水平有很大关系。

手工电弧焊所用焊条应与焊件钢材(或称主体金属)相适应,一般为:对Q235钢采用E43型焊条(E4300～E4328);对Q345钢采用E50型焊条(E5000～E5048);对Q390钢和Q420钢采用E55型焊条(E5500～E5518)。焊条型号中,字母E表示焊条(Electrode),前两位数字为熔敷金属的最小抗拉强度(以 kgf/mm^2 计),第三、四位数字表示适用焊接位置、电流以及药皮类型等。不同钢种的钢材相焊接时,例如Q235钢与Q345钢相焊接,宜采用低组配方案,即宜采用与低强度钢材相适应的焊条。

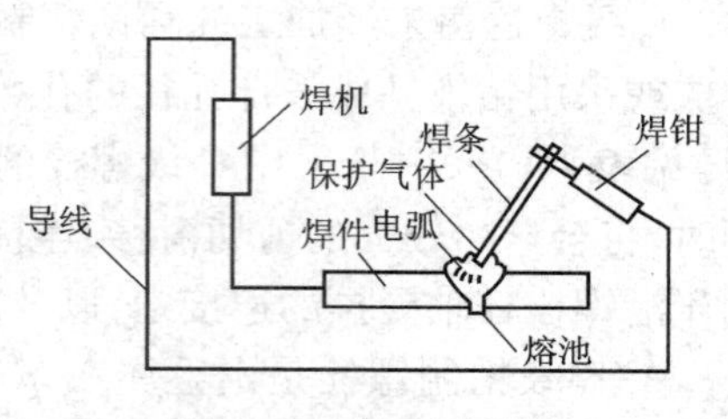

图4-2 手工电弧焊

2. 埋弧焊(自动或半自动)

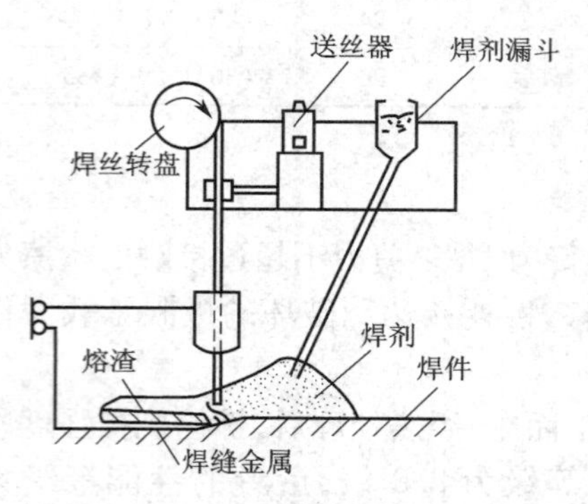

图4-3 埋弧自动电弧焊

埋弧焊是电弧在焊剂层下燃烧的一种电弧焊方法。焊丝送进和电弧按焊接方向的移动有专门机构控制完成的称"埋弧自动电弧焊"(图4-3);焊丝送进有专门机构控制,而电弧按焊接方向的移动靠人手工操作完成的称"埋弧半自动电弧焊"。埋弧焊的焊丝不涂药皮,但施焊端为焊剂所覆盖,能对较细的焊丝采用大电流。电弧热量集中,熔深大,适于厚板的焊接,具有高的生产率。由于采用了自动或半自动化操作,焊接时的工艺条件稳定,焊缝的化学成分均匀,故形成的焊缝质量好,焊件变形小。同时,高焊速也减小了热影响区的范围。但埋弧对焊件边缘的装配精度(如间隙)要求比手工焊高。

埋弧焊所用焊丝和焊剂应与主体金属强度相适应,即要求焊缝与主体金属等强度。

3. 气体保护焊

气体保护焊是利用二氧化碳气体或其他惰性气体作为保护介质的一种电弧熔焊方法。它直接依靠保护气体在电弧周围造成局部的保护层,以防止有害气体的侵入并保证了焊接过程中的稳定性。

气体保护焊的焊缝熔化区没有熔渣,焊工能够清楚地看到焊缝成型的过程;由于保护气体是喷射的,有助于熔滴的过渡;又由于热量集中,焊接速度快,焊件熔深大,故所形成的焊缝强度比手工电弧焊高,塑性和抗腐蚀性好,适用于全位置的焊接,但不适用于在风较大的地方施焊。

4.2.2 焊缝连接形式及焊缝形式

1. 焊缝连接形式

焊缝连接形式按被连接钢材的相互位置可分为对接、搭接、T形连接和角部连接4种(图4-4)。这些连接所采用的焊缝主要有对接焊缝和角焊缝。

对接连接主要用于厚度相同或接近相同的两构件的相互连接。图4-4(a)所示为采用对接焊缝的对接连接,由于相互连接的两个构件在同一平面内,因而传力均匀平缓,没有明显的应力集中,且用料经济,但是焊件边缘需要加工,被连接两板的间隙和坡口尺寸有严格的要求。

图4-4(b)所示为用双层盖板和角焊缝的对接连接,这种连接传力不均匀、费料,但施工简

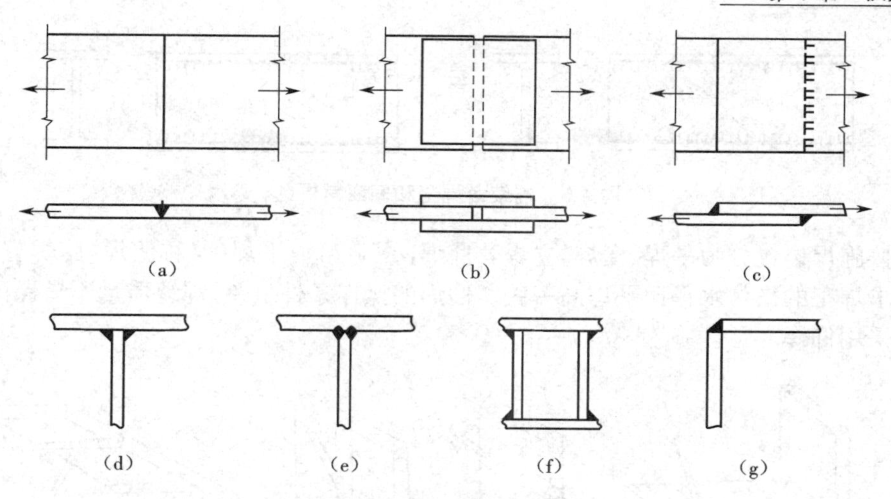

图 4-4 焊缝连接的形式

(a)对接连接;(b)用拼装盖板的对接连接;(c)搭接连接;(d)、(e)T形连接;(f)、(g)角部连接

便,所连接两板的间隙大小无须严格控制。

图4-4(c)所示为用角焊缝的搭接连接,特别适用于不同厚度构件的连接。传力不均匀,材料较费,但构造简单,施工方便,目前还广泛应用。

T形连接省工省料,常用于制作组合截面。当采用角焊缝连接时(图4-4(d)),焊件间存在缝隙,截面突变,应力集中现象严重,疲劳强度较低,可用于不直接承受动力荷载结构的连接。对于直接承受动力荷载的结构,如重级工作制吊车梁,其上翼缘与腹板的连接,应采用如图4-4(e)所示的K形坡口焊缝进行连接。

角部连接(图4-4(f)、(g))主要用于制作箱形截面。

2. 焊缝形式

焊缝主要包括对接焊缝和角焊缝两种形式。对接焊缝按所受力的方向分为正对接焊缝(图4-5(a))和斜对接焊缝(图4-5(b))。角焊缝(图4-5(c))可分为正面角焊缝、侧面角焊缝和斜焊缝。

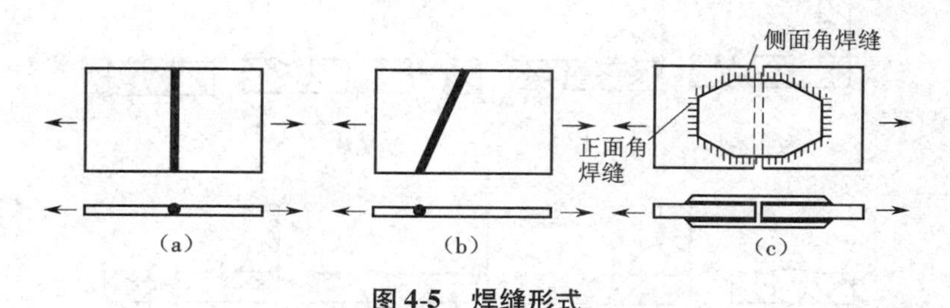

图 4-5 焊缝形式

(a)正对接焊缝;(b)斜对接焊缝;(c)角焊缝

焊缝沿长度方向的布置分为连续角焊缝和间断角焊缝两种(图4-6)。连续角焊缝的受力性能较好,为主要的角焊缝形式。间断角焊缝的起、灭弧处容易引起应力集中,重要结构应避免采用,只能用于一些次要构件的连接或受力很小的连接中。间断角焊缝的间断距离 l 不宜过长,以免连接不紧密、潮气侵入引起构件锈蚀。一般在受压构件中应满足 $l \leqslant 15t$;在受拉构件中 $l \leqslant 30t$,t 为较薄焊件的厚度。

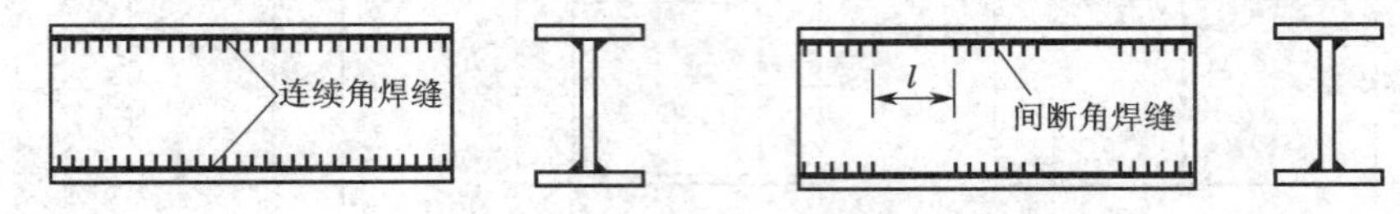

图 4-6　连续角焊缝和间断角焊缝

焊缝按施焊位置分为平焊、横焊、立焊及仰焊(图 4-7)。平焊(又称俯焊)施焊方便。立焊和横焊要求焊工的操作水平比平焊高一些。仰焊的操作条件最差,焊缝质量不易保证,因此应尽量避免采用仰焊。

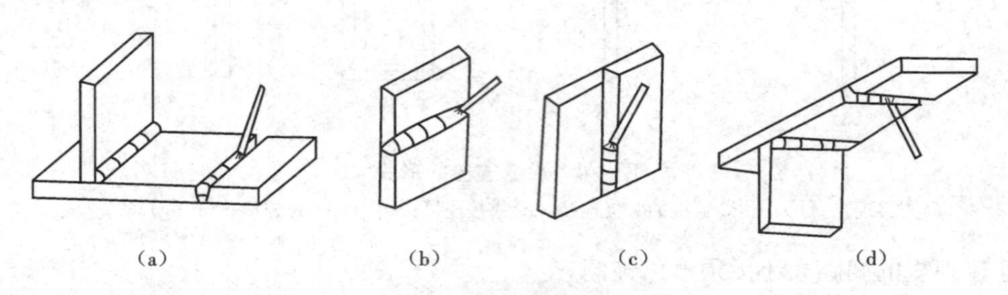

图 4-7　焊缝施焊位置

(a)平焊;(b)横焊;(c)立焊;(d)仰焊

4.2.3　焊缝缺陷及焊缝质量检验

1. 焊缝缺陷

焊缝缺陷指焊接过程中产生于焊缝金属或附近热影响区钢材表面或内部的缺陷。常见的缺陷有裂纹、焊瘤、烧穿、弧坑、气孔、夹渣、咬边、未熔合、未焊透(图 4-8)等以及焊缝尺寸不符合要求、焊缝成形不良等。裂纹是焊缝连接中最危险的缺陷。产生裂纹的原因很多,如钢材的化学成分不当,焊接工艺条件(如电流、电压、焊速、施焊次序等)选择不合适,焊件表面油污未清除干净等。

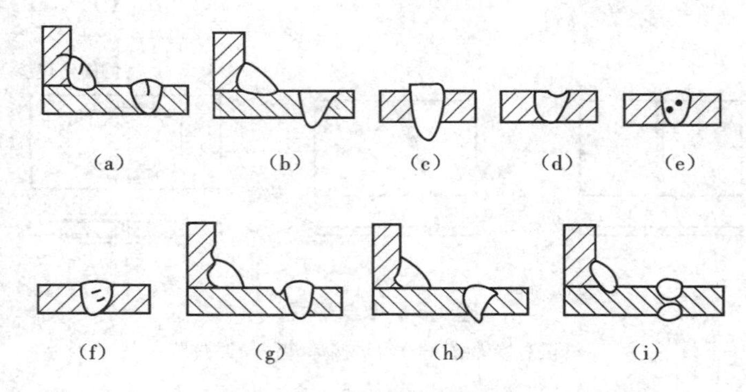

图 4-8　焊缝缺陷

(a)裂纹;(b)焊瘤;(c)烧穿;(d)弧坑;(e)气孔;(f)夹渣;(g)咬边;(h)未熔合;(i)未焊透

2. 焊缝质量检验

焊缝缺陷的存在将削弱焊缝的受力面积,在缺陷处引起应力集中,故对连接强度、冲击韧性及冷弯性能等均有不利影响。因此，焊缝质量检验极为重要。

焊缝质量检验一般可用外观检查及内部无损检验，前者检查外观缺陷和几何尺寸，后者检查内部缺陷，内部无损检验目前广泛采用超声波检验，使用灵活、经济，对内部缺陷反应灵敏，但不易识别缺陷性质；有时还用磁粉检验、荧光检验等较简单的方法作为辅助。此外还可采用X射线或γ射线透照或拍片，X射线应用较广。

《钢结构工程施工质量验收规范》规定焊缝按其检验方法和质量要求分为一级、二级和三级。三级焊缝只要求对全部焊缝作外观检查且符合三级质量标准；一级、二级焊缝除外观检查外，还要求一定数量的超声波检验并符合相应级别的质量标准。

3. 焊缝质量等级的选用

在《钢结构设计标准》(GB 50017—2017)中，对焊缝质量等级的选用有如下规定。

①需要进行疲劳计算的构件中，垂直于作用力方向的横向对接焊缝或T形对接与角接组合焊缝受拉时应为一级，受压时不应低于二级。

②在不需要进行疲劳计算的构件中，由于三级对接焊缝的抗拉强度有较大变异性，其设计值为主体钢材强度的85%左右，所以，凡要求与母材等强度的受拉对接焊缝应不低于二级；受压时难免在其他因素影响下使焊缝中有拉应力存在，故不宜低于二级。

③重级工作制和起重量$Q \geqslant 50$ t的中级工作制吊车梁的腹板与上翼缘板之间以及吊车桁架上弦杆与节点板之间的T形接头焊透的对接与角接组合焊缝，不应低于二级。

④由于角焊缝的内部质量不易探测，故规定其质量等级一般为三级，对直接承受动力荷载且需要验算疲劳和起重量$Q \geqslant 50$ t的中级工作制吊车梁才规定角焊缝的外观质量不应低于二级。

4.2.4　焊缝代号、螺栓及其孔眼图例

《焊缝符号表示法》规定：焊缝代号由引出线、图形符号和辅助符号3部分组成。引出线由横线和带箭头的斜线组成。箭头指到图形上的相应焊缝处，横线的上面和下面用来标注图形符号和焊缝尺寸。当引出线的箭头指向焊缝所在的一面时，应将图形符号和焊缝尺寸等标注在水平横线的上面；当箭头指向对应焊缝所在的另一面时，则应将图形符号和焊缝尺寸标注在水平横线的下面。必要时，可在水平横线的末端加一尾部作为其他说明之用。图形符号表示焊缝的基本形式，如用◺表示角焊缝，用V表示V形坡口的对接焊缝。辅助符号表示焊缝的辅助要求，如用▶表示现场安装焊缝等。表4-2列出了一些常用焊缝代号，可供设计时参考。

当焊缝分布比较复杂或用上述标注方法不能表达清楚时，在标注焊缝代号的同时，可在图形上加栅线表示(图4-9)。

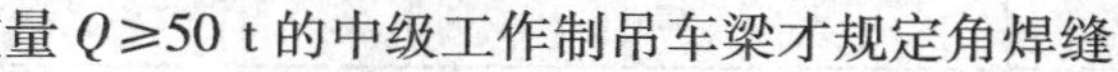

(a)　(b)　(c)

图4-9　用栅线表示焊缝

(a)正面焊缝；(b)背面焊缝；(c)安装焊缝

表 4-2　焊缝代号

	角焊缝				对接焊缝	塞焊缝	三面围焊
	单面焊缝	双面焊缝	安装焊缝	相同焊缝			
形式					c　α　α　c　p		
标注方法	h_f	h_f	h_f	h_f	$\frac{\alpha}{c}$　p　$\frac{\alpha}{c}$	h_f	h_f

螺栓及其孔眼图例见表 4-3，在钢结构施工图上需要将螺栓及其孔眼的施工要求用图形表示清楚，以免引起混淆。

表 4-3　螺栓及其孔眼图例

名称	永久螺栓	高强度螺栓	安装螺栓	圆形螺栓孔	长圆形螺栓孔
图例				ϕ	b　ϕ

4.3　角焊缝的构造与计算

4.3.1　角焊缝的形式和强度

角焊缝是最常用的焊缝。角焊缝按其与作用力的关系可分为：焊缝长度方向与作用力垂直的正面角焊缝；焊缝长度方向与作用力平行的侧面角焊缝以及斜焊缝。按其截面形式可分为直角角焊缝（图 4-10）和斜角角焊缝（图 4-11）。

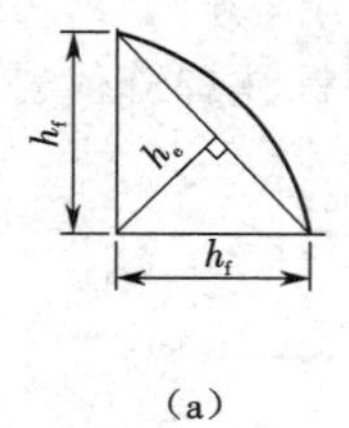

(a)

1.5h_f

(b)

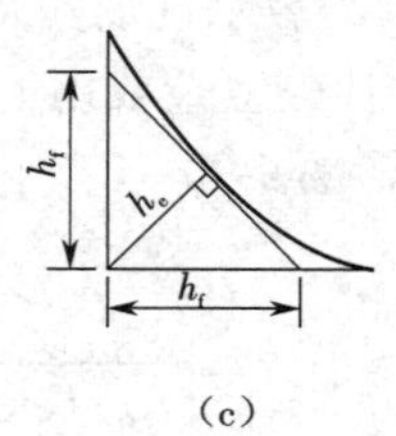

(c)

图 4-10　直角角焊缝截面

(a) 普通式；(b) 平坡式；(c) 凹面式

直角角焊缝通常做成表面微凸的等腰三角形截面（图 4-10(a)）。在直接承受动力荷载的结构中，正面角焊缝的截面采用图 4-10(b) 所示的形式，侧面角焊缝的截面做成凹面式（图

4-10(c))。

两焊脚边的夹角 $\alpha>90°$或 $\alpha<90°$的焊缝称为斜角角焊缝(图 4-11),斜角角焊缝常用于钢漏斗和钢管结构中。对于夹角 $\alpha>135°$或 $\alpha<60°$的斜角角焊缝,除钢管结构外,不宜用做受力焊缝。

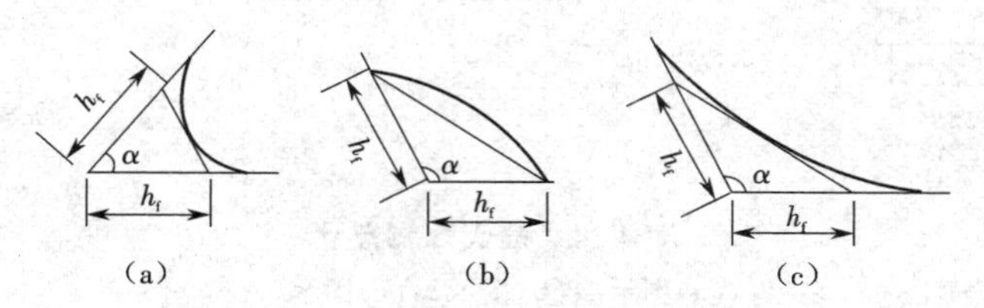

图 4-11　斜角角焊缝截面

(a)形式 1;(b)形式 2;(c)形式 3

大量试验结果表明,侧面角焊缝(图 4-12)主要承受剪应力。塑性较好,弹性模量低($E=7\times10^4\ \mathrm{N/mm^2}$),强度也较低。传力线通过侧面角焊缝时产生弯折,因而应力沿焊缝长度方向的分布不均匀,呈两端大中间小的状态。焊缝越长,应力分布不均匀性越显著,但在临近塑性工作阶段时,产生应力重分布,可使应力分布的不均匀现象渐趋缓和。

正面角焊缝(图 4-13)受力复杂,截面中的各面均存在正应力和剪应力,焊根处存在着很严重的应力集中。这一方面由于力线弯折,另一方面由于在焊根处正好是两焊件接触面的端部相当于裂缝的尖端。正面角焊缝的破坏强度高于侧面角焊缝,但塑性变形要差些。而斜焊缝的受力性能和强度值介于正面角焊缝和侧面角焊缝之间。

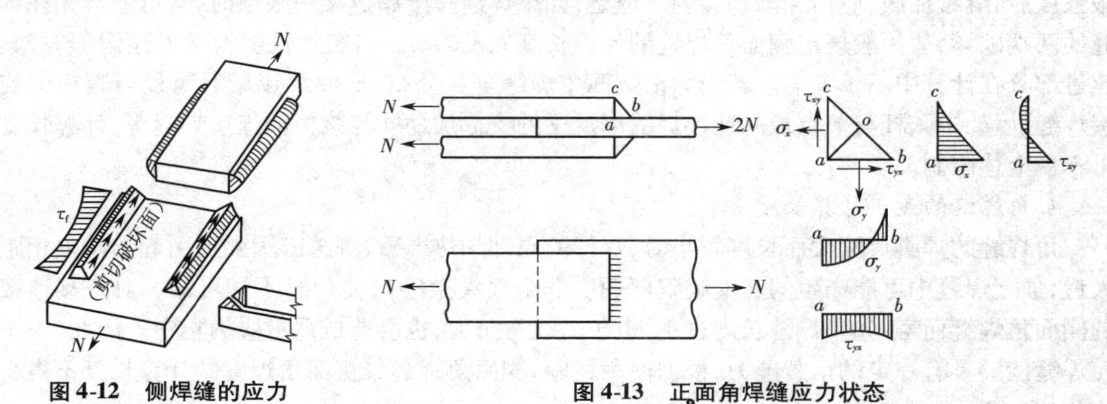

图 4-12　侧焊缝的应力　　**图 4-13　正面角焊缝应力状态**

4.3.2　角焊缝的构造要求

1. 最大焊脚尺寸

为了避免焊缝区的基本金属“过热”,减小焊件的焊接残余应力和残余变形,除钢管结构外,角焊缝的焊脚尺寸不宜大于较薄焊件厚度的 1.2 倍(图 4-14(a))。

对板件边缘的角焊缝(图 4-14(b)),当板件厚度 $t>6$ mm 时,根据焊工的施焊经验,不易焊满全厚度,故取 $h_f\leqslant t-(1\sim2)$mm;当 $t\leqslant6$ mm 时,通常采用小焊条施焊,易于焊满全厚度,取 $h_f\leqslant t$。如果另一焊件厚度 $t'<t$,还应满足 $h_f\leqslant1.2t'$的要求(图 4-14(c))。

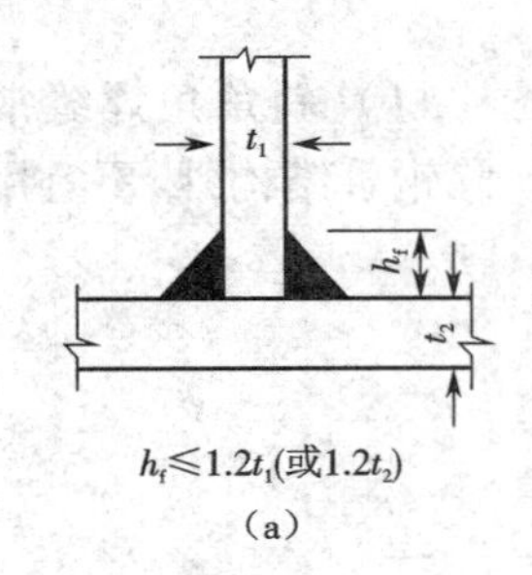

$h_f \leqslant 1.2t_1$(或$1.2t_2$)
(a)

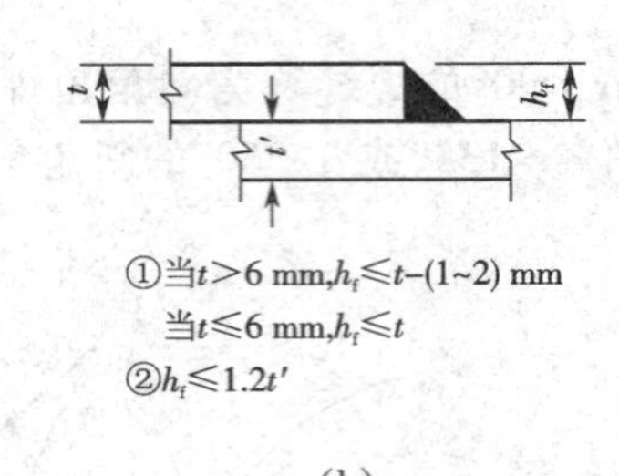

①当$t>6$ mm,$h_f \leqslant t-(1\sim2)$ mm
当$t \leqslant 6$ mm,$h_f \leqslant t$
②$h_f \leqslant 1.2t'$
(b)

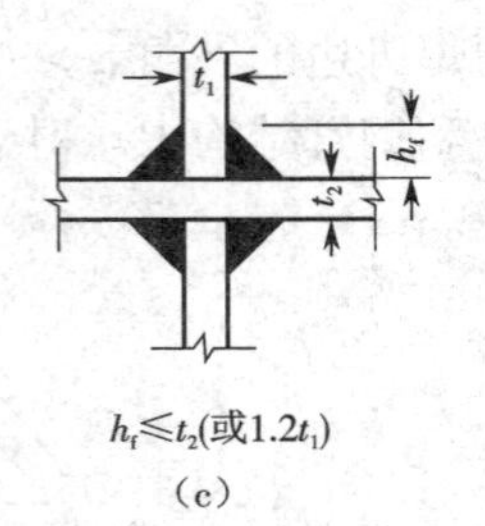

$h_f \leqslant t_2$(或$1.2t_1$)
(c)

图 4-14　最大焊脚尺寸

(a)图示 1;(b)图示 2;(c)图示 3

2. 最小焊脚尺寸

角焊缝的焊脚尺寸也不能过小,否则焊缝因输入能量过小,而焊件厚度较大,以致施焊时冷却速度过快,产生淬硬组织,导致母材开裂。规范规定:角焊缝的焊脚尺寸 h_f 不得小于 $1.5\sqrt{t}$,t 为较厚焊件厚度(单位为 mm)。计算时,焊脚尺寸取 mm 的整数,小数点以后都进为 1。自动焊熔深较大,故所取最小焊脚尺寸可减小 1 mm;对 T 形连接的单面角焊缝,应增加 1 mm;当焊件厚度小于或等于 4 mm 时,则取与焊件厚度相同。

3. 侧面角焊缝的最大计算长度

前已述及,侧面角焊缝在弹性阶段沿长度方向受力不均匀,两端大而中间小。焊缝越长,应力集中系数越大。在静力荷载作用下,如果焊缝长度不过大,当焊缝两端点处的应力达到屈服强度后,继续加载,应力会渐趋均匀。但是,如果焊缝长度超过某一限值时,有可能首先在焊缝的两端破坏,故一般规定侧面角焊缝的计算长度 $l_w \leqslant 60h_f$。当实际长度大于上述限值时,其超过部分在计算中不予考虑。若内力沿侧面角焊缝全长分布,比如焊接梁翼缘板与腹板的连接焊缝、屋架中弦杆与节点板的连接焊缝以及梁的支撑加劲肋与腹板的连接焊缝等,计算长度可不受上述限制。

4. 角焊缝的最小计算长度

角焊缝的焊脚尺寸大而长度较小时,焊件的局部加热严重,焊缝起灭弧所引起的缺陷相距太近,加之焊缝中可能产生的其他缺陷(气孔、非金属夹杂等),使焊缝不够可靠。对搭接连接的侧面角焊缝而言,如果焊缝长度过小,由于力线弯折大,也会造成严重应力集中。因此,为了使焊缝能够具有一定的承载能力,根据使用经验,侧面角焊缝或正面角焊缝的计算长度不得小于 $8h_f$ 和 40 mm。

5. 搭接连接的构造要求

当板件端部仅有两条侧面角焊缝连接时(图 4-15),试验结果表明,连接的承载力与 b/l_w 有关。b 为两侧焊缝的距离,l_w 为侧焊缝长度。当 $b/l_w>1$ 时,连接的承载力随着 b/l_w 比值的增大而明显下降。这主要是由于应力传递的过分弯折使构件中应力不均匀分布的影响。为使连接强度不致过分降低,应使每条侧焊缝的长度不宜小于两侧焊缝之间的距离,即 $b/l_w \leqslant 1$。两侧面角焊缝之间的距离 b 也不宜大于 $16t$($t>12$ mm)或 200 mm($t \leqslant 12$ mm),t 为较薄焊件的厚度,以免因焊缝横向收缩,引起板件向外发生较大拱曲。

在搭接连接中,当仅采用正面角焊缝时(图 4-16),其搭接长度不得小于焊件较小厚度的 5 倍,也不得小于 25 mm。

杆件端部搭接采用三面围焊时,在转角处截面突变,会产生应力集中,如在此处起灭弧,可能出现弧坑或咬肉等缺陷,从而加大应力集中的影响。故所有围焊的转角处必须连续施焊。对于非围焊情况,当角焊缝的端部在构件转角处时,可连续地作长度为 $2h_f$ 的绕角焊(图4-15)。

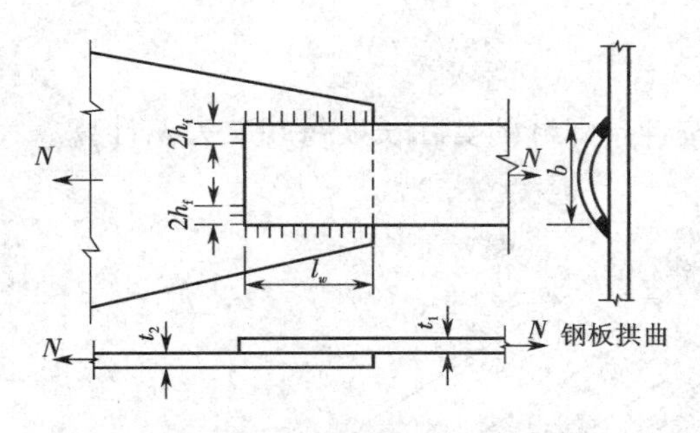

图4-15 焊缝长度及两侧焊缝间距

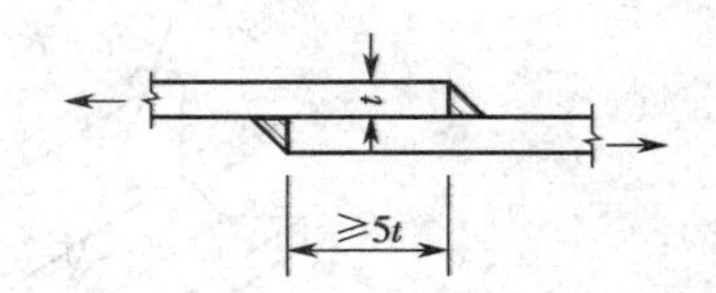

图4-16 搭接连接

4.3.3 直角角焊缝强度计算的基本公式

图4-17所示为直角角焊缝的截面。直角边边长 h_f 称为角焊缝的焊脚尺寸。$h_e = 0.7h_f$ 为直角角焊缝的有效厚度。试验表明,直角角焊缝的破坏常发生在喉部,故长期以来对角焊缝的研究均着重于这一部位。通常认为直角角焊缝是以45°方向的最小截面(即有效厚度与焊缝计算长度的乘积)作为有效截面或称计算截面。作用于焊缝有效截面上的应力如图4-18所示,这些应力包括:垂直于焊缝有效截面的正应力 $\sigma_{\perp}$,垂直于焊缝长度方向的剪应力 $\tau_{\perp}$ 以及沿焊缝长度方向的剪应力 $\tau_{//}$。

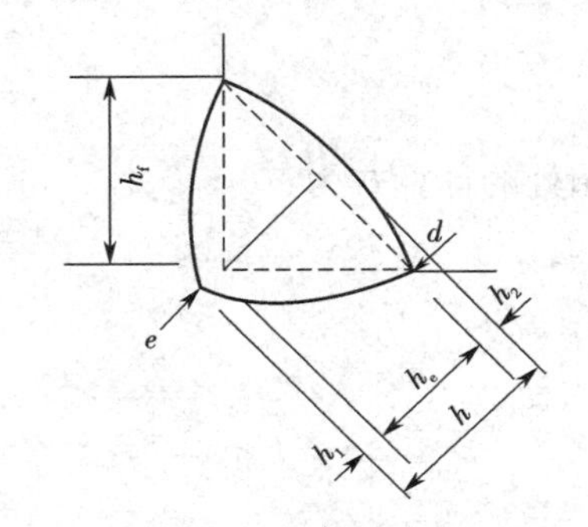

图4-17 角焊缝的截面

h—焊缝厚度;h_f—焊角尺寸;

h_e—焊缝有效厚度(焊喉部位);h_1—熔深;

h_2—凸度;d—焊趾;e—焊根

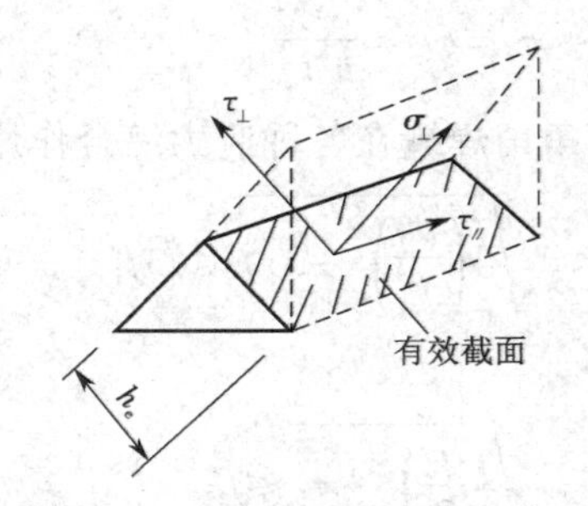

图4-18 角焊缝有效截面上的应力

我国现行规范在简化计算时,假定焊缝在有效截面处破坏,各应力分量满足折算应力公式。由于规范规定的角焊缝强度设计值 f_f^w 是根据抗剪条件确定的,而 $\sqrt{3}f_f^w$ 相当于角焊缝的抗拉强度设计值,即

$$\sqrt{\sigma_{\perp}^2 + 3(\tau_{\perp}^2 + \tau_{//}^2)} = \sqrt{3}f_f^w \tag{4.3.1}$$

以图4-19所示受斜向轴心力 N(互相垂直的分力为 N_y 和 N_x)作用的直角角焊缝为例,说

明角焊缝基本公式的推导。N_y在焊缝有效截面上引起垂直于焊缝一个直角边的应力σ_f，该应力对有效截面既不是正应力，也不是剪应力，而是$\sigma_\perp$和$\tau_\perp$的合应力。

$$\sigma_f=\frac{N_y}{h_e l_w} \tag{4.3.2}$$

式中　N_y——垂直于焊缝长度方向的轴心力；

h_e——直角角焊缝的有效厚度，$h_e=0.7h_f$；

l_w——焊缝的计算长度，考虑起灭弧缺陷，按各条焊缝的实际长度每端减去h_f计算。

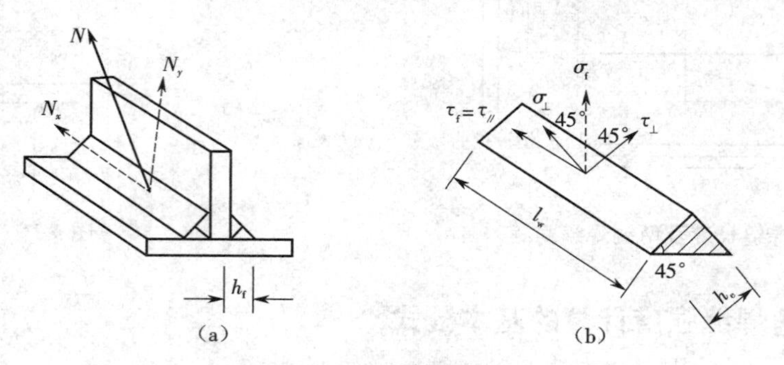

图4-19　直角角焊缝的计算

(a)荷载图示；(b)焊缝应力

由图4-19(b)知，对直角角焊缝：

$$\sigma_\perp=\tau_\perp=\sigma_f/\sqrt{2}$$

沿焊缝长度方向的分力N_x在焊缝有效截面上引起平行于焊缝长度方向的剪应力$\tau_f=\tau_{/\!/}$，即

$$\tau_f=\tau_{/\!/}=\frac{N_x}{h_e l_w} \tag{4.3.3}$$

则得直角角焊缝在各种应力综合作用下，σ_f和τ_f共同作用处的计算式为：

$$\sqrt{4\left(\frac{\sigma_f}{\sqrt{2}}\right)^2+3\tau_f^2}\leqslant\sqrt{3}f_f^w$$

或

$$\sqrt{\left(\frac{\sigma_f}{\beta_f}\right)^2+\tau_f^2}\leqslant f_f^w \tag{4.3.4}$$

式中　β_f——正面角焊缝的强度增大系数，$\beta_f=\sqrt{\frac{3}{2}}=1.22$。

对正面角焊缝，此时$\tau_f=0$，得：

$$\sigma_f=\frac{N}{h_e l_w}\leqslant\beta_f f_f^w \tag{4.3.5}$$

对侧面角焊缝，此时$\sigma_f=0$，得：

$$\tau_f=\frac{N}{h_e l_w}\leqslant f_f^w \tag{4.3.6}$$

式(4.3.4)～式(4.3.6)即为角焊缝的基本计算公式。只要将焊缝应力分解为垂直于长

度方向的应力 σ_f 和平行于焊缝长度方向的应力 τ_f，上述基本公式就可适用于任何受力状态。

对于直接承受动力荷载结构中的焊缝，虽然正面角焊缝的强度试验值比侧面角焊缝高，但判别结构或连接的工作性能，除是否具有较高的强度指标外，还需检验其延性指标（即塑性变形能力）。由于正面角焊缝的刚度大、韧性差，应将其强度降低使用，故对于直接承受动力荷载结构中的角焊缝，取 $\beta_f = 1.0$，相当于按 σ_f 和 τ_f 的合应力进行计算，即 $\sqrt{\sigma_f^2 + \tau_f^2} \leqslant f_f^w$。

4.3.4　各种受力状态下直角角焊缝连接的计算

1. 承受轴心力作用时角焊缝连接的计算

（1）用盖板的对接连接承受轴心力（拉力、压力或剪力）时

当焊件受轴心力且轴心力通过连接焊缝中心时，可认为焊缝应力是均匀分布的。图 4-20 的连接中，当只有侧面角焊缝时，按式（4.3.6）计算；当只有正面角焊缝时，按式（4.3.5）计算；当采用三面围焊时，对矩形拼接板，可先按式（4.3.5）计算正面角焊缝所承担的内力 $N' = \beta_f f_f^w \sum h_e l_w$。式中 $\sum l_w$ 为连接一侧正面角焊缝计算长度的总和；再由力（$N - N'$）计算侧面角焊缝的强度：

$$\tau_f = \frac{N - N'}{\sum h_e l_w} \leqslant f_f^w \tag{4.3.7}$$

式中　$\sum l_w$——连接一侧的侧面角焊缝计算长度的总和。

（2）承受斜向轴心力的角焊缝连接计算

图 4-21 所示受斜向轴心力的角焊缝连接，有两种计算方法。

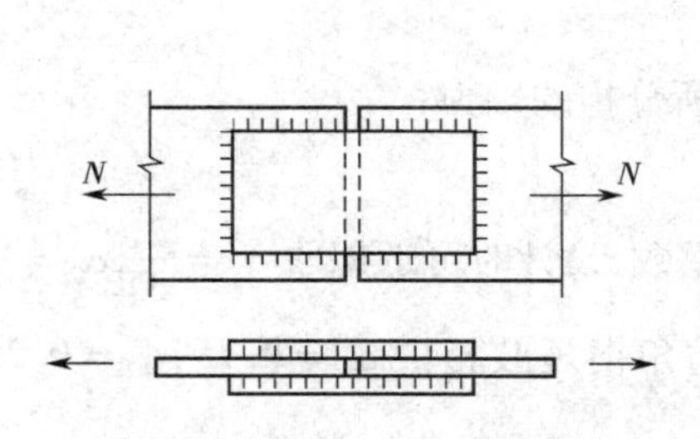

图 4-20　受轴心力的盖板连接

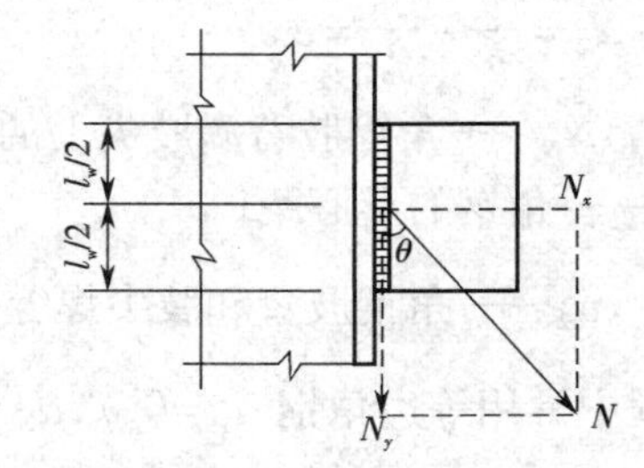

图 4-21　斜向轴心力作用

①分力法。将力 N 分解为垂直于焊缝和平行于焊缝的分力 $N_x = N\sin\theta$ 和 $N_y = N\cos\theta$，有

$$\left.\begin{aligned} \sigma_f &= \frac{N\sin\theta}{\sum h_e l_w} \\ \tau_f &= \frac{N\cos\theta}{\sum h_e l_w} \end{aligned}\right\} \tag{4.3.8}$$

代入式（4.3.4）验算角焊缝的强度。

②直接法。不将力 N 分解，将式（4.3.8）的 σ_f 和 τ_f 代入式（4.3.4）中，得：

$$\sqrt{\left\{\frac{N\sin\theta}{\beta_f \sum h_e l_w}\right\}^2 + \left\{\frac{N\cos\theta}{\sum h_e l_w}\right\}^2} \leqslant f_f^w$$

取 $\beta_f^2 = 1.22^2 \approx 1.5$ 得：

$$\frac{N}{\sum h_e l_w}\sqrt{\frac{\sin^2\theta}{1.5}+\cos^2\theta}=\frac{N}{\sum h_e l_w}\sqrt{1-\sin^2\theta/3}\leqslant f_f^w$$

令 $\beta_{f\theta}=\dfrac{1}{\sqrt{1-\sin^2\theta/3}}$,则斜焊缝的计算式为:

$$\frac{N}{\sum h_e l_w}\leqslant\beta_{f\theta}f_f^w \tag{4.3.9}$$

式中 $\beta_{f\theta}$——斜焊缝的强度增大系数,其值介于1.0~1.22之间,对直接承受动力荷载结构中的焊缝,取 $\beta_{f\theta}=1.0$。

θ——作用力与焊缝长度方向的夹角。

(3)承受轴心力的角钢角焊缝计算

在钢桁架中,角钢腹杆与节点板的连接焊缝一般采用两面侧焊,也可采用三面围焊,特殊情况也允许采用L形围焊(图4-22)。腹杆受轴心力作用,为了避免焊缝偏心受力,焊缝所传递的合力的作用线应与角钢杆件的轴线重合。

对于三面围焊(图4-22(b)),可先假定正面角焊缝的焊脚尺寸 h_{f3},求出正面角焊缝所分担的轴心力 N_3。当腹杆为双角钢组成的T形截面,且肢宽为 b 时,

$$N_3=2\times0.7h_{f3}b\beta_f f_f^w \tag{4.3.10}$$

由平衡条件($\sum M=0$)可得:

$$N_1=\frac{N(b-e)}{b}-\frac{N_3}{2}=\alpha_1 N-\frac{N_3}{2} \tag{4.3.11}$$

$$N_2=\frac{Ne}{b}-\frac{N_3}{2}=\alpha_2 N-\frac{N_3}{2} \tag{4.3.12}$$

式中 N_1、N_2——角钢肢背和肢尖上的侧面角焊缝所分担的轴力;

e——角钢的形心距;

α_1、α_2——角钢肢背和肢尖焊缝的内力分配系数,设计时可近似取 $\alpha_1=\dfrac{2}{3}$,$\alpha_2=\dfrac{1}{3}$。

工程中常用等边角钢 $\alpha_1=0.7$,$\alpha_2=0.3$;不等边角钢短肢相拼 $\alpha_1=0.75$,$\alpha_2=0.25$,长肢相拼 $\alpha_1=0.65$,$\alpha_2=0.35$。

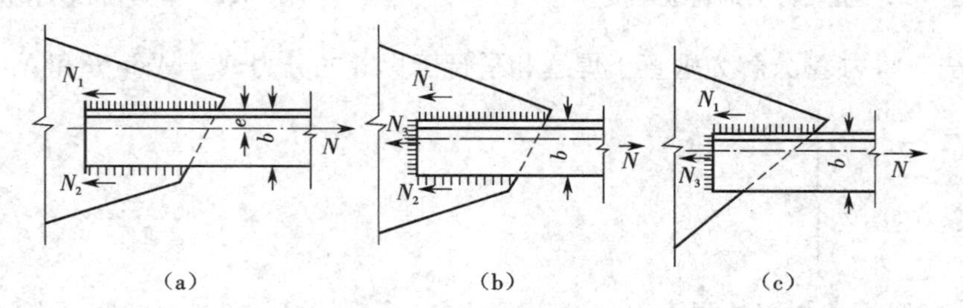

图4-22 桁架腹杆与节点板的连接

(a)两面围焊;(b)三面围焊;(c)L形焊

对于两面侧焊(图4-22(a)),因 $N_3=0$,得:

$$N_1=\alpha_1 N \tag{4.3.13}$$

$$N_2 = \alpha_2 N \tag{4.3.14}$$

求得各条焊缝所受的内力后，按构造要求（角焊缝的尺寸限制）假定肢背和肢尖焊缝的焊脚尺寸，即可求出焊缝的计算长度。例如对双角钢截面：

$$l_{w1} = \frac{N_1}{2 \times 0.7 h_{f1} f_f^w} \tag{4.3.15}$$

$$l_{w2} = \frac{N_2}{2 \times 0.7 h_{f2} f_f^w} \tag{4.3.16}$$

式中　h_{f1}、l_{w1}——一个角钢肢背上的侧面角焊缝的焊脚尺寸及计算长度；

h_{f2}、l_{w2}——个角钢肢尖上的侧面角焊缝的焊脚尺寸及计算长度。

考虑到每条焊缝两端的起灭弧缺陷，实际焊缝长度为计算长度加 $2h_f$；但对于三面围焊，由于在杆件端部转角处必须连续施焊，每条侧面焊缝只有一端可能起灭弧，故焊缝实际长度为计算长度加 h_f；对于采用绕角焊缝的侧面角焊缝实际长度等于计算长度加上 h_f（绕角焊缝长度 $2h_f$ 不进入计算）。

当杆件受力很小时，可采用 L 形围焊（图 4-22（c））。由于只有正面角焊缝和角钢肢背上的侧面角焊缝，令式（4.3.12）中的 $N_2 = 0$，得

$$N_3 = 2\alpha_2 N \tag{4.3.17}$$

$$N_1 = N - N_3 \tag{4.3.18}$$

角钢肢背上的角焊缝计算长度可按式（4.3.15）计算，角钢端部的正面角焊缝的长度已知，可按下式计算其焊脚尺寸：

$$h_{f3} = \frac{N_3}{2 \times 0.7 \times l_{w3} \beta_f f_f^w} \tag{4.3.19}$$

式中，$l_{w3} = b - h_{f3}$。

【例 4-1】试验算图 4-21 所示直角焊缝的强度。已知焊缝承受的静态斜向力（设计值）$N = 280$ kN，$\theta = 60°$，角焊缝的焊脚尺寸 $h_f = 8$ mm，实际长度 $l'_w = 155$ mm，钢材为 Q235-B，手工焊，焊条为 E43 型。

解：受斜向轴心力的角焊缝有两种计算方法。

①分力法。将力 N 分解为垂直于焊缝和平行于焊缝的分力，即：

$$N_x = N \cdot \sin\theta = N \cdot \sin 60° = 280 \times \frac{\sqrt{3}}{2} = 242.5\,(\text{kN})$$

$$N_y = N \cdot \cos\theta = N \cdot \cos 60° = 280 \times \frac{1}{2} = 140\,(\text{kN})$$

$$\sigma_f = \frac{N_x}{2h_e l_w} = \frac{242.5 \times 10^3}{2 \times 0.7 \times 8 \times (155 - 16)} = 156\,(\text{N/mm}^2)$$

$$\tau_f = \frac{N_y}{2h_e l_w} = \frac{140 \times 10^3}{2 \times 0.7 \times 8 \times (155 - 16)} = 90\,(\text{N/mm}^2)$$

焊缝同时承受 σ_f 和 τ_f 作用，可用式（4.3.4）验算：

$$\sqrt{\left(\frac{\sigma_f}{\beta_f}\right)^2 + \tau_f^2} = \sqrt{\left(\frac{156}{1.22}\right)^2 + 90^2} = 156\ \text{N/mm}^2 < f_f^w = 160\ \text{N/mm}^2$$

②直接法。也就是直接用式（4.3.9）进行计算。已知 $\theta = 60°$，则斜焊缝强度增大系数 $\beta_{f\theta}$

$$=\frac{1}{\sqrt{1-\frac{\sin^2 60°}{3}}}=1.15$$，则

$$\frac{N}{2h_e l_w \beta_{f\theta}}=\frac{280\times10^3}{2\times0.7\times8\times(155-16)\times1.15}=156(\text{N/mm}^2)<f_f^w=160\ \text{N/mm}^2$$

显然，用直接法计算承受轴心力的角焊缝比用分力法简练。

【例 4-2】 试设计用拼接盖板的对接连接（图 4-23）。已知钢板宽 $B=270$ mm，厚度 $t_1=28$ mm，拼接盖板厚度 $t_2=16$ mm。该连接承受的静态轴心力 $N=1\ 400$ kN（设计值），钢材为 Q235-B，手工焊，焊条为 E43 型。

解：设计拼接盖板的对接连接有两种方法。一种方法是假定焊脚尺寸求焊缝长度，再由焊缝长度确定拼接板的尺寸；另一种方法是先假定焊脚尺寸和拼接盖板的尺寸，然后验算焊缝的承载力。如果假定的焊缝尺寸不能满足承载力要求时，则应调整焊脚尺寸，再行验算，直到满足承载力要求为止。

角焊缝的焊脚尺寸应根据板件厚度确定。

由于此处的焊缝在板件边缘施焊，且拼接盖板厚度 $t_2=16$ mm >6 mm，$t_2<t_1$，则

$$h_{f\max}=t-(1\sim2)\text{mm}=16-(1\sim2)=15\text{ 或 }14\ \text{mm}$$

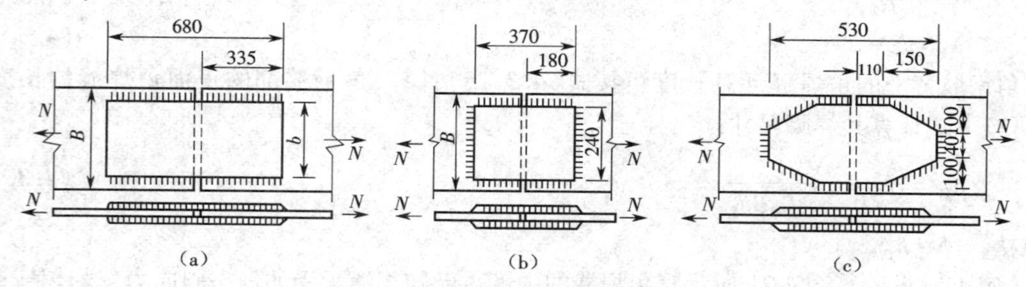

图 4-23 拼接盖板的对接连接

(a)两面侧焊；(b)三面侧焊；(c)菱形拼接盖板

$$h_{f\min}=1.5\sqrt{t}=1.5\sqrt{28}=7.9\ (\text{mm})$$

取 $h_f=10$ mm，查附录 3 表 3-2 得角焊缝强度设计值 $f_f^w=160$ N/mm²。

(1)采用两面侧焊时（图 4-23(a)）

连接一侧所需焊缝的总长度，可按式(4.3.6)计算得：

$$\sum l_w=\frac{N}{h_e f_f^w}=\frac{1\ 400\times10^3}{0.7\times10\times160}=1\ 250(\text{mm})$$

此对接连接采用了上下两块拼接盖板，共有 4 条侧焊缝，一条侧焊缝的实际长度为：

$$l_w'=\frac{\sum l_w}{4}+2h_f=\frac{1\ 250}{4}+20=333(\text{mm})<60h_f=60\times10=600\ \text{mm}$$

所需拼接盖板长度：

$$L=2l_w'+10=2\times333+10=676(\text{mm})$$，取 680 mm

式中，10 mm 为两块被连接钢板间的间隙。

拼接盖板的宽度 b 就是两条侧面角焊缝之间的距离，应根据强度条件和构造要求确定。根据强度条件，在钢材种类相同的情况下，拼接盖板的截面积应等于或大于被连接钢板的截面

积。

选定拼接盖板宽度 $b=240$ mm,则

$$A'=240\times2\times16=7\ 680(\text{mm}^2)>A=270\times28=7\ 560(\text{mm}^2)$$

满足强度要求。

根据构造要求,应满足:

$$b=240\ \text{mm}<l'_{\text{w}}=333\ \text{mm}$$

且　　$b<16t=16\times16=256(\text{mm})$

满足要求,故选定拼接盖板尺寸为 680 mm×240 mm×16 mm。

(2)采用三面围焊时(图 4-23(b))

采用三面围焊可以减小两侧侧面角焊缝的长度,从而减小拼接盖板的尺寸。设拼接盖板的宽度和厚度与采用两面侧焊时相同,仅需求盖板长度。已知正面角焊缝的长度 $l'_{\text{w}}=b=240$ mm,则正面角焊缝所能承受的内力:

$$N'=2h_{\text{e}}l'_{\text{w}}\beta_{\text{f}}f_{\text{f}}^{\text{w}}=2\times0.7\times10\times240\times1.22\times160=655\ 872(\text{N})$$

所需连接一侧侧面角焊缝的总长度为:

$$\sum l_{\text{w}}=\frac{N-N'}{h_{\text{e}}f_{\text{f}}^{\text{w}}}=\frac{1\ 400\ 000-655\ 872}{0.7\times10\times160}=664.4(\text{mm})$$

连接一侧共有 4 条侧面角焊缝,则一条侧面角焊缝的长度为:

$$l'_{\text{w}}=\frac{\sum l_{\text{w}}}{4}+h_{\text{f}}=\frac{664.4}{4}+10=176.1(\text{mm}),\text{采用 }180\text{ mm}$$

拼接盖板的长度为:

$$L=2l'_{\text{w}}+10=2\times180+10=370(\text{mm})$$

(3)采用菱形拼接盖板时(图 4-23(c))

当拼接板宽度较大时,采用菱形拼接盖板可减小角部的应力集中,从而使连接的工作性能得以改善。菱形拼接盖板的连接焊缝由正面角焊缝、侧面角焊缝和斜焊缝等组成。设计时,一般先假定拼接盖板的尺寸再进行验算。拼接盖板尺寸如图 4-23(c)所示,则各部分焊缝的承载力分别如下。

正面角焊缝:

$$N_1=2h_{\text{e}}l_{\text{w1}}\beta_{\text{f}}f_{\text{f}}^{\text{w}}=2\times0.7\times10\times40\times1.22\times160=109.3(\text{kN})$$

侧面角焊缝:

$$N_2=4h_{\text{e}}l_{\text{w2}}f_{\text{f}}^{\text{w}}=4\times0.7\times10\times(110-10)\times160=448.0(\text{kN})$$

斜焊缝:此焊缝与作用力夹角 $\theta=\arctan\left(\frac{100}{150}\right)=33.7°$,可得 $\beta_{\text{f}\theta}=1/\sqrt{\frac{1-\sin^2 33.7}{3}}=$ 1.06,故有

$$N_3=4h_{\text{e}}l_{\text{w3}}\beta_{\text{f}\theta}f_{\text{f}}^{\text{w}}=4\times0.7\times10\times180\times1.06\times160=854.8(\text{kN})$$

连接一侧焊缝所能承受的内力为:

$$N'=N_1+N_2+N_3=109.3+448.0+854.8=1\ 412.1(\text{kN})>N=1\ 400\ \text{kN}$$

满足要求。

【例 4-3】　试确定图 4-24 所示承受静态轴心力的三面围焊连接的承载力及肢尖焊缝的长度。已知角钢为 2 ∟ 125×10,与厚度为 8 mm 的节点板连接,其搭接长度为 300 mm,焊脚尺

寸 $h_f=8$ mm，钢材为 Q235-B，手工焊，焊条为 E43 型。

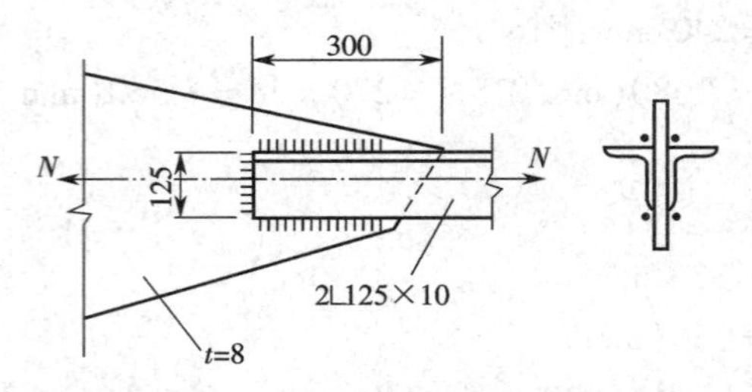

图 4-24　承受静态轴心力的三面围焊连接

解：角焊缝强度设计值 $f_f^w=160$ N/mm²。焊缝内力分配系数 $\alpha_1=0.67$，$\alpha_2=0.33$。正面角焊缝的长度等于相连角钢肢的宽度，即 $l_{w3}=b=125$ mm，则正面角焊缝所能承受的内力 N_3 为：

$$N_3=2h_e l_{w3}\beta_f f_f^w=2\times0.7\times8\times125\times1.22\times160=273.3(\text{kN})$$

肢背角焊缝所能承受的内力

$$N_1=2h_e l_w f_f^w=2\times0.7\times8\times(300-8)\times160=523.3(\text{kN})$$

而
$$N_1=\alpha_1 N-\frac{N_3}{2}=0.67N-\frac{273.3}{2}=523.3(\text{kN})$$

则

$$N=\frac{523.3+136.6}{0.67}=985(\text{kN})$$

肢尖焊缝承受的内力：

$$N_2=\alpha_2 N-\frac{N_3}{2}=0.33\times985-136.6=188.5(\text{kN})$$

由此可算出肢尖焊缝的长度为：

$$l_{w2}=\frac{N_2}{2h_e f_f^w}+8=\frac{188.5\times10^3}{2\times0.7\times8\times160}+8=113.2(\text{mm})$$

取 120 mm。

2. 承受弯矩、轴心力或剪力联合作用的角焊缝连接计算

图 4-25 所示的双面角焊缝连接承受偏心斜拉力 N 作用，计算时可将作用力 N 分解为 N_x 和 N_y 两个分力。角焊缝同时承受轴心力 N_x、剪力 N_y 和弯矩 $M=N_x\cdot e$ 的共同作用。焊缝计算截面上的应力分布如图 4-25(b) 所示，图中 A 点应力最大为控制设计点。此处垂直于焊缝长度方向的应力由两部分组成，即由轴心拉力 N_x 产生的应力：

$$\sigma_N=\frac{N_x}{A_e}=\frac{N_x}{2h_e l_w}$$

由弯矩 M 产生的应力：

$$\sigma_M=\frac{M}{W_e}=\frac{6M}{2h_e l_w^2}$$

这两部分应力由于在 A 点处的方向相同，可直接叠加，故 A 点垂直于焊缝长度方向的应力为：

$$\sigma_f=\frac{N_x}{2h_e l_w}+\frac{6M}{2h_e l_w^2}$$

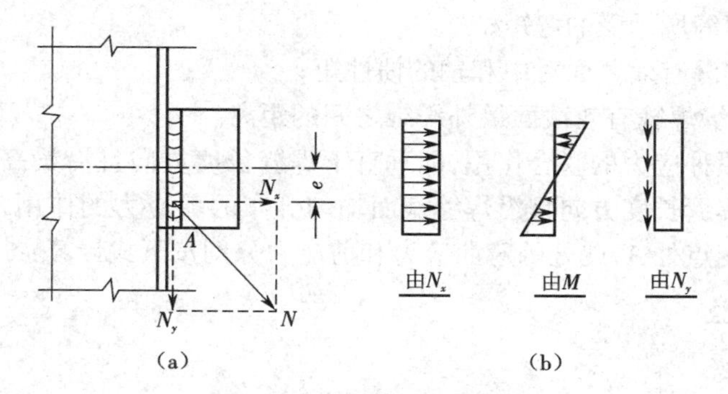

图 4-25　承受偏心斜拉力的角焊缝

(a)荷载图示;(b)应力分布

剪力 N_y 在 A 点处产生平行于焊缝长度方向的应力

$$\tau_y=\frac{N_y}{A_e}=\frac{N_y}{2h_e l_w}$$

式中　l_w——焊缝的计算长度,为实际长度减 $2h_f$。

则焊缝的强度计算式为:

$$\sqrt{\left(\frac{\sigma_f}{\beta_f}\right)^2+\tau_f^2}\leqslant f_f^w$$

当连接直接承受动力荷载作用时,取 $\beta_f=1.0$。

对于工字梁(或牛腿)与钢柱翼缘的角焊缝连接(图 4-26),通常承受弯矩和剪力的联合作用。由于翼缘的竖向刚度较差,在剪力作用下,如果没有腹板焊缝存在,翼缘将发生明显挠曲。这就说明,翼缘板的抗剪能力极差。因此,计算时通常假设腹板焊缝承受全部剪力,而弯矩则由全部焊缝承受。

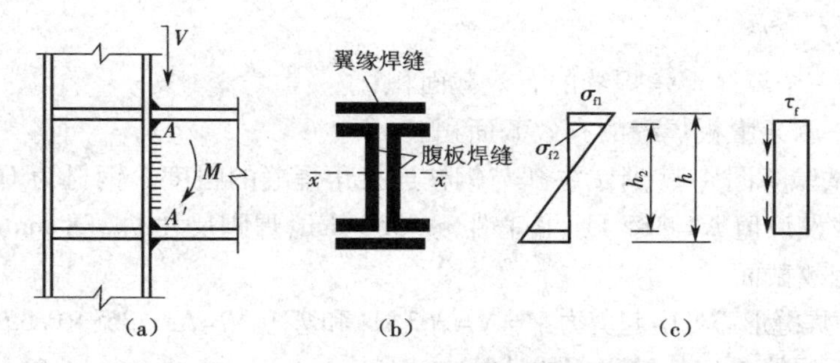

图 4-26　工字梁(或牛腿)与钢柱翼缘的角焊缝连接

(a)荷载图示;(b)焊缝详图;(c)应力分布

为了焊缝分布较合理,宜在每个翼缘的上下两侧均匀布置角焊缝,由于翼缘焊缝只承受垂直于焊缝长度方向的弯曲应力,此弯曲应力沿梁高度呈三角形分布(图 4-26(c)),最大应力发生在翼缘焊缝最外纤维处,为了保证焊缝的正常工作,应使翼缘焊缝最外纤维处的应力满足角焊缝的强度条件,即:

$$\sigma_{f1}=\frac{M}{I_w}\cdot\frac{h}{2}\leqslant\beta_f f_f^w \tag{4.3.20}$$

式中　M——全部焊缝所承受的弯矩；

I_w——全部焊缝有效截面对中和轴的惯性矩；

h——上下翼缘焊缝有效截面最外纤维之间的距离。

腹板焊缝承受两种应力的联合作用，即垂直于焊缝长度方向且沿梁高度呈三角形分布的弯曲应力和平行于焊缝长度方向且沿焊缝截面均匀分布的剪应力的作用，设计控制点为翼缘焊缝与腹板焊缝的交点处 A，此处的弯曲应力和剪应力分别按下式计算：

$$\sigma_{f2}=\frac{M}{I_w}\cdot\frac{h_2}{2}$$

$$\tau_f=\frac{V}{\sum(h_{e2}l_{w2})}$$

式中　$\sum(h_{e2}l_{w2})$——腹板焊缝有效截面积之和；

h_2——腹板焊缝的实际长度。

则腹板焊缝在 A 点的强度验算式为：

$$\sqrt{\left(\frac{\sigma_{f2}}{\beta_f}\right)^2+\tau_f^2}\leqslant f_f^w \tag{4.3.21}$$

工字梁（或牛腿）与钢柱翼缘焊缝连接的另一种计算方法是使焊缝传递应力与母材所承受应力相协调，即假设腹板焊缝只承受剪力；翼缘焊缝承担全部弯矩，并将弯矩 M 化为一对水平力 $H=M/h$。

翼缘焊缝的强度计算式为：

$$\sigma_f=\frac{H}{h_{e1}l_{w1}}\leqslant\beta_f f_f^w \tag{4.3.22}$$

腹板焊缝的强度计算式为：

$$\tau_f=\frac{V}{2h_{e2}l_{w2}}\leqslant f_f^w \tag{4.3.23}$$

式中　$h_{e1}l_{w1}$——一个翼缘上角焊缝的有效截面积；

$2h_{e1}l_{w1}$——两条腹板焊缝的有效截面积。

【例4-4】　试验算图4-27所示牛腿与钢柱连接角焊缝的强度。钢材为Q235，焊条为E43型，手工焊。荷载设计值 $N=365$ kN，偏心距 $e=350$ mm，焊脚尺寸 $h_{f1}=8$ mm，$h_{f2}=6$ mm。图4-27(b)为焊缝有效截面。

解：力 N 在角焊缝形心处引起剪力 $V=N=365$ kN 和弯矩 $M=Ne=365\times0.35=127.8$ kN·m。

(1)考虑腹板焊缝参加传递弯矩的计算方法

为了计算方便，将图中尺寸尽可能取为整数。

全部焊缝有效截面对中和轴的惯性矩为：

$$I_w=2\times\frac{0.42\times34^3}{12}+2\times21\times0.56\times20.28^2+4\times9.5\times0.56\times17.28^2=18\ 779(\text{cm}^4)$$

翼缘焊缝的最大应力：

$$\sigma_{f1}=\frac{M}{I_w}\cdot\frac{h}{2}=\frac{127.8\times10^6}{18\ 779\times10^4}\times205.6=140(\text{N/mm}^2)<\beta_f f_f^w=1.22\times160=195(\text{N/mm}^2)$$

腹板焊缝中由于弯矩 M 引起的最大应力：

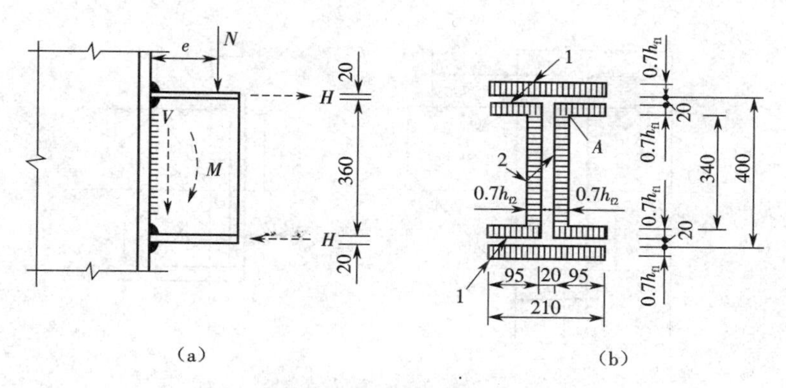

图 4-27　牛腿与钢柱连接角焊缝

(a)荷载图示;(b)焊缝详图

$$\sigma_{f2}=140\times\frac{170}{205.6}=115.8\ \text{N/mm}^2$$

由于剪力 V 在腹板焊缝中产生的平均剪应力:

$$\tau_f=\frac{V}{\sum(h_{e2}l_{w2})}=\frac{365\times10^3}{2\times0.7\times6\times340}=127.8(\text{N/mm}^2)$$

则腹板焊缝的强度(A 点为设计控制点)为:

$$\sqrt{\left(\frac{\sigma_{f2}}{\beta_f}\right)^2+\tau_f^2}=\sqrt{\left(\frac{115.8}{1.22}\right)^2+127.8^2}=159.2(\text{N/mm}^2)<f_f^w=160(\text{N/mm}^2)$$

(2)按不考虑腹板焊缝传递弯矩的计算方法

翼缘焊缝所承受的水平力:

$$H=\frac{M}{h}=\frac{127.8\times10^6}{380}=336(\text{kN})(h\text{ 值近似取为翼缘中线间距离})$$

翼缘焊缝的强度:

$$\sigma_f=\frac{H}{h_{e1}l_{w1}}=\frac{336\times10^3}{0.7\times8\times(210+2\times95)}=150(\text{N/mm}^2)<\beta_f f_f^w=195\ \text{N/mm}^2$$

腹板焊缝的强度:

$$\tau_f=\frac{V}{h_{e2}l_{w2}}=\frac{365\times10^3}{2\times0.7\times6\times340}=127.8\ (\text{N/mm}^2)<160\ \text{N/mm}^2$$

3. 围焊承受扭矩与剪力联合作用的角焊缝连接计算

图 4-28 所示为采用三面围焊搭接连接。该连接角焊缝承受竖向剪力 $V=F$ 和扭矩 $T=F(e_1+e_2)$作用。计算角焊缝在扭矩 T 作用下产生的应力时,是基于下列假定:①被连接件是绝对刚性的,它有绕焊缝形心 O 旋转的趋势,而角焊缝本身是弹性的;②角焊缝群上任一点的应力方向垂直于该点与形心的连线,且应力大小与连线长度 r 成正比。图 4-28 中,A 点与 A'点距形心 O 点最远,故 A 点和 A'点由扭矩 T 引起的剪应力 τ_T 最大,焊缝群其他各处由扭矩 T 引起的剪应力 τ_T 均小于 A 点和 A'点的剪应力,故 A 点和 A'点为设计控制点。

在扭矩 T 作用下,A 点(或 A'点)的应力为:

$$\tau_T=\frac{T\cdot r}{I_p}=\frac{T\cdot r}{I_x+I_y}$$

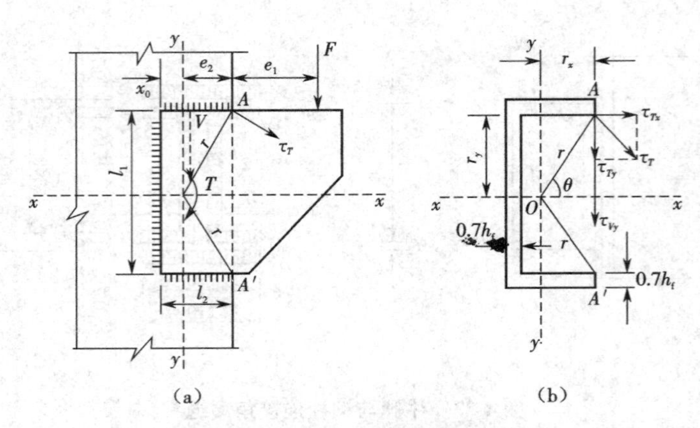

图 4-28　受剪力和扭矩作用的角焊缝

(a)荷载图示;(b)焊缝尺寸

将 τ_T 沿 x 轴和 y 轴分解为两分力，分别为：

$$\tau_{Tx} = \tau_T \cdot \sin\theta = \frac{T \cdot r}{I_p} \cdot \frac{r_y}{r} = \frac{T \cdot r_y}{I_p} \tag{4.3.24}$$

$$\tau_{Ty} = \tau_T \cdot \cos\theta = \frac{T \cdot r}{I_p} \cdot \frac{r_x}{r} = \frac{T \cdot r_x}{I_p} \tag{4.3.25}$$

由剪力 V 在焊缝群引起的剪应力 τ_V 按均匀分布，则在 A 点(或 A'点)引起的应力 τ_{Vy}为：

$$\tau_{Vy} = \frac{V}{\sum h_e l_w}$$

则 A 点受到垂直于焊缝长度方向的应力为：

$$\sigma_f = \tau_{Ty} + \tau_{Vy}$$

沿焊缝长度方向的应力为 τ_{Tx}，则 A 点的合应力满足的强度条件为：

$$\sqrt{\left(\frac{\tau_{Ty} + \tau_{Vy}}{\beta_f}\right)^2 + \tau_{Tx}^2} \leqslant f_f^w \tag{4.3.26}$$

当连接直接承受动态荷载时，取 $\beta_f = 1.0$。

【**例 4-5**】图 4-28 中钢板长度 $l_1 = 400$ mm，搭接长度 $l_2 = 300$ mm，荷载设计值 $F = 217$ kN，偏心距 $e_1 = 300$ mm(至柱边缘的距离)，钢材为 Q235，手工焊，焊条 E43 型，试确定该焊缝的焊脚尺寸并验算该焊缝的强度。

解：图 4-28 几段焊缝组成的围焊共同承受剪力 V 和扭矩 $T = F(e_1 + e_2)$ 的作用，设焊缝的焊脚尺寸均为 $h_f = 8$ mm。

焊缝计算截面的重心位置为：

$$x_0 = \frac{2l_2 \cdot l_2/2}{2l_2 + l_1} = \frac{30^2}{60 + 40} = 9(\text{cm})$$

在计算中，由于焊缝的实际长度稍大于 l_1 和 l_2，故焊缝的计算长度直接采用 l_1 和 l_2，不再扣除水平焊缝的端部缺陷。

焊缝截面的极惯性矩如下：

$$I_x = \frac{1}{12} \times 0.7 \times 0.8 \times 40^3 + 2 \times 0.7 \times 0.8 \times 30 \times 20^2 = 16\ 400(\text{cm}^4)$$

$$I_y=\frac{1}{12}\times2\times0.7\times0.8\times30^3+2\times0.7\times0.8\times30\times(15-9)^2+0.7\times0.8\times40\times9^2$$
$$=5\ 500(\text{cm}^4)$$
$$I_p=I_x+I_y=16\ 400+5\ 500=21\ 900(\text{cm}^4)$$

由于$e_2=l_2-x_0=30-9=21(\text{cm})$，$r_x=21$ cm，$r_y=20$ cm，故扭矩

$$T=F(e_1+e_2)=217\times(30+21)\times10^{-2}=110.7(\text{kN}\cdot\text{m})$$
$$\tau_{Tx}=\frac{T\cdot r_y}{I_p}=\frac{110.7\times200\times10^6}{21\ 900\times10^4}=101(\text{N/mm}^2)$$
$$\tau_{Ty}=\frac{T\cdot r_x}{I_p}=\frac{110.7\times210\times10^6}{21\ 900\times10^4}=106(\text{N/mm}^2)$$

剪力V在A点产生的应力为：

$$\tau_{Vy}=\frac{V}{\sum h_el_w}=\frac{217\times10^3}{0.7\times8\times(2\times300+400)}=38.8(\text{N/mm}^2)$$

由图4-28(b)可见，τ_{Ty}与τ_{Vy}在A点的作用方向相同，且垂直于焊缝长度方向，可用σ_f表示。

$$\sigma_f=\tau_{Ty}+\tau_{Vy}=106+38.8=144.8(\text{N/mm}^2)$$

τ_{Tx}平行于焊缝长度方向，$\tau_f=\tau_{Tx}$，则：

$$\sqrt{\left(\frac{\sigma_f}{\beta_f}\right)^2+\tau_f^2}=\sqrt{\left(\frac{144.8}{1.22}\right)^2+101^2}=155.8(\text{N/mm}^2)<f_f^w=160\ \text{N/mm}^2$$

说明取$h_f=8$ mm是合适的。

4.4　对接焊缝的构造与计算

4.4.1　对接焊缝的构造

对接焊缝的焊件常需做成坡口，故又叫坡口焊缝。坡口形式与焊件厚度有关。当焊件厚度很小(手工焊6 mm，埋弧焊10 mm)时，可用直边缝。对于一般厚度的焊件可采用具有斜坡口的单边V形或V形焊缝。斜坡口和根部间隙c共同组成一个焊条能够运转的施焊空间，使焊缝易于焊透；钝边p有托住熔化金属的作用。对于较厚的焊件($t>20$ mm)，则采用U形、K形和X形坡口(图4-29)。对于V形缝和U形缝需对焊缝根部进行补焊。对接焊缝坡口形式的选用，应根据板厚和施工条件按现行标准《手工电弧焊焊接接头的基本形式与尺寸》和《埋弧焊焊接接头的基本形式与尺寸》的要求进行。

在对接焊缝的拼接处，当焊件的宽度不同或厚度相差4 mm以上时，应分别在宽度方向或厚度方向从一侧或两侧做成坡度不大于1∶2.5的斜角(图4-30)，以使截面过渡和缓，减小应力集中。

在焊缝的起灭弧处，常会出现弧坑等缺陷，这些缺陷对承载力影响极大，故焊接时一般应设置引弧板和引出板(图4-31)，焊后将它割除。对受静力荷载的结构设置引弧(出)板有困难时，允许不设置引弧(出)板，此时，可令焊缝计算长度等于实际长度减$2t$(此处t为较薄焊件厚度)。

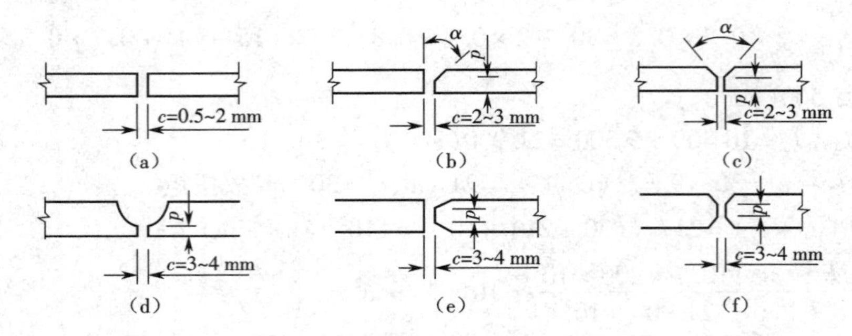

图 4-29　对接焊缝的坡口形式

(a)直边缝;(b)单边 V 形坡口;(c)V 形坡口;(d)U 形坡口;(e)K 形坡口;(f)X 形坡口

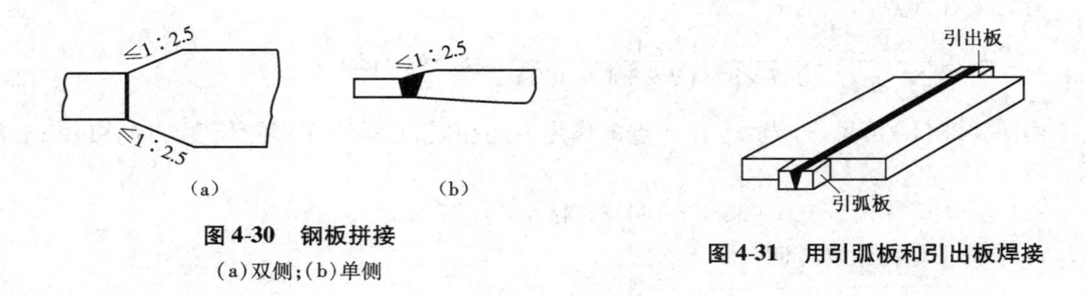

图 4-30　钢板拼接

(a)双侧;(b)单侧

图 4-31　用引弧板和引出板焊接

4.4.2　对接焊缝的计算

对接焊缝分焊透和部分焊透两种。此节只介绍焊透的对接焊缝。

对接焊缝的强度与所用钢材的牌号、焊条型号及焊缝质量的检验标准等因素有关。

如果焊缝中不存在任何缺陷,焊缝金属的强度是高于母材的。但由于焊接技术问题,焊缝中可能有气孔、夹渣、咬边、未焊透等缺陷。实验证明,焊接缺陷对受压、受剪的对接焊缝影响不大,故可认为受压、受剪的对接焊缝与母材强度相等,但受拉的对接焊缝对缺陷甚为敏感。当缺陷面积与焊件截面积之比超过 5% 时,对接焊缝的抗拉强度将明显下降。由于三级检验的焊缝允许存在较多的缺陷,故其抗拉强度为母材强度的 85%,而一、二级检验的焊缝的抗拉强度可认为与母材强度相等。

由于对接焊缝是焊件截面的组成部分,焊缝中的应力分布情况基本上与焊件原来的情况相同,故计算方法与构件的强度计算一样。

(1)轴心受力的对接焊缝

轴心受力的对接焊缝(图 4-32),可按下式计算:

$$\sigma=\frac{N}{l_w t}\leqslant f_t^w \text{ 或 } f_c^w \tag{4.4.1}$$

式中　N——轴心拉力或压力;

l_w——焊缝的计算长度,当未采用引弧板时,取实际长度减去 $2t$;

t——在对接接头中连接件的较小厚度,在 T 形接头中为腹板厚度;

f_t^w、f_c^w——对接焊缝的抗拉、抗压强度设计值。

由于一、二级检验的焊缝与母材强度相等,故只有三级检验的焊缝才需按式(4.4.1)进行

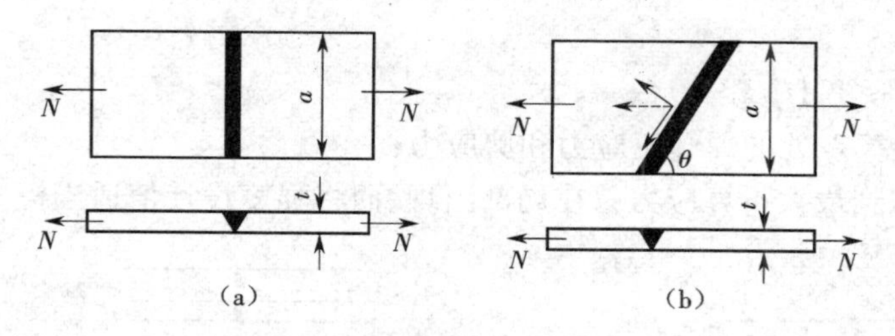

图 4-32　对接焊缝受轴心力

(a)正对接焊缝;(b)斜对接焊缝

抗拉强度验算。如果用直缝不能满足强度要求,可采用如图 4-32(b)所示的斜对接焊缝。计算证明,焊缝与作用力间的夹角 θ 满足 $\tan\theta \leqslant 1.5$ 时,斜焊缝的强度不低于母材强度,可不再进行验算。

【例 4-6】试验算图 4-32 所示钢板的对接焊缝的强度。图中 $a=540$ mm,$t=22$ mm,轴心力的设计值 $N=2\ 150$ kN。钢材为 Q235-B,手工焊,焊条为 E43 型,三级检验标准的焊缝,施焊时加引弧板。

解:直缝连接其计算长度 $l_w=54$ cm。焊缝正应力为:

$$\sigma=\frac{N}{l_w t}=\frac{2\ 150\times10^3}{540\times22}=181(\mathrm{N/mm^2})>f_t^w=175\ \mathrm{N/mm^2}$$

不满足要求,改用斜对接焊缝,取截割斜度为 1.5∶1,即 $\theta=56°$,焊缝长度 $l_w=\dfrac{a}{\sin\theta}=\dfrac{54}{\sin 56°}=$ 65 cm。

故此时焊缝的正应力为:

$$\sigma=\frac{N\sin\theta}{l_w t}=\frac{2\ 150\times10^3\times\sin 56°}{650\times22}=125(\mathrm{N/mm^2})<f_t^w=175\ \mathrm{N/mm^2}$$

剪应力为:

$$\tau=\frac{N\cos\theta}{l_w t}=\frac{2\ 150\times10^3\times\cos 56°}{650\times22}=84(\mathrm{N/mm^2})<f_v^w=120\ \mathrm{N/mm^2}$$

这就说明当 $\tan\theta\leqslant1.5$ 时,焊缝强度能够保证,可不必计算。

(2)承受弯矩和剪力共同作用的对接焊缝

如图 4-33(a)所示,对接接头受到弯矩和剪力的共同作用,由于焊缝截面是矩形,正应力与剪应力图形分别为三角形与抛物线形,其最大值应分别满足下列强度条件:

$$\sigma_{\max}=\frac{M}{W_w}=\frac{6M}{l_w^2 t}\leqslant f_t^w \tag{4.4.2}$$

$$\tau_{\max}\leqslant\frac{VS_w}{I_w t}=\frac{3}{2}\cdot\frac{V}{l_w t}\leqslant f_v^w \tag{4.4.3}$$

式中　W_w——焊缝截面模量;

S_w——焊缝截面面积矩;

I_w——焊缝截面惯性矩。

图 4-33(b)所示是工字形截面梁的接头,采用对接焊缝,除应分别验算最大正应力和剪应力外,对于同时承受较大正应力和较大剪应力处,例如腹板与翼缘的交接点,还应按下式验算

折算应力：

$$\sqrt{\sigma_1^2+3\tau_1^2}\leqslant 1.1f_t^w \tag{4.4.4}$$

式中 σ_1、τ_1——验算点处的焊缝正应力和剪应力；

1.1——考虑到最大折算应力只在局部出现，而将强度设计值适当提高的系数。

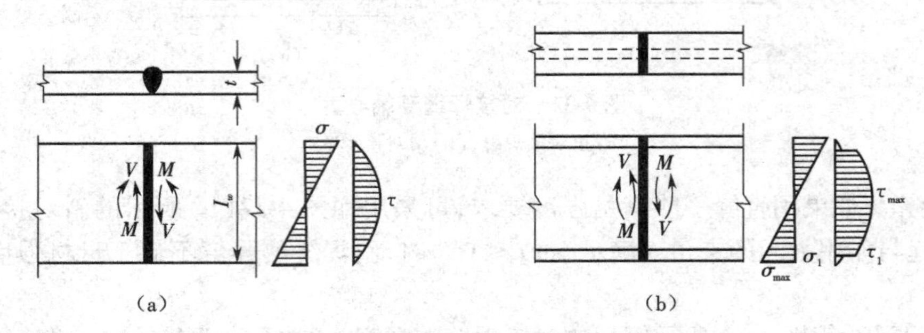

图 4-33　对接焊缝受弯矩和剪力联合作用

(a)钢板对接；(b)工字形钢对接

(3)承受轴心力、弯矩和剪力共同作用的对接焊缝

当轴心力与弯矩、剪力共同作用时，焊缝的最大正应力应为轴心力和弯矩引起的应力之和，剪应力按式(4.4.3)验算，折算应力仍按式(4.4.4)验算。

【例 4-7】　计算工字形截面牛腿与钢柱连接的对接焊缝强度(图 4-34)。$F=550$ kN(设计值)，偏心距 $e=300$ mm。钢材为 Q235-B，焊条为 E43 型，手工焊。焊缝为三级检验标准。上、下翼缘加引弧板施焊。

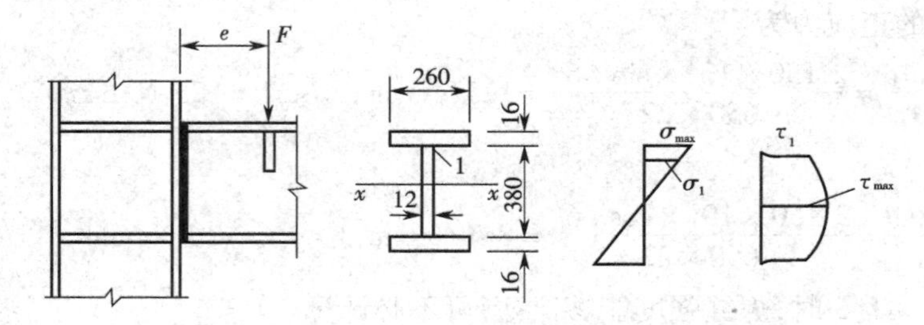

图 4-34　工字形截面牛腿与钢柱连接的对接焊缝

解：对接焊缝的计算截面与牛腿的截面相同，因而

$$I_x=\frac{1}{12}\times 1.2\times 38^3+2\times 1.6\times 26\times 19.8^2=38\ 100(\text{cm}^4)$$

$$S_{x1}=26\times 1.6\times 19.8=824\ \text{cm}^3$$

$$V=F=550\ \text{kN}$$

$$M=550\times 0.30=165(\text{kN}\cdot\text{m})$$

最大正应力为：

$$\sigma_{max}=\frac{M}{I_x}\cdot\frac{h}{2}=\frac{165\times 10^6\times 206}{38\ 100\times 10^4}=89.2(\text{N/mm}^2)<f_t^w=185\ \text{N/mm}^2$$

最大剪应力：

$$\tau_{\max}=\frac{VS_x}{I_x t}=\frac{550\times10^3}{38\ 100\times10^4\times12}\times\left(260\times16\times198+190\times12\times\frac{190}{2}\right)$$

$$=125.1(\mathrm{N/mm^2})\approx f_v^w=125\ \mathrm{N/mm^2}$$

上翼缘和腹板交接处“1”点的正应力：

$$\sigma_1=\sigma_{\max}\cdot\frac{190}{206}=82(\mathrm{N/mm^2})$$

剪应力：

$$\tau_1=\frac{VS_{x1}}{I_x t}=\frac{550\times10^3\times824\times10^3}{38\ 100\times10^4\times12}=99(\mathrm{N/mm^2})$$

由于“1”点同时受有较大的正应力和剪应力，故应按式(4.4.4)验算折算应力：

$$\sqrt{82^2+3\times99^2}=190(\mathrm{N/mm})^2<1.1\times185=204(\mathrm{N/mm^2})$$

4.5　螺栓连接

4.5.1　螺栓的排列

螺栓在构件上的排列应简单、统一、整齐而紧凑，通常分为并列和错列两种形式(图 4-35)。并列比较简单整齐，所用连接板尺寸小，但由于螺栓孔的存在，对构件截面的削弱较大。错列可以减小螺栓孔对截面的削弱，但螺栓孔排列不如并列紧凑，连接板尺寸较大。螺栓在构件上的排列应考虑以下要求。

1. 受力要求

在垂直于受力方向，对于受拉构件，各排螺栓的中距及边距不能过小，以免使螺栓周围应力集中相互影响，且使钢板的截面削弱过多，降低其承载能力，在顺力作用方向，端距应按被连接件材料的抗压及抗剪切等强度条件确定，以使钢板在端部不致被螺栓撕裂，规范规定端距不应小于 $2d_0$(d_0 为孔径)；受压构件上的中距不宜过大，否则在被连接板件间容易发生鼓曲现象。

2. 构造要求

螺栓的中距与边距不宜过大，否则钢板之间不能紧密贴合，潮气侵入缝隙使钢材锈蚀。

3. 施工要求

要保证有一定空间，便于用扳手拧紧螺帽。根据扳手尺寸和工人的施工经验，规定最小中距为 $3d_0$。

根据以上要求，规范规定的钢板上螺栓的容许距离详见图 4-35 及表 4-4。螺栓沿型钢长度方向上排列的间距，除应满足表 4-4 的最大最小距离外，尚应充分考虑拧紧螺栓时的净空要求。在角钢、普通工字钢、槽钢截面上排列螺栓的线距应满足图 4-36 及表 4-5、表 4-6 和表 4-7 的要求。在 H 型钢截面上排列螺栓的线距(图 4-36(d))，腹板上的 c 值可参照普通工字钢；翼缘上的 e 值或 e_1、e_2 值可根据其外伸宽度参照角钢。

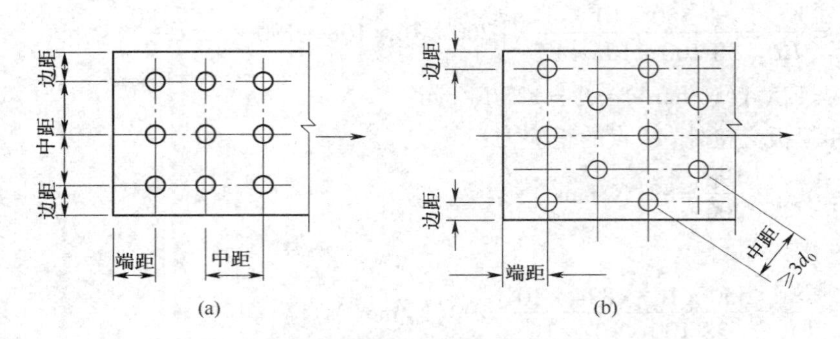

图 4-35　钢板的螺栓(铆钉)排列

(a)并列;(b)错列

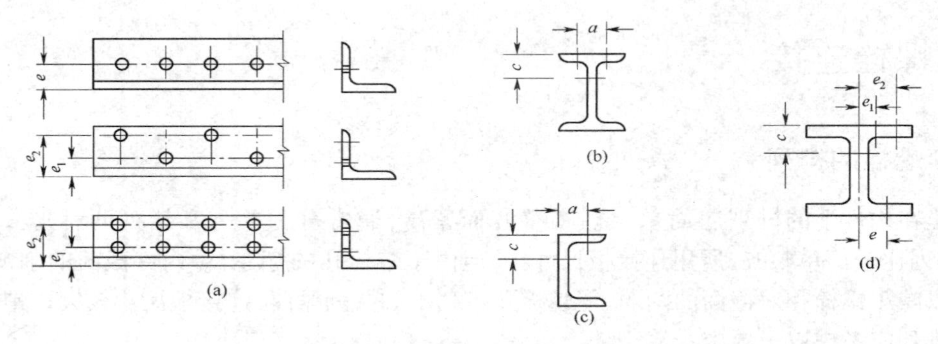

图 4-36　型钢的螺栓(铆钉)排列

(a)角钢;(b)普通工字钢;(c)槽钢;(d)H 型钢

表 4-4　螺栓或铆钉的最大、最小容许距离

<table>
<tr><th>名称</th><th colspan="3">位置和方向</th><th>最大容许距离
(取两者的较小值)</th><th>最小容许距离</th></tr>
<tr><td rowspan="5">中心间距</td><td colspan="3">外排(垂直内力方向或顺内力方向)</td><td>$8d_0$ 或 $12t$</td><td rowspan="5">$3d_0$</td></tr>
<tr><td rowspan="3">中间排</td><td colspan="2">垂直内力方向</td><td>$16d_0$ 或 $24t$</td></tr>
<tr><td rowspan="2">顺内力方向</td><td>压力</td><td>$12d_0$ 或 $18t$</td></tr>
<tr><td>拉力</td><td>$16d_0$ 或 $24t$</td></tr>
<tr><td colspan="3">沿对角线方向</td><td>—</td></tr>
<tr><td rowspan="4">中心至构件边缘距离</td><td colspan="3">顺内力方向</td><td rowspan="4">$4d_0$ 或 $8t$</td><td>$2d_0$</td></tr>
<tr><td rowspan="3">垂直内力方向</td><td colspan="2">剪切边或手工气割边</td><td>$1.5d_0$</td></tr>
<tr><td rowspan="2">轧制边自动精密气割或锯割边</td><td>高强度螺栓</td><td rowspan="2">$1.2d_0$</td></tr>
<tr><td>其他螺栓或铆钉</td></tr>
</table>

注:①d_0 为螺栓孔或铆钉孔直径,t 为外层较薄板件的厚度;

②钢板边缘与刚性构件(如角钢、槽钢等)相连的螺栓或铆钉的最大间距,可按中间排的数值采用。

表 4-5　角钢上螺栓或铆钉线距表

mm

单行排列	角钢肢宽	40	45	50	56	63	70	75	80	90	100	110	125
	线距 e	25	25	30	30	35	40	40	45	50	55	60	70
	钉孔最大直径	11.5	13.5	13.5	15.5	17.5	20	22	22	24	24	26	26
双行错排	角钢肢宽	125	140	160	180	200	双行并列	角钢肢宽			160	180	200
	e_1	55	60	70	70	80		e_1			60	70	80
	e_2	90	100	120	140	160		e_2			130	140	160
	钉孔最大直径	24	24	26	26	26		钉孔最大直径			24	24	26

表 4-6　工字钢和槽钢腹板上的螺栓线距表

mm

工字钢型号	12	14	16	18	20	22	25	28	32	36	40	45	50	56	63
线距 $c_{\min}$	40	45	45	45	50	50	55	60	60	65	70	75	75	75	75
槽钢型号	12	14	16	18	20	22	25	28	32	36	40	—	—	—	—
线距 $c_{\min}$	40	45	50	50	55	55	55	60	65	70	75	—	—	—	—

表 4-7　工字钢和槽钢翼缘上的螺栓线距表

mm

工字钢型号	12	14	16	18	20	22	25	28	32	36	40	45	50	56	63
线距 $a_{\min}$	40	40	50	55	60	65	65	70	75	80	80	85	90	95	95
槽钢型号	12	14	16	18	20	22	25	28	32	36	40	—	—	—	—
线距 $a_{\min}$	30	35	35	40	40	45	45	45	50	56	60	—	—	—	—

4.5.2　螺栓连接的构造要求

螺栓连接除了满足上述螺栓排列的容许距离外，根据不同情况尚应满足下列构造要求。

①为了使连接可靠，每一杆件在节点上以及拼接接头的一端，永久性螺栓数不宜少于两个。但根据实践经验，对于组合构件的缀条，其端部连接可采用一个螺栓。

②对直接承受动力荷载的普通螺栓连接应采用双螺帽或其他防止螺帽松动的有效措施。例如采用弹簧垫圈，或将螺帽和螺杆焊死等方法。

③由于 C 级螺栓与孔壁有较大间隙，只宜用于沿其杆轴方向受拉的连接。承受静力荷载结构的次要连接、可拆卸结构的连接和临时固定构件用的安装连接中，也可用 C 级螺栓承受剪力。但在重要的连接中，例如制动梁或吊车梁上翼缘与柱的连接，由于传递制动梁的水平支撑反力，同时受到反复动力荷载作用，不得采用 C 级螺栓。柱间支撑与柱的连接以及在柱间支撑处吊车梁下翼缘的连接，承受着反复的水平制动力和卡轨力，应优先采用高强度摩擦型螺栓。

④当型钢构件的拼接采用高强度螺栓连接时，由于型钢的抗弯刚度较大，不易使摩擦面紧密贴合，故其拼接件宜采用钢板。

⑤在高强度螺栓连接范围内，构件接触面的处理方法应在施工图中说明。

4.6 普通螺栓连接的工作性能和计算

普通螺栓连接按受力情况可分为3类:①螺栓只承受剪力;②螺栓只承受拉力;③螺栓承受拉力和剪力的共同作用。下面将分别论述这3类连接的工作性能和计算方法。

4.6.1 普通螺栓的抗剪连接

1. 抗剪连接的工作性能

抗剪连接是最常见的螺栓连接。如果以图4-37(a)所示的螺栓连接试件做抗剪试验,则可得出试件上a、b两点之间的相对位移δ与作用力N的关系曲线(图4-37(b))。由此关系曲线可见,试件由零载一直加载至连接破坏的全过程,经历了以下4个阶段。

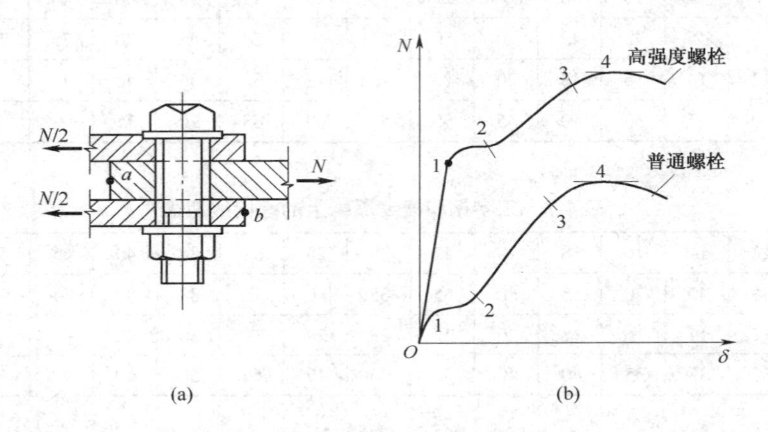

图4-37 单个螺栓抗剪试验结果

(a)螺栓连接试件;(b)N—δ曲线

1)摩擦传力的弹性阶段　在施加荷载之初,荷载较小,连接中的剪力也较小,荷载靠构件间接触面的摩擦力传递,螺栓杆与孔壁之间的间隙保持不变,连接工作处于弹性阶段,在N—δ图上呈现出$O1$斜直线段。但由于板件间摩擦力的大小取决于拧紧螺帽时在螺杆中的初始拉力,一般说来,普通螺栓的初拉力很小,故此阶段很短,可略去不计。

2)滑移阶段　当荷载增大,连接中的剪力达到构件间摩擦力的最大值,板件间突然产生相对滑移,其最大滑移量为螺栓杆与孔壁之间的间隙,直至螺栓杆与孔壁接触,也就是N—δ图上曲线为12水平线段。

3)栓杆直接传力的弹性阶段　如荷载再增加,连接所承受的外力就主要是靠螺栓与孔壁接触传递。螺栓杆除主要受剪力外,还有弯矩和轴向拉力,而孔壁则受到挤压。由于接头材料的弹性性质,也由于螺栓杆的伸长受到螺帽的约束,增大了板件间的压紧力,使板件间的摩擦力也随之增大。所以N—δ曲线呈上升状态,达到"3"点时,表明螺栓或连接板达到弹性极限,此阶段结束。

4)弹塑性阶段　荷载继续增加,在此阶段即使给荷载很小的增量,连接的剪切变形也迅速加大,直到连接的最后破坏。N—δ曲线的最高点"4"所对应的荷载即为普通螺栓连接的极限荷载。

抗剪螺栓连接达到极限承载力时，可能的破坏形式有：①当栓杆直径较小，板件较厚时，栓杆可能先被剪断（图 4-38（a））；②当栓杆直径较大、板件较薄时，板件可能先被挤坏（图 4-38（b）），由于栓杆和板件的挤压是相对的，故也可把这种破坏叫做螺栓承压破坏；③板件可能因螺栓孔削弱太多而被拉断（图 4-38（c））；④端距太小，端距范围内的板件有可能被栓杆冲剪破坏（图 4-38（d））。

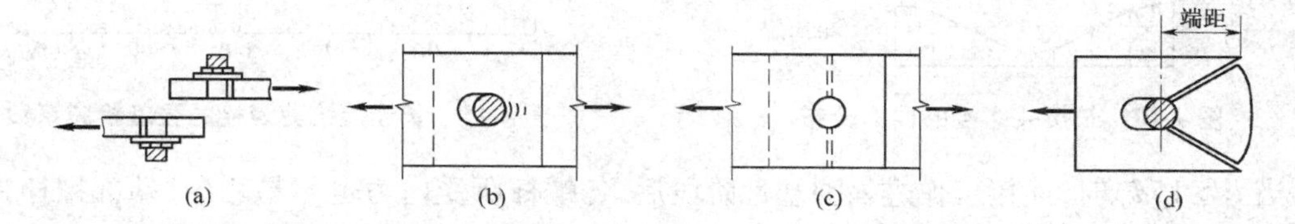

图 4-38　抗剪螺栓连接的破坏形式

（a）栓杆剪断；（b）螺栓承压破坏；（c）板件拉断；（d）板件冲切破坏

上述第③种破坏形式属于构件的强度计算，第④种破坏形式由螺栓端距$\geqslant 2d_0$来保证。因此，抗剪螺栓连接的计算只考虑第①、②种破坏形式。

2. 单个普通螺栓的抗剪承载力

普通螺栓连接的抗剪承载力，应考虑螺栓杆受剪和孔壁承压两种情况。假定螺栓受剪面上的剪应力是均匀分布的，则单个抗剪螺栓的抗剪承载力设计值为：

$$N_v^b = n_v \frac{\pi d^2}{4} f_v^b \tag{4.6.1}$$

式中　n_v——受剪面数目，单剪 $n_v = 1$，双剪 $n_v = 2$，四剪 $n_v = 4$；

d——螺栓杆直径；

f_v^b——螺栓抗剪强度设计值。

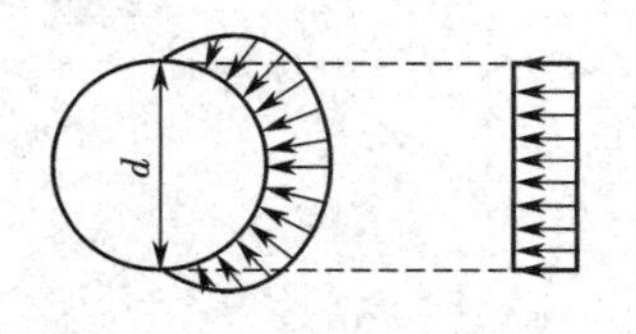

图 4-39　螺栓承压的计算承压面积

由于螺栓的实际承压应力分布情况难以确定，为简化计算，假定螺栓承压应力分布于螺栓直径平面上（图 4-39），而且假定该承压面上的应力为均匀分布，则单个抗剪螺栓的承压承载力设计值为：

$$N_c^b = d \sum t f_c^b \tag{4.6.2}$$

式中　$\sum t$——在同一受力方向的承压构件的较小总厚度；

f_c^b——螺栓承压强度设计值。

3. 普通螺栓群抗剪连接计算

（1）普通螺栓群轴心受剪

试验证明，螺栓群的抗剪连接承受轴心力时，螺栓群在长度方向各螺栓受力不均匀（图 4-40），两端受力大，而中间受力小。当连接长度 $l_1 \leqslant 15d_0$（d_0 为螺栓孔直径）时，由于连接工作进入弹塑性阶段后，内力发生重分布，螺栓群中各螺栓受力逐渐接近，故可认为轴心力由每个螺栓平均分担，即螺栓数 n 为：

$$n = \frac{N}{N_{min}^b} \tag{4.6.3}$$

式中　N_{min}^b——一个螺栓抗剪承载力设计值与承压承载力设计值的较小值。

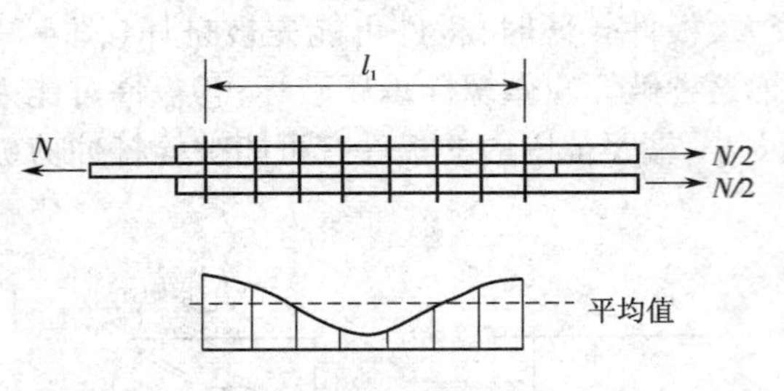

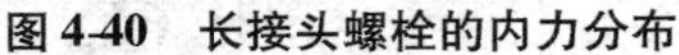

图 4-40　长接头螺栓的内力分布

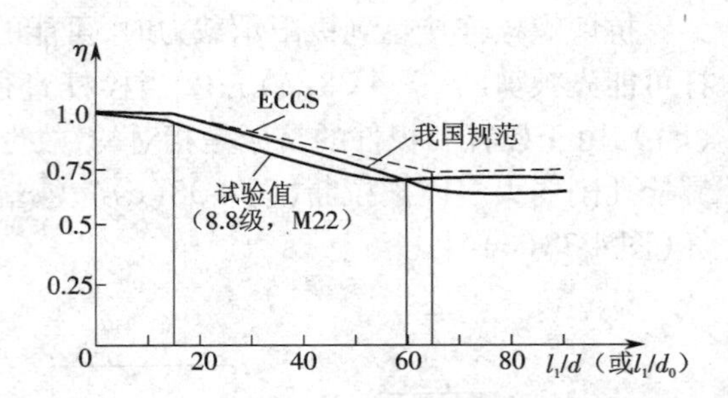

图 4-41　长连接抗剪螺栓的强度折减系数

当 $l_1>15d_0$ 时，连接工作进入弹塑性阶段后，各螺杆所受内力也不易均匀，端部螺栓首先达到极限强度而破坏，随后由外向里依次破坏。当 $l_1/d_0>15$ 时，连接强度明显下降，开始下降较快，以后逐渐缓和，并趋于常值。如图 4-41 所示，实线为我国现行《钢结构设计标准》所采用的曲线。由此曲线可知折减系数为：

$$\eta=1.1-\frac{l_1}{150d_0}\geqslant 0.7 \tag{4.6.4}$$

则对长连接，所需抗剪螺栓数为：

$$n=\frac{N}{\eta N_{\min}^{\mathrm{b}}} \tag{4.6.5}$$

(2)普通螺栓群偏心受剪

图 4-42 所示即为螺栓群承受偏心剪力的情形，剪力 F 的作用线至螺栓群中心线的距离为 e，故螺栓群同时受到轴心力 F 和扭矩 $T=F\cdot e$ 的联合作用。

在轴心力作用下可认为每个螺栓平均受力，则

$$N_{1F}=\frac{F}{n} \tag{4.6.6}$$

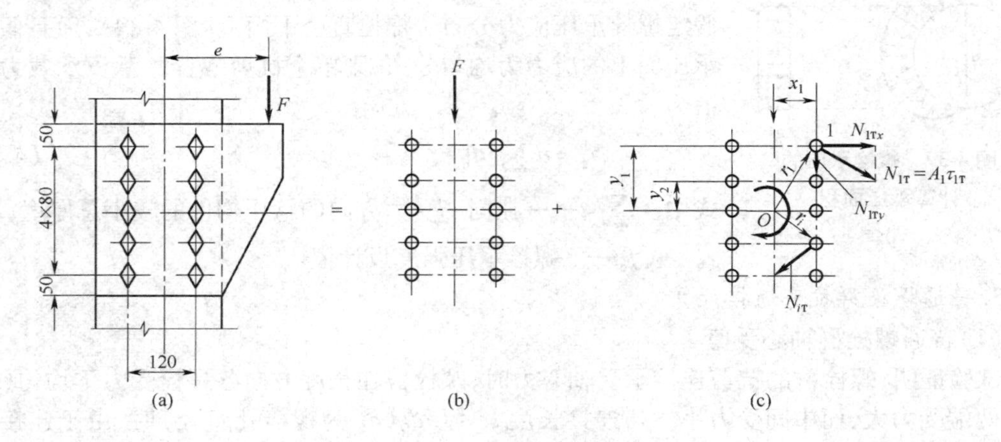

图 4-42　螺栓群偏心受剪

(a)荷载图示；(b)受力分解 1；(c)受力分解 2

螺栓群在扭矩 $T=F\cdot e$ 作用下，每个螺栓均受剪，连接按弹性设计法的计算基于下列假设：

①连接板件为绝对刚性，螺栓为弹性体；

②连接板件绕螺栓群形心旋转，各螺栓所受剪力大小与该螺栓至形心距离 r_i 成正比，其方向则与连线 r_i 垂直(图4-42(c))。

螺栓1距形心 O 最远，其所受剪力 N_{1T} 最大：

$$N_{1T}=A_1\tau_{1T}=A_1\frac{Tr_1}{I_p}=A_1\frac{Tr_1}{A_1\cdot\sum r_i^2}=\frac{Tr_1}{\sum r_i^2} \tag{4.6.7}$$

式中　A_1——一个螺栓的截面积；

τ_{1T}——螺栓1的剪应力；

I_p——螺栓群截面对形心 O 的极惯性矩；

r_i——任一螺栓至形心的距离。

将 N_{1T} 分解为水平分力 N_{1Tx} 和垂直分力 N_{1Ty}：

$$N_{1Tx}=N_{1T}\cdot\frac{y_1}{r_1}=\frac{T\cdot y_1}{\sum r_i^2}=\frac{T\cdot y_1}{\sum x_i^2+\sum y_i^2} \tag{4.6.8}$$

$$N_{1Ty}=N_{1T}\cdot\frac{x_1}{r_1}=\frac{T\cdot x_1}{\sum r_i^2}=\frac{T\cdot x_1}{\sum x_i^2+\sum y_i^2} \tag{4.6.9}$$

由此可得螺栓群偏心受剪时，受力最大的螺栓1所受合力为：

$$\sqrt{N_{1Tx}^2+(N_{1Ty}+N_{1F})^2}=\sqrt{\left(\frac{T\cdot y_1}{\sum x_i^2+\sum y_i^2}\right)^2+\left[\frac{T\cdot x_1}{\sum x_i^2+\sum y_i^2}+\frac{F}{n}\right]^2}\leqslant N_{\min}^{b} \tag{4.6.10}$$

当螺栓群布置在一个狭长带，例如 $y_1>3x_1$ 时，可取 $x_i=0$，以简化计算，则上式为：

$$\sqrt{\left(\frac{T\cdot y_1}{\sum y_i^2}\right)^2+\left(\frac{F}{n}\right)^2}\leqslant N_{\min}^{b} \tag{4.6.11}$$

设计中，通常是先按构造要求排好螺栓，再用式(4.6.10)验算受力最大的螺栓。可想而知，由于计算是由受力最大的螺栓的承载力控制，而此时其他螺栓受力较小，不能充分发挥作用，因此这是一种偏安全的弹性设计法。

【例4-8】　设计两块钢板用普通螺栓的盖板拼接。已知轴心拉力的设计值 $N=325$ kN，钢材为Q235-A，螺栓直径 $d=20$ mm(粗制螺栓)。

解：一个螺栓的承载力设计值如下。

抗剪承载力设计值：

$$N_v^b=n_v\frac{\pi d^2}{4}f_v^b=2\times\frac{3.14\times20^2}{4}\times140=87\,900(\text{N})=87.9\text{ kN}$$

承压承载力设计值：

$$N_c^b=d\sum tf_c^b=20\times8\times305=48\,800(\text{N})=48.8\text{ kN}$$

连接一侧所需螺栓数，$n=\dfrac{325}{48.8}$，取8个(图4-43)。

【例4-9】　设计图4-42(a)所示的普通螺栓连接，柱翼缘厚度为10 mm，连接板厚度为8 mm，钢材为Q235-B，荷载设计值 $F=150$ kN，偏心距 $e=250$ mm，粗制螺栓M22。

解：

$$\sum x_i^2+\sum y_i^2=10\times6^2+(4\times8^2+4\times16^2)=1\,640(\text{cm}^2)$$

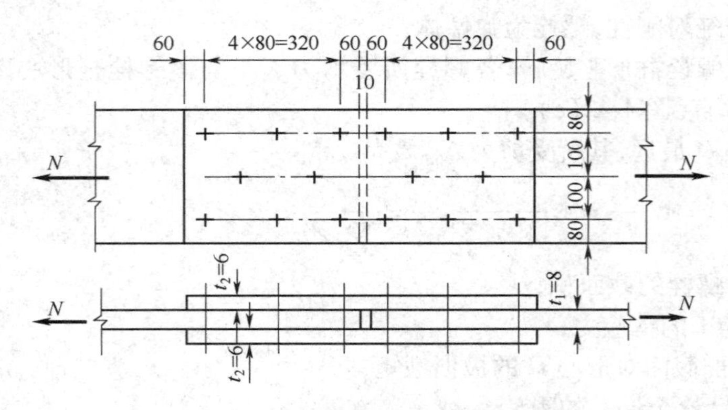

图 4-43　两块钢板用普通螺栓的盖板拼接

$$T = F \cdot e = 150 \times 25 \times 10^{-2} = 37.5(\text{kN} \cdot \text{m})$$

$$N_{1Tx} = \frac{T \cdot y_1}{\sum x_i^2 + \sum y_i^2} = \frac{37.5 \times 16 \times 10^2}{1\,640} = 36.6(\text{kN})$$

$$N_{1Ty} = \frac{T \cdot x_1}{\sum x_i^2 + \sum y_i^2} = \frac{37.5 \times 6 \times 10^2}{1\,640} = 13.7(\text{kN})$$

$$N_{1F} = \frac{F}{n} = \frac{150}{10} = 15(\text{kN})$$

$$N_1 = \sqrt{N_{1Tx}^2 + (N_{1Ty} + N_{1F})^2} = \sqrt{36.6^2 + (13.7 + 15)^2} = 46.5(\text{kN})$$

螺栓直径 $d = 22$ mm,一个螺栓的设计承载力如下。

螺栓抗剪:

$$N_v^b = n_v \frac{\pi d^2}{4} f_v^b = 1 \times \frac{\pi \times 22^2 \times 140}{4} = 53.2(\text{kN}) > 46.5 \text{ kN}$$

构件承压:

$$N_c^b = d \sum t f_c^b = 22 \times 8 \times 305 = 53\,700 \text{ N} = 53.7(\text{kN}) > 46.5 \text{ kN}$$

4.6.2　普通螺栓的抗拉连接

1. 单个普通螺栓的抗拉承载力

抗拉螺栓连接在外力作用下,构件的接触面有脱开的趋势。此时螺栓受到沿杆轴方向的拉力作用,故抗拉螺栓连接的破坏形式为栓杆被拉断。

单个抗拉螺栓的承载力设计值为:

$$N_t^b = A_e f_t^b = \frac{\pi d_e^2}{4} f_t^b \tag{4.6.12}$$

式中　d_e——螺栓的有效直径;

f_t^b——螺栓抗拉强度设计值。

这里要特别说明以下两个问题。

(1)螺栓的有效截面积

由于螺纹是斜方向的,所以螺栓抗拉时采用的直径不是净直径 d_n,而是有效直径 d_e(图

4-44）。根据现行国家标准，取：

$$d_e = d - \frac{13}{24}\sqrt{3}t \tag{4.6.13}$$

式中　t——螺距。

由螺栓杆的有效直径 d_e 算得的有效面积 A_e 值见附录表 7-1。

（2）螺栓垂直连接件的刚度对螺栓抗拉承载力的影响

螺栓受拉时，通常不可能使拉力正好作用在螺栓轴线上，而是通过与螺杆垂直的板件传递。如图 4-45 所示的 T 形连接，如果连接件的刚度较小，受力后与螺栓垂直的连接件总会有变形，因而形成杠杆作用，螺栓有被撬开的趋势，使螺杆中的拉力增加并产生弯曲现象。

考虑杠杆作用时，螺杆的轴心力为：

$$N_t = N + Q$$

式中　Q——由于杠杆作用对螺栓产生的撬力。

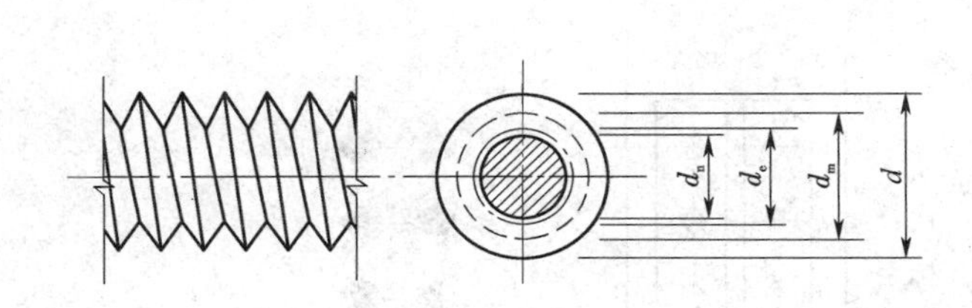

图 4-44　螺栓螺纹处的直径

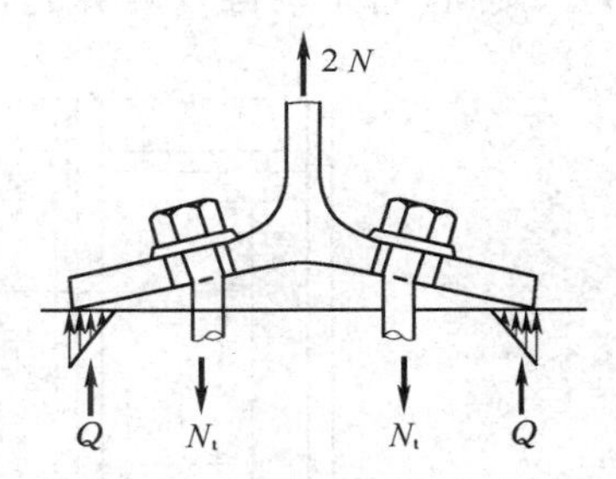

图 4-45　受拉螺栓的撬力

撬力的大小与连接件的刚度有关，连接件的刚度越小，撬力越大；同时撬力也与螺栓直径和螺栓所在位置等因素有关。由于确定撬力比较复杂，我国现行《钢结构设计标准》为了简化，规定普通螺栓抗拉强度设计值 f_t^b 取为螺栓钢材抗拉强度设计值 f 的 0.8 倍（即 $f_t^b = 0.8f$），以考虑撬力的影响。此外，在构造上也可采取一些措施加强连接件的刚度，如设置加劲肋（图 4-46），可以减小甚至消除撬力的影响。

2. 普通螺栓群轴心受拉

图 4-47 所示为螺栓群在轴心力作用下的抗拉连接，通常假定每个螺栓平均受力，则连接所需螺栓数为：

$$n = \frac{N}{N_t^b} \tag{4.6.14}$$

式中　N_t^b——一个螺栓的抗拉承载力设计值，按式（4.6.12）计算。

3. 普通螺栓群弯矩受拉

图 4-48 所示为螺栓群在弯矩作用下的抗拉连接（图中的剪力 V 通过承托板传递）。按弹性设计法，在弯矩作用下，离中和轴越远的螺栓所受拉力越大，而压应力则由弯矩指向一侧的部分端板承受，设中和轴至端板受压边缘的距离为 c（图 4-48（c））。这种连接的受力有如下特点：受拉螺栓截面只是孤立的几个螺栓点；而端板受压区则是宽度较大的实体矩形截面（图 4-48（b）、（c））。当以其形心位置作为中和轴时，所求得的端板受压区高度 c 总是很小，中和轴通常在弯矩指向一侧最外排螺栓附近的某个位置。因此，实际计算时可近似地取到中和轴位

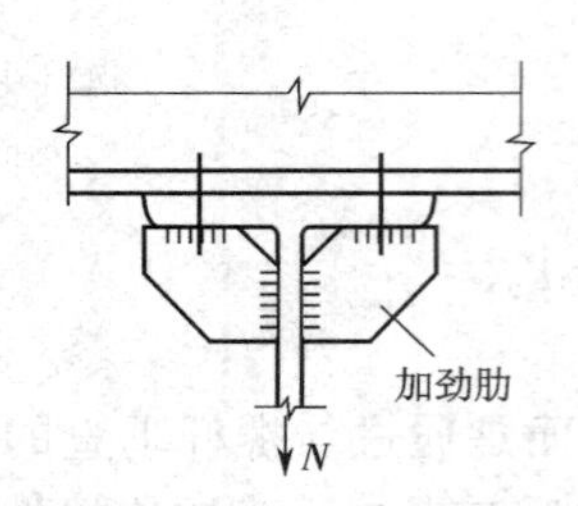

图 4-46　T 形连接中螺栓受拉

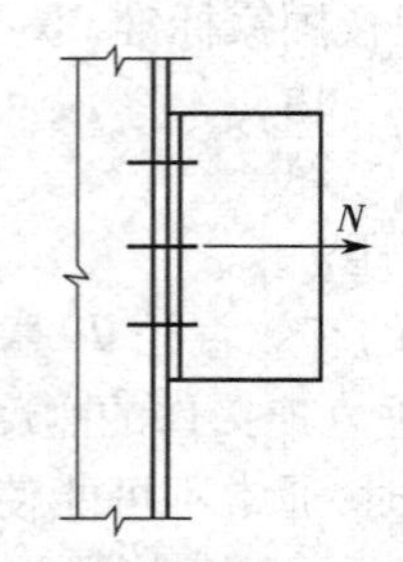

图 4-47　螺栓群承受轴心拉力

于最下排螺栓 O 处(弯矩作用方向如图 4-48(a)所示时),即认为连接变形为绕 O 处水平轴转动,螺栓拉力与从 O 点算起的纵坐标 y 成正比。仿式(4.6.7)推导时的基本假设,并在 O 处水平轴列弯矩平衡方程时,偏安全地忽略力臂很小的端板受压区部分的力矩而只考虑受拉螺栓部分,则得(各 y 均自 O 点算起):

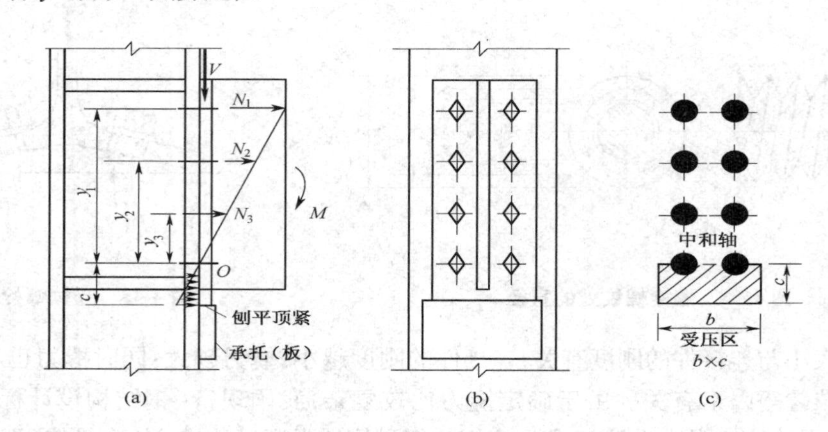

图 4-48　普通螺栓弯矩受拉

(a)荷载图示;(b)螺栓群正面;(c)受压区

$$N_1/y_1 = N_2/y_2 = \cdots = N_i/y_i = \cdots = N_n/y_n$$

$$\begin{aligned} M &= N_1y_1 + N_2y_2 + \cdots + N_iy_i + \cdots + N_ny_n \\ &= (N_1/y_1)y_1^2 + (N_2/y_2)y_2^2 + \cdots + (N_i/y_i)y_i^2 + \cdots + (N_n/y_n)y_n^2 \\ &= (N_i/y_i)\sum y_i^2 \end{aligned}$$

故得螺栓 i 的拉力为:

$$N_i = My_i/\sum y_i^2 \tag{4.6.15}$$

设计时要求受力最大的最外排螺栓 1 的拉力不超过一个螺栓的抗拉承载力设计值:

$$N_1 = My_1/\sum y_i^2 \leqslant N_t^b \tag{4.6.16}$$

【例 4-10】　牛腿与柱用 C 级普通螺栓和承托连接,如图 4-49 所示,承受竖向荷载(设计值)$F = 220$ kN,偏心距 $e = 200$ mm。试设计其螺栓连接。已知构件和螺栓均用 Q235 钢材,螺栓为 M20,孔径 21.5 mm。

解:牛腿的剪力 $V = F = 220$ kN 由端板刨平顶紧于承托传递;弯矩 $M = F \cdot e = 220 \times 200$

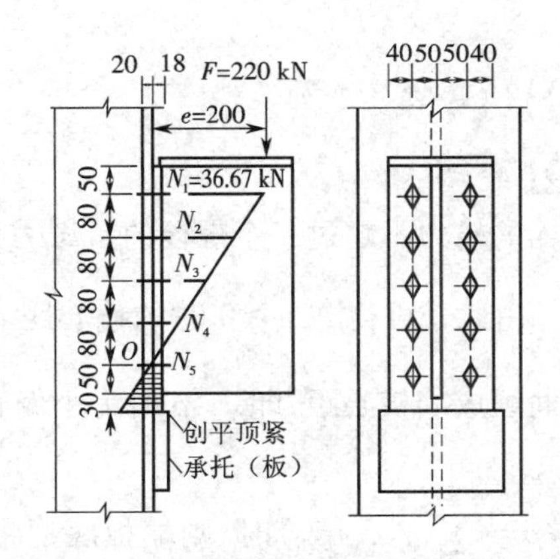

图 4-49　牛腿与柱用普通螺栓和承托连接

$=44\times10^3$ kN · mm 由螺栓连接传递，使螺栓受拉。初步假定螺栓布置如图 4-49。对最下排螺栓 O 轴取矩，最大受力螺栓（最上排 1）的拉力为：

$$N_1=My_1/\sum y_i^2=(44\times10^3\times320)/[2\times(80^2+160^2+240^2+320^2)]=36.67(\text{kN})$$

一个螺栓的抗拉承载力设计值为：

$$N_t^b=A_e f_t^b=244.8\times170=41\ 616\ \text{N}=41.62\ \text{kN}>N_1=36.67(\text{kN})$$

所假定螺栓连接满足设计要求，确定采用。

4. 普通螺栓群偏心受拉

由图 4-50（a）可知，螺栓群偏心受拉相当于连接承受轴心拉力和弯矩的联合作用。按弹性设计法，根据偏心距的大小可能出现小偏心受拉和大偏心受拉两种情况。

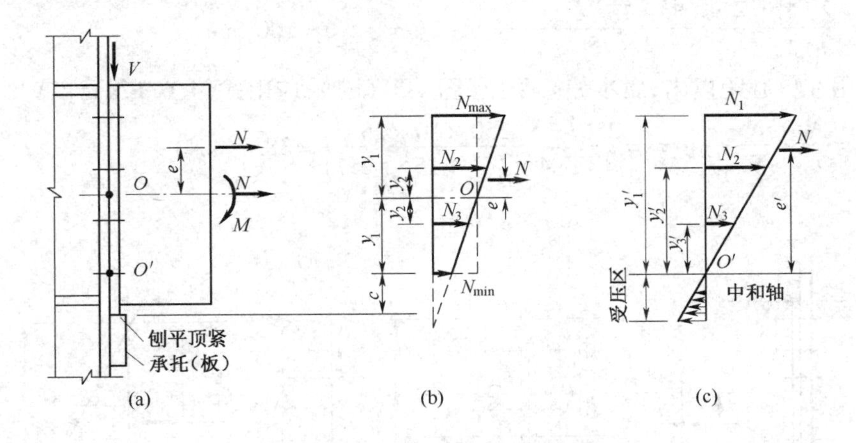

图 4-50　螺栓群偏心受拉

（a）荷载图示；（b）小偏心受拉；（c）大偏心受拉

（1）小偏心受拉

对于小偏心情况（图 4-50（b）），所有螺栓均承受拉力作用，端板与柱翼缘有分离趋势，故在计算时轴心拉力由各螺栓均匀承受；而弯矩则引起以螺栓群形心处水平轴为中和轴的三角形应力分布（图 4-50（b）），使上部螺栓受拉，下部螺栓受压；叠加后则全部螺栓均为受拉（图 4-50（b））。这样可得最大和最小受力螺栓的拉力和满足设计要求的公式如下（各 y 均自 O 点算起)：

$$\begin{cases}N_{\max}=N/n+Ney_1/\sum y_i^2\leqslant N_t^b & (4.6.17\text{ a})\\ N_{\min}=N/n-Ney_1/\sum y_i^2\geqslant 0 & (4.6.17\text{ b})\end{cases}$$

式(4.6.17a)表示最大受力螺栓的拉力不超过一个螺栓的承载力设计值；式(4.6.17b)则表示全部螺栓受拉，不存在受压区。由此式可得 $N_{\min}\geqslant 0$ 时的偏心距 $e\leqslant\sum y_i^2/(ny_1)$。令 $\rho=\dfrac{W_e}{nA_e}=\sum y_i^2/(ny_1)$ 为螺栓有效截面组成的核心距，即 $e\leqslant\rho$ 时为小偏心受拉。

(2)大偏心受拉

当偏心距 e 较大时，即 $e>\rho=\sum y_i^2/(ny_1)$ 时，则端板底部将出现受压区(图 4-50(c))。仿式(4.6.15)近似并偏安全取中和轴位于最下排螺栓 O' 处，按相似步骤写对 O' 处水平轴的弯矩平衡方程，可得(e'和各 y' 自 O'点算起，最上排螺栓 1 的拉力最大)：

$$N_1/y_1'=N_2/y_2'=\cdots=N_i/y_i'=\cdots=N_n/y_n'$$

$$Ne'=N_1y_1'+N_2y_2'+\cdots+N_iy_i'+\cdots+N_ny_n'$$

$$=(N_1/y_1')y_2'^2+(N_2/y_2')y_2'^2+\cdots+(N_i/y_i')y_i'^2+\cdots+(N_n/y_n')y_n'^2=(N_i/y_i')\sum y_i'^2$$

$$N_1=Ne'y_1'/\sum y_i'^2\leqslant N_t^b\qquad(N_i=Ne'y_i'/\sum y_i'^2)\tag{4.6.18}$$

【例 4-11】 设图 4-51 为一刚接屋架下弦节点，竖向力由承托承受。螺栓为 C 级，只承受偏心拉力。设 $N=250$ kN，$e=100$ mm。螺栓布置如图 4-51(a)所示。

解：螺栓有效截面的核心距：

$$\rho=\frac{\sum y_i^2}{ny_1}=\frac{4\times(5^2+15^2+25^2)}{12\times25}=11.7(\text{cm})>e=100\text{ mm}$$

即偏心力作用在核心距以内，属小偏心受拉(图 4-51(c))，应由式(4.6.17a)计算：

$$N_1=\frac{N}{n}+\frac{N\cdot e}{\sum y_i^2}\cdot y_1=\frac{250}{12}+\frac{250\times10\times25}{4\times(5^2+15^2+25^2)}=38.7(\text{kN})$$

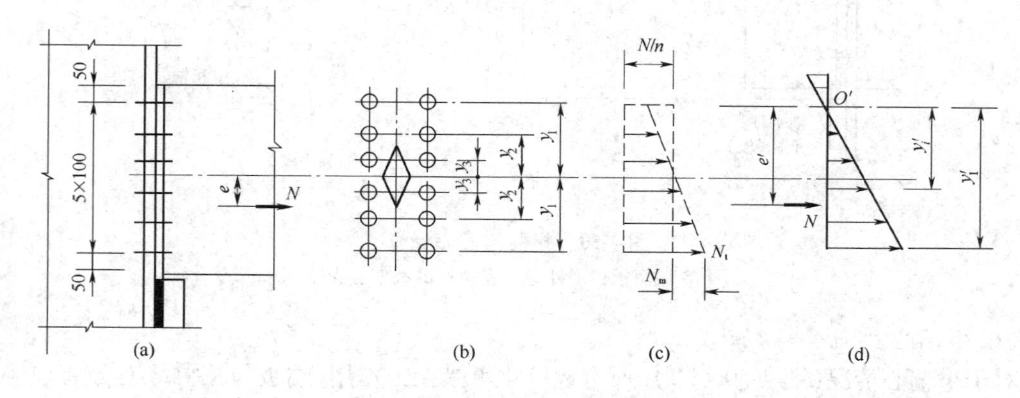

图 4-51　刚接屋架下弦节点

(a)荷载图示；(b)螺栓群正面；(c)受力详图 1；(d)受力详图 2

需要的有效面积：

$$A_e=\frac{38.7\times10^3}{170}=227(\text{mm}^2)$$

需要 M20 螺栓，$A_e=244.8\ \text{mm}^2$。

【例 4-12】　同例 4-11，但取 $e=200$ mm。

解：由于 $e=200$ mm >117 mm，应按大偏心受拉计算螺栓的最大应力，假设螺栓直径为 M22（$A_e=3.034\ \text{cm}^2$），并假定中和轴在上面第一排螺栓处，则以下螺栓均为受拉螺栓（图 4-51（d））。

$$N_1=\frac{Ne'y_1'}{\sum y_i'^2}=\frac{250\times(20+25)\times50}{2\times(50^2+40^2+30^2+20^2+10^2)}=51.1(\text{kN})$$

需要的螺栓有效面积：

$$A_e=\frac{51.1\times10^3}{170}=300.6(\text{mm})^2<303.4\ \text{mm}^2$$

4.6.3　普通螺栓受剪力和拉力的联合作用

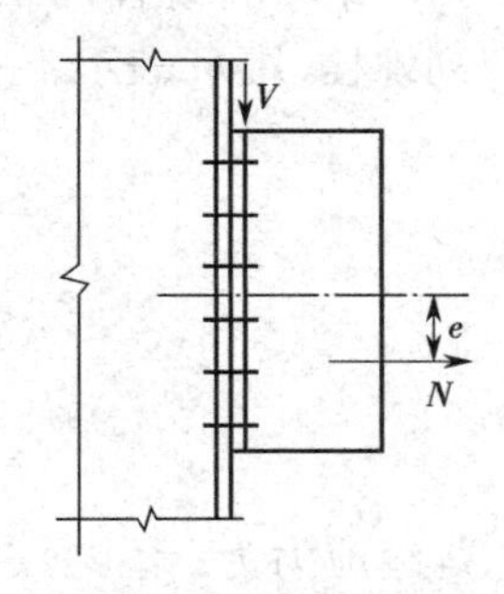

图 4-52　螺栓群受剪力和拉力的联合作用

图 4-52 所示连接，螺栓群承受剪力 V 和偏心拉力 N（即轴心拉力 N 和弯矩 $M=N\cdot e$）的联合作用。

承受剪力和拉力联合作用的普通螺栓应考虑两种可能的破坏形式：一是螺杆受剪兼受拉破坏；二是孔壁承压破坏。

根据试验结果可知，兼受剪力和拉力的螺杆，将剪力和拉力分别除以各自单独作用的承载力，这样无量纲化后的相关关系近似为一圆曲线。故螺杆的计算式为：

$$\left(\frac{N_v}{N_v^b}\right)^2+\left(\frac{N_t}{N_t^b}\right)^2\leqslant1 \tag{4.6.19a}$$

或

$$\sqrt{\left(\frac{N_v}{N_v^b}\right)^2+\left(\frac{N_t}{N_t^b}\right)^2}\leqslant1 \tag{4.6.19b}$$

式中　N_v——一个螺栓承受的剪力设计值。一般假定剪力 V 由每个螺栓平均承担，即 $N_v=V/n$，n 为螺栓个数。由偏心拉力引起的螺栓最大拉力 N_t 仍按上述方法计算。

N_v^b、N_t^b——一个螺栓的抗剪和抗拉承载力设计值。

本来在式（4.6.19a）左侧加根号数学上没有意义。但加根号后可以更明确地看出计算结果的余量和不足量。假如按式（4.6.19a）左侧算出的数值为 0.9，不能误认为富余量为 10%。实际上应为式（4.6.19b）算出的数值 0.95，富余量仅为 5%。

孔壁承压的计算式为：

$$N_v\leqslant N_c^b \tag{4.6.20}$$

式中　N_c^b——一个螺栓孔壁承压承载力设计值。

【例 4-13】　设图 4-53 为短横梁与柱翼缘的连接，剪力 $V=250$ kN，$e=120$ mm，螺栓为 C 级，梁端竖板下有承托。钢材为 Q235-B，手工焊，焊条 E43 型，试按考虑承托传递全部剪力 V

和不承受 V 两种情况设计此连接。

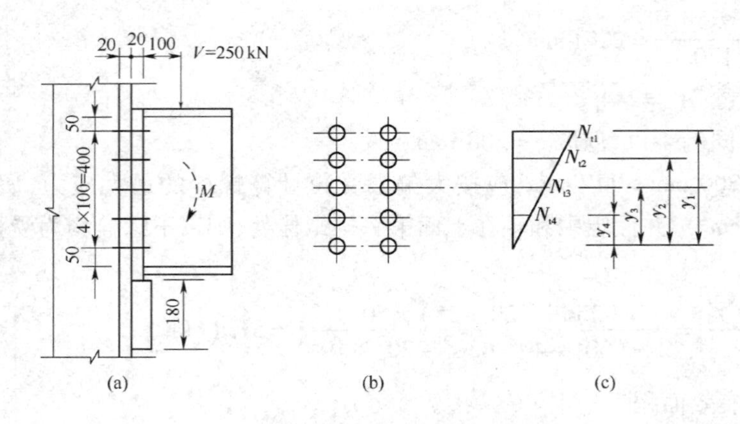

图 4-53　短横梁与柱翼缘的连接

(a)荷载图示;(b)螺栓群正面;(c)螺栓受力详图

解:(1)承托传递全部剪力 $V=250$ kN,螺栓群只承受由偏心力引起的弯矩 $M=V\cdot e=250\times0.12=30(\text{kN}\cdot\text{m})$。按弹性设计法,可假定螺栓群旋转中心在弯矩指向的最下排螺栓的轴线上。设螺栓为 M20($A_e=244.8\text{mm}^2$),则受拉螺栓数 $n_t=8$,连接中为双列螺栓,用 m 表示,一个螺栓的抗拉承载力设计值为:

$$N_t^b=A_e f_t^b=2.448\times170\times10^{-1}=41.62(\text{kN})$$

螺栓的最大拉力:

$$N_t=\frac{My_1}{m\sum y_i^2}=\frac{30\times10^2\times40}{2\times(10^2+20^2+30^2+40^2)}=20(\text{kN})<N_t^b=41.62\text{ kN}$$

设承托与柱翼缘连接角焊缝为两面侧焊,并取焊脚尺寸 $h_f=10$ mm,焊缝应力为:

$$\tau_f=\frac{1.35V}{h_e\sum l_w}=\frac{1.35\times250\times10}{0.7\times1\times2\times16}=150.67(\text{N/mm}^2)<f_f^w=160\text{ N/mm}^2$$

式中的常数 1.35 是考虑剪力 V 对承托与柱翼缘连接角焊缝的偏心影响。

(2)不考虑承托承受剪力 V,螺栓群同时承受剪力 $V=250$ kN 和弯矩 $M=30$ kN · m 作用。则一个螺栓承载力设计值为:

$$N_v^b=n_v\frac{\pi d^2}{4}f_v^b=1\times\frac{3.14\times2^2}{4}\times140\times10^{-1}=44.0(\text{kN})$$

$$N_c^b=d\sum tf_c^b=2\times2\times305\times10^{-1}=122(\text{kN})$$

$$N_t^b=41.62\text{ kN}$$

一个螺栓的最大拉力:

$$N_t=20\text{ kN}$$

一个螺栓的剪力:

$$N_v=\frac{V}{n}=\frac{250}{10}=25(\text{kN})<N_c^b=122\text{ kN}$$

剪力和拉力联合作用下:

$$\sqrt{\left(\frac{N_v}{N_v^b}\right)^2+\left(\frac{N_t}{N_t^b}\right)^2}=\sqrt{\left(\frac{25}{44.0}\right)^2+\left(\frac{20}{41.62}\right)^2}=0.744<1$$

4.7　高强度螺栓连接的工作性能和计算

4.7.1　高强度螺栓连接的工作性能

1. 高强度螺栓的预拉力

前已述及,高强度螺栓连接按其受力特征分为摩擦型连接和承压型连接两种类型。摩擦型连接是依靠被连接件之间的摩擦阻力传递内力,并以荷载设计值引起的剪力不超过摩擦阻力这一条件作为设计准则。螺栓的预拉力 P(即板件间的法向压紧力)、摩擦面间的抗滑移系数和钢材种类等都直接影响到高强度螺栓连接的承载力。

(1)预拉力的控制方法

高强度螺栓分大六角头型(图 4-54(a))和扭剪型(图 4-54(b))两种,虽然这两种高强度螺栓预拉力的具体控制方法各不相同,但对螺栓施加预拉力的思路是一样的。它们都是通过拧紧螺帽,使螺杆受到拉伸作用,产生预拉力,而被连接板件间则产生压紧力。

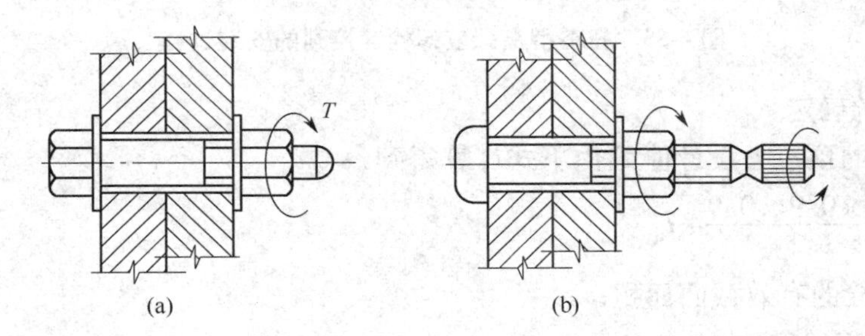

图 4-54　高强度螺栓

(a)大六角头型;(b)扭剪型

大六角头螺栓的预拉力控制方法有以下几种。

1)力矩法　一般采用指针式扭力(测力)扳手或预置式扭力(定力)扳手。目前用得多的是电动扭矩扳手。力矩法是通过控制拧紧力矩来实现控制预拉力。拧紧力矩可由试验确定,务使施工时控制的预拉力为设计预拉力的 1.1 倍。

为了克服板件和垫圈等的变形,基本消除板件之间的间隙,使拧紧力矩系数有较好的线性度,从而提高施工控制预拉力值的准确度,在安装大六角头高强度螺栓时,应先按拧紧力矩的 50% 进行初拧,然后按 100% 拧紧力矩进行终拧。对于大型节点,在初拧之后还应按初拧力矩进行复拧,然后再进行终拧。

力矩法的优点是较简单、易实施、费用少,但由于连接件和被连接件的表面质量和拧紧速度的差异,测得的预拉力值误差大且分散,一般误差为 ±25%。

2)转角法　先用普通扳手进行初拧,使被连接板件相互紧密贴合,再以初拧位置为起点,按终拧角度用长扳手或风动扳手旋转螺母,拧至该角度值时,螺栓的拉力即达到施工控制预拉力。

扭剪型高强度螺栓是我国 20 世纪 60 年代开始研制，80 年代制定出标准的新型连接件之一。它具有强度高、安装简便和质量易于保证、可以单面拧紧、对操作人员没有特殊要求等优点。扭剪型高强度螺栓与普通大六角型高强度螺栓不同。如图 4-54(b)所示，螺栓头为盘头，螺纹段端部有一个承受拧紧反力矩的十二角体和一个能在规定力矩下剪断的断颈槽。

扭剪型高强度螺栓连接副的安装过程如图 4-55 所示。安装时用特制的电动扳手，有两个套头，一个套在螺母六角体上，另一个套在螺栓的十二角体上。拧紧时，对螺母施加顺时针力矩 M_1，对螺栓十二角体施加大小相等的逆时针力矩 M_1'，使螺栓断颈部分承受扭剪，其初拧力矩为拧紧力矩的 50%，复拧力矩等于初拧力矩，终拧至断颈剪断为止，安装结束，相应的安装力矩即为拧紧力矩。安装后一般不拆卸。

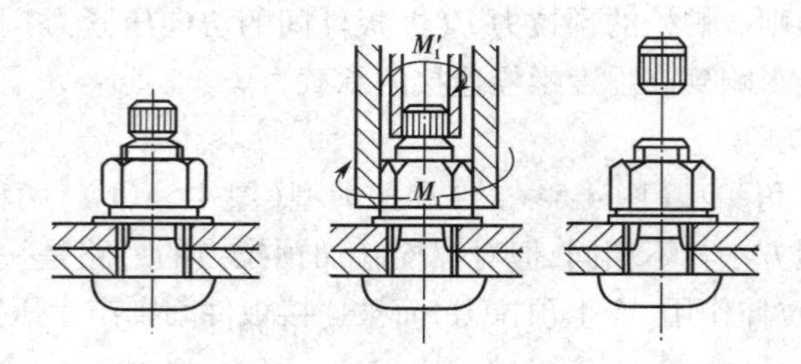

图 4-55　扭剪型高强度螺栓连接副的安装过程

(2)预拉力的确定

高强度螺栓的预拉力设计值 P 由下式计算得到：

$$P=\frac{0.9\times0.9\times0.9}{1.2}A_e f_u \tag{4.7.1}$$

式中　A_e——螺栓的有效截面面积；

f_u——螺栓材料经热处理后的最低抗拉强度。对于 8.8S 螺栓，$f_u=830\ \text{N/mm}^2$；10.9S 螺栓，$f_u=1\ 040\ \text{N/mm}^2$。

式(4.7.1)中的系数考虑了以下几个因素。

①拧紧螺帽时螺栓同时受到由预拉力引起的拉应力和由螺纹力矩引起的扭转剪应力作用。折算应力为：

$$\sqrt{\sigma^2+3\tau^2}=\eta\sigma \tag{4.7.2}$$

根据试验分析，系数 η 在 1.15～1.25 之间，取平均值为 1.2。式(4.7.1)中的分母 1.2 即为考虑拧紧螺栓时扭矩对螺杆的不利影响系数。

②为了弥补施工时高强度螺栓预拉力的松弛损失，在确定施工控制预拉力时，考虑了为预拉力设计值的 1/0.9 的超张拉，故式(4.7.1)右端分子应考虑超张拉系数 0.9。

③考虑螺栓材质的不定性系数 0.9；再考虑用 f_u 而不是用 f_y 作为标准值增加的系数 0.9。

各种规格高强度螺栓预拉力的取值见表 4-8。

表 4-8　一个高强度螺栓的预拉力设计值 P　　kN

螺栓的承载性能等级	螺栓公称直径(mm)					
	M16	M20	M22	M24	M27	M30
8.8 级	80	125	150	175	230	280
10.9 级	100	155	190	225	290	355

2. 高强度螺栓摩擦面抗滑移系数

高强度螺栓摩擦面抗滑移系数的大小与连接处构件接触面的处理方法和构件的钢号有关。试验表明,此系数值有随被连接构件接触面间的压紧力减小而降低的现象,故与物理学中的摩擦系数有区别。

我国现行《钢结构设计标准》推荐采用的接触面处理方法有:喷砂、喷砂后涂无机富锌漆、喷砂后生赤锈和钢丝刷消除浮锈或对干净轧制表面不作处理等,各种处理方法相应的 μ 值详见表 4-9。

表 4-9　钢材摩擦面的抗滑移系数 μ

连接处构件接触面的处理方法	构件的钢材牌号		
	Q235 钢	Q345 钢或 Q390 钢	Q420 钢或 Q460 钢
喷硬质石英砂或铸钢棱角砂	0.45	0.45	0.45
抛丸(喷砂)	0.40	0.40	0.40
钢丝刷清除浮锈或未经处理的干净轧制面	0.30	0.35	—

注:1. 钢丝刷除锈方向应与受力方向垂直。
2. 当连接构件采用不同钢材牌号时,μ 按相应较低强度者取值。
3. 采用其他方法处理时,其处理工艺及抗滑移系数值均需经试验确定。

钢材表面经喷砂除锈后,表面看来光滑平整,实际上金属表面尚存在着微观的凹凸不平,高强度螺栓连接在很高的压紧力作用下,被连接构件表面相互啮合,钢材强度和硬度愈高,要使这种啮合的面产生滑移的力就愈大,因此,μ 值与钢种有关。

试验证明,摩擦面涂红丹后 $\mu < 0.15$,即使经处理后仍然很低,故严禁在摩擦面上涂刷红丹。另外,连接在潮湿或淋雨条件下拼装,也会降低 μ 值,故应采取有效措施保证连接处表面的干燥。

3. 高强度螺栓抗剪连接的工作性能

(1)高强度螺栓摩擦型连接

高强度螺栓在拧紧时,螺杆中产生了很大的预拉力,而被连接板件间则产生很大的预压力。连接受力后,由于接触面上产生的摩擦力,能在相当大的荷载情况下阻止板件间的相对滑移,因而弹性工作阶段较长。如图 4-37(b)所示,当外力超过了板间摩擦力后,板件间即产生相对滑动。高强度螺栓摩擦型连接是以板件间出现滑动为抗剪承载力极限状态,故它的最大承载力不能取图 4-37(b)的最高点,而应取板件产生相对滑动的起始点“1”。

摩擦型连接的承载力取决于构件接触面的摩擦力,而此摩擦力的大小与螺栓所受预拉力和摩擦面的抗滑移系数以及连接的传力摩擦面数有关。因此,一个摩擦型连接高强度螺栓的抗剪承载力设计值为：

$$N_v^b = 0.9kn_f\mu P \tag{4.7.3}$$

式中 0.9——抗力分项系数 γ_R 的倒数，即取 $\gamma_R = 1/0.9 = 1.111$；

k——孔型系数，标准孔取1.0，大圆孔取0.85，内力与槽孔长向垂直时取0.7，内力与槽孔长向平行时取0.6；

n_f——传力摩擦面数目，单剪时，$n_f = 1$，双剪时，$n_f = 2$；

P——一个高强度螺栓的设计预拉力，按表4-8采用；

μ——摩擦面抗滑移系数，按表4-9采用。

试验证明，低温对摩擦型高强度螺栓抗剪承载力无明显影响，但当温度 $t = 100 \sim 150$ ℃时，螺栓的预拉力将产生温度损失，故应将摩擦型高强度螺栓的抗剪承载力设计值降低10%；当 $t > 150$ ℃时，应采取隔热措施，以使连接温度在150 ℃或100 ℃以下。

（2）高强度螺栓承压型连接

承压型连接受剪时，从受力直至破坏的荷载—位移（N—δ）曲线如图4-37（b）所示，由于它允许接触面滑动并以连接达到破坏的极限状态作为设计准则，接触面的摩擦力只起着延缓滑动的作用，因此承压型连接的最大抗剪承载力应取图4-37（b）曲线最高点，即“4”点。连接达到极限承载力时，由于螺杆伸长，预拉力几乎全部消失，故高强度螺栓承压型连接的计算方法与普通螺栓连接相同，仍可用式（4.6.1）和式（4.6.2）计算单个螺栓的抗剪承载力设计值，只是应采用承压型连接高强度螺栓的强度设计值。当剪切面在螺纹处时，承压型连接高强度螺栓的抗剪承载力应按螺纹处的有效截面计算。但对于普通螺栓，其抗剪强度设计值是根据连接的试验数据统计而定的，试验时不分剪切面是否在螺纹处，故计算抗剪强度设计值时用公称直径。

4. 高强度螺栓抗拉连接的工作性能

高强度螺栓在承受外拉力前，螺杆中已有很高的预拉力 P，板层之间则有压力 C，而 P 与 C 维持平衡（图4-56（a））。当对螺栓施加外拉力 N_t 时，则栓杆在板层之间的压力完全消失前被拉长，此时螺杆中拉力增量为 ΔP，同时把压紧的板件拉松，使压力 C 减少 ΔC（图4-56（b））。计算表明，当加于螺杆上的外拉力 N_t 为预拉力 P 的80%时，螺杆内的拉力增加很少，因此可认为此时螺杆的预拉力基本不变。同时由实验得知，当外加拉力大于螺栓的预拉力时，卸荷后螺杆中的预拉力会变小，即发生松弛现象。但当外加拉力小于螺杆预拉力的80%时，即无松弛现象发生。也就是说，被连接板件接触面仍能保持一定的压紧力，可以假定整个板面始终处于紧密接触状态。因此，为使板件间保留一定的压紧力，现行《钢结构设计标准》规定，在杆轴方向受拉力的高强度螺栓摩擦型连接中，单个高强度螺栓抗拉承载力设计值取为：

$$N_t^b = 0.8P \tag{4.7.4}$$

但承压型连接的高强度螺栓，N_t^b 却按普通螺栓那样计算（强度设计值取值不同），不过其 N_t^b 的计算结果与 $0.8P$ 相差不大。

应当注意，式（4.7.4）的取值没有考虑杠杆作用而引起的撬力影响，实际上这种杠杆作用存在于所有螺栓的抗拉连接中。研究表明，当外拉力 $N_t \leq 0.5P$ 时，不出现撬力，如图4-57所示，撬力 Q 大约在 N_t 达到 $0.5P$ 时开始出现，起初增加缓慢，以后逐渐加快，到临近破坏时因螺栓开始屈服而又有所下降。

由于撬力 Q 的存在，外拉力的极限值由 N_u 下降到 N'_u。因此，如果在设计中不计算撬力

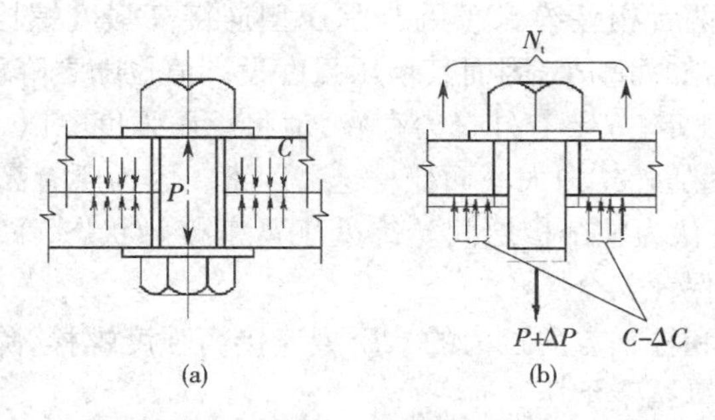

图 4-56　高强度螺栓的撬力影响

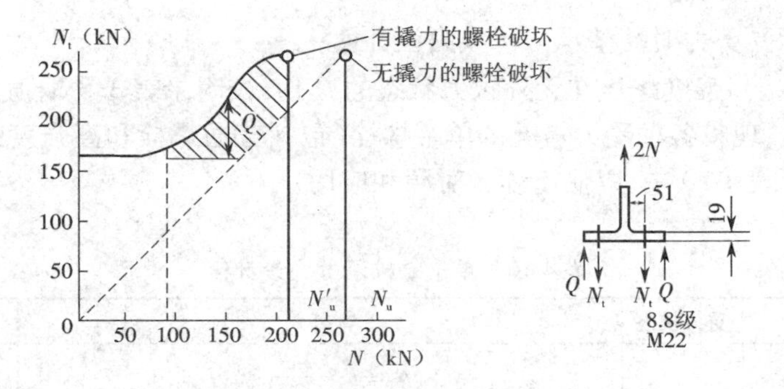

图 4-57　高强度螺栓的撬力影响

Q,应使 $N \leqslant 0.5P$;或者增大 T 形连接件翼缘板的刚度。分析表明,当翼缘板的厚度 t_1 不小于 2 倍螺栓直径时,螺栓中可完全不产生撬力。实际上很难满足这一条件,可采用图 4-46 所示的加劲肋代替。

在直接承受动力荷载的结构中,由于高强度螺栓连接受拉时的疲劳强度较低,每个高强度螺栓的外拉力不宜超过 $0.6P$。当需考虑撬力影响时,外拉力还得降低。

5. 高强度螺栓同时承受剪力和外拉力连接的工作性能

(1)高强度螺栓摩擦型连接

如前所述,当螺栓所受外拉力 $N_t \leqslant 0.8P$ 时,虽然螺杆中的预拉力 P 基本不变,但板层间压力将减少到 $P - N_t$。试验研究表明,这时接触面的抗滑移系数 μ 也有所降低,而且 μ 值随 N_t 的增大而减小。现行《钢结构设计标准》将 N_t 乘以 1.125 的系数来考虑 μ 值降低的不利影响,故一个摩擦型连接高强度螺栓有拉力作用时的抗剪承载力设计值为:

$$N_v^b = 0.9kn_f\mu(P - 1.125 \times 1.111N_t) = 0.9kn_f\mu(P - 1.25N_t) \tag{4.7.5}$$

式中的 1.111 为抗力分项系数 γ_R,k 为孔型系数。

(2)高强度螺栓承压型连接

同时承受剪力和杆轴方向拉力的承压型连接高强度螺栓的计算方法与普通螺栓相同,即:

$$\sqrt{\left(\frac{N_v}{N_v^b}\right)^2 + \left(\frac{N_t}{N_t^b}\right)^2} \leqslant 1 \tag{4.7.6}$$

由于在剪应力单独作用下,高强度螺栓对板层间产生强大的压紧力。当板层间的摩擦力被克服,螺杆与孔壁接触时,板件孔前区形成三向应力场,因而承压型连接高强度螺栓的承压强度比普通螺栓高得多，两者相差约50%。当承压型连接高强度螺栓受有杆轴拉力时，板层间的压紧力随外拉力的增加而减小，因而其承压强度设计值也随之降低。为了计算简便，我国现行《钢结构设计标准》规定，只要有外拉力存在，就将承压强度除以1.2予以降低，而未考虑承压强度设计值变化幅度随外拉力大小而变化这一因素。因为所有高强度螺栓的外拉力一般均不大于0.8P。此时，可认为整个板层间始终处于紧密接触状态，采用统一除以1.2的做法来降低承压强度，一般能保证安全。

因此，对于兼受剪力和杆轴方向拉力的承压型连接高强度螺栓，除按式(4.7.6)计算螺栓的强度外，尚应按下式计算孔壁承压：

$$N_v \leqslant N_c^b/1.2 = \frac{1}{1.2}d \cdot \sum t \cdot f_c^b \tag{4.7.7}$$

式中 N_c^b——只承受剪力时孔壁承压承载力设计值；

f_c^b——承压型高强度螺栓在无外拉力状态的f_c^b值，按附录表3.3取值。

根据上述分析，现将各种受力情况的单个螺栓(包括普通螺栓和高强度螺栓)承载力设计值的计算式汇总于表4-10中，以便于读者对照和应用。

表4-10 单个螺栓承载力设计值

序号	螺栓种类	受力状态	计算式	备注
1	普通螺栓	受剪	$N_v^b = n_v \cdot \frac{\pi d^2}{4} \cdot f_v^b$ $N_c^b = d \cdot \sum t \cdot f_c^b$	取N_v^b与N_c^b中较小值
		受拉	$N_t^b = \frac{\pi d_e^2}{4} f_t^b$	
		兼受剪拉	$\sqrt{\left(\frac{N_v}{N_v^b}\right)^2 + \left(\frac{N_t}{N_t^b}\right)^2} \leqslant 1$ $N_v \leqslant N_c^b$	
2	摩擦型连接高强度螺栓	受剪	$N_v^b = 0.9kn_f\mu P$	
		受拉	$N_v^b = 0.8P$	
		兼受剪拉	$N_v^b = 0.9n_f\mu(P - 1.25N_t)$ $N_t \leqslant 0.8P$ $\frac{N_v}{N_v^b} + \frac{N_t}{N_t^b} \leqslant 1.0$	
3	承压型连接高强度螺栓	受剪	$N_v^b = n_v \frac{\pi d^2}{4} f_v^b$ $N_c^b = d \cdot \sum t \cdot f_c^b$	当剪切面在螺纹处时 $N_v^b = n_v \frac{\pi d_e^2}{4} f_v^b$
		受拉	$N_t^b = \frac{\pi d_e^2}{4} f_t^b$	
		兼受剪拉	$\sqrt{\left(\frac{N_v}{N_v^b}\right)^2 + \left(\frac{N_t}{N_t^b}\right)^2} \leqslant 1$ $N_v \leqslant N_c^b/1.2$	

4.7.2　高强度螺栓群抗剪计算

1. 轴心力作用时

此时，高强度螺栓连接所需螺栓数目应由下式确定：

$$n \geqslant \frac{N}{N_{\min}^{b}}$$

对摩擦型连接，$N_{\min}^{b}$ 按表 4-10 查得 N_{v}^{b} 表达式计算，即按式（4.7.3）计算，即：

$$N_{v}^{b} = 0.9 n_{f} \mu P$$

对承压型连接，$N_{\min}^{b}$ 为由表 4-10 查得 N_{v}^{b} 和 N_{c}^{b} 表达式算得的较小值，即分别按式（4.6.1）与式（4.6.2）计算，即：

$$N_{v}^{b} = n_{v} \frac{\pi d^{2}}{4} f_{v}^{b}$$

$$N_{c}^{b} = d \sum t f_{c}^{b}$$

式中　f_{v}^{b}、f_{c}^{b}——一个承压型连接高强度螺栓的抗剪强度设计值和承压强度设计值。

当剪切面在螺纹处时式（4.6.1）中应将改 d 为 d_{e}。

2. 高强度螺栓群在扭矩或扭矩、剪力共同作用时的抗剪计算

计算方法与普通螺栓群相同，但应采用高强度螺栓承载力设计值进行计算。

【例 4-14】试设计一双盖板拼接的钢板连接。钢材 Q235-B，高强度螺栓为 8.8 级的 M20，采用标准孔，连接处构件接触面用喷砂处理，作用在螺栓群形心处的轴心拉力设计值 $N = 800$ kN，试设计此连接。

解：（1）采用摩擦型连接时

由表 4-8 查得每个 8.8 级的 M20 高强度螺栓的预拉力 $P = 125$ kN，由表 4-9 查得对于 Q235 钢材接触面作砂喷处理时，$\mu = 0.4$。

一个螺栓的承载力设计值为：

$$N_{v}^{b} = 0.9 k n_{f} \mu P = 0.9 \times 1 \times 2 \times 0.4 \times 125 = 90(\text{kN})$$

所需螺栓数：

$$n = \frac{N}{N_{v}^{b}} = \frac{800}{90} = 8.9，\text{取 9 个。}$$

螺栓排列如图 4-58 上图右边所示。

（2）采用承压型连接时

一个螺栓的承载力设计值：

$$N_{v}^{b} = n_{v} \frac{\pi d^{2}}{4} f_{v}^{b} = 2 \times \frac{3.14 \times 20^{2}}{4} \times 250 = 157\,000(\text{N}) = 157 \text{ kN}$$

$$N_{c}^{b} = d \cdot \sum t \cdot f_{c}^{b} = 20 \times 20 \times 470 = 188(\text{kN})$$

则所需螺栓数：

$$n = \frac{N}{N_{\min}^{b}} = \frac{800}{157} = 5.1，\text{取 6 个}$$

螺栓排列如图 4-58 左边所示。

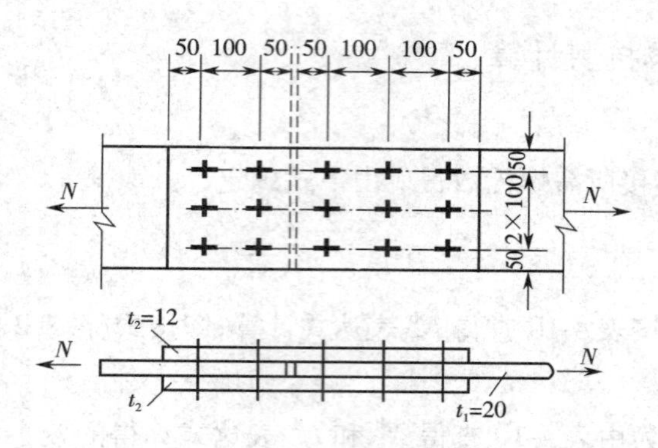

图 4-58　双盖板拼接的钢板连接

4.7.3　高强度螺栓群的抗拉计算

1. 轴心力作用时

高强度螺栓群连接所需螺栓数目：

$$n \geqslant \frac{N}{N_t^b}$$

式中　N_t^b——在杆轴方向受拉力时，一个高强度螺栓（摩擦型或承压型）的承载力设计值（表4-10）。

2. 高强度螺栓群因弯矩受拉

高强度螺栓（摩擦型和承压型）的外拉力总是小于预拉力 P，在连接受弯矩而使螺栓沿栓杆方向受力时，被连接构件的接触面一直保持紧密贴合；因此，可认为中和轴在螺栓群的形心轴上（图 4-59），最外排螺栓受力最大。按照普通螺栓小偏心受拉一段中，关于弯矩使螺栓产生的最大拉力的计算方法，可得高强度螺栓群因弯矩受拉时最大拉力及其验算式为：

$$N_1 = \frac{M \cdot y_1}{\sum y_i^2} \leqslant N_t^b \tag{4.7.8}$$

式中　y_1——螺栓群形心轴至螺栓的最大距离；

$\sum y_i^2$——形心轴上、下各螺栓至形心轴距离的平方和。

3. 高强度螺栓群偏心受拉

由于高强度螺栓偏心受拉时，螺栓的最大拉力不得超过 $0.8P$，能够保证板层之间始终保持紧密贴合，端板不会拉开，故摩擦型连接高强度螺栓和承压型连接高强度螺栓均可按普通螺栓小偏心受拉计算，即：

$$N_1 = \frac{N}{n} + \frac{N \cdot e}{\sum y_i^2} y_1 \leqslant N_t^b \tag{4.7.9}$$

4. 高强度螺栓群承受拉力、弯矩和剪力的共同作用

图 4-60 所示为摩擦型连接高强度螺栓承受拉力、弯矩和剪力共同作用时的情况。我们知道螺栓连接板层间的压紧力和接触面的抗滑移系数随外拉力的增加而减小。前面已经给出，摩擦型连接高强度螺栓承受剪力和拉力联合作用时，一个螺栓抗剪承载力设计值为：

$$N_v^b = 0.9 k n_f \mu (P - 1.25 N_t) \tag{4.7.10}$$

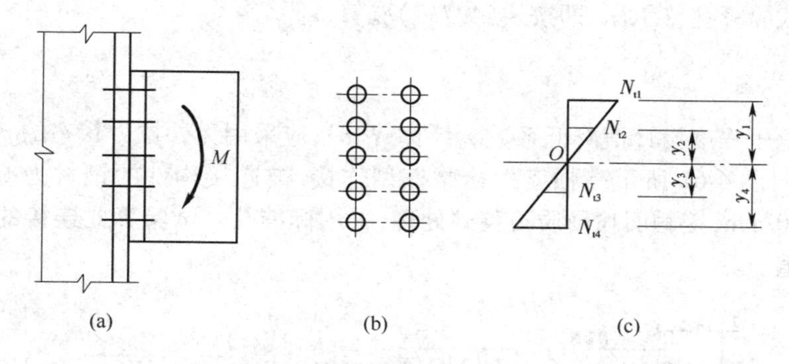

图 4-59　承受弯矩的高强度螺栓连接

(a)荷载图示;(b)螺栓群正面;(c)螺栓受力详图

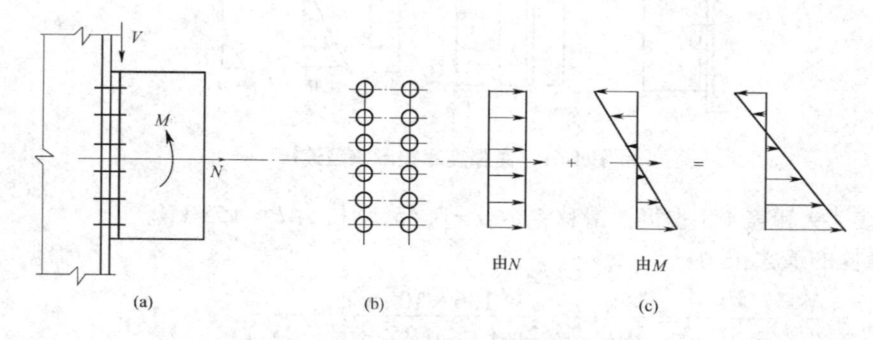

图 4-60　摩擦型连接高强度螺栓的应力

(a)荷载图示;(b)螺栓群正面;(c)螺栓受力详图

由图4-60(c)可知,每行螺栓所受拉力 N_{ti} 各不相同,故应按下式计算摩擦型连接高强度螺栓的抗剪强度:

$$V \leqslant n_0(0.9kn_f\mu P) + 0.9kn_f\mu[(P - 1.25N_{t1}) + (P - 1.25N_{t2}) + \cdots] \tag{4.7.11}$$

式中　n_0——受压区(包括中和轴处)的高强度螺栓数;

N_{t1}、N_{t2}——受拉区高强度螺栓所承受的拉力。

也可将式(4.7.11)写成下列形式:

$$V \leqslant 0.9kn_f\mu(nP - 1.25\sum N_{ti}) \tag{4.7.12}$$

式中　n——连接的螺栓总数;

$\sum N_{ti}$——螺栓承受拉力的总和。

在式(4.7.11)或式(4.7.12)中,只考虑螺栓拉力对抗剪承载力的不利影响,未考虑受压区板层间压力增加的有利作用,故按该式计算的结果是略偏安全的。

此外,螺栓最大拉力应满足:

$$N_{ti} \leqslant N_t^b$$

对承压型连接高强度螺栓,应按表 4-10 中的相应公式计算螺栓杆的抗拉抗剪强度,即按式(4.7.6)计算,即:

$$\sqrt{\left(\frac{N_v}{N_v^b}\right)^2 + \left(\frac{N_t}{N_t^b}\right)^2} \leqslant 1$$

同时还应按下式验算孔壁承压，即按式(4.7.7)验算，即：

$$N_v \leqslant \frac{N_c^b}{1.2}$$

式中的1.2为承压强度设计值降低系数。计算N_c^b时，应采用无外拉力状态的f_c^b值。

【例4-15】 图4-61所示高强度螺栓摩擦型连接，被连接构件的钢材为Q235-B，螺栓为10.9级，直径20 mm，接触面喷硬质石英砂处理，采用标准孔。试验算此连接的承载力。图中内力均为设计值。

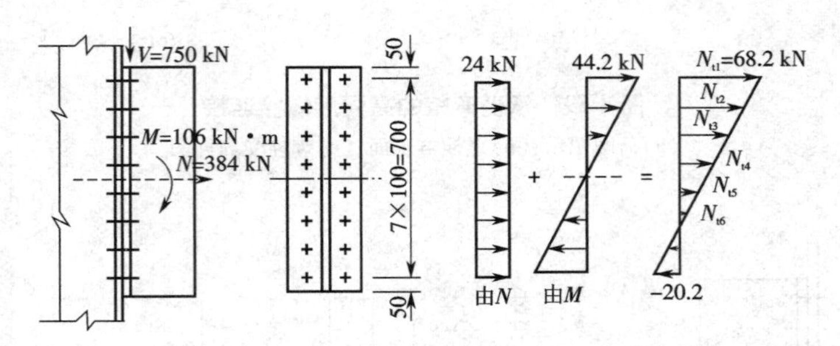

图4-61 高强度螺栓摩擦型连接

解：由表4-9和表4-8查得抗滑移系数$\mu=0.45$，预拉力$P=155$ kN。

一个螺栓的最大拉力：

$$N_{t1}=\frac{N}{n}+\frac{My_1}{m\sum y_i^2}=\frac{384}{16}+\frac{106\times10^2\times35}{2\times2\times(35^2+25^2+15^2+5^2)}$$

$$=24+\frac{106\times10^2\times35}{8\ 400}=68.2(\text{kN})<0.8P=124(\text{kN})$$

连接的受剪承载力设计值应按式(4.7.12)计算：

$$\sum N_v^b=0.9\times kn_f\mu(nP-1.25\sum N_{ti})$$

式中 n——螺栓总数；

$\sum N_{ti}$——螺栓所受拉力之和。

按比例关系可求得：

$N_{t2}=55.6$ kN

$N_{t3}=42.9$ kN

$N_{t4}=30.3$ kN

$N_{t5}=17.7$ kN

$N_{t6}=5.1$ kN

故有

$$\sum N_{ti}=(68.2+55.6+42.9+30.3+17.7+5.1)\times2=440(\text{kN})$$

验算受剪承载力设计值：

$$\sum N_v^b=0.9kn_f\mu(nP-1.25\sum N_{ti})$$

$$=0.9\times1\times1\times0.45\times(16\times155-1.25\times440)=781.7\text{ kN}>V=750(\text{kN})$$

第5章　轴心受力构件

5.1　概述

轴心受力构件是指承受通过截面形心轴的轴向力作用的一种受力构件。当这种轴心力为拉力时,称为轴心受拉构件或轴心拉杆;同样,当这种轴心力为压力时,称为轴心受压构件或轴心压杆。

轴心受力构件在钢结构工程中应用比较广泛,如桁架、塔架、网架、网壳等,这类结构均由杆件连接而成。在进行结构受力分析时,常将这些杆件结点假设为铰接,因此各杆件在结点荷载作用下均承受轴心拉力或轴心压力,称为轴心受力构件。各种索结构中的钢索是一种轴心受拉构件。

轴心受力构件的截面形式很多,其常用截面形式可分为型钢截面和组合截面两种。实腹式构件制作简单,与其他构件连接也较方便,其常用截面形式很多。可直接选用单个型钢截面,如圆钢、钢管、角钢、T型钢、槽钢、工字钢、H型钢等截面(图5-1(a)),也可选用由型钢或钢板组成的组合截面(图5-1(b)),一般桁架结构中的弦杆和腹杆,除T型钢外,常采用角钢或双角钢组合截面(图5-1(c)),在轻型结构中则可采用冷弯薄壁型钢截面(图5-1(d))。以上这些截面中,截面紧凑(如圆钢和组成板件宽厚比较小的截面)或对两主轴刚度相差悬殊者(如单槽钢、工字钢),一般只可能用于轴心受拉构件。而受压构件通常采用较为开展、组成板件宽而薄的截面。

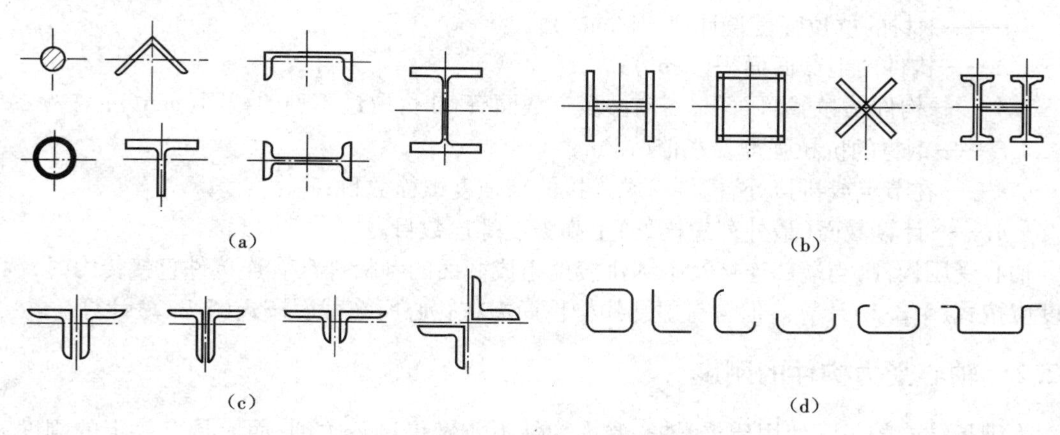

图5-1　轴心受力构件的截面形式

(a)单个型钢截面;(b)组合截面;(c)角钢组合截面;(d)冷弯薄壁型钢截面

在进行轴心受力构件的设计时,应同时满足第一极限状态和第二极限状态的要求。对于承载能力的极限状态,受拉构件一般以强度控制,而受压构件需同时满足强度和稳定的要求。对于正常使用极限状态,是通过保证构件的刚度——限制其长细比来达到的。因此,按其受力性质的不同，轴心受拉构件的设计需分别进行强度和刚度的验算，而轴心受压构件的设计需分别进行强度、稳定和刚度的验算。

5.2 轴心受力构件的强度和刚度

5.2.1 轴心受力构件的强度

轴心受拉构件，当端部连接及中部拼接处组成截面的各板件都有连接件直接传力时，其截面强度计算应符合下列规定：

除采用高强度螺栓摩擦型连接者外，其截面强度应按下列公式计算。

毛截面屈服：

$$\sigma = \frac{N}{A} \leqslant f \tag{5.2.1}$$

净截面断裂：

$$\sigma = \frac{N}{A_n} \leqslant 0.7 f_u \tag{5.2.2}$$

采用高强度螺栓摩擦型连接的构件，其毛截面强度计算应按式(5.2.1)，净截面断裂应按下式计算：

$$\sigma = \left(1 - 0.5\frac{n_1}{n}\right)\frac{N}{A_n} \leqslant 0.7 f_u \tag{5.2.3}$$

当构件为沿全长都有排列较密螺栓的组合构件时，其截面强度应按下式计算：

$$\frac{N}{A_n} \leqslant f \tag{5.2.4}$$

式中 N——计算截面处的拉力设计值(N)；

f——钢材的抗拉强度设计值(N/mm^2)；

A——构件的毛截面面积(mm^2)；

A_n——构件的净截面面积，当构件多个截面有孔时，取最不利的截面(mm^2)；

f_u——钢材的抗拉强度最小值(N/mm^2)；

n——在节点或拼接处，构件一端连接的高强度螺栓数目；

n_1——计算截面(最外列螺栓处)上高强度螺栓数目。

轴心受压构件，当端部连接及中部拼接处组成截面的各板件都有连接件直接传力时，截面强度应按式(5.2.1)计算。但含有虚孔的构件尚需在孔心所在截面按式(5.2.2)计算。

5.2.2 轴心受力构件的刚度

为满足结构的正常使用要求，轴心受力构件不应做得过分柔细，而应具有一定的刚度，以保证构件不会产生过度的变形。

受拉和受压构件的刚度是以保证其长细比限值 λ 来实现的，即

$$\lambda = \frac{l_0}{i} \leqslant [\lambda] \tag{5.2.5}$$

式中 λ——构件的最大长细比；

l_0——构件的计算长度；

i——截面的回转半径；

$[\lambda]$——构件的容许长细比。

当构件的长细比太大时，会产生下列不利影响：

①在运输和安装过程中产生弯曲或过大的变形；

②使用期间因其自重而明显下挠；

③在动力荷载作用下发生较大的振动；

④压杆的长细比过大时，除具有前述各种不利因素外，还使得构件的极限承载力显著降低，同时，初弯曲和自重产生的挠度也将对构件的整体稳定带来不利影响。

规范在总结了钢结构长期使用经验的基础上，根据构件的重要性和荷载情况，对受拉构件的容许长细比规定了不同的要求和数值，见表 5-1。规范对压杆容许长细比的规定更为严格，见表 5-2。

表 5-1　受拉构件的容许长细比

构件名称	承受静力荷载或间接动力荷载的结构			直接承受动力荷载的结构
	一般建筑结构	对腹杆提供面外支点的弦杆	有重级工作制起重机的厂房	
桁架构件	350	250	250	250
吊车梁或吊车桁架以下柱间支撑	300	—	200	—
其他拉杆、支撑、系杆等(张紧的圆钢除外)	400	—	350	—

注：①除对腹杆提供面外支点的弦杆外，承受静力荷载的结构受拉构件，可仅计算竖向平面内的长细比。

②中、重级工作制吊车桁架下弦杆的长细比不宜超过 200。

③在设有夹钳或刚性料耙等硬钩起重机的厂房中，支撑的长细比不宜超过 300。

④受拉构件在永久荷载与风荷载组合作用下受压时，其长细比不宜超过 250。

⑤跨度等于或大于 60 m 的桁架，其受拉弦杆和腹杆的长细比不宜超过 300(承受静力荷载或间接承受动力荷载)或 250(直接承受动力荷载)。

⑥吊车梁及吊车桁架下的支撑按拉杆设计时，柱子的轴力应按无支撑时考虑。

表 5-2　受压构件的容许长细比

构件名称	容许长细比
轴压柱、桁架和天窗架中的压杆	150
柱的缀条、吊车梁或吊车桁架以下的柱间支撑	150
支撑(吊车梁或吊车桁架以下的柱间支撑除外)	200
用以减少受压构件计算长度的杆件	200

注：①桁架(包括空间桁架)的受压腹杆，当其内力等于或小于承载能力的 50% 时，容许长细比值可取 200。

②计算单角钢受压构件的长细比时，应采用角钢的最小回转半径，但计算在交叉点相互连接的交叉杆件平面外的长细比时，可采用与角钢肢边平行轴的回转半径。

跨度等于或大于 60 m 的桁架，其受压弦杆和端压杆的容许长细比值宜取 100，其他受压腹杆可取 150(承受静力荷载或间接承受动力荷载)或 120(直接承受动力荷载)。

由容许长细比控制截面的杆件，在计算其长细比时，可不考虑扭转效应。

5.3 轴心受压构件的整体稳定

5.3.1 概述

在荷载作用下，钢结构的外力与内力必须保持平衡。但这种平衡状态有持久的稳定平衡状态和极限平衡状态，当结构或构件处于极限平衡状态时，外界轻微的扰动就会使结构或构件产生很大的变形而丧失稳定性。

失稳破坏是钢结构工程的一种重要破坏形式，国内外因压杆失稳破坏导致钢结构倒塌的事故已有多起。特别是近年来，随着钢结构构件截面形式的不断丰富和高强钢材的应用，使得受压构件向着轻型、壁薄的方向发展，更容易引起压杆失稳。因此，对受压构件稳定性的研究也就显得更加重要。

5.3.2 理想轴心受压构件的屈曲形式

轴心压杆的稳定问题是最基本的稳定问题。对压杆失稳现象的研究始于18世纪，以后以欧拉为代表的众多科学家从数学和力学方面进行了深入的研究，为便于理论分析，对轴心受压杆件作了如下假设：

①杆件为等截面理想直杆；

②压力作用线与杆件形心轴重合；

③材料为均质、各向同性且无限弹性，符合胡克定律；

④无初始应力影响。

实际工程中，轴心压杆并不完全符合以上条件，且它们都存在初始缺陷(初始应力、初偏心、初弯曲等)的影响。因此把符合以上条件的轴心受压构件称为理想轴心受压杆件。这种构件的失稳也称为屈曲。弯曲屈曲是理想轴心压杆最简单最基本的屈曲形式。

注：根据构件的变形情况，屈曲有以下3种形式。

1)弯曲屈曲　构件只绕一个截面主轴旋转而纵轴由直线变为曲线的一种失稳形式，这是双轴对称截面构件最基本的屈曲形式。图5-2(a)为工字钢的弯曲屈曲情况。

2)扭转屈曲　失稳时，构件各截面均绕其纵轴旋转的一种失稳形式。当双轴对称截面构件的轴力较大而构件较短时或开口薄壁杆件，可能发生此种失稳屈曲。图5-2(b)是双轴对称的开口薄壁十字压杆的扭转屈曲。

3)弯扭屈曲　构件发生弯曲变形的同时伴随着截面的扭转。这是单轴对称截面构件或无对称轴截面构件失稳的基本形式(图5-2(c))。

5.3.3 理想轴心受压构件整体稳定临界力的确定

1.确定整体稳定临界荷载的准则

(1)临界承载力

轴心受压构件发生失稳时的轴向力称为构件的临界承载力(或临界力)。它与许多因素有关，而这些因素又相互影响。

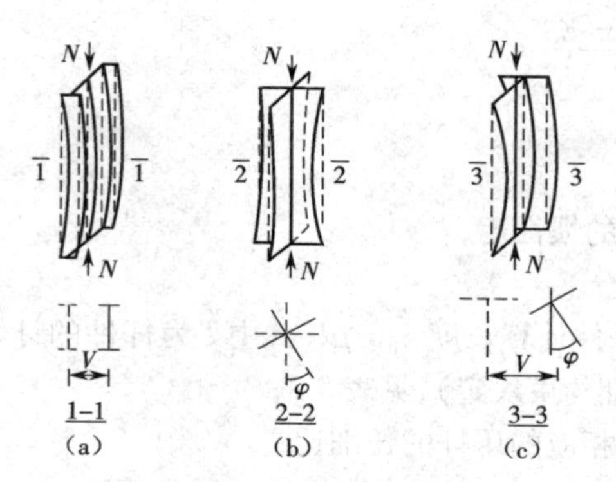

(a)　　(b)　　(c)

图5-2　轴心压杆的屈曲变形

(a)弯曲屈曲;(b)扭转屈曲;(c)弯扭屈曲

(2)轴心受压构件临界力的确定

轴心受压构件临界力的确定按如下3个准则。

1)屈曲准则　以理想轴心受压构件为依据,弹性阶段以欧拉临界力为基础,弹塑性阶段以切线模量临界力为基础,通过提高安全系数来弥补初始缺陷的影响。

2)边缘屈曲准则　以有初始缺陷的轴心压杆为依据,以截面边缘应力达到屈服点为构件承载力的极限状态来确定临界应力。

3)最大强度准则　仍以有初始缺陷的轴心压杆为依据,以整个截面进入弹塑性状态时能够达到的最大压力值作为压杆的极限承载力。

2. 理想轴心压杆整体稳定临界力的确定

在以上基础上我们来研究轴心压杆在弹性和塑性稳定状态下的承载力。

(1)理想轴心压杆的弹性弯曲屈曲——欧拉公式

对于理想的两端铰接的轴心压杆,根据图5-3所示的计算简图,可建立杆呈微弯状态时的平衡微分方程:

$$EI\frac{d^2y}{dx^2}+Ny=0 \tag{5.3.1}$$

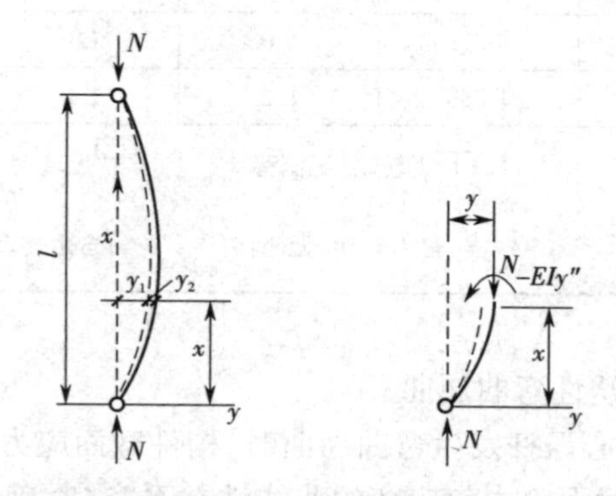

图5-3　两端铰支轴心压杆的临界状态

解此方程,可得两端铰接的轴心压杆的临界力和临界应力,即欧拉临界力 N_E 和欧拉临界应力 σ_E,它们的表达式为:

$$N_{cr}=N_E=\frac{\pi^2 EI}{l_0^2}=\frac{\pi^2 EA}{\lambda^2} \tag{5.3.2}$$

$$\sigma_{cr}=\sigma_E=\frac{\pi^2 E}{\lambda^2} \tag{5.3.3}$$

式中 I——截面绕屈曲轴的惯性矩；

E——材料弹性模量；

l_0——对应方向的杆件计算长度，$l_0=\mu l$，其中 l 为杆件的计算长度，μ 为杆件的计算长度系数（由端部约束决定），见表 5-3；

λ——与回转半径 i 相应的压杆的长细比；

$i=\sqrt{\frac{I}{A}}$——截面绕屈曲轴的回转半径。

注：据理想轴心压杆符合胡克定律的假设，要求临界应力 σ_{cr} 不超过材料的比例极限 f_p，即：

$$\sigma_{cr}=\frac{\pi^2 E}{\lambda^2}\leqslant f_p$$

由此可解得

$$\lambda\geqslant\pi\sqrt{\frac{E}{f_p}}=\lambda_p$$

符合上述条件时轴心压杆处于弹性屈曲阶段。

表 5-3 轴心受压构件的计算长度系数

构件的屈曲形式						
理论 μ 值	0.5	0.7	1.0	1.0	2.0	2.0
建议 μ 值	0.65	0.080	1.2	1.0	2.1	2.0
端部条件示意	无转动、无侧移；自由转动、无侧移；无转动、自由侧移；自由转动、自由侧移					

(2) 理想轴心压杆的弹塑性弯曲屈曲

对于长细比 $\lambda<\lambda_p$ 的轴心压杆发生弯曲屈曲时，构件截面应力已超过材料的比例极限，并很快进入弹塑性状态，由于截面应力与应变的非线性关系，这时确定构件的临界力较为困难。对此历史上曾出现过两种理论来解决，一种是双模量理论，一种是切线模量理论。通过大量试验表明用切线模量理论能较好地反映轴心压杆在弹塑性屈曲时的承载能力。因此，理想轴心压杆的弹塑性屈曲临界力和临界应力分别为：

$$N_{cr}=\frac{\pi^2 E_t I}{l_0^2} \tag{5.3.4}$$

$$\sigma_{cr}=\frac{\pi^2 E_t}{\lambda^2} \tag{5.3.5}$$

式中　E_t——切线模量。

注:1947 年香莱(Shanley)认为,轴心受压构件在微弯状态下加载,构件凸面可能不卸载,并用力学模型证明了切线模量屈曲荷载是弹塑性屈曲临界力的下限,而双模量屈曲荷载是其上限,并认为对理想轴心受压构件的弹塑性阶段、切线模量更有实用价值。因此,理想轴心受压构件的弹塑性屈曲临界力和临界应力计算采用切线模量理论。

5.3.4　实际轴心压杆的整体稳定

1. 初始缺陷对轴心压杆稳定性的影响

理想的轴心压杆在实际工程中是不存在的。实际的杆件都有各种初始缺陷,如初应力、初偏心、初弯曲等。随着现代计算手段和测试技术的发展,发现这些初始缺陷对轴心压杆的稳定性有着较大的影响,下面分别予以讨论。

(1)残余应力的影响

残余应力是在杆件受荷前,残存于杆件截面内且能自相平衡的初始应力。

残余应力产生的主要原因有:焊接时的不均匀受热和不均匀冷却;型钢热轧后的不均匀冷却;板边缘经火焰切割后的热塑性收缩;构件经冷校正产生的塑性变形。其中,以热残余应力的影响最大。

残余应力对轴心受压构件稳定性的影响与截面上残余应力的分布有关。下面以热轧制 H 型钢为例说明残余应力对轴心受压的影响(图 5-4)。为了说明问题方便,将对受力性能不大的腹板部分略去,假设柱截面集中于两翼缘。

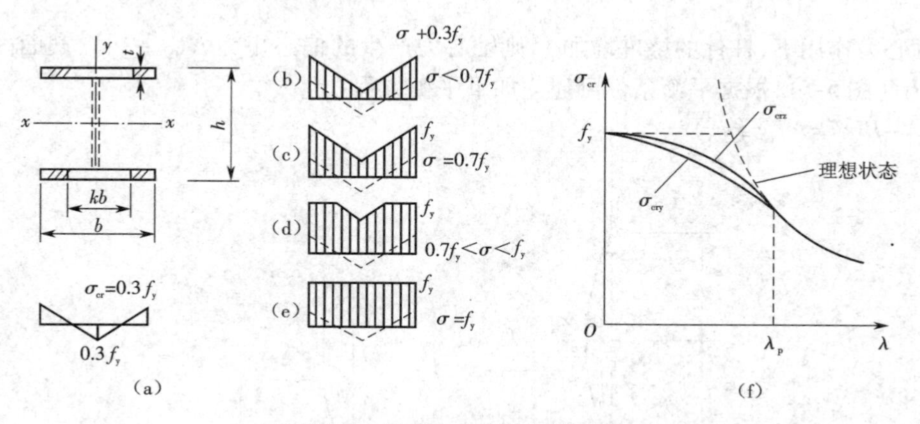

图 5-4　残余应力对柱子的影响

①H 型钢轧制时,翼缘端出现纵向残余压应力(图 5-4(a)中阴影,称为Ⅰ区),其余部分存在纵向拉应力(称为Ⅱ区),并假定纵向残余应力最大值为 $0.3f_y$。由于轴心压应力与残余应力相叠加,使得Ⅰ区先进入塑性状态而Ⅱ区仍工作于弹性状态,图 5-4(b)、(c)、(d)、(e)反映了弹性区域的变化过程。

②I 区进入塑性状态后其截面应力不可能再增加，能够抵抗外力矩（屈曲弯矩）的只有截面的弹性区，此时构件的欧拉临界力和临界应力分别为：

$$N_{\mathrm{cr}}=\frac{\pi^2 EI_{\mathrm{e}}}{l_0^2}=\frac{\pi^2 EI}{l_0^2}\cdot\frac{I_{\mathrm{e}}}{I} \tag{5.3.6}$$

$$\sigma_{\mathrm{cr}}=\frac{\pi^2 E}{\lambda^2}\cdot\frac{I_e}{I} \tag{5.3.7}$$

式中　I_{e}——截面弹性区惯性矩（弹性惯性矩）；

I——全截面惯性矩。

由于 $I_{\mathrm{e}}/I<1$，因此残余应力使轴心受压杆件的临界力和临界应力降低了。图 5-4(f) 为仅考虑残余应力的柱子曲线。

【深度探索】残余应力的影响，对杆件的强轴和弱轴是不一样的。由图 5-4(a)、(d) 可得

对强轴屈曲时：

$$\sigma_{\mathrm{cr}x}=\frac{\pi^2 E}{\lambda_x^2}\cdot\frac{I_{\mathrm{e}x}}{I_x}=\frac{\pi^2 E}{\lambda_x^2}\cdot\frac{2t(kb)\cdot h^2/4}{2tb\cdot h^2/4}=\frac{\pi^2 E}{\lambda_x^2}\cdot k$$

对弱轴屈曲时：

$$\sigma_{\mathrm{cr}y}=\frac{\pi^2 E}{\lambda_y^2}\cdot\frac{I_{\mathrm{e}y}}{I_y}=\frac{\pi^2 E}{\lambda_y^2}\cdot\frac{2t\cdot(kb)^3/12}{2t\cdot b^3/12}=\frac{\pi^2 E}{\lambda_y^2}\cdot k^3$$

比较这两式，由于 $k<1$，当 $\lambda_x=\lambda_y$ 时，$\sigma_{\mathrm{cr}x}>\sigma_{\mathrm{cr}y}$，可以看出，残余应力对弱轴的影响要比对强轴的影响大。

(2) 初弯曲的影响

初弯曲的形式是多样的，对两端铰接的轴心压杆，可假设初弯曲为半波正弦曲线，且最大初始挠度为 v_0，则

$$y_0=v_0\sin\left(\frac{\pi z}{l}\right) \tag{5.3.8}$$

在轴心力作用下，杆件的挠度增加 y，则轴心力产生的偏心矩为 $N(y+y_0)$，截面内力抵抗矩为 $-EIy''$（图 5-5），根据平衡条件可建立如下平衡方程：

$$-EIy''=N(y+y_0) \tag{5.3.9}$$

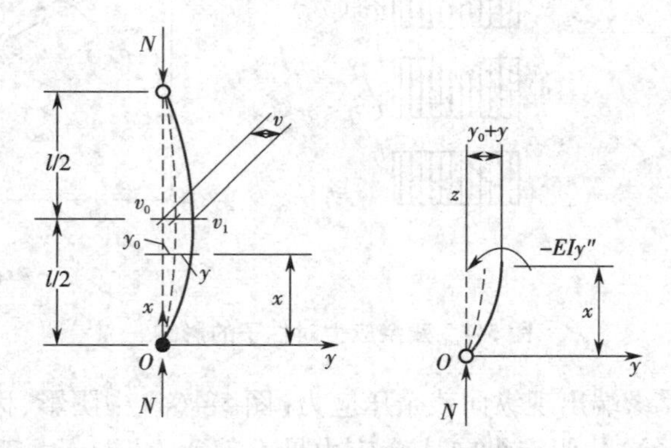

图 5-5　有初弯曲的轴心受压构件

对两端铰接的压杆，在弹性阶段有：

$$y = v_1 \sin\left(\frac{\pi z}{l}\right) \tag{5.3.10}$$

式中 v_1——新增挠度的最大值(杆件长度中点所增加的最大挠度)。

将式(5.3.8)、(5.3.10)代入式(5.3.9)得:

$$\sin\left(\frac{\pi z}{l}\right)\left[-v_1 \frac{\pi^2 EI}{l_0^2} + N(v_1 + v_0)\right] = 0 \tag{5.3.11}$$

解得 $v_1 = \dfrac{Nv_0}{N_E - N}$

则杆长中点的总挠度为:

$$v = v_0 + v_1 = \frac{N_E v_0}{N_E - N} = \frac{1}{1 - N/N_E} \cdot v_0 = \beta \cdot v_0 \tag{5.3.12}$$

此即杆件中点总挠度的计算式,式中β称挠度放大系数。

根据此式可绘出 N—v 变化曲线,如图 5-6 图所示,实线为无限弹性体理想材料的挠度变化曲线,虚线为非无限弹性体材料弹塑性阶段的挠度变化曲线。其中 $B(B')$ 点为弹塑性阶段的极限压力点,由此图可以看出:

①当轴心压力较小时,总挠度增加较慢,到达 A 或 A'后,总挠度增加加快;

②当轴心压力小于欧拉临界力时,杆件处于弯曲平衡状态,这与理想轴心压杆的直线平衡状态不同;

③对无限弹性材料,当轴压力达到欧拉临界力时,总挠度无限增大,而实际材料是当轴压力达到图中 B 或 B'时,杆件中点截面边缘纤维屈服而进入塑性状态,杆件挠度增加,而轴力减小,构件开始弹性卸载;

④初弯曲越大,其压杆临界压力越小,即使很小的初弯曲,其杆件临界力也小于欧拉临界力。

若以边缘屈曲作为极限状态,即根据“边缘屈曲准则”,对无残余应力只有初弯曲的轴心压杆截面,开始屈曲的条件为:

$$\frac{N}{A} + \frac{Nv}{W} = \frac{N}{A} + \frac{N}{W} \cdot \frac{N_E v_0}{N_E - N} = f_y \tag{5.3.13}$$

令 $\varepsilon_0 = \dfrac{Av_0}{W}, \sigma_E = \dfrac{N_E}{A}, \sigma = \dfrac{N}{A}$,代入可解得轴心压杆以截面边缘作为准则的临界应力为:

$$\sigma_{cr} = \frac{f_y + (1 + \varepsilon_0)\sigma_E}{2} - \sqrt{\left[\frac{f_y + (1 + \varepsilon_0)\sigma_E}{2}\right]^2 - f_y \sigma_E} \tag{5.3.14}$$

式中 ε_0——初弯曲率;

σ_E——欧拉临界应力;

W——截面模量。

式(5.3.14)称为柏利(Perry)公式,按此式算出的临界应力 σ_{cr}均小于 σ_E,图 5-7 绘出的是相同初弯曲 v_0情况下的工字形截面柱的 σ_{cr}—λ 曲线。

由于初偏心与初弯曲的影响类似,各国在制定设计标准时,通常只考虑其中一个来模拟两个缺陷都存在的影响。故在此不再介绍初偏心的影响。

2. 轴心受压柱的稳定性计算

(1)按柱的极限强度理论计算实际轴心受压柱的失稳

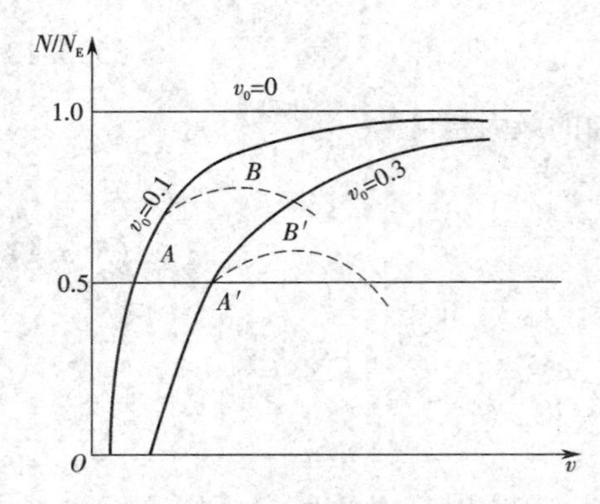

图 5-6　有初弯曲压杆的压力挠度曲线

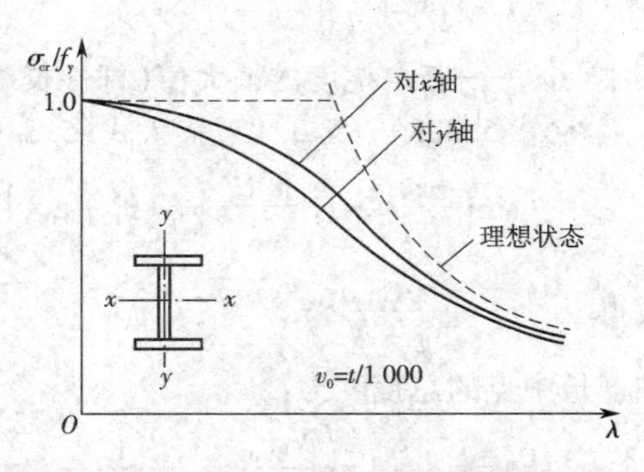

图 5-7　仅考虑初弯曲时的柱子曲线

①受压柱由于各种因素的影响,一开始受压即产生挠度,其挠度曲线如图 5-8 所示,与理想直杆的完全不同。

②它在挠度增大到一定程度时,由于轴力 N 和弯矩 Nv 的共同作用,很快使柱截面边缘开始屈服(图中 b 点),由此产生不断增加的塑性区,使压力未达到 N_E 之前即破坏。

③也就是当压力达到曲线的 c 点之前受压柱仍然处于平衡状态,到达 c 点后平衡即不稳定,要保持平衡必须减少荷载。这一点即为临界平衡状态。

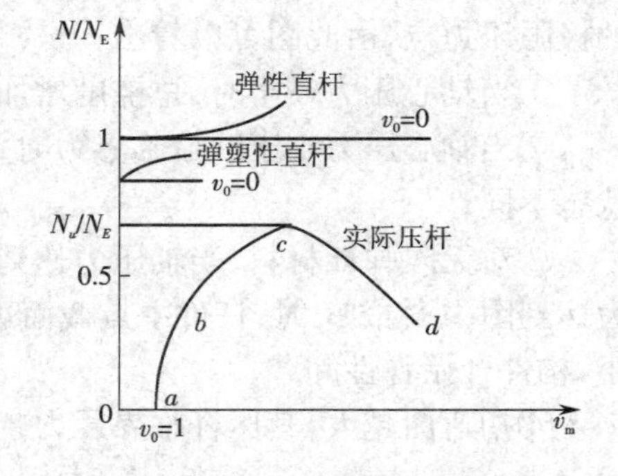

图 5-8　轴心受压柱挠度曲线

所以具有初始缺陷的实际轴心受压柱的失稳是按柱的极限强度理论计算的。

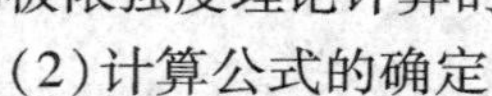

(2)计算公式的确定

①轴心受压柱的极限承载力 N_u 将取决于柱的初始弯曲、荷载的初始偏心、材料的不均匀性、截面形状和尺寸、残余应力的分布峰值等因素。

②由于受压柱承载力的这些影响因素不会同时出现,计算中主要考虑初始弯曲和残余应力两个最不利因素,将相对初始弯曲的矢高取柱长的 1/1 000 作为"换算的几何缺陷",对残余应力则根据杆件的加工条件确定。

③然后,把它视为压弯杆件对待,采用数值积分法算出它的极限承载力,并以截面平均极限应力 σ_u 与屈服强度的比值 $\bar{\sigma}_u=\dfrac{\sigma_u}{f_y}=\dfrac{N_u}{Af_y}$ 为纵坐标,以长细比 $\bar{\lambda}=\lambda\sqrt{\dfrac{f_y}{235}}$ 为横坐标,借用上述柏利公式的形式,画出它的承载力曲线。该曲线是压杆失稳时临界应力 σ_{cr} 与长细比 λ 之间的关系曲线,称为柱子曲线。

④轴心受压构件所受应力应不大于整体稳定的临界应力,考虑抗力分项系数 γ_R 后,即为:

$$\sigma=\frac{N}{A}\leqslant\bar{\sigma}_u f_y=\frac{N_u}{Af_y}\cdot\frac{f_y}{\gamma_R}=\varphi\cdot f \tag{5.3.15}$$

《钢结构设计标准》对轴心受压构件的整体稳定计算采用下列形式:

$$\frac{N}{\varphi Af}\leqslant 1.0 \tag{5.3.16}$$

式中　N——轴心压力；

A——构件的毛截面面积；

f——钢材的抗压强度设计值，$f=\dfrac{f_y}{\gamma_R}$，其中 γ_R 为抗力分项系数；

φ——轴心受压构件的稳定系数，$\varphi=\dfrac{N_u}{Af_y}=\dfrac{\sigma_u}{f_y}$。

整体稳定系数 φ 值应根据表 5-4、表 5-5 的截面分类和构件的长细比，按附录 4 查出。

表 5-4　轴心受压构件的截面分类（板厚 $t<40$ mm）

截面形式		对 x 轴	对 y 轴
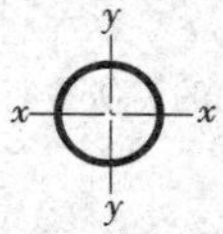 轧制		a类	a类
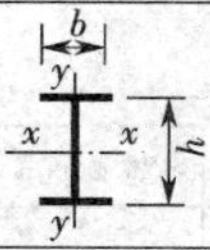 轧制	$b/h\leqslant0.8$	a类	b类
	$b/h>0.8$	a*类	b*类
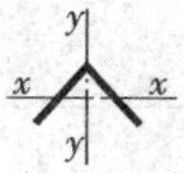 轧制等边角钢		a*类	a*类
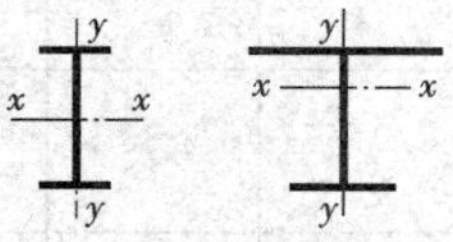 焊接，翼缘为焰切边	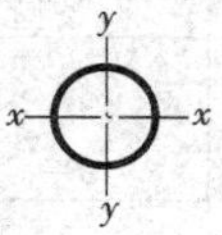 焊接	b类	b类
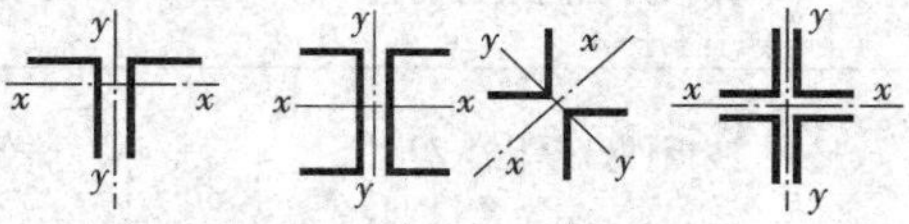 轧制			
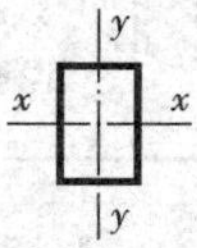 轧制、焊接（板件宽厚比>20）	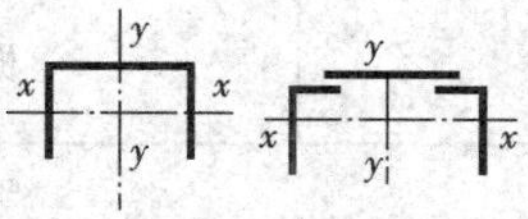 轧制或焊接		
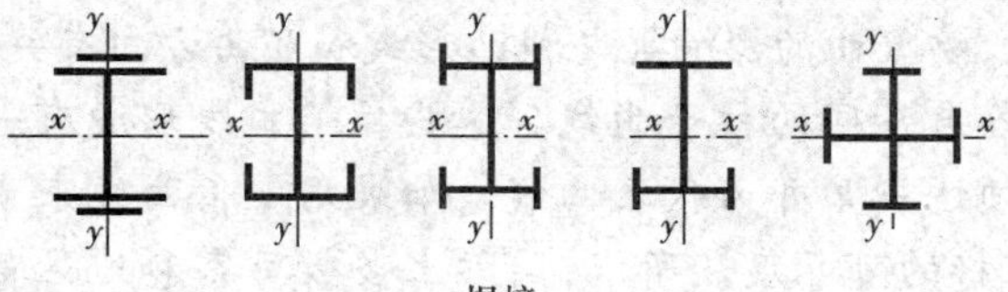 焊接	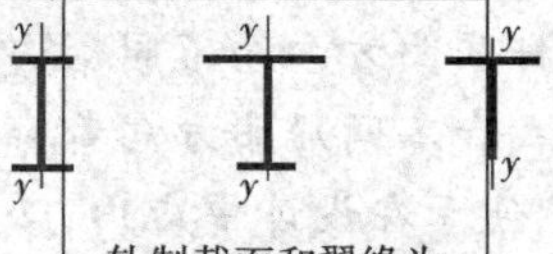 轧制截面和翼缘为焰切边的焊接截面		
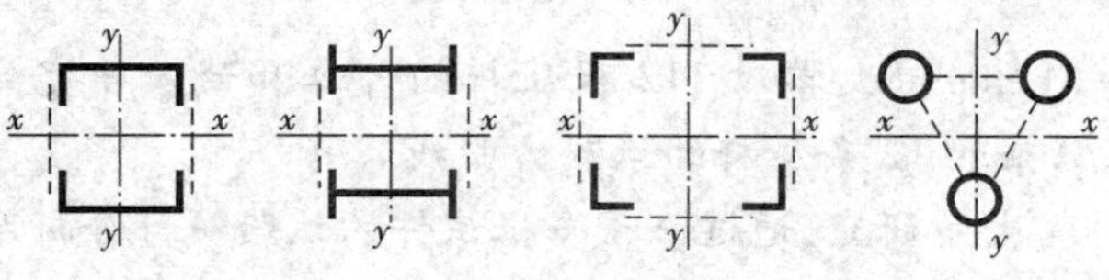 格构式	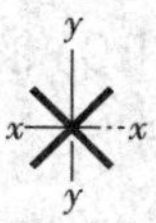 焊接，板件边缘焰切		

续表

截面形式		对 x 轴	对 y 轴
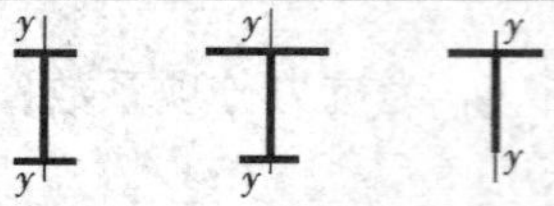 焊接,翼缘为轧制或剪切边		b类	c类
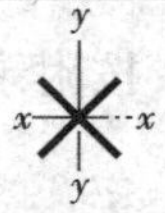 焊接,板件边缘轧制或剪切	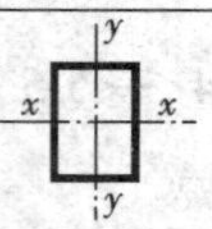 轧制、焊接(板件宽厚比≤20)	c类	c类

注:1. a* 类含义为 Q235 钢取 b 类,Q345、Q390、Q420 和 Q460 钢取 a 类;b* 类含义为 Q235 钢取 c 类,Q345、Q390、Q420 和 Q460 钢取 b 类。

2. 无对称轴且剪心和形心不重合的截面,其截面分类可按有对称轴的类似截面确定,如不等边角钢采用等边角钢的类别;当无类似截面时,可取 c 类。

表 5-5　轴心受压构件的截面分类(板厚 $t \geqslant 40$ mm)

截面情况		对 x 轴	对 y 轴
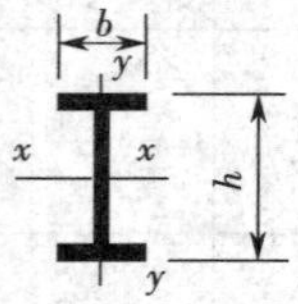 轧制工字形或 H 形截面	$t < 80$ mm	b类	c类
	$t \geqslant 80$ mm	c类	d类
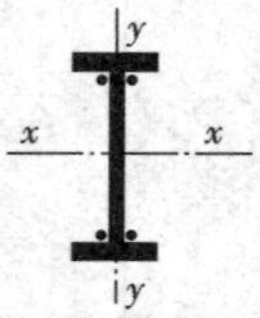 焊接工字形截面	翼缘为焰切边	b类	b类
	翼缘为轧制或剪切边	c类	d类
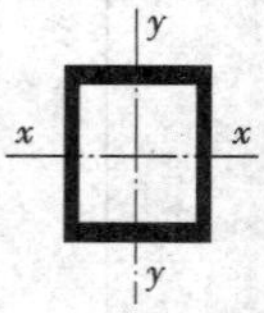 焊接箱形截面	板件宽厚比 >20	b类	b类
	板件宽厚比≤20	c类	c类

注:轴心受压构件的柱子曲线:由于各类钢构件截面上的残余应力分布情况和大小有很大差异,其影响又随压杆屈曲方向而不同,另外,初弯曲的影响也与截面形式和屈曲方向有关,这样,各种不同截面形式和不同屈曲方向都有各自不同的柱子曲线。这些柱子曲线形成有一定宽度的分布带。为了便于在设计中应用,必须适当归并为代表曲线。如果用一条曲线来代表这个分布带,则变异系数太大,必然降低轴压杆的可靠度。所以,国际上多数目家和地区都采用几条柱子曲线来代表这个分布带。

美国柱子研究委员会(CRC)根据里海(Lehigh)大学对 112 根压杆的计算和试验研究结果,提出了 3 条柱子曲线,分别代表 30 条、70 条和 12 条压杆的承载力曲线。

欧洲钢结构协会(ECCS)对轴压构件作了大量研究,通过一千多根试件的试验统计分析及理论研究,提出了 5 条柱子曲线。

我国重庆建筑大学和西安建筑科技大学等单位的研究被《钢结构设计标准》采用，即结合工程实际，将这些柱子曲线合并归纳为4组，取每组中柱子曲线的平均值作为代表曲线。在 $\lambda=40\sim120$ 的常用范围内，柱子曲线a比曲线b高出4%～15%；而曲线c比曲线b低7%～13%。曲线d则更低，主要用于厚板截面。

组成板件厚度 $t<40$ mm 的轴心受压构件的截面分类见表5-4，而 $t>40$ mm 的截面分类见表5-5。

一般的截面情况属于b类。

轧制圆管以及轧制普通工字钢绕 x 轴失稳时其残余应力影响较小，故属a类。

格构式构件绕虚轴的稳定计算，由于此时不宜采用塑性深入截面的最大强度准则，参考《冷弯薄壁型钢结构设计规范》，采用边缘屈服准则确定的 φ 值与曲线b接近，故取用曲线b。

当槽形截面用于格构式柱的分肢时，由于分肢的扭转变形受到缀件的牵制，所以计算分肢绕其自身对称轴的稳定时，可用曲线b。翼缘为轧制或剪切边的焊接工字形截面，绕弱轴失稳时边缘为残余压应力，使承载能力降低，故将其归入曲线c。

板件厚度大于40 mm的轧制工字形截面和焊接实腹截面，残余应力不但沿板件宽度方向变化，在厚度方向的变化也比较显著，另外厚板质量较差也会给稳定带来不利影响，故应按照表5-5进行分类。

5.4　实腹式轴心受压构件的局部稳定

5.4.1　局部稳定

实腹式轴心受压构件是靠腹板和翼缘来承受轴向压力的。在轴向压力作用下，腹板和翼缘都有达到极限承载力而丧失稳定的危险，但对整个构件来说，此种失稳是局部现象，因此称为局部失稳。图5-9(a)和(b)分别表示在轴心压力作用下，腹板和翼缘发生侧向鼓出和翘曲的失稳现象。

虽然构件丧失了局部稳定性后还可以继续维持构件的整体平衡，但由于部分板件屈曲而退出工作，使构件有效承载截面减少，从而加速了构件的整体失稳而丧失整体承载力。

实践证明，实腹式轴心受压构件的局部稳定与其自由外伸部分翼缘的宽厚比和腹板的宽厚比有关，通过对这两方面的宽厚比的有效限制可以保证构件的局部稳定。

5.4.2　实腹式轴心受压板的局部稳定

①实腹式轴心受压板在单向压应力作用下，可计算得板件屈曲时的临界应力为：

$$\sigma_{cr}=\frac{\sqrt{\eta}\chi\beta\pi^2E}{12(1-\mu^2)}\left(\frac{t}{b_1}\right)^2 \tag{5.4.1}$$

式中　χ——板边缘的弹性约束系数，对外伸翼缘取1.0；

β——屈曲系数，对外伸翼缘取0.425；

η——弹性模量折减系数，根据试验 $\eta=0.1013\lambda^2(1-0.0248\lambda^2f_y/E)f_y/E$；

μ——材料的泊松比，取0.3；

b_1——工字形或箱形翼缘板的自由外伸宽度；

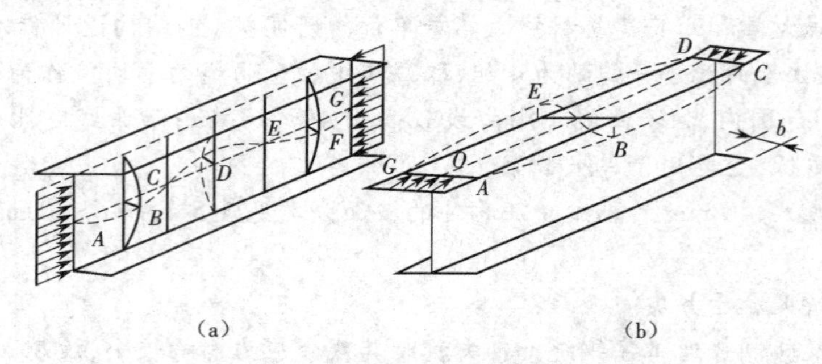

图 5-9　轴心受压构件的局部失稳

(a)腹板失稳;(b)翼缘失稳

t——腹板的厚度。

②局部稳定验算考虑等稳定性要求,应保证板件的局部失稳临界力不小于构件整体稳定的临界应力,即

$$\frac{\sqrt{\eta}\chi\beta\pi^2 E}{12(1-\mu^2)}\cdot\left(\frac{t}{b_1}\right)^2 \geqslant \varphi\cdot f_y \tag{5.4.2}$$

式(5.4.2)中的整体稳定系数 φ 可用柏利公式来表达。显然,φ 值与构件的长细比 λ 有关。由式(5.4.2)即可确定出板件宽厚比的限制。

5.4.3　H 形截面板件的局部稳定

下面以 H 形截面的板件为例,确定板件宽厚比的限值。

1. 外伸翼缘的宽厚比

由于 H 形截面的腹板一般较翼缘板薄,腹板对翼缘几乎没有嵌固作用,因此,翼缘可视为三边简支一边自由的均匀受压板,取 $\beta=0.425$,$\chi=1.0$,根据偏于安全原则,上式中 φ 按 c 类取值,可得 $\left(\frac{b_1}{t}\right)$ 与 λ 的关系式,为便于使用,规范将其简化为如下直线关系式:

$$\frac{b_1}{t}\leqslant(10+0.1\lambda)\sqrt{\frac{235}{f_y}} \tag{5.4.3}$$

式中　λ——构件两方向长细比的较大值,当 $\lambda<30$ 时,取 $\lambda=30$;当 $\lambda>100$ 时,取 $\lambda=100$。

此即实腹式轴心受压构件外伸翼缘宽厚比的验算式,此式适用于 I 字形、T 形、H 形截面构件。

2. 腹板宽厚比的限制

轴心力作用时,腹板可视为两端简支、两端弹性固接的约束形式,因此把 $\chi=1.3$,$\beta=4.0$ 代入式(5.4.2)简化得腹板高厚比 h_0/t_w 的简化表达式为:

$$\frac{h_0}{t_w}\leqslant(25+0.5\lambda)\sqrt{\frac{235}{f_y}} \tag{5.4.4}$$

式中　h_0、t_w——腹板高度和厚度;

λ——构件两方向长细比的最大值,当 $\lambda<30$ 时,取 $\lambda=30$;当 $\lambda>100$ 时,取 $\lambda=100$。

注:当腹板高厚比不满足式(5.4.4)的要求时,除了加厚腹板(此法不一定经济)外,还可采用有效截面的概念进行计算。计算时,腹板截面面积仅考虑两侧宽度各为 $20t_w\sqrt{235/f_y}$ 的

部分，如图 5-10 所示，但计算构件的稳定系数 φ 时仍可用全截面。

当腹板高厚比不满足要求时，亦可在腹板中部设置纵向加劲肋，用纵向加劲肋加强后的腹板仍按式(5.4.4)计算，但 h_0 应取翼缘与纵向加劲肋之间的距离(如图 5-11)。

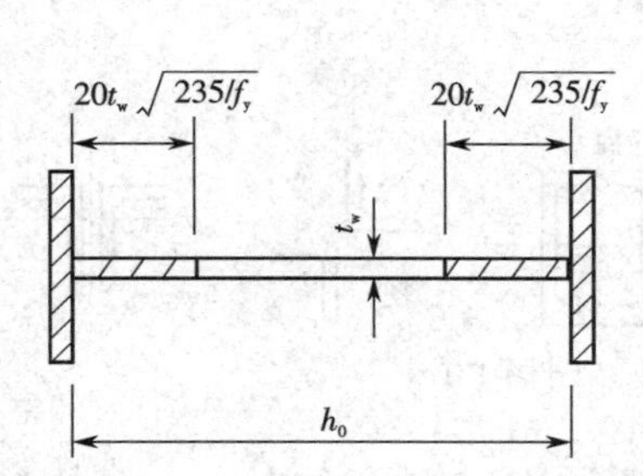

图 5-10　腹板屈曲后的有效截面

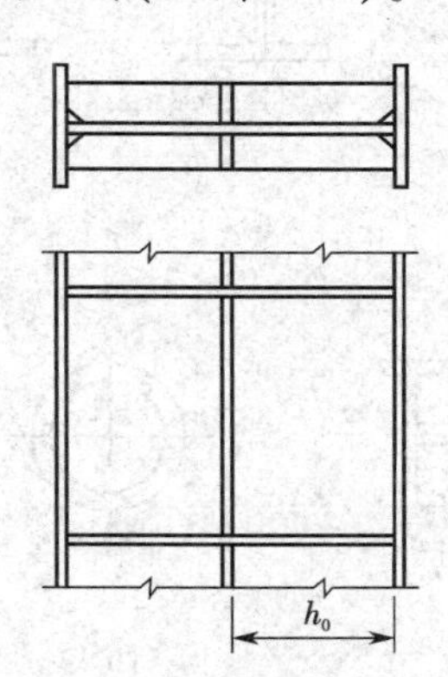

图 5-11　实腹柱的腹板加劲肋

对箱形截面，腹板高厚比限值为：

$$\frac{h_0}{t} \leqslant 40\sqrt{\frac{235}{f_y}} \tag{5.4.5}$$

对圆管，其直径与壁厚比应满足：

$$\frac{D}{t} \leqslant 100 \cdot \frac{235}{f_y} \tag{5.4.6}$$

5.5　实腹式轴心受压构件的设计

5.5.1　截面形式

实腹式轴心受压柱一般采用双轴对称截面，以避免弯扭失稳。常用截面形式有轧制普通工字钢、H 型钢、焊接工字形截面、型钢和钢板的组合截面、圆管和方管截面等，如图 5-12。

5.5.2　设计原则

实腹式轴心受压柱的截面形式，一般按图 5-12 选用，设计时为取得安全、经济的效果，应遵循如下原则。

1. 等稳定性原则

使杆件在两个主轴方向上的稳定承载力相同，以充分发挥其承载能力。因此应尽可能使其两个方向上的稳定性系数或长细比相等，即 $\varphi_x = \varphi_y$ 或 $\lambda_x = \lambda_y$。

2. 宽肢薄壁

在满足板件宽厚比限值的条件下，面积的分布应尽量展开，使截面面积分布尽量远离形心轴，以增大截面惯性矩和回转半径，提高杆件整体稳定承载力和刚度。

3. 制造省工

在现有型钢截面不能满足要求的情况下减少工地焊接，充分利用工厂自动焊接等现代设

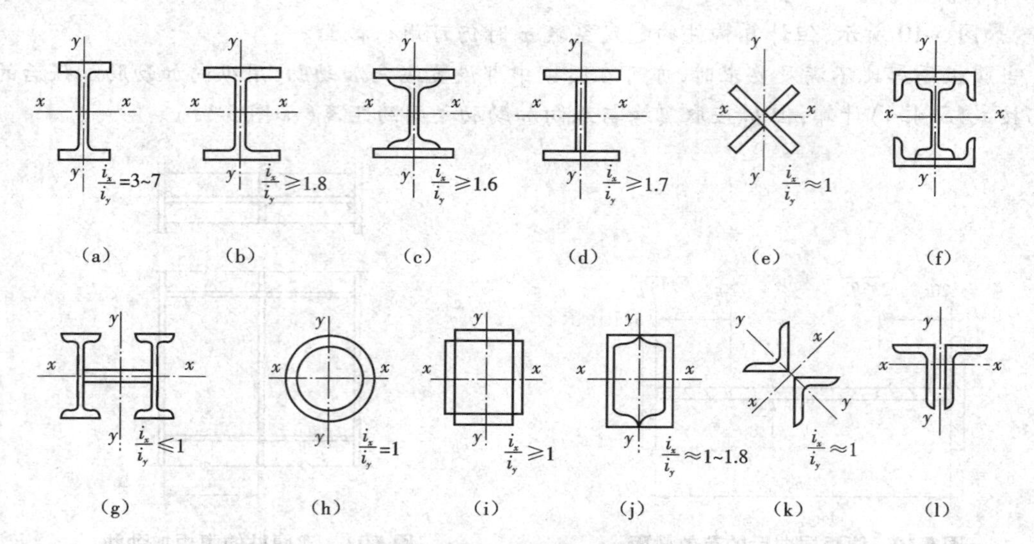

图 5-12　轴心受压实腹柱常用截面

(a)轧制普通工字钢截面;(b)H 型钢截面;(c)、(g)轧制普通工字钢与钢板组合截面;(d)焊接工字形截面;
(e)十字形截面;(f)轧制普通工字钢与槽钢组合截面;(h)圆管截面;(i)方管截面;(j)槽钢组合截面;
(k)双角钢组合十字形截面;(l)双角钢组合 T 形截面

备制作,以节约成本,保证质量。

4. 连接方便

杆件截面应便于与梁或柱间支撑连接和传力。因此,一般情况下,应选用有双对称轴的、开放式的组合 H 形截面,对封闭的箱形或管形截面,虽能满足等稳定性要求,但制作费工、连接不便,因此只宜在特殊情况采用。

注:进行截面选择时一般应根据内力大小、两方向的计算长度值以及制造加工量、材料供应等情况综合进行考虑。单根轧制普通工字钢(图 5-12(a)),由于对 y 轴的回转半径比对 x 轴的回转半径小得多,因而只适用于计算长度 $l_{0x}\geqslant3l_{0y}$的情况。热轧宽翼缘 H 型钢(图 5-12(b))的最大优点是制造省工、腹板较薄、翼绿较宽,可以做到与截面的高度相同(HW 型),因而具有很好的截面特性。用三块板焊成的工字钢(图 5-12(d))及十字形截面(图 5-12(e))组合灵活,容易使截面分布合理,制造并不复杂。用型钢组成的截面(图 5-12(c)、(f)、(g))适用于压力很大的柱。管形截面(图 5-12(h)、(i)、(j))从受力性能来看,由于两个方向的回转半径相近,因而最适合于两方向计算长度相等的轴心受压柱,这类构件为封闭式,内部不易生锈,但与其他构件的连接和构造稍显麻烦。

5.5.3　截面设计

实腹式轴心受压柱的设计应包括以下一些主要内容。

1. 初选截面

首先根据截面设计原则和使用要求、轴心压力的大小、两主轴方向上杆件的计算长度 l_{0x} 和 l_{0y}等条件确定截面形式和钢材标号,然后按以下程序选择型钢或确定组合截面尺寸。

首先,初定截面所需面积 A、回转半径 i_x和 i_y以及高度 h 和宽度 b,可按以下顺序。

①假定长细比为 λ,根据经验一般可在 60 ~ 100 之间选用。当轴心力 N 较大而计算长度

l_0较小时，取小值；当 N 较小而 l_0较大时，取大值。

注：荷载小于 1 500 kN，计算长度为 5 ~ 6 m 时，可假定 $\lambda = 80 \sim 100$；荷载为 1 500 ~ 3 500 kN 时，可假定 $\lambda = 60 \sim 80$。所假定的 λ 不得超过 150。

②判断截面类型，查 φ_x、φ_y，$A = \dfrac{N}{\varphi_{\min} f}$，$\varphi_{\min}$为 φ_x、φ_y 的小值；

③计算截面对 x 轴所需回转半径，$i_x = \dfrac{l_{0x}}{\lambda}$（按等稳定性 $\lambda = \lambda_y$）；计算截面对 y 轴所需回转半径，$i_y = \dfrac{l_{0y}}{\lambda}$（按等稳定性 $\lambda = \lambda_x$）。

④由已知截面面积 A、两个主轴的回转半径 i_x、i_y，优先选用轧制型钢，如普通工字钢、H 型钢等。当现有型钢规格不满足所需截面尺寸时，可以采用组合截面，这时需先初步定出截面的轮廓尺寸，一般是根据回转半径确定所需截面的高度 h 和宽度 b。

$$h = \frac{i_x}{\alpha_1}; b = \frac{i_y}{\alpha_2} \tag{5.5.1}$$

α_1、α_2 为系数，表示 h、b 和回转半径 i_x、i_y之间的近似数值关系，常用截面可由表 5-6 查得。例如由 3 块钢板组成的工字形截面，$\alpha_1 = 0.43$，$\alpha_2 = 0.24$。

表 5-6　各种截面回转半径的近似值

截面	工字形	双槽钢（槽口向内）	双槽钢（槽口向外）	箱形	T形	T形	T形
$i_x = \alpha_1 h$	$0.43h$	$0.38h$	$0.38h$	$0.40h$	$0.30h$	$0.28h$	$0.32h$
$i_y = \alpha_2 b$	$0.24b$	$0.44b$	$0.60b$	$0.40b$	$0.215b$	$0.24b$	$0.20b$

其次，确定型钢型号或组合截面各板的尺寸。

①对型钢，根据 A、i_x和 i_y，查型钢表中相近数值，即可选择到合适的型钢号。

②对组合截面，应以 A、h、b 为基础，并考虑制造、焊接工艺的需要以及宽肢薄壁、连接方便等原则，结合钢材规格和局部稳定的需要，可确定截面的初选尺寸。

注：如利用焊接 H 型钢截面，为便于自动焊接宜取 $h = b$，为用料合理，宜取 $t_w = (0.4 \sim 0.7)t$（t 为翼缘厚度），且不小于 6 mm，截面 b、h 宜按 10 mm 进级，而 t_w、t 宜按 2 mm 进级。高度 h 与宽度 b 相等或稍大，按 A 的要求决定翼缘或腹板的面积。最好使翼缘截面积接近总面积的 80%，腹板面积约占总面积的 20%，所得截面可能比较经济。

2. 截面验算

对初选截面，应进行如下方面验算。

（1）强度验算

按式(5.2.1)计算，其中 A 为初选取截面面积。若截面无削弱，可不验算；若有削弱，则应取构件净截面积。

（2）刚度验算

按式(5.2.2)计算，一般应按两个主轴方向进行，其中 i 为对应方向的初选截面回转半径。

(3)整体稳定性验算

按式(5.3.16)计算,须同时考虑两个主轴方向,但一般可取其中长细比较大值进行,A 为毛截面面积。

(4)局部稳定验算

如前所述,轴心受压构件的局部稳定是以限制其组成板件的宽厚比来保证的。对于热轧型钢截面,由于其板件的宽厚比较小,一般能满足要求,可不验算。对于组合截面,则应分别根据式(5.4.3)~(5.4.6)对板件的宽厚比进行验算。

如同时满足以上方面验算,即可确定为设计截面尺寸,否则应修改尺寸后再重复以上验算。

5.5.4 有关构造要求

①当H形或箱形截面柱的翼缘自由外伸宽厚比不满足要求时,可采用增大翼缘板厚的方法。但对腹板,当其宽厚比不满足要求时,常沿腹板腰部两侧对称设置纵向加劲肋,其厚度 t 不小于 $0.75t_w$,外伸宽度 b 不小于 $10t_w$,设置纵向加劲肋后,应根据新的腹板高度重新验算腹板的宽厚比。

②当实腹式H形截面柱腹板宽厚比大于或等于80时,在运输和安装过程中可能产生扭转变形,为此,常在腹板两侧上下翼缘间对称设置横向加劲肋,其间距不得大于 $3h$。其截面尺寸要求为双侧加劲肋的外伸宽度 b_s 应不小于 $\left(\frac{h_0}{30}+40\right)$mm,厚度 t_s 应大于外伸宽度的1/15。

③柱在承受有集中水平荷载及运输单元端部等处,应设置横隔,其间距不大于 $9h$ 和8 m的较小值。

④实腹式轴心受压柱的纵向焊缝(腹板与翼缘之间的连接焊缝)主要起连接作用,受力很小,一般不作强度验算,可按构造要求确定焊缝尺寸。

【例5-1】 图5-13(a)所示为一管道支架,其支柱的设计压力为 $N=1\ 600$ kN(设计值),柱两端铰接,钢材为Q235,截面无孔眼削弱。试设计此支柱的截面:①用普通轧制工字钢;②用热轧H型钢;③用焊接工字形截面,翼缘板为焰切边。

解:支柱在两个方向的计算长度不相等,故取如图5-13(b)所示的截面朝向,将强轴顺 x 轴方向,弱轴顺 y 轴方向。柱两端铰接,查表5-3,$\mu=1.0$,则柱在两个方向的计算长度分别为:

$$l_{0x}=600\ \text{cm};l_{0y}=300\ \text{cm}$$

1.轧制工字钢(图5-13(b))

(1)试选截面

假定 $\lambda=90$,查表得对轧制工字钢,当绕 x 轴失稳时属于a类截面,绕 y 轴失稳时属于b类截面,由附录4查得 $\varphi_x=0.714$,$\varphi_y=0.621$。所以 φ 为:

$$\varphi=\min\{\varphi_x,\varphi_y\}=\varphi_y=0.621$$

①需要的截面几何量为:

$$A=\frac{N}{\varphi\cdot f}=\frac{1\ 600\times10^3}{0.621\times215}=11\ 983.7(\text{mm}^2)=119.8\ \text{cm}^2$$

$$i_x=\frac{l_{0x}}{\lambda}=\frac{600}{90}=6.67(\text{cm})$$

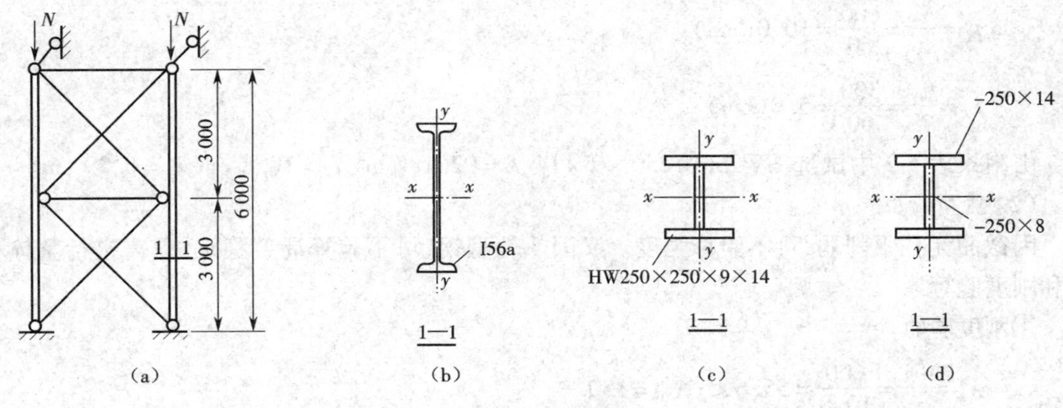

图 5-13 例 5-1 图

(a)荷载图示;(b)、(c)、(d)试选截面

$$i_y = \frac{l_{0y}}{\lambda} = \frac{300}{90} = 3.33(\text{cm})$$

②确定工字钢型号:由轧制工字钢型钢表不可能选出同时满足 A、i_x 和 i_y 的型号,故可适当照顾 A 和 i_y 进行选择。现试选 I56a,截面几何特性为 $A = 135\ \text{cm}^2$, $i_x = 22.0\ \text{cm}$, $i_y = 3.18\ \text{cm}$。

(2)截面验算

因截面无孔眼削弱,可不验算强度。又因轧制工字钢的翼缘和腹板均较厚,可不验算局部稳定,只需进行整体稳定和刚度验算。

①刚度验算。

$$\lambda_x = \frac{l_{0x}}{i_x} = \frac{600}{22} = 27.3 < [\lambda] = 150$$

$$\lambda_y = \frac{l_{0y}}{i_y} = \frac{300}{3.18} = 94.3 < [\lambda] = 150$$

②整体稳定验算。

λ_y 远大于 λ_x,故取二者长细比较大值,由 $\lambda_y = 94.3$,查附录表 4-2,用内插法得:

$$\varphi = 0.621 - \frac{0.621 - 0.588}{95 - 90} \times (94.3 - 90) = 0.593$$

$$\sigma = \frac{N}{\varphi A} = \frac{1\ 600 \times 10^3}{0.593 \times 135 \times 10^2} = 199.9(\text{N/mm})^2 < f = 215\ \text{N/mm}^2$$

所选 I 56*a* 符合要求。

2. 热轧 H 型钢(图 5-13(c))

(1)试选截面

由于热轧 H 型钢可以选用宽翼缘的形式,截面宽度较大,因此长细比的假设值可适当减小,假设 $\lambda = 60$。对宽翼缘 H 型钢,因 $b/h > 0.8$,所以不论对 x 轴或 y 轴都属于 b 类截面,当 $\lambda = 60$ 时,由附录表 4-2 查得 $\varphi = 0.807$,所需截面几何量为:

$$A = \frac{N}{\varphi \cdot f} = \frac{1\ 600 \times 10^3}{0.807 \times 215} = 9\ 222(\text{mm}^2) = 92.2\ \text{cm}^2$$

$$i_x=\frac{l_{0x}}{\lambda}=\frac{600}{60}=10.0(\text{cm})$$

$$i_y=\frac{l_{0y}}{\lambda}=\frac{300}{60}=5.0(\text{cm})$$

由附录表 5-2 中试选 HW250×250×9×14, $A=92.18\ \text{cm}^2$, $i_x=10.8$ cm, $i_y=6.29$ cm。

(2)截面验算

因截面无孔眼削弱,可不验算强度。又因热轧型钢,可不验算局部稳定,只需进行整体稳定和刚度验算。

①刚度验算。

$$\lambda_x=\frac{l_{0x}}{i_x}=\frac{600}{10.8}=55.6<[\lambda]=150$$

$$\lambda_y=\frac{l_{0y}}{i_y}=\frac{300}{6.29}=47.7<[\lambda]=150$$

②整体稳定验算。

因对 x 轴和 y 轴 φ 值均属 b 类,故取二者长细比较大值,由 $\lambda_x=55.6$,查附录表 4-2,用内插法得:

$$\varphi=0.833-\frac{0.833-0.807}{60-55}\times(55.6-55)=0.830$$

$$\sigma=\frac{N}{\varphi A}=\frac{1\ 600\times10^3}{0.83\times92.18\times10^2}=209.1\ \text{N/mm}^2<f=215\ \text{N/mm}^2$$

所选 HW250×250×9×14 符合要求。

3. 焊接工字型截面

(1)试选截面

①参照 H 型钢求得 $A=92.2\ \text{cm}^2$, $i_x=10$ cm, $i_y=5$ cm。

②利用工字形截面 h、b 和回转半径的关系,查表得 $i_x=0.43h$, $i_y=0.24b$,则:

$$h=\frac{i_x}{0.43}=\frac{10}{0.43}=23.3(\text{cm})$$

$$b=\frac{i_y}{0.24}=\frac{5}{0.24}=20.8(\text{cm})$$

③按腹板面积占总截面的 80% 计算,选用翼缘为 2—250×14,腹板 1—250×8 的钢板组成焊接工字形截面,其截面几何特性如下:

$$A=2\times25\times1.4+25\times0.8=90(\text{cm}^2)$$

$$I_x=\frac{1}{12}(25\times27.8^3-24.2\times25^3)=13\ 250(\text{cm}^4)$$

$$I_y=2\times\frac{1}{12}\times1.4\times25^3=3\ 646(\text{cm}^4)$$

$$i_x=\sqrt{\frac{I_x}{A}}=\sqrt{\frac{13\ 250}{90}}=12.13(\text{cm})$$

$$i_y=\sqrt{\frac{I_y}{A}}=\sqrt{\frac{3\ 646}{90}}=6.36(\text{cm})$$

(2)截面验算

因截面无孔眼削弱,故可不验算强度。

①刚度验算。

$$\lambda_x = \frac{l_{0x}}{i_x} = \frac{600}{12.13} = 49.5 < [\lambda] = 150$$

$$\lambda_y = \frac{l_{0y}}{i_y} = \frac{300}{6.36} = 47.2 < [\lambda] = 150$$

②整体稳定验算。

因对 x 轴和 y 轴 φ 值均属 b 类,故取二者长细比较大值,由 $\lambda_x = 49.5$,查附录表 4-2,用内插法得:

$$\varphi = 0.878 - \frac{0.878 - 0.856}{50 - 45} \times (49.5 - 45) = 0.858$$

$$\sigma = \frac{N}{\varphi A} = \frac{1\ 600 \times 10^3}{0.858 \times 90 \times 10^2} = 207.2(\text{N/mm}^2) < f = 215\ \text{N/mm}^2$$

③局部稳定验算。

翼缘:

$$\frac{b}{t} = \frac{12.5}{1.4} = 8.93 < (10 + 0.1\lambda)\sqrt{\frac{235}{f_y}} = 14.95$$

腹板

$$\frac{h_0}{t_w} = \frac{25}{0.8} = 31.25 < (25 + 0.5\lambda)\sqrt{\frac{235}{f_y}} = 49.75$$

(3)构造

因腹板高厚比小于 80,故不设置横向加劲肋。翼缘与腹板连接焊缝的焊脚尺寸根据其最大、最小焊脚尺寸取值如下:

$$h_{\text{fmin}} = 1.5\sqrt{t} = 1.5 \times \sqrt{14} = 5.6(\text{mm})$$

$$h_{\text{fmax}} = t - (1 \sim 2) = 6 \sim 7(\text{mm})$$

采用 $h_f = 6$ mm。

所选组合截面符合要求。

注:以上我们采用了 3 种不同截面形式对本例的支柱进行设计。由计算结果可知,轧制普通工字钢截面面积要比热轧 H 型钢和焊接工字形截面面积大 40% ~50%。这是由于普通工字钢对弱轴(y 轴)的回转半径过小所造成。在本例中,尽管弱轴方向的计算长度仅为强轴方向计算长度的 1/2,但仍是 λ_y 远大于 λ_x,因而支柱的承载力是由弱轴所控制,对强轴则有较大富裕,这显然不经济,若必须采用此截面,宜再增加侧向支撑的数量。对于轧制 H 型钢和焊接工字形截面,由于其两个方向的长细比较为接近,基本上能做到等稳定性,所以用料经济。但焊接工字形截面的焊接工作量大,所以在设计轴心受压实腹式构件时宜优先选用热轧 H 型钢。

5.6 格构式轴心受压构件的截面设计

5.6.1 格构柱的截面形式

在截面积不变的情况下，将截面中的材料布置在远离形心的位置，可使截面惯性矩增大，从而节约材料，提高截面的抗弯刚度，也可使截面对 x 轴和 y 轴两个方向的稳定性相等，由此而形成格构式组合柱的截面形式。

轴心受压格构柱一般采用双轴对称截面，如用两根槽钢（图 5-14(a)）或 H 型钢（图 5-14(b)）作为肢件，两肢间用缀条（图 5-15(a)）或缀板（图 5-15(b)）连成整体，称为双肢柱。格构柱调整两肢间的距离很方便，易于实现对两个主轴的等稳定性。

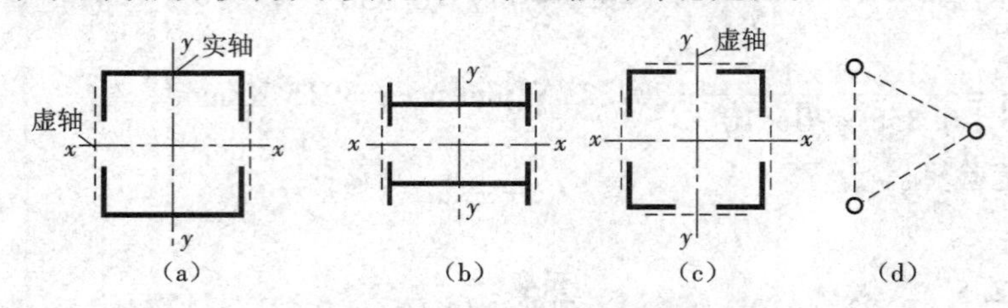

图 5-14　格构式柱的截面

(a)槽钢型；(b)H 型钢型；(c)角钢型；(d)圆管型

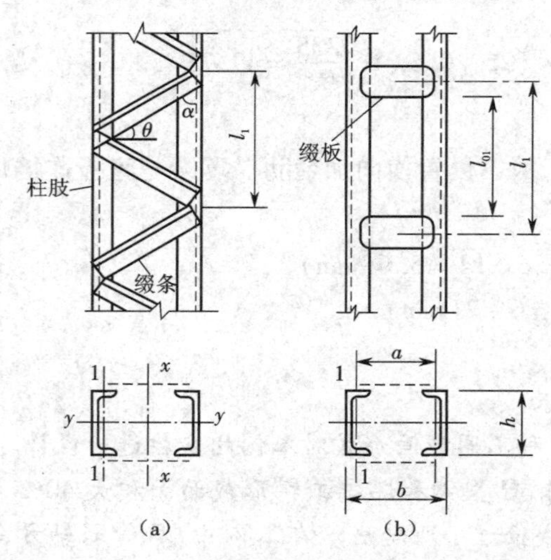

图 5-15　格构式构件的缀材布置

(a)缀条柱；(b)缀板柱

在柱的横截面上穿过肢件腹板的轴叫实轴（图 5-15(a)、(b)中的 y 轴），穿过两肢之间缀材面的轴称为虚轴（图 5-15 中的 x 轴）。

用 4 根角钢组成的四肢柱，如图 5-14(c)，适用于长度较大而受力不大的柱，四面皆以缀材相连，两个主轴 x-x 和 y-y 都为虚轴。三面用缀材相连的三肢柱，如图 5-14(d)，一般用圆管作肢件，其截面是几何不变的三角形，受力性能较好，两个主轴也都为虚轴。四肢柱和三肢柱的缀材一般采用缀条而不用缀板。

缀条一般用单根角钢做成,而缀板通常用钢板做成。缀条和缀板统称缀件。荷载较小的柱子可采用缀板组合;荷载较大时,即缀材截面剪力较大,或两肢相距较宽的格构柱,采用缀条组合,缀条主要是保证分肢间的整体工作,并可以减少分肢的计算长度。

5.6.2　轴心受压格构柱的整体稳定性计算

1. 对实轴的整体稳定性计算

格构式双肢柱相当于两个并列的实腹式杆件,故其对实轴的整体稳定承载力与实腹式相同,因此可用对实轴的长细比 λ 查得稳定性系数 φ,由式(5.3.16)计算。

2. 对虚轴的整体稳定性计算

轴心受压构件整体弯曲后,沿杆长各截面将存在弯矩和剪力。对实腹式轴心受压构件,剪力引起的附加变形极小,对临界力的影响只占3/1 000左右,因此,在确定实腹式轴心受压构件的整体稳定临界力时,仅仅考虑了弯矩作用所产生的变形,而忽略了剪力所产生变形的影响。对于格构式轴心受压柱,由于缀件较细,构件初始缺陷或因构件弯屈产生的横向剪力不可忽略。在格构式轴心受压柱的设计中,对虚轴的稳定性计算,《钢结构设计标准》以加大长细比的办法来考虑剪切变形对整体稳定承载力的影响,加大后的长细比称为换算长细比。

(1)双肢缀条柱的换算长细比

根据弹性稳定理论,当考虑剪力的影响后,其构件临界应力计算公式为:

$$\sigma_{\mathrm{cr}}=\frac{\pi^2 E}{\lambda_x^2}\cdot\frac{1}{1+\dfrac{\pi^2 EA}{\lambda_x^2}\gamma}=\frac{\pi^2 EA}{\lambda_{0x}^2} \tag{5.6.1}$$

式中　λ_{0x}——格构柱绕虚轴临界力换算为实腹柱临界力的换算长细比,

$$\lambda_{0x}=\sqrt{\lambda_x^2+\pi^2 EA\gamma} \tag{5.6.2}$$

A——组合压杆截面面积;

λ_x——对虚轴的长细比;

γ——单位剪力作用下的轴线转角。

现取图5-16(b)的一段进行分析,以求出单位剪切角。如图5-16(c)所示,设各节点均为铰接,并忽略横缀条的变形影响,假设剪切角是有限的微小值,则在单位剪力 $V=1$ 作用下产生的角变位为:

$$\gamma=\frac{\Delta d}{a\cos\alpha} \tag{5.6.3}$$

式中　a——节间长度;

Δd——当 $V=1$ 时斜缀条的伸长。

设一个节间内两侧斜缀条的面积之和为 A_1,其内力 $N_{\mathrm{d}}=\dfrac{1}{\cos\alpha}$;斜缀条长 $l_{\mathrm{d}}=\dfrac{a}{\sin\alpha}$,则斜缀条的轴向变形为:

$$\Delta d=\frac{N_{\mathrm{d}}l_{\mathrm{d}}}{EA_1}=\frac{a}{\sin\alpha\cos\alpha EA_1}$$

故剪切角

$$\gamma=\frac{\Delta d}{a\cos\alpha}=\frac{1}{\sin\alpha\cos^2\alpha EA_1} \tag{5.6.4}$$

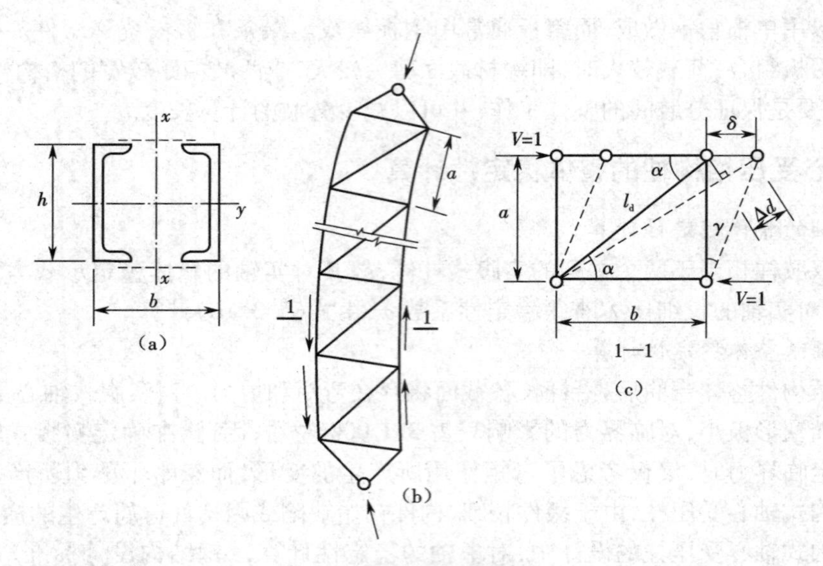

图 5-16　格构柱的剪切变形

(a)截面形式;(b)整体分析;(c)局部分析

代入式(5.6.2)得:

$$\lambda_{0x}=\sqrt{\lambda_x^2+\frac{\pi^2}{\sin\alpha\cos^2\alpha}\cdot\frac{A}{A_1}} \tag{5.6.5}$$

一般斜缀条与柱轴线间的夹角在40°～70°之间,在此范围内$\pi^2/(\sin\alpha\cos^2\alpha)$的值变化不大(图5-17),我国规范加以简化取为常数27,由此得双肢缀条柱的换算长细比为:

$$\lambda_{0x}=\sqrt{\lambda_x^2+27\frac{A}{A_1}} \tag{5.6.6}$$

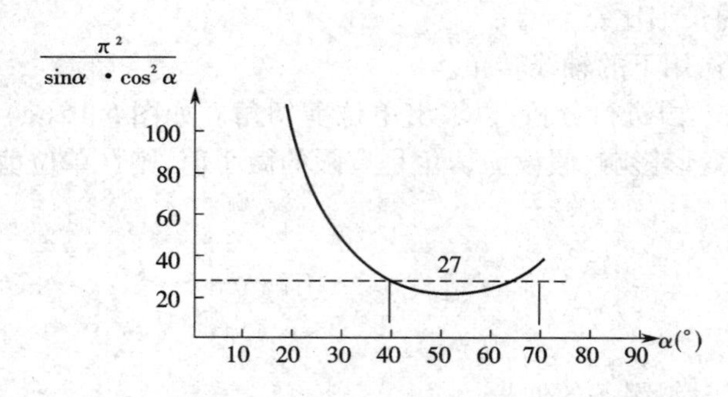

图 5-17　$\pi^2/(\sin\alpha\cdot\cos^2\alpha)$值

注:当斜缀条与柱轴线间的夹角不在40°～70°范围内时,$\pi^2/(\sin\alpha\cos^2\alpha)$值将大27很多,式(5.6.6)是偏于不安全的,此时应按式(5.6.5)计算换算长细比λ_{0x}。

(2)双肢缀板柱的换算长细比

双肢缀板柱中缀板与肢件的连接可视为刚接,因而分肢与缀板组成一个多层框架。假设变形时反弯点在各节点的中间,只考虑分肢与缀板在横向力作用下的变形,忽略缀板本身的变形,则单位剪力作用下的剪切角(角变位)γ为(图5-18):

$$\gamma=\frac{\lambda_1^2}{12EA\left(1+\dfrac{2K_1}{K_b}\right)}$$

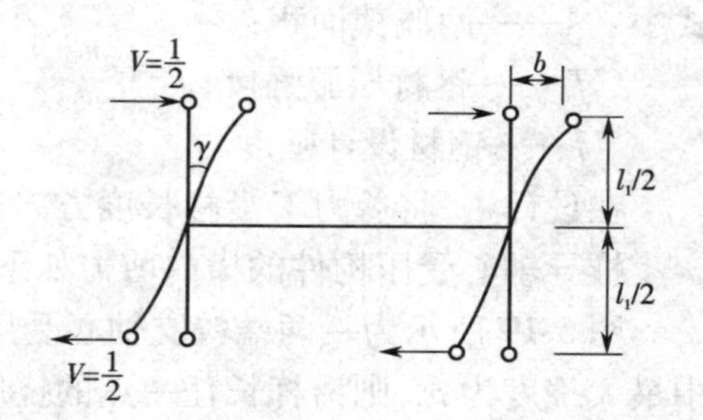

图 5-18　柱肢单元的剪切变形

则柱的临界应力为：

$$\sigma_{cr}=\frac{\pi^2E}{\lambda_x^2}\cdot\frac{1}{1+\dfrac{\pi^2}{12}\left(1+2\dfrac{K_1}{K_b}\right)\dfrac{\lambda_1^2}{\lambda_{0x}^2}}=\frac{\pi^2E}{\lambda_{0x}^2}$$

其中，换算长细比：

$$\lambda_{0x}=\sqrt{\lambda_x^2+\frac{\pi^2}{12}\left(1+2\frac{K_1}{K_b}\right)\lambda_1^2}=\sqrt{\lambda_x^2+\alpha\lambda_1^2} \tag{5.6.7}$$

式中　$\lambda_1=l_{01}/i_1$——分肢的长细比，i_1 为分肢弱轴的回转半径，l_{01} 为缀板间的净距离，如图 5-16(b)；

$K_1=I_1/l_1$—— 一个分肢的线刚度，l_1 为缀板的中心距离，I_1 为分肢绕缀板的惯性矩；

$K_b=I_b/a$——两侧缀板线刚度之和，I_b 为两侧缀板的惯性矩，a 为分肢轴线间距离。

根据《钢结构设计标准》的规定，缀板线刚度之和 K_b 应大于 6 倍的分肢线刚度，即 $K_b/K_1\geqslant6$。此时，$\alpha\approx1$。因此规范规定双肢缀板柱的换算长细比计算式为：

$$\lambda_{0x}=\sqrt{\lambda_x^2+\lambda_1^2} \tag{5.6.8}$$

四肢柱和三肢柱的换算长细比，在此不再详细列出，可参见《钢结构设计标准》。

3. 分肢肢件的整体稳定性计算

格构柱的分肢可视为单独的轴心受压实腹式构件，因此，应保证它不先于构件整体失去承载能力。故计算式不能简单地用 $\lambda_1<\lambda_x$，因为由于初弯曲等缺陷的影响，可能使构件受力时呈弯曲状态，从而产生附加弯矩和剪力。所以规范规定如下。

对于缀条构件：

$$\lambda_1\leqslant0.7\lambda_{max} \tag{5.6.9}$$

对于缀板构件：

$$\lambda_1\leqslant0.5\lambda_{max} \tag{5.6.10}$$

式中　λ_{max}——构件两方向长细比（对虚轴取换算长细比）的较大值，当 $\lambda_{max}<50$ 时，取 $\lambda_{max}=50$；

λ_1——长细比，$\lambda_1=\dfrac{l_{01}}{i_1}$。

对缀条式 l_{01} 为节间距离；对缀板式，当采用焊接时，l_{01} 为相邻两缀板间的净距，当采用螺栓连接时，l_{01} 为相邻两缀板间边螺栓的最近距离。

5.6.3　缀件的计算

1. 格构式轴心受压构件的横向剪力

《钢结构设计标准》在规定受力时，以压杆弯曲至中央截面边缘纤维屈服为条件（如图 5-19），导出最大剪力与轴心压力的关系，经简化后得：

$$V=\frac{Af}{85}\sqrt{\frac{f_y}{235}} \tag{5.6.11}$$

式中　A——两肢截面积；

f_y——钢材屈服强度；

f——钢材设计强度。

在设计中，将剪力 V 沿柱长度方向取为定植，相当于简化为图 5-19(c)的分布图形。

推导轴心受压构件的横向剪力如下。

图 5-19 所示为一两端铰支轴心受压柱，绕虚轴弯曲时，假定最终的挠曲线为正弦曲线，跨中最大挠度为 v_0，则沿杆长任一点的挠度为：

$$y = v_0 \sin \frac{\pi z}{l}$$

任一点的弯矩为：

$$M = Ny = Nv_0 \sin \frac{\pi z}{l}$$

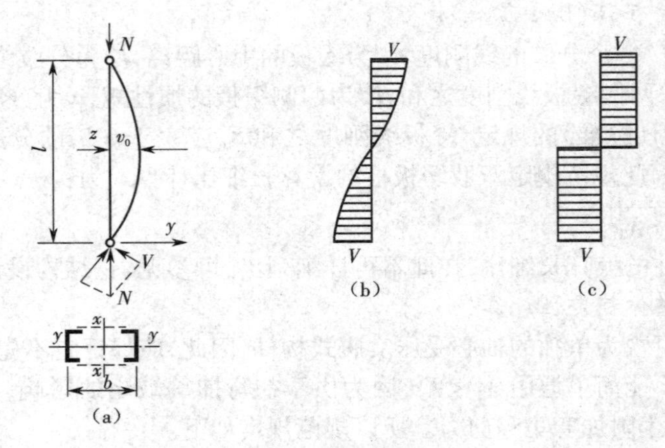

图 5-19　剪力计算简图

(a)荷载图形与截面形式；(b)实际剪力分布；(c)简化剪力分布

任一点的剪力为：

$$M = \frac{\mathrm{d}M}{\mathrm{d}y} = N\frac{\pi v_0}{l}\cos\frac{\pi z}{l}$$

即剪力按余弦曲线分布，如图 5-19(b)，最大值在杆件的两端，为：

$$V_{\max} = \frac{N\pi}{l} \cdot v_0 \tag{5.6.12}$$

跨度中点的挠度 v_0 可由边缘纤维准则导出。当截面边缘最大应力达屈服强度时，有：

$$\frac{N}{A} + \frac{Nv_0}{I_x} \cdot \frac{b}{2} = f_y$$

即

$$\frac{N}{Af_y}\left(1 + \frac{v_0}{i_x^2} \cdot \frac{b}{2}\right) = 1$$

上式中令 $\frac{N}{Af_y} = \varphi$，并取 $b \approx i_x/0.44$，得：

$$v_0 = 0.88 i_x (1 - \varphi)\frac{1}{\varphi} \tag{5.6.13}$$

将式(5.6.13)中的v_0值代入式(5.6.12)中，得：

$$V_{\max}=\frac{0.88\pi(1-\varphi)}{\lambda_x}\cdot\frac{N}{\varphi}=\frac{1}{k}\cdot\frac{N}{\varphi}$$

式中　$k=\dfrac{\lambda_x}{0.88\pi(1-\varphi)}$。

在常用的长细比范围内，k可取为常数，对Q235钢构件，取$k=85$；对Q345、Q390钢和Q420钢构件，取$k\approx85\sqrt{235/f_y}$。

因此轴心受压格构柱平行于缀材面的剪力为：

$$V_{\max}=\frac{N}{85\varphi}\sqrt{\frac{f_y}{235}}$$

式中　φ——按虚轴换算长细比确定的整体稳定系数。

令$N=\varphi Af$，即得式(5.6.11)。

2.缀条的计算

缀条的布置一般采用单系缀条，如图5-20(a)，也可采用交叉缀条，如图5-20(b)。将格构柱视为受压，全部斜缀条一律视为受压，则每一个缀条面承受的剪力为：

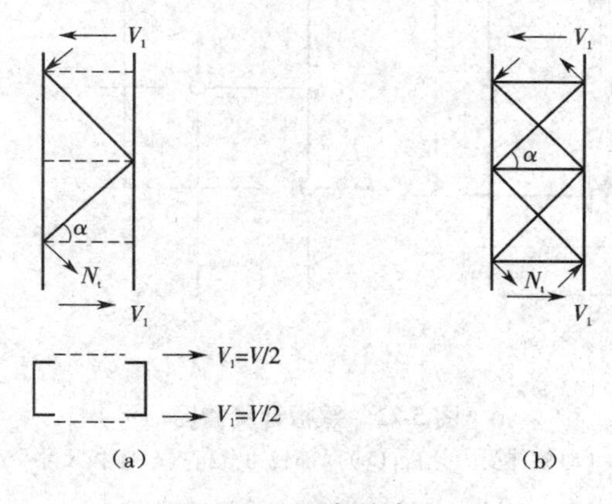

图5-20　缀条的内力

(a)单系缀条；(b)交叉缀条

$$V_1=\frac{V}{2}$$

缀条的轴心压力为：

$$N_t=\frac{V_1}{n\cos\alpha}=\frac{V}{2n\cos\alpha}\tag{5.6.14}$$

式中　n——承受剪力V_1的斜缀条数，单缀条时$n=1$，双缀条时$n=2$；

　　α——缀条的水平倾角，一般取40°~70°。

由于剪力方向难以确定，缀条可能受拉也可能受压。规范规定，均按轴心压杆选择截面。

缀条一般采用单角钢与肢件单面连接，因此，缀条实际上是偏心受压。故规范规定，将钢材强度乘以折减系数γ后，仍按轴心受压验算强度和稳定性，折减系数取值如下。

①按轴心受压计算构件的强度和连接时，$\gamma=0.85$。

②按轴心受压计算构件的稳定性时：

a. 对等边角钢，$\gamma=0.6+0.0015\lambda$，且不大于1.0；

b. 对短边相连的不等边角钢，$\gamma=0.5+0.0025\lambda$，且不大于1.0；

c. 对长边相连的不等边角钢，$\gamma=0.70$。

其中 λ 为缀条的长细比，对中间无联系的单角钢，按角钢最小回转半径确定，$\lambda<20$ 时，取 $\lambda=20$。交叉缀条体系的横缀条假设不受力或按 V_1 计算，截面可取与斜缀条相同；不论横缀条或斜缀条，均应满足容许长细比（$[\lambda]=150$）的要求。

3. 缀板的计算

缀板柱可视作多层框架。当它整体挠曲时，假设各层分肢中点和缀板中点为反弯点，如图5-21(a)。从柱中取出如图5-21(b)所示脱离体，得缀板内力为：

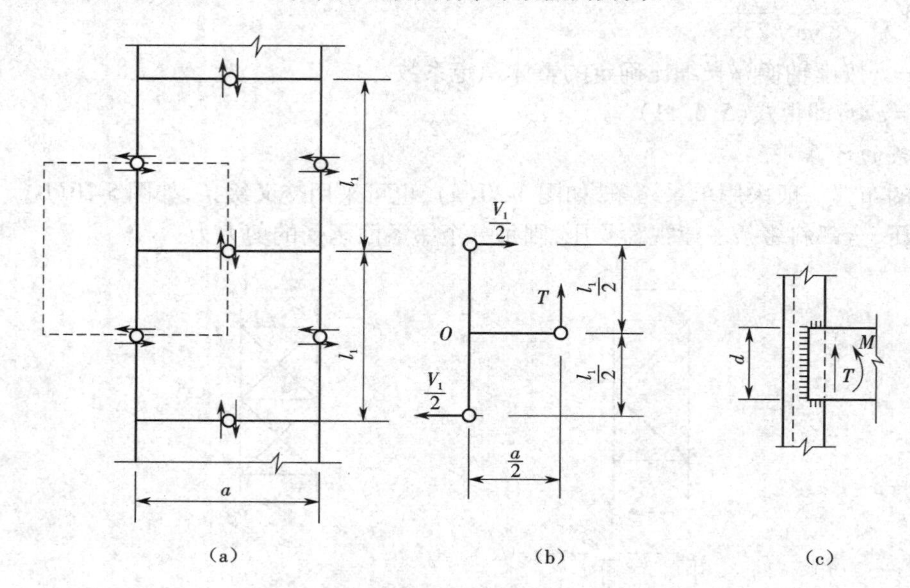

图5-21　缀板计算简图

(a)整体受力分析；(b)局部受力分析；(c)缀板尺寸

对 O 点取矩可得剪力：

$$T=\frac{V_1 l_1}{a} \tag{5.6.15}$$

弯矩（与肢件连接处）：

$$M=T\cdot\frac{a}{2}=\frac{V_1 l_1}{2} \tag{5.6.16}$$

式中　a——肢件轴线间的距离；

　　　l_1——缀板中心线间的距离。

缀板应有一定的刚度。规范规定，同一截面处两侧缀板线刚度之和不得小于一个分肢线刚度的6倍；一般取宽度 $d\geqslant 2a/3$，如图5-21(c)，厚度 $t\geqslant a/40$，且不小于6 mm；构件端部第一缀板应适当加宽，一般取 $d=a$；与肢件的搭接长度一般不小于30 mm。

为了提高格构柱的抗扭刚度，应每隔一段距离设置横隔。横隔间距不得大于柱截面较大宽度的9倍，同时不得大于8 m（图5-22）。

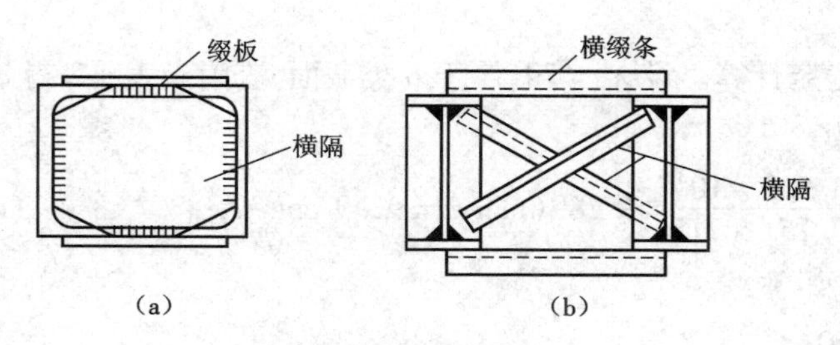

图5-22　柱的横隔

(a)形式1;(b)形式2

5.6.4　格构柱的截面设计

第一步:根据轴心力的大小、两主轴方向的计算长度、使用要求及供料情况,决定采用缀板柱或缀条柱。

①缀材面剪力较大或宽度较大的宜用缀条柱(即大型柱)。

②中小型柱采用缀板柱或缀条柱。

第二步:根据对实轴(y-y)稳定性的计算,选择柱肢截面,方法与实腹式的计算相同。

第三步:根据对虚轴(x-x)稳定性的计算,决定分肢间距(肢件间距)。

①按等稳定性条件,即以对虚轴的换算长细比与对实轴的长细比相等,$\lambda_{0x}=\lambda_y$,代入换算长细比公式得:

a. 缀板柱对虚轴的长细比

$$\lambda_x=\sqrt{\lambda_{0x}^2-\lambda_1^2}=\sqrt{\lambda_y^2-\lambda_1^2} \tag{5.6.17}$$

计算时可假定 λ_1 为30~40,且 $\lambda_1 \leqslant 0.5\lambda_y$;

b. 缀条柱对虚轴的长细比

$$\lambda_x=\sqrt{\lambda_{0x}^2-27\frac{A}{A_1}}=\sqrt{\lambda_y^2-27\frac{A}{A_1}} \tag{5.6.18}$$

可假定 $A_1=0.1A$。

②按上述得出 λ_x 后,求虚轴所需回转半径:

$$i_x=\frac{l_{0x}}{\lambda_x}$$

按表5-6,可得柱在缀材方向的宽度,也可由已知截面的几何量直接算出柱的宽度 $b=\frac{i_x}{\alpha_2}$。一般按10 mm进级,且两肢间距宜大于100 mm,便于内部刷漆。

第四步:验算。按选出的实际尺寸对虚轴的稳定性和分肢的稳定性进行验算,如不合适,进行修改再验算,直至合适为止。

第五步:计算缀板或缀条,并应使其符合上述各种构造要求。

第六步:按规定设置横隔。

【例5-2】　设计两槽钢组成的格构柱,柱的轴心压力 $N=1\ 500$ kN,$l_{0x}=l_{0y}=6$ m,采用Q235钢材。

解:

1. 初选截面

按对实轴进行稳定计算。设 $\lambda_y=70$，属于 b 类截面，查附录表 4-2 得 $\varphi_y=0.751$，则需要的截面积为：

$$A_T=\frac{N}{\varphi_y f}=\frac{1\ 500\times10^3}{0.751\times215}=9\ 289(\text{mm}^2)=92.9\ \text{cm}^2$$

回转半径：

$$i_y^T=\frac{l_{0y}}{\lambda_y}=\frac{600}{70}=8.57(\text{cm})$$

试选[28b，$A=2\times45.62=91.24(\text{cm}^2)$，$i_y=10.6$ cm，$z_0=2.02$ cm，$I_1=242.1\ \text{cm}^2$。

验算整体稳定性：

$$\lambda_y=\frac{l_{0y}}{i_y}=\frac{600}{10.6}=56.6<[\lambda]=150$$

查表得

$$\varphi_y=0.833-\frac{0.833-0.807}{60-55}\times(56.6-55)=0.825$$

$$\sigma=\frac{N}{\varphi_y A}=\frac{1\ 500\times10^3}{0.825\times91.24\times10^2}=199.3(\text{N/mm}^2)<f=215\ \text{N/mm}^2$$

2. 采用缀板柱时

(1)初定柱宽 b

假定 $\lambda_1=0.5\times56.6=28.3$，取 $\lambda_1=28$。

由 $\lambda_{0x}=\sqrt{\lambda_x^2+\lambda_1^2}=\lambda_y$ 可得

$$\lambda_x=\sqrt{\lambda_y^2-\lambda_1^2}=\sqrt{56.6^2-28^2}=49.2$$

$$i_x=\frac{l_{0x}}{\lambda_x}=\frac{600}{49.2}=12.2(\text{cm})$$

而 $i_x=0.44b$，则 $b=\frac{i_x}{0.44}=\frac{12.2}{0.44}=27.7(\text{cm})$，取 $b=28$ cm，采用如图 5-23(a)的形式。

(2)截面验算

整个截面对虚轴的数据

$$I_x=2\times\left[I_1+A\cdot\left(\frac{a}{2}\right)^2\right]=2\times(242.1+45.62\times11.98^2)=13\ 579(\text{cm}^4)$$

$$i_x=\sqrt{\frac{I_x}{A}}=\sqrt{\frac{13\ 579}{91.24}}=12.2(\text{cm})$$

刚度验算：

$$\lambda_{0x}=\sqrt{\lambda_x^2+\lambda_1^2}=\sqrt{49.2^2+28^2}=56.6<[\lambda]=150$$

整体稳定性验算：

由 $\lambda=56.6$ 得 $\varphi=0.825$，则

$$\frac{N}{\varphi A}=\frac{1\ 500\times10^3}{0.825\times9\ 124}=199.3(\text{N/mm}^2)<f=215\ \text{N/mm}^2$$

满足要求。

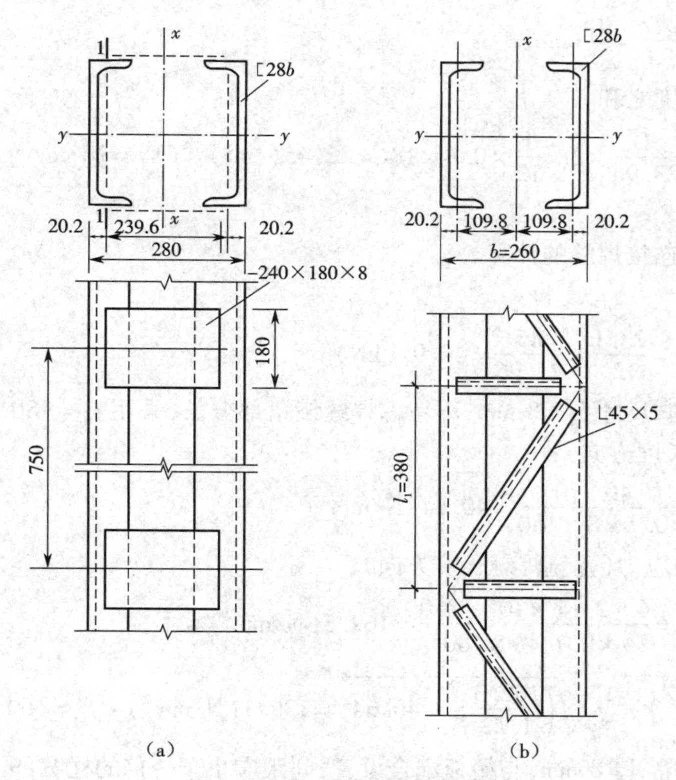

图 5-23　例 5-2 格构柱的设计

(a)缀板柱;(b)单系缀条式格构柱

(3)缀板计算

①柱身承受的横向剪力

$$V=\frac{Af}{85}\sqrt{\frac{f}{235}}=\frac{9\ 124\times 215}{85}=23\ 078.4(\mathrm{N})=23.1\ \mathrm{kN}$$

②肢件对自身轴 1—1 的 $i=2.3$ cm,则缀板的净距即计算长度

$$l_0=\lambda_1 i_1=28\times 2.3=64.4(\mathrm{cm})$$

③按构造要求取缀板尺寸:

$b\geqslant\frac{2}{3}a=\frac{2}{3}\times 23.96=15.97(\mathrm{cm})$,取 $b=18$ cm;

$t\geqslant\frac{a}{40}=\frac{23.96}{40}=0.6(\mathrm{cm})$,取 $t=8$ mm。

缀板长度一般取两虚轴之间的宽度,即 240 mm。

缀板尺寸为 240×180×8。

④缀板中距

$$l_1=l_0'+b=65+18=83(\mathrm{cm})$$

因柱高 6 m,设 8 块缀板,中距约取 85 cm。

柱分肢线刚度

$$K_1=\frac{I_1}{l_1}=\frac{242}{83}=3(\text{cm}^3)$$

两侧缀板线刚度之和

$$K_b=\frac{I_b}{a}=\frac{1}{23.96}\times2\times\frac{1}{12}\times0.8\times18^3=32.45(\text{cm}^3)>6K_1=18\ \text{cm}^3$$

缀板刚度足够。

⑤缀板与柱肢连接焊缝的计算。

缀板受力

$$T=\frac{V_1l_1}{a}=\frac{23.1}{2}\times\frac{85}{23.96}=40.97(\text{kN})$$

取角焊缝的焊脚尺寸 $h_f=8$ mm,不考虑焊缝绕角部分长,采用 $l_w=180$ mm。剪力 T 产生的剪应力(顺焊缝长度方向):

$$\tau_f=\frac{T}{h_el_w}=\frac{40\,970}{0.7\times8\times180}=40.64(\text{N/mm}^2)$$

弯矩 M 产生的应力(垂直焊缝长度方向):

$$\sigma_f=\frac{6Vl_1}{4h_el_w^2}=\frac{6\times23.1\times10^3\times850}{4\times0.7\times8\times180^2}=162.3(\text{N/mm}^2)$$

$$\sqrt{\left(\frac{\sigma_f}{1.22}\right)^2+\tau_f^2}=\sqrt{\left(\frac{162.3}{1.22}\right)^2+40.64^2}=139.1(\text{N/mm}^2)<f_f^w=160\ \text{N/mm}^2$$

采用钢板式横隔,厚8 mm,与缀板配合设置,间距应小于9倍的柱宽($9\times28=252$(cm)),柱端有柱头和柱脚,中间三分点处设两道横隔。

3. 若采用单系缀条式格构柱,则两肢仍采用[28b]

(1)按虚轴稳定性初选两肢间距

设 $A_1=0.1A=0.1\times9\,124=912.4(\text{mm})^2$,因此选角钢∟45×5,则 $A_1=2\times5.29=8.58(\text{cm}^2)(858\ \text{mm}^2)$。

利用等稳定性条件,使对虚轴的换算长细比与对实轴的长细比相等。

由 $\lambda_{0x}=\sqrt{\lambda_x^2+27\frac{A}{A_1}}=\lambda_y$ 可导出:

$$\lambda_x=\sqrt{\lambda_y^2-27\frac{A}{A_1}}=\sqrt{56.6^2-27\times\frac{91.24}{8.58}}=54$$

相应的回转半径:

$$i_x=\frac{l_{0x}}{\lambda_x}=\frac{600}{54}=11.11(\text{cm})$$

两肢柱距离:

$$b=\frac{i_x}{0.44}=\frac{11.11}{0.44}=25.25(\text{cm}),取\ b=26\ \text{cm}$$

(2)截面验算

整个截面对虚轴的数据:

$$I_x=2\times\left[I_1+A\cdot\left(\frac{a}{2}\right)^2\right]=2\times[242.1+45.62\times10.98^2]=11\,484.13(\text{cm}^4)$$

$$i_x = \sqrt{\frac{I_x}{A}} = \sqrt{\frac{\sqrt{11\ 484.13}}{91.24}} = 11.22(\text{cm})$$

刚度验算：

$$i_x = \frac{l_{0x}}{i_x} = \frac{600}{11.22} = 53.48 < [\lambda] = 150$$

$$\lambda_{0x} = \sqrt{\lambda_x^2 + 27 \cdot \frac{A}{A_1}} = \sqrt{53.48^2 + 27 \times \frac{91.24}{8.58}} = 56.1$$

稳定性验算，按 b 类，由 $\lambda_{0x} = 56.1$ 查表得：

$$\varphi = 0.833 - \frac{0.833 - 0.807}{60 - 55} \times (56.1 - 55) = 0.827$$

$$\sigma = \frac{N}{\varphi A} = \frac{1\ 500 \times 10^3}{0.827 \times 9\ 124} = 198.8(\text{N/mm}^2) < f = 215\ \text{N/mm}^2$$

(3)缀条计算

柱身承受横向剪力：

$$V = \frac{Af}{85}\sqrt{\frac{f_y}{235}} = \frac{9\ 124}{85} \times 215 = 23\ 078.4(\text{N}) = 23.1\ \text{kN}$$

缀条与柱肢轴线夹角按 $\alpha = 45°$ 考虑缀条受力

$$N_t = \frac{V_1}{\cos\alpha} = \frac{23.1}{2 \times 0.707} = 16.34(\text{kN})$$

缀条选∟45×5，$A = 4.29\ \text{cm}^2$，$i_{\min} = 0.88$，计算长度

$$l_0 = \frac{b}{\cos\alpha} = \frac{26}{0.707} = 36.78(\text{cm})$$

则 6 m 柱分为 16 个节间，单肢轴线长 375 mm，取缀条轴线中距为 $l_b = 38$ cm。

分肢稳定性验算：

$$\lambda_1 = \frac{l_0}{i_{\min}} = \frac{375}{2.3} = 16.3 < 0.7\lambda_{\max} = 0.7 \times 56.6 = 39.62$$

缀条整体稳定性计算：

$$\lambda_1 = \frac{l_b}{i_1} = \frac{38}{0.88} = 43.18$$

单角钢按 b 类查得：

$$\varphi = 0.878 - \frac{0.878 - 0.856}{45 - 40} \times (43.18 - 40) = 0.864$$

因系单角钢，需乘以折减系数 $\gamma = 0.6 + 0.001\ 5\lambda = 0.6 + 0.001\ 5 \times 43.18 = 0.665$，则：

$$\sigma = \frac{N_t}{\gamma\varphi A} = \frac{16\ 340}{0.665 \times 0.864 \times 429} = 66.3(\text{N/mm}^2) < f = 215\ \text{N/mm}^2$$

缀条与柱肢连接焊缝计算，取焊脚尺寸 $h_f = 4$ mm，则肢背焊缝长度：

$$l_w = \frac{k_1 N}{0.7h_f \times 0.85 \times 160} = \frac{0.7 \times 16\ 340}{0.7 \times 4 \times 0.85 \times 160} = 30(\text{mm})$$

加起落弧 10 mm，取 $l_w = 40$ mm。

肢尖焊缝长度：

$$l'_w = \frac{k_2 N}{0.7h_f \times 0.85 \times 160} = \frac{0.3 \times 16\ 340}{0.7 \times 4 \times 0.85 \times 160} = 12.87(\text{mm})$$

加起落弧 10 mm，得 $l'_w = 23$ mm。

解毕。

5.7 本章要点

本章讲述了轴心受力构件的特点、极限状态。比较详细地分析了残余应力、初弯曲及初偏心等缺陷对轴心受压构件整体稳定承载力的影响，并论述了各种缺陷对临界力的影响程度与不同截面形状以及不同加工方式的关系。在此基础上阐明截面分类和采用多柱子曲线的合理性。

根据荷载作用于中面的薄板临界荷载，从而建立起各类轴心受压构件的不同部位板件的宽厚比限制条件。

同时讲述了实腹式轴心受压构件的截面选择和强度、整体稳定、局部稳定和刚度的验算，针对格构式轴心受压构件剪切变形对虚轴稳定性的影响，论述了用换算长细比来考虑对承载力的影响；讲述了构件承载能力的验算方法和实腹式受压柱、格构式受压柱的简单计算步骤和设计计算方法。

第6章　受弯构件

6.1　受弯构件的类型和应用

只承受弯矩或受弯矩与剪力共同作用的构件称为受弯构件或梁类构件。在实际工程中，以受弯剪为主，但还作用有较小的轴力或扭矩时，仍可视为受弯构件。在钢结构中，受弯构件也常称为梁。梁是组成钢结构的基本构件之一，应用十分广泛，例如房屋建筑中的楼盖梁、工作平台梁、墙梁、檩条、吊车梁以及水工闸门、钢桥、海上采油平台中的主、次梁等。

钢梁按制作方法分为型钢梁(或称轧成梁)(图6-1(a)~(d)、(j)~(m))和组合梁(板梁)(图6-1(e)~(i)、(n))两类。型钢梁又可分热轧型钢梁和冷弯薄壁型钢梁两种。热轧型钢梁常采用工字钢、H型钢和槽钢。H型钢的截面分布最合理，翼缘内外边缘平行，与其他构件连接方便，应予优先采用。槽钢翼缘较窄，且截面单轴对称，剪力中心在腹板外侧，荷载常不通过截面的剪力中心，受弯时会同时产生扭转，以致影响梁的承载能力，故使用时通常需要采用一定的措施保证截面不发生显著扭转或使外力通过剪力中心或加强约束条件。对受荷较小、跨度不大的梁常采用冷弯薄壁型钢(图6-1(j)~(m))，可以有效节省钢材，但防腐要求较高，例如屋面檩条和墙梁。型钢具有制造省工、成本较低的优点，应优先采用。

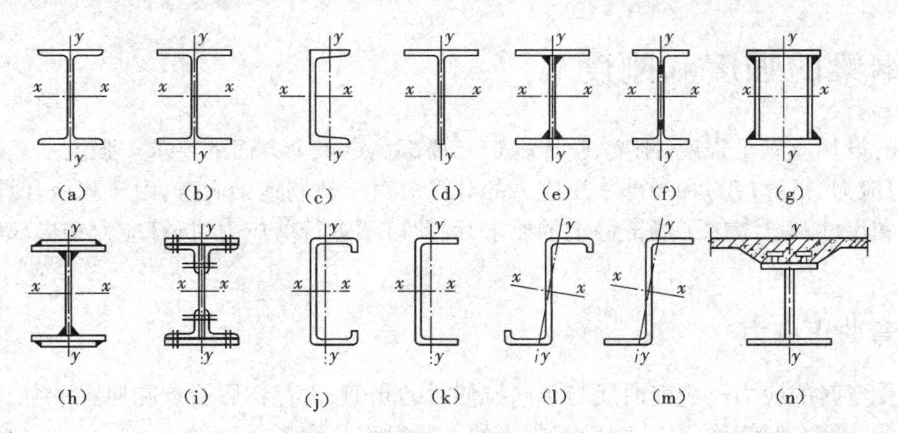

图6-1　梁的常见截面形式

(a)~(d)、(j)~(m)型钢梁；(e)~(i)、(n)组合梁

当荷载较大或跨度较大，型钢梁受到规格的限制，常不能满足承载能力或刚度的要求，或考虑最大限度地节省钢材时，可以考虑采用组合截面。组合截面一般采用3块钢板焊接而成的工字形截面或由两T型钢中间加钢板的焊接截面，它的构造简单，制作方便。当翼缘需要较厚时，可采用两层翼缘板。当荷载很大而高度受到限制或需要较高的截面抗扭刚度时，可采用箱形截面，例如水工钢闸门的支撑边梁以及海上采油平台的主梁等。对跨度和动力荷载较大的梁，如厚钢板的质量不能满足焊接结构或动力荷载要求时，可采用摩擦型高强度螺栓。

为充分利用钢板的强度，可以将受力较大的翼缘板采用强度较高的钢材，而腹板采用强度较低的钢材，做成异种钢梁。也可将工字钢的腹板沿梯形齿状线切割成两半，然后错开半个节距，焊接成蜂窝梁(图6-2)。蜂窝梁由于截面高度增大，提高了承载力，而且腹板的孔洞可作为设备通道，是一种较经济合理的截面形式。此外，在楼盖、平台结构和桥梁中，常在钢梁顶面间隔一定间距焊接纵向抗剪连接件，然后浇筑钢筋混凝土板，构成钢与混凝土组合梁。

钢梁按支撑情况不同，可分为简支梁、连续梁、悬臂梁或外伸梁。

钢梁按受力情况不同，可分为单向弯曲梁和双向弯曲梁。单向弯曲梁就是只在一个主轴平面内受弯的梁，如图6-3(a)所示的梁，在荷载作用下绕主轴 $x—x$ 产生弯矩 M_x，使梁在 $y—y$ 平面内弯曲，即为单向弯曲梁。双向弯曲梁就是在两个主轴平面内受弯的梁，如图6-3(b)。

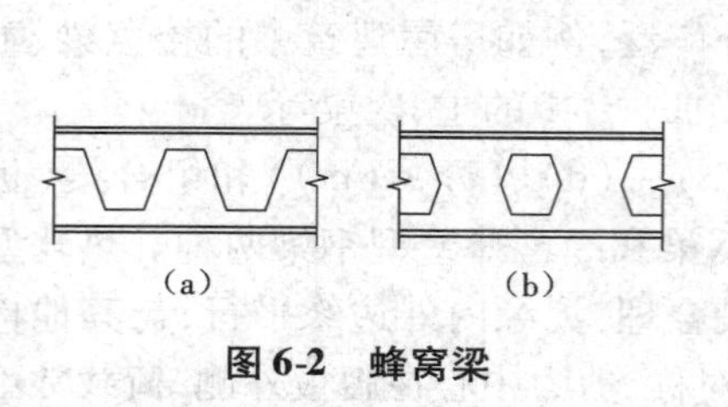

图6-2　蜂窝梁

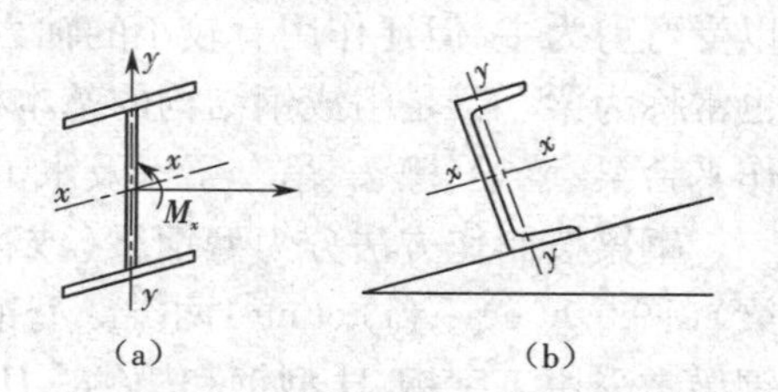

图6-3　单双向弯曲梁

(a)单向弯曲梁；(b)双向弯曲梁

图6-1表示出了两个正交的形心主轴，其中绕 x 轴的惯性矩最大，称为强轴，绕 y 轴的惯性矩是所有通过形心的惯性矩的最小值，称为弱轴。对于工字形、T形、箱形截面，平行于 x 轴的最外边板称为翼缘，垂直于 x 轴的板称为腹板。

6.2　钢梁的强度和刚度

钢梁的设计应满足强度、刚度、整体稳定和局部稳定4个方面的要求。强度一般包括弯曲正应力、剪应力、折算应力和局部承压应力的计算。对于轧制钢梁而言，由于腹板和翼缘较厚，且其规格和尺寸都已考虑了局部稳定的要求，因此可不进行剪应力、折算应力和局部稳定的计算。

6.2.1　弯曲正应力

钢梁受弯时的应力—应变曲线与单向拉伸时的相似，也存在屈服点和屈服平台，可视为理想弹塑性体。梁在弯矩作用下，截面正应力的发展过程分为3个阶段。

①弹性阶段(图6-4(b))：截面上的应力呈三角形分布，中和轴为截面的形心轴。随着弯矩的增大，正应力按比例增加。当梁截面边缘纤维的最大正应力达到屈服点 f_y 时，表示弹性阶段结束，相应的弯矩称为弹性极限弯矩 M_e(或屈服弯矩)，其值为：

$$M_e = W_n f_y \tag{6.2.1}$$

式中　W_n——梁净截面抵抗矩。

②弹塑性阶段(图6-4(c))：弯矩继续增大，梁截面边缘应力保持 f_y 不变，而在截面的上、下两边，凡是应变值达到和超过 ε_y 的部分，其应力都相应达到 f_y，形成两端塑性区，中间弹性区。

③塑性阶段(图6-4(d))：弯矩进一步增大，截面塑性变形不断向内发展，最终整个截面进

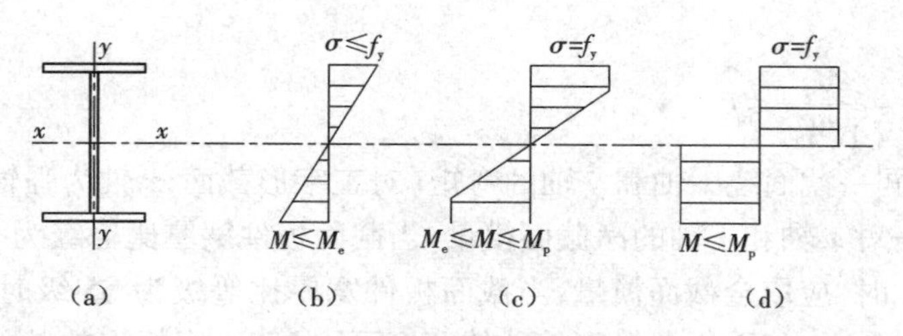

图6-4　梁的弯曲正应力分布

(a)工字形梁截面;(b)弹性阶段;(c)弹塑性阶段;(d)塑性阶段

入塑性，应力图形将成为两个矩形，这时塑性变形急剧增大，梁就在弯矩作用方向绕该截面中和轴自由转动，形成一个塑性铰，达到承载力的极限，此时的弯矩称为塑性弯矩 M_p（或极限弯矩），其值为：

$$M_p = f_y(S_{1n} + S_{2n}) = f_y W_{pn} \tag{6.2.2}$$

式中　S_{1n}——中和轴以上净截面对中和轴的面积矩；

S_{2n}——中和轴以下净截面对中和轴的面积矩；

W_{pn}——梁净截面塑性抵抗矩，$W_{pn} = S_{1n} + S_{2n}$。

在塑性铰阶段，由梁截面的轴向力等于零的条件，即中和轴以上截面积应等于中和轴以下截面积，可知中和轴是截面面积的平分轴。对于双轴对称截面，中和轴仍与形心轴重合；但对单轴对称的截面（图6-5），中和轴与形心轴不重合，这是与弹性阶段的不同之处。

塑性抵抗矩与弹性抵抗矩的比值 r 称为截面形状系数，它的大小仅与截面的形状有关，而与材料的性质无关。它实质上体现了截面塑性弯矩 M_p 和弹性极限弯矩 M_e 的比值，r 越大，则截面在弹塑性阶段的后续承载力越大。

$$r = \frac{W_{pn}}{W_n} = \frac{W_{pn} f_y}{W_n f_y} = \frac{M_p}{M_e} \tag{6.2.3}$$

对于矩形截面 $r = 1.5$；圆截面 $r = 1.7$；圆管截面 $r = 1.27$。工字形截面绕强轴的塑性发展系数与截面组成（翼缘面积和腹板面积之比，翼缘厚度与梁高之比）有关，在常见的尺寸比例下，r 在1.10~1.17之间。

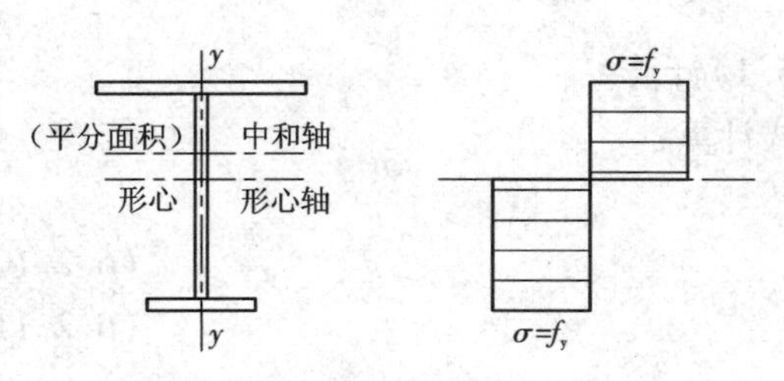

图6-5　塑性中和轴位置

显然，在计算梁的强度时，按塑性设计比按弹性设计要节省钢材，更能充分发挥材料的性能，但梁截面的应力发展到塑性铰时，由于变形较大，有可能影响使用。因此，《钢结构设计标准》（GB50017—2017）对一般梁允许考虑截面有一定的塑性发展，即限制截面上的塑性发展区在梁高的 $\frac{1}{8} \sim \frac{1}{4}$ 范围内，据此定出截面塑性发展系数 γ_x 和 γ_y。

梁的正应力计算公式如下。

单向弯曲时：

$$\sigma = \frac{M_x}{\gamma_x W_{nx}} \leq f \tag{6.2.4}$$

双向弯曲时：

$$\sigma=\frac{M_x}{\gamma_x W_{nx}}+\frac{M_y}{\gamma_y W_{ny}}\leqslant f \tag{6.2.5}$$

式中 M_x、M_y——同一截面绕 x 轴和 y 轴的弯矩(对工字形截面，x 轴为强轴，y 轴为弱轴)；

W_{nx}、W_{ny}——对 x 轴和 y 轴的净截面模量，当截面板件宽厚比等级为 S1、S2、S3 或 S4 级时，应取全截面模量，当截面板件宽厚比等级为 S5 级时，应取有效截面模量，均匀受压翼缘有效外伸宽度可取 $15\varepsilon_k$，腹板有效截面可按 GB 50017—2017 标准第 8.4.2 条的规定采用(mm^3)；

γ_x、γ_y——截面塑性发展系数(S_1、S_2、S_3 级时对工字形截面，$\gamma_x=1.05$，$\gamma_y=1.20$；对箱形截面，$\gamma_x=\gamma_y=1.05$；对其他截面，可按 GB 50017—2017 附录表8-1 采用)；

f——钢材的抗弯强度设计值。

工字形和箱形截面压弯构件的腹板高厚比超过表 6-1 规定的 S4 级截面要求时，其构件设计应符合下列规定。

①应以有效截面代替实际截面计算杆件的承载力。

a. 工字形截面腹板受压区的有效宽度应取为：

$$h_e=\rho h_c \tag{6.2.6}$$

当 $\lambda_{n,p}\leqslant 0.75$ 时：

$$\rho=1.0 \tag{6.2.7a}$$

当 $\lambda_{n,p}>0.75$ 时：

$$\rho=\frac{1}{\lambda_{n,p}}\left(1-\frac{0.19}{\lambda_{n,p}}\right) \tag{6.2.7b}$$

$$\lambda_{n,p}=\frac{h_w/t_w}{28.1\sqrt{k_\sigma}}\cdot\frac{1}{\varepsilon_k} \tag{6.2.8}$$

$$k_\sigma=\frac{16}{2-\alpha_0+\sqrt{(2-\alpha_0)^2+0.112\alpha_0{}^2}} \tag{6.2.9}$$

式中 h_c、h_e——腹板受压区宽度和有效宽度，当腹板全部受压时，$h_c=h_w$；

ρ——有效宽度系数，按式(6.2.7)计算；

α_0——参数，应按 GB 50017—2017 式(3.5.1)计算。

b. 工字形截面腹板有效宽度 h_e 应按下列公式计算：

当截面全部受压，即 $\alpha_0\leqslant 1$ 时：

$$h_{e1}=2h_e/(4+\alpha_0) \tag{6.2.10}$$

$$h_{e2}=h_e-h_{e1} \tag{6.2.11}$$

当截面部分受拉，即 $\alpha_0>1$ 时：

$$h_{e1}=0.4h_e \tag{6.2.12}$$

$$h_{e2}=0.6h_e \tag{6.2.13}$$

c. 箱形截面压弯构件翼缘宽厚比超限时也应按式(6.2.6)计算其有效宽度，计算时取 $k_\sigma=4.0$。有效宽度分布在两侧均等。

②应采用下列公式计算其承载力。

强度计算：

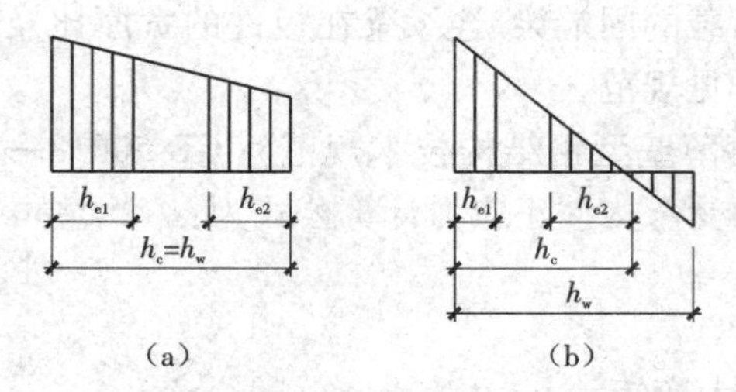

图 6-6　有效宽度的分布

(a)截面全部受压;(b)截面部分受拉

$$\frac{N}{A_{\mathrm{ne}}} \pm \frac{M_x + Ne}{\gamma_x W_{\mathrm{nex}}} \leqslant f \tag{6.2.14}$$

平面内稳定计算:

$$\frac{N}{\varphi_x A_e f} + \frac{\beta_{\mathrm{mx}} M_x + Ne}{\gamma_x W_{\mathrm{elx}}(1 - 0.8N/N'_{\mathrm{Ex}}) f} \leqslant 1.0 \tag{6.2.15}$$

平面外稳定计算:

$$\frac{N}{\varphi_y A_e f} + \eta \frac{\beta_{\mathrm{tx}} M_x + Ne}{\varphi_b W_{\mathrm{elx}} f} \leqslant 1.0 \tag{6.2.16}$$

式中:A_{ne}、A_e——有效净截面面积和有效毛截面面积(mm^2);

W_{nex}——有效截面的净截面模量(mm^3);

W_{elx}——有效截面对较大受压纤维的毛截面模量(mm^3);

e——有效截面形心至原截面形心的距离(mm)。

表 6-1　压弯和受弯构件的截面板件宽厚比等级及限值

构件	截面板件宽厚比等级		S1 级	S2 级	S3 级	S4 级	S5 级
压弯构件(框架柱)	H 形截面	翼缘 b/t	$9\varepsilon_k$	$11\varepsilon_k$	$13\varepsilon_k$	$15\varepsilon_k$	20
		腹板 h_0/t_w	$(33+13\alpha_0^{1.3})\varepsilon_k$	$(38+13\alpha_0^{1.39})\varepsilon_k$	$(40+18\alpha_0^{1.5})\varepsilon_k$	$(45+25\alpha_0^{1.66})\varepsilon_k$	250
	箱形截面	壁板(腹板)间翼缘 b_0/t	$30\varepsilon_k$	$35\varepsilon_k$	$40\varepsilon_k$	$45\varepsilon_k$	—
	圆钢管截面	径厚比 D/t	$50\varepsilon_k^2$	$70\varepsilon_k^2$	$90\varepsilon_k^2$	$100\varepsilon_k^2$	—
受弯构件(梁)	工字形截面	翼缘 b/t	$9\varepsilon_k$	$11\varepsilon_k$	$13\varepsilon_k$	$15\varepsilon_k$	20
		腹板 h_0/t_w	$65\varepsilon_k$	$72\varepsilon_k$	$93\varepsilon_k$	$124\varepsilon_k$	250
	箱形截面	壁板(腹板)间翼缘 b_0/t	$25\varepsilon_k$	$32\varepsilon_k$	$37\varepsilon_k$	$42\varepsilon_k$	—

注:1. ε_k 为钢号修正系数,其值为 235 与钢材牌号中屈服点数值的比值的平方根。

2. b 为工字形、H 形截面的翼缘外伸宽度,t、h_0、t_w 分别是翼缘厚度、腹板净高和腹板厚度。对轧制型截面,腹板净高不包括翼缘腹板过渡处圆弧段;对于箱形截面,b_0、t 分别为壁板间的距离和壁板厚度;D 为圆管截面外径。

3. 箱形截面梁及单向受弯的箱形截面柱,其腹板限值可根据 H 形截面腹板采用。

4. 腹板的宽厚比可通过设置加劲肋减小。

5. 当按国家标准《建筑抗震设计规范》(GB 50011—2010)第 9.2.14 条第 2 款的规定设计,且 S5 级截面的板件宽厚比小于 S4 级经 ε_σ 修正的板件宽厚比时,可归属为 S4 级截面。ε_σ 为应力修正因子,$\varepsilon_\sigma=\sqrt{f_y/\sigma_{\max}}$。

对于不直接承受动力荷载的固端梁、连续梁在板件的宽厚比及钢材的力学性质满足一定要求时，可采用塑性设计，详见规范。

对于冷弯型钢梁，《冷弯薄壁型钢结构技术规范》(GB 50018—2002)规定：当荷载通过截面剪心并与主轴 x 轴平行的受弯构件正应力计算公式为：

$$\sigma=\frac{M_{max}}{W_{enx}}\leqslant f \tag{6.2.17}$$

式中 M_{max}——对 x 轴的最大弯矩；

W_{enx}——对 x 轴较小的有效净截面模量，当截面全部有效时，即为净截面抵抗矩；

f——钢材的抗弯强度设计值。

6.2.2 剪应力

在主平面内受弯的实腹梁，除考虑腹板屈曲后强度者外，受截面上任一点的剪应力满足下式要求：

$$\tau=\frac{VS}{It_w}\leqslant f_v \tag{6.2.18}$$

式中 V——计算截面沿腹板平面作用的剪力设计值；

S——计算剪应力处以上(或以下)毛截面对中和轴的面积矩；

I——毛截面惯性矩；

t_w——腹板厚度；

f_v——钢材的抗剪强度设计值。

依剪切屈服条件，当梁截面剪应力 $\tau=f_{vy}=f_y/\sqrt{3}$ 时，即进入塑性，但试验表明，梁破坏时的极限剪应力可达 f_{vy} 的 1.2～1.6 倍，即受剪屈服后，也和受拉一样，还有较大的强度储备。

6.2.3 局部压应力

当梁上翼缘受到沿腹板平面作用的集中荷载，且该荷载处无支撑加劲肋时(图 6-7)，应计算腹板计算高度边缘的局部压应力。腹板计算高度边缘的局部压应力的实际分布如图 6-7(c)的曲线所示，在计算中假定压力 F 均匀分布在腹板计算高度边缘的 l_z 范围内，所以梁的局部压应力按下式计算：

$$\sigma_c=\frac{\psi F}{t_w l_z}\leqslant f \tag{6.2.19}$$

式中 F——集中荷载，对动力荷载应考虑动力系数(N)；

ψ——集中荷载增大系数，对重级工作制吊车梁，$\psi=1.35$，对其他梁，$\psi=1.0$；

l_z——集中荷载在腹板计算高度上边缘的假定分布长度，按下式计算。

跨中集中荷载宜采用简化计算公式：

$$l_z=3.25\sqrt[3]{\frac{I_R+I_f}{t_w}}$$

也可采用

$$l_z=a+5h_y+2h_R$$

式中　I_R——轨道绕自身形心轴的惯性矩(mm^4);

I_f——梁上翼缘绕翼缘中面的惯性矩(mm^4);

a——集中荷载沿梁跨度方向的实际支撑长度,当有吊车的轮压作用时,可取为50 mm;

h_y——自梁承载边缘到腹板计算高度边缘的距离,对焊接梁为上冀缘厚度,对轧制工字形截面梁,是梁顶面到腹板过渡完成点的距离;

h_R——轨道的高度,对梁顶无轨道的梁 $h_R=0$。

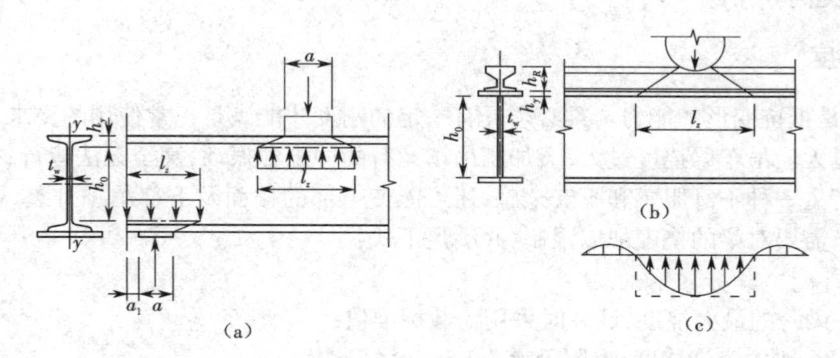

图6-7　局部压应力

(a)形式1;(b)形式2;(c)形式3

腹板计算高度 h_0取值为:对轧制型钢梁,为腹板与翼缘相接处内弧的起点位置;对焊接组合梁,为腹板与翼缘交界处。

集中荷载位置固定时(次梁传给主梁的集中力支座反力),一般需在荷载作用处设支撑加劲肋。支撑加劲肋对梁翼缘刨平顶紧或可靠连接时,可认为集中荷载通过支撑加劲肋传递,因而不必验算腹板的局部压应力。对于移动荷载,当验算不满足时,需加大腹板厚度。

如果在梁的支座处,不设置支座加劲肋时,也应按式(6.2.19)计算腹板计算高度下边缘的局部压应力,但 ψ 取1.0。

在进行梁的强度计算时,要注意计算截面、验算点以及设计强度的取值方法,强度设计值f应按计算点的钢材厚度选用,计算弯应力时f要由翼缘板厚度来确定,而计算折算应力时f要由腹板的厚度来确定。

6.2.4　折算应力

在焊接组合梁的腹板计算高度边缘处,若同时受有较大正应力、剪应力和局部压应力,或同时受有较大正应力和剪应力时,其折算应力 σ_{zs} 按下式计算:

$$\sigma_{zs}=\sqrt{\sigma^2+\sigma_c^2-\sigma\sigma_c+3\tau^2}\leqslant\beta_1 f \tag{6.2.20}$$

式中　σ、τ、σ_c——腹板计算高度边缘处同一点上产生的正应力、剪应力和局部压应力,τ 和 σ_c 应按式(6.2.18)和式(6.2.19)计算,σ 按下式计算:

$$\sigma=\frac{M}{I_n}y_1 \tag{6.2.21}$$

I_n——梁净截面惯性矩；

y_1——计算点至梁中和轴的距离；

σ、σ_c——以拉应力为正值，压应力为负值；

β_1——计算折算应力的强度设计值增大系数。

当 σ 与 σ_c 异号时，取 $\beta_1 = 1.2$；当 σ 与 σ_c 同号或 $\sigma_c = 0$ 时，取 $\beta = 1.1$，这是由于同号应力下其塑性变形能力更差些。系数 β_1 是考虑到折算应力的部位只是梁的局部区域，故将钢材的强度设计值提高 β_1 倍。

6.2.5 刚度

刚度就是抵抗变形的能力。梁必须具有一定的刚度才能满足正常使用的要求。刚度不足时，挠度会过大。吊车梁挠度过大，会加剧吊车运行的冲击和振动，甚至无法运行；平台梁挠度过大，使人产生一种不舒服感和不安全感，还可能使上部的楼面及下部吊顶开裂，影响结构的功能。因此，需要对梁的挠度加以限制，并满足下式：

$$v \leqslant [v] \tag{6.2.22}$$

式中 v——梁跨的最大挠度，计算时采用荷载标准值；

$[v]$——梁的容许挠度，查附录表 1-1。

挠度计算时，除了要控制受弯构件在全部荷载标准值下的最大挠度外，对承受较大可变荷载的受弯构件，还应保证其在可变荷载标准值下的最大挠度不超过相应的容许挠度值，以保证构件在正常使用时的工作性能。

【例 6-1】 单轴对称焊接截面，上翼缘 -300×20，下翼缘 -200×20，腹板 -1 000×10，钢材为 Q235-B，求强轴和弱轴方向的塑性抵抗矩，并与弹性抵抗矩比较。

解：(1)截面积

$$A = 30 \times 2 + 20 \times 2 + 100 \times 1 = 200(\text{cm}^2)$$

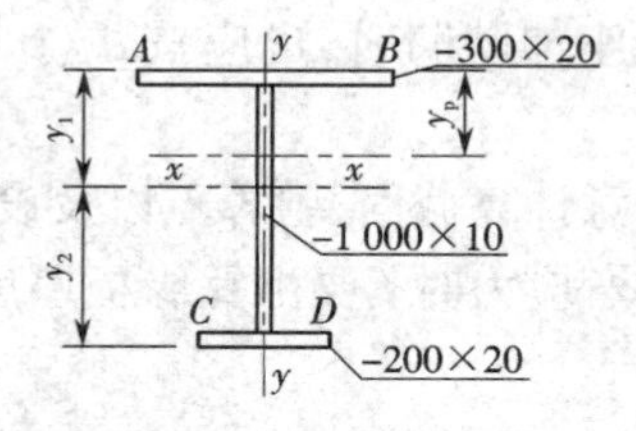

图 6-8 例 6-1 图

(2)求强轴方向的塑性抵抗矩

面积平分线距上翼缘最外纤维的距离 y_p 为：

$$y_p = \left(\frac{200}{2} - 30 \times 2\right) \div 1.0 + 2 = 42(\text{cm})$$

上下两侧对中和轴的面积矩：

$$S_{1n} = 30 \times 2 \times (42 - 1) + 40 \times 1 \times \left(\frac{42 - 2}{2}\right) = 3\ 260(\text{cm}^3)$$

$$S_{2n} = 20 \times 2 \times (104 - 42 - 1) + 60 \times 1 \times 60/2 = 4\ 240(\text{cm}^3)$$

塑性截面抵抗矩：

$$W_{pnx}=S_{1n}+S_{2n}=3\ 260+4\ 240=7\ 500(cm^3)$$

(3)求弱轴方向的塑性抵抗矩

因截面对弱轴对称,可直接计算对中和轴的面积矩之和。

$$W_{pny}=\frac{1}{4}\times 2\times 30^2+\frac{1}{4}\times 2\times 20^2+\frac{1}{4}\times 100\times 1^2=675(cm^3)$$

(4)计算对强、弱轴的弹性抵抗矩

x 轴距上、下翼缘最外纤维的距离分别为:

$$y_1=\frac{30\times 2\times 1+100\times 1\times 52+20\times 2\times 103}{200}=46.9(cm)$$

$$y_2=104-46.9=57.1\ cm$$

$$I_x=\frac{1}{12}\times 30\times 2^3+30\times 2\times(46.9-1)^2+\frac{1}{12}\times 20\times 2^3+20\times 2\times(57.1-1)^2+\frac{1}{12}\times 1\times 100^3+100\times 1\times(104/2-46.9)^2=338\ 264.7(cm^4)$$

$$I_y=\frac{1}{12}\times 2\times 30^3+\frac{1}{12}\times 2\times 20^3=5\ 833.3(cm^4)$$

对强轴的弹性抵抗矩

$$W_{x1}=\frac{337\ 264.7}{46.9}=7\ 212.5(cm^3)$$

$$W_{x2}=\frac{338\ 264.7}{57.1}=5\ 924.1(cm^3)$$

对弱轴的弹性抵抗矩

$$W_{yA}=W_{yB}=\frac{5\ 833.3}{30/2}=388.9(cm^3)$$

$$W_{yC}=W_{yD}=\frac{5\ 833.3}{20/2}=583.3\ (cm^3)$$

(5)两方向塑性抵抗矩与弹性抵抗矩的比较

$$\gamma_{px}=W_{pnx}/\min\{W_{x1},W_{x2}\}=7\ 500/5\ 924.1=1.27$$

$$\gamma_{py}=W_{pny}/\min\{W_{yA},W_{yC}\}=675/388.9=1.74$$

6.3 梁的扭转

梁在扭转荷载作用下,根据荷载和支撑条件不同,可分为自由扭转和约束扭转。

6.3.1 自由扭转

构件两端作用有大小相等、方向相反的扭矩,同时构件未受任何约束,因而截面上各点纤维在纵向均可自由伸缩,这种扭转称为自由扭转或圣维南(Saint-Venant)扭转。自由扭转的特点是截面上只有扭转引起的剪应力,而无正应力;沿杆件单位长度的扭转角 $d\varphi/dz$ 处处相等。

圆杆受扭矩 M_k时,各截面仍保持为平面,仅产生剪应力,剪应力分布为:

$$\tau=\frac{M_k\rho}{I_\rho} \tag{6.3.1}$$

式中 I_ρ——圆截面的极惯性矩;

ρ——剪应力计算点到截面圆心的距离。

非圆形截面杆件受扭时，如图 6-9 所示，原来为平面的横截面不再保持平面，产生翘曲变形，但各截面的翘曲变形相同，纵向纤维保持直线且长度保持不变。所谓翘曲变形，指杆件在扭矩作用下截面上各点沿杆轴方向产生了不同的纵向位移，截面不再为平面。

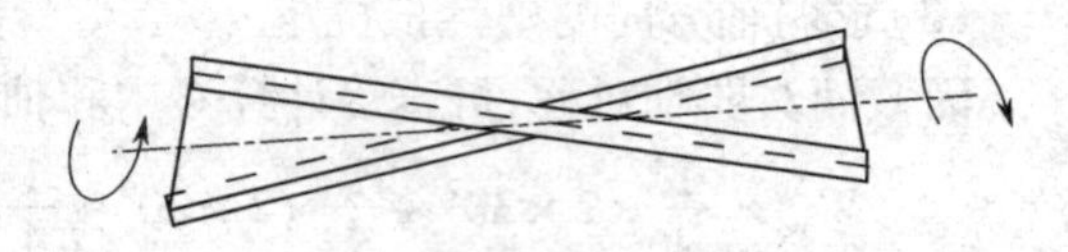

图 6-9　非圆形截面自由扭转

开口薄壁构件自由扭转时，截面上剪应力在板厚范围内形成一个封闭的剪力流，如图 6-10 所示。其方向与板厚中心线平行，大小沿板厚方向呈线形变化，在板件中心线为零，板件边缘最大，此时扭矩与单位扭转角的关系为：

$$M_{\mathrm{k}} = GI_{\mathrm{t}}\varphi' = GI_{\mathrm{t}}\frac{\mathrm{d}\varphi}{\mathrm{d}z} \tag{6.3.2}$$

式中　G——材料的剪切模量；

M_{k}——截面上的扭矩；

$\mathrm{d}\varphi/\mathrm{d}z$——单位长度的扭转角；

φ——截面的扭转角；

I_{t}——截面的扭转常数或扭转惯性矩。

对于长度为 b，宽度为 t 的狭长矩形截面，如图 6-11，扭转常数可以近似取为：

$$I_{\mathrm{t}} = \frac{1}{3}bt^3 \tag{6.3.3}$$

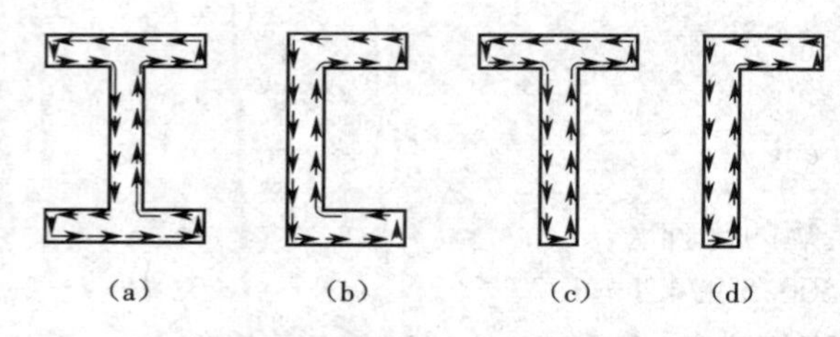

图 6-10　开口截面构件自由扭转时的剪力流

(a)工字形；(b)槽形；(c)T 形；(d)L 形

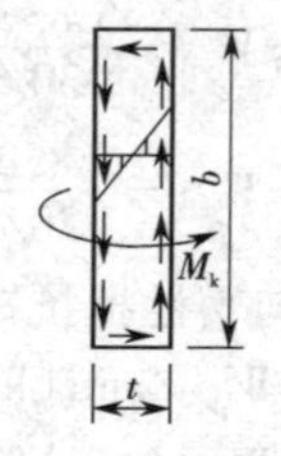

图 6-11　矩形截面扭转剪应力

钢结构构件常采用开口薄壁截面杆，如工字形、槽形、T 形等截面，它们可视为由若干狭长矩形截面组成，总的扭转常数可近似取诸板件的扭转常数之和。对于热轧型钢截面，由于其交接处有凸出部分截面，扭转常数有所提高，由实验表明，扭转常数可按下式进行修正：

$$I_{\mathrm{t}} = \frac{\eta}{3}\sum_{i=1}^{n} b_i t_i^3 \tag{6.3.4}$$

式中　b_i、t_i——表示第 i 块板件的长度和宽度；

n——组成截面的板件总数；

η——修正系数，对工字钢 $\eta = 1.25$，T 型钢 $\eta = 1.15$，槽钢 $\eta = 1.12$，角钢 $\eta = 1.0$，多块板件组成的焊接组合截面 $\eta = 1.0$。

板件的最大剪应力值为：

$$\tau_{max} = \frac{M_k t}{I_t} \tag{6.3.5}$$

式中 t 取诸板件中宽度最大者。

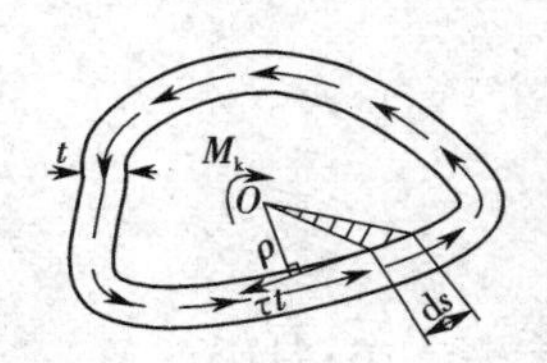

图 6-12　闭口截面的自由扭转

薄板组成的闭口截面构件自由扭转时(图 6-12),截面上剪应力的分布与开口截面完全不同,板件内的剪应力沿壁厚方向均匀分布,即横截面在一微元的 τt 为常数,方向为切线方向,则截面总扭转力矩为:

$$M_k = \oint \rho \tau t \mathrm{d}s = \tau t \oint \rho \mathrm{d}s$$

式中　ρ——截面形心至微段 ds 中心线的切线方向的垂直距离;

$\oint \rho \mathrm{d}s$——沿闭路曲线积分,为板件中心线所围成面积 A 的 2 倍。

闭口截面任一点的剪应力按下式计算:

$$\tau = \frac{M_k}{2At} \tag{6.3.6}$$

式中　A——闭口截面板件中心线所围面的面积。

由此可见,闭口截面比开口截面的抗扭能力大得多。

6.3.2　约束扭转

构件受扭转作用时,截面上各点纤维在纵向不能自由伸缩,即翘曲变形受到约束,这种扭转称为约束扭转或弯曲扭转,其特点是扭转不仅在截面上引起剪应力,还同时产生正应力。

在图 6-13(a)中,左端为固定端,右端为自由端的双轴对称工字形截面悬臂构件,在自由端作用一扭矩 M_T时,自由端可自由翘曲而固定端完全不能翘曲,因而翘曲变形受到约束,且中间各截面受到不同程度的约束。图 6-13(c)中,构件中央作用一扭矩 M,在其两端作用一对大小为 $M/2$,与中央截面方向相反的扭矩,此构件的中央截面因具有对称性完全不能翘曲。

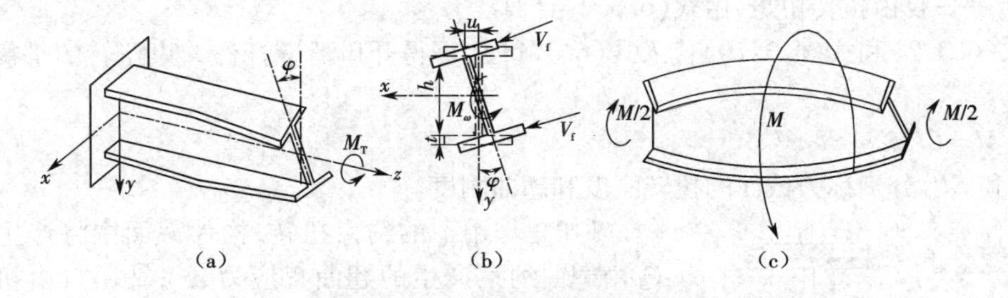

图 6-13　工字形截面梁的约束扭转

(a)荷载图示;(b)截面受力分析;(c)受力分析

在约束扭转中(6-13(a)),纵向纤维有伸长也有缩短,将不再保持直线而产生弯曲,如图 6-14 所示,工字形截面上、下翼缘产生了方向相反的侧向弯曲,由于侧向弯曲,在上、下翼缘将引起弯矩 M_f,从而产生纵向翘曲正应力,并伴随产生翘曲剪应力,翘曲剪应力绕剪心形成翘曲扭矩 M_ω。

以双轴对称工字形截面悬臂构件为例,推导翘曲扭矩 M_ω,如图 6-13(b)所示。

在扭矩 M 作用下，离固定端为 z 的截面上产生扭转角，由刚性周边假设（即在扭转前后截面的形状与垂直于构件轴线的截面投影的形状是相同的），上翼缘在 x 方向的位移为：

$$u=\frac{h}{2}\cdot\varphi \tag{6.3.7}$$

曲率为：

$$\frac{\mathrm{d}^2u}{\mathrm{d}z^2}=\frac{h}{2}\varphi''$$

将一个翼缘作为独立单元来考察，如图 6-14 所示，根据弯矩与曲率的关系，有

$$M_{\mathrm{f}}=-EI_1\frac{\mathrm{d}^2u}{\mathrm{d}z^2}=\frac{-h}{2}EI_1\varphi'' \tag{6.3.8}$$

式中 M_{f}——上翼缘的弯矩；

I_1——上翼缘对 y 轴的惯性矩。

再由图示的内力关系可知，上翼缘的水平剪力为：

$$V_{\mathrm{f}}=\frac{\mathrm{d}M_{\mathrm{f}}}{\mathrm{d}z}=-\frac{h}{2}EI_1\varphi''' \tag{6.3.9}$$

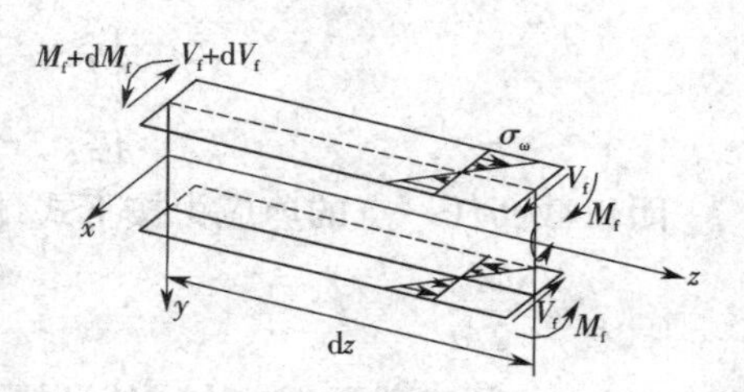

图 6-14 悬臂工字梁的约束上翼缘内分析

上、下翼缘的弯矩等值，从而两翼缘的剪力也等值反向，剪力的合力为零，但对剪心形成扭矩：

$$M_\omega=V_{\mathrm{f}}\cdot h=-EI_1\cdot\frac{h^2}{2}\varphi''=-EI_\omega\cdot\varphi'' \tag{6.3.10}$$

式中 I_ω——翘曲常数或扇性惯性矩，单位是长度的六次方，是截面的一种几何性质，双轴对称工字形有 $I_\omega=I_1\cdot\frac{h^2}{2}=I_y\cdot\frac{h^4}{4}$，其他截面形式的 I_ω 可查手册。

构件受约束扭转时，外扭矩 M 将由截面上的自由扭转扭矩 M_{k} 和翘曲扭矩 M_ω 共同平衡，即

$$M=M_{\mathrm{k}}+M_\omega \tag{6.3.11}$$

式中 M_{k}——自由扭转扭矩，由式(6.3.2)计算。

将式(6.3.2)和式(6.3.10)代入式(6.3.11)，可得开口薄壁杆件约束扭转的平衡微分方程：

$$M=GI_{\mathrm{t}}\varphi'-EI_\omega\varphi''' \tag{6.3.12}$$

式中，GI_{t} 和 EI_ω 分别称为截面的扭转刚度和翘曲刚度。

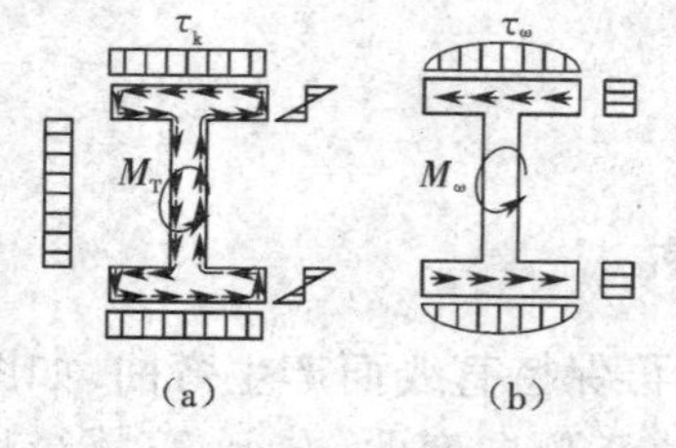

图 6-15 工字形截面约束扭转剪应力分布

(a)τ_{k} 分布；(b)τ_{w} 分布

在外扭矩作用下的约束扭转，构件截面中将产生 3 种应力：①由翘曲约束产生的翘曲正应力 σ_ω；②由自由扭转扭矩 M_{k} 产生的剪应力 τ_{k}；③由翘曲扭矩 M_ω 产生的翘曲剪应力 τ_ω。对于工字形截面，约束扭转的剪应力如图 6-15。

对于双轴对称工字形截面，其翘曲正应力 σ_ω 按下式计算：

$$\sigma_\omega=\frac{M_{\mathrm{f}}\cdot x}{I_1}=\frac{1}{2}Eh\varphi''\cdot x \tag{6.3.13}$$

其翘曲剪应力：

$$\tau_{\omega}=\frac{V_{f}\cdot S_{1}}{I_{1}t}=\frac{Eh\varphi'''\cdot S_{1}}{2t} \tag{6.3.14}$$

式中　S_1——翼缘计算剪应力处以左(或以右)对 y 轴的面积矩。

6.4　梁的整体稳定

在一个主平面内受弯曲的梁,为提高梁的抗弯承载力,节省钢材,其截面常设计成高而窄的形式,这样就导致其侧向抗弯刚度、抗扭刚度较小。如图6-16所示的工字形截面梁,两端作用弯矩 M_x,则梁在最大刚度平面(yOz 平面)受弯,当荷载较小时,梁的弯曲平衡状态是稳定的。虽然外界各种因素会使梁产生微小的侧向弯曲和扭转变形,但外界影响消失后,梁仍能恢复到原来的弯曲平衡状态。然而,当荷载增大到某一数值后,梁突然发生侧向弯曲(绕弱轴的弯曲)和扭转,并丧失继续承载的能力,这种现象称为梁丧失整体稳定或梁的弯扭屈曲。梁维持其稳定状态所能承担的最大荷载或最大弯矩,称为临界荷载或临界弯矩。

梁的受压翼缘类似于轴心受压杆,若无腹板的牵制,本应绕自身的弱轴(图6-16(b)中1—1轴)屈曲,但由于腹板对翼缘提供了连续的支撑作用,使得这一方向的刚度提高较大,不能发生此方向的屈曲,于是受压翼缘只可能在更大压力作用下绕其强轴(2—2轴)屈曲,发生翼缘平面内屈曲。当受压翼缘屈曲时,受压翼缘产生了侧向位移,而受拉翼缘却力图保持原来状态的稳定,致使梁截面在产生侧向弯曲的同时伴随着扭转变形。

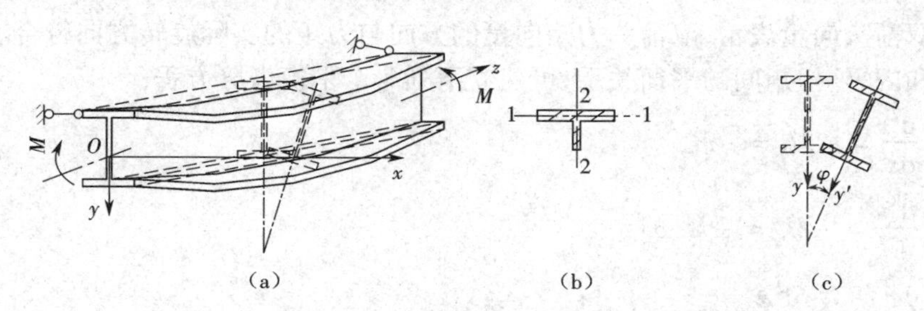

图6-16　梁的整体稳形态

(a)整体位移;(b)受压翼缘;(c)截面位移

6.4.1　梁整体稳定的基本理论

现以一两端简支双轴对称工字形等截面梁,两端作用弯矩 M_x 为例进行分析,如图6-17所示。这里的简支约束是指梁的两端只能绕 x、y 轴转动,不能绕 z 轴转动,即只能自由翘曲而不能扭转。根据梁到达临界状态发生微小侧向弯曲和扭转变形后的状态建立平衡微分方程,设固定坐标系 $Oxyz$,临界状态时距端点为 z 处的横截面形心沿 x、y 轴的位移分别为 u、v,截面的扭转角为 φ,以右手螺旋方向旋转为正。把变形后截面的两个主轴方向和构件纵轴切线方向分别记为 ξ、η、ζ,ζ 轴与 z 轴间的夹角为 θ。在整体稳定分析时,假定梁无初弯曲、初扭转及残余应力,把梁作为理想的无初始缺陷的梁处理。并假定发生小变形,可令 $\sin\varphi=\varphi$,$\cos\varphi=1$,$\sin\theta=\theta=\frac{du}{dz}$,$\cos\theta=1$,则可认为在平面 $\xi O'\zeta$ 和 $\eta O'\zeta$ 的曲率近似为$\frac{d^2u}{dz^2}$和$\frac{d^2v}{dz^2}$。M 在 ξ、η、ζ 轴的分量为:

$$M_{\xi}=M_x\cos\theta\cos\varphi\approx M_x \tag{6.4.1}$$

$$M_{\eta}=M_x\cos\theta\sin\varphi\approx M_x\varphi \tag{6.4.2}$$

$$M_{\zeta}=M_x\sin\theta\approx M_x\frac{\mathrm{d}u}{\mathrm{d}z} \tag{6.4.3}$$

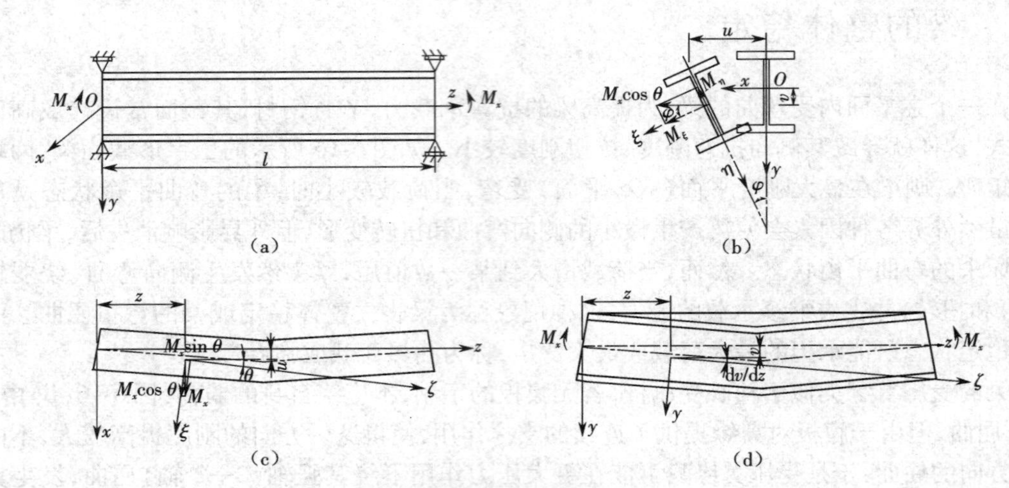

图 6-17 梁整体失稳时变形状态

(a)荷载图示;(b)截面受力分析;(c)x 向变形分析;(d)y 向变形分析

弯矩用双箭头向量表示,双箭头力矩向量的方向与力矩的实际旋转方向符合右手规则,由弯矩与曲率和内、外扭矩间的平衡关系,可建立下列 3 个平衡微分方程:

$$EI_x\frac{\mathrm{d}^2v}{\mathrm{d}z^2}=-M_{\zeta}=-M_x \tag{6.4.4}$$

$$EI_y\frac{\mathrm{d}^2u}{\mathrm{d}z^2}=-M_{\eta}=-M_x\varphi \tag{6.4.5}$$

$$GI_{\mathrm{t}}\frac{\mathrm{d}\varphi}{\mathrm{d}z}-EI_{\omega}\frac{\mathrm{d}^3\varphi}{\mathrm{d}z^3}=M_{\zeta}=M_x\frac{\mathrm{d}u}{\mathrm{d}z} \tag{6.4.6}$$

式(6.4.4)表示梁竖向弯曲变形与外荷载的微分关系,仅是竖向位移 v 的方程,与梁的整体失稳无关。式(6.4.5)和式(6.4.6)中都含有未知量 φ、u,它们均与梁的整体失稳有关,需联立这两个方程组,再由边界条件确定相应的系数,求得梁失稳时的临界弯矩。

将式(6.4.6)微分一次,与式(6.4.5)联立消去$\dfrac{\mathrm{d}^2u}{\mathrm{d}z^2}$得:

$$EI_{\omega}\frac{\mathrm{d}^4\varphi}{\mathrm{d}z^4}-GI_{\mathrm{t}}\frac{\mathrm{d}^2\varphi}{\mathrm{d}z^2}-\frac{M_x^2}{EI_y}\varphi=0 \tag{6.4.7}$$

$$\lambda_1=\frac{GI_{\mathrm{t}}}{EI_{\omega}} \tag{a}$$

$$\lambda_2=\frac{M_x^2}{E^2I_yI_{\omega}} \tag{b}$$

$$\alpha_1=\sqrt{\frac{\lambda_1+\sqrt{\lambda_1^2+4\lambda_2}}{2}} \tag{c}$$

$$\alpha_2 = \sqrt{\frac{-\lambda_1 + \sqrt{\lambda_1^2 + 4\lambda_2}}{2}} \tag{d}$$

方程(6.4.7)的通解为：

$$\varphi = C_1 e^{\alpha_1 z} + C_2 e^{-\alpha_1 z} + C_3 \sin \alpha_2 z + C_4 \cos \alpha_2 z \tag{e}$$

根据简支约束的边界条件，即扭转角为零，约束扭矩为零，即：

$$\begin{cases} z = 0 : \varphi = 0, \dfrac{d^2\varphi}{dz^2} = 0 \\ z = l : \varphi = 0, \dfrac{d^2\varphi}{dz^2} = 0 \end{cases} \tag{f}$$

得到关于 $C_1 \sim C_4$ 的齐次方程，令其系数行列式为零，可得 $C_1 = C_2 = C_4 = 0$，通解(e)可写成：

$$\varphi = C_3 \sin \frac{n\pi z}{l} \tag{g}$$

将式(g)代入(6.4.7)，得：

$$\left[EI_\omega \left(\frac{n\pi}{l} \right)^4 + GI_t \left(\frac{n\pi}{l} \right) - \frac{M_x^2}{EI_y} \right] C_3 \sin \frac{n\pi z}{l} = 0 \tag{h}$$

要使上式对任意 z 值都成立，且 $C_3 \neq 0$，必须是

$$EI_\omega \left(\frac{n\pi}{l} \right)^4 + GI_t \left(\frac{n\pi}{l} \right)^2 - \frac{M_x^2}{EI_y} = 0 \tag{i}$$

当 $n = 1$ 时，可得双轴对称工字形截面简支梁在纯弯曲时的最小临界弯矩：

$$M_{cr} = \frac{\pi^2 EI_y}{l^2} \sqrt{\frac{I_\omega}{I_y} \left(1 + \frac{GI_t l^2}{\pi^2 EI_\omega} \right)} \tag{6.4.8}$$

对于单轴对称截面（截面仅对称于 y 轴，见图 6-18），受一般荷载（包括横向荷载和端弯矩）的简支梁的弯扭屈曲临界弯矩的一般表达式为：

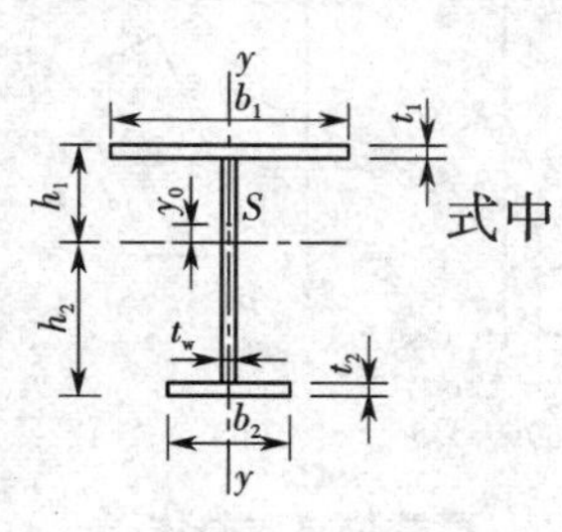

图 6-18　单轴对称截面

$$M_{cr} = c_1 \frac{\pi^2 EI_y}{l^2} \left[c_2 a + c_3 b + \sqrt{(c_2 a + c_3 b)^2 + \frac{I_\omega}{I_y} \left(1 + \frac{GI_t l^2}{\pi^2 EI_\omega} \right)} \right] \tag{6.4.9}$$

式中　a——横向荷载作用点至截面剪心的距离，当荷载作用在剪心以下为正，反之为负；

b——反映截面不对称的程度，双轴对称截面 $b = 0$，其他

$$b = \frac{1}{2I_x} \int_A y(x^2 + y^2) dA - y_0 \tag{6.4.10}$$

y_0——剪心至形心的距离，当剪心在形心之下为正，反之为负；

$$y_0 = \frac{I_2 h_2 - I_1 h_1}{I_y}$$

c_1、c_2、c_3——与荷载类型有关的系数，见表 6-2；

I_1 和 I_2——受压翼缘和受拉翼缘对弱轴（y 轴）的惯性矩。

h_1 和 h_2——受压翼缘和受拉翼缘形心至整个截面形心的距离。

表 6-2 c_1、c_2、c_3取值表

荷载类型	c_1	c_2	c_3
跨度中点集中荷载	1.35	0.55	0.40
满跨均布荷载	1.13	0.46	0.53
纯弯曲	1.0	0	1.0

6.4.2 影响梁整体稳定的主要因素

1. 截面刚度

从式(6.4.9)可知,截面的侧向抗弯刚度 EI_y、抗扭刚度 GI_t、翘曲刚度 EI_ω 愈大,则临界弯矩 M_{cr}愈大。增大梁的侧向抗弯刚度比增大抗扭刚度和翘曲刚度对提高 M_{cr}更为明显。另外,由(6.4.10)可知:式中第一项数值较小,可忽略,则 $b \approx -y_0$,加强受压翼缘的工字形截面,y_0为负值,b 为正值,故加强受压翼缘是提高梁的整体稳定的最有效的方法。

2. 受压翼缘的自由长度 l

式(6.4.9)中的长度 l 是受压翼缘的侧向自由长度,常记为 l_1。对跨中无侧向支撑点的梁,l_1为其跨度;对跨中有支撑点的梁,l_1取为其受压翼缘侧向支撑点间的距离(梁支座处视为有侧向支撑)。减小 l_1可显著提高 M_{cr},因此可在梁的受压翼缘处增设可靠的侧向支撑以提高梁的整体稳定性。

3. 支撑状况

式(6.4.8)和式(6.4.9)是从简支支座推得的,因此实际结构,在支座处应采取相应的构造措施防止梁端截面的扭转,否则梁的整体稳定性会降低。

4. 荷载的作用位置

横向荷载作用在上翼缘(图 6-19(a)),当梁发生扭转时,荷载会使扭转加剧,降低梁的临界荷载;如果作用于梁的下翼缘(图 6-19(b)),当梁发生扭转时,荷载会减缓扭转效应,从而提高梁的整体稳定。另外,从式(6.4.9)可知:当荷载作用位置在剪心之上,a 为负值,M_{cr}将降低;反之,荷载作用位置在剪心之下,a 为正值,M_{cr}将提高。

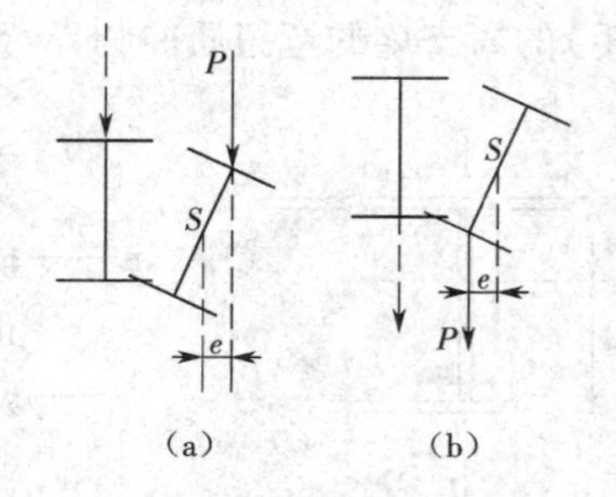

图 6-19 荷载位置对整体稳定的影响

(a)上翼缘(压);(b)下翼缘(拉)

5. 荷载类型

当梁受纯弯曲时,其弯矩图为矩形,梁中所有截面的弯矩都相等,受压翼缘上的压应力沿梁长不变,故临界弯矩最小。而跨中受集中荷载时,其弯矩图呈三角形,靠近支座处弯矩很小,对跨中截面有较大的约束作用,从而提高了梁的稳定性。

6.4.3 梁的整体稳定系数

双轴对称工字形等截面简支梁,在纯弯曲作用下,式(6.4.9)等同于式(6.4.8),式(6.4.8)可改写为:

$$M_{cr}=\frac{\pi^2 EI_y}{l^2}\sqrt{\frac{I_\omega}{I_y}+\frac{GI_t l^2}{\pi^2 EI_y}} \tag{6.4.11}$$

为简化计算，现引用：

$$I_t=\frac{1.25}{3}\sum b_i t_i^3\approx\frac{1}{3}At_1^2$$

$$I_\omega=\frac{I_y h^2}{4}$$

式中　A——梁的毛截面面积；

t_1——梁受压翼缘板的厚度；

h——梁截面总高度。

将 $E=2.06\times10^5\ \text{N/mm}^2$ 及 $E/G=2.6$ 代入式(6.4.11)，得：

$$M_{cr}=\frac{10.17\times10^5}{\lambda_y^2}Ah\sqrt{1+\left(\frac{\lambda_y t_1}{4.4h}\right)^2} \tag{6.4.12}$$

为保证梁在最大刚度平面内受弯矩 M_x 作用时，不发生整体失稳，应使梁中的最大压应力不大于临界弯矩产生的临界应力 σ_{cr}，并考虑抗力分项系数后，有：

$$\sigma\leqslant\frac{\sigma_{cr}}{\gamma_R}=\frac{\sigma_{cr}}{f_y}\cdot\frac{f_y}{\gamma_R}=\varphi_b\cdot f$$

令梁的整体稳定系数

$$\varphi_b=\frac{\sigma_{cr}}{f_y}=\frac{M_{cr}}{W_x f_y} \tag{6.4.13}$$

将式(6.4.12)代入式(6.4.13)，并取 $f_y=235\ \text{N/mm}^2$，得：

$$\varphi_b=\frac{4\,320Ah}{\lambda_y^2 W_x}\sqrt{1+\left(\frac{\lambda_y t_1}{4.4h}\right)^2} \tag{6.4.14}$$

上式只适用于纯弯曲情况，对于其他荷载情况，本应按式(6.4.9)计算 M_{cr}，再由式(6.4.13)计算梁的整体稳定系数 φ_b，但这样计算很繁。为了方便设计，对于常见的截面尺寸及荷载条件，通过大量电算及试验结果统计分析，得出了不同荷载作用下的稳定系数与纯弯曲作用下稳定系数的比值 β_b。另外，对于单轴对称工字形截面，引入了截面不对称影响系数 η_b，考虑其对临界弯矩的影响。现行规范中的梁整体稳定系数 φ_b 的计算式如下。

①等截面焊接工字形和轧制 H 型钢简支梁整体稳定系数 φ_b 按下式计算：

$$\varphi_b=\beta_b\frac{4\,320Ah}{\lambda_y^2 W_x}\left[\sqrt{1+\left(\frac{\lambda_y t_1}{4.4h}\right)^2}+\eta_b\right]\frac{235}{f_y} \tag{6.4.15}$$

式中　β_b——梁整体稳定的等效临界弯矩系数，按附录表 2-1 采用。

λ_y——梁在侧向支撑点间对截面弱轴 y—y 的长细比，$\lambda_y=l_1/i_y$，i_y 为梁毛截面对 y 轴的截面回转半径。

l_1——梁受压冀缘侧向支撑点之间的距离。

A——梁的毛截面面积。

h、t_1——梁截面的全高和受压翼缘厚度。

η_b——截面不对称影响系数。对双轴对称截面(附录图 2.1(a)、(d))，$\eta_b=0$；对单轴对称工字形截面(附录图 2.1(b)、(c))，加强受压翼缘 $\eta_b=0.8(2\alpha_b-1)$，加强

受拉翼缘 $\eta_b = 2\alpha_b - 1$。$\alpha_b = \dfrac{I_1}{I_1 + I_2}$，$I_1$ 和 I_2 分别为受压翼缘和受拉翼缘对 y 轴的惯性矩。

上述 φ_b 的计算理论基础是梁的弹性稳定理论，即要求梁整体失稳前，梁一直处于弹性工作阶段，采用了弹性时的参数，如弹性模量 E 和剪切模量 G，只有当临界应力 σ_{cr} 不超过比例极限时才适用。对于自由长度较短的梁，整体失稳时往往进入了弹塑性工作阶段，塑性区采用变形模量，因而其临界应力要比按弹性工作阶段计算的明显要小。此外，实际构件中都存在着残余应力，它使截面提前出现塑性区，因而规范规定：按式(6.4.15)计算的 $\varphi_b > 0.6$ 时，应对 φ_b 按式(6.4.16)进行修正，用 φ'_b 代替 φ_b。

$$\varphi'_b = 1.07 - \frac{0.282}{\varphi_b} \leqslant 1.0 \tag{6.4.16}$$

②轧制普通工字钢简支梁，其 φ_b 值可由附录表 2-2 查得。轧制槽钢简支梁、双轴对称工字形等截面(含 H 型钢)悬臂梁的 φ_b 均可按附录表 2-3 计算。此时，若 $\varphi_b > 0.6$，仍须按式(6.4.16)进行修正。

6.4.4 梁整体稳定计算

如果能阻止梁的受压翼缘产生侧向位移，梁就不会丧失整体稳定；或者使梁的整体临界弯矩高于或接近于梁的屈服弯矩时，可只验算梁的抗弯强度而不需验算梁的整体稳定。因此，规范规定，符合下列任一情况时，都不必计算梁的整体稳定性。

①有铺板(各种钢筋混凝土板和钢板)密铺在梁的受压翼缘上并与其牢固相连，能阻止梁受压翼缘的侧向位移时。

②H 型钢或等截面工字形简支梁受压翼缘的自由长度 l_1 与其宽度 b_1 之比不超过表 6-3 所规定的数值时。

③对箱形截面简支梁，若不符合上述第一条能阻止梁侧向位移的条件时，其截面尺寸(图 6-20)满足 $h/b_0 \leqslant 6$，且 $l_1/b_0 \leqslant 95(235/f_y)$ 时，可不计算梁的整体稳定性。通常，实际工程中的箱形截面很容易满足本条规定的 h/b_0 和 l_1/b_0 值。

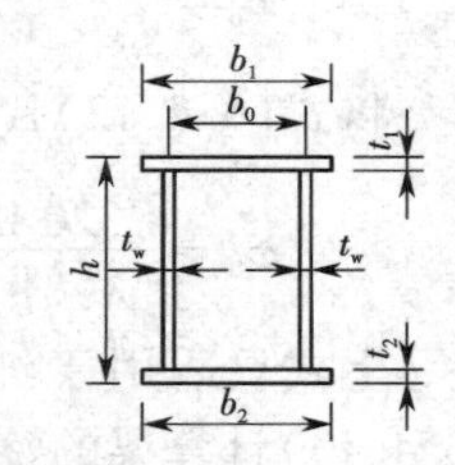

图 6-20 箱形截面

表 6-3 H 型钢或等截面工字形简支梁不需计算整体稳定性的最大 l_1/b_1 值

钢号	跨中无侧向支撑点的梁		跨中受压翼缘有侧向支撑点的梁(无论荷载作用于何处)
	荷载作用在上翼缘	荷载作用在下翼缘	
Q235	13.0	20.0	16.0
Q345	10.5	16.5	13.0
Q390	10.0	15.5	12.5
Q420	9.5	15.0	12.0

注：其他钢号的梁不需计算整体稳定性的最大 l_1/b_1 值，应取 Q235 钢的数值乘以 $\sqrt{235/f_y}$。

当不满足上述条件时，需进行整体稳定性计算。

①在最大刚度主平面内受弯的构件，其整体稳定性应按下式计算：

$$\frac{M_x}{\varphi_b W_x f} \leqslant 1.0 \tag{6.4.17}$$

式中　M_x——绕强轴作用的最大弯矩；

W_x——对 x 轴和 y 轴的净截面模量，当截面板件宽厚比等级为 S1 级、S2 级、S3 级或 S4 级时，应取全截面模量，当截面板件宽厚比等级为 S5 级时，应取有效截面模量，均匀受压翼缘有效外伸宽度可取 $15\varepsilon_k$，腹板有效截面可按 6.2.1 节的规定采用（mm^2）；

φ_b——梁的整体稳定性系数，按附录表 2-2 确定。

②在两个主平面受弯的 H 型钢截面或工字形截面构件，其稳定性应按下式计算：

$$\frac{M_x}{\varphi_b W_x f} + \frac{M_y}{\gamma_y W_y f} \leqslant 1.0 \tag{6.4.18}$$

式中　W_x、W_y——按受压纤维确定的对 x 轴和对 y 轴的毛截面模量；

φ_b——绕强轴弯曲所确定的梁整体稳定系数。

要提高梁的整体稳定性，较经济合理的方法是设置侧向支撑，减少梁受压翼缘的自由长度，此时可将梁的受压翼缘看做一根轴心受压杆，按第 5 章的方法计算支撑力。

式（6.4.18）是一个经验公式，式中 γ_y 是绕弱轴的截面塑性发展系数，它并不意味绕弱轴弯曲容许出现塑性，而是用来适当降低第二项的影响。

【例 6-2】　验算单轴对称等截面简支梁承受双向弯曲时的整体稳定性和弯应力强度。已知：计算跨度 $l=5$ m，跨中无侧向支撑点，均布荷载作用在上翼缘。按荷载设计值计算的最大弯矩为：$M_x=250$ kN·m，$M_y=50$ kN·m，钢材为 Q235-B，截面尺寸同例 6-1，见图 6-21。

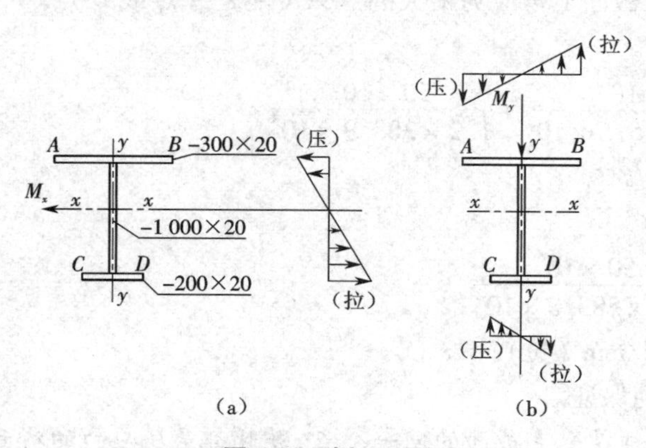

图 6-21　例 6-2 图

（a）弯矩 M_x 作用下弯应力分布；（b）弯矩 M_y 作用下弯应力分布

解：因 $l_1/b_1=\dfrac{5\ 000}{300}=16.17>13$，故须按式（6.4.18）验算整体稳定。

$$\xi=\frac{l_1 t_1}{b_1 h}=\frac{500\times 2}{30\times 104}=0.320<2.0$$

等效弯矩系数：

$$\beta_b=0.69+0.13\xi=0.69+0.13\times 0.320=0.732$$

由例 6-1 可知：

$$A=200\ \text{cm}^2$$

$$I_y=5\ 833.3\ \text{cm}^4$$

$$W_x=W_{x1}=7\ 212.5\ \text{cm}^3$$

$$i_y=\sqrt{I_y/A}=\sqrt{\frac{5\ 833.3}{200}}=5.40(\text{cm})$$

$$\lambda_y = l_1/i_y = 500/5.40 = 92.59$$

$$I_1 = \frac{1}{12}\times 2\times 30^3 = 4\ 500(\text{cm}^4)$$

$$I_2 = \frac{1}{12}\times 2\times 20^3 = 1\ 333.3(\text{cm}^4)$$

$$\alpha_b = \frac{I_1}{I_1+I_2} = \frac{4\ 500}{4\ 500+1\ 333.3} = 0.771 < 0.8$$

$$\eta_b = 0.8(2\alpha_b - 1) = 0.8\times(2\times 0.771-1) = 0.434$$

代入式(6.4.15)得:

$$\varphi_b = 0.732\times\frac{4\ 320}{92.59^2}\times\frac{200\times 104}{7\ 212.5}\left[\sqrt{1+\left(\frac{92.59\times 2}{4.4\times 104}\right)^2}+0.434\right] = 1.609 > 0.6$$

由式(6.4.16)修正,可得:

$$\varphi_b' = 1.07 - \frac{0.282}{\varphi_b} = 0.895$$

整体稳定性校验:

$$\frac{M_x}{\varphi_b' W_x} + \frac{M_y}{\gamma_y W_y} = \frac{250\times 10^6}{0.895\times 7\ 212.5\times 10^3} + \frac{50\times 10^6}{1.2\times 388.9\times 10^3}$$

$$= 145.9\ \text{N/mm}^2 < f = 205\ \text{N/mm}^2$$

弯应力强度:在弯矩 M_x 作用下,弯应力分布如图 6-21(a),假设弯矩 M_y 方向如图 6-21(b),并给出了弯矩应力分布。由分析可知,截面上弯应力最大的点只可能是 A 点或 D 点。

在 A 点

$$\sigma_{\max A} = \frac{M_x}{\gamma_x W_{nx}} + \frac{M_y}{\gamma_y W_{ny}} = \frac{250\times 10^6}{1.05\times 7\ 215.5\times 10^3} + \frac{50\times 10^6}{1.2\times 388.9\times 10^3}$$

$$= 140.2(\text{N/mm}^2) < f(\text{压})$$

在 D 点

$$\sigma_{\max D} = \frac{250\times 10^6}{1.05\times 5\ 924.1\times 10^3} + \frac{50\times 10^6}{1.2\times 583.3\times 10^3}$$

$$= 111.6(\text{N/mm}^2) < f = 205\ \text{N/mm}^2(\text{拉})$$

故梁的整体稳定和弯应力强度可以得到保证。

注:在梁整体稳定性验算时,W_x 和 W_y 必须是取毛截面的同一个点,并且都是压应力的截面抵抗矩;而在强度验算时,W_{nx} 和 W_{ny} 是取截面的同一个点,且在双向弯曲作用下为同号的净截面抵抗矩(即同为拉应力或同为压应力)。

【例 6-3】 有一简支梁,焊接工字形截面,跨度中点及两端都设有侧向支撑,可变荷载标准值及梁截面尺寸如图 6-22 所示,荷载作用于梁的上翼缘。设梁的自重为 1.1 kN/m,材料为 Q235-B,试计算此梁的整体稳定性。

解:梁受压翼缘自由长度 $l_1 = 5\ \text{m}$,$l_1/b_1 = \frac{500}{25} = 20 > 16$,故须计算梁的整体稳定。

梁截面几何特征:

$$A = 110\ \text{cm}^2$$

$$I_x = 1.775\times 10^5\ \text{cm}^4$$

$$I_y = 2\ 604.2\ \text{cm}^4$$

$$W_x = I_x/h = I_x/51 = 3\ 481\ \text{cm}^3$$

梁的最大弯矩设计值为：

$$M_{\max} = \frac{1}{8} \times (1.2 \times 1.1) \times 10^2 + 1.4 \times 80 \times 2.5 + 1.4 \times \frac{1}{2} \times 100 \times 5 = 646.5(\text{kN} \cdot \text{m})$$

（式中 1.2 和 1.4 分别为永久荷载和可变荷载的分项系数）

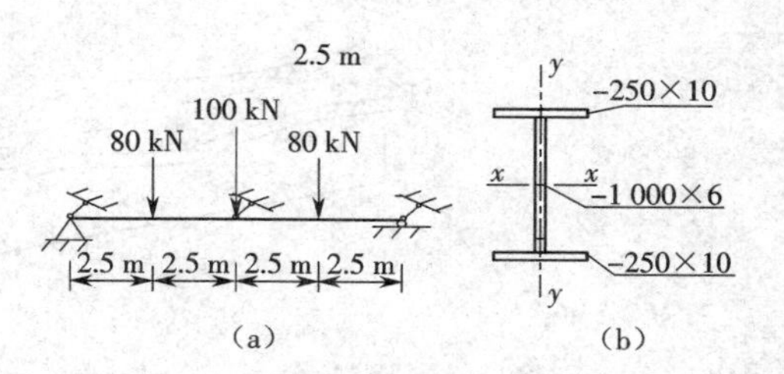

图 6-22　例 6-3 图

(a)荷载图示；(b)截面形式

由附录表 2-1 可知，β_b 应该为表中项次 5 均布荷载作用在上翼缘一栏的值。

$$\beta_b = 1.15$$

$$i_y = \sqrt{I_y/A} = \sqrt{2\ 604.2/110} = 4.87\ \text{cm}$$

$$\lambda_y = \frac{500}{4.87} = 102.7$$

$$\eta_b = 0(\text{对称截面})$$

代入式(6.4.15)得：

$$\varphi_b = 1.15 \times \frac{4\ 320}{102.7^2} \times \frac{110 \times 102}{3\ 481}\left[\sqrt{1 + \left(\frac{102.7 \times 1}{4.4 \times 102}\right)^2} + 0\right]\frac{235}{235} = 1.55 > 0.6$$

由式(6.4.16)修正，可得：

$$\varphi_b' = 1.07 - \frac{0.282}{\varphi_b} = 0.888$$

因此

$$\frac{M_x}{\varphi_b' W_x} = \frac{646.5 \times 10^6}{0.888 \times 3\ 481 \times 10^3} = 209(\text{N/mm}^2) < 215\ \text{N/mm}^2$$

故梁的整体稳定可以保证。

6.5　梁的局部稳定和加劲肋的设计

在进行梁截面设计时，为了节省材料，宜尽可能选用宽而薄的板件组成的截面，以使截面开展。这样用同样的总截面面积就能获得较大的抗弯模量和抗扭惯性矩，从而提高梁的抗弯承载力、刚度和整体稳定性。但是，如果板件过于宽薄，受压翼缘或腹板会在梁发生强度破坏或丧失整体稳定之前，由于板中的压应力或剪应力达到某一数值后，板面可能突然偏离其原来的平面位置而发生显著的波形鼓曲（如图 6-23），这种现象称为梁丧失局部稳定。

当梁发生局部失稳时，虽然整根梁不会立即丧失承载能力，屈曲后还有巨大承载能力，但板件局部屈曲部分退出工作，截面的弯曲中心偏离荷载的作用平面，使梁的刚度减小，强度和整体稳定性降低，以致梁中的失稳板件出现明显的变形，不利于继续使用，或梁发生扭转而提早丧失整体稳定。因此，梁的腹板和翼缘不能过于宽薄，否则须采取适当措施防止局部失稳。

热轧型钢梁由于其翼缘和腹板宽厚比较小，都能满足局部稳定要求，不需要进行验算。对冷弯薄壁型钢梁的受压或受弯板件，宽厚比不超过规定的限制时，认为板件全部有效；当超过

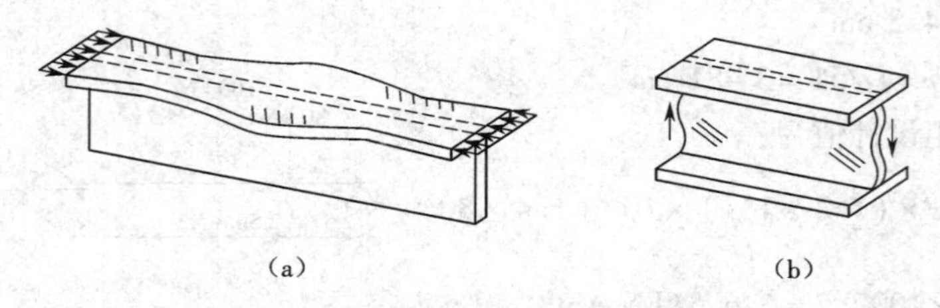

图 6-23 梁失去局部稳定情况

(a)翼缘失稳;(b)腹板失稳

此限制时,则只考虑一部分宽度有效,按《冷弯薄壁型钢结构技术规范》规定计算。这里只分析组合梁的局部稳定问题。

6.5.1 矩形薄板的屈曲

薄板是指板厚 t 与板宽 b 之比小于$\frac{1}{5}$的板。薄板的屈曲通常是在薄板中面内的法向压应力、剪应力或两者共同作用下发生的。所谓"中面"是指等分薄板厚度的平面。图 6-24 所示为四边简支板受纵向均布压力作用,根据薄板小挠度理论,建立板中面的屈曲平衡方程为:

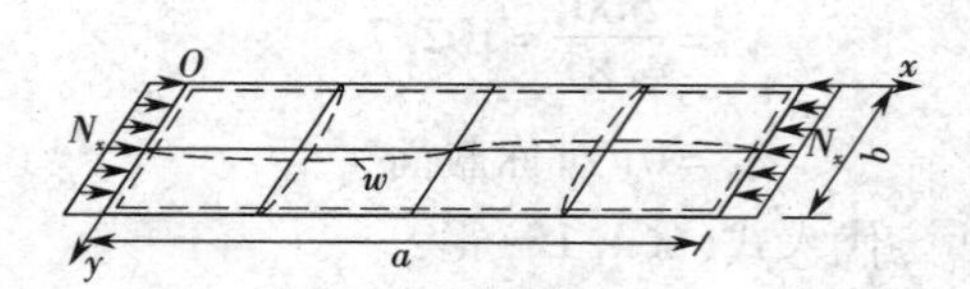

图 6-24 四边简支的均匀受压板屈曲

$$D\left(\frac{\partial^4 w}{\partial x^4}+2\frac{\partial^4 w}{\partial x^2\partial y^2}+\frac{\partial^4 w}{\partial y^4}\right)+N_x\frac{\partial^2 w}{\partial x^2}=0 \tag{6.5.1}$$

式中 D——板单位宽度的抗弯刚度,$D=\frac{Et^3}{12(1-\nu^2)}$,其中 t 为板厚,ν 为钢材的泊松比;

w——板的挠度;

N_x——板单位宽度所承受的均匀压力。

对于四边简支板,其边界条件是板边缘的挠度和弯矩为零,板的挠度可用下式表示:

$$w=\sum_{m=1}^{\infty}\sum_{n=1}^{\infty}A_{\min}\sin\frac{m\pi x}{a}\sin\frac{n\pi y}{b}$$

式中 m、n——薄板在 x 方向与 y 方向的屈曲半波数;

a、b——受压方向的长度和宽度。

将此式代入式(6.5.1),可得板的临界压力 N_{crx} 为:

$$N_{\mathrm{crx}}=\frac{\pi^2 D}{b^2}\left(\frac{mb}{a}+\frac{n^2 a}{mb}\right)^2 \tag{6.5.2}$$

当 $n=1$ 时,即在 y 方向只有一个半波,可得 N_{crx} 的最小值,此时,式(6.5.2)改为:

$$N_{\mathrm{crx}}=\frac{\pi^2 D}{b^2}\left(\frac{mb}{a}+\frac{a}{mb}\right)^2=k\frac{\pi^2 D}{b^2} \tag{6.5.3}$$

式中 k——板的屈曲系数(或稳定系数),$k=\left(\frac{mb}{a}+\frac{a}{mb}\right)^2$。

取 x 方向半波数 $m=1,2,3\cdots$,可得图 6-25 所示 k 与 a/b 的关系曲线。各条曲线都在 a/b

$=m$ 为整数处出现最低点。当 $a/b \geqslant 1$ 时,各条曲线的实线部分都很靠近最小值 $k_{\min}=4$,其变化很小,而且常见板的长度比宽度大得多,所以通常都取 $k=4$。

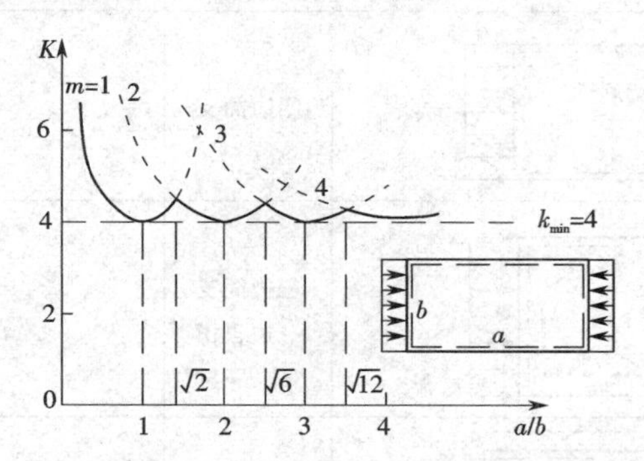

图 6-25　四边简支均匀受压板的屈曲系数

从式(6.5.3)可得薄板的临界应力:

$$\sigma_{\mathrm{crx}}=\frac{N_{\mathrm{crx}}}{t}=\frac{k\pi^2 D}{b^2 t}=\frac{k\pi^2 E}{12(1-\nu^2)}\left(\frac{t}{b}\right)^2 \tag{6.5.4}$$

式(6.5.4)也同样适用于薄板在中面内受弯、受剪、受不均匀压应力以及其他各种支撑情况,只是屈曲系数 k 值有所不同。矩形薄板在各种常见支撑条件和荷载作用下的屈曲系数 k 取值见表 6-4。

当板件的临界应力 σ_{cr} 超过板材的比例极限 f_{p},就进入弹塑性工作阶段,板沿受力方向的弹性模量降低为切线模量 E_{t},而另一方向仍为弹性模量 E,其性质属于正交异性板。在式(6.5.4)中以 $\sqrt{\eta}E$ 代替 E 来体现板件的弹塑性性能。

组合梁是由翼缘和腹板组成的,梁的局部失稳时还须考虑实际板件与板件之间的相互嵌固作用,引入弹性嵌固系数 χ,弹性嵌固的程度取决于相互连接的板件的刚度。例如:工字形截面翼缘厚度比腹板厚度大,翼缘对腹板有嵌固作用,计算腹板屈曲时考虑大于 1.0 的嵌固系数;相反,腹板对翼缘的约束作用小,计算翼缘屈曲时不考虑嵌固系数,即取 $\chi=1.0$。

因此,薄板弹塑性阶段临界应力按下式计算:

$$\sigma_{\mathrm{cr}}=\frac{\chi\sqrt{\eta}k\pi^2 E}{12(1-\nu^2)}\left(\frac{t}{b}\right) \tag{6.5.5}$$

从此式可知,提高临界应力的方法是减小板件的宽厚比、加强边界约束条件,或减小板件的长宽比(效果不是太大)。另外,σ_{cr} 与钢材的强度无关,采用高强度钢材并不能提高板的局部稳定性能。

表 6-4　矩形板在常见支撑条件下的屈曲系数值

受载图式及支撑条件	支撑条件	稳定系数
σ, b, a	四边简支	$k_{\min}=4$
σ, b, a	三边简支 一边自由	$k=0.425+\left(\frac{b}{a}\right)^2$
τ	四边简支	$k=4.0+\frac{5.34}{(a/b)^2}\quad(a/b\leqslant 1)$ $k=5.34+\frac{4.0}{(a/b)^2}\quad(a/b\geqslant 1)$
b, a	四边简支	$k_{\min}=23.9$
	两边简支 两边固定	$k_{\min}=39.6$
σ_c, b, a	四边简支	$k=\left(4.5\frac{b}{a}+7.4\right)\frac{b}{a}\quad\left(0.5\leqslant\frac{a}{b}\leqslant 1.5\right)$ $k=\left(11-0.9\frac{b}{a}\right)\frac{b}{a}\quad\left(0.5\leqslant\frac{a}{b}\leqslant 2.0\right)$

6.5.2　保证板件局部稳定的设计准则

为了防止板件局部失稳，有以下几种设计准则。

①使板件屈曲临界应力不小于材料的屈服强度，承载能力由材料强度控制，即：

$$\sigma_{cr}\geqslant f_y \tag{6.5.6}$$

②使板件屈曲临界应力不小于构件的整体稳定临界应力，承载能力由整体稳定控制，即：

$$\sigma_{cr}\geqslant\frac{M_{crx}}{W_x} \tag{6.5.7}$$

③使板件屈曲临界应力不小于实际工作应力，即：

$$\sigma_{cr}\geqslant\sigma \tag{6.5.8}$$

6.5.3　梁翼缘板的局部稳定

为了保证翼缘板在强度破坏之前不致发生局部失稳，应使临界应力不小于翼缘板内的平均应力的极限值，即 $\sigma_{cr}\geqslant\sigma$。由于组合梁受压翼缘所受的弯曲应力较大，通常进入了弹塑性阶段屈曲。

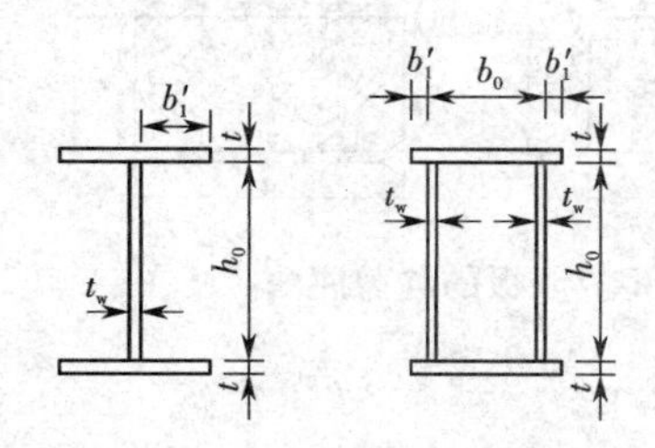

图 6-26　工字形截面和箱形截面

对工字形、T 形截面及箱形截面的悬挑部分的受压翼缘，图 6-26 都可作为三边简支、一边自由，在两相对简支边均匀受压作用的矩形板，一般 a 大于 b，按最不利情况考虑，取 $k=0.425$，$\chi=1.0$，$\nu=0.3$，$E=2.06\times10^5\ \text{N/mm}^2$，当按弹塑性设计时，$\sigma_{cr}=f_y$，将 $\eta=0.25$ 代入公式(6.5.5)得如下结论。

梁受压翼缘自由外伸宽度 b_1' 与其厚度 t 之比应满足：

$$\frac{b_1'}{t}\leqslant 13\sqrt{\frac{235}{f_y}} \tag{6.5.9}$$

当按弹性设计时，$\sigma_{cr}=0.95f_y$，$\eta=0.4$，梁受压翼缘自由外伸宽度 b_1' 与其厚度 t 之比可放宽到：

$$\frac{b_1'}{t}\leqslant 15\sqrt{\frac{235}{f_y}} \tag{6.5.10}$$

箱形截面在两腹板间的受压翼缘可按四边简支纵向均匀受压板计算，取 $k=4.0$，$\eta=0.25$，$\chi=1.0$，由 $\sigma_{cr}>f_y$，得其宽厚比限值为：

$$\frac{b_0}{t}\leqslant 40\sqrt{\frac{235}{f_y}} \tag{6.5.11}$$

6.5.4　梁腹板的局部稳定

组合梁腹板的局部稳定有两种设计方法。对于承受静力荷载或间接承受动力荷载的组合梁，宜考虑腹板屈曲后的强度，即允许腹板在梁整体失稳之前屈曲，按 6.6 节的规定布置加劲肋并计算其抗弯和抗剪承载力。而对于直接承受动力荷载的吊车梁及类似构件，或设计中不考虑屈曲后强度的组合梁，其腹板的稳定性及加劲肋的设置与计算如本节所述。

为了提高板件的稳定性，可减小板件的宽厚比或减小板件的长宽比。由于梁腹板主要承受剪力，按受力要求，腹板厚度一般较小，而腹板高度较大，表面积大。如果采用增加板厚来满足局部稳定是很不经济的，通常是采用设置加劲肋，以改变板件的区格划分。加劲肋分横向加劲肋、纵向加劲肋、短加劲肋、支撑加劲肋，设计时按不同情况选择合理的布置形式。腹板加劲肋和翼缘使腹板成为若干四边简支或考虑有弹性嵌固的矩形区格板。这些区格板在荷载作用下一般受有剪应力、弯应力，有时还有局部压应力的共同作用。局部失稳形态多种多样，临界应力的计算较复杂。通常分别研究各种应力单独作用下的临界应力，再根据试验研究建立应力共同作用下的相关性稳定理论。

1.3 种应力单独作用时的临界应力

(1)纯剪应力作用下矩形板的屈曲

图 6-27 为四边简支、四边作用均匀分布的剪应力的矩形板。板中主应力与剪应力大小相等，并与它成 45°角。主压应力可能引起板屈曲，以致板面屈曲成若干斜向菱形曲面，其节线(即凸与凹面分界处无侧向位移的直线)与板长边的夹角为 35°~45°。

由于板四边支撑条件和受力情况均相同，没有受荷边与非荷边的区别，只有长边与短边的不同，而屈曲系数 k 随 a/h_0 有较大变化，见表 6-5。由表 6-5 可知，随着 a 的减小，屈曲系数 k 增大，故一般采用横向加劲肋以减小 a 来提高临界剪应力。另外，在纯剪应力作用下板屈曲的节线方向是倾斜，横向加劲肋不会与倾斜的节线重合，且加劲肋在垂直于板面方向具有一定的刚度，能有效地阻止板面屈面。从表6-5看出，当 $a/h_0>2.0$ 时，k 值变化不大，设置横向加劲肋的效果不显著；而当 $a/h_0<0.5$ 时，剪切临界应力 τ_{cr} 很高，腹板多出现强度破坏，设置密集的横向加劲肋是一种浪费。

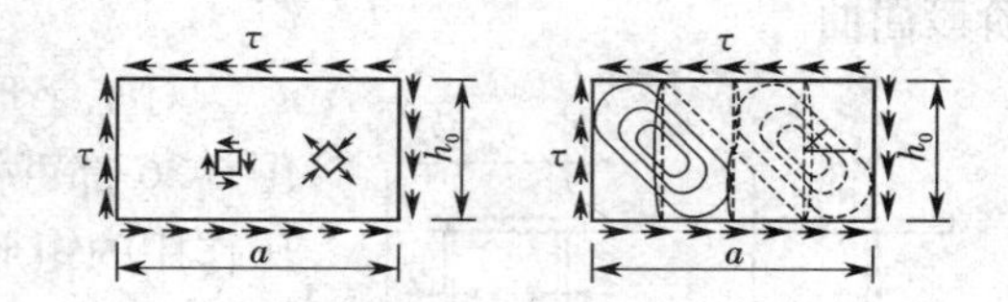

图6-27　板的纯剪屈曲

表6-5　四边简支薄板受均匀剪应力时的稳定系数 k

a/h_0	0.5	0.8	1.0	1.2	1.4	1.5	1.6	1.8	2.0	2.5	3.0	∞
k	25.4	12.34	9.34	8.12	7.38	7.12	6.90	6.57	6.34	5.98	5.78	5.34

令腹板受剪时的通用高厚比（或称正则化高厚比）λ_s 为：

$$\lambda_s=\sqrt{f_{vy}/\tau_{cr}} \tag{6.5.12}$$

式中　f_{vy}——钢材的剪切屈服强度，$f_{vy}=f_y/\sqrt{3}$

考虑翼缘对腹板的嵌固作用，取 $\chi=1.23$，屈曲系数 k 查表6-4，$\eta=0$，$\nu=0.3$，$E=2.06\times10^5\ \text{N/mm}^2$，代入式（6.5.5）可得腹板受纯剪应力作用的临界应力公式为：

$$\tau_{cr}=18.6\chi k\left(\frac{100t_w}{h_0}\right)^2$$

当 $a\leqslant h_0$ 时：

$$\tau_{cr}=229\times10^3[4+5.34(h_0/a)^2](t_w/h_0)^2 \tag{6.5.13}$$

当 $a\geqslant h_0$ 时：

$$\tau_{cr}=229\times10^3[5.34+4(h_0/a)^2](t_w/h_0)^2 \tag{6.5.14}$$

将式（6.5.13）和式（6.5.14）代入式（6.5.12）得：

当 $a\leqslant h_0$ 时：

$$\lambda_s=\frac{h_0/t_w}{37\eta\sqrt{4+5.34(h_0/a)^2}}\sqrt{\frac{f_y}{235}} \tag{6.5.15}$$

当 $a\geqslant h_0$ 时

$$\lambda_s=\frac{h_0/t_w}{37\eta\sqrt{5.34+4(h_0/a)^2}}\sqrt{\frac{f_y}{235}} \tag{6.5.16}$$

简支梁，η 取1.11；框架梁梁端最大应力区取1。

考虑到实际结构中板件的几何缺陷等影响系数，板件可能发生于各种工作状态的屈曲局部失稳，《钢结构设计标准》认为当 $\lambda_s\leqslant0.8$ 时，临界剪应力 τ_{cr} 会进入塑性状态屈曲；当 $0.8<\lambda_s\leqslant1.2$ 时，τ_{cr} 处于弹塑性屈曲状态；当 $\lambda_s\geqslant1.2$ 时，τ_{cr} 处于弹性屈曲状态（图6-28），则有：

当 $\lambda_s\leqslant0.8$ 时：

$$\tau_{cr}=f_v \tag{6.5.17}$$

当 $0.8<\lambda_s\leqslant1.2$ 时：

$$\tau_{cr}=[1-0.59(\lambda_s-0.8)]f_v \tag{6.5.18}$$

当 $\lambda_s > 1.2$ 时：

$$\tau_{cr} = 1.1 f_v / \lambda_s^2 \tag{6.5.19}$$

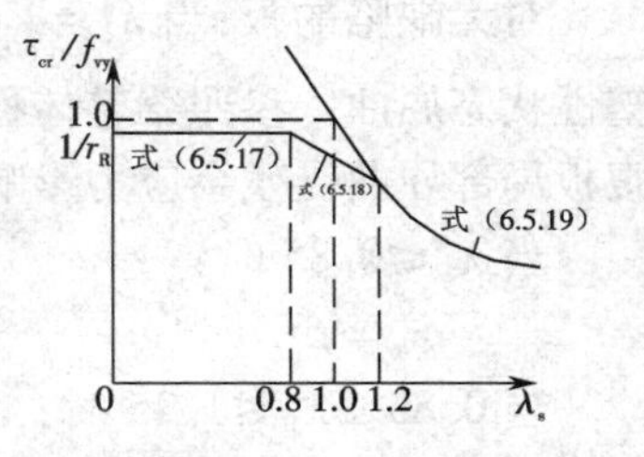

图 6-28　临界剪应力公式适用范围

当腹板不设横向加劲肋时，$k = 5.34$，若要求 $\tau_{cr} = f_v$，则 λ_s 应不大于 0.8，由（6.5.16）得 $h_0/t_w = 0.8 \times 41 \times \sqrt{5.34}\sqrt{\frac{235}{f_y}} = 75.8\sqrt{\frac{235}{f_y}}$，考虑到区格平均剪应力一般低于 f_v，规范规定的限值为 $80\sqrt{\frac{235}{f_y}}$。

（2）纯弯正应力作用下矩形板的屈曲

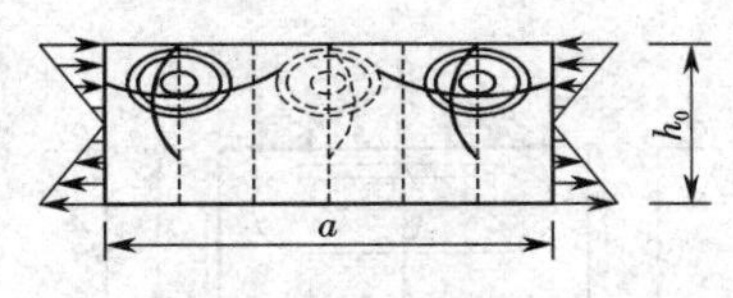

图 6-29　板的纯弯屈曲

图 6-29 为纯弯作用下四边简支矩形板的屈曲形态。沿横向（h_0 方向）为一个半波，沿纵向形成的屈曲波数取决于板长。屈曲系数 k 的大小在 $a/h_0 \leqslant 0.7$ 时变化不大，对于四边简支取 $k_{min} = 23.9$；对于两加荷边简支，另外两边为固定的矩形板 $k_{min} = 39.6$。屈曲部分偏于板的受压区或受压较大的一侧，节线与应力方向垂直。因此提高其临界应力的有效措施是在受压区中部设置纵向加劲肋。纵向加劲肋设置在至腹板计算高度受压边缘的 $\left(\frac{1}{4} \sim \frac{1}{5}\right)h_0$ 范围内。

对于梁腹板而言，须考虑翼缘对腹板的弹性嵌固作用，嵌固作用除与本身的刚度有关外，还与是否连有能阻止它扭转的构件有关。若受压翼缘连有刚性铺板或焊有钢轨时，上翼缘不能扭转，此时嵌固系数 χ 取 1.66（相当于两加荷边简支，另两边固支的矩形板 $k_{min} = 39.6$）；若无构造限制受压翼缘的扭转时，嵌固系数 χ 取 1.23，由式（6.5.5）求得腹板受纯弯曲正应力下的临界应力公式如下。

当梁受压翼缘扭转受到约束时：

$$\sigma_{cr} = 23.9 \times 1.66 \times 18.6 \times \left(\frac{100t_w}{h_0}\right)^2 = 737\left(\frac{100t_w}{h_0}\right)^2 \tag{6.5.20}$$

当梁受压翼缘扭转未受到约束时：

$$\sigma_{cr} = 23.9 \times 1.23 \times 18.6 \times \left(\frac{100t_w}{h_0}\right)^2 = 547\left(\frac{100t_w}{h_0}\right)^2 \tag{6.5.21}$$

与腹板受剪时相似，令腹板受弯时的通用高厚比为：

$$\lambda_b = \sqrt{f_y/\sigma_{cr}} \tag{6.5.22}$$

由于单轴对称工字形截面梁，受弯时中和轴不在腹板中央，此时近似取腹板的计算高度 h_0 为腹板受压区高度 h_c 的两倍，即 $h_0 = 2h_c$，将式（6.5.20）、式（6.5.21）代入式（6.5.22）可得：

当梁受压翼缘扭转受到约束时：

$$\lambda_b = \frac{2h_c/t_w}{177}\sqrt{\frac{f_y}{235}} \tag{6.5.23}$$

当梁受压翼缘扭转未受到约束时：

$$\lambda_b = \frac{2h_c/t_w}{153}\sqrt{\frac{f_y}{235}} \tag{6.5.24}$$

对无缺陷的板，当 $\lambda_b=1$ 时，$\sigma_{cr}=f_y$。考虑残余应力和几何缺陷的影响，认为 $\lambda_b\leqslant 0.85$ 为塑性状态屈曲。参照梁整体稳定计算，弹性界限为 $0.6f_y$，相应的 $\lambda=\sqrt{1/0.6}=1.29$。考虑到腹板局部屈曲受残余应力影响不如整体屈曲大，故认为 $\lambda_b>1.25$ 为弹性状态屈曲。

当 $\lambda_b\leqslant 0.85$ 时：

$$\sigma_{cr}=f \tag{6.5.25}$$

当 $0.85<\lambda_b\leqslant 1.25$ 时：

$$\sigma_{cr}=[1-0.75(\lambda_b-0.85)]f \tag{6.5.26}$$

当 $\lambda_b>1.25$ 时：

$$\sigma_{cr}=1.1f/\lambda_b^2 \tag{6.5.27}$$

(3)横向压应力作用下矩形板的屈曲

当梁上作用有较大集中荷载而没有设置支撑加劲肋时，腹板边缘将承受局部压应力 σ_c 作用，并可能产生横向屈曲，如图6-30。屈曲时腹板横向和纵向都只有一个半波，屈曲部分偏向于局部压应力侧，屈曲系数 k 随 a/h_0 的增大而减小，具体公式见表6-4，因而提高承受局部压应力的临界应力的有效措施是在腹板的受压侧附近设置短加劲肋。

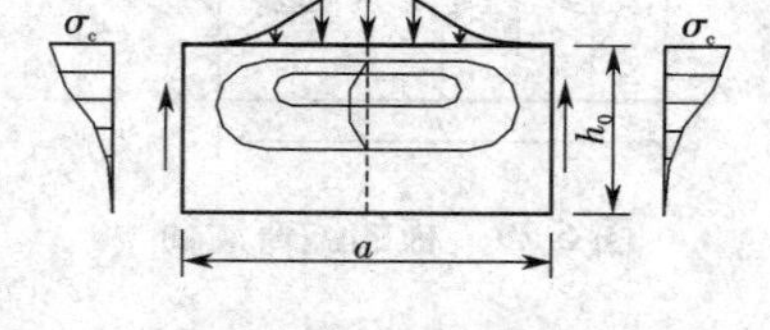

图6-30 板在横向压应力作用下的屈曲

考虑翼缘对腹板的嵌固作用，χ 取

$$\chi=1.81-0.255h_0/a \tag{6.5.28}$$

式(6.5.5)可写为：

$$\sigma_{c,cr}=18.6\chi k\left(\frac{100t_w}{h_0}\right)^2 \tag{6.5.29}$$

$$\chi k=\begin{cases}10.9+13.4(1.83-a/h_0)^3 & (0.5\leqslant a/h_0<1.5)\\ 18.9-5a/h_0 & (1.5\leqslant a/h_0\leqslant 2.0)\end{cases} \tag{6.5.30}$$

引入腹板受局部压力时的通用高厚比 $\lambda_c=\sqrt{f_y/\sigma_{c,cr}}$，得：

当 $0.5\leqslant a/h_0\leqslant 1.5$ 时

$$\lambda_c=\frac{h_0/t_w}{28\sqrt{10.9+13.4(1.83-a/h_0)^3}}\cdot\sqrt{\frac{f_y}{235}} \tag{6.5.31}$$

当 $1.5<a/h_0\leqslant 2.0$ 时

$$\lambda_c=\frac{h_0/t_w}{28\sqrt{18.9-5a/h_0}}\cdot\sqrt{\frac{f_y}{235}} \tag{6.5.32}$$

与 σ_{cr} 相似，承受局部压应力的临界应力也分为塑性状态、弹塑性状态、弹性状态屈曲3段，因此有：

当 $\lambda_c\leqslant 0.9$ 时：

$$\sigma_{c,cr}=f \tag{6.5.33}$$

当 $0.9<\lambda_c\leqslant 1.2$ 时：

$$\sigma_{c,cr}=[1-0.79(\lambda_c-0.9)]f \tag{6.5.34}$$

当 $\lambda>1.2$ 时：

$$\sigma_{c,cr}=1.1f/\lambda_c^2 \tag{6.5.35}$$

若按 $\sigma_{c,cr} \geqslant f_y$ 准则取 $a/h_0=2$ 最不利情况，以保证腹板在承受局部压应力时不发生局部失稳的腹板高厚比限制为：

$$h_0/t_w \leqslant 84\sqrt{235/f_y}$$

2. 焊接截面梁腹板配置加劲肋的规定

①当 $h_0/t_w \leqslant 80\varepsilon_k$ 时，对有局部压应力的梁，宜按构造配置横向加劲肋；当局部压应力较小时，可不配置加劲肋。

②直接承受动力荷载的吊车梁及类似构件，应按下列规定配置加劲肋（图 6-31）。

a. 当 $h_0/t_w > 80\varepsilon_k$ 时，应配置横向加劲肋。

b. 当受压翼缘扭转受到约束且 $h_0/t_w > 170\varepsilon_k$、受压翼缘扭转未受到约束且 $h_0/t_w > 150\varepsilon_k$，或按计算需要时，应在弯曲应力较大区格的受压区增加配置纵向加劲肋。局部压应力很大的梁，必要时尚宜在受压区配置短加劲肋。对单轴对称梁，当确定是否要配置纵向加劲肋时，h_0 应取腹板受压区高度 h_c 的 2 倍。

③不考虑腹板屈曲后强度时，当 $h_0/t_w > 80\varepsilon_k$ 时，宜配置横向加劲肋。

④h_0/t_w 不宜超过 250。

⑤梁的支座处和上翼缘受有较大固定集中荷载处，宜设置支承加劲肋。

⑥腹板的计算高度 h_0 应按下列规定采用：对轧制型钢梁，为腹板与上、下翼缘相接处两内弧起点间的距离；对焊接截面梁，为腹板高度；对高强度螺栓连接（或铆接）梁，为上、下翼缘与腹板连接的高强度螺栓（或铆钉）线间最近距离（图 6-31）。

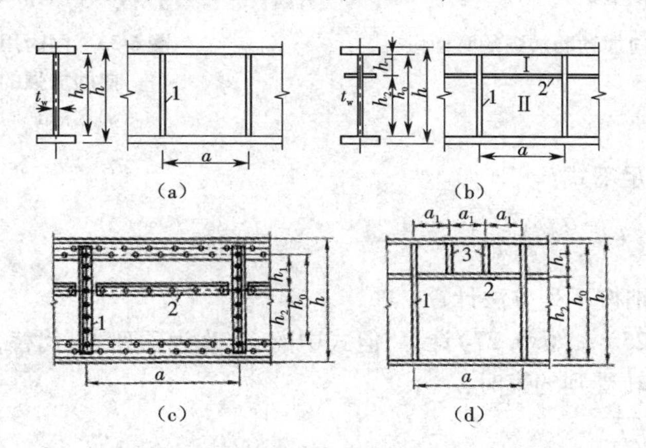

图 6-31　加劲肋布置

1—横向加劲肋；2—纵向加劲肋；3—短加劲肋

3. 腹板在多种应力共同作用下的屈曲

钢梁在多种应力（σ、τ、σ_{cr}）共同作用下，局部失稳形态有多种，局部稳定性计算较复杂。

横向加劲肋的作用主要是防止由剪应力和局部压应力可能引起的腹板失稳，纵向加劲肋主要防止由弯曲压应力可能引起的腹板失稳，短加劲肋主要防止由局部压应力可能引起的腹板失稳。计算时，先根据要求布置加劲肋，再计算各区格板的平均作用应力和相应的临界应力，使其满足稳定条件。若不满足，应重新调整加劲肋间距，重新计算。

(1) 仅配置横向加劲肋的梁腹板

梁腹板在两个横向加劲肋之间的区格（图 6-32），同时受弯曲正应力 σ、剪应力 τ 和局部压

应力 σ_c 作用，区格板件的稳定应满足下式：

$$\left(\frac{\sigma}{\sigma_{cr}}\right)^2+\left(\frac{\tau}{\tau_{cr}}\right)^2+\frac{\sigma_c}{\sigma_{c,cr}}\leqslant 1 \tag{6.5.36}$$

式中 σ——所计算腹板区格内，由平均弯矩产生的腹板计算高度边缘的弯曲正应力；

τ——所计算腹板区格内，由平均剪力产生的腹板平均剪应力，按 $\tau=V/(h_w t_w)$ 计算；

σ_c——腹板计算高度边缘的局部压应力，应按公式(6.2.19)计算，但取 $\psi=1.0$；

σ_{cr}、τ_{cr}、$\sigma_{c,cr}$——各种应力单独作用下的临界应力，按节 6.5.4 所给出的公式计算。

(2)同时布置横向加劲肋和纵向加劲肋的梁腹板

图 6-31(b)，纵向加劲肋将腹板分隔为区格Ⅰ和区格Ⅱ，应分别验证其局部稳定性。

①受压翼缘与纵向加劲肋之间的区格Ⅰ：区格Ⅰ的受力状态见图 6-33(a)，区格高度 h_1，两侧受近乎均匀的压应力 σ、剪应力 τ 和局部横向压应力 σ_c 作用。

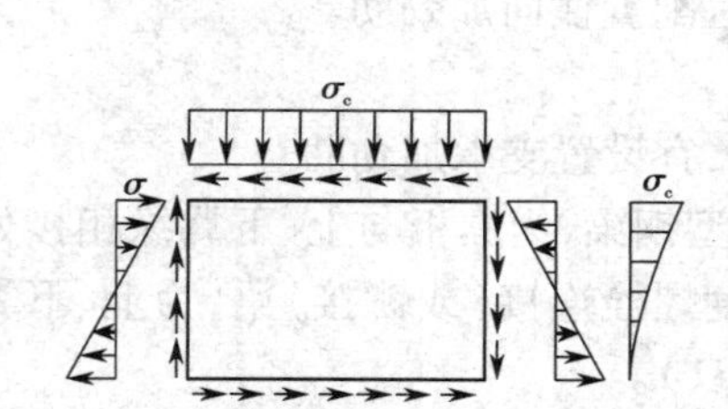

图 6-32　仅用横向加劲肋加强的腹板段

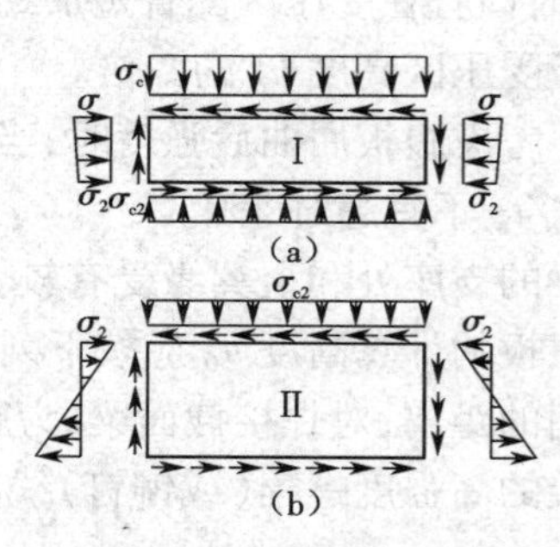

图 6-33　同时用横向肋和纵向肋加强的腹板段

(a)区格Ⅰ；(b)区格Ⅱ

其局部稳定应满足下式：

$$\frac{\sigma}{\sigma_{cr1}}+\left(\frac{\tau}{\tau_{cr1}}\right)^2+\left(\frac{\sigma_c}{\sigma_{c,cr1}}\right)^2\leqslant 1 \tag{6.5.37}$$

式中 σ_{cr1}、τ_{cr1}、$\sigma_{c,cr}$ 分别按下列方法计算。

a. σ_{cr1} 按式(6.5.25)～(6.5.27)计算，但式中的 λ_b 改为下列 λ_{b1} 代替，

当梁受压翼缘扭转受到约束时：

$$\lambda_{b1}=\frac{h_1/t_w}{75}\sqrt{\frac{f_y}{235}} \tag{6.5.38}$$

当梁受压翼缘扭转未受到约束时：

$$\lambda_{b1}=\frac{h_1/t_w}{64}\sqrt{\frac{f_y}{235}} \tag{6.5.39}$$

b. τ_{cr1} 按式(6.5.15)～(6.5.19)计算，但式中 h_0 改为 h_1。

c. $\sigma_{c,cr1}$ 按式(6.5.25)～(6.5.27)计算，但式中的 λ_b 改为下列 λ_{c1} 代替。

当梁受压翼缘扭转受到约束时：

$$\lambda_{c1}=\frac{h_1/t_w}{56}\sqrt{\frac{f_y}{235}} \tag{6.5.40}$$

当梁受压翼缘扭转未受到约束时：

$$\lambda_{c1}=\frac{h_1/t_w}{40}\sqrt{\frac{f_y}{235}} \tag{6.5.41}$$

②受拉翼缘与纵向加劲肋之间的区格Ⅱ(图6-33(b))。

其局部稳定应满足下式：

$$\left(\frac{\sigma_2}{\sigma_{cr2}}\right)^2+\left(\frac{\tau}{\tau_{cr2}}\right)^2+\frac{\sigma_{c2}}{\sigma_{c,cr2}}\leqslant 1.0 \tag{6.5.42}$$

式中　σ_2——所计算区格内由平均弯矩产生的腹板在纵向加劲肋处的弯曲压应力；

σ_{c2}——腹板在纵向加劲肋处的横向压应力，取$0.3\sigma_c$。

a. σ_{cr2}按式(6.5.25)~(6.5.27)计算，但式中的λ_b改为下列λ_{b2}代替：

$$\lambda_{b2}=\frac{h_2/t_w}{194}\sqrt{\frac{f_y}{235}} \tag{6.5.43}$$

b. τ_{cr2}按式(6.5.15)~(6.5.19)计算，但式中的h_0改为$h_2(h_2=h_0-h_1)$。

c. $\sigma_{c,cr2}$按式(6.5.31)~(6.5.35)计算，但式中的h_0改为h_2。当$a/h_2>2$时，取$a/h_2=2$。

(3)在受压翼缘与纵向加劲肋之间设有短加劲肋的区格板计算

该区格尺寸详见图6-31(c)，其区格局部稳定应满足式(6.5.37)。

式中σ_{cr1}按式(6.5.38)~(6.5.39)计算；τ_{cr1}按式(6.5.15)~(6.5.19)计算，但将式中的h_0和a分别改为h_1和a_1(a_1为短加劲肋间距)；$\sigma_{c,cr2}$按式(6.5.25)~(6.5.27)计算，但式中的λ_b改用下列λ_{c1}代替。

当梁受压翼缘扭转受到约束时：

$$\lambda_{c1}=\frac{a_1/t_w}{87}\sqrt{\frac{f_y}{235}} \tag{6.5.44}$$

当梁受压翼缘扭转未受到约束时：

$$\lambda_{c1}=\frac{a_1/t_w}{73}\sqrt{\frac{f_y}{235}} \tag{6.5.45}$$

对于$a_1/h_1>1.2$的区格，式(6.5.44)和式(6.5.45)右侧应乘以$1/\sqrt{0.4+0.5\dfrac{a_1}{h_1}}$。

4. 腹板加劲肋的设计

(1)加劲肋的截面尺寸和构造要求

加劲肋按作用分为两类：一类是仅分隔腹板以保证腹板局部稳定，称为间隔加劲肋；另一类是除起上述作用外，还同时起传递固定集中荷载或支座反力的作用，称为支撑加劲肋。间隔加劲肋仅按构造要求确定截面，而支撑加劲肋截面尺寸还需要满足受力要求，截面一般较间隔加劲肋大。

加劲肋宜在腹板两侧成对配置，以免梁在荷载作用下产生人为侧向偏心。在条件不容许时，也可采用单侧配置，但支撑加劲肋、重级工作制吊车梁的加劲肋不能单侧配置。横向加劲肋最小间距应为$0.5h_0$。

加劲肋可采用钢板或型钢做成，焊接梁常用钢板。

加劲肋自身应有足够的刚度才能作为腹板的可靠侧向支撑，防止腹板发生凹凸变形，因此有下列要求。

①在腹板两侧成对配置的钢板横向加劲肋，其截面尺寸(图6-34(b))应符合下列要求：

外伸宽度

$$b_s \geq h_0/30 + 40(\text{mm}) \tag{6.5.46}$$

厚度

$$t_s \geq b_s/15 \tag{6.5.47}$$

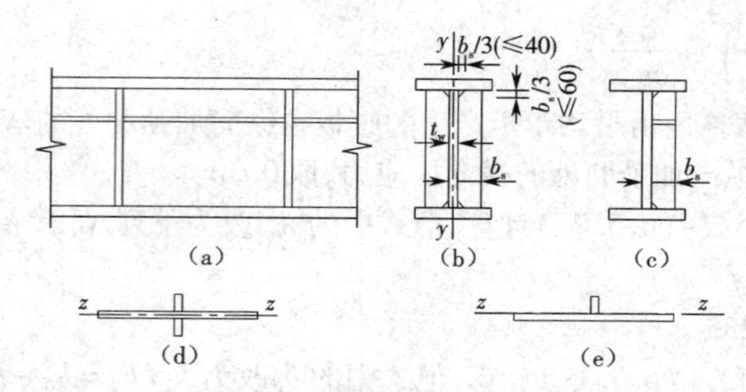

图 6-34 腹板加劲肋的构造

(a)腹板加劲肋布置;(b)双侧布置;(c)单侧布置;
(d)惯性矩计算示意图(双侧);(e)惯性矩计算示意图(单侧)

②仅在腹板一侧配置的钢板横向加劲肋,其外伸宽度应大于按式(6.5.46)算得的1.2倍,厚度不应小于其外伸宽度的1/15。

③当同时配有纵、横向加劲肋时,应在纵、横加劲肋的交叉处切断纵向肋而使横向肋保持连续。此时横向加劲肋不仅要支撑腹板,还要作为纵向加劲肋的支座,因而其截面尺寸除应符合上述规定外,其截面惯性矩 I_z 尚应符合下列要求:

$$I_z \geq 3h_0 t_w^3 \tag{6.5.48}$$

纵向加劲肋对 y 轴的截面惯性矩 I_y 应符合下列要求:

当 $a/h_0 \leq 0.85$ 时:

$$I_y \geq 1.5h_0 t_w^3 \tag{6.5.49}$$

当 $a/h_0 > 0.85$ 时:

$$I_y \geq \left(2.5 - 0.45\frac{a}{h_0}\right)\left(\frac{a}{h_0}\right)^2 h_0 t_w^2 \tag{6.5.50}$$

计算加劲肋截面惯性矩的 z 轴和 y 轴定义为:加劲肋两侧成对配置时取腹板中心线为轴线进行计算(图6-34(d));加劲肋为单侧配置时取与加劲肋相连的腹板边缘为轴线进行计算(图6-34(e))。

④短加劲肋的最小间距为 $0.75h_1$(h_1 为纵肋到腹板受压边缘的距离)。短加劲肋的外伸宽度应取横向加劲肋外伸宽度的0.7~1.0倍,厚度不应小于短加劲肋外伸宽度的1/15。

⑤用型钢做成的加劲肋,其截面惯性矩不得小于相应钢板加劲肋的惯性矩。

为了避免焊缝的过分集中,横向加劲肋的端部应切角切除 $R=30$ mm 的1/4圆弧(图6-34(b))。在纵、横向加劲肋相交处,纵向加劲肋也要切角。

吊车梁横向加劲肋的上端应与上翼缘刨平顶紧,当为焊接吊车梁时,尚宜焊接。中间横向加劲肋下端一般在距受拉翼缘50~100 mm处断开(图6-35(b)),以改善梁的抗疲劳性能。

(2)支撑加劲肋的计算

在上翼缘有固定集中荷载处和支座处要设支撑加劲肋,支承加劲肋除满足上述构造要求外，还要满足整体稳定和端面承压的要求。

①支撑加劲肋的稳定性计算。

支撑加劲肋按承受固定集中荷载或梁支座反力的轴心受压构件，计算其在腹板平面外的稳定性，即：

$$\frac{N}{\varphi A}\leqslant f \tag{6.5.51}$$

式中　N——支撑加劲肋承受的集中荷载或支座反力；

A——支撑加劲肋受压构件的截面面积，它包括加劲肋截面面积和加劲肋每侧各 $15t_w\sqrt{235/f_y}$ 范围内的腹板面积（图 6-35（a）中阴影部分）；

φ——轴心压杆稳定系数，由 $\lambda=\frac{h_0}{i_z}$ 查附录 4 取值，h_0 为腹板计算高度，i_z 为计算截面绕 z 轴的回转半径。

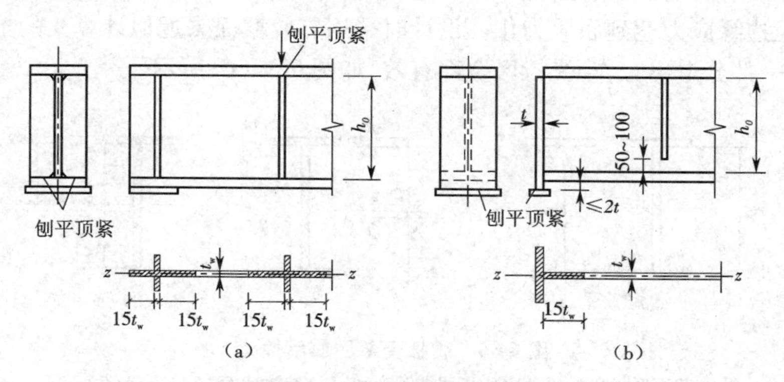

图 6-35　支撑加劲肋的构造

（a）平板式支座；（b）突缘式支座

②端部承压强度计算。

支撑加劲肋端部一般刨平抵紧于梁的翼缘（焊接梁尚宜焊接），应按下式计算其端面承压应力：

$$N/A_{ce}\leqslant f_{ce} \tag{6.5.52}$$

式中　A_{ce}——端面承压面积，即支撑加劲肋与翼缘接触面的净面积；

f_{ce}——钢材端面承压的强度设计值。

③支撑加劲肋与腹板连接的焊缝计算。

支撑加劲肋端部与腹板焊接时，应计算焊缝强度，计算时设焊缝承受全部集中荷载或支座反力，并假定应力沿焊缝全长均匀分布。

突缘支座的伸出长度应不大于其厚度的 2 倍，如图 6-35（b）所示。

6.6　考虑腹板屈曲后强度的设计

梁腹板受压屈曲后和受剪屈曲后都存在继续承载的能力，称为屈曲后强度。跨度较大的焊接工字形截面梁，腹板高度一般很大，若采用较薄的腹板并利用其屈曲后强度，可获得很好的经济效益。此时,腹板的高厚比可达250~300而不设纵向加劲肋,仅在支座处或固定集中荷载作用处设置支撑加劲肋或视需要设置中间横向加劲肋。规范规定,承受静力荷载或间接承受动力荷载的组合梁宜考虑腹板屈曲后强度。考虑到反复屈曲可能导致腹板边缘出现疲劳裂缝,且相关研究不够,对直接承受动力荷载的梁暂不考虑屈曲后强度。对工字形截面的翼缘,由于属三边简支、一边自由,虽然也存在屈曲后强度,但屈曲后继续承载的能力不大,一般在工程设计中不考虑利用其屈曲后强度。此外,进行塑性设计时,由于局部失稳会使构件塑性不能充分发展,也不得利用屈曲后强度。

6.6.1 组合梁腹板屈曲后的抗弯承载力

梁腹板在弯矩达到一定程度时发生局部失稳,若高厚比较大,致使 $\lambda_b>1.25$,则失稳时受压区边缘压力小于屈服强度 f_y,梁还可继续承受更大荷载,但截面上的应力出现重分布,凸曲部分应力不再继续增大,甚至有所减小,而和翼缘相邻部分及压应力较小和受拉部分的应力会继续增大,直至边缘应力达到屈服为止。设计时采用有效截面来近似计算梁的抗弯承载力,认为腹板受压区一部分退出工作,受拉区全部有效,如图6-36(c)所示。

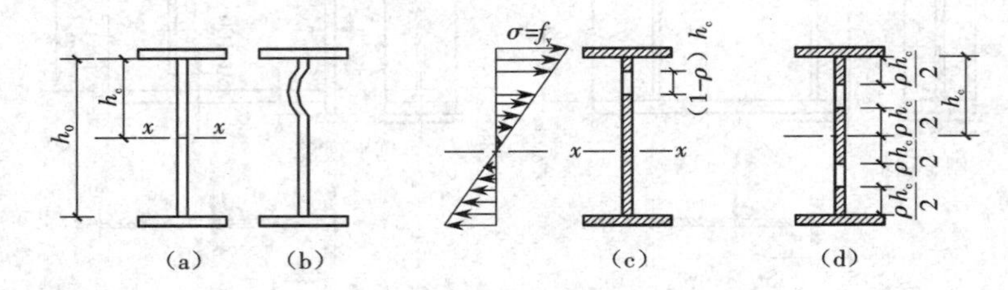

图6-36 腹板受弯屈曲后性能

(a)截面形式和尺寸;(b)腹板屈曲示意图;(c)有效截面1;(d)有效截面2

假设梁腹板受压区有效高度为 ρh_c,等分在受压区 h_c 的两端,中部扣去 $(1-\rho)h_c$ 的高度作为退出工作的腹板屈曲部分。为了计算方便,保持中和轴位置不变,在腹板受拉区也对称地扣除 $(1-\rho)h_c$。腹板的有效截面如图6-36(d)所示,梁截面的有效惯性矩为(忽略孔洞绕本身轴的惯性矩):

$$I_{xe}=I_x-2(1-\rho)h_c t_w\left(\frac{h_c}{2}\right)^2=I_x-\frac{1}{2}(1-\rho)h_c^3 t_w \tag{6.6.1}$$

梁截面抵抗矩折减系数为:

$$\alpha_e=\frac{W_{xe}}{W_x}=\frac{I_{xe}}{I_x}=1-\frac{(1-\rho)h_c^3 t_w}{2I_x} \tag{6.6.2}$$

上式是按双轴对称工字形截面塑性开展系数 $\gamma_x=1.0$ 得到的偏安全的近似公式,也可用于 $\gamma_x=1.05$ 和单轴对称截面。

梁的抗弯承载力设计值为:

$$M_{eu}=\gamma_x\alpha_e W_x f \tag{6.6.3}$$

式中(6.6.3)中的腹板受压区有效高度系数 ρ 的计算与计算局部稳定临界应力 σ_{cr} 一样,以腹板受弯计算时的通用高厚比 λ_b 为参数(参见式(6.5.23)),由式(6.5.24)得到:

当 $\lambda_b\leqslant 0.85$ 时:

$$\rho=1.0 \tag{6.6.4}$$

当 $0.85<\lambda_b \leqslant 1.25$ 时：

$$\rho = 1 - 0.82(\lambda_b - 0.85) \tag{6.6.5}$$

当 $\lambda_b > 1.25$

$$\rho = (1 - 0.2/\lambda_b)/\lambda_b \tag{6.6.6}$$

当截面有效高度计算系数 $\rho=1.0$ 时，表示全截面有效，截面抗弯承载力没有降低。

式中 I_x—— 按梁截面全部有效算得的绕 x 轴的惯性矩；

h_c—— 按梁截面全部有效算得的腹板受压区高度；

W_x——按梁截面全部有效算得的截面抵抗矩；

γ_x——梁截面塑性发展系数。

6.6.2　组合梁腹板屈曲后的抗剪承载力

针对梁腹板受剪屈曲后强度的理论分析和计算有多种，建筑钢结构中采用的是半张力场理论。其基本假定是：①发生屈曲后腹板的剪力，一部分由小挠度理论计算出的抗剪力承担，另一部分由斜向张力作用（薄膜效应）承担；②梁翼缘抗弯刚度很小，不能承受腹板斜张力场产生的垂直分力的作用。

由上述假定可知，腹板屈曲后的实腹梁犹如一桁架，如图 6-37 所示，梁翼缘相当于弦杆，横向加劲肋相当于竖压杆，而腹板张力场相当于桁架的斜拉杆。

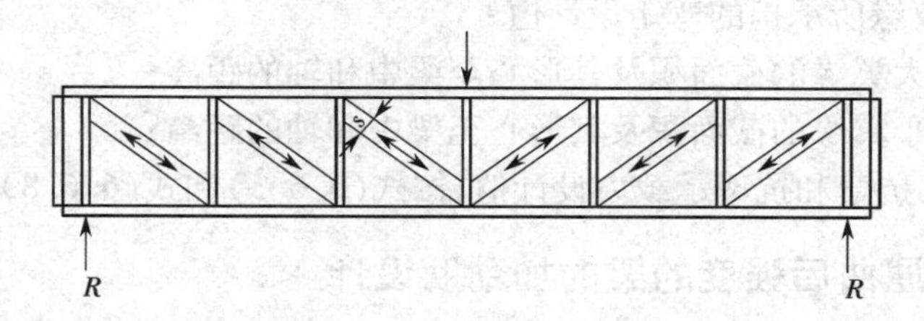

图 6-37　腹板的张力场作用

由基本假定①知，腹板屈曲后的抗剪承载力设计值 V_u 为屈曲剪力 V_{cr} 与张力场剪力 V_t 之和，即

$$V_u = V_{cr} + V_t \tag{6.6.7}$$

屈曲剪力设计值 $V_{cr}=h_0 t_w \tau_{cr}$，再由假定②可认为张力场剪力是通过宽度为 s 的带形张力场以拉应力为 σ_t 的效应传到加劲肋上的。这些拉应力对屈曲后腹板的变形起到牵制作用，从而提高了腹板承载能力。

根据此理论和试验研究，腹板屈曲后的抗剪承载力设计值 V_u 可按下式计算：

当 $\lambda_s \leqslant 0.8$ 时：

$$V_u = h_0 t_w f_v \tag{6.6.8}$$

当 $0.8 < \lambda_s \leqslant 1.2$ 时：

$$V_u = h_0 t_w f_v [1 - 0.5(\lambda_s - 0.8] \tag{6.6.9}$$

当 $\lambda_s > 1.2$ 时：

$$V_u = h_0 t_w f_v / \lambda_s^{1.2} \tag{6.6.10}$$

式中 λ_s 为腹板受剪计算时的通用高厚比，按式（6.5.15）、式（6.5.16）计算，当组合梁仅配置支座加劲肋时，取 $h_0/a=0$。

6.6.3 组合梁考虑腹板屈曲后的计算

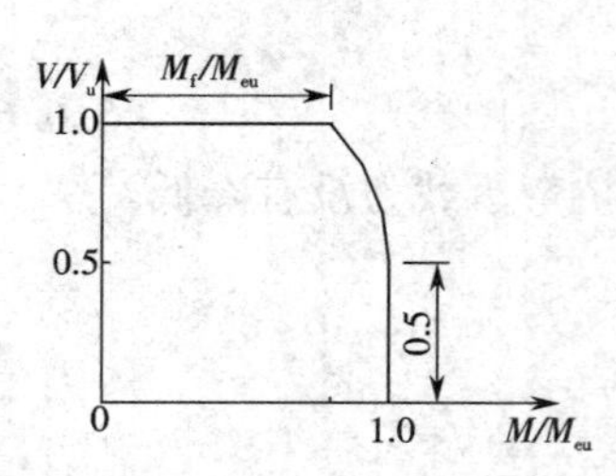

图 6-38 考虑屈曲后强度的抗弯抗剪相关曲线

实际工程中的梁通常都同时受剪力和弯矩作用，受力实际上较复杂。弯矩 M 和剪力 V 的相关关系也有多种不同的相关曲线可表示。我国规范采用的是 M 和 V 无量纲化的相关关系，如图 6-38 所示。首先，假定当弯矩不超过翼缘所提供的最大弯矩 M_f 时，腹板不参与承担弯矩作用，即假定在 $M \leqslant M_f$ 时，$V/V_u = 1.0$。研究表明，当边缘正应力达到屈服点时，工字形截面焊接梁的腹板还可承受剪力 $0.6V_u$；另外，在剪力不超过 $0.5V_u$ 时，腹板抗弯屈曲强度不下降。因此，考虑屈曲后强度的组合梁应按下式验算抗弯和抗剪承载力：

$$\left(\frac{V}{0.5V_u}-1\right)^2+\frac{M-M_f}{M_{eu}-M_f}\leqslant 1 \tag{6.6.11}$$

$$M_f=\left(A_{f1}\frac{h_1^2}{h_2}+A_{f2}h_2\right)f \tag{6.6.12}$$

式中 M、V——梁同一截面上同时产生的弯矩和剪力设计值，当 $V<0.5V_u$ 时，取 $V=0.5V_u$；当 $M<M_f$ 时，取 $M=M_f$；

M_f——梁两翼缘所承担的弯矩设计值；

A_{f1}、h_1——较大翼缘的截面积及其形心至梁中和轴的距离；

A_{f2}、h_2——较小翼缘的截面积及其形心至梁中和轴的距离；

M_{eu}、V_u——梁抗弯和抗剪承载力设计值，按式(6.6.3)和式(6.6.8)～(6.6.10)计算。

6.6.4 考虑腹板屈曲后强度的梁的加劲肋设计

当仅配置支撑加劲肋不能满足式(6.6.11)时，应在两侧对称配置中间横向加劲肋减少区格长度。中间横向加劲肋和上端受有集中压力的中间支撑加劲肋的截面尺寸应满足式(6.5.46)、(6.5.47)的构造要求。根据张力场理论，拉力对横向加劲肋的作用可分为竖向和水平两个分力，而水平分力可认为由翼缘承担，因而对中间加劲肋按承受 N_s 的轴心受压构件验算其在腹板平面外的稳定。

$$N_s=N_u-\tau_{cr}h_0t_w \tag{6.6.13}$$

式中 V_u 按式(6.6.8)～(6.6.10)计算；

τ_{cr} 按式(6.5.17)～(6.5.19)计算。

若中间加劲肋还承受集中的横向荷载 F，则应按 $N=N_s+F$ 计算其在腹板平面外的稳定。

当 $\lambda_s \geqslant 0.8$ 时，梁支座加劲肋除承受梁支座反力 R 外，还受到张力场的水平分力 H，如图 6-39 所示，因此，按压弯构件计算其强度和在腹板平面外的稳定。H 按下式计算：

$$H=(V_u-\tau_{cr}h_0t_w)\sqrt{1+(a/h_0)^2} \tag{6.6.14}$$

对设中间横向加劲肋的梁，a 取支座端区格的加劲肋间距；对不设中间横向加劲肋的梁，a 取梁支座至跨内剪力为零的距离。

H 的作用点近似取在距梁腹板计算高度上边缘 $h_0/4$ 处。此压弯构件的截面和计算长度同一般支座加劲肋。

为了增加抗弯能力,应在梁外伸的端部设置封头板,如图6-39(a)。支座加劲肋按承受支座反力 R 的轴心压杆计算。在水平力 H 作用下,封头板、支座加劲肋和其间的腹板有如竖立的简支梁,最大弯矩为 $3Hh_0/16$,则封头板的最大压应力可近似取 $\sigma_c=\dfrac{3Hh_0}{16eA_c}$,由 $\sigma_c\leqslant f$ 可得封头板截面面积 A_c 应满足:

$$A_c\geqslant\frac{3h_0H}{16ef} \tag{6.6.15}$$

式中　e——支座加劲肋与封头板之间的距离;

f——钢材强度设计值。

图6-39(b)给出梁端的另一种构造方案,即缩小梁端板幅宽度 a_1,使该区格在剪力设计值作用下不会发生局部屈曲。这样支座加劲肋就不会受到拉力的作用,张力场从宽度较大的第二个区格开始,它所产生的水平力由整个端区格承担,影响不大。

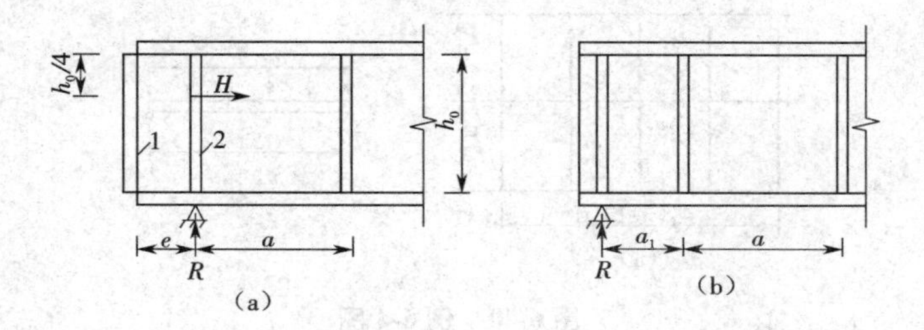

图6-39　梁端构造

(a)梁端构造1;(b)梁端构造2

1—封头板;2—支座加劲肋

6.7　型钢梁截面设计

梁截面设计通常是先初选截面,然后进行截面验算。若不满足要求,重选型钢,直至满意为止。

根据受力情况分为单向弯曲梁和双向弯曲梁。首先计算梁所承受的弯矩,选择弯矩最不利截面,估算所需要的梁截面抵抗矩。对于单向弯曲梁,最不利截面在最大弯矩处。

单向弯曲梁的整体稳定从构造上有保证时:

$$W_{nx}\geqslant\frac{M_{max}}{\gamma_x f} \tag{6.7.1}$$

单向弯曲梁的整体稳定从构造上不能保证时:

$$W_x\geqslant\frac{M_{max}}{\varphi_b f} \tag{6.7.2}$$

式中 φ_b 值可根据情况初步估计。

对于双向弯曲梁,设计时尽可能从构造上保证整体稳定,以便按抗弯强度条件式(6.7.3)选择型钢截面,否则要按式(6.7.4)试算。

$$W_{nx}=\frac{1}{\gamma_x f}\left(M_x+\frac{\gamma_x W_{nx}}{\gamma_y W_{ny}}M_y\right)=\frac{M_x+\alpha M_y}{\gamma_x f} \tag{6.7.3}$$

$$\frac{M_x}{\varphi_b W_x}+\frac{M_y}{\gamma_y W_y}\leqslant f \tag{6.7.4}$$

为了经济合理，设计时应避开在弯矩最不利截面上开螺栓孔，以免削弱截面。这样梁净截面抵抗矩等于截面抵抗矩，即 $W_{nx}=W_x$，按计算出的截面抵抗矩在型钢表中选择适当的截面，然后再验算弯曲正应力、局部压应力、刚度及整体稳定性。对于型钢梁，由于腹板较厚，可不验算剪应力、折算应力和局部稳定。

【例 6-4】 某工作平台的梁格布置如图 6-40 所示，平台上无动力荷载，平台上永久荷载标准值为 3.0 kN/m²，可变荷载标准值为 5 kN/m²，钢材为 Q235 钢，次梁简支于主梁，假定平台板为刚性铺板并可保证次梁的整体稳定，试选择中间次梁截面。

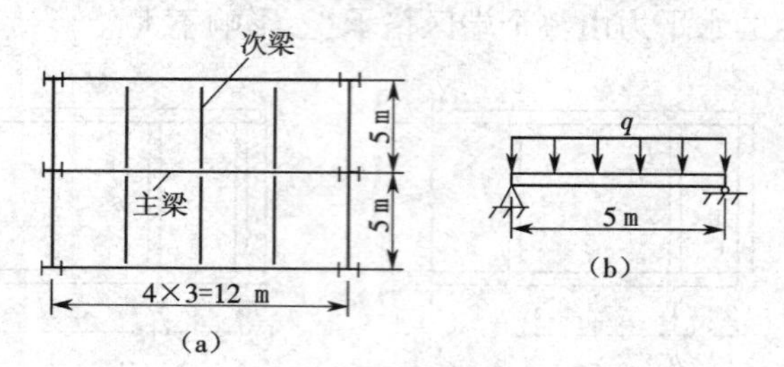

图 6-40　例 6-4 图

(a)梁格布置；(b)次梁受力简图

解：次梁上作用的荷载标准值为：

$$q_k=(3\ 000+5\ 000)\times 3=24\times 10^3(\text{N/m})$$

次梁上作用的荷载设计值为：

$$q=(1.2\times 3\ 000+1.4\times 5\ 000)\times 3=31.8\times 10^3(\text{N/m})$$

支座处最大反力：

$$V_{max}=\frac{1}{2}ql=\frac{1}{2}\times 31.8\times 5=79.5(\text{kN})$$

跨中最大弯矩：

$$M_{max}=\frac{1}{8}ql^2=\frac{1}{8}\times 31.8\times 5^2=99.38(\text{kN}\cdot\text{m})$$

采用轧制 H 型钢：

$$\gamma_x=1.05$$

需要的截面抵抗矩：

$$W_x=\frac{M_x}{\gamma_x f}=\frac{M_{max}}{\gamma_x f}=\frac{99.38\times 10^6}{1.05\times 215}=440\times 10^3(\text{mm}^3)$$

由型钢表，初选 HN300×150×6.5×9，查得其几何特征为：$A=47.53\ \text{cm}^2$，自重 $g=37.3\ \text{kg/m}=37.3\times 9.8=365\ \text{N/m}$，$W_x=490\ \text{cm}^3$，$I_x=7\ 350\ \text{cm}^4$。

梁自重产生的弯矩为：

$$M_g=\frac{1}{8}\times 365\times 1.2\times 5^2=1.369(\text{kN}\cdot\text{m})$$

总弯矩为:

$$M = 1.369 + 99.38 = 100.749(\text{kN} \cdot \text{m})$$

弯曲正应力为:

$$\sigma = \frac{M_x}{\gamma_x W_{nx}} = \frac{100.749 \times 10^6}{1.05 \times 490 \times 10^3} = 195.8(\text{N/mm}^2) < f = 215\ \text{N/mm}^2$$

最大剪应力:

$$\tau = \frac{VS_1}{It_w}$$

忽略内角半径 r,则:

$$S_1 = 150 \times 9 \times \left(150 - \frac{9}{2}\right) + (150 - 9) \times 6.5 \times (150 - 9)/2 = 261 \times 10^3(\text{mm}^3)$$

$$\tau = \frac{VS_1}{It_w} = \frac{\left(79.5 + 1.2 \times 0.365 \times \frac{5}{2}\right) \times 10^3 \times 361 \times 10^3}{7\,350 \times 10^4 \times 6.5} = 44(\text{N/mm}^2)$$

可见型钢由于腹板较厚,剪力一般不起控制作用,可不验算。

刚度验算如下。

考虑自重后荷载标准值为:

$$q_k = 24 \times 10^3 + 365 = 24.365(\text{N/mm})$$

挠度:

$$q = \frac{5}{384}\frac{q_k l^4}{EI_x} = \frac{5}{384} \times \frac{24.365 \times 5\,000^4}{2.06 \times 10^5 \times 7\,350 \times 10^4} = 13.1(\text{mm}) = \frac{l}{382} < \frac{l}{250}$$

满足要求。

若次梁放在主梁顶面,且次梁在支座处不设支撑加劲肋,还需验算支座处次梁腹板计算高度下边缘的局部压应力。设次梁支撑长度 $a = 8$ cm,则:

$$l_z = 2.5h_y + a = 2.5 \cdot (9 + 16) + 80 = 142.5(\text{mm})$$

腹板厚 $t_w = 6.5$ mm,则:

$$\sigma_c = \frac{\psi F}{t_w l_z} = \frac{1.0 \times \left(79.5 + 1.2 \times 0.365 \times \frac{5}{2}\right) \times 10^3}{6.5 \times 142.5} = 87(\text{N/mm}^2) < f = 215\ \text{N/mm}^2$$

若次梁在支座处设有支撑加劲肋,局部压应力不必计算。

6.8 组合梁截面设计

当梁的内力较大时,常采用由 3 块钢板焊接而成的工字形截面组合梁,设计时仍先初选截面再进行截面验算。若不满足要求,重新修改截面,直至符合要求为止。

6.8.1 初选截面

(1)选择截面高度

梁截面高度是一个最重要的尺寸,因截面各部分尺寸都将随梁高而改变(符号见图 6-41)。选择梁高时应考虑建筑高度、刚度和经济性 3 项要求。

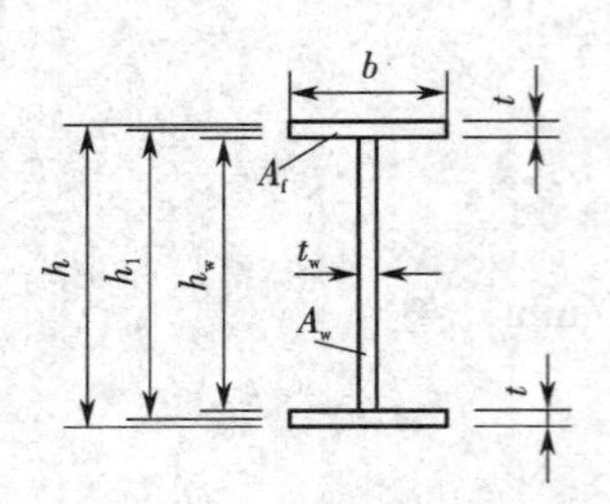

图 6-41　组合梁截面尺寸

建筑高度是指梁的底面到铺板顶面之间的高度，往往由生产工艺和使用要求决定。给定了建筑高度也就决定了梁的最大高度 H_{max}。

刚度条件决定了梁的最小高度 h_{min}，刚度条件是要求梁的挠度必须满足 $v \leqslant [v]$。

现以均布荷载作用下的简支梁为例，推导其最小高度 h_{min}。

$$\frac{v}{l}=\frac{5}{384}\cdot\frac{q_k l^3}{EI_x}=\frac{5l}{48EI_x}\times\frac{ql^2}{1.3\times8}=\frac{5Ml}{48EI_x\times1.3}$$
$$\leqslant\frac{[v]}{l}=\frac{1}{n_0}$$

对于双轴对称截面，有：

$$\sigma=\frac{Mh}{2I_x}$$

代入上式，得：

$$\frac{v}{l}=\frac{10\sigma l}{48Eh\times1.3}=\frac{5\sigma l}{1.3\times24Eh}\leqslant\frac{[v]}{l}=\frac{1}{n_0}$$

式中 1.3 为假定的平均荷载分项系数（相当于永久荷载和可变荷载分项系数的平均值）。

$$h_{min}\geqslant\frac{5\sigma ln_0}{1.3\times24E}$$

当梁的强度充分发挥利用时，$\sigma=f$，f 为钢材的强度设计值，分别取：$f=215$ N/mm^2（Q235）、$f=310$ N/mm^2（Q340）、$f=350$ N/mm^2（Q390），$E=2.06\times10^5$ N/mm^2，由上式求得对应于各种 n_0 值的 h_{min}/l 值，见表 6-6。

由表 6-6 可见，梁的容许挠度要求愈严，所需的 h_{min} 愈大；钢材的强度愈高，所需的 h_{min} 愈大。对其荷载作用下的简支梁，初选截面时同样可作参考。

表 6-6　对称等截面简支梁受均布荷载时的 h_{min}/l 值

$\frac{1}{n_0}=\frac{[v]}{l}$		$\frac{1}{1\,000}$	$\frac{1}{750}$	$\frac{1}{600}$	$\frac{1}{500}$	$\frac{1}{400}$	$\frac{1}{300}$	$\frac{1}{250}$	$\frac{1}{200}$
h_{min}	Q235	$\frac{1}{6}$	$\frac{1}{8}$	$\frac{1}{10}$	$\frac{1}{12}$	$\frac{1}{15}$	$\frac{1}{20}$	$\frac{1}{24}$	$\frac{1}{30}$
	Q345	$\frac{1}{4.1}$	$\frac{1}{5.5}$	$\frac{1}{6.9}$	$\frac{1}{8.2}$	$\frac{1}{10.3}$	$\frac{1}{13.8}$	$\frac{1}{16.4}$	$\frac{1}{20.5}$
	Q390	$\frac{1}{3.7}$	$\frac{1}{4.9}$	$\frac{1}{6.1}$	$\frac{1}{7.3}$	$\frac{1}{9.2}$	$\frac{1}{12.2}$	$\frac{1}{14.7}$	$\frac{1}{18.4}$

经济梁高包含选优的意义，确定经济梁高的条件通常是使梁的自重最轻。一般而言，梁高度大，腹板用钢量增多，而梁翼缘板用钢量相对减小；梁高小，情况相反。设计时可参照经济高度 h_s 的经验公式（6.8.1）估算。

$$h_s=7\sqrt[3]{W_x}-30\text{(cm)} \tag{6.8.1}$$

式中　W_x——梁所需要的截面抵抗矩，以 cm^3 计。

根据上述 3 个条件，实际所选的 h 应满足 $h_{min}\leqslant h\leqslant h_{max}$，且 $h\approx h_s$。实际设计时，先确定腹

板高度 h_w，h_w 可取比 h 略小的数值，并取 h_w 为 50 mm 的倍数以符合钢板规格。

(2) 选择腹板厚度 t_w

腹板厚度应满足抗剪强度、局部稳定性、防锈及钢板规格等要求。

考虑抗剪强度要求，假定腹板最大剪应力为平均剪应力的 1.2 倍，则有：

$$\tau_{max} = \frac{1.2V_{max}}{h_w t_w} \leqslant f_v \tag{6.8.2}$$

于是满足抗剪要求的腹板厚度为：

$$t_w \geqslant \frac{1.2V_{max}}{h_w f_v} \tag{6.8.3}$$

由式(6.8.2)算得的 t_w 一般偏小，考虑局部稳定和构造因素，t_w 可采用下列经验公式估算：

$$t_w = \sqrt{h_w}/11 \tag{6.8.4}$$

式中的 h_w 和 t_w 均以 cm 计，选用的腹板厚度不宜小于 6 mm，一般情况为 8 mm $\leqslant t_w \leqslant$ 20 mm，并取 2 mm 的倍数。

(3) 确定翼缘尺寸

由图 6-41 可写出梁的截面抵抗矩为：

$$W_x = \frac{2I_x}{h} = \frac{1}{6} t_w \frac{h_w^2}{h} + bt\frac{h_1^2}{h} \tag{6.8.5}$$

近似取 $h_w = h_1 = h$，则有：

$$A_f = bt = \frac{W_x}{h} - \frac{t_w h_w}{6} \tag{6.8.6}$$

根据所需要的截面抵抗矩 W_x 和选定腹板尺寸，由式(6.8.6)可求得所需要的一个翼缘板的面积 A_f，此时含有两个参数，即翼缘板宽度 b 和厚度 t。通常需考虑下列因素以选择 b 和 t。

① $b = \left(\frac{1}{3} \sim \frac{1}{5}\right)h$，宽度太小不易保证梁的整体稳定；宽度太大使翼缘中正应力分布不均匀。

②考虑到翼缘板的局部稳定，要求 $b/t \leqslant 30\sqrt{235/f_y}$（按弹性设计，$\gamma_x = 1.0$）或 $b/t \leqslant 26\sqrt{235/f_y}$（按弹塑性设计，$\gamma_x = 1.05$）

③对于吊车梁，$b \geqslant 300$ mm，以便安装轨道。

一般翼缘板宽度 b 取 10mm 的倍数，厚度 t 取 2 mm 的倍数。

6.8.2　截面验算

根据初选的截面尺寸，计算出截面的各项几何特征，验算其弯曲正应力、局部应力、折算应力、局部稳定或屈曲后强度。截面验算时应考虑梁自重所产生的内力。

6.8.3　组合梁截面沿长度改变

梁的弯矩是沿梁长度变化的，梁的截面若随弯矩而变化，则可节约钢材。对于跨度较小的梁，变截面的经济效果不大，且会增加制造工作量，因而不宜改截面。变截面梁可以改变梁高（图 6-42）也可以改变梁宽（图 6-43）。

改变梁高时，使上翼缘保持不变，将梁的下翼缘做成折线外形，翼缘板的截面保持不变，这

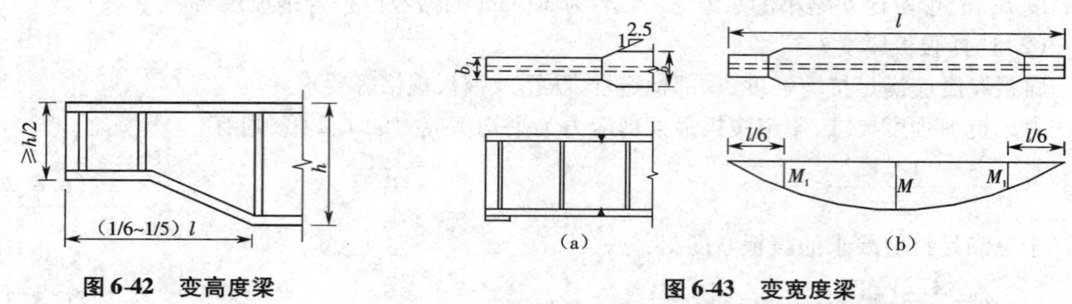

图 6-42　变高度梁

图 6-43　变宽度梁

(a)变宽度梁俯视图和侧视图;(b)变宽度梁最优化方案

样梁在支座处可减小其高度。但支座处的高度应满足抗剪强度要求,且不宜小于跨中高度的1/2。在翼缘由水平转为倾斜的两处均需要设置腹板加劲肋,下翼缘的弯折点一般取在距梁端$\left(\frac{l}{5}\sim\frac{l}{6}\right)$处。

改变梁宽,主要是变上、下翼缘宽度,或采用两端单层、跨中双层翼缘的方法,但改变厚度使梁的顶面不平整,也不便于布置铺板。

对承受均布荷载的单层工字形简支梁,最优截面改变处是离支座 1/6 跨度处(图 6-43)。应由截面开始改变处的弯矩 M_1反算出较窄翼缘板宽度 b_1。为减少应力集中,应将宽板由截面改变位置以不大于 1∶2.5 的斜角向弯矩较小侧过渡,与宽度为 b_1的窄板相对接。

截面一般只改变一次,若改变两次,其经济效益并不显著增加。

6.8.4　焊接梁翼缘焊缝计算

当梁弯曲时,由于相邻截面中作用在翼缘的弯曲正应力有差值,翼缘与腹板间将产生纵向剪应力(图 6-44)。由剪应力互等定理可得沿梁单位长度的纵向剪力为:

$$T_h=\tau\times(t_w\times1)=\frac{VS_1}{I_xt_w}\cdot t_w\cdot1=\frac{VS_1}{I_x}\tag{6.8.7}$$

式中　V——梁的最大剪力;

I_x——梁毛截面惯性矩;

S_1——一个翼缘对梁截面中和轴的面积矩。

当翼缘与腹板采用角焊缝连接时,应使两条角焊缝的剪应力 τ_f 不超过角焊缝的强度设计值,即:

$$\tau_f=\frac{T_h}{2h_e\times1}\leqslant f_f^w\tag{6.8.8}$$

可得焊脚尺寸为:

$$h_f\geqslant\frac{VS_1}{1.4f_f^wI_x}\tag{6.8.9}$$

全梁采用相同 h_f的连续焊缝,且须满足焊缝的最小尺寸要求。

当梁的翼缘承受有移动集中荷载或承受有固定集中荷载而未设置支撑加劲肋时,焊缝还要传递由集中荷载产生的竖向局部压应力(图 6-45)。单位长度焊缝上承担的压力为:

$$T_v=\sigma_c\cdot t_w\cdot1=\frac{\psi F}{t_wl_z}\cdot t_w\cdot l=\frac{\psi F}{l_z}\tag{6.8.10}$$

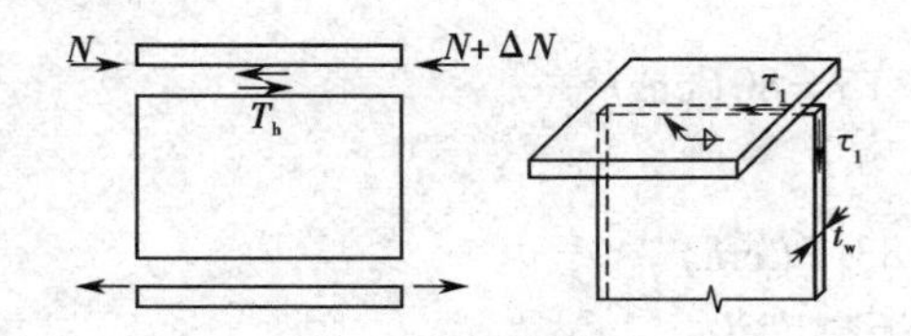

图6-44　水平方向剪力

式中 σ_c 为由式(6.2.19)计算的局部压应力,在 T_v 作用下产生的应力方向垂直于焊缝长度方向,其应力大小为:

$$\sigma_f=\frac{T_v}{2h_e\times 1}=\frac{\Psi F}{1.4h_f l_z} \tag{6.8.11}$$

因此,在 T_h 和 T_v 共同作用下应满足:

$$\sqrt{\left(\frac{\sigma_f}{\beta_f}\right)^2+\tau_f^2}\leqslant f_f^w \tag{6.8.12}$$

将式(6.8.8)、式(6.8.11)代入上式,得:

$$h_f\geqslant\frac{1}{1.4f_f^w}\sqrt{\left(\frac{\psi F}{\beta_f l_z}\right)^2+\left(\frac{VS_1}{I_x}\right)^2} \tag{6.8.13}$$

对于承受较大动力荷载的梁,因角焊缝易产生疲劳破坏,此时宜采用保证焊透的T形对接,如图6-46,可认为焊缝与腹板等强度而不必计算。

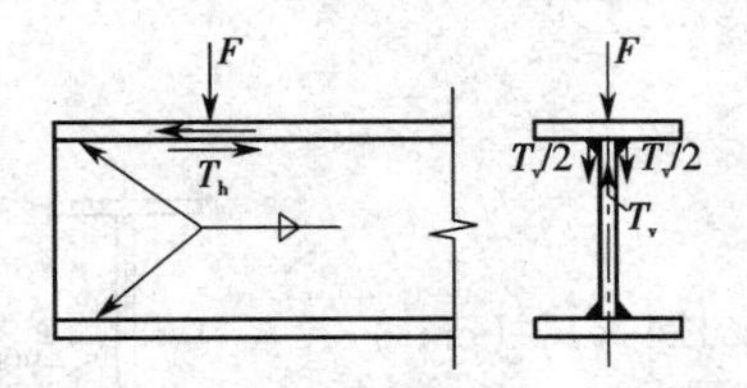

图6-45　双向剪力作用下的翼缘焊缝

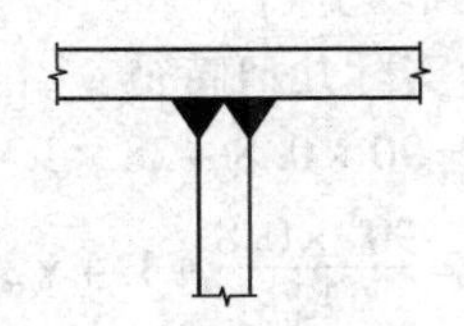

图6-46　焊透的T形对接焊

【例6-5】　设计例6-4工作平台的中间主梁,材料为Q235-B。

解:(1)选择截面

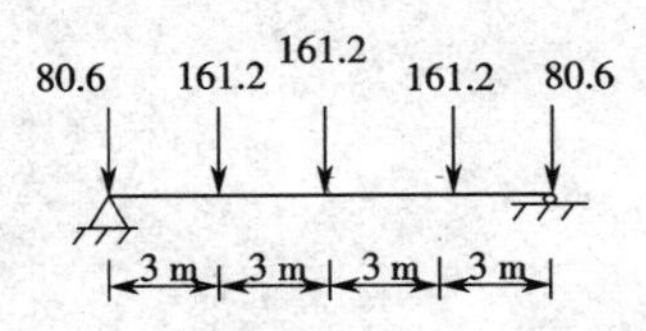

图6-47　例6-5计算简图

主梁的计算简图如图6-47所示。

中间次梁传给主梁的荷载设计值为:

$$F=(31.8+1.2\times 0.365)\times 5=161.2(\text{kN})$$

梁端的次梁传给主梁的荷载设计值取中间次梁的一半。主梁的支座反力(未计主梁自重)为:

$$R=2F=322.4(\text{kN})$$

梁中最大弯矩为:

$$M_{max}=(322.4-80.6)\times 6-161.2\times 3=967.2(\text{kN}\cdot\text{m})$$

梁所需要的截面抵抗矩为:

$$W_{nx}=\frac{M_{max}}{\gamma_x f}=\frac{967.2\times 10^6}{1.05\times 215\times 10^3}=4\ 284\times 10^3(\text{mm}^3)$$

梁的高度在净空方面无限制条件,依刚度要求,工作平台主梁的容许挠度为 $l/400$,由表

6-6知其容许最小高度为：

$$h_{min} = l/15 = 1\ 200/15 = 80(\text{cm})$$

梁的经济高度为：

$$h_s = 7\sqrt[3]{W_x} - 30 = 83.7(\text{cm})$$

参照以上数据，取梁腹板高度为：

$$h_w = 90\ \text{cm}$$

梁腹板厚度

$$t_w = \frac{1.2V}{h_w f_v} = \frac{1.2 \times 322.4 \times 10^3}{900 \times 125} = 3.44(\text{mm})$$

可见由抗剪条件所决定的腹板厚度很小。

依经验公式(6.8.4)估算：

$$t_w = \sqrt{h_w}/11 = \sqrt{90}/11 = 0.86(\text{cm}),\text{取 } t_w = 8\ \text{mm}$$

一个翼缘板面积

$$A_f = \frac{W_x}{h_w} - \frac{h_w t_w}{6} = \frac{4\ 284}{90} - \frac{90 \times 0.8}{6} = 35.6(\text{cm}^2)$$

试选翼缘板宽度 $b = 280$ mm，$t = 14$ mm。梁翼缘的外伸宽度 b_1' 与厚度之比：

$$\frac{b_1'}{t} = \frac{(280-8)/2}{14} = 9.72 < 13\sqrt{235/f_y}$$

梁翼缘板的局部稳定可以保证，且截面可以考虑部分塑性发展。

(2)截面验算

截面的实际几何特征：

$$A = 90 \times 0.8 + 28 \times 1.4 \times 2 = 150.4(\text{cm}^2)$$

$$I_x = \frac{90^3 \times 0.8}{12} + 1.4 \times 28 \times \left(\frac{90}{2} + \frac{1.4}{2}\right)^2 \times 2 = 2.124 \times 10^5(\text{cm}^4)$$

$$W_x = \frac{2.124 \times 10^5}{1.4 + 90/2} = 4\ 577(\text{cm}^3)$$

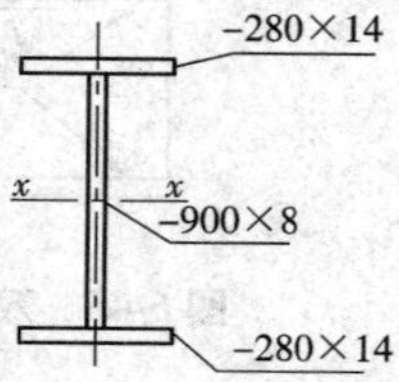

-280×14

x x

-900×8

-280×14

图6-48　例6-5主梁截面

主梁自重估算：

$$150.4 \times 10^{-4} \times 7.85 \times 10^3 \times 9.8 \times 1.2 = 1\ 388(\text{N/m}) = 1.388\ \text{kN/m}$$

(式中1.2为考虑腹板加劲肋等附加构造等用钢量的系数)

自重产生的弯矩：

$$M_g = \frac{1}{8} \times 1.388 \times 1.2 \times 12^2 = 29.98(\text{kN} \cdot \text{m})$$

跨中最大弯矩为：

$$M = 967.2 + 29.98 = 997.18(\text{kN} \cdot \text{m})$$

主梁的支座反力(计主梁自重)：

$$R = 322.4 + 1.2 \times 1.388 \times 12 \times 1/2 = 332.4(\text{kN})$$

跨中截面最大正应力：

$$\sigma = \frac{M}{\gamma_x W_{nx}} = \frac{997.18 \times 10^6}{1.05 \times 4\ 577 \times 10^3} = 207.5(\text{N/mm}^2) < f = 215\ \text{N/mm}^2$$

在主梁的支撑处以及支撑次梁处均配置支撑加劲肋，不必验算局部压应力。

跨中截面腹板边缘折算应力：

$$\sigma=\frac{997.18\times10^6\times450}{2.124\times10^5\times10^4}=211.3(\text{N/mm}^2)$$

跨中截面剪力

$$V=80.6\ \text{kN}$$

$$\tau=\frac{80.6\times10^3\times14\times280\times457}{2.124\times10^5\times10^4\times8}=8.50\ \text{N/mm}^2$$

$$\sqrt{\sigma^2+3\tau^2}=\sqrt{211.3^2+3\times8.5^2}=211.8(\text{N/mm})^2<1.1f=236.5\ \text{N/mm}^2$$

次梁可以作为主梁的侧向支撑点，因而梁受压翼缘自由长度 $l_1=3$ m，$l_1/b_1=\frac{300}{28}=10.7<16$，主梁整体稳定可以保证，因 $h>h_{\min}$，刚度条件自然满足。

(3)梁翼缘焊缝的计算

$$h_f\geqslant\frac{VS_1}{1.4I_xf_f^w}=\frac{332.4\times10^3\times14\times280\times457}{1.4\times2.124\times10^5\times10^4\times160}=1.25(\text{mm})$$

取 $h_f=6\ \text{mm}\geqslant1.5\sqrt{t_{\max}}=1.5\sqrt{14}=5.6$ mm。

(4)主梁加劲肋的设计

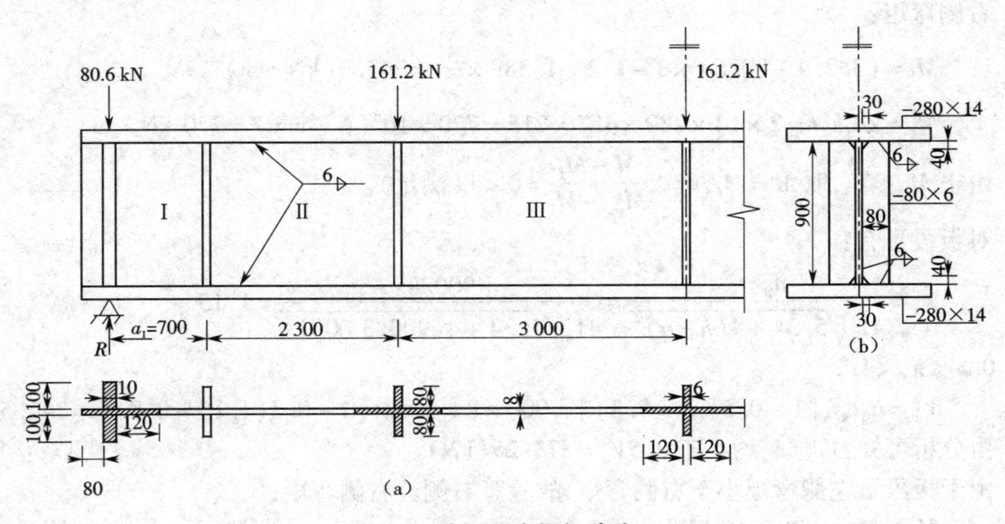

图6-49　例6-5主梁加劲肋

(a)主梁加劲肋布置；(b)端部板段构造

①各板段的强度验算。

此种梁腹板宜考虑屈曲后强度，在支座处和每个次梁处(即固定集中荷载处)设置支撑加劲肋。另外，端部板段采用图6-39(b)的构造，另加横向加劲肋，使 $a_1=700$ mm。因 $a_1/h_0<1$，则：

$$\lambda_s=\frac{h_0/t_w}{41\sqrt{4+5.34(900/700)^2}}=0.766<0.8$$

故 $\tau_{cr}=f_v$，使板段 I 范围内不会屈曲，支座加劲肋就不会受到水平力 H 的作用。

对于板段Ⅱ, $a/h_0>1$, 则:

$$\lambda_s=\frac{h_0/t_w}{41\sqrt{5.34+4(h_0/a)^2}}=\frac{900/8}{41\sqrt{5.34+4(900/2\ 300)^2}}=1.12$$

$0.8<\lambda_s<1.2$

$$V_u=h_0t_wf_v[1-0.5(\lambda_s-0.8)]=900\times8\times125\times[1-0.5(1.12-0.8)]$$
$$=756\times10^3\ \text{N}=756(\text{kN})$$

左侧剪力:

$$V_l=332.4-80.6-1.2\times1.388\times0.7=250.63\ \text{kN}<0.5V_u=378(\text{kN})$$

由分析可知板格Ⅱ右侧剪力也小于 $0.5V_u$。

$\lambda_b=\dfrac{2h_c}{177t_w}\sqrt{f_y/235}=\dfrac{2\times450}{177\times8}=0.64<0.85$, 则 $\rho=1.0$, 全截面有效, $a_e=1$, 则

$$M_{eu}=\gamma_x\alpha_eW_xf=1.05\times4\ 577\times10^3\times215=1.033\times10^9(\text{N}\cdot\text{mm})=1\ 033\ \text{kN}\cdot\text{m}$$

故左右侧均用 $\dfrac{M-M_f}{M_{eu}-M_f}<1$ 来验算。

左侧弯矩:

$$M_l=(332.4-80.6)\times0.7-1.2\times1.388\times\frac{0.7^2}{2}=175.85(\text{kN}\cdot\text{m})$$

右侧弯矩:

$$M_l=(332.4-80.6)\times3-1.2\times1.388\times\frac{3^2}{2}=747.9(\text{kN}\cdot\text{m})$$

$$M_f=2A_fh_1f=2\times14\times280\times457\times215=770\times10^6(\text{N}\cdot\text{mm})=770\ \text{kN}\cdot\text{m}$$

由于 $M_l<M_f$, 取 $M=M_f$, 所以 $\dfrac{M-M_f}{M_{eu}-M_f}=0<1$ (满足)。

对板段Ⅲ有:

$$\lambda_s=\frac{h_0/t_w}{41\sqrt{5.34+4(h_0/a)^2}}=\frac{900/8}{41\sqrt{5.34+4(900/3\ 000)^2}}=1.15$$

$0.8<\lambda_s<1.2$

$$V_u=h_0t_wf_v[1-0.5(\lambda_s-0.8)]=900\times8\times125\times[1-0.5(1.15-0.8)]=742.5(\text{kN})$$

由分析可知: V_l 与 V_r 均小于 $0.5V_u=371.25(\text{kN})$。

由于板段Ⅲ左侧弯矩小于右侧弯矩, 故验算右侧。右侧弯矩:

$$M_r=M_{max}=997.18\ \text{kN}\cdot\text{m}$$

$$\frac{M-M_f}{M_{eu}-M_f}=\frac{997.18-770}{1\ 033-770}=0.86<1(\text{满足})$$

②加劲肋的计算。

横向加劲肋的截面如图 6-49(b) 所示, 宽度:

$$b_s=\frac{h_0}{30}+40=\frac{900}{30}+40=70\ \text{mm}, \text{取}\ b_s=80\ \text{mm}$$

厚度:

$$t_s\geqslant\frac{b_s}{15}=80/15=5.3(\text{mm}), \text{取}\ t_s=6\ \text{mm}$$

中部承受次梁支座反力的支撑加劲肋的截面验算：因为 $\lambda_s = 1.15, 0.8 < \lambda_s < 1.2$，故

$$\tau_{cr} = [1 - 0.59(\lambda_s - 0.8)]f_v = [1 - 0.59(1.15 - 0.8)] \times 125 = 99.19(\mathrm{N/mm^2})$$

该加劲肋所承受的轴心力：

$$N_s = V_u - \tau_{cr} h_w t_w + F = 742.5 - 99.19 \times 900 \times 8 \times 10^{-3} + 161.2 = 189.5(\mathrm{kN})$$

截面面积：

$$A_s = (2 \times 80 + 8) \times 6 + 2 \times 8 \times 15 \times 8 = 29.28(\mathrm{cm^2})$$

$$I_z = \frac{1}{12} \times 6 \times 168^3 = 237\ (\mathrm{cm^4})$$

$$i_z = \sqrt{I_z/A} = \sqrt{237/29.28} = 2.845(\mathrm{cm})$$

$$\lambda_x = \frac{900}{28.45} = 31.63(\text{b 类}), \text{查 } \varphi_x = 0.931$$

验算其在腹板平面外的稳定：

$$\frac{N_s}{\varphi_z A_s} = \frac{189.5 \times 10^3}{0.931 \times 2\,928} = 69.5(\mathrm{N/mm^2}) < f = 215\ \mathrm{N/mm^2}(\text{满足})$$

采用次梁侧面连于主梁加劲肋时，不必验算加劲肋端部的承压强度。

支座加劲肋的验算：采用两块 -100×10 的板，则：

$$A_s = (2 \times 100 + 8) \times 10 + (80 + 15 \times 8) = 36.80(\mathrm{cm^2})$$

$$I_z = \frac{1}{12} \times 10 \times (2 \times 100 + 8)^3 = 749.9(\mathrm{cm^4})$$

$$i_z = \sqrt{I_z/A} = \sqrt{749.9/36.8} = 4.514(\mathrm{cm})$$

$$\lambda_z = \frac{900}{45.14} = 19.93(\text{c 类})\text{查 } \varphi'_z = 0.966$$

验算其在腹板平面外的稳定：

$$\frac{N'_s}{\varphi'_z A_s} = \frac{332.4 \times 10^3}{0.966 \times 3\,680} = 93.5(\mathrm{N/mm^2}) < f = 215\ \mathrm{N/mm^2}(\text{满足})$$

验算端部承压：

$$\sigma_{ce} = \frac{332.4 \times 10^3}{2 \times (100 - 30) \times 10} = 237.4(\mathrm{N/mm^2}) < f_{ce} = 325\ \mathrm{N/mm^2}$$

计算其与腹板的连接焊缝：

$$h_f \geqslant \frac{332.4 \times 10^3}{4 \times 0.7 \times (900 - 2 \times 40) \times 160} = 0.9(\mathrm{mm})$$

取 $h_f = 6\ \mathrm{mm} > 1.5\sqrt{t_{max}} = 1.5 \times \sqrt{10} = 4.7(\mathrm{mm})$。

【例 6-6】　如果在例 6-5 中主梁不考虑腹板屈曲后强度，重新验算腹板的强度并进行加劲肋的设计。

解：(1)梁的腹板高厚比：

$$\frac{h_0}{t_w} = \frac{900}{8} = 112.5 > 80\sqrt{\frac{235}{f_y}}$$

设次梁和铺板能有效地约束主梁的受压翼缘，由于 $170\sqrt{\frac{235}{f_y}} > h_0/t_w > 80\sqrt{\frac{235}{f_y}}$，所以需设置横向加劲肋。

考虑到在次梁处应配置横向加劲肋，故取横向加劲肋的间距 $a=150\ \text{cm}<2h_0=180\ \text{cm}$，且 $a>0.5h_0$（如图 6-50 所示），加劲肋如此布置后，各区格就可作为无局部压应力的情况计算。

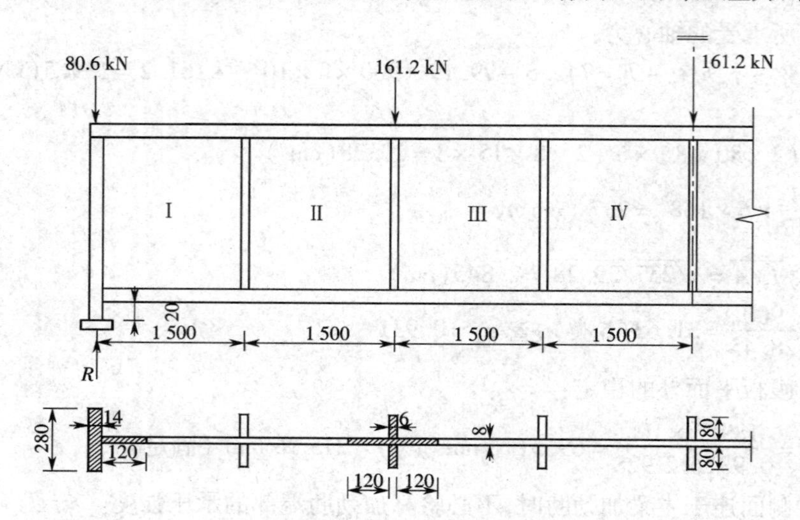

图 6-50　例 6-6 主梁加劲肋

引用例 6-4 及例 6-5 中的相关数据，腹板区格的局部稳定验算如下。

（1）区格Ⅰ的内力

左端

$$V_1=332.4-80.6=251.8(\text{kN})$$

$$M_1=0\ \text{kN}\cdot\text{m}$$

右端

$$V_r=332.4-80.6-1.388\times1.5\times1.2=249.3(\text{kN})$$

$$M_r=251.8\times1.5-1.2\times1.388\times1.5^2/2=375.8(\text{kN}\cdot\text{m})$$

区格的平均弯矩产生的弯曲正应力为：

$$\sigma=\frac{(M_r+M_1)}{2}\cdot\frac{h_0}{2I_x}=\frac{(0+375.8)\times10^6}{2}\times\frac{900}{2\times2.124\times10^5\times10^4}=39.8(\text{N/mm}^2)$$

区格的平均剪力产生的平均剪应力为：

$$\tau=\frac{V_r+V_1}{2h_0t_w}=\frac{(251.8+249.3)\times10^3}{2\times900\times8}=34.8(\text{N/mm}^2)$$

由例 6-5 知：

$$\lambda_b=\frac{2h_c/t_w}{177}\sqrt{f_y/235}=\frac{2\times450}{177\times8}=0.65<0.85\quad 取\ \sigma_{cr}=f=215\ \text{N/mm}^2$$

$$\lambda_s=\frac{h_0/t_w}{41\sqrt{5.34+4(h_0/a)^2}}\sqrt{f_y/235}=\frac{900/8}{41\sqrt{5.34+4(900/1\,500)^2}}=1.054$$

$$\tau_{cr}=[1-0.59(\lambda_s-0.8)]f_v=[1-0.59(1.054-0.8)]\times125=106.27(\text{N/mm}^2)$$

故 $$\left(\frac{39.8}{215}\right)^2+\left(\frac{34.8}{106.27}\right)^2=0.142<1.0$$

（2）区格Ⅳ的内力

左端：

$$V_l=332.4-80.6-161.2-1.2\times1.388\times4.5=83.10(\text{kN})$$

$$M_l=(332.4-80.6)\times4.5-161.2\times1.5-1.2\times1.388\times4.5^2/2=874.4(\text{kN/m})$$

右端：

$$V_r=332.4-80.6-161.2-1.2\times1.388\times6=80.6(\text{kN})$$

$$M_r=M_{max}=997.18\ \text{kN}\cdot\text{m}$$

区格的平均弯矩产生的弯曲正应力为：

$$\sigma=\frac{(874.4+997.18)\times10^6\times900}{2\times2.124\times10^5\times10^4\times2}=198.3(\text{N/mm}^2)$$

区格的平均剪力产生的平均剪应力为：

$$\tau=\frac{V_l+V_r}{2h_0t_w}=\frac{(83.1+80.6)\times10^3}{2\times900\times8}=11.37(\text{N/mm}^2)$$

故 $\left(\frac{198.3}{215}\right)^2+\left(\frac{11.37}{106.27}\right)^2=0.862<1.0$（满足）

从区格Ⅰ和区格Ⅳ满足，易知区格Ⅱ和Ⅲ必满足。

(2)支撑加劲肋和支座加劲肋的设计

支撑加劲肋的设计，同例6-5，只是传递轴压力 $N=161.2\ \text{kN}<N_s=189.5\ \text{kN}$，所以可以满足要求。

支座加劲肋如图6-50所示，突缘式支座，根据梁端截面尺寸，选用支座加劲肋截面为：-280×14 mm，伸出翼缘下面20 mm，小于 $2t=28$mm。

支座反力：

$$R=332.4\ \text{kN}$$

$$A_s=28\times1.4+12\times0.8=48.80(\text{cm}^2)$$

$$I_z=\frac{1}{12}\times1.4\times28^3=2\ 561.0(\text{cm}^4)$$

$$i_z=\sqrt{I_z/A}=\sqrt{2\ 561/48.80}=7.244(\text{cm})$$

$$\lambda=\frac{l_0}{i_z}=\frac{90}{7.244}=12.4(\text{查 c 类曲线}),\varphi=0.987$$

$$\sigma=\frac{N}{\varphi A}=\frac{332.4\times10^3}{0.987\times4\ 880}=69.0(\text{N/mm}^2)<f=215\ \text{N/mm}^2$$

支撑加劲肋端部刨平顶紧，顶面承压应力验算：

$$\frac{N}{A_{ce}}=\frac{332.4\times10^3}{280\times14}=84.8(\text{N/mm}^2)<f_{ce}=325\ \text{N/mm}^2(\text{满足})$$

支座加劲肋与腹板采用直角角焊缝连接，焊脚尺寸为：

$$h_f=\frac{332.4\times10^3}{2\times0.7\times900\times160}=1.65(\text{mm})$$

取 $h_f=8\ \text{mm}>1.5\sqrt{t_{max}}=1.5\sqrt{14}=5.6\ \text{mm}$。

6.9 梁的拼接连接

6.9.1 梁的拼接

梁的拼接按施工条件的不同分为工厂拼接和工地拼接。由于钢材尺寸的限制,必须将钢材接长,这种拼接常在工厂中进行,称为工厂拼接;由于运输或安装条件的限制,需将梁分段制成和运输,然后在工程现场拼装,称为工地拼接。工地拼接的质量较工厂拼接差,应尽量减少工地拼接。

型钢梁的拼接,翼缘可采用对接直焊缝或拼接板,腹板可采用拼接板,拼接板均可采用焊接或螺栓连接。拼接位置宜放在弯矩较小处。

焊接组合梁在工厂拼接中,翼缘和腹板的拼接位置最好错开并采用对接直焊缝(图6-51),腹板的拼接焊缝与横向加劲肋之间至少应相距 $10t_w$。拼接位置尽量设在弯矩较小处,在工厂制造时,通常先将梁的翼缘板和腹板分别接长,然后再拼装成整体,以减小焊接应力。对接焊缝施焊时宜加引弧板,并采用一级或二级焊缝,使焊缝与钢材等强度。但采用三级焊缝质量时,焊缝抗拉强度低于钢材的强度,需进行焊缝强度验算。若焊缝强度不足时,可采用斜焊缝,但斜焊缝连接较费料,对于较宽的腹板不宜采用,可将拼接位置调整到弯矩较小处。

工地拼接一般应使翼缘和腹板在同一截面或接近于同一截面处断开,以便分段运输。为了便于焊接,将上、下翼缘板均切割成向上的 V 形坡口,以便俯焊,同时为了减小焊接残余应力,将翼缘板在靠近拼接截面处的焊缝预留出约 500 mm 的长度在工厂不焊,在工地上按图6-52 所示序号施焊。为了避免焊缝过分密集,可将上、下翼缘板和腹板的拼接位置略为错开,但运输时对伸出部分必须注意保护,以免碰坏。

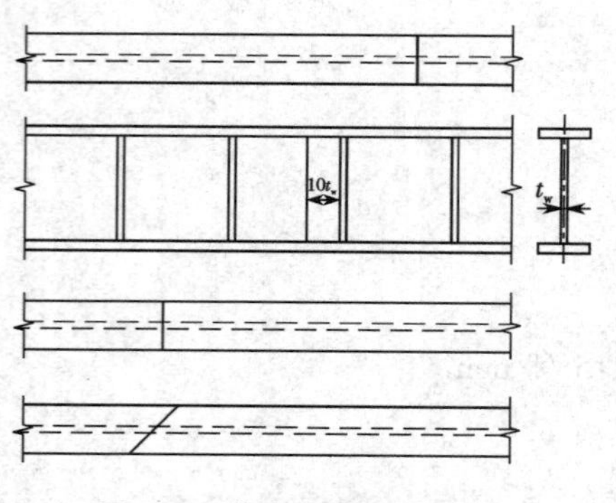

图 6-51 焊接梁的工厂拼接

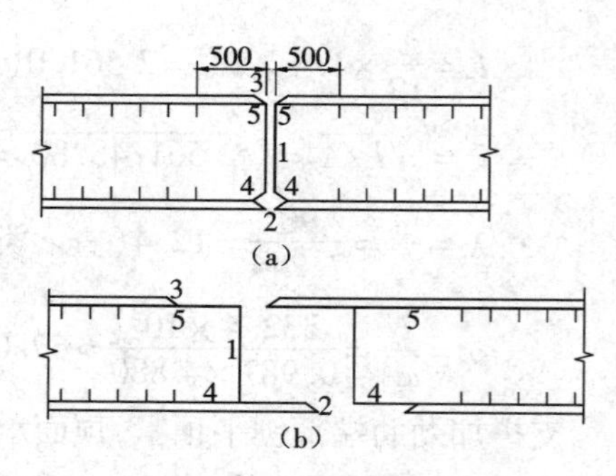

图 6-52 工地焊接拼接

(a)同位断开施焊顺序;(b)错位断开施焊顺序

对于重要的或受动力荷载作用的大型组合梁,由于现场焊接质量难以保证工地拼接,宜采用高强度螺栓连接(图 6-53)。

对用拼接板的接头,应按下列规定的内力进行计算。

翼缘拼接板及其连接所承受的轴向力 N_1 为翼缘板的最大承载力:

$$N_1 = A_{fn} \cdot f \tag{6.9.1}$$

式中 A_{fn}——被拼接的翼缘板的净截面面积。

腹板拼接板及其连接，主要承受梁截面上的全部剪力 V 以及按刚度分配到腹板上的弯矩：

$$M_w = \frac{I_w}{I}M \tag{6.9.2}$$

式中　I——梁的毛截面惯性矩；

I_w——腹板的毛截面惯性矩。

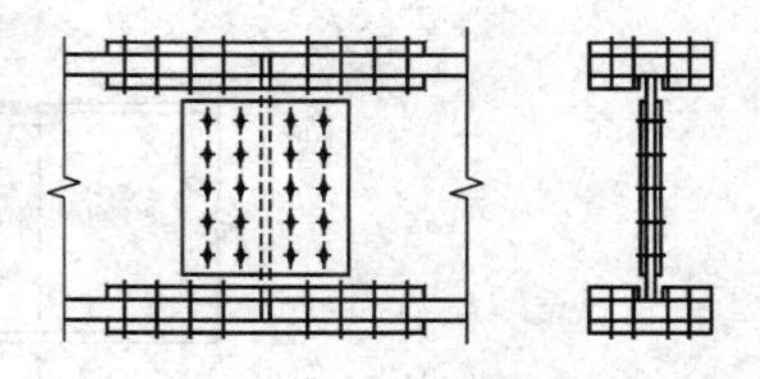

图 6-53　工地高强度螺栓拼接

6.9.2　梁的连接

根据次梁与主梁相对位置，梁的连接有叠接和平接两种。

叠接是将次梁直接搁在主梁上，用螺栓或焊接连接，构造简单，但占用较大的建筑空间，使用受到较大限制。在次梁支撑处，主梁应设置支撑加劲肋。图 6-54(a)次梁为简支梁，图 6-54(b) 次梁为连续梁。

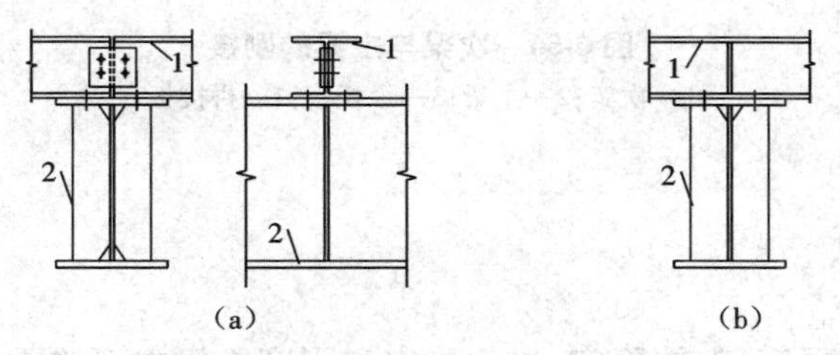

图 6-54　次梁与主梁的叠接

(a)主次梁叠接方式 1；(b)主次梁叠接方式 2

1—次梁；2—主梁

平接是使次梁顶面与主梁顶面相平，从侧面与主梁的加劲肋或在腹板上专设的支托、短角钢，通过焊缝或螺栓相连。平接构造较复杂，但可降低结构高度，故在实际工程中广泛应用。

次梁与主梁从传力效果上分为铰接与刚接。若次梁为简支梁，其连接为铰接(图 6-55)；若次梁为连续梁，其连接为刚接(图 6-56)。铰接只传递支座反力，不传递支座弯矩；而刚接既传递支座反力，又传递支座弯矩。

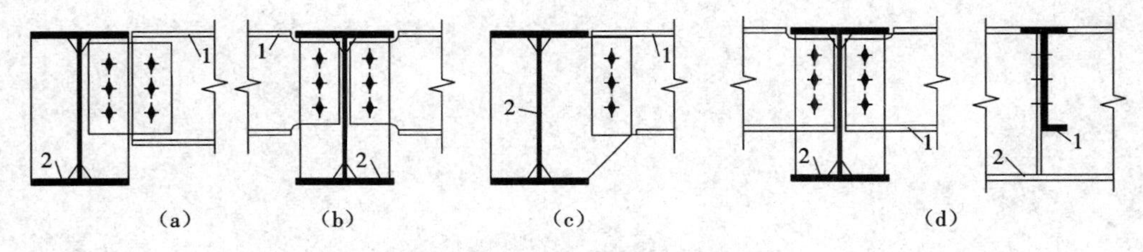

图 6-55　次梁与主梁的铰接

1—次梁；2—主梁

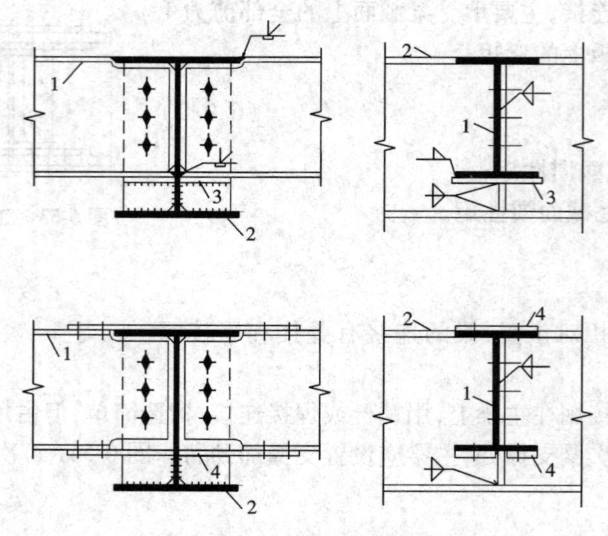

图 6-56　次梁与主梁的刚接

1—次梁；2—主梁；3—承托板；4—拼接板

6.10　本章要点

钢梁的设计应满足强度、整体稳定、局部稳定和刚度 4 个方面的要求。其中前三项属于承载力极限状态计算，第四项属于正常使用极限状态计算。通过本章的学习，应了解钢梁的主要类型及其常见截面形式；了解钢梁的受力全过程及其破坏特征，掌握钢梁强度的计算；了解钢梁的扭转特点；了解影响钢梁整体稳定的主要因素，理解钢梁整体稳定和局部稳定的概念，掌握钢梁整体稳定和局部稳定的计算；理解钢梁屈曲后强度的概念；掌握钢梁设计的内容和要求及其在弯矩、剪力作用下的设计方法。

第7章　拉弯和压弯构件

7.1　拉弯和压弯构件的特点

同时承受轴向力和弯矩或横向荷载共同作用的构件称为拉弯或压弯构件(图7-1、图7-2)。弯矩可能由轴向力的偏心作用、端弯矩作用或横向荷载作用3种因素形成。当弯矩作用在截面的一个主轴平面内时称为单向压弯(或拉弯)构件,作用在两主轴平面的称为双向压弯(或拉弯)构件。

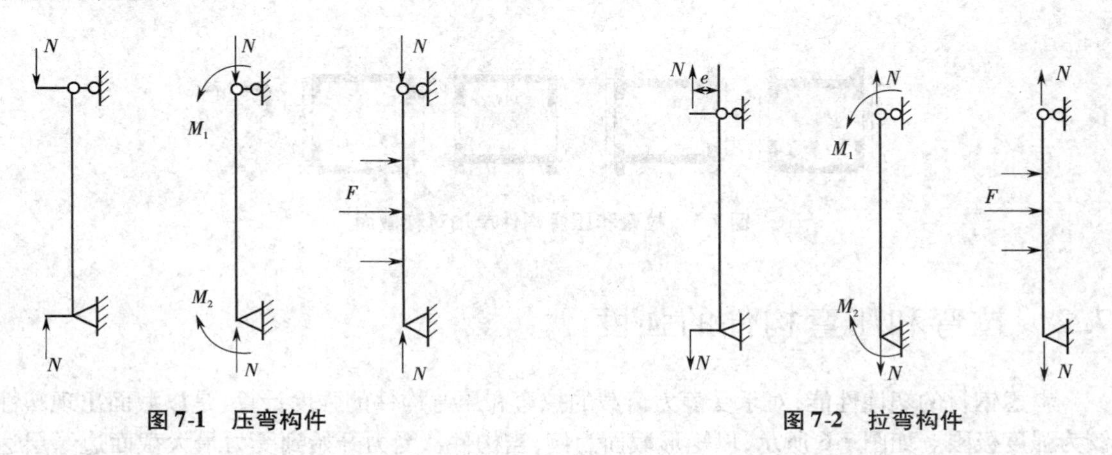

图7-1　压弯构件　　　　图7-2　拉弯构件

在钢结构中压弯和拉弯构件的应用十分广泛,例如有节间荷载作用的桁架上下弦杆、受风荷载作用的墙架柱以及天窗架的侧立柱等。

相比而言,压弯构件要比拉弯构件在钢结构中应用得更加广泛,如工业建筑中的厂房框架柱(图7-3)、多层(或高层)建筑中的框架柱(图7-4)以及海洋平台的立柱等。它们不仅要承受上部结构传下来的轴向压力,同时还受有弯矩和剪力。

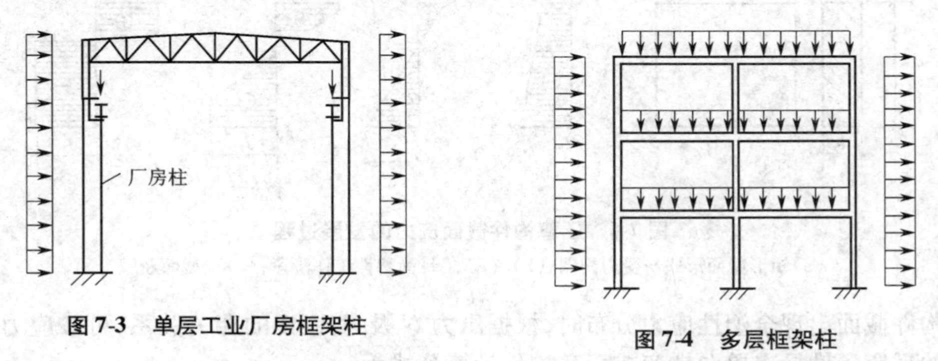

图7-3　单层工业厂房框架柱　　　　图7-4　多层框架柱

与轴心受力构件一样,在进行拉弯和压弯构件设计时,应同时满足承载能力极限状态和正常使用极限状态的要求。拉弯构件需要计算其强度和刚度(限制长细比);对压弯构件,则需要计算强度、整体稳定(弯矩作用平面内稳定和弯矩作用平面外稳定)、局部稳定和刚度(限制长细比)。

拉弯构件的容许长细比与轴心拉杆相同;压弯构件的容许长细比与轴心压杆相同。

拉弯、压弯构件的截面形式很多,一般可分型钢截面和组合截面两类。而组合截面又分实腹式和格构式两种截面。如承受的弯矩较小而轴力较大时,其截面一般与轴心受力构件相似;但当构件承受弯矩相对较大时,除采用截面高度较大的双轴对称截面外,还可以采用如图 7-5 所示的单轴对称截面以获得较好的经济效果。

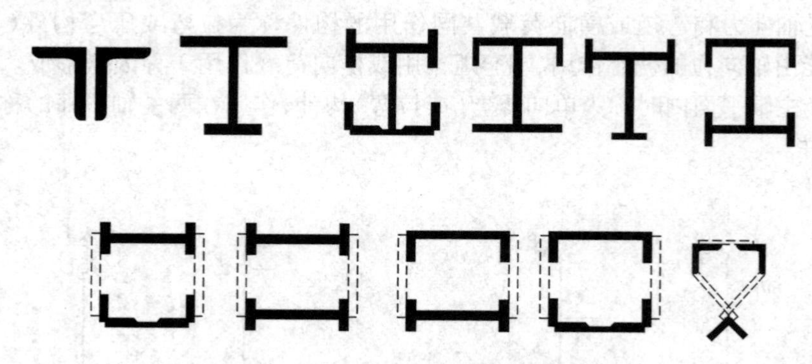

图 7-5　拉弯和压弯构件单轴对称截面

7.2　拉弯和压弯构件的强度

考虑钢材的塑性性能,对承受静力荷载的拉弯和压弯构件的强度计算,是以截面出现塑性铰为强度极限。如图 7-6 所示,以矩形截面为例,当构件从受力开始到受力最大截面边缘层达到屈服,出现塑性时,为弹性工作阶段(图 7-6(b) ~ (c));当受力逐渐增加,最大截面边缘塑性逐渐向截面内部发展,为弹塑性工作阶段(图 7-6(d));直到全截面屈服,形成塑性铰而破坏(图 7-6(e))。

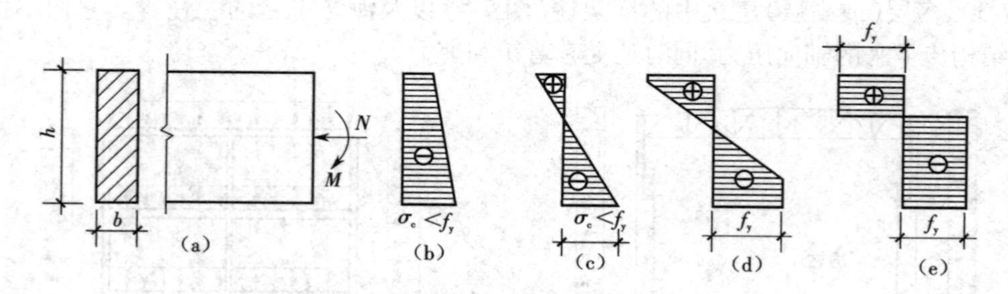

图 7-6　压弯构件截面应力的发展过程

(a)矩形截面形式与受力简图;(b)、(c)、(d)弹塑性工作阶段;(e)全截面屈服

当构件截面出现全塑性应力分布时,根据压力 N 及弯矩 M 的相关关系,可按应力分布和内外力的平衡条件导出单向拉弯或压弯构件计算公式为:

$$\frac{N}{A_n}\pm\frac{M_x}{\gamma_x W_{nx}}\leqslant f \tag{7.2.1}$$

除圆管截面外，弯矩作用在两个主平面内的拉弯构件和压弯构件，其截面强度应按下式计算：

$$\frac{N}{A_n}\pm\frac{M_x}{\gamma_x W_{nx}}\pm\frac{M_y}{\gamma_y W_{ny}}\leqslant f \tag{7.2.2}$$

弯矩作用在两个主平面内的圆形截面拉弯构件和压弯构件，其截面强度应按下式计算：

$$\frac{N}{A_n}+\frac{\sqrt{M_x^2+M_y^2}}{\gamma_m W_n}\leqslant f \tag{7.2.3}$$

式中　N——同一截面处轴心压力设计值（N）；

M_x、M_y——同一截面处对 x 轴和 y 轴的弯矩设计值（N·mm）；

γ_x、γ_y——截面塑性发展系数，根据其受压板件的内力分布情况确定其截面板件宽厚比等级，当截面板件宽厚比等级不满足 S3 级要求时取 1.0，满足 S3 级要求时，可按表 7-1 采用，需要验算疲劳强度的拉弯、压弯构件，宜取 1.0；

γ_m——圆形构件的截面塑性发展系数，对于实腹圆形截面取 1.2，当圆管截面板件宽厚比等级不满足 S3 级要求时取 1.0，满足 S3 级要求时取 1.15，需要验算疲劳强度的拉弯、压弯构件，宜取 1.0；

A_n——构件的净截面面积（mm^2）；

W_n——构件的净截面模量（mm^3）。

表 7-1　截面塑性发展系数 γ_x、γ_y

项次	截面形式	γ_x	γ_y
1	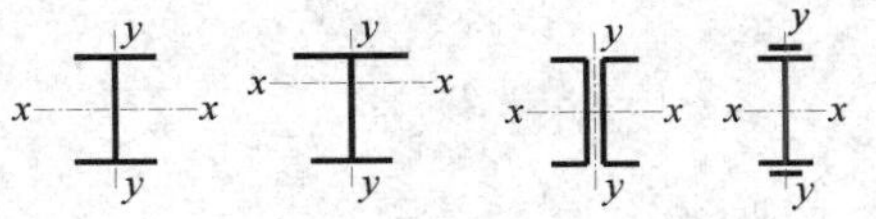	1.05	1.2
2	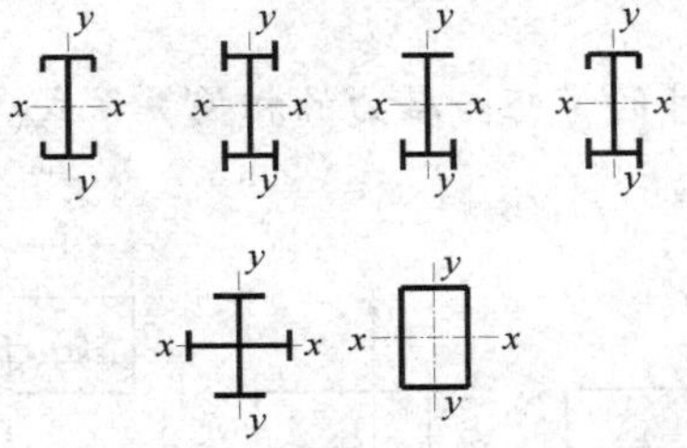		1.05
3	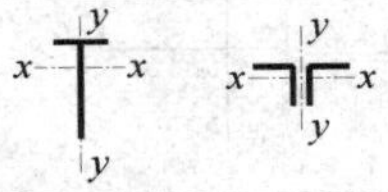	$\gamma_{x1}=1.05$ $\gamma_{x2}=1.2$	1.2
4	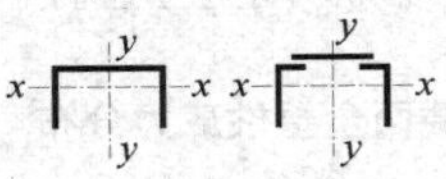		1.05
5	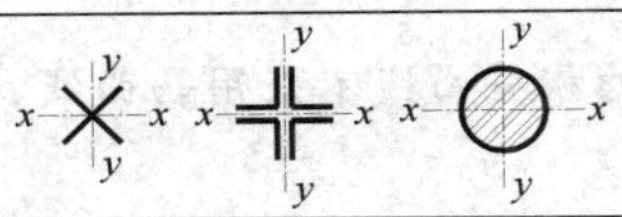	1.2	1.2

续表

项次	截面形式	γ_x	γ_y
6		1.15	1.15
7		1.0	1.05
8			1.0

对直接承受动力荷载的构件,不考虑塑性发展,取$\gamma_x=\gamma_y=1.0$。

注:单向拉弯或压弯构件计算公式的推导如下。

以矩形截面为例,如图7-7,考虑由于纯压力或拉力达到塑性时,$\eta=0$,$M_{px}=0$,$N_p=bhf_y$,或达到最大弯矩出现塑性铰时,$\eta=\frac{1}{2}$,$N=0$,$M_{px}=\frac{bh^2}{4}f_y$,得

$$N=(1-2\eta)hbf_y=N_p(1-2\eta)$$

$$M_x=\eta hb(h-\eta h)f_y=\frac{bh^2}{4}f_y(4\eta-4\eta^2)=M_p[4\eta-(2\eta)^2]$$

$$\frac{N}{N_p}=(1-2\eta)$$

$$\frac{M_x}{M_{px}}=[2(2\eta)-(2\eta)^2]$$

消去η得

$$\left(\frac{N}{N_p}\right)^2+\frac{M_x}{M_{px}}=1$$

这就是矩形截面拉弯或压弯构件的弯矩与轴力的相关关系式。

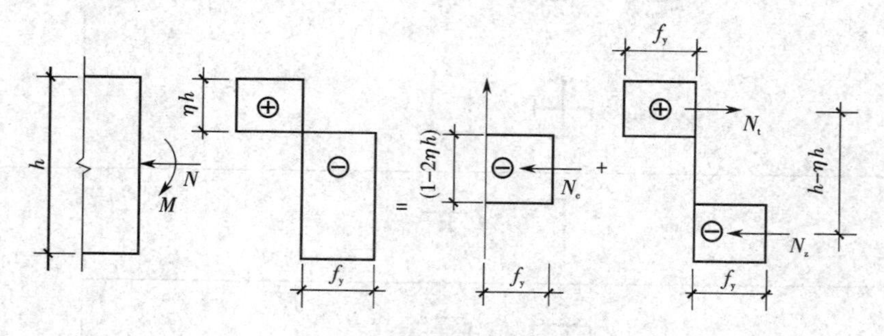

图7-7 截面全塑性应力分布

为偏于安全起见,拉弯、压弯构件的相关曲线不采用凸曲线,而采用直线方程:

$$\frac{N}{N_{p}}+\frac{M_{x}}{M_{px}}=1 \tag{7.2.3}$$

同时考虑控制塑性发展区在(0.125～0.25)h范围内,并以不超过0.15倍截面高度来采用塑性发展系数,于是将$N_{p}=A_{n}f_{y}$、$M_{px}=\gamma_{x}W_{nx}f_{y}$代入上式,并引入抗力分项系数,可得单向拉弯或压弯构件计算公式(7.2.1)。

【例7-1】　如图7-8所示拉弯构件,承受横向均布荷载设计值$q=13$ kN/m,轴向拉力设计值$N=330$ kN,截面为Ⅰ22a,无削弱,材料为Q235钢。试验算其强度和刚度条件。

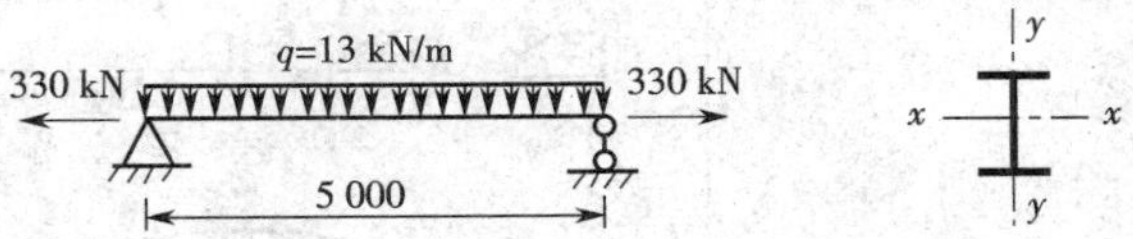

图7-8　例7-1图

解:查附录表5-1得Ⅰ22a的截面特征:截面积$A=42.1\ \text{cm}^2$,自重重力为0.33 kN/m,$W_x=310\ \text{cm}^3$,$i_x=8.99$ cm,$i_y=2.32$ cm。查附录表5-1得$\gamma_x=1.05$。

构件的最大弯矩设计值为:

$$M_x=\frac{1}{8}ql^2=\frac{1}{8}\times(13+0.33\times1.2)\times5^2=41.86(\text{kN}\cdot\text{m})$$

强度验算:

$$\frac{N}{A}+\frac{M_x}{\gamma_x W_{nx}}=\frac{330\times10^3}{42.1\times10^2}+\frac{41.86\times10^6}{1.05\times310\times10^3}=207(\text{N/mm}^2)<f=215\ \text{N/mm}^2$$

刚度验算:

$$\lambda_x=\frac{l_{0x}}{i_x}=\frac{500}{8.99}=55.62,\lambda_y=\frac{l_{0x}}{i_y}=\frac{500}{2.32}=216<[\lambda]=350$$

满足要求。

7.3　压弯构件的稳定

压弯构件的截面尺寸通常由稳定承载力确定。对双轴对称截面一般将弯矩绕强轴作用,而单轴对称截面则将弯矩作用在对称轴平面内,这些构件可能在弯矩作用平面内弯曲失稳,也可能在弯矩作用平面外弯扭失稳。所以,压弯构件要分别计算弯矩作用平面内和弯矩作用平面外的稳定性。

7.3.1　压弯构件的整体稳定

1. 弯矩作用平面内的稳定

图7-9表示一实腹式压弯构件,构件的初始缺陷(初弯曲、初偏心)用等效初弯曲v_{0m}代表。图7-9(b)表示当N成比例增加时轴压力N和杆中点侧向挠度v_m的关系曲线。其中A点表示截面边缘最大应力达到屈服极限,此时荷载可继续增加直到B点杆件失稳。在B点之前($O'AB$段)杆件处于稳定平衡状态。在B点之后由于塑性区的扩展,截面弹性部分能承受的后继荷载没有外力荷载增加得快,所以变形增加时不需要增加荷载,甚至荷载还要减小直到C点

出现塑性铰使杆件破坏，这时杆件处于不稳定平衡状态。B 点是构件的稳定极限状态，其对应的荷载 N_u 称为压溃荷载，显然这一问题是第二类稳定问题。从曲线上可以看出，压溃荷载比边缘屈服荷载(A 点)大一些，比轴心压杆的欧拉力要小且随偏心率 ε 增大而减小，ε 在此表示偏心矩 $e=(M+Nv_{0m})/N$ 和核心距 $\rho=W_1/A$ 之比，即 $\varepsilon=(M+Nv_{0m})A/(NW_1)$，$W_1$ 为受压最大纤维的毛截面抵抗矩。图中曲线 2 的 ε 要比曲线 1 的 ε 大一些。

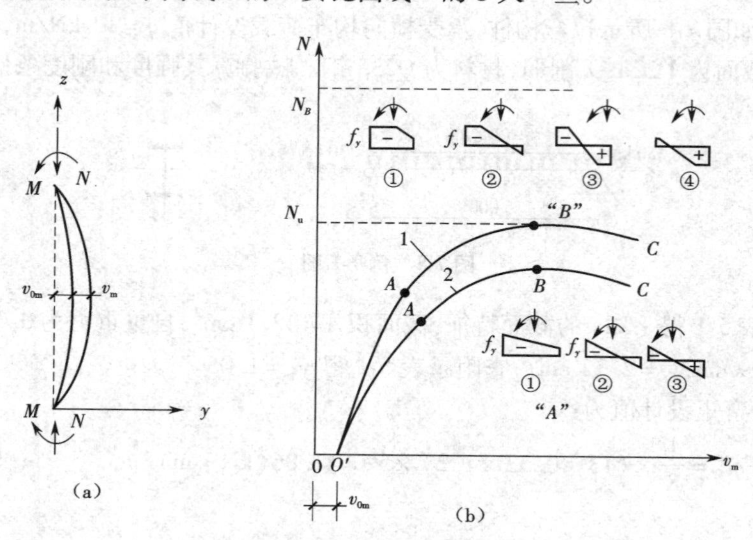

图 7-9　压弯杆的 N-v_{0m} 关系曲线

(a)压弯杆受力简图；(b)N—v_{0m} 曲线

压弯构件的 N_u 值除与构件的长细比 λ 和偏心率 ε 的大小以及支撑情况等因素有关外，还与截面的形式和尺寸、材料的性质、荷载的形式等因素有关，这样压溃时可能形成图 7-9(b)中"B"所示的 4 种塑性区形式。综上所述，可以看出确定压弯构件的稳定性是较复杂的，实际应用当中一般都采用半理论半经验的近似方法。《钢结构设计标准》经研究分析，认为可近似地借用压弯杆在弹性工作状态下，截面受压边缘纤维屈服时 N 与 M 的相关公式，然后考虑初始缺陷的影响和适当的塑性发展得到计算公式。

《钢结构设计标准》对 11 种截面进行了计算比较，得出对弯矩作用在对称轴内(假设为绕 x 轴)的实腹式压弯构件，其在弯矩作用平面内的稳定条件按下式验算：

$$\frac{N}{\varphi_x Af}+\frac{\beta_{mx}M_x}{\gamma_x W_{1x}\left(1-0.8\dfrac{N}{N'_{Ex}}\right)f}\leqslant 1.0 \tag{7.3.1}$$

式中　N——轴向压力；

φ_x——弯矩作用平面内的轴心受压稳定系数；

A——构件毛截面面积；

M_x——所计算构件段范围内的最大弯矩；

N'_{Ex}——为欧拉临界力除以抗力分项系数 γ_R(不分钢种，取 $\gamma_R=1.1$)，$N'_{Ex}=\pi^2EA/(1.1\lambda_x^2)$；

W_{1x}——受压最大纤维的毛截面模量；

γ_x——截面塑性发展系数；

β_{mx}——等效弯矩系数，按下列规定采用。

(1)无侧移框架柱和两端支承的构件

①无横向荷载作用时，β_{mx}应按下式计算：

$$\beta_{mx}=0.6+0.4\frac{M_2}{M_1}$$

式中　M_1, M_2——端弯矩(N·mm)，构件无反弯点时取同号；构件有反弯点时取异号，$|M_1|\geqslant|M_2|$。

②无端弯矩但有横向荷载作用时，β_{mx}应按下列公式计算。

跨中单个集中荷载：

$$\beta_{mx}=1-0.36N/N_{cr}$$

全跨均布荷载：

$$\beta_{mx}=1-0.18N/N_{cr}$$

$$N_{cr}=\frac{\pi^2 EI}{(\mu l)^2}$$

式中　N_{cr}——弹性临界力(N)；

μ——构件的计算长度系数。

③端弯矩和横向荷载同时作用时，$\beta_{mx}M_x$ 应按下式计算：

$$\beta_{mx}M_x=\beta_{mqx}M_{qx}+\beta_{m1x}M_1$$

式中　M_{qx}——横向荷载产生的弯矩最大值(N·mm)；

μ——取按本条第一款第一项计算的等效弯矩系数。

(2)有侧移框架柱和悬臂构件

①除本款第②项规定之外的框架柱，β_{mx}应按下式计算：

$$\beta_{mx}=1-0.36N/N_{cr}$$

②有横向荷载的柱脚铰接的单层框架柱和多层框架的底层柱，$\beta_{mx}=1.0$；

③自由端作用有弯矩的悬臂柱，β_{mx}应按下式计算：

$$\beta_{mx}=1-0.36(1-m)N/N_{cr}$$

式中　m——自由端弯矩与固定端弯矩之比，当弯矩图无反弯点时取正号，有反弯点时取负号。

当柱段中没有很大横向力或集中弯矩时，双向压弯圆管的整体稳定按下列公式计算：

$$\frac{N}{\varphi_x Af}+\frac{\beta_{mx}M_x}{W_{1x}\left(1-\frac{N}{N'_{Ex}}\right)f}\leqslant 1.0$$

$$M=\max\left(\sqrt{M_{xA}^2+M_{yA}^2},\sqrt{M_{xB}^2+M_{yB}^2}\right) \tag{7.3.2}$$

$$\beta=\beta_x\beta_y$$

$$\beta_x=1-0.35\sqrt{N/N_E}+0.35\sqrt{N/N_E}(M_{2x}/M_{1x})$$

$$\beta_y=1-0.35\sqrt{N/N_E}+0.35\sqrt{N/N_E}(M_{2y}/M_{1y})$$

$$N_E=\frac{\pi^2 EA}{\lambda^2}$$

式中　φ——轴心受压构件的整体稳定系数，按构件最大长细比取值；

M——计算双向压弯圆管构件整体稳定时采用的弯矩值，按式(7.3.2)计算(N·mm)；

M_{xA}、M_{yA}、M_{xB}、M_{yB}——构件 A 端关于 x、y 轴的弯矩和构件 B 端关于 x、y 轴的弯矩（N·mm）；

β——计算双向压弯整体稳定时采用的等效弯矩系数；

M_{1x}、M_{2x}、M_{1y}、M_{2y}——x、y 轴端弯矩（N·mm），构件无反弯点时取同号，构件有反弯点时取异号，$|M_{1x}| \geq |M_{2x}|$，$|M_{1y}| \geq |M_{2y}|$；

N_E——根据构件最大长细比计算的欧拉力。

2. 弯矩作用平面外的稳定

开口薄壁截面压弯构件的抗扭刚度及弯矩作用平面外的抗弯刚度通常较小，当构件在弯矩作用平面外没有足够的支撑以阻止其产生侧向位移和扭转时，构件可能因弯扭屈曲而破坏。因此，对两端简支的双轴对称实腹式截面的压弯构件，当两端受轴心压力和等弯矩作用时，在弯矩作用平面外的弯扭屈曲临界条件下，根据弹性稳定理论，可由下式表达：

$$\left(1-\frac{N}{N_{Ey}}\right)\left(1-\frac{N}{N_{Ey}}\cdot\frac{N_{Ey}}{N_z}\right)-\left(\frac{M_x}{M_{crx}}\right)^2=0 \tag{7.3.3}$$

式中 N_{Ey}——构件轴心受压时对弱轴（y 轴）的弯曲屈曲临界力，即欧拉临界力；

N_z——绕构件纵轴的扭转屈曲临界力；

M_{crx}——构件受对 x 轴的均布弯矩作用时的弯扭屈曲临界弯矩。

将 N_z/N_{Ey} 的不同比值代入上式，可以绘出 N/N_{Ey} 和 M_x/M_{crx} 之间的相关曲线如图 7-10 所示。

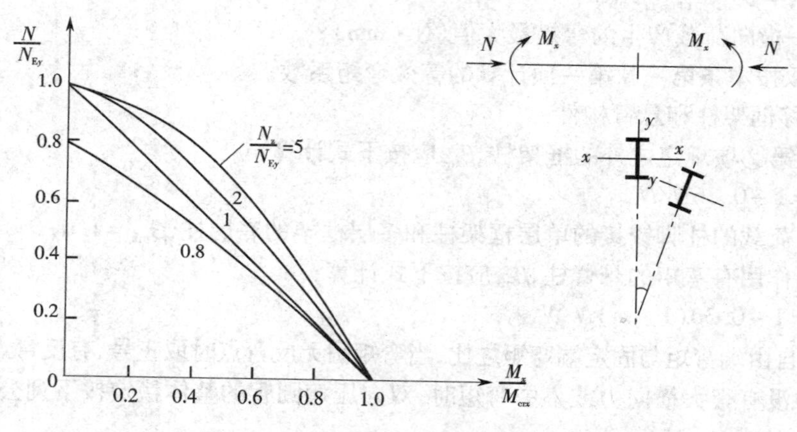

图 7-10　N/N_{Ey} 和 M_x/M_{crx} 的相关曲线

这些曲线与 N_z/N_{Ey} 的比值有关，图中 $N_z/N_{Ey}>1.0$ 时，曲线上凸，且愈大愈凸，即构件弯扭屈曲承载力愈高。对于常用截面，N_z/N_{Ey} 均大于 1.0，如偏安全地采用 1.0，即 $N_{Ey}=N_z$，则由式(7.3.3)可得一直线相关方程：

$$\frac{N}{N_{Ey}}+\frac{M_x}{M_{crx}}=1 \tag{7.3.4}$$

将 $N_{Ey}=\varphi_y A f_y$，$M_{crx}=\varphi_b W_{1x} f_y$ 代入式(7.3.4)，并引入非均匀弯矩作用时的等效弯矩系数 β_{tx}、箱形截面的调整系数 η 以及抗力分项系数 γ_R，可得规范规定的压弯构件在弯矩作用平面外稳定性的验算公式为：

$$\frac{N}{\varphi_y Af}+\eta\frac{\beta_{tx}M_x}{\varphi_b W_{1x}f}\leqslant 1.0 \tag{7.3.5}$$

式中　M_x——所计算构件段范围内的最大弯矩；

β_{tx}——等效弯矩系数，应根据所计算段的荷载和内力情况而定，两端支承的构件段取中央$\frac{1}{3}$范围内的最大弯矩与全段最大弯矩之比，但不小于 0.5，悬臂段取 $\beta_{tx}=1.0$；

η——调整系数：闭口截面 $\eta=0.7$，其他截面 $\eta=1.0$；

φ_y——弯矩作用平面外的轴心受压构件稳定系数；

φ_b——均匀弯曲的受弯构件整体稳定系数，按附录 17 计算。

7.3.2　双向弯曲实腹式压弯构件的整体稳定

弯矩作用在两个主轴平面内为双向弯曲压弯构件，在实际工程中较为少见。规范仅规定了双轴对称截面柱的计算方法。增加了当柱段中没有很大横向力或集中弯矩时，双向压弯圆管的整体稳定：

$$\frac{N}{\varphi Af}+\frac{\beta_m}{\gamma_m W\left(1-0.8\frac{N}{N_{Ex}f}\right)}\leqslant 0.1$$

双轴对称的工字形截面（含 H 型钢）和箱形截面的压弯构件，当弯矩作用在两个主平面内时，可按下式计算其稳定性：

$$\frac{N}{\varphi_x Af}+\frac{\beta_{mx}M_x}{\gamma_x W_{1x}\left(1-0.8\frac{N}{N'_{Ex}}\right)f}+\eta\frac{\beta_{ty}M_y}{\varphi_{by}W_{1y}f}\leqslant 1.0 \tag{7.3.6}$$

$$\frac{N}{\varphi_y Af}+\eta\frac{\beta_{tx}M_x}{\varphi_{bx}W_{1x}f}+\frac{\beta_{my}M_y}{\gamma_y W_{1y}\left(1-0.8\frac{N}{N'_{Ey}}\right)f}\leqslant 1.0 \tag{7.3.7}$$

式中　M_x、M_y——对 x 轴（工字形截面和 H 型钢 x 轴为强轴）和 y 轴的最大弯矩设计值；

φ_x、φ_y——对 x 轴和 y 轴的轴心受压构件的稳定系数；

φ_{bx}、φ_{by}——均匀弯曲的受弯构件整体稳定系数，应按附录 17 计算，其中工字形截面的非悬臂构件的 φ_{bx} 按附录 17 第 17.0.5 条的规定确定，φ_{by} 可取为 1.0，对闭合截面，取 $\varphi_{bx}=\varphi_{by}=1.0$。

等效弯矩系数 β_{mx} 和 β_{my} 应按式(7.3.1)中有关弯矩作用平面内的规定采用；β_{tx}、β_{ty} 和 η 应按式(7.3.5)中有关弯矩作用平面外的规定采用。

7.3.3　压弯构件的局部稳定

为保证压弯构件中板件的局部稳定，实腹压弯构件要求不出现局部失稳者，其腹板高厚比、翼缘宽厚比应符合表 6-1 规定的压弯构件 S4 级截面要求。当工字形和箱形截面压弯构件的腹板高厚比超过表 6-1 规定的 S4 级截面要求时，其构件应符合下列规定。

工字形截面腹板受压区的有效宽度应取为：

$$h_e=\rho h_c \tag{7.3.8}$$

当 $\lambda_{n,p}\leqslant 0.75$ 时：

$$\rho=1.0 \tag{7.3.9a}$$

当 $\lambda_{n,p}>0.75$ 时：

$$\rho=\frac{1}{\lambda_{n,p}}\left(1-\frac{0.19}{\lambda_{n,p}}\right) \tag{7.3.9b}$$

$$\lambda_{n,p}=\frac{h_w/t_w}{28.1\sqrt{k_\sigma}}\cdot\frac{1}{\varepsilon_k} \tag{7.3.10}$$

$$k_\sigma=\frac{16}{2-\alpha_0+\sqrt{(2-\alpha_0)^2+0.112\alpha_0^2}} \tag{7.3.11}$$

式中 h_c、h_e——腹板受压区宽度和有效宽度，当腹板全部受压时，$h_c=h_w$；

ρ——有效宽度系数，按式(7.3.9)计算。

α_0——参数，应按 GB 50017—2017 式(3.5.1)计算。

工字形截面腹板有效宽度 h_e 应按下列公式计算。

当截面全部受压，即 $\alpha_0\leqslant 1$ 时(图 7-11(a))：

$$h_{e1}=2h_e/(4+\alpha_0) \tag{7.3.12}$$

$$h_{e2}=h_e-h_{e1} \tag{7.3.13}$$

当截面部分受拉，即 $\alpha_0>1$ 时(图 7-11(b))：

$$h_{e1}=0.4h_e \tag{7.3.14}$$

$$h_{e2}=0.6h_e \tag{7.3.15}$$

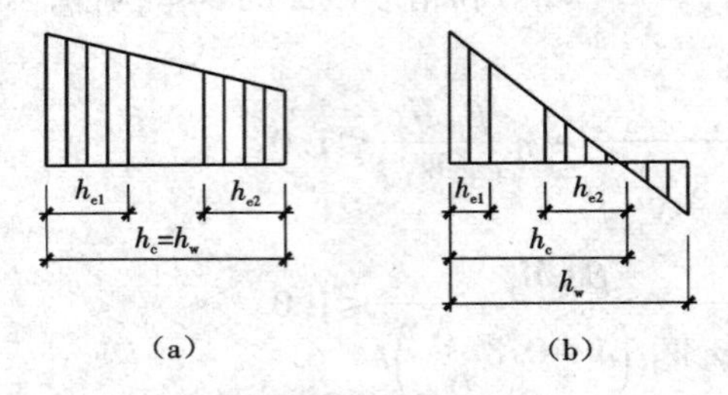

图 7-11　有效宽度的分布

(a)截面全部受压；(b)截面部分受拉

箱形截面压弯构件翼缘宽厚比超限时也应按式(7.3.8)计算其有效宽度，计算时取 $k_\sigma=4.0$。有效宽度分布在两侧均等。

应采用下列公式计算其承载力。

强度计算：

$$\frac{N}{A_{ne}}\pm\frac{M_x+Ne}{\gamma_x W_{nex}}\leqslant f \tag{7.3.16}$$

平面内稳定计算：

$$\frac{N}{\varphi_x A_e f}+\frac{\beta_{mx}M_x+Ne}{\gamma_x W_{elx}(1-0.8N/N'_{Ex})f}\leqslant 1.0 \tag{7.3.17}$$

平面外稳定计算：

$$\frac{N}{\varphi_y A_e f}+\eta\frac{\beta_{tx}M_x+Ne}{\varphi_b W_{elx} f}\leqslant 1.0 \tag{7.3.18}$$

式中 A_{ne}、A_e——有效净截面面积和有效毛截面面积(mm^2)；

W_{nex}——有效截面的净截面模量(mm^3)；

W_{elx}——有效截面对较大受压纤维的毛截面模量(mm^3)；

e——有效截面形心至原截面形心的距离(mm)。

压弯构件的板件当用纵向加劲肋加强以满足宽厚比限值时，加劲肋宜在板件两侧成对配置，其一侧外伸宽度不应小于板件厚度 t 的 10 倍，厚度不宜小于 $0.75t$。

7.4　压弯构件(框架柱)的设计

7.4.1　框架柱的计算长度

单根受压构件的计算长度可根据构件端部的约束条件按弹性稳定理论确定，但框架柱计算长度的确定比单根压弯构件复杂，框架平面内的计算长度需要框架的整体稳定分析得到，框架平面外的计算长度则主要根据支撑点的布置情况确定。

框架柱在框架平面内的可能失稳形式分为有侧移和无侧移两种。有侧移失稳的框架，其临界力比无侧移失稳的框架低得多。因此，一般框架柱，如不设置支撑架、剪力墙等能防止侧移的有效支撑体系时，均应按有侧移失稳时的临界力确定其承载能力。

框架柱的计算长度 H_0 仍采用计算长度系数 μ 乘以几何长度 H 表示：

$$H_0 = \mu \cdot H \tag{7.4.1}$$

1. 单层等截面框架柱在框架平面内的计算长度

单层框架柱的计算长度通常根据弹性稳定理论进行分析，先作如下近似假定。

①框架只承受作用于节点的竖向荷载，而忽略横梁上荷载和水平荷载产生端弯矩的影响。此假定只能用于确定计算长度，在计算柱的截面尺寸时必须同时考虑弯矩和轴心力。

②整个框架同时丧失稳定，即所有框架柱同时达到临界荷载。

③失稳时横梁两端转角相等。

对单层单跨框架，当无侧移时，即顶部有支撑时，柱与基础为刚接的框架柱失稳形式如图 7-12(b)所示。横梁两端的转角 θ 大小相等，方向相反。横梁对柱的约束作用取决于横梁的线刚度 I_1/l 与柱的线刚度 I/H 的比值 K_1，即：

$$K_1 = \frac{I_1/l}{I/H} \tag{7.4.2}$$

对有侧移的框架，其失稳形式如图 7-12(a)所示，假定横梁两端的转角大小相等，但方向相反。其计算长度系数也取决于 K_1。

对于单层多跨框架，其失稳形式如图 7-13 所示，此时 K_1 值为与柱相邻的两根横梁的线刚度之和 $I_1/l_1 + I_2/l_2$ 与柱线刚度 I/H 之比：

$$K_1 = \frac{I_1/l_1 + I_2/l_2}{I/H} \tag{7.4.3}$$

从附录 6 可以看出，有侧移的无支撑框架失稳时，框架柱的计算长度系数 μ 都大于 1.0；无侧移的有支撑框架柱，柱子的计算长度系数 μ 都小于 1.0。

2. 多层等截面框架柱在框架平面内的计算长度

确定计算长度时的假定与单层框架基本相同，而且还假定失稳时相交于一节点的横梁对柱提供约束弯矩，并按上下柱刚度之和的比值 K_1 和 K_2 分配给柱。此处，K_1 为相交于柱上端节

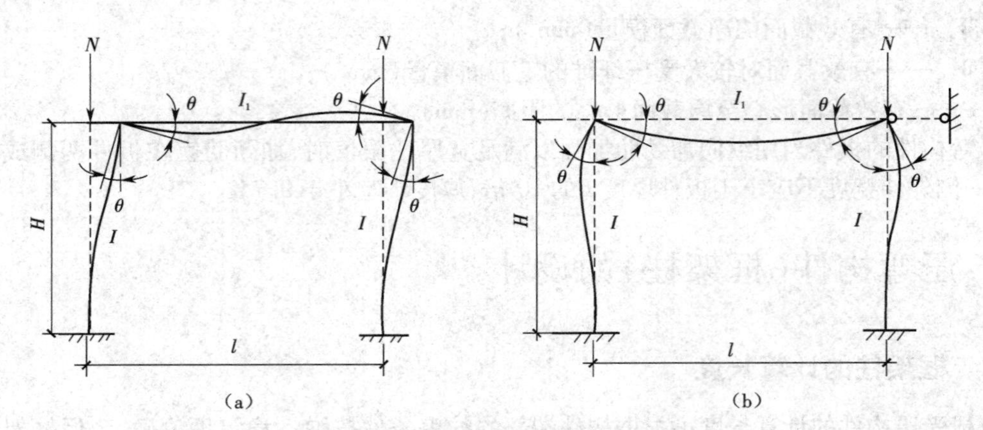

(a)　　　　(b)

图 7-12　单层单跨框架的失稳形式

(a)有侧移框架;(b)无侧移框架

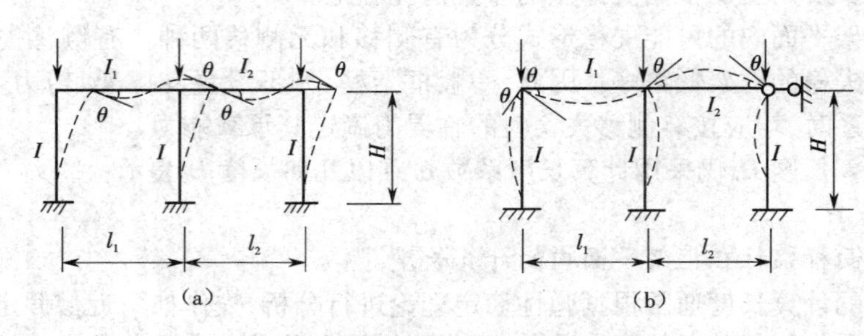

(a)　　　　(b)

图 7-13　单层多跨框架的失稳形式

(a)有侧移框架;(b)无侧移框架

点的横梁线刚度之和与柱线刚度之和的比值;K_2 为相交于柱下端节点的线刚度之和与柱线刚度之和的比值。以图 7-14 中 1、2 杆为例:

$$K_1 = \frac{I_1/l_1 + I_2/l_2}{I'''/H_3 + I''/H_2}$$

$$K_2 = \frac{I_3/l_1 + I_4/l_2}{I''/H_2 + I'/H_1}$$

多层框架的计算长度系数见附录表 6-1。

3. 单层单阶变截面柱的计算长度

对于常用单阶柱,其计算长度是分段计算的。由于单层框架在框架平面内无法设置防止框架侧移的支撑,一般按有侧移情况计算。

对上端铰接下端固定的单阶柱,其上下两段的计算长度可各乘以相应的计算长度系数 μ_1 和 μ_2。下段柱的计算长度 μ_2 根据上下段柱刚度之比 $K_1 = \frac{I_1 H_2}{I_2 H_1}$ 及参数 $\eta_1 = \frac{H_1}{H_2}\sqrt{\frac{N_1 I_2}{N_2 I_1}}$ 按附录表 6-2 查得。

上段柱的计算长度系数为:

$$\mu_1 = \frac{\mu_2}{\eta_1} \tag{7.4.4}$$

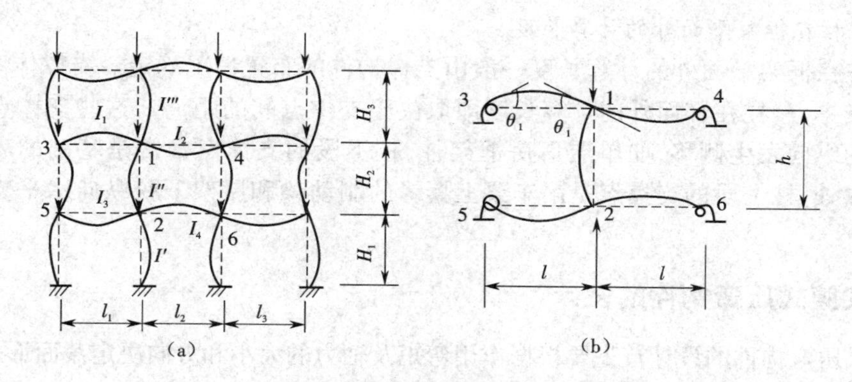

图 7-14　多层框架的无侧移失稳形式

(a)整体分析;(b)1、2 杆刚度分析

对上端刚接下端固定的单阶柱,下段柱计算长度系数 μ_2 可根据 K_1 及 η_1 按附录表 6-2 查得。

注:考虑厂房结构的空间作用,规范规定按厂房的整体刚度情况对阶形柱的计算长度系数 μ 乘以表 7-2 的折减系数。

关于下段柱的长度 H_2,一般可自柱脚底面至吊车轨顶高度减去吊车梁高度和吊车轨高度,亦可取自柱脚底面至肩梁顶面高度;上段柱的长度 H_1 则由柱脚底面至屋架下弦底面减去下段柱长度,亦可取自托架支座底面至柱变截面处的高度(图 7-15)。

表 7-2　单层厂房阶形柱计算长度的折减系数

单跨或多跨	纵向温度区段内一个柱列的柱子数	屋面情况	厂房两侧是否有通长的屋盖纵向水平支撑	折减系数
单跨	等于或少于 6 个	—	—	0. 9
	多于 6 个	非大型钢筋砼屋面板的屋面	无纵向水平支撑	
			有纵向水平支撑	0. 8
		大型钢筋砼屋面板的屋面	—	
多跨	—	非大型钢筋砼屋面板的屋面	无纵向水平支撑	0. 7
			有纵向水平支撑	
		大型钢筋砼屋面板的屋面	—	

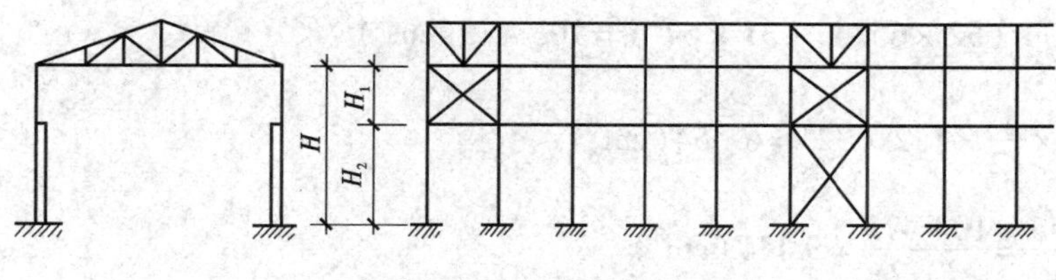

图 7-15　厂房框架柱

4. 框架柱在框架平面外的计算长度

框架柱在框架平面外的计算长度一般由支撑构件的布置情况确定。支撑体系提供柱在平面外的支撑点,柱在平面外的计算长度即取决于支撑点间的距离。这些支撑点应能阻止柱沿厂房的纵向发生侧移,如单层厂房框架柱,柱下段的支撑点常常是基础的表面和吊车梁的下翼缘处,柱上段的支撑点是吊车梁上翼缘的制动梁和屋架下弦纵向水平支撑或者托架的弦杆。

7.4.2 实腹式压弯构件的设计

实腹式压弯构件的设计首先要根据作用弯矩及轴力的大小和方向决定截面形式。决定截面的原则与轴心压杆相仿,需要使两个方向(平面内和平面外)的稳定性近乎相等,并要求构件截面展开宽阔,板壁较薄,当然也要注意制造省工,连接方便。但从上述介绍的平面内和平面外的稳定计算公式来看,它包括的未知量太多,纯粹按公式来决定截面尺寸和形状在实际设计中是不可能的。一般常按已有经验或参考已建的工程设计资料进行初步选择,然后进行验算,验算不合适时,进行适当修改,经反复对比可选择出合理的截面。

具体设计步骤如下:

①初选截面:按经验或已有工程设计资料选定截面形状及尺寸。

②截面验算。

a. 强度验算:强度应按式(7.2.1)、式(7.2.2)验算,当截面无削弱且 N、M_x 的取值与整体稳定验算的取值相同而等效弯矩系数为 1.0 时,不必进行强度验算。

b. 刚度验算:

$$\lambda = \frac{l_0}{i} \leqslant [\lambda] \tag{7.4.5}$$

且不超过附录表 4-2 规定的受压构件的容许长细比。

c. 整体稳定验算:弯矩作用平面内整体稳定按式(7.3.1)验算;弯矩作用平面外的整体稳定按式(7.3.5)计算。

d. 局部稳定计算:翼缘和腹板的局部稳定按 7.3.3 节计算。

【例 7-2】 图 7-16 所示为 Q235 钢焰切边工字形截面柱,两端铰支,中间 1/3 长度处有侧向支撑,截面无削弱,承受轴心压力的设计值为 910 kN,跨中集中力设计值为 95 kN。试验算此构件的承载力。

解:(1)截面的几何特性

$$A = 2\times 32\times 1.2 + 64\times 1.0 = 140.8(\text{cm}^2)$$

$$I_x = \frac{1}{12}\times(32\times 66.4^3 - 31\times 64^3) = 103\ 475(\text{cm}^4)$$

$$I_y = 2\times\frac{1}{12}\times 1.2\times 32^3 = 6\ 554(\text{cm}^4)$$

$$W_x = \frac{I_x}{y_1} = \frac{103\ 475}{33.2} = 3\ 117(\text{cm}^3)$$

$$i_x = \sqrt{\frac{I_x}{A}} = \sqrt{\frac{103\ 475}{140.8}} = 27.11(\text{cm})$$

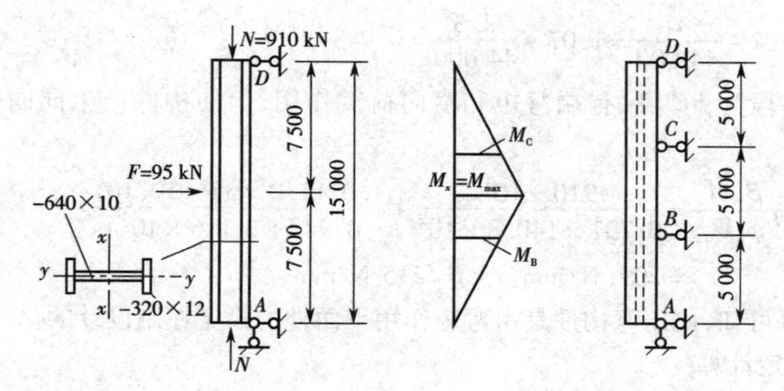

图 7-16　例 7-2 图

$$i_y=\sqrt{\frac{I_y}{A}}=\sqrt{\frac{6\ 554}{140.8}}=6.82(\text{cm})$$

(2)验算强度

$$M_x=\frac{1}{4}Fl=\frac{1}{4}\times 95\times 15=356.3(\text{kN}\cdot\text{m})$$

$$\frac{N}{A_n}+\frac{M_x}{\gamma_x W_{nx}}=\frac{910\times 10^3}{140.8\times 10^2}+\frac{356.3\times 10^6}{1.05\times 3\ 117\times 10^3}=173.5(\text{N/mm}^2)<f=215\ \text{N/mm}^2$$

(3)验算弯矩作用平面内的稳定

$$\lambda_x=\frac{l_x}{i_x}=\frac{1\ 500}{27.11}=55.3<[\lambda]=150$$

查附录表 4-2(b 类截面)

$$\varphi_x=0.833-\frac{0.833-0.807}{60-55}\times(55.3-55)=0.831$$

$$N_{Ex}=\frac{\pi^2 EA}{1.1\lambda_x^2}=\frac{\pi^2\times 20\ 600\times 140.8\times 10^2}{1.1\times 55.3^2}=8\ 510\times 10^3\ \text{N}=8\ 510(\text{kN})$$

$$\beta_{mx}=1.0$$

$$\frac{N}{\varphi_x A}+\frac{\beta_{mx}M_x}{\gamma_x W_{1x}\left(1-0.8\dfrac{N}{N_{Ex}}\right)}$$

$$=\frac{910\times 10^3}{0.831\times 140.8\times 10^2}+\frac{1.0\times 356.3\times 10^6}{1.05\times 3\ 117\times 10^3\times\left(1-0.8\times\dfrac{850}{8\ 510}\right)}$$

$$=196.1(\text{N/mm}^2)<f=215\ \text{N/mm}^2$$

(4)验算弯矩作用平面外的稳定

$$\lambda_y=\frac{l_{0y}}{i_y}=\frac{500}{6.82}=73.3<[\lambda]=150$$

查附录表 4-2(b 类截面)

$$\varphi_y=0.751-\frac{0.751-0.720}{75-70}\times(73.3-70)=0.731$$

则 $\varphi_b = 1.07 - \dfrac{\lambda_y^2}{44\ 000} = 1.07 - \dfrac{73.3^2}{44\ 000} = 0.948$

所计算构件段为 BC 段,有端弯矩和横向荷载作用,但使构件产生同向曲率,故取 $\beta_{tx} = 1.0, \eta = 1.0$。

$$\frac{N}{\varphi_y A} + \eta \frac{\beta_{tx} M_x}{\varphi_b W_{1x}} = \frac{910 \times 10^3}{0.731 \times 140.8 \times 10^2} + \frac{1.0 \times 1.0 \times 356.3 \times 10^6}{0.948 \times 3\ 116 \times 10^3}$$

$$= 209(\text{N/mm}^2) < f = 215\ \text{N/mm}^2$$

由以上计算可知,此压弯构件是由弯矩作用平面外的稳定控制设计的。

(5)局部稳定计算

$$\sigma_{\max} = \frac{N}{A} + \frac{M_x}{I_x} \cdot \frac{h_0}{2} = \frac{910 \times 10^3}{140.8 \times 10^2} + \frac{356.3 \times 10^6}{103\ 475 \times 10^4} \times 320 = 174.8(\text{N/mm}^2)$$

$$\sigma_{\min} = \frac{N}{A} - \frac{M_x}{I_x} \cdot \frac{h_0}{2} = \frac{910 \times 10^3}{140.8 \times 10^2} - \frac{356.3 \times 10^6}{103\ 475 \times 10^4} \times 320 = -45.6(\text{N/mm}^2)(\text{拉应力})$$

$$\alpha_0 = \frac{\sigma_{\max} - \sigma_{\min}}{\sigma_{\max}} = \frac{174.8 + 45.6}{174.8} = 1.26 < 1.6$$

腹板:

$$\frac{h_0}{t_w} = \frac{640}{10} = 64 < (16\alpha_0 + 0.5\lambda_x + 25)\sqrt{\frac{235}{f_y}} = 16 \times 1.26 + 0.5 \times 55.3 + 25 = 72.81$$

翼缘:

$$\frac{b}{t} = \frac{160 - 5}{12} = 12.9 < 15\sqrt{\frac{235}{f_y}} = 15$$

解毕。

7.4.3 格构式压弯构件的设计

截面高度较大的压弯构件,采用格构式可以节省材料,所以格构式压弯构件一般用于厂房的框架柱和高大的独立支柱。由于截面的高度较大且受有较大的外剪力,故构件常常用缀条连接。缀板连接的格构式压弯构件很少采用。

常用的格构式压弯构件截面如图 7-17 所示。当柱中弯矩不大或正负弯矩的绝对值相差不大时,可用对称的截面形式(图 7-17(a)、(b)、(d));如果正负弯矩的绝对值相差较大时,常采用不对称截面(图 7-17(c)),并将较大肢放在受压较大的一侧。

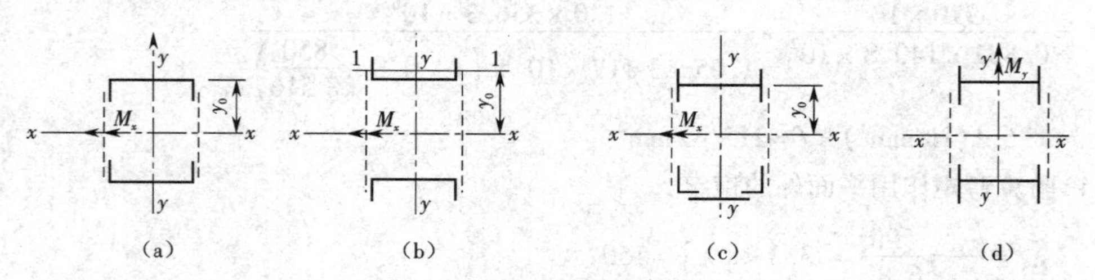

图 7-17 格构式压弯构件常用截面

(a)对称截面 1;(b)对称截面 2;(c)不对称截面;(d)对称截面 3

1. 弯矩绕实轴作用的格构式压弯构件

当弯矩作用在与缀材面相垂直的主平面内时(图7-17(d)),构件绕实轴产生弯曲失稳,它的受力性能与实腹式压弯构件完全相同。因此,弯矩绕实轴作用的格构式压弯构件,弯矩作用平面内和平面外的整体稳定计算均与实腹式构件相同,在计算弯矩作用平面外的整体稳定时,长细比应取换算长细比,整体稳定系数取 $\varphi_b = 1.0$。

缀材所受剪力按轴心受压构件计算。

2. 弯矩绕虚轴作用的格构式压弯构件

(1)弯矩作用平面内的稳定

构件绕虚轴屈曲时,弯矩作用平面内的稳定,按下式计算:

$$\frac{N}{\varphi_x Af} + \frac{\beta_{mx} M_x}{W_{1x}\left(1 - \frac{N}{N'_{Ex}}\right)f} \leqslant 1.0 \tag{7.4.6}$$

式中　$W_{1x} = I_x / y_0$——最大受压层的截面系数,其中 I_x 为对 x 轴(虚轴)的毛截面惯性矩,y_0 为由 x 轴到压力较大分肢轴线的距离或者到压力较大分肢腹板边缘的距离;

φ_x、N'_{Ex}——弯矩作用平面内轴心受压构件的稳定系数和参数,由换算长细比确定。

格构式构件的截面中部空心,不能考虑塑性的深入发展,故弯矩作用平面内的整体稳定按弹性计算,采用边缘屈曲准则得出式(7.4.6)。

(2)分肢的稳定计算

弯矩绕虚轴作用的压弯构件,在弯矩作用平面外的整体稳定性一般由分肢的稳定计算得到保证,故不必再计算整个构件在平面外的整体稳定性。

将整个构件视为一平行桁架,将构件的两个分肢看做桁架,将构件的两个分肢看做桁架体系的弦杆,则两分肢的轴心力应按下式计算(图7-18)。

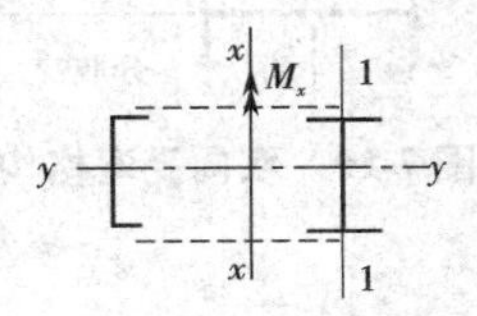

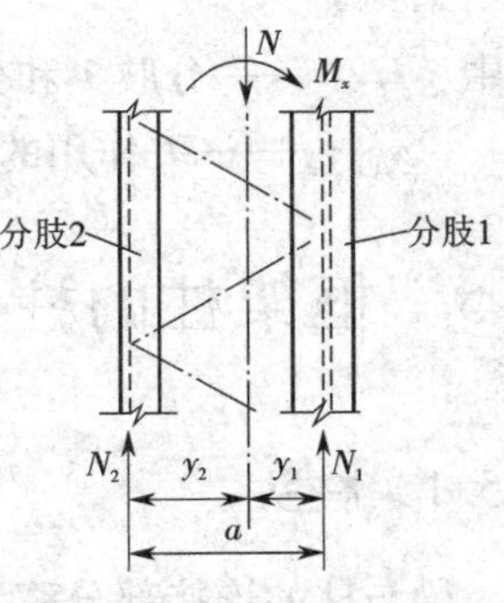

图7-18　分肢的内力计算

分肢1:

$$N_1 = \frac{Ny_2}{a} + \frac{M_x}{a} \tag{7.4.7}$$

分肢2:

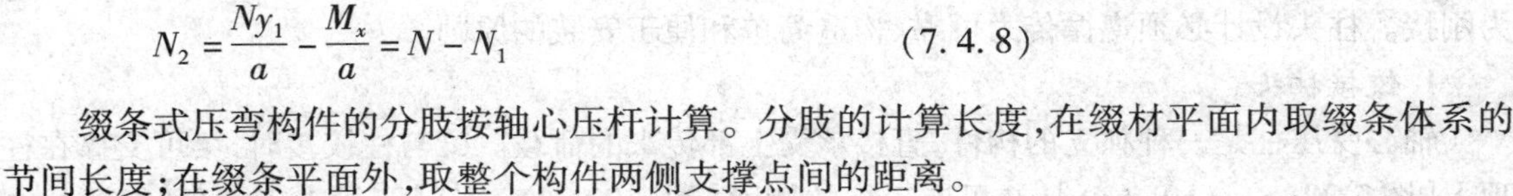

$$N_2 = \frac{Ny_1}{a} - \frac{M_x}{a} = N - N_1 \tag{7.4.8}$$

缀条式压弯构件的分肢按轴心压杆计算。分肢的计算长度,在缀材平面内取缀条体系的节间长度;在缀条平面外,取整个构件两侧支撑点间的距离。

若为缀板柱时,分肢中除有轴心力 $N_1(N_2)$ 外,还有剪力产生的局部弯矩,为实腹式压弯构件。

(3)缀材的计算

此处应取构件实际剪力和按式 $V_{max} = \frac{Af}{85}\sqrt{\frac{f_y}{235}}$ 算得的剪力两者中较大者计算,计算方法与轴心受压格构柱相同。

3. 双向受弯的格构式受压构件

对于弯矩作用在两个主平面内的格构式压弯构件，其稳定性按下列规定计算。

(1)整体稳定

采用边缘屈服准则导出的公式进行验算：

$$\frac{N}{\varphi_x Af}+\frac{\beta_{mx}M_x}{W_{1x}\left(1-\frac{N}{N'_{Ex}}\right)f}+\frac{\beta_{ty}M_y}{W_{1y}f}\leqslant 1.0 \tag{7.4.9}$$

式中：W_{1y}——在 M_y 作用下，对较大受压纤维的毛截面模量(mm^3)。

(2)分肢的稳定计算

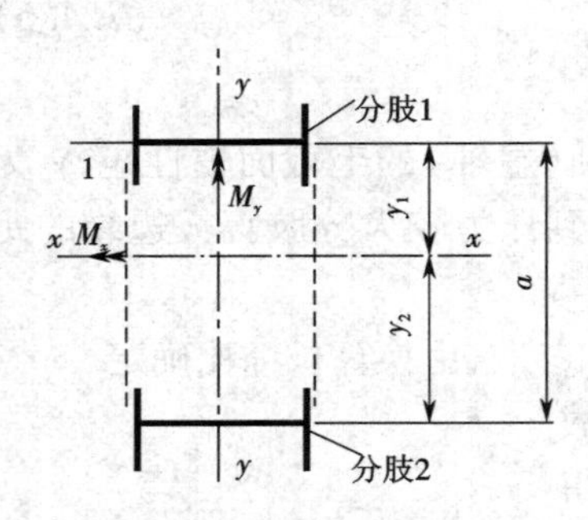

图 7-19　双向受弯格构柱

分肢按实腹式压弯构件计算(如图 7-19)。

分肢 1：

$$N_1=\frac{Ny_2}{a}+\frac{M_x}{a} \tag{7.4.10}$$

$$M_{y1}=\frac{I_1/y_1}{I_1/y_1+I_2/y_2}\cdot M_y \tag{7.4.11}$$

分肢 2：

$$N_2=\frac{Ny_1}{a}+\frac{M_y}{a}\quad (N_2=N-N_1) \tag{7.4.12}$$

$$M_{y2}=\frac{I_2/y_2}{I_1/y_1+I_2/y_2}\cdot M_y\quad (M_{y2}=M-M_{y1}) \tag{7.4.13}$$

式中　I_1、I_2——分肢 1 和分肢 2 对 y 轴的惯性矩；

y_1、y_2——M_y 作用的主轴平面至分肢 1 和分肢 2 轴线的距离。

7.5　框架柱的柱脚

7.5.1　柱头

梁与柱的连接部分称为柱头(柱顶)，其作用是将上部结构的荷载传到柱身。柱头的构造是与梁的端部构造密切相关的，轴心受压柱与梁的连接应采用铰接，框架结构的梁柱连接多数为刚接。柱头设计必须遵循传力可靠、构造简单和便于安装的原则。

1. 铰接柱头

轴心受压柱是一种独立的构件，直接承受上部传来的荷载。梁与柱铰接时，梁可支撑在柱顶上[图 7-20(a)、(b)、(c)]，亦可连于柱的侧面[图 7-20(d)、(e)]。梁支于柱顶时，梁的支座反力通过柱顶板传给柱身。顶板与柱用焊缝连接，顶板厚度一般取 16 ~ 20 mm。为了便于安装定位，梁与顶板用普通螺栓连接。图 7-20(a)的构造方案，将梁的反力通过支撑加劲肋直接传给柱的翼缘。两相邻梁之间留一空隙，以便于安装，最后用夹板和构造螺栓连接。这种连接方式构造简单，对梁长度尺寸的制作要求不高。缺点是当柱顶两侧梁的反力不等时将使柱偏心受压。图 7-20(b)的构造方案，梁的反力通过端部加劲肋的突出部分传到柱的轴线附近，因此即使两相邻梁的反力不等,柱仍接近于轴心受压。梁端加劲肋的底面应刨平顶紧于柱顶板。由于梁的反力大部分传给柱的腹板,因而腹板不能太薄且必须用加劲肋加强。两相邻梁之间可留一些空隙,安装时嵌入合适尺寸的填板并用普通螺栓连接。对于格构柱(图7-20(c)),为了保证传力均匀并托住顶板,应在两柱肢之间设置竖向隔板。

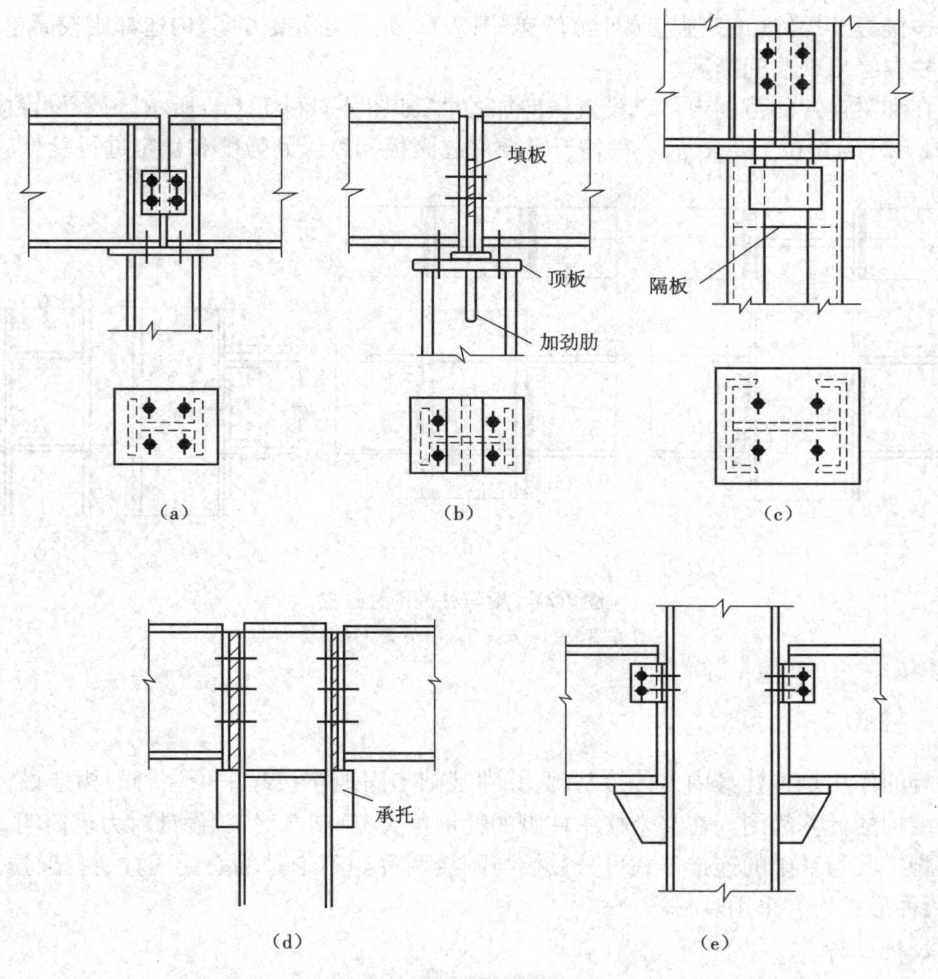

图7-20　梁与柱的铰接连接

(a)方案1;(b)方案2;(c)方案3;(d)方案4;(e)方案5

在多层框架的中间梁柱中,横梁只能在柱侧相连。图7-20(d)、(e)是梁连接于柱侧面的铰接构造。梁的反力由端加劲肋传给支托,支托可采用T形(图7-20(e)),也可用厚钢板做成(图7-20(d)),支托与柱翼缘间用角焊缝相连。用厚钢板做支托的方案适用于承受较大的压力,但制作与安装的精度要求较高。支托的端面必须刨平并与梁的端加劲肋顶紧以便直接传递压力。考虑到荷载偏心的不利影响,支托与柱的连接焊缝按梁支座反力的1.25倍计算。为方便安装,梁端与柱间应留空隙加填板并设置构造螺栓。

2. 刚接柱头

单层和多层框架的梁柱连接,多数都做成刚性节点。梁端采用刚接可以减小梁跨中的弯矩,但制作施工较复杂。不论梁位于柱顶或位于柱身,均应将梁支撑于柱侧。如图 7-21 所示,计算时,梁端弯矩只考虑由连接梁的上、下翼缘与柱翼缘的连接板和承托的顶板及焊缝(或高强度螺栓)传递,并将其代换为水平拉力和压力进行计算。梁的支座剪力则全部由连接于梁腹板的连接板及焊缝(或高强度螺栓)传递,图 7-21 所示的连接方案,构造都比较简单,但应注意防止柱翼缘出现层间撕裂。

柱在和梁连接的范围内可以设置横向加劲肋,如图 7-21(b)、(d)所示,或不设置横向加劲肋,如图 7-21(a)、(c)所示,后一种情况需要对柱腹板和翼缘的强度和稳定进行验算。

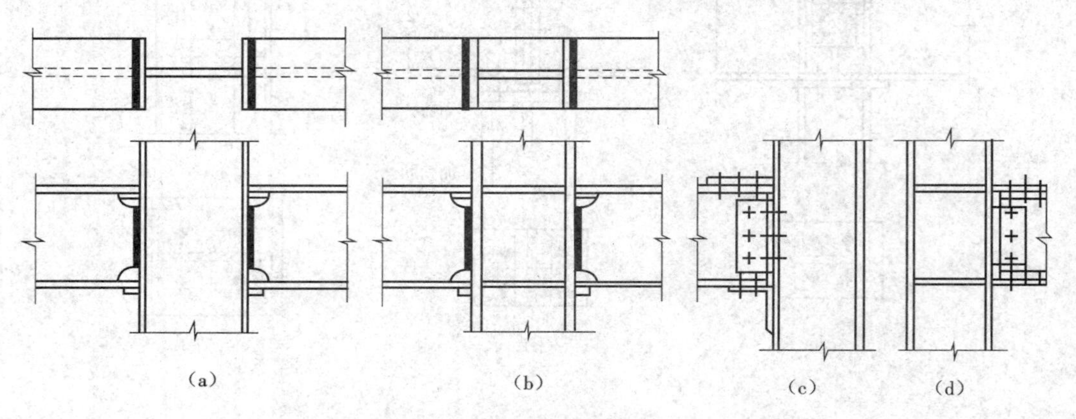

图 7-21　梁与柱的刚性连接

(a)方案 1;(b)方案 2;(c)方案 3;(d)方案 4

7.5.2　柱脚

柱脚的作用是将柱身内力传给基础,并和基础牢固地连接起来。柱脚的构造设计应尽可能符合结构的计算简图。在整个柱中柱脚的耗钢量大,且制造费工,设计时力求简明。

柱脚按其与基础的连接形式可分铰接与刚接两种。不论是轴心受压柱、框架柱或压弯构件,这两种形式均有采用。

1. 铰接柱脚

铰接柱脚不承受弯矩,主要承受轴心压力和剪力。剪力通常由底板与基础表面的摩擦力传递。当摩擦力不足以承受水平剪力时,应在柱脚底下设置抗剪键,抗剪键可由方钢、短 T 型钢或 H 型钢做成。而铰接柱脚仅按承受轴向压力计算,柱身传来的压力首先经柱身和靴梁间的 4 条焊缝传给靴梁,再经角焊缝由靴梁传给底板,最后由底板把压力传给混凝土基础。由于基础材料的强度远比钢材低,因此须在柱底设一放大的底板以增加其与基础的承压面积。如图 7-22 所示为几种平板式柱脚,它们一般由底板和辅助传力零件如靴梁、隔板、肋板组成,并用埋设于混凝土基础内的锚栓将底板固定。

底板上的锚栓孔应比锚栓直径大 1 ~ 1. 5 倍,或做成 U 形缺口以便于柱的安装和调整。锚栓一般按构造采用 2 个 M20 ~ M27,并沿底板短轴线设置,最后固定时,应用孔径比锚栓直径大的垫板套住锚栓并与底板焊牢。

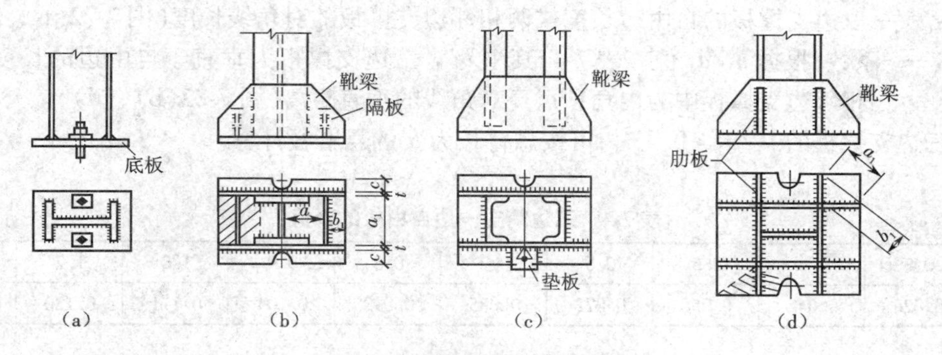

图 7-22　平板式铰接柱脚

(a)方案 1;(b)方案 2;(c)方案 3;(d)方案 4

(1)底板的计算

①底板的面积:底板的平面尺寸决定于基础材料的抗压能力,计算时认为柱脚压力在底板和基础之间是均匀分布的,则需要的底板面积按下式确定:

$$A_n \geqslant \frac{N}{\beta_c f_c} \tag{7.4.14}$$

式中　N——作用于柱脚的压力设计值;

f_c——基础混凝土的抗压强度设计值,按《混凝土结构设计规范》取值;

β_c——基础混凝土局部承压时的强度提高系数,按《混凝土结构设计规范》取值。

注:当底板宽度 B 及长度 L 确定后,根据柱脚的构造形式,可以取 B 与 L 大致相同,或做成长方形,因过分狭长的柱脚会使底板下面的压力分布很不均匀,而且还可能需要设置较多隔板,同时较长方向抗弯能力也可能过大,不符合铰接柱的假定。

②底板的厚度:底板的厚度由板的抗弯强度决定,可将底板看做是一块支撑在靴梁、隔板和柱身上的平板,它承受从下面来的基础的均匀反力。靴梁、肋板和柱的端面均可视为底板的支撑边,底板被它们划分为几个部分,有四边支撑板、三边支撑板、两相邻边支撑板和一边支撑(悬臂)板等几种受力状态区格,近似地按照各不相关的板块进行抗弯计算,各区格板单位宽度上的最大弯矩为:

a. 四边支撑板:

$$M_4 = \alpha q a^2 \tag{7.4.15}$$

式中　q——作用于底板单位面积上的压应力,$q = N/A_n$;

a——四边支撑板的短边长度;

α——系数,由长边 b 与短边 a 之比查表 7-3。

表 7-3　四边简支板的值

b/a	1.0	1.1	1.2	1.3	1.4	1.5	1.6	1.7	1.8	1.9	2.0	3.0	≥4.0
α	0.048	0.055	0.063	0.069	0.075	0.081	0.086	0.091	0.095	0.099	0.101	0.119	0.125

b. 三边支撑板及两相邻边支撑板:

$$M_{3(2)} = \beta q \alpha_1 \tag{7.4.16}$$

式中　α_1——三边支撑板的自由边长度或两相邻边支撑板的对角线长度(图7-22(b)、(d));

β——系数,根据 b_1/a_1 值查表7-4,其中 b_1 对三边支撑板为垂直于自由边的长度,对两相邻边支撑板中为内角顶点至对角线的垂直距离(图7-22(b)、(d))。

当三边支撑板的 $b_1/a_1<0.3$ 时,可按悬臂长为 b_1 的悬臂板计算。

表7-4　三边简支一边自由板的 β 值

b_1/a_1	0.3	0.4	0.5	0.6	0.7	0.8	0.9	1.0	1.2	≥1.4
β	0.026	0.042	0.058	0.072	0.085	0.092	0.104	0.111	0.120	0.125

c.一边支撑(悬臂)板:

$$M_1=\frac{1}{2}qc^2 \tag{7.4.17}$$

式中　c——悬臂长度。

取由上列各式计算出的各区格板中的最大弯矩,即可按下式确定底板厚度:

$$t\geqslant\sqrt{\frac{6M_{\max}}{f}} \tag{7.4.18}$$

显然合理的设计应使 M_1、M_3 和 M_4 基本接近,这可通过调整底板尺寸和加设隔板等办法来实现。

底板厚度一般取 $t=20\sim40$ mm,且不小于14 mm,以保证必要的刚度,满足基础反力为均匀分布的假设。这种方法确定的底板厚度是偏于保守的,没有考虑各区格板的连续性,但方法简单易被设计人员所接受。底板的尺寸和厚度确定后,可按传力过程计算焊缝和靴梁强度。

(2)靴梁的计算

靴梁的高度由其与柱边连接所需要的焊缝长度决定,此连接焊缝承受柱身传来的压力 N。靴梁的厚度比柱翼缘厚度略小。靴梁按支撑于柱边的双悬臂梁计算,根据所承受的最大弯矩和最大剪力值,验算靴梁的抗弯和抗剪强度。

(3)隔板、肋板计算

隔板作为底板的支撑边也应具有一定的刚度,其厚度不应小于宽度的1/50,但可比靴梁略薄;高度一般取决于与靴梁连接焊缝长度的需要;在大型柱脚中还须按支撑于靴梁的简支梁对其强度进行计算;隔板承受的底板反力可按图7-22(b)中阴影面积计算。注意隔板内侧的焊缝不易施焊,计算时不能考虑受力。

肋板可按悬臂梁计算其强度和与靴梁的连接焊缝,承受的底板反力可按图7-22(d)中阴影面积计算。

2.刚接柱脚

刚接柱脚除传递轴心压力和剪力外,还要传递弯矩,故构造上要保证传力明确。柱脚与基础之间的连接要兼顾强度和刚度,并要便于制造和安装。图7-23是常用的几种刚接柱脚,当作用于柱脚的压力和弯矩都比较小且在底板与基础间只产生压应力时采用如图7-23(a)所示构造方案;当弯矩较大而要求较高的连接刚性时,可采用如图7-23(b)所示构造方案,此时锚栓用肋板加强的短槽钢将柱脚与基础牢固定住;图7-23(c)所示为分离式柱脚,它多用于大型格构柱,比整块底板经济,各分肢柱脚相当于独立的轴心受力铰接柱脚,但柱脚底部须作必要的联系，以保证一定的空间刚度。

（1）整体式刚接柱脚

同铰接柱脚相同，刚接柱脚的剪力亦应由底板与基础表面的摩擦力或设置抗剪键传递，不应将柱脚锚栓用来承受剪力。

①底板的计算：以图 7-23 所示柱脚为例，首先根据构造要求确定底板宽度 B，悬臂长度 c 不超过 30 mm，然后可根据底板下基础的压应力不超过混凝土抗压强度设计值的要求决定底板长度 L：

$$\sigma_{max}=\frac{N}{BL}+\frac{6M}{BL^2}\leqslant f_{cc} \tag{7.4.19}$$

式中　N、M——柱脚所承受的最不利弯矩和轴心压力，取使基础一侧产生最大压应力的内力组合；

f_{cc}——混凝土的承压强度设计值。

底板另一侧的应力为：

$$\sigma_{min}=\frac{N}{BL}-\frac{6M}{BL^2} \tag{7.4.20}$$

根据式（7.4.19）、式（7.4.20）可得底板下压应力的分布图形（图 7-23（b）），采用与铰接柱脚相同的方法，即可计算底板厚度。计算弯矩时，可偏安全地取各区格中的最大压应力。

须注意，此种方法只适用于为正（即底板全部受压）时的情况，若算得的为拉应力，则应采用下面锚栓计算中所算得的基础压应力进行底板的厚度计算。

②锚栓的计算：锚栓的作用除了固定柱脚的位置外，还应能承受柱脚底部由压力 N 和弯矩 M 组合作用而可能引起的拉力 N_t。当组合内力 N、M（通常取 N 偏小、M 偏大的一组）作用下产生如图 7-23（b）所示底板下应力的分布图形时，可确定出压应力的分布长度 e。现假定拉应力的合力由锚栓承受，根据 $\sum M=0$ 可求得锚栓拉力：

$$N_t=\frac{M-Na}{x} \tag{7.4.21}$$

式中　$a=\dfrac{l}{2}-\dfrac{e}{3}$——底板压应力合力的作用点到轴心压力的距离；

$x=d-\dfrac{e}{3}$——底板压应力合力的作用点到锚栓的距离，其中

$$e=\frac{\sigma_{max}}{\sigma_{max}+|\sigma_{min}|}$$

l——压应力的分布长度；

d——锚栓到底板最大压应力处的距离。

按此锚栓拉力即可计算出一侧锚栓的个数和直径。

③靴梁、隔板及其连接焊缝的计算：

靴梁与柱身的连接焊缝，应按可能产生的最大内力 N_t 计算，并以此焊缝所需要的长度来确定靴梁的高度。此处：

$$N_t=\frac{N}{2}+\frac{M}{h} \tag{7.4.22}$$

靴梁按支于柱边缘的悬伸梁来验算其截面强度。靴梁的悬伸部分与底板间的连接焊缝共

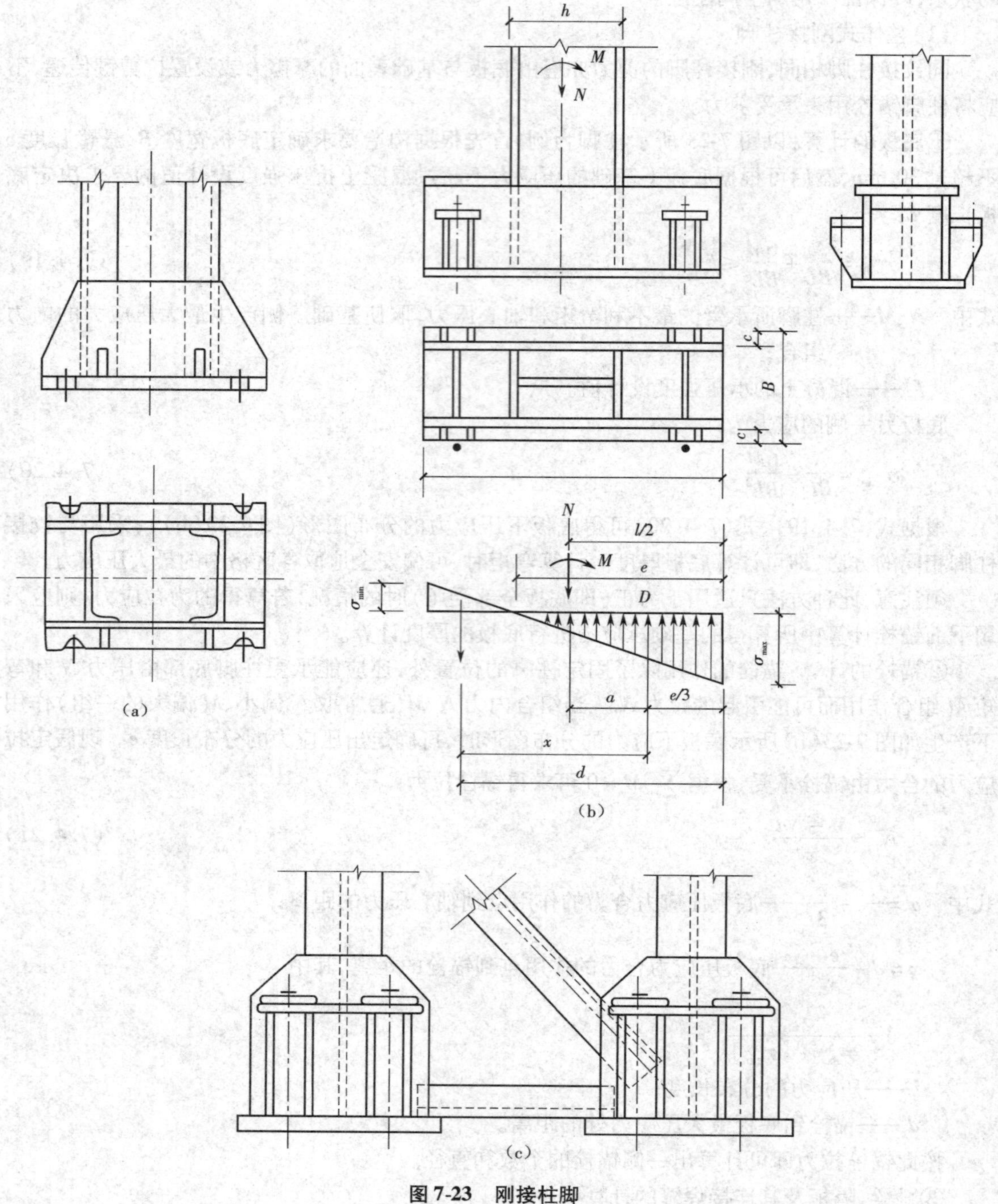

图 7-23　刚接柱脚

(a)方案 1;(b)方案 2;(c)方案 3

有 4 条,应按整个底板宽度下的最大基础反力来计算。在柱身范围内,靴梁内侧不便施焊,只考虑外侧两条焊缝受力,可按该范围内最大基础反力计算。

隔板的计算同轴心受力柱脚,它所承受的基础反力均偏安全地取该计算段内的最大值计算。

(2)分离式柱脚

每个分离式柱脚按分肢可能产生的最大压力作为承受轴向力的柱脚设计,但锚接应由计算确定。分离式柱脚的两个独立柱脚所承受的最大压力如下。

右肢:

$$N_t = \frac{N_a y_2}{a} + \frac{M_a}{a} \tag{7.4.23}$$

左肢:

$$N_t = \frac{N_b y_1}{a} + \frac{M_b}{a} \tag{7.4.24}$$

式中　N_a、M_a——使右肢受力最不利的柱的组合内力;

N_b、M_b——使左肢受力最不利的柱的组合内力;

y_1、y_2——右肢及左肢到柱轴线的距离;

a——柱截面宽度。

每个柱脚的锚栓也按各自的最不利组合内力换算成的最大拉力计算。

(3)插入式柱脚

单层厂房柱的刚接柱脚消耗钢材较多,即使采用分离式,柱脚重量也为整个柱重的 10% ~15%。为了节约钢材,可以采用插入式柱脚,即将柱端直接插入钢筋混凝土杯形基础的杯口中(图 7-24)。杯口构造和插入深度可参照钢筋混凝土结构的有关规定。

插入式基础主要需验算钢柱与二次浇灌层(采用细石混凝土)之间的粘剪力以及杯口的抗冲切强度。

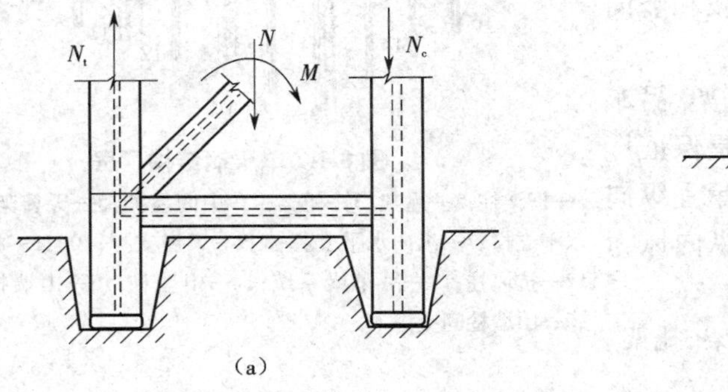

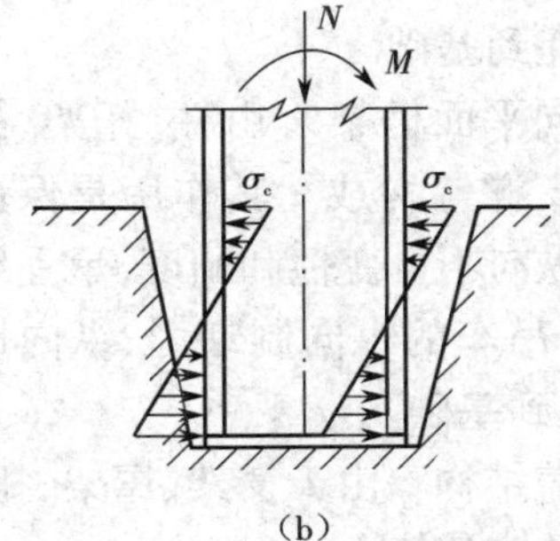

图 7-24　插入式柱脚

(a)插入式柱脚示意图;(b)柱脚受力分析

7.6　本章要点

本章主要介绍拉弯和压弯构件的特点、极限状态及其破坏形式。侧重拉弯和压弯构件的强度计算、压弯构件在弯矩作用平面内的稳定计算和压弯构件在弯矩作用平面外的稳定计算。对压弯构件的计算长度、局部稳定,格构式压弯构件和实腹式压弯构件的设计方法及设计步骤,柱脚和柱头的传力途径和设计方法进行了介绍。

第8章 单层厂房钢结构设计

8.1 单层厂房钢结构体系

8.1.1 单层厂房钢结构的组成和设计程序

1. 单层厂房钢结构的组成

单层厂房结构必须具有足够的强度、刚度和稳定性，以抵抗来自屋面、墙面、吊车设备等各种竖向及水平荷载的作用。

单层厂房钢结构一般是由天窗架、屋架、托架、柱、吊车梁、制动梁(或桁架)、各种支撑以及墙架等构件组成的空间骨架(图8-1)。

图8-1中这些构件按其作用，可归并成下列体系。

1)横向平面框架　是厂房的基本承重结构，由框架柱和横梁(或屋架)构成，承受作用在厂房的横向水平荷载和竖向荷载并传递到基础。

2)纵向平面框架　由柱、托架、吊车梁及柱间支撑等构成。其作用是保证厂房骨架的纵向不可变性和刚度，承受纵向水平荷载(吊车的纵向制动力、纵向风力等)并传递到基础。

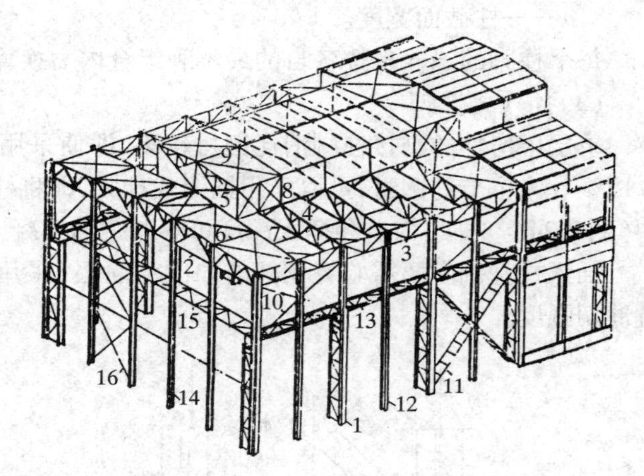

图8-1　单层钢结构厂房

1—框架柱;2—屋架;3—托架;4—中间屋架;5—天窗架;6—横向水平支撑;7—纵向水平支撑;8、9—天窗支撑;10、11—柱间支撑;12—抗风柱;13—吊车梁系统;14—山墙柱;15—山墙抗风桁架;16—山墙柱间支撑

3)屋盖结构　由天窗架、屋架、托架、屋盖支撑及檩条等构成。

4)吊车梁及制动梁　主要承受吊车的竖向荷载及水平荷载，并传到横向框架和纵向框架。

5)支撑　包括屋盖支撑、柱间支撑及其他附加支撑。其作用是将单独的平面框架连成空间体系，以保证结构具有必要的刚度和稳定性，同时也有承受风力及吊车制动力的作用。

6)墙架　承受墙体的重量和风力。

此外，还有一些次要的构件，如梯子、门窗等。在某些厂房中，由于工艺操作上的要求，还设有工作平台。

各种构件的用钢量占整个厂房结构的总用钢量的比值大致如表8-1所示。

厂房按单位面积计算的用钢量，是评定设计的经济合理性的一项重要指标。各类厂房单位面积用钢量的统计数值见表8-2。

表 8-1　厂房主要构件用钢量百分比参考值

%

构件名称	厂房类型		
	中型厂房	重型厂房	特重型厂房
柱　子	30 ~ 45	35 ~ 50	40 ~ 50
吊车梁	15 ~ 25	25 ~ 35	25 ~ 35
屋　盖	30 ~ 40	20 ~ 35	10 ~ 20
墙架构件	5	5 ~ 10	5 ~ 10

表 8-2　厂房结构的用钢量指标

车间类型	吊车起重量 /t	吊车轨顶标高 /m	用钢量 /(kg/m²)
轻　型	0 ~ 5	0 ~ 6	35 ~ 50
	10 ~ 20	8 ~ 16	50 ~ 80
中　型	30 ~ 50	10 ~ 16	75 ~ 120
	70 ~ 100	16 ~ 20	90 ~ 170
重　型	125 ~ 175	10 ~ 20	200 ~ 300
	175 ~ 350	16 ~ 26	300 ~ 400

2. 单层厂房钢结构的设计程序

厂房结构设计一般分为 3 个阶段。

(1)结构选型及整体布置

主要包括:柱网布置;确定横向框架形式及主要尺寸;布置屋盖结构、吊车梁系统及墙架、支撑体系;选择各部分结构采用的钢材标号。这时应充分了解生产工艺和使用要求,建厂地区的自然地质资料、交通运输、材料供应等情况,密切与建筑、工艺设计人员配合,进行多方案的分析比较,以确定出合理的结构方案。

(2)技术设计

根据已确定的结构方案进行荷载计算、结构内力分析;计算(或验算)各构件所需要的截面尺寸及设计各构件间的连接。

(3)绘制结构施工图

根据技术设计确定的构件尺寸和连接,绘制施工图纸。但应了解钢材供应情况和钢结构制造厂的生产技术条件和安装设备等条件。

8.1.2　单层厂房钢结构的布置

1. 柱网

横向框架和纵向框架的柱形成一个柱网,柱网的布置不仅要考虑上部结构,还应考虑下部结构,诸如基础和设备(地下管道、烟道、地坑等设施)等。柱网布置主要是根据工艺、结构与经济的要求。

从工艺要求方面考虑,柱的位置应和车间的地上设备、机械及起重运输设备等取得协调。柱下基础应和地下设备(如设备基础、地坑、地下管道、烟道等)相配合。此外,柱网布置还要适当考虑生产过程的可能变动。

从结构要求方面考虑,以所有柱列的柱间距均相等的布置方式最为合理(见图 8-2(a))。

这种布置方式的优点为厂房横向刚度最大，屋盖和支撑系统布置最为简单合理，全部吊车梁的跨度均相同。因此，在这种情况下，厂房构件的重复性较大，从而可使结构构件达到最大限度的定型化和标准化。

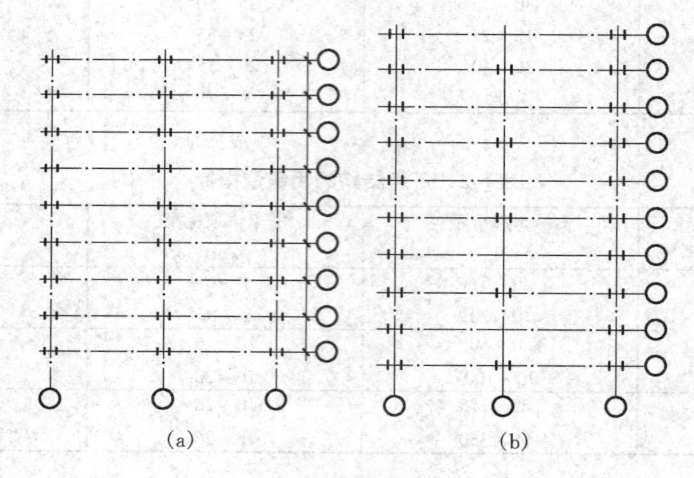

图 8-2　柱网布置

(a)柱距相等；(b)柱距不等

结构的理想状态有时得不到满足。例如，一个双跨钢结构制造车间，其生产流程是零件加工—中间仓库—拼焊连接顺着厂房纵向进行，但横向需要联系，在中部要有横向通道，因此中列柱中部柱距较大(图 8-2(b))，部分中列纵向框架有托架，柱距变为边柱距的 2 倍。

从经济观点来看，柱的纵向间距的大小对结构重量影响较大。柱距越大，柱及基础所用的材料越少，但屋盖结构和吊车梁的重量将随之增加。在柱子较高、吊车起重量较小的车间中，放大柱距可能会收到经济效果。最经济柱距虽然可通过理论分析，但最好还是通过具体方案比较来确定。

在一般车间中，边列柱的间距采用 6 m 较经济。各列柱距相等，且又接近于最经济柱距的柱网布置亦最为合理。但是，在某些场合下，由于工艺条件的限制或为了增加厂房的有效面积或考虑到将来工艺过程可能改变等情况，往往需要采用不相等的柱距。

增大柱距时，沿厂房纵向布置的构件，如吊车梁、托架等由于跨度增大而用钢量增加；但柱子和柱基础由于数量减少而用钢量降低。经济的柱距应使总用钢量最少。表 8-3 给出设有 50/10 t 吊车、柱距为 6 m 的厂房，不同跨度对吊车梁、屋盖结构用钢量的影响。

表 8-3　厂房跨度对用钢量的影响

跨度/m		18	24	30
耗钢量/(kg/m^2)	屋盖结构	270	282	310
	吊车梁	118	93	83
	合计	388	375	393

由表 8-3 可见，吊车梁与屋盖结构两项的总用钢量随跨度的加大而略有变化，但柱子用钢

量则随跨度的增大而减小,因此在厂房面积一定时采用较大跨度比较有利。

国内外厂房的跨度和柱距都有逐渐增大的趋势,如日本、德国新建厂房的柱距一般为 12 m、15 m,甚至更大,而且把 15 m 作为冷、热轧车间的经济柱距。

从构件统一化、标准化考虑,可降低制作和安装费用,因而设计时,跨度应以 3 m、柱距应以 6 m 为模数。

综上所述,一般当厂房内吊车起重量 $Q \leqslant 100$ t、轨顶标高 $H \leqslant 14$ m 时,边列柱采用 6 m、中列柱采用 12 m 柱距;当吊车起重量 $Q \leqslant 150$ t、轨顶标高 $H \leqslant 16$ m 时,或当地基条件较差、处理较困难时,边列柱与中列柱均宜采用 12 m 柱距。

当生产工艺有特殊要求时,也可局部或全部采用更大的柱距。

近来有扩大柱网尺寸的趋势(特别是轻型和中型车间),设计成能适用于多种生产条件的灵活车间,以适应工艺过程的可能变化,同时可节约车间面积和降低安装劳动量。

2. 温度缝

温度变化时厂房结构将产生温度变形及温度应力。温度变形的大小与柱子的刚度、吊车梁轨顶标高和温度变形等有关,即温度变形量:

$$\Delta L = \alpha \cdot \Delta t \cdot L \tag{8.1.1}$$

式中 α——钢材的线膨胀系数;

Δt——温度差;

L——构件的长度。

所以当厂房平面尺寸很大时,为避免产生过大的温度应力,应在厂房的横向或纵向设置温度缝,如图 8-3 所示。

根据使用经验和理论分析,规范中规定钢结构厂房温度区段的长度如表 8-4 所示。当厂房长度不超过表列数值时,可不计温度应力。横向框架中,在相同温度变形的情况下,横梁与柱铰接比横梁与柱刚接时柱中的温度应力要低得多,所以根据分析结果,可将铰接时的横向温度区段长度比表中数值加大 25%。柱间支撑的刚度比单柱大得多,厂房的纵向温度变形的不动点必然接近于柱间支撑的中点;当两道柱间支撑时为两支撑距离的中央。表 8-4 中规定的数值是根据温度区段长度等于不动点到温度区段端部距离的 2 倍确定的。因此当柱间支撑不对称布置时,柱间支撑的中点至温度区段端部的距离不得大于表 8-4 规定数值的 60%。

表 8-4 温度区段长度值

m

结构性质	纵向温度区段(垂直于跨度方向)	横向温度区段(沿跨度方向)	
		屋架和柱刚接	屋架和柱铰接
采暖房屋和非采暖地区的房屋	220	120	150
热车间和采暖地区的非采暖房屋	180	100	125
露天结构	120	—	—

注:厂房柱为其他材料时,应按相应规范的规定设置温度缝。围护结构可根据具体情况参照有关规范单独设置温度缝。

横向温度缝最普通的做法是在缝的两旁各设置一个框架,其间不用纵向构件相互联系。温度缝处的布置一般采用图 8-4(a)的方案,就是温度缝的中线与厂房的定位轴线相重合;也可采用温度缝处的柱距保持原有模数的方案(图 8-4(b))。后一种方案将加大厂房的长度,增

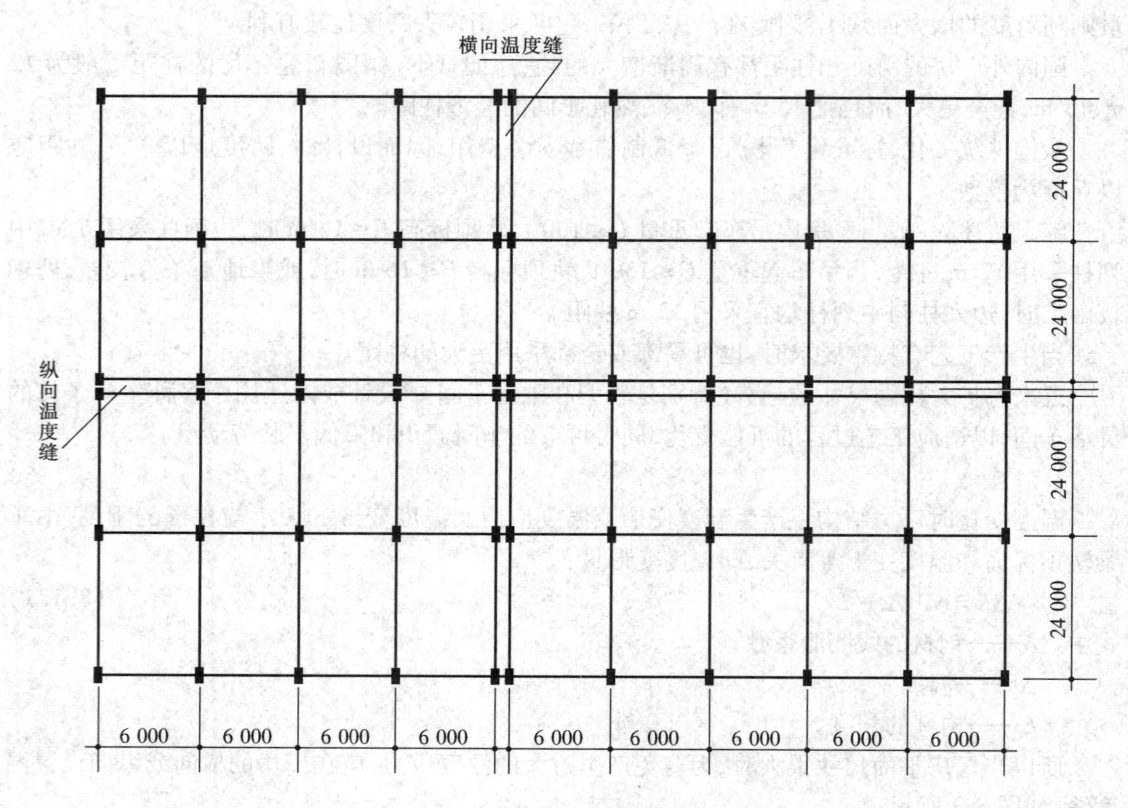

图 8-3　横向与纵向温度缝的设置

加建筑面积，增加屋面板类型，因此只有在设备布置条件不允许用前一种方案时才采用。缝旁两柱可放在同一基础上，其轴线间距一般可采用 1.0 m，但在重型厂房中，有时需要1.5 ~2.0 m。

当厂房宽度较大时，其横向刚度可能比纵向刚度大，此时理应在车间设置纵向温度缝。但若纵向温度缝附近也设置双柱，不仅柱数增多，且在纵向和横向温度缝相交处有 4 个柱子，使构造复杂。因此，一般仅在车间宽度大于 100 m（热车间和采暖地区的非采暖厂房）或 120 m（采暖厂房和非采暖地区的厂房）时才考虑设置纵向温度缝，否则可根据计算适当加强结构构件。

为了节约材料，简化构造，纵向温度缝有时也采用板铰（图 8-5）或活动支座的办法。但这种做法只适宜于对横向刚度要求不大的车间。

3. 横向框架

厂房的基本承重结构通常采用框架体系。这种体系能够保证必要的横向刚度，同时其净空又能满足使用上的要求。

横向框架按其静力图式来分，主要有横梁与柱铰接和横梁与柱刚接两种。如按跨数来分，则有单跨的、双跨的和多跨的。

凡框架横梁与柱的连接构造不能抵抗弯矩者称为铰接框架（图 8-6），能抵抗弯矩者称为刚接框架（图 8-7）。在某些情况下，在刚接框架中又可派生出一种上刚接下悬臂式的框架，即将框架柱的上段柱在吊车梁顶面标高处设计成铰接，而下段柱则像露天栈桥柱那样按悬臂柱

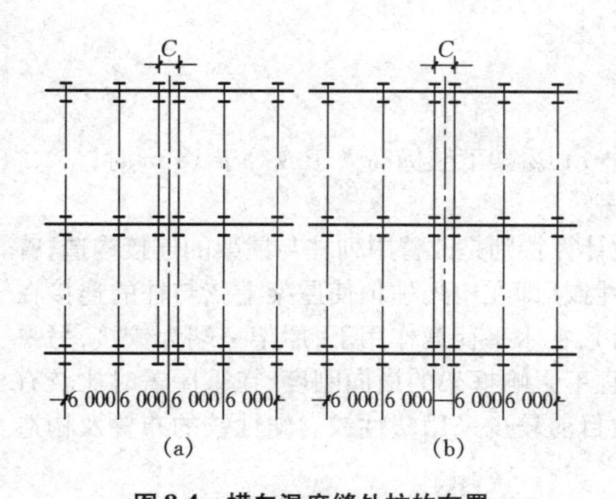

图 8-4　横向温度缝处柱的布置

(a)温度缝处单轴线;(b)温度缝处双轴线

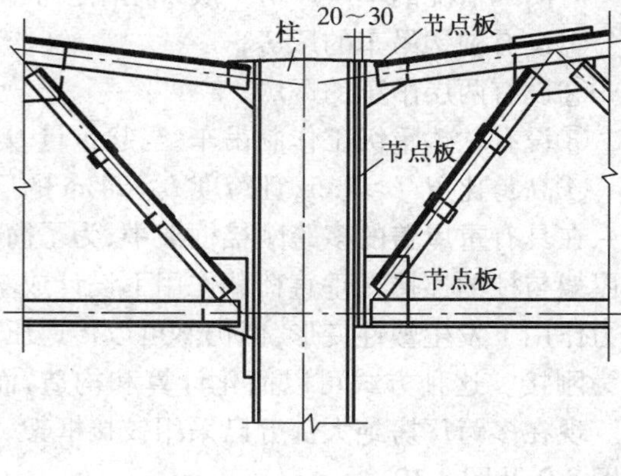

图 8-5　板铰温度缝

考虑(图 8-8)。

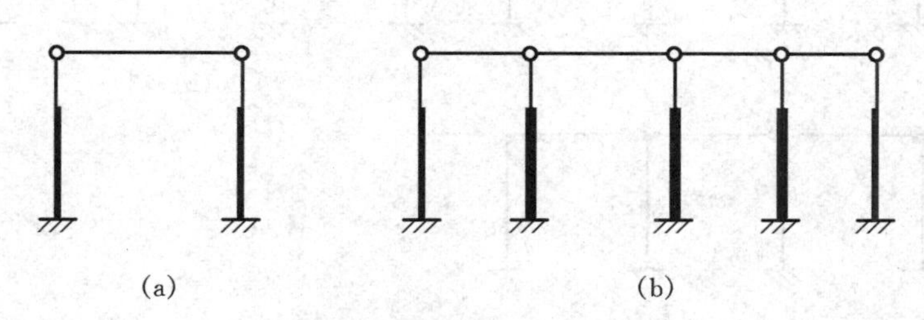

图 8-6　铰接框架的计算简图

(a)单跨;(b)多跨

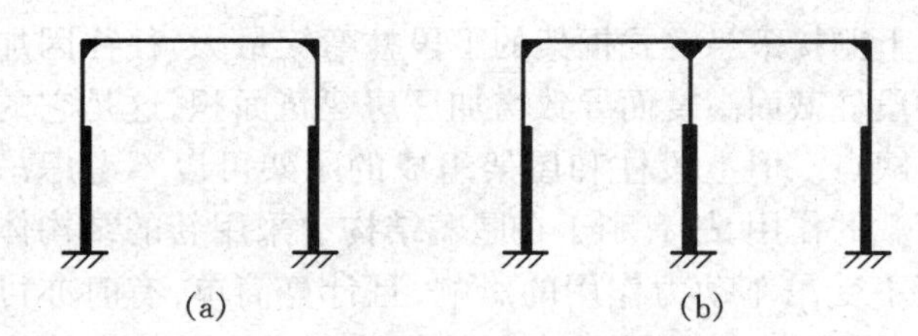

图 8-7　刚接框架的计算简图

(a)单跨;(b)双跨

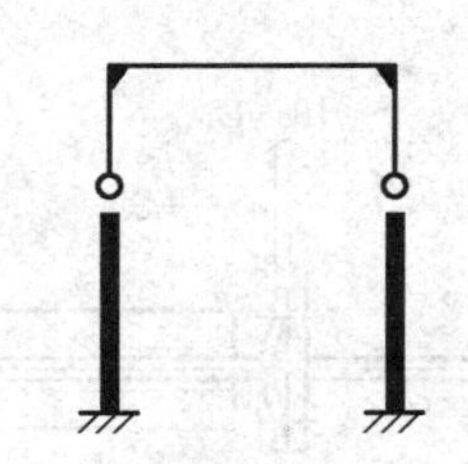

图 8-8　上刚接下悬臂式框架的计算简图

框架柱的柱脚一般均刚性固定于基础;在柱顶与横梁为刚接时,依附于主框架的边列柱可做成铰接。

铰接框架对柱基沉降的适应性较强,且安装方便,计算简单,受力明确,缺点是下段柱的弯矩较大,厂房横向刚度稍差。但在多跨厂房中铰接框架的优点远大于缺点,故目前在多跨厂房中,铰接框架得到广泛采用。

刚接框架对减少下段柱弯矩,增加厂房横向刚度有利。由于下段柱截面高度较小,从而可减少厂房的建筑面积,但却使屋架受力复杂化,连接构造亦麻烦,且对柱基础的差异沉降比较敏感,因此适用于柱基沉降差较小,对横向刚度要求较高的重型厂房,特别是单跨重型厂房。

对下列情况的单跨厂房一般采用刚接框架：

①设有硬钩吊车的厂房；

②设有两层吊车的厂房；

③设有软钩重级工作制吊车，当起重量 $Q\geqslant 50$ t，屋架下弦标高大于或等于 18 m 时；

④高跨比 $H/L\geqslant 1.5$，且跨度 $L\geqslant 24$ m 的厂房。

在具有重屋盖的多跨刚接框架中，为了简化计算特别是改善中列柱与屋架的连接构造，曾将屋架与柱的连接在垂直荷载作用下设计成塑性铰（即在中列柱顶使屋架上弦与柱的连接在拉力作用下发生塑性变形，但仍然可以传递压力），在水平荷载作用下，屋架一端为铰接，另一端为刚接。这种方式可以简化计算和构造，而且不影响框架的横向刚度，在重屋盖时比较有利。现在多跨厂房绝大部分已采用铰接框架，故目前较少采用塑性铰。塑性铰的布置及构造见图 8-9 及图 8-10。

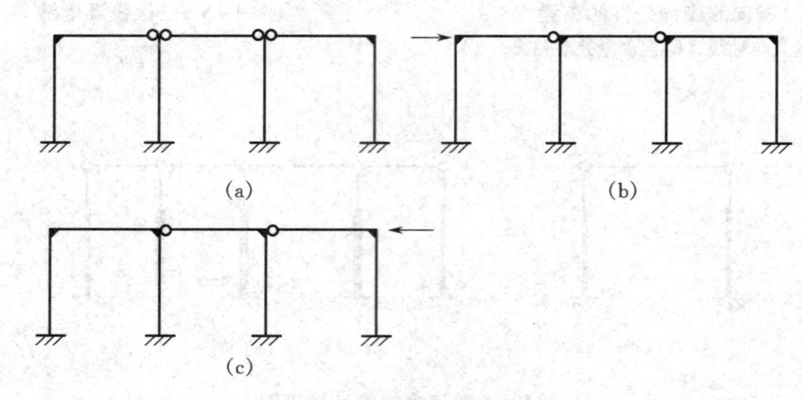

图 8-9　塑性铰的布置

(a)塑性铰的布置简图；(b)、(c)各种荷载作用下形成的塑性铰图

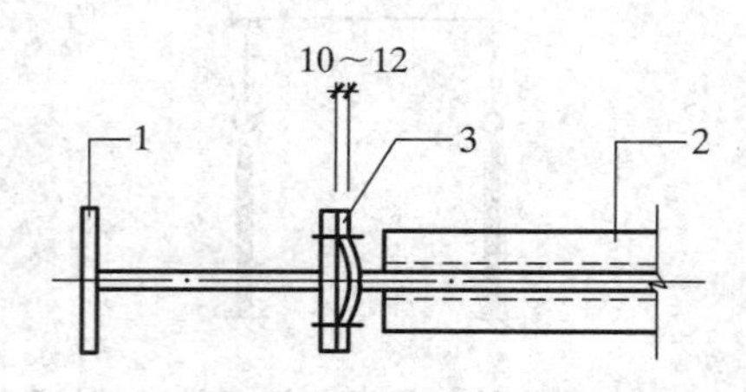

1—柱子；2—屋架上弦杆；3—T 形连接件端板

图 8-10　塑性铰顶视图

上刚接下悬臂式框架的下段柱弯矩最大，往往因加大下段柱截面高度而导致增加厂房建筑面积，这是它的主要缺点。但上段柱和屋架组成的刚架可以不考虑吊车荷载的作用，故有利于在屋盖结构中采用新的结构体系而不受吊车动力作用的影响，且计算简单，有时亦可利用上段柱中的塑性铰来释放多跨厂房中的横向温度应力，从而避免设置纵向温度缝，使结构大为简化。

4. 屋盖结构布置

屋盖结构体系有无檩及有檩两种布置方案。

无檩方案是在屋架上直接设置大型钢筋混凝土屋面板，如图 8-11 所示。该方案屋架间距即屋面板的跨度，一般为 6 m，也有 12 m 的，其优点是屋盖的横向刚度大，整体性好，构造简单，较为耐久，构件种类和数量少，施工进度快，易于铺设保温层等；其缺点是屋面自重较大，因而屋盖及下部结构用料较多，且由于屋盖重量大，对抗震也不利。

有檩方案是在钢屋架上设置檩条，檩条上面再铺设石棉瓦，或瓦楞铁，或压型钢板，或钢丝网水泥槽板等轻型屋面材料（图 8-12）。有檩方案具有构件重量轻、用料省、运输安装均较轻便等优点；它的缺点是屋盖构件数量较多，构造较复杂，吊装次数多，组成的屋盖结构横向整体刚度较差。

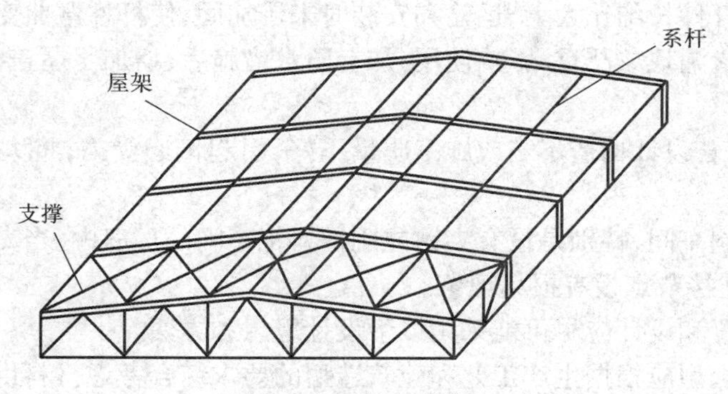

图 8-11　无檩屋盖体系

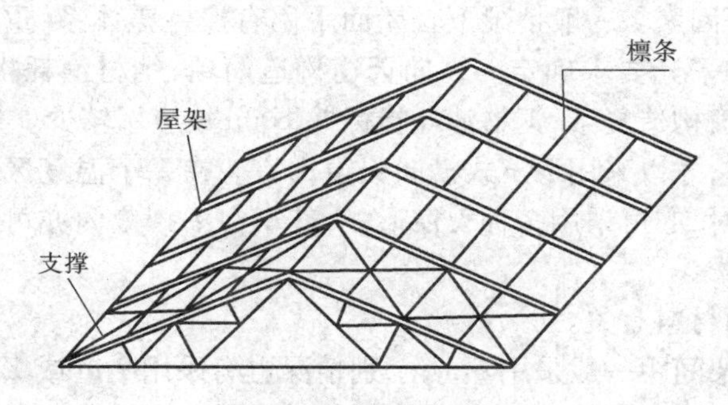

图 8-12　有檩屋盖体系

当柱距较大时,纵向布置的檩条或大型屋面板跨度增大,用料将很不经济,这时宜在柱上增设托架,在托架上设中间屋架,再设置屋面板或檩条,或在横向框架上布置纵横梁,以减小檩条跨度,这就组成了复杂布置。

无檩方案多用于对刚度要求较高的中型以上厂房,有檩方案则多用于刚度要求不高的中、小型房屋,但近年来修建的宝钢、武钢等大量冶金厂房也采用了有檩方案。因此,到底选择哪种方案,应综合考虑厂房规模、受力特点、使用要求、材料供应及运输、安装等条件。

屋盖结构由于以下种种原因会引发一些事故,应引起设计者的注意。

①屋盖积灰过厚,长期未进行清扫,大大超过设计荷载,有时达 1 倍以上,使檩条、屋架和托架受力过大,有时甚至造成整个屋盖倒塌。

②厂房结构在施工过程中,钢材除锈不良,使用过程中又不加以维护,因而造成结构锈蚀严重,削弱了杆件断面,降低了结构的强度和稳定性,以致不能继续使用。如某烧结厂钢屋盖每年锈蚀 0.2 ~0.3 mm,屋架仅用几年就需更换;又如某转炉车间,由于屋架上聚集大量腐蚀性烟尘,杆件受到严重腐蚀,最后导致倒塌。

③结构选型不当,使受拉杆件在使用过程中变为受压,因而失稳破坏。如某厂平炉车间中列柱上天窗架斜拉杆,使用过程中由于屋架向下挠曲,使该杆受压失稳。

④某厂天窗架节点板选用较薄,连接焊缝又过厚,施焊时,引起节点板脆裂;也有节点板边缘与单腹杆轴线交角太小,节点板宽度不够,因而在施工过程中断裂。

⑤钢材质量不合格,碳、硫、磷含量过高,施焊时使钢材开裂。

⑥没有设置屋盖支撑,或者设置不当,使屋架侧向失稳破坏。

⑦屋盖结构中杆件长细比太大,运输和安装时未予加固,使杆件弯曲变形过大,影响使用。

⑧自防水屋面渗漏现象严重,影响使用,加上防水措施后,增加了屋盖荷载,降低了屋盖结构的安全度。

⑨轻钢结构中,若设计构造不当或施工质量不好,引起偏心受力,将大大降低结构的安全度,甚至发生事故。

⑩在重级工作制车间,特别是设有夹钳或刚性料耙车间的厂房中,当支撑拉杆长细比 $\lambda \geqslant 350$ 时,振动较大,连接节点板有损坏现象。

屋盖结构的布置和设计应尽可能采用以下设计思想和方法。

①屋盖结构的选型应根据生产工艺和建筑造型的要求综合考虑材料供应、施工能力、生产维修诸因素以获取较好的经济效益。其具体形式主要取决于屋面材料、天窗形式、钢材供应情况以及施工吊装能力等因素。一般情况下轻屋面采用有檩屋盖体系,重屋面采用无檩屋盖体系。天窗形式由通风和采光要求确定。纵向天窗构造简单,钢材消耗指标不高,应用范围最广;横向天窗和井式天窗构造复杂,钢材消耗指标并不低,故应用较少。只有当通风要求很高,需要很大的排风面积时,才以采用下沉式横向天窗为宜。在一个温度区段内一般只用一种天窗形式,但在特殊情况时,亦可采用多种天窗形式,甚至在一跨度内亦可采用兼有纵向和横向作用的混合型天窗。

②屋架间距与屋面材料有关。

a. 对无檩屋盖,屋架间距一般采用 6 m,个别情况也有采用 9 m 或 12 m 的。

b. 对有檩体系,当采用瓦楞板、槽瓦、大波瓦等屋面材料时,屋架间距采用 6 m;当采用压型金属板时,屋架间距以采用 10 ~ 20 m 为好,此时应将屋盖支撑体系设置在上弦平面内。

③屋盖结构形式应尽量统一,减少安装部件的编号。

④屋架、托架一般采用桁架式,当受到某些条件限制时(如本身为刚架结构或净空要求、抗扭要求等),可以采用实腹式结构。檩条一般为实腹式或蜂窝梁式。

⑤根据实际需要,可在厂房中某一、二榀屋架考虑设置安装、检修吊车或其他设备的吊点。

⑥钢材的质量应符合要求,在施工图中明确提出,严格加以控制。为了方便订货和施工,每种构件一般用一种钢号,钢材规格不宜太多。

⑦屋盖支撑的布置,应能保证结构在施工和使用期间的刚度和稳定性,满足使用要求,并能传递风力或地震荷载以及其他水平荷载。

⑧屋盖结构的设计应考虑施工要求,做到方便施工、加快进度、减少施工量,如:a. 充分利用吊装设备,有条件时,尽量考虑整体吊装;b. 尽量减少高空焊接;c. 为保证吊装时所必需的刚度,屋架高度不宜太高,弦杆在平面外的长细比不宜太大;d. 各种安装接头要便于施工。

⑨当屋架与托架(梁)搭接时,在设计上应尽量不使托架(梁)受扭,并在构造上采取抗扭措施。

⑩屋盖结构在运输和安装时的强度和稳定性,一般采取临时加固措施予以解决,设计中可不予验算。

8.1.3 支撑体系和墙架

当平面框架只靠屋面构件、吊车梁和墙梁等纵向构件相连时,厂房结构的整体刚度较差,在受到水平荷载作用后，往往由于刚度不足，沿厂房的纵向产生较大的变形，影响厂房的正常使用，有时甚至可能遭到破坏。因而必须把厂房结构组成一个具有足够强度、刚度和稳定性的空间整体结构，为此，可靠而又经济合理的方法是在平面框架之间有效地设置支撑，将厂房结构组成几何不变体系。

厂房支撑体系主要有屋盖支撑和柱间支撑两部分。

1. 支撑体系的作用

图 8-13 表示一座没有设置支撑的单跨厂房结构。分析该结构受力情况后，就可以发现以下一些重要问题。

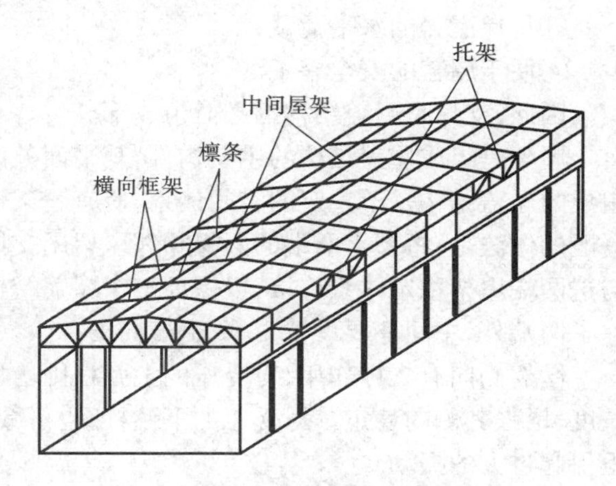

图 8-13　支撑作用分析图

①屋架上弦出平面（垂直屋架平面）的计算长度等于屋架的跨度。按这样大的计算长度来设计上弦受压杆件，不但极不合理，实际上亦有困难。在这里平行铺设的檩条对弦杆不能起侧向固定支撑的作用，因为当弦杆以半波形式侧向鼓凸时，所有檩条也将随之平移而不起支撑作用。同样，屋架下弦受拉杆件平面外的计算长度也太大，特别是端节间下弦杆有可能受压时，问题就更为严重。

②作用在端墙上的水平风力，一部分将由墙架柱传递至端部屋架的下弦（或上弦）节点上。如屋架的弦杆不与相邻屋架的相应的弦杆利用支撑组成水平桁架，则它在风力作用下将发生水平弯曲，这是远非一般屋架的弦杆所能承受的。此外，由于柱沿厂房纵向的刚度很小，它与基础的固定在这个方向一般接近于铰接，吊车梁又都简支于柱上。因此，由柱及吊车梁等构件组成的纵向框架，在上述风力及吊车的纵向制动力等的作用下，将产生很大的纵向变形或振动。在严重情况下，甚至有使厂房倾倒的危险。

③当某一横向框架受到横向荷载（如吊车的横向制动力）时，由于各个横向框架之间没有用在水平面中具有较大刚度的结构联系起来，不能将荷载分布到邻近的横向框架上去，因而需由这个横向框架独立承担。这样，结构的横向刚度将会显得不足，侧移和横向振动较大，影响结构的使用性能和寿命。

④由于托架在横向水平方向的刚度极小，所以支撑在托架上的中间屋架不很稳定，容易在横向发生动摇和振荡。

⑤当横向框架的间隔较大时，需在框架柱之间设立墙架柱以承担作用在纵向墙上的水平风载，可是在图 8-13 所示的结构中，墙架柱的上端无法设支撑点。

⑥在安装过程中，由于屋架的跨度较大，而它的侧向刚度又很小，故很容易倾倒。

⑦由于各个横向框架之间缺乏联系，因此除了结构的横向和纵向刚度不足外，如果厂房受到斜向或水平扭力时，则在局部或整个结构中将产生较大的歪斜和扭动。

由此可见，支撑体系是厂房结构的重要部分。适当而有效地布置支撑体系可将各个平面结构连成整体，提高骨架的空间刚度，保证厂房结构具有足够的强度、刚度和稳定性。

2. 屋盖支撑

(1)屋盖支撑作用

屋盖支撑的作用主要有:

①保证结构的空间作用;

②增强屋架的侧向稳定;

③传递屋盖的水平荷载;

④便于屋盖的安全施工。

因此,支撑是屋盖结构的必需组成部分。

屋架是组成屋盖结构的主要构件,其平面外的刚度较小。仅由平面屋架和檩条及屋面板组成的屋盖结构是不稳定的空间体系,所有屋架可能向一侧倾倒,屋盖支撑则可起稳定作用。一般的做法是:将屋盖两端的两榀相邻屋架用支撑连成稳定体系,其余中间屋架用系杆或檩条与这两端屋架稳定体系连接,以保证整个屋盖结构的空间稳定。如果屋盖结构长度方向较大,除了两端外,中间还要设置 1 ~2 道横向支撑。

屋架侧向有支撑作用,对受压的上弦杆则增加了侧向支撑点,减小上弦杆在平面外的计算长度,增强其侧向稳定。对受拉的下弦杆,也可减少平面外的自由长度,并可避免在动力荷载下引起过大的振动。

屋盖结构在风荷载、地震荷载或吊车水平荷载作用下,其水平力可通过支撑体系传给柱和基础。

此外,在安装屋架时,首先吊装有横向支撑的两榀屋架,并将支撑和檩条联系好形成稳定体系;然后再吊装其他屋架并与之相连,以保证安全施工。

支撑体系在屋盖结构中有着重要作用,成为传递荷载、增强稳定、保证安全不可缺少的一部分。

(2)屋盖支撑布置

屋盖支撑的布置虽因桁架的形状而异,但基本上有 5 种,即上弦横向支撑、下弦横向支撑、下弦纵向支撑、竖向支撑和系杆。梯形桁架支撑的典型布置如图 8-14 所示。

上弦横向支撑以两榀屋架的上弦杆作为支撑桁架的弦杆,檩条为竖杆,另加交叉斜杆共同组成水平桁架。上弦横向支撑将两榀屋架在水平方向联系起来,保证屋架的侧向刚度。上弦杆在平面外的计算长度因上弦横向支撑而缩短,没有横向支撑的屋架则用上弦系杆或檩条与之相联系,由此而增强屋盖结构的整体空间刚度。

下弦横向支撑也是以屋架下弦杆为支撑桁架的弦杆,以系杆和交叉斜杆为腹杆,共同组成水平桁架。

下弦纵向支撑则以系杆为弦杆,屋架下弦为竖杆。下弦水平支撑在横向与纵向共同形成封闭体系,以增强屋盖结构的空间刚度。下弦横向支撑承受端墙的风荷载,减少弦杆计算长度和受动力荷载时的振动。下弦纵向支撑传递水平力,在有托架时还可保证托架平面外的刚度。

竖向支撑使两榀相邻屋架形成空间几何不变体系,保证屋架的侧向稳定。

系杆充当屋架上下弦的侧向支撑点,保证无横向支撑的其他屋架的侧向稳定。

带天窗的屋架也需布置支撑,其上弦水平支撑一般布置在天窗架的上弦,仍保持天窗架下的屋架上弦水平支撑,天窗支撑与屋架支撑共同形成一个封闭空间。

支撑布置原则是:房屋两端必须布置上下弦横向支撑和竖向支撑,屋架两边再布置下弦纵

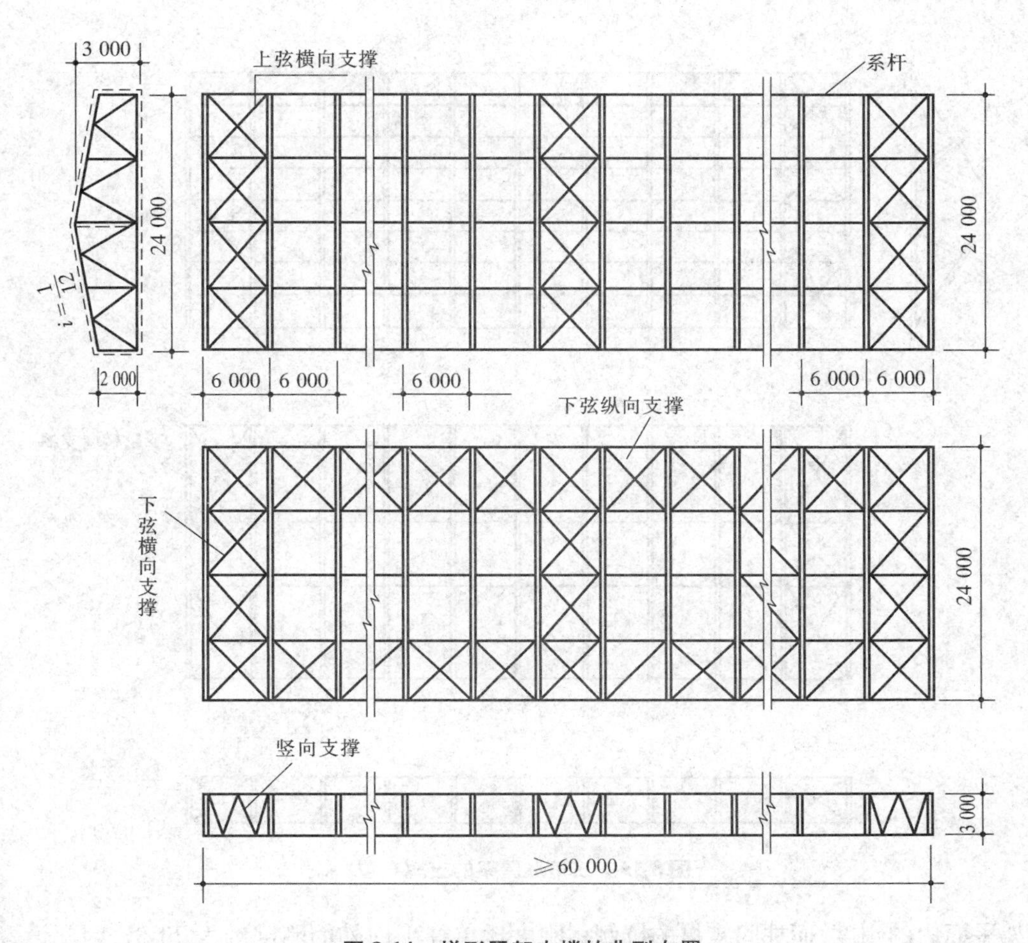

图 8-14　梯形屋架支撑的典型布置

向支撑,下弦横向支撑与下弦纵向支撑必须形成封闭体系;横向支撑的间距不应超过 60 m,当房屋较长时,可在中间再增设上下弦横向支撑和相应的竖向支撑(图 8-14);竖向支撑一般布置在屋架跨中和端竖杆平面内,当屋架跨度大于 30 m 时,则在跨中 1/3 处再布置两道竖向支撑;系杆的作用也是增强屋架侧向稳定,减少弦杆计算长度,传递水平荷载。

根据上述原则,也可布置其他形状屋架的支撑体系。图 8-15 为三角形屋架的支撑布置。三角形屋架上弦横向支撑布置在屋盖两端,一般多用轻型屋面材料,因此上弦布置有檩条,檩条与上弦横向支撑共同组成刚性体系。在有上弦横向支撑处,布置相应的下弦横向支撑和竖向支撑。竖向支撑布置在三角形屋架的两边中间竖杆上,与屋架上下弦横向支撑组成刚性较大的稳定体系。在三角形屋架中可不布置下弦纵向支撑,因为风荷载可通过刚性较大的上弦支撑和檩条来传递,受拉的屋架下弦仅用系杆相互联系就能满足减少计算长度和保证整体空间稳定的要求。

3. 柱间支撑

(1)柱间支撑的作用

①与框架柱组成刚性纵向框架,保证厂房的纵向刚度。因为柱在框架平面外的刚度远低

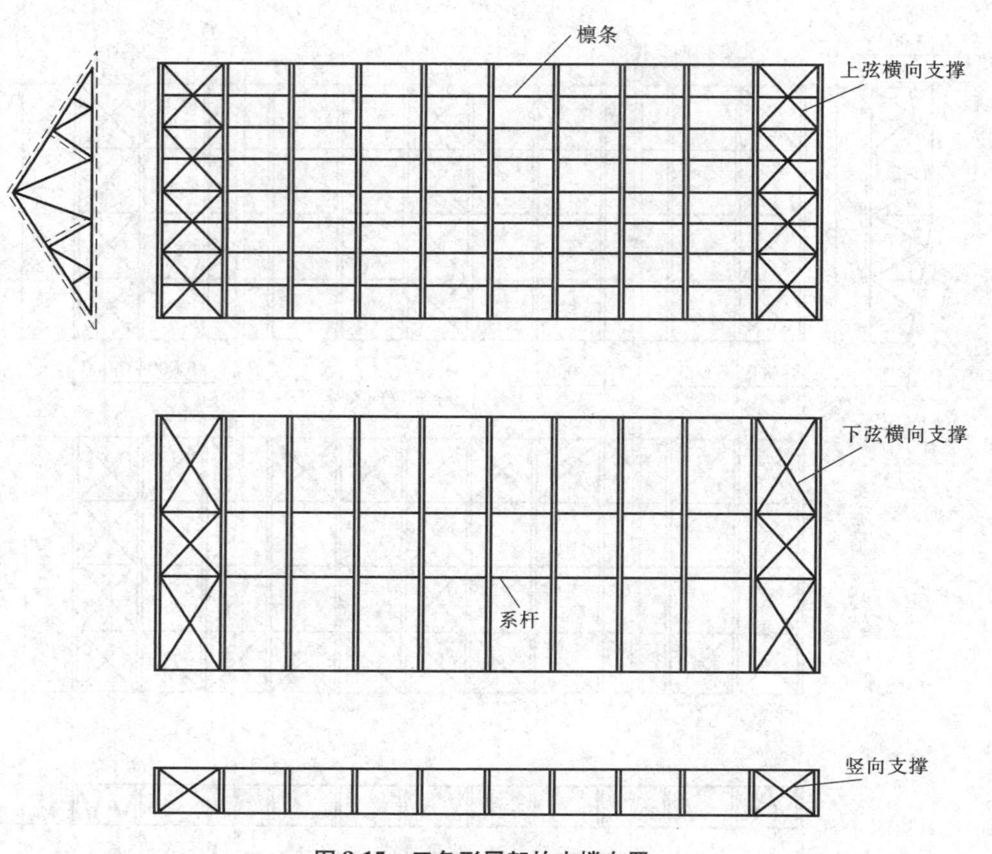

图 8-15　三角形屋架的支撑布置

于框架平面内的刚度，而柱间支撑的抗侧移刚度比单柱平面外的刚度约大 20 倍，因此设置柱间支撑对加强厂房的纵向刚度十分有效。

②承受厂房的纵向力，把吊车的纵向制动力、山墙风荷、纵向温度力、地震力等传至基础。

③为框架柱在框架平面外提供可靠的支撑，减小柱在框架平面外的计算长度。

(2)柱间支撑的设置

柱间支撑在吊车梁以上部分称上柱支撑，以下部分称下柱支撑。当温度区段不很长时，一般设置在温度区段中部，这样可使吊车梁等纵向构件随温度变化能够比较自由地伸缩，以免产生过大的温度应力。当温度区段很长，或采用双层吊车起重量很大时，为了确保厂房的纵向刚度，应在温度区段中间 1/3 范围布置两道柱间支撑；为避免产生过大的温度应力，两道支撑间的距离不宜大于 60 m(图 8-16)。在温度区段的两端还要布置上柱支撑，以便直接承受屋盖横向水平支撑传来的山墙风荷，然后经吊车梁传给下柱支撑，最后传给基础。

4. 支撑的计算和构造

屋盖支撑都是平行弦桁架，其弦杆就是屋架的上下弦杆或者是刚性系杆，腹杆多用单角钢组成十字交叉形式，斜杆与弦杆间的交角为 30° ~60°。通常横向水平支撑节点间的距离为屋架上弦节间距离的 2 ~4 倍。纵向水平支撑的宽度取屋架下弦端节点的长度，为 3 ~6 m。

屋架竖向支撑也是平行弦桁架，其腹杆体系可根据长宽比例确定，当长宽比例相差不大时

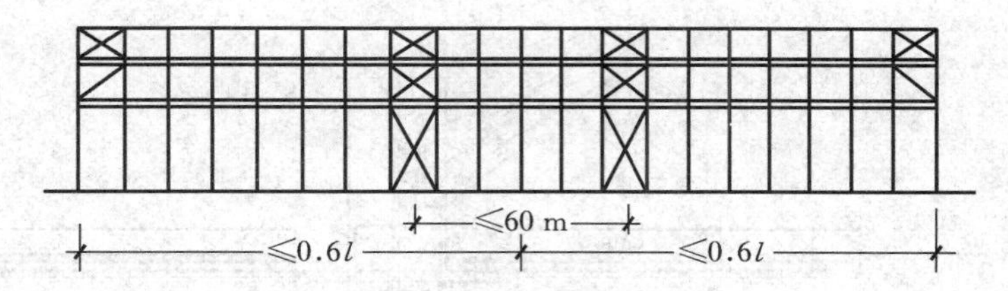

图 8-16　柱间支撑的设置

l—温度区段长度

采用交叉式(图 8-17(a)),相差较多时宜用单斜杆形式(图 8-17(b))。

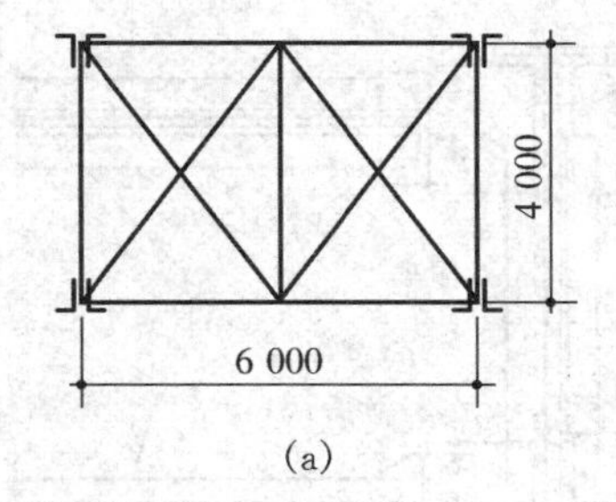

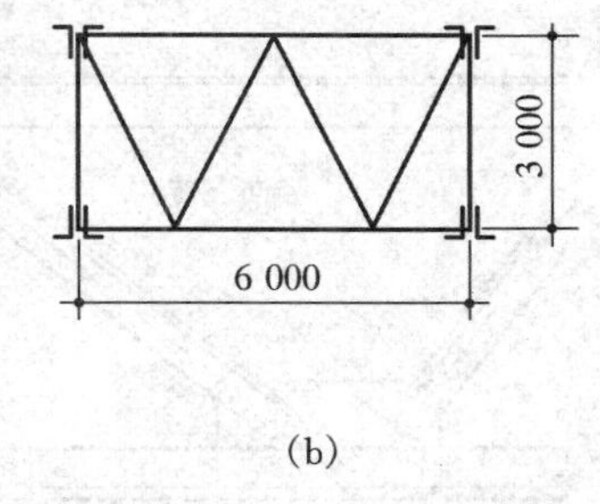

图 8-17　屋盖结构竖向支撑

(a)交叉式腹杆体系;(b)单斜杆形式腹杆体系

屋盖支撑受力较小,截面尺寸一般由杆件的容许长细比和构造要求确定。对于承受端墙传来水平风荷载的屋架下弦横向支撑,可根据在水平桁架节点上的集中风力进行分析,此时,可假定交叉腹杆中的压杆不起作用,仅由拉杆受力,使超静定体系简化为静定体系(图 8-18)。

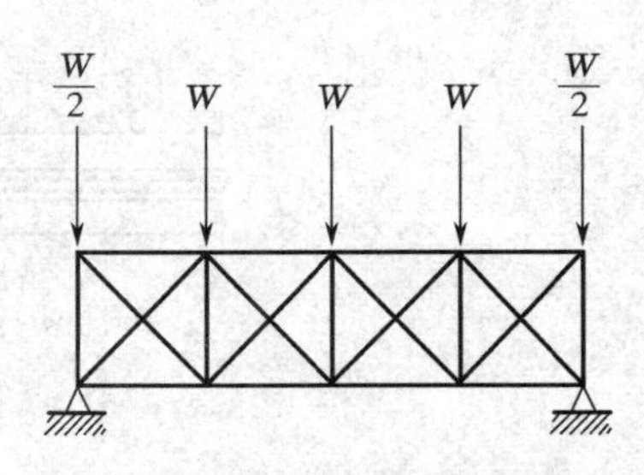

图 8-18　横向水平支撑计算简图

支撑与屋架连接构造应尽可能简单方便,支撑斜杆有刚性杆与柔性杆之分;刚性杆采用单角钢,柔性杆采用圆钢,但采用圆钢柔性杆时,最好用花篮螺栓预加应力,以增强支撑的刚度。为了便于安装,支撑节点板事先焊好,然后再与屋架用螺栓连接,一般采用 C 级螺栓,M20,每块节点板至少两个螺栓(图 8-19)。

5. 墙架结构

墙架结构一般由墙架梁和墙架柱组成。在非承重墙中,墙架构件除了传递作用在墙面上的风力外,尚须承受墙身的自重,并将它传至墙架柱及主要横向框架中,然后再传给基础。

当柱的间距在 8 m(采用预应力钢筋混凝土大型墙板时可放宽到 12 m)以内时,纵墙可不设墙架柱。

端墙墙架中有柱与横梁,柱的位置应与门窗和屋架下弦横向水平支撑的节点相配合,墙架柱最后与水平支撑联系,以传递风荷载。当厂房高度较大时,可在适当高度设置水平抗风桁架,以减小墙架柱的计算跨度和减轻屋架水平支撑的风荷载,这些桁架支撑在横向框架柱上(图 8-20)。

图 8-20 中斜虚线表示的斜拉条是保证端墙墙架横向刚度的主要杆件,设有足够截面面积

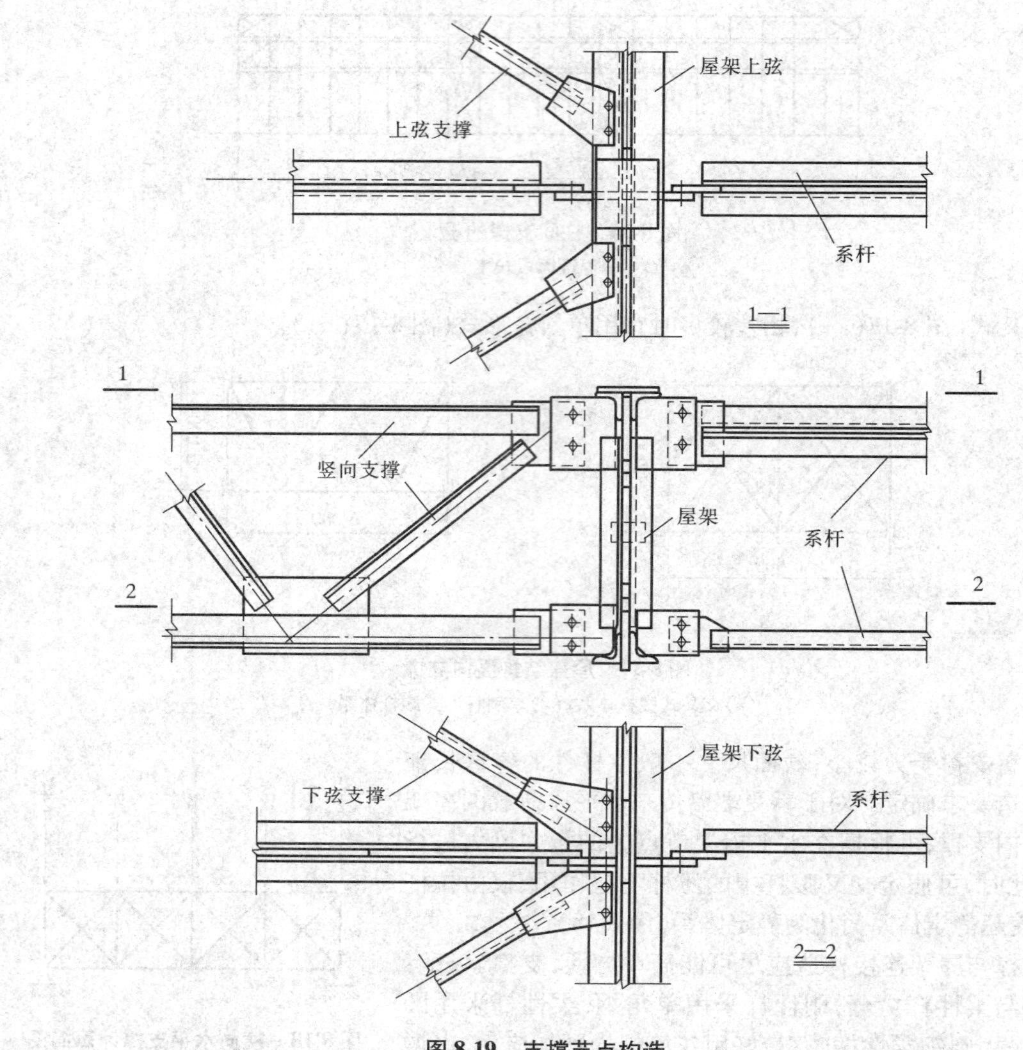

图 8-19　支撑节点构造

和强度的斜拉条或交叉腹杆后，端墙墙架可以代替端部横向框架平面内的竖向支撑。

墙架柱的位置应与屋架下弦横向水平支撑的节点相配合，有困难时，则应采取适当的构造措施（图 8-21(b)、(c)），使墙架柱的水平反力直接传至支撑桁架的节点上。端墙架柱不应承受屋架上的竖向荷载，故此柱上端与屋架之间应采取只能传递水平力的“板铰”连接（图 8-21）。

当沿厂房横向的风力、地震力、吊车制动力作用在屋盖支撑系统时，屋盖支撑系统必须以两端（或一端）的端墙墙架和横向框架共同作为支撑结构。通过端墙墙架和各横向框架共同把这些外力传递到基础和地基。当端墙墙架具有很大刚度时，能大大减少横向框架承受的水平力。故布置和设计端墙墙架时应与设计柱间支撑一样重视，它们对于厂房结构的整体安全是非常重要的。

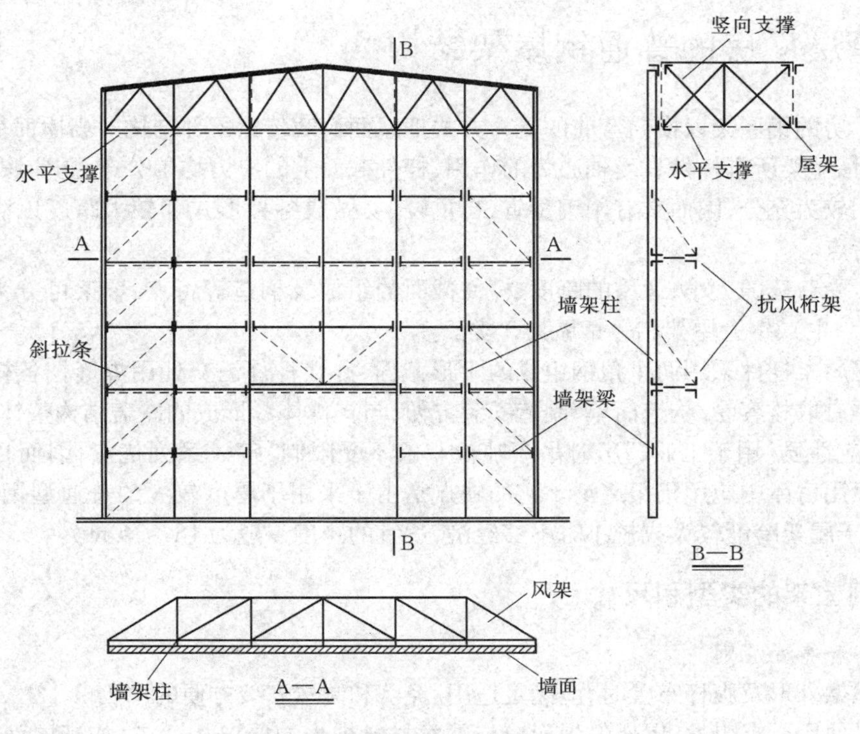

图 8-20　端墙架的布置

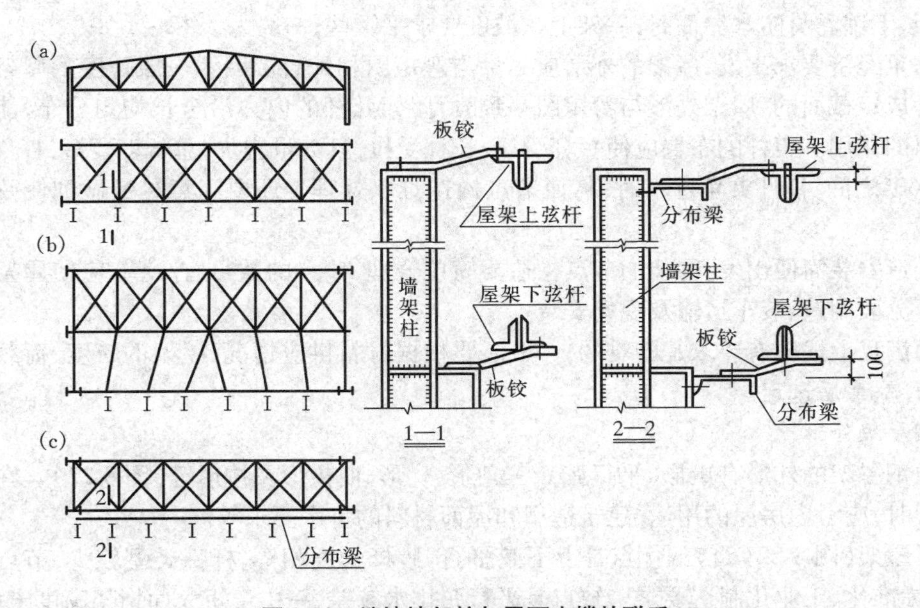

图 8-21　端墙墙架柱与屋面支撑的联系

(a)无分布梁;(b)长板铰 + 分布梁;(c)短板铰 + 分布梁

8.2 单层厂房的普通钢屋架结构

单层厂房的钢屋架以横向弯曲的受力方式把屋面荷载传给下部结构。当屋面荷载作用于屋架节点时,屋架所有杆件只受轴心力的作用,杆件截面上的应力均匀分布;与实腹梁相比,对材料的利用较为充分,因而具有用钢量省、自重轻、易做成各种形式和较大跨度以满足各种不同要求等特点。

按能承受荷载的大小、适用的跨度、杆件截面的组成及构造等特点,屋架可分为普通钢屋架(以角钢为主)、钢管屋架和轻钢屋架3类。

普通钢屋架杆件采用两个角钢组成的T形截面,并在杆件汇交处用焊缝把各杆连到节点板上。它具有取材容易、构造简单、制造安装方便,与支撑体系形成的屋盖结构整体刚度好、工作可靠、适应性强(用于工业厂房时吊车吨位一般不受限制)等一系列优点,因而目前在我国的工业与民用房屋中应用仍很广泛。它的缺点是由于采用了厚度较大的普通型钢,因此耗钢量较大,用于屋架跨度较大或较小时不够经济,适宜的跨度一般为18~36 m。

8.2.1 钢屋架的类型和尺寸

1. 选型和布置原则

确定屋架外形及腹杆布置时,应满足适用、经济和制造安装方便的原则。

从满足使用要求出发,屋架的外形应与屋面材料排水的要求相适应,如当屋面采用瓦类、铁皮、钢丝网水泥槽板等,屋架上弦坡度应做得陡些,以利于排水,一般为1/5~1/2;当采用大型屋面板、上铺卷材防水屋面时,屋架上弦坡度要求平缓些,一般为1/12~1/8。

从满足经济要求出发,屋架的外形应尽量与弯矩图相配合。因为一般跨度的屋架弦杆通常都设计成定截面的,屋架外形与弯矩图一致时,屋架弦杆的内力沿全长均匀分布,能够充分发挥材料的作用。腹杆的布置应使短杆受压,长杆受拉,且数量宜少,总长度要短,杆件夹角宜在30°~60°之间,杆件夹角过小时,将使节点构造难以处理。还要注意尽量做到使弦杆承受节点荷载。

从制造安装简便出发:屋架的节点构造要简单合理,节点的数目宜少些;应使屋架的形式便于工厂分段制造、装车运输及现场安装。

全面满足上述所有要求是困难的,一般还要根据材料供应情况、屋架的跨度、荷载大小进行综合考虑,最后选定。

2. 钢屋架外形

普通钢屋架的外形有矩形(平行弦)、三角形、梯形、曲拱形及梭形等(图8-22)。在确定钢屋架外形时,应考虑房屋的用途、建筑造型和屋面材料的排水要求等。

矩形屋架(图8-22(a))的优点是上下弦平行,腹杆长度相等,杆件类型较少,节点构造相同,符合标准化、工业化制造要求。缺点是平行弦排水较差,跨中弯矩大而桁架高度未增加,弦杆内力较大。因此,平行桁架用在托架或支撑体系较好。

三角形屋架(图8-22(b))比较符合简支梁的弯矩图形,腹杆受力较小,但弦杆的内力变化较大,支座处弦杆内力最大,跨中弦杆内力最小,故弦杆截面未能充分发挥作用。三角形屋架与柱子铰接连接,房屋横向刚度较差。一般用于屋面坡度较大的屋盖结构中,或中小跨度的轻

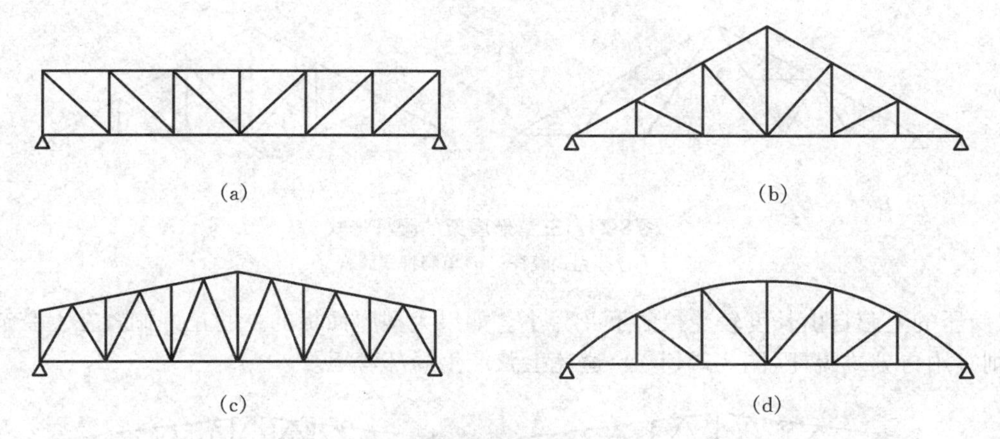

图8-22　普通钢屋架的外形

(a)矩形屋架;(b)三角形屋架;(c)梯形屋架;(d)曲拱形屋架

型屋面结构中。

梯形屋架(图8-22(c))受力情况较三角形为好,腹杆较短,与柱可刚性连接。一般用于坡度较小的屋盖中,现已成为工业厂房屋盖结构的基本形式。

曲拱形屋架(图8-22(d))最符合弯矩图形,但上弦(或下弦)弯成曲线形比较费工,如改为折线形则较好。曲拱形屋架用在有特殊要求的房屋中。

3.钢屋架的腹杆形式

平行弦桁架的腹杆形式有单斜杆式、菱形、K形和十字交叉形等(图8-23)。

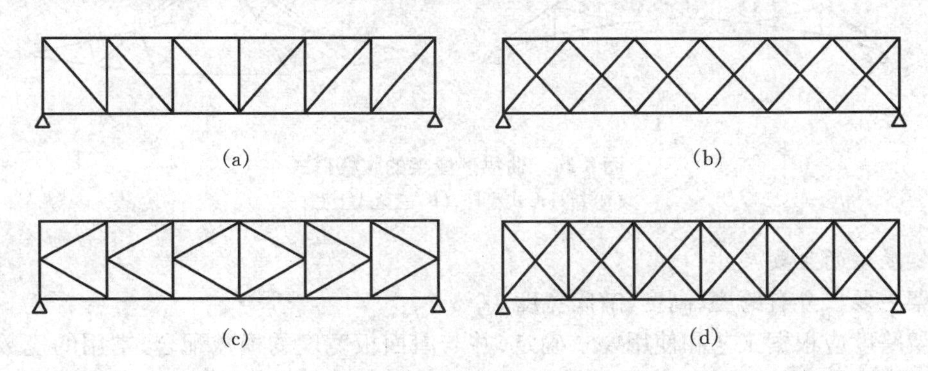

图8-23　平行弦桁架的腹杆形式

(a)单斜杆式腹杆;(b)菱形腹杆;(c)K形腹杆;(d)十字交叉形腹杆

单斜杆式腹杆(图8-23(a))中,较长的斜杆受拉,较短的竖杆受压,是比较经济的腹杆形式。菱形腹杆(图8-23(b))受力较小,截面上有两根斜杆受力,但用料较多。K形腹杆(图8-23(c))用在桁架较高时,可减小竖杆长度。十字交叉形腹杆(图8-23(d))宜用在受反复荷载的桁架中,有时斜杆可用柔性杆。

三角形屋架多采用芬克式(图8-24(a)),其腹杆受力合理,且可分为两榀小屋架,便于运输。单斜杆式(图8-24(b))腹杆较少,且节点构造简便,也是合理的布置形式。

梯形屋架的支座端斜杆最好是向外倾斜,使桁架与柱刚性连接(图8-25(a)),这种布置使

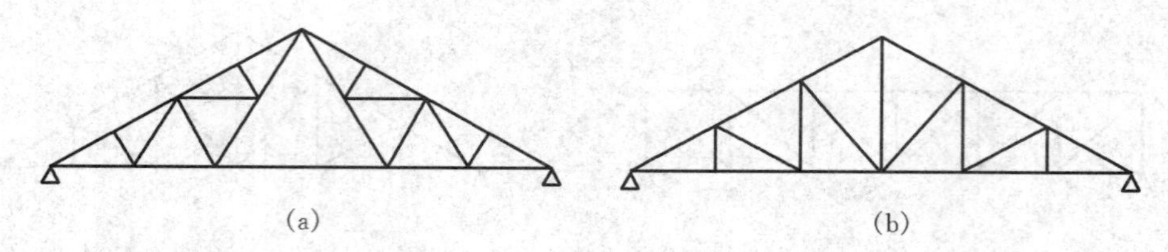

图 8-24　三角形屋架的腹杆形式

(a)芬克式腹杆;(b)单斜杆式腹杆

桁架受压的上弦自由长度较受拉的下弦为小。如果大型屋面板的主肋正好搁置在上弦节点之间,则宜用再分式腹杆(图 8-25(b)),避免上弦产生局部弯矩。

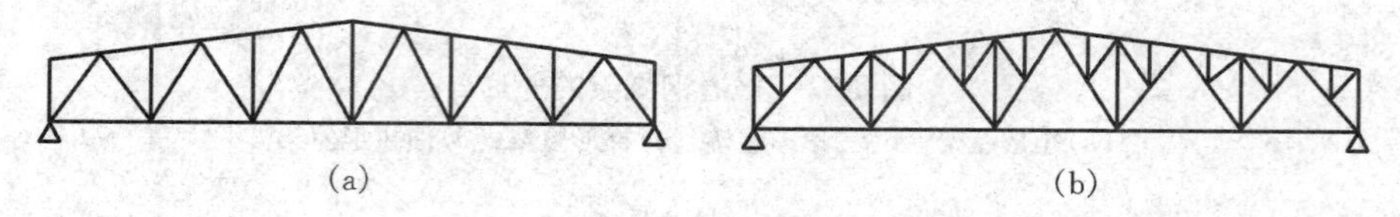

图 8-25　梯形屋架的腹杆形式

(a)桁架与柱刚性连接;(b)再分式腹杆

曲拱形屋架的腹杆用单斜杆式的居多。有时为了缩短腹杆,下弦也起拱,形成新月形式(图 8-26(a))。为了配合顶部采光,采用三角式上弦杆(图 8-26(b))。

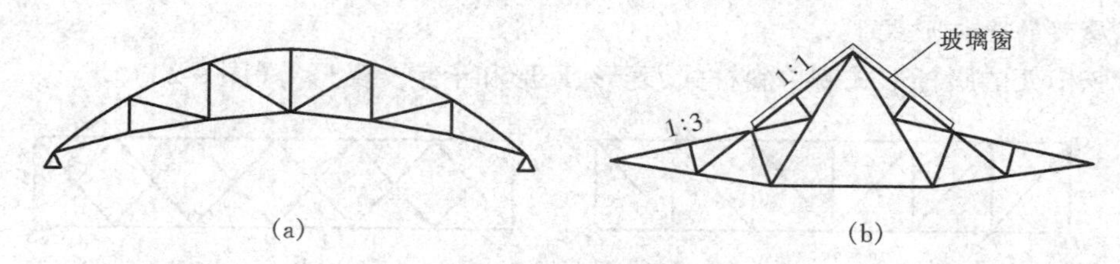

图 8-26　曲拱形屋架的腹杆形式

(a)新月形式腹杆;(b)三角式上弦杆

4. 钢屋架的主要尺寸

屋架主要尺寸有跨度、高度、节间宽度。

屋架跨度应根据工艺和使用要求确定,并与屋面板宽度的模数配合,常用的模数为 3 m,因此屋架跨度为 3 的倍数,有 12、15、18、21、24、27、30、36 m,也有更大的跨度。对于三角形屋架有檩屋盖结构,其跨度尺寸比较灵活,可以不受 3 m 模数限制。

屋架高度应根据经济、刚度、建筑等要求以及屋面坡度、运输条件等因素来确定。三角形屋架高度较大,一般为高度 $h=(1/6\sim1/4)l$(跨度),以适应屋面应具有较大坡度的要求。梯形屋架坡度较平坦,屋架高度应满足刚度要求,当上弦坡度为 1/12 ~ 1/8 时,跨中高度一般为 $(1/10\sim1/6)l$,跨度大(或屋面荷载小)时取小值,反之取大值。梯形屋架的端部高度:当屋架与柱铰接时为 1.6 ~ 2.2 m,刚接时为 1.8 ~ 2.4 m,端弯矩大时取大值,反之取小值。在确定端部高度后也可根据屋面坡度推算跨中高度,但桁架高度应小于运输高度 3.85 m。

屋架上弦节间的划分要根据屋面材料确定,采用大型屋面板时,上弦节间为 1.5 ~ 1.8 m;采用檩条时,则根据檩条间距确定,一般为 0.8 ~ 3.0 m。尽可能使屋面荷载直接作用在屋架节点上，避免上弦产生局部弯矩。

8.2.2　钢屋架的计算分析

1. 计算假定

①钢屋架的节点为铰接；

②屋架所有杆件的轴线都在同一平面内，且相交于节点的中心；

③荷载都作用在节点上，且都在屋架平面内。

上述假定是理想的情况，实际上由于节点的焊缝连接具有一定的刚度，杆件不能自由转动，因此节点不完全是铰接，故在屋架杆件中有一定的次应力。根据分析，对于角钢组成的T形截面，次应力对屋架的承载能力影响很小，设计时可不予考虑。但对于刚度较大的箱形和H形截面，弦杆截面高度与长度（节点中心间的距离）之比大于1/10（对弦杆）或大于1/15（对腹杆）时，应考虑节点刚度所引起的次应力。其次，由于制造的偏差和构造原因等，杆件轴线不一定全部交于节点中心，外荷载也可能不完全作用在节点上，所以节点上可能有偏心弯矩。

如果上弦有节间荷载，应先将荷载换算成节点荷载，才能计算各杆件的内力。而在设计上弦时，还应考虑节间荷载在上弦引起的局部弯矩，上弦按偏心受压构件计算。

2. 荷载

（1）荷载类型和组合

荷载可分为永久荷载和可变荷载。

永久荷载指屋面材料和檩条、支撑、屋架、天窗架等结构的自重。

可变荷载指屋面活荷载、积灰荷载、雪荷载、风荷载以及悬挂吊车荷载等。其中屋面活荷载和雪荷载不会同时出现，可取两者中的较大值计算。

屋架内力应根据使用过程和施工过程中可能出现的最不利荷载组合计算。在屋架设计时应考虑以下3种荷载组合：

①永久荷载＋可变荷载；

②永久荷载＋半跨可变荷载；

③屋架、支撑和天窗架自重＋半跨屋面板重＋半跨屋面活荷载。

屋架上、下弦杆和靠近支座的腹杆按第一种荷载组合计算；而跨中附近的腹杆在第二、三种荷载组合下可能内力为最大而且可能变号。如果在安装过程中能保证屋脊两侧的屋面板对称均匀铺设，则可以不考虑第三种荷载组合。

采用轻质屋面材料的三角形屋架，在风荷载和永久荷载作用下可能使原来受拉的杆件变为受压；另外，对于采用轻质屋面的厂房，要注意在排架分析时求得的柱顶最大剪力会使屋架下弦出现变号内力（即压力）或附加内力。

（2）荷载计算

各种荷载作用下节点荷载汇集按下式计算：

$$p_i = \gamma_i \cdot q_k \cdot a \cdot s \tag{8.2.1}$$

式中　q_k——每平方米屋面水平投影面上的标准荷载值，由于屋面构造层的重量沿屋面分布，计算时需把它折算到水平投影面上去，即 $q_k = g/\cos\alpha$；

g——沿屋面坡向作用的荷载；

α——上弦与水平面的夹角；

a——屋架弦杆节间的水平长度；

s——屋架的间距(图8-27)；

γ_i——荷载分项系数,对永久荷载取1.2,对可变荷载取1.4。

屋架及支撑自重的荷载可按下面的经验公式估算：

$$q_k = 0.117 + 0.011\ l\ (\text{kN/m}^2) \tag{8.2.2}$$

式中 l——屋架的跨度,以米计。

当不设吊顶时,可以假设屋架自重全部作用在上弦节点;有吊顶时,则平均分配于上、下弦节点。

当设有悬挂吊车时,必须考虑悬挂吊车与屋架连接的具体情况,以求出其对屋架的最大作用力。

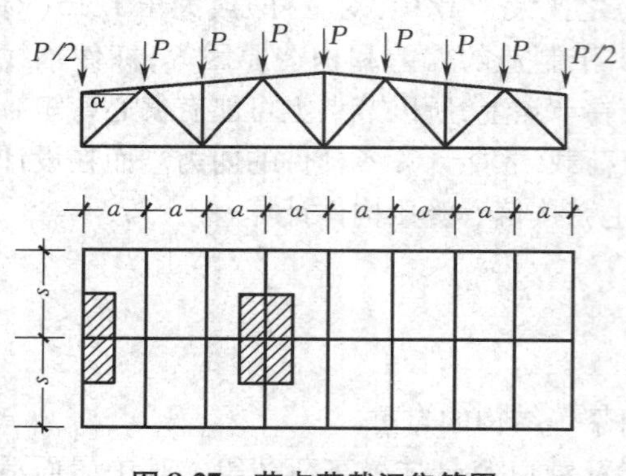

图8-27 节点荷载汇集简图

对于风荷载,当屋面与水平面的倾角小于30°时,一般可不考虑,但对于瓦楞铁等轻型屋面、开敞式房屋以及风荷载大于490 N/m² 时,则应按照荷载规范的规定计算风荷载作用。

对设有较大振动设备的厂房(如锻工车间)和地震烈度大于9度的地震区房屋,应参照《建筑抗震设计规范》考虑附加竖向荷载的作用。

3. 内力分析

计算屋架杆件内力时假设:屋架各杆为理想直杆,轴线均在同一平面内且汇交于节点;各节点均为理想的铰接。显然上述假设和实际情况有差别。由于制造偏差和构造上的原因,各杆不是理想直杆,也不一定都在同一平面且相交于一点,但这些差异已在杆件的初弯曲、初偏心中予以考虑。焊接节点并非理想铰接,而是有相当大的刚度,在杆件中将产生一定的次应力。实验研究和理论分析结果表明:在普通钢屋架中这种次应力对屋架的承载能力影响很小,设计时可忽略不计。

(1)轴向力

屋架杆件的轴向力可用数解法或图解法求得。对三角形和梯形屋架用图解法比较方便,对平行弦屋架用数解法较方便。在某些设计手册中有常用屋架的内力系数表,只要将屋架节点荷载乘以相应杆件的内力系数,即得该杆件的内力。

(2)上弦局部弯矩

上弦有节间荷载时,除轴向力外,还有局部弯矩。关于局部弯矩的计算,既要考虑上弦的连续性,又要考虑上弦节点的弹性位移。为了简化,可近似地按简支梁计算出弯矩 M_0,然后再乘以调整系数。端节间的正弯矩 $M_1 = 0.8M_0$,其他节间的正弯矩和节点负弯矩 $M_2 = 0.6M_0$(图8-28)。当屋架与柱刚接时,除上述计算的屋架内力外,还应考虑在排架分析时所得的屋架端弯矩对屋架杆件内力的影响(图8-29)。

按图8-29的计算简图算出的屋架杆件内力与按铰接屋架计算出的内力进行组合,取最不利情况的内力设计屋架杆件。

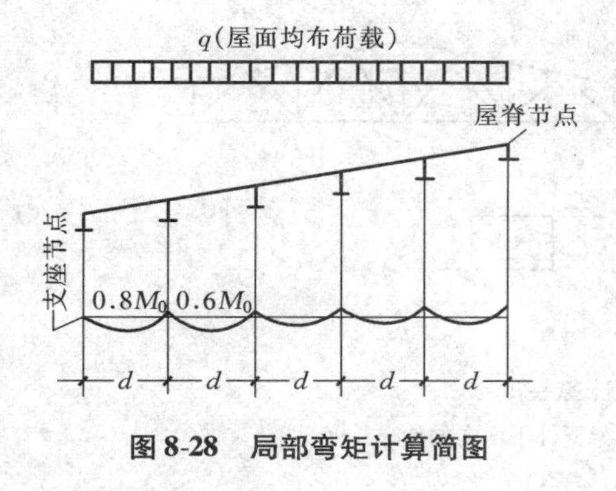

图 8-28　局部弯矩计算简图

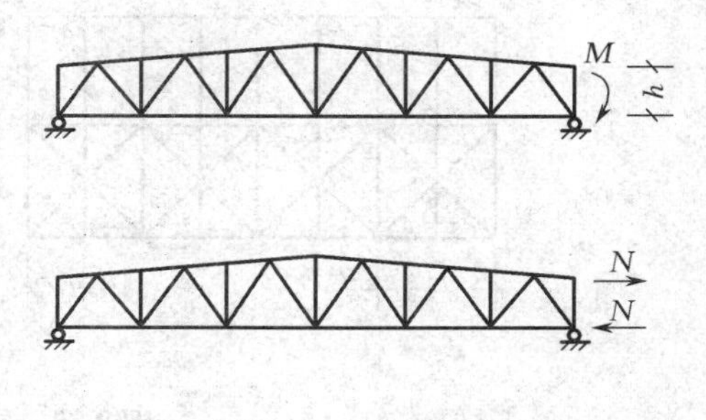

图 8-29　屋架端弯矩的作用

8.2.3　钢屋架的杆件设计

1. 杆件的计算长度

在理想的铰接屋架中，压杆在屋架平面内的计算长度应是节点中心之间的距离。但由于节点具有一定刚性，当某一压杆在屋架平面内失稳屈曲、绕节点转动时，将受到与节点相连的其他杆件的阻碍，显然这种阻碍相当于弹性嵌固，这对压杆的工作是有利的。理论分析和实验证明阻碍节点转动的主要因素是拉杆，节点上的拉杆数量愈多，拉力和拉杆的线刚度愈大，则嵌固程度也愈大，由此可确定杆件在屋架平面内的计算长度。图 8-30 所示的普通钢屋架的受压弦杆、支座竖杆及端斜杆的两端节点上压杆多、拉杆少，杆件本身线刚度又大，故节点的嵌固程度较弱，可偏于安全地视为铰接，计算长度取其几何长度，即 $l_{0x}=l$，l 是杆件的几何长度。对于其他腹杆，由于一端与上弦杆相连，嵌固作用不大，可视为铰接，另一端与下弦杆相连的节点，拉杆数量多、拉力大、拉杆刚度也大，所以嵌固程度较大，计算长度取 $l_{0x}=0.8l$。屋架弦杆在屋架平面外的计算长度应取屋架侧向支撑节点之间的距离。对于上弦杆，在有檩方案中檩条与支撑的交叉点不相连时（图 8-30），此距离即为 $l_{0y}=l_1$，l_1 是支撑节点间的距离；当檩条与支撑交叉点相连时，则 $l_{0y}=l_1/2$，即上弦杆在屋架平面外的计算长度就等于檩距。在无檩屋盖设计中，根据施工情况，当不能保证所有大型屋面板都能以 3 点与屋架可靠焊连时，为安全起见，认为大型屋面板只能起刚性系杆作用，上弦杆平面外计算长度仍取为支撑节点之间的距离；若每块屋面板与屋架上弦杆能够保证 3 点可靠焊连，考虑到屋面板能起支撑作用，上弦杆在屋架平面外的计算长度可取两块屋面板宽，但不大于 3 m。屋架下弦杆在屋架平面内的计算长度取 $l_{0x}=l$，平面外的计算长度取 $l_{0y}=l_1$，l_1 为侧向支撑点间距离，视下弦支撑及系杆设置而定。由于节点板在屋架平面外的刚度很小，当腹杆平面外屈曲时只起板铰作用，故其平面外的计算长度取其几何长度，即 $l_{0y}=l$。

图 8-31 表示当屋架弦杆侧向支撑点间的距离为节间长度的 2 倍，且此二节间的杆力不等，根据理论分析计算这样的轴心压杆在屋架平面外的稳定时，计算杆力仍取较大的轴力 N_1，计算长度按下式计算：

$$l_{0y}=l_1\left(0.75+0.25\frac{N_2}{N_1}\right) \tag{8.2.3}$$

且　$l_{0y}\nless 0.5l_1$

式中　N_1——较大的压力，计算时取正值；

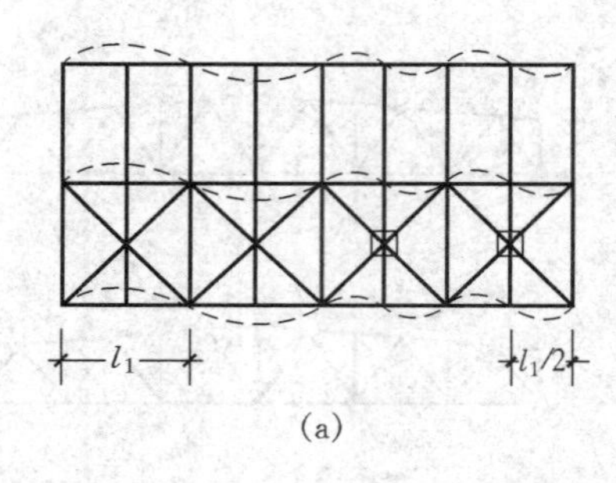

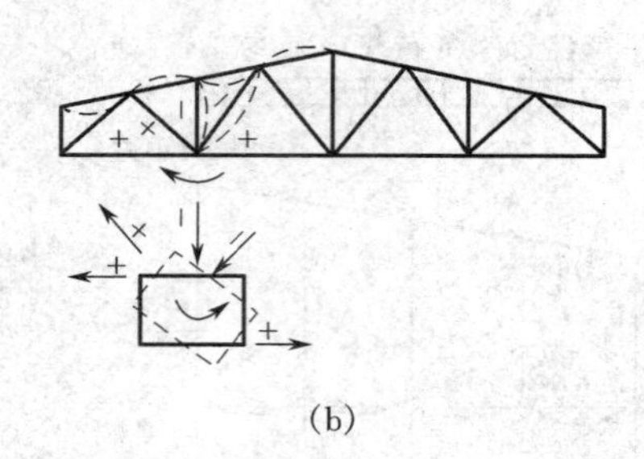

图 8-30　屋架杆件的计算长度

(a)屋架上弦平面外的计算长度;(b)屋架杆件平面内的计算长度

N_2——较小的压力或拉力,计算时取拉力为负,压力为正。

同时,对于再分式腹杆体系的受压主斜杆及 K 形腹杆体系的竖杆(图 8-32(a)、(b)),其屋架平面外的计算长度也按式(8.2.3)确定。但在屋架平面内的计算长度,考虑上段(N_1 段)杆件的两端弹性嵌固作用较差,故该段的计算长度就取其几何长度。

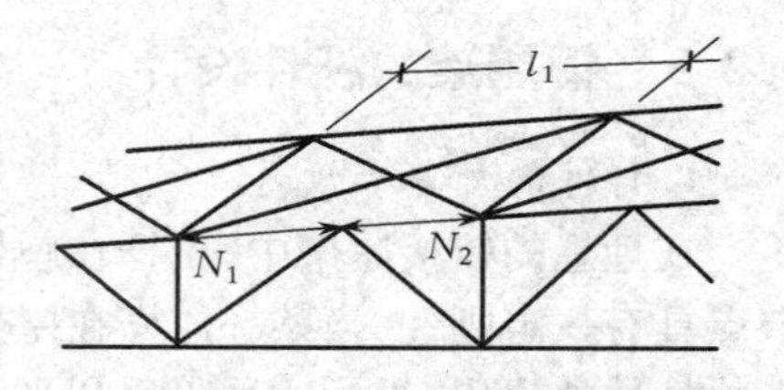

图 8-31　二节间压力不等时屋架弦杆平面外的计算长度

对于双角钢组成的十字形截面杆件和单角钢腹杆,因截面的主轴不在屋架平面内(图 8-33),有可能绕主轴

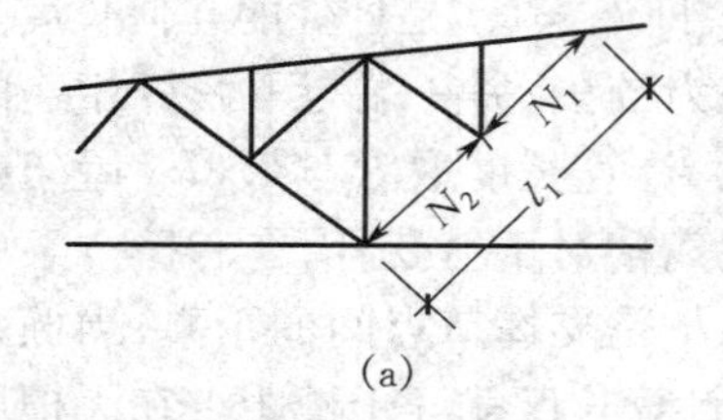

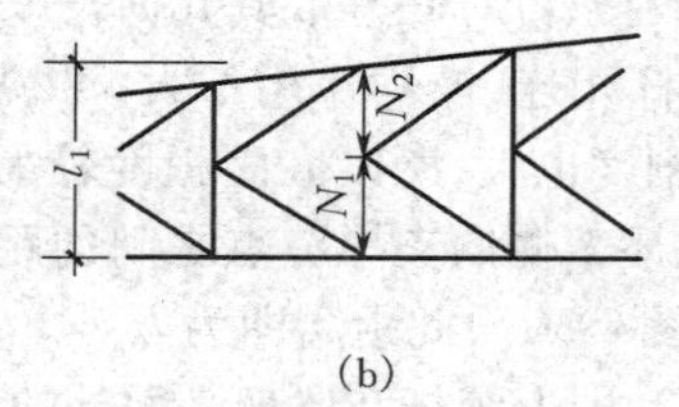

图 8-32　两段压力不等时的腹杆平面外的计算长度

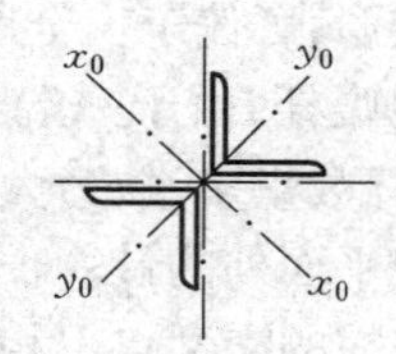

图 8-33　十字形截面的主轴

中的弱轴 y_0—y_0 发生斜平面屈曲,这时屋架下弦节点可起到一定的嵌固作用,故其计算长度取 $l_0=0.9l$。

对于交叉腹杆的计算长度,交叉斜杆在桁架平面内的计算长度 l_{0x} 应取节点中心到交叉点间的距离。在桁架平面外的计算长度,则与杆件的受力性质和交叉点的连接构造有关,可按下列情况采用:对压杆,当相交的另一杆受拉,且两杆均不中断时为 $0.5l$;当相交的另一杆受拉,两杆中有一杆中断并以节点板搭接时为 $0.7l$;其他情况为 l。拉杆均取 $l_{0y}=l$,l 为节点中心间的距离,但须注意交叉节点不能作为节点考虑;当两交叉杆都受压时,不宜有一杆中断。

当确定交叉腹杆中单角钢压杆斜平面内的长细比时,计算长度应取节点中心至交叉点间的距离。

2. 截面形式

普通钢屋架的杆件一般采用等肢或不等肢双角钢组成 T 形截面或十字形截面,组合截面的两个主轴回转半径与杆件在屋架平面内和平面外的计算长度相配合,使两方向的长细比比较接近，达到用料经济、连接方便的要求。

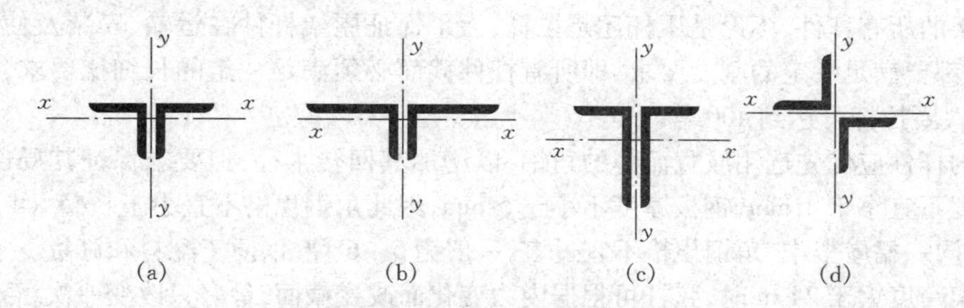

图 8-34 普通钢屋架杆件截面选择

(a)等边角钢相并；(b)不等边角钢短肢相并；(c)不等边角钢长肢相并；(d)等边角钢对角布置

等边角钢相并(图 8-34(a))，其特点是 $i_y \approx (1.3 \sim 1.5) i_x$。即 $y—y$ 方向的回转半径略大于 $x—x$ 方向，所以用在腹杆中较好，因为腹杆的 $l_{0x} = 0.8l$，$l_{0y} = l$，这样，$l_{0y} \approx 1.25 l_{0x}$，两个方向的长细比就比较接近。

不等边角钢短肢相并(图 8-34(b))，其特点是 $i_y \approx (2.6 \sim 2.9) i_x$。在上下弦杆中，如果屋架平面外的计算长度 l_{0y} 等于屋架平面内的计算长度 l_{0x} 的 2 到 3 倍，即 $l_{0y} = (2 \sim 3) l_{0x}$，采用这种截面可使两个方向的长细比比较接近。

不等边角钢长肢相并(图 8-34(c))，其特点是 $i_y \approx (0.75 \sim 1.0) i_x$，用于端斜杆、端竖杆较好，因为这两种杆件的 $l_{0y} = l_{0x}$，可使两个方向长细比相近。此外当上弦杆有较大弯矩作用时，也宜采用这种截面形式。

十字形截面(图 8-34(d))，其特点是 $i_y = i_x$，宜用于有竖向支撑相连的竖腹杆，使竖向支撑与屋架节点不产生偏心作用。

为了使两个角钢组成的杆件起整体作用，应在角钢相并肢之间焊上垫板(图 8-35)，垫板厚度与节点板厚度相同，宽度一般取 60 mm，长度应伸出角钢肢 15 ~ 20 mm，垫板间距在受压杆件中不大于 $40i$(i 为平行于垫板的单肢回转半径，对于十字形截面，i 为单角钢最小回转半径)，在受拉杆件中不大于 $80i$。一根杆件中在计算长度范围内至少布置两块垫板，如果只在中央布置一块，由于垫板处于杆件中心，剪力为零而不起作用。

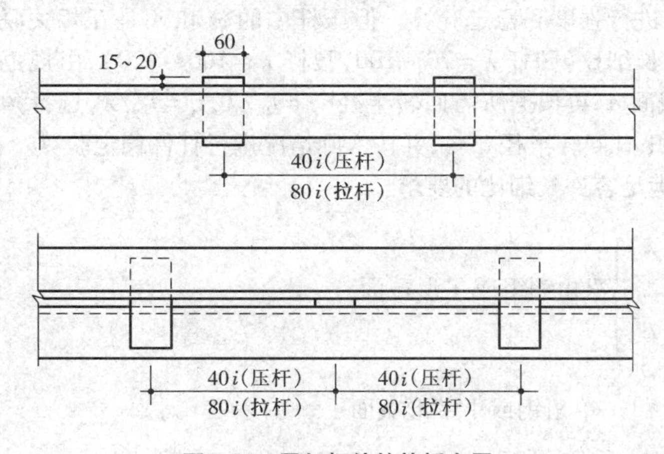

图 8-35 屋架杆件的垫板布置

3. 截面选择和计算

钢屋架的所有杆件，不论是压杆还是拉杆，为了保证屋架杆件在运输、安装及使用阶段的正常工作，都要满足一定的刚度要求，即所有杆件截面必须满足一定的长细比要求，如主要压杆为150，次要拉杆可达到400等。

屋架的杆件应优先选用肢宽而薄的角钢，以增加其回转半径，但要求保证其局部稳定，一般角钢厚度不宜小于4 mm，钢板厚度不小于5 mm，因此角钢规格不宜小于∟45×4或∟56×36×4。在同一榀屋架中，角钢规格不宜过多，一般为5~6种，以便于配料和订货。

当屋架跨度大于24 m时，弦杆可根据内力变化而改变截面，最好只改变一次，否则因设置拼接接头过多反而费工费料。改变截面的办法是变更角钢的肢宽，而不是肢厚，以便于弦杆拼接的构造处理。

屋架杆件的内力可用数解法或图解法求得，然后根据受力大小选择截面和进行验算。

(1)轴心拉杆

强度验算公式为：

$$\sigma = \frac{N}{A_n} \leqslant f \tag{8.2.4}$$

式中 N——轴向拉力；

A_n——杆件的净截面面积。

(2)轴心压杆

强度验算公式同轴心拉杆。

稳定验算公式为：

$$\sigma = \frac{N}{\varphi A} \leqslant f \tag{8.2.5}$$

式中 N——轴向压力；

A——杆件的毛截面面积；

φ——轴心压杆稳定系数。

在选择截面时，对于轴心压杆可先根据内力和材料强度计算值得到所需截面积，然后选择适当的角钢型号，再进行强度和稳定验算。但压杆中的 φ 和 A 是互相关联的未知值，可先假定一个，例如先假定长细比(弦杆 $\lambda=70\sim100$，腹杆 $\lambda=100\sim120$)，由规范中查得 φ 值，代入式(8.2.5)得所需截面 A，再根据所需回转半径 $i_x=l_{0x}/\lambda$，$i_y=l_{0y}/\lambda$，选择角钢型号，最后得实际所用角钢的截面积 A，回转半径 i_x、i_y，并按实际情况进行杆件稳定验算。

所有杆件均需满足容许长细比的要求：

$$\left.\begin{aligned} \lambda_x &= \frac{l_{0x}}{i_x} \leqslant [\lambda] \\ \lambda_y &= \frac{l_{0y}}{i_y} \leqslant [\lambda] \end{aligned}\right\} \text{双角钢组成 T 形截面} \tag{8.2.6}$$

$$\lambda = \frac{l_0}{i_{min}} \leqslant [\lambda] \quad \text{单角钢或十字形截面} \tag{8.2.7}$$

(3)偏心压杆

承受静力荷载或间接承受动力荷载的偏心压杆，允许在一定范围内发展塑性，其强度计算公式为：

$$\frac{N}{A_n}+\frac{M_x}{\gamma_x \cdot W_{nx}} \leqslant f \tag{8.2.8}$$

式中　γ_x——截面塑性发展系数；

M_x——上下弦杆跨中正弯矩或支座负弯矩；

W_{nx}——弯矩作用平面内最大净截面抵抗矩。

在直接承受动力荷载时，不能考虑塑性，用式(8.2.8)计算强度时应取 $\gamma_x=1$。

稳定验算需考虑弯矩平面内和弯矩平面外。在弯矩平面内的稳定计算公式为：

$$\frac{N}{\varphi_x A}+\frac{\beta_{mx} M_x}{\gamma_x W_{1x}\left(1-0.8\frac{N}{N'_{Ex}}\right)} \leqslant f \tag{8.2.9}$$

式中　φ_x——在弯矩作用平面内的轴心受压构件稳定系数；

N'_{Ex}——欧拉临界力，$N'_{Ex}=\pi^2 EA/(1.1\lambda_x^2)$；

W_{1x}——弯矩作用平面内最大受压毛截面抵抗矩；

β_{mx}——等效弯矩系数，当节间中点有一个横向集中力作用时，$\beta_{mx}=1-0.2\frac{N}{N_{Ex}}$，其他荷载情况，$\beta_{mx}=1.0$。

在弯矩作用平面外的稳定计算公式为：

$$\frac{N}{\varphi_y A}+\frac{\eta \beta_{tx} M_x}{\varphi_b W_{1x}} \leqslant f \tag{8.2.10}$$

式中　φ_y——弯矩作用平面外的轴心受压构件稳定系数；

φ_b——受弯构件的整体稳定系数；

β_{tx}——等效弯矩系数（当所考虑构件段有端弯矩和横向弯矩作用，且使构件段产生同向曲率时，$\beta_{tx}=1.0$；使构件段产生反向曲率时，$\beta_{tx}=0.85$；所考虑构件段内无端弯矩，但有横向荷载作用时，$\beta_{tx}=1.0$）；

η——调整系数，箱形截面为 0.7，其他截面为 1.0。

屋架中内力很小的腹杆和按构造需要而设置的杆件，一般可按容许长细比来选择截面而不必验算。

8.2.4　钢屋架的节点设计

1. 节点设计原则

①屋架杆件重心线应与屋架几何轴线重合，并交于节点中心，以避免引起偏心弯矩。但为了制造方便，角钢肢背到屋架轴线的距离可取 5 mm 的倍数，如用螺栓与节点板连接时，可采用靠近杆件重心线的螺栓准线为轴线。

②当弦杆截面沿长度变化时，为了减少偏心和使肢背齐平，应使两个角钢重心线之间的中线与屋架的轴线重合（图 8-36）。如轴线变动不超过较大弦杆截面高度的 5%，在计算时可不考虑由此而引起的偏心弯矩。

③当不符合上述规定时，或节点处有较大偏心弯矩时，应根据交汇各杆的线刚度，将此弯矩分配于各杆（图 8-37），计算式为：

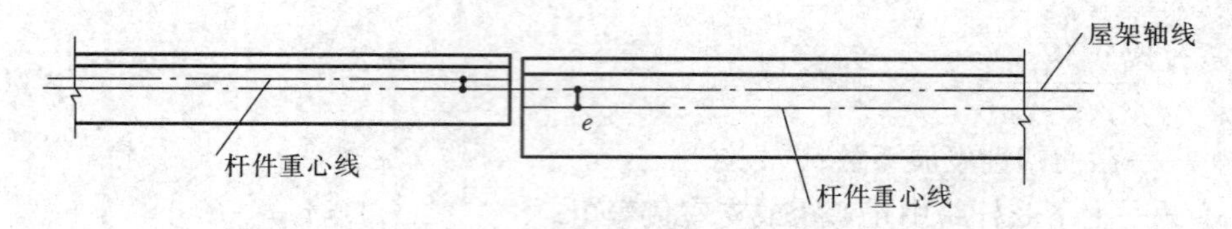

图 8-36　弦杆截面改变时的轴线位置

$$M_i = M\frac{K_i}{\sum K_i} \tag{8.2.11}$$

式中　M_i——所计算杆件承担的弯矩；

M——节点偏心弯矩，$M=(N_1+N_2)\times e$；

K_i——所计算杆件的线刚度；

$$K_i=\frac{I_i}{l_i};$$

$\sum K_i$——汇交于节点的各杆线刚度之和。

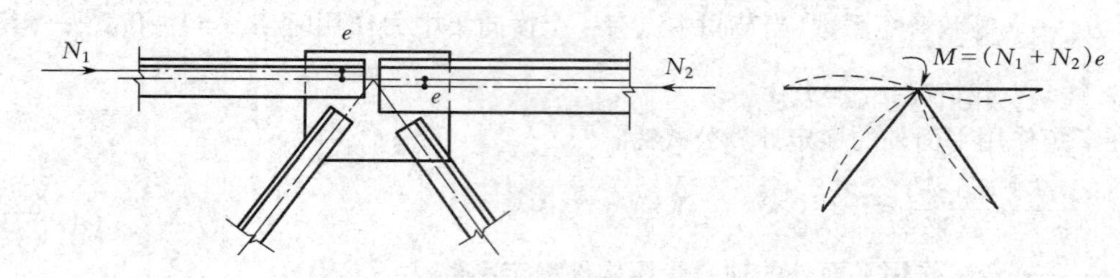

图 8-37　弦杆轴线的偏移

在算得 M_i 后，杆件截面应按偏心受压（或偏心受拉）进行计算。

④直接支撑大型钢筋混凝土屋面板的上弦角钢可按图 8-38 所示方法予以加强。

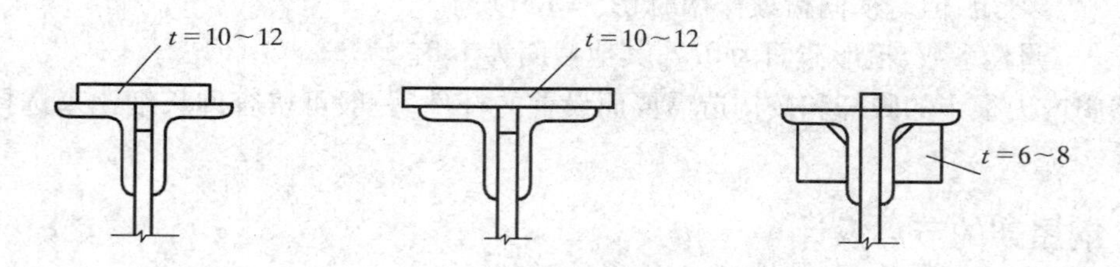

图 8-38　上弦角钢直接支撑大型屋面板时的加强

⑤节点板的外形应尽量简单，应优先采用矩形或梯形、平行四边形，节点板不应有凹角（图 8-39）。

⑥角钢端部的切割一般垂直于它的轴线，可切去部分肢，但绝不允许垂直肢完全切去而留下平行的斜切肢（图 8-40）。

⑦焊接屋架节点中，腹杆与弦杆或腹杆与腹杆边缘之间距离一般采用 10 ~ 20 mm，用螺栓连接的节点，此距离可采用 5 ~ 10 mm（图 8-41）。

⑧单斜杆与弦杆连接，应使之不出现偏心弯矩（图 8-42）。

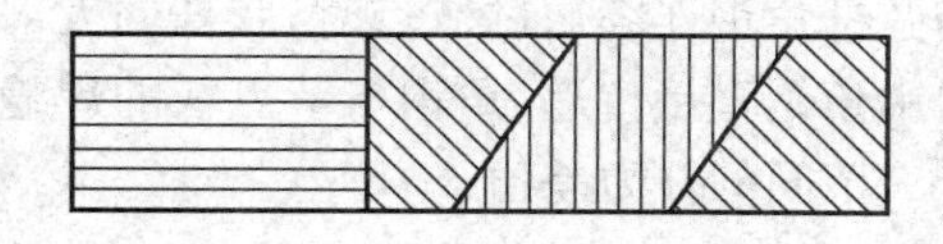

图 8-39　节点板的外形

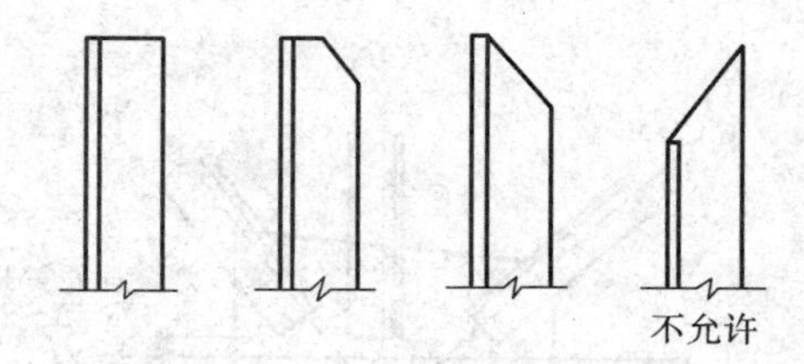

图 8-40　角钢端部的切割

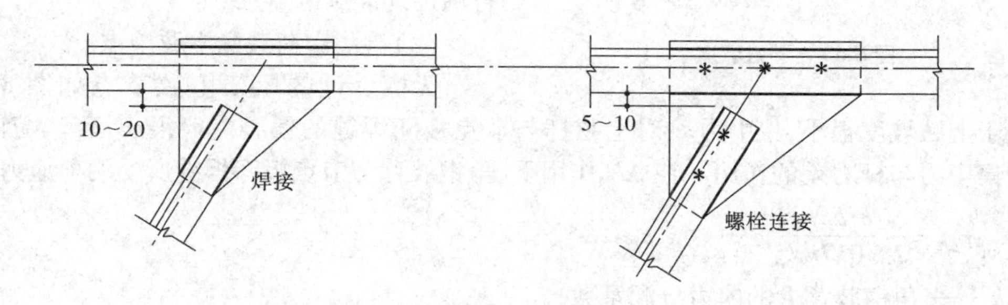

图 8-41　屋架杆件连接边缘的距离

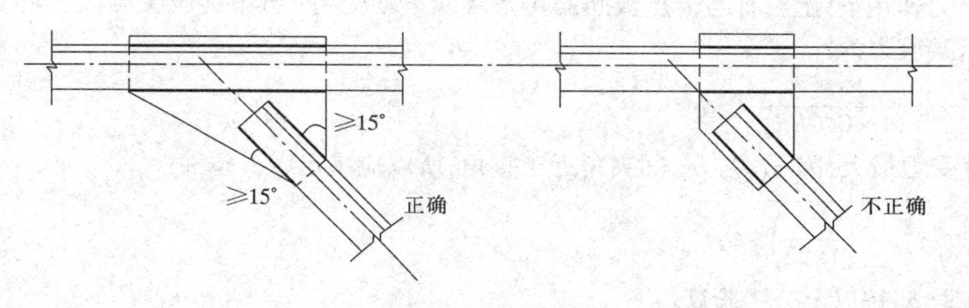

图 8-42　节点板焊缝位置

⑨节点板应有足够的强度，以保证弦杆与腹杆的内力能安全传递。节点板厚度不得小于 6 mm，但不要大于 20 mm。根据不同的力大小，选用各种节点板厚度。同一榀屋架中除支座处节点板比其他节点板厚 2 mm 外，所有节点板应采用同一厚度。节点板不得作为拼接弦杆用的主要传力杆件。

2. 上、下弦节点的计算和构造

节点设计包括确定节点构造，计算焊缝及确定节点板的形状和尺寸，应结合屋架施工图绘制进行。下面介绍屋架的几个典型节点。

(1)无节点荷载的下弦节点(图 8-43)

各腹杆与节点板的连接角焊缝按各腹杆的内力计算：

$$\sum l_w = \frac{N_3(N_4 \text{ 或 } N_5)}{2 \times 0.7 h_f f_f^w} \tag{8.2.12}$$

式中　N_3、N_4、N_5——腹杆轴心力；

$\sum l_w$——一个角钢与节点板之间的焊缝总长度，按比例分配于肢尖和肢背；

h_f——焊缝高度；

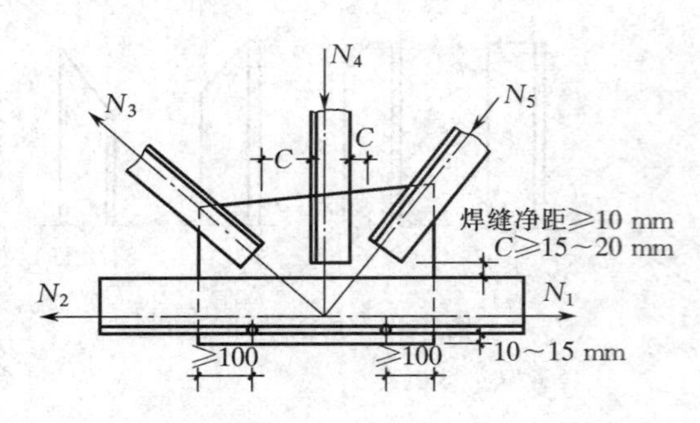

图 8-43 下弦节点

f_f^w——角焊缝强度设计值。

当弦杆角钢连续通过节点时，弦杆的大部分轴力由角钢直接传递，角钢与节点板的焊缝只承受二节间的杆力差值：

$$\Delta N = N_1 - N_2(\text{当 } N_1 > N_2 \text{ 时})$$

求得 ΔN 后，仍按式(8.2.12)计算。通常 ΔN 很小，所需焊缝一般按构造在节点板范围内进行满焊均能满足要求。

(2)有集中荷载的上弦节点

无檩设计的屋架上弦节点如图 8-44 所示。由于上弦坡度很小，集中力 P 对上弦杆与节点板间焊缝的偏心一般很小，可认为该焊缝只承受集中力与杆力差的作用。在 ΔN 作用下，角钢肢背与节点板间焊缝所受的剪应力为：

$$\tau_{\Delta N} = \frac{k_1 \Delta N}{2 \times 0.7 h_f l_w}$$

式中 k_1——角钢肢背上的内力分配系数；

l_w——每根焊缝的计算长度，取实际长度减 $2h_f$。

在 P 力作用下，上弦杆与节点板间的 4 条焊缝平均受力(当角钢肢尖与肢背的焊缝高度相同时)，其应力为：

$$\sigma_P = \frac{P}{4 \times 0.7 h_f l_w}$$

肢背焊缝受力最大，因 $\tau_{\Delta N}$ 与 σ_P 间夹角近于直角，所以应满足以下条件：

$$\sqrt{\tau_{\Delta N}^2 + \left(\frac{\sigma_P}{1.22}\right)^2} \leqslant f_f^w$$

设计时先取 h_f 按以上公式验算。

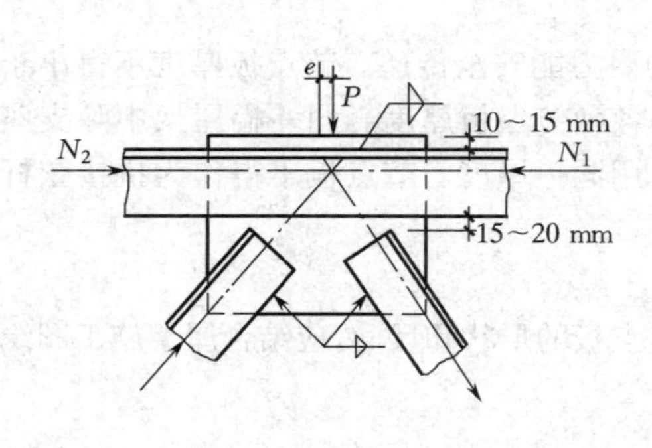

图 8-44 无檩的屋架上弦节点

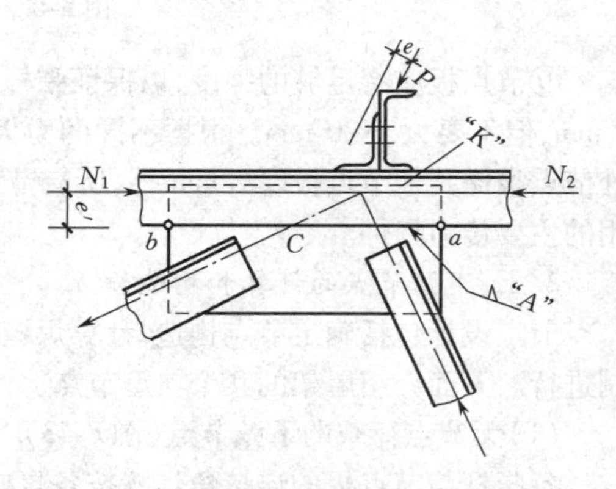

图 8-45 有檩的屋架上弦节点

图 8-45 所示为有檩设计的屋架上弦节点。上弦一般坡度较大，节点集中荷载 P 相对于上弦焊缝有较大偏心 e，因此弦杆与节点板焊缝除受 ΔN、P 作用外，还受到偏心弯矩 $P \cdot e$ 的作用。考虑到角钢背与节点板间的塞焊缝不易保证质量，可采用如下近似方法验算焊缝。假定塞焊缝"K"只均匀地承受力 P 的作用，其他力和偏心弯矩均由角钢肢尖与节点板间的焊缝

"A"承担,于是"K"焊缝的强度条件为:

$$\tau=\frac{P}{2\times0.7h_f'l_w}\leqslant f_f^w$$

式中,$h_f'=\frac{t}{2}$,t 为节点板的厚度。这一条件通常均能满足。"A"焊缝承受的力有:杆力差 $\Delta N=N_1-N_2$(当 $N_1<N_2$)和偏心弯矩 $M=P\cdot e+\Delta Ne'$,e'为弦杆轴线到肢尖的距离。ΔN 在焊缝"A"中产生的平均剪应力:

$$\tau_{\Delta N}=\frac{\Delta N}{2\times0.7h_fl_w}$$

由 M 产生的焊缝应力:

$$\sigma_M=\frac{6M}{2\times0.7h_fl_w^2}$$

焊缝"A"受力最大的点在该焊缝的两端 a、b 点,最大的合成应力应满足下式条件:

$$\sqrt{\tau_{\Delta N}^2+\left(\frac{\sigma_M}{1.22}\right)^2}\leqslant f_f^w \tag{8.2.13}$$

(3)弦杆的拼接节点

屋架弦杆的拼接有两种方式:工厂拼接和工地拼接。前者是为了型钢接长而设的杆件接头,宜设在杆力较小的节间;后者是由于运输条件限制而设的安装接头,通常设在节点处,如图 8-46。

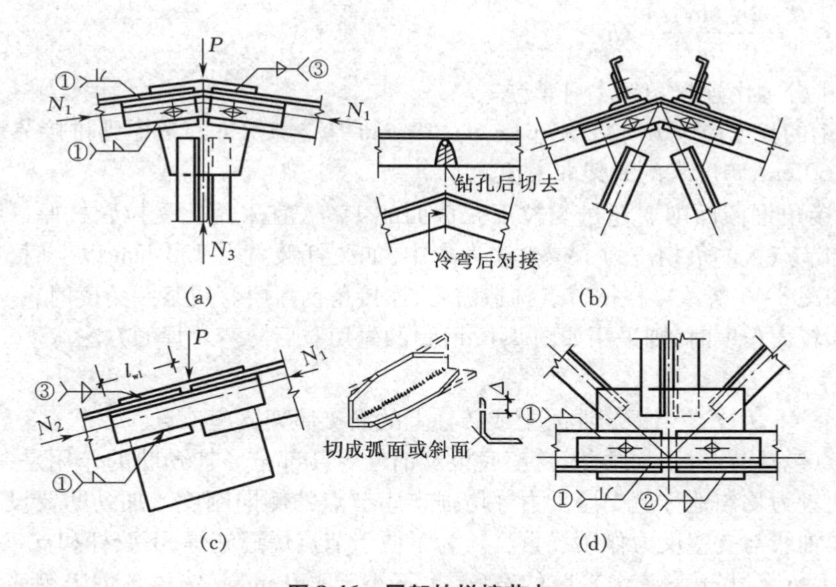

图 8-46　屋架的拼接节点

(a)竖腹杆上弦屋脊节点;(b)斜腹杆上弦屋脊节点;(c)上弦节点;(d)下弦节点

弦杆一般用连接角钢拼接。连接角钢的作用是传递弦杆的内力,保证弦杆在拼接节点处具有足够刚度。拼接时,用安装螺栓定位并夹紧所连接的弦杆,以利安装焊缝施焊。

连接角钢一般采用与被连弦杆相同的截面。为了与弦杆角钢密贴,需将连接角钢的棱角铲去。为了施焊方便和保证连接焊缝的质量,连接角钢的竖直肢应切去 $\Delta=t+h_f+5$ mm(图

8-46),式中 t 是连接角钢的厚度。

弦杆与连接角钢的连接焊缝通常按被连弦杆的最大杆力计算,并平均分配给连接角钢肢尖的4条焊缝,如图8-46中的焊缝①,每条焊缝所需的长度为:

$$l_{w1}=\frac{N_{max}}{4\times0.7h_f f_f^w}+2h_f \tag{8.2.14}$$

式中 N_{max}——拼接弦杆中的最大杆力。

对弦杆与节点板间的连接焊缝计算应进行具体分析。连接角钢由于削棱切肢对截面的削弱一般不超过角钢面积的15%。对于受拉的下弦杆,截面由强度计算确定,面积的削弱势必降低连接角钢的承载能力,这部分降低的承载力应由节点板承受,所以下弦杆与节点板的连接焊缝②(图8-46(d))应按下式计算:

$$\tau=\frac{k_1\times0.15N_{max}}{2\times0.7h_f l_w}\leqslant f_f^w \tag{8.2.15}$$

式中 k_1——下弦角钢肢背上的内力分配系数。

对于受压上弦杆,连接角钢面积的削弱一般不会降低接头的承载力。因为上弦截面是由稳定计算确定的,所以在图8-46(c)所示的拼接接头处,上弦杆与节点板的焊缝可根据传递集中力 P 计算即可;在图8-46(a)、(b)的脊节点处,则需根据节点上的平衡关系来计算,上弦杆与节点板间的连接焊缝③应承受接头两侧弦杆的竖向分力与节点荷载 P 的合力,焊缝③共8根,每根所需长度为:

$$l_{w3}=\frac{P-2N_1\sin\alpha}{8\times0.7h_f f_f^w}+2h_f \tag{8.2.16}$$

上弦杆的水平分力由连接角钢本身承受。

连接角钢的长度应为 $L=2l_{w1}+10$(mm),10 mm是空隙尺寸。考虑到拼接节点刚度,L 应不小于40~60 cm,跨度大的屋架取大值。

如果连接角钢截面削弱超过受拉下弦截面的15%,宜采用比受拉弦杆厚一级的连接角钢,以免增加节点板的负担。为了减少应力集中,如弦杆肢宽在130 mm以上时,应将连接角钢肢斜切,如图8-46所示。根据节点构造需要,连接角钢需要弯成某一角度时,一般采用热弯即可,如需弯较大角度时,则采用如图8-46所示的先切肢后冷弯对焊的方法。

3. 支座节点

图8-47、8-48为支撑于钢筋混凝土或砖柱上的简支屋架支座节点。

支座节点包括节点板、加劲肋、支座底板及锚栓等几部分。加劲肋的作用是:加强支座底板刚度,以便较为均匀地传递支座反力并增强支座节点的侧向刚度。加劲肋要设在支座节点中心处,使其轴线与支座反力作用线重合。为了便于节点焊缝施焊,下弦杆和支座底板间应留有一定距离 h,h 不小于下弦水平肢的宽度,也不小于130 mm。锚栓预埋于钢筋混凝土柱中(或混凝土垫块中),直径一般取20~25 mm;为便于安装时调整位置,底板上的锚栓孔直径一般为锚栓直径的2~2.5倍,可开成圆孔或椭圆孔。当屋架调整到设计位置后,将垫板套住锚栓且与底板焊接以固定屋架,垫圈的孔径稍大于锚栓直径。

支座节点的传力路线是:屋架杆件的内力通过连接焊缝传给节点板,然后经由节点板和加劲肋把力传给底板,最后传给柱子。因此支座节点计算包括底板计算、加劲肋及其焊缝计算与底板焊缝计算3部分,计算原理与轴压柱柱脚相同,设计的具体步骤如下。

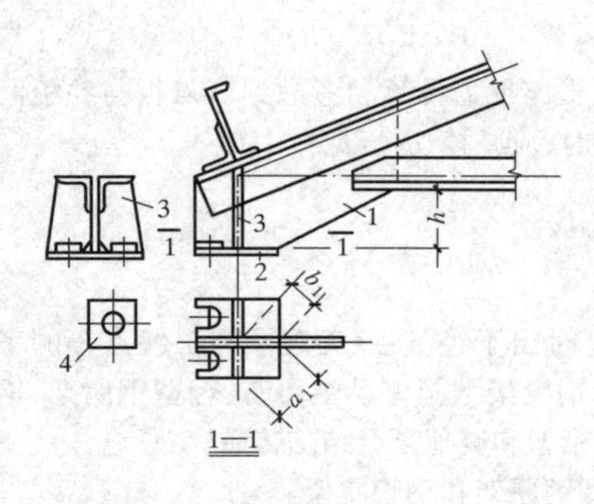

图 8-47　三角形屋架的支座节点

1—节点板；2—底板；3—加劲肋；4—垫板

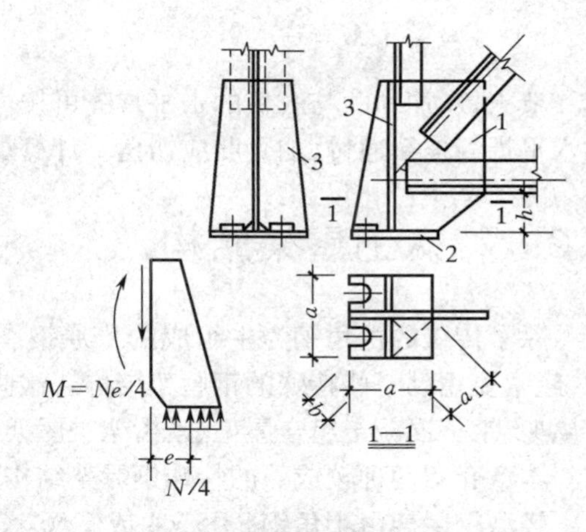

图 8-48　梯形屋架的支座节点

1—节点板；2—底板；3—加劲肋

(1)底板计算

支座底板所需净截面积

$$A_{\mathrm{n}} = \frac{N}{f_{\mathrm{cc}}}$$

式中　N——屋架支座反力；

f_{cc}——混凝土的抗压设计强度，当混凝土标号为 C20 号时，$f_{\mathrm{cc}} = 10$ MPa。

设 ΔA 为锚栓孔面积，则底板所需毛面积为：

$$A = A_{\mathrm{n}} + \Delta A$$

采用方形底板时，边长 $a \geqslant \sqrt{A}$，也可取底板为矩形。当支座反力较小时，一般计算所得尺寸都较小，考虑到开栓孔的构造需要，通常要求底板的短边尺寸不得小于 200 mm。

底板厚度采用轴压柱脚底板厚度计算公式：

$$t \geqslant \sqrt{\frac{6M}{a_1 \cdot f}}$$

式中　f——钢材强度设计值；

a_1——底板计算单元斜长；

M——两边为直角支撑板时单位板宽的最大弯矩；

$$M = \beta q a_1^2$$

q——底板单位板宽所承受的计算线荷载；

β——系数，可在有关手册的表格中查到。

为使柱顶压力较均匀地分布，底板不宜过薄，对于普通钢屋架不得小于 14 mm，对于轻型钢屋架不得小于 12 mm。

(2)加劲肋计算

加劲肋高度由节点板尺寸确定。三角形屋架支座节点的加劲肋应紧靠上弦杆水平肢并焊连(图 8-47)。加劲肋厚度取与节点板相同。加劲肋与节点板间的垂直焊缝可近似按传递支座反力的 1/4 计算，焊缝为偏心受力，每块肋板两条垂直焊缝承受荷载为：

$$V = N/4, M = \frac{Ne}{4}$$

节点板、加劲肋与底板的水平焊缝可按均匀传递支座反力计算。考虑到节点板与底板间的水平焊缝连续通过,加劲肋应切角。计算焊缝长度时,应减掉切角部分。

8.3 特殊钢屋架结构

除了传统的由角钢为主组成的普通钢屋架外,有时出于经济性、美观及施工特点等的考虑,经常要用到一些特殊的钢屋架结构。这些特殊的钢屋架结构体系主要有:轻型钢屋架、钢管屋架、钢—混凝土组合屋架、索桁架类屋架、不完整桁架和其他复合结构体系。

本章介绍两种较成熟的特殊钢屋架结构——轻型钢屋架和钢管屋架。

轻型钢屋架由小角钢∟45×4或∟56×36×4以下的单角钢和圆钢组成,具有用料省、自重轻、抗震性能好的特点。在跨度较小、采用轻屋面时,与钢筋混凝土结构相比,用钢量指标接近,不但节约了木材和水泥,还可减轻自重70%~80%,这就给运输、安装及缩短工期等提供了有利条件。自20世纪60年代以来,这类屋架在我国的中小型工业与民用房屋中得到广泛应用。它的缺点是由于杆件截面小,组成的屋盖刚度较差,因而使用范围有一定限制,一般仅宜用于跨度≤18 m,吊车起重量不大于5 t的轻、中级工作制桥式吊车的房屋和仓库建筑中,并宜采用瓦楞铁、压型钢板或波形石棉瓦等轻型屋面材料。

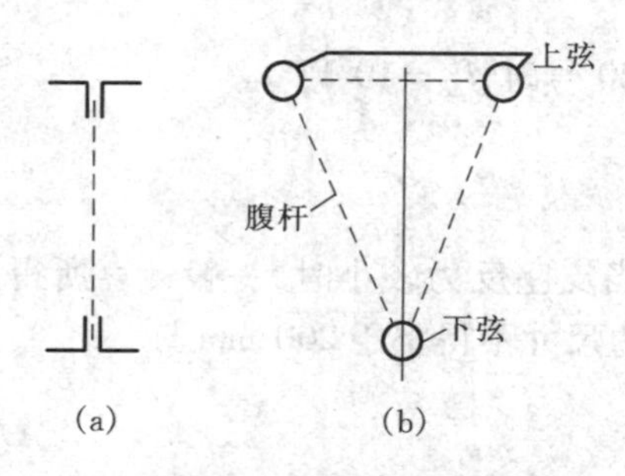

图8-49 桁架的截面形式

(a)平面桁架;(b)空间桁架

不论上述哪一种屋架,由它们的截面形式不同又可区分为平面桁架和空间桁架两种,如图8-49所示。空间桁架由空间杆系组成,本身自成独立的稳定体系,具有较大的空间刚度,因而屋盖支撑布置可大大简化。桁架截面采用倒三角式(图8-49(b))时受力合理,可以减少上弦及檩条或屋面板的材料用量。如我国广西南宁邕江体育馆,屋架跨度54 m,用钢量仅为30 kg/m^2。1983年建成投入使用的哈尔滨市滑冰馆也采用了这类空间桁架,跨度为66 m。

轻钢屋架、钢管屋架的节点连接不采用节点板时,节点对腹杆的嵌固作用很小,腹杆在屋架平面内及平面外的计算长度均取其几何长度,即$l_{0x} = l_{0y} = l$;上弦杆的计算长度在平面内仍取节间距离,平面外仍取侧向支撑点间的距离。

钢管屋架杆件采用无缝钢管或焊接钢管制成,采用焊接钢管时比较经济。钢管截面的刚度大,抗扭和抗压性能好,用作屋架杆件十分合理,与普通角钢屋架相比可省钢20%以上;钢管和大气接触表面积小,易于防腐、耐久性好。过去由于焊接技术的限制,管与管的连接构造没有很好解决,使得钢管结构未能得到充分合理的应用。近年来,钢材焊接技术有了飞跃的发展,特别是自动切管机的采用,使管节点可以直接焊接而不需要节点板。同时国内外在钢管结构方面也做了一些理论分析和实验研究工作,因此钢管结构在国内外均有很大发展,目前国内主要用于跨度较大的公共建筑中。

8.3.1 轻型钢屋架

1. 轻型钢屋架的应用范围和特点

本节所述轻型钢屋架系指采用圆钢或小角钢(小于 $\llcorner 45\times4$ 或 $\llcorner 56\times36\times4$)的钢屋架(不采用圆钢,有个别次要杆件采用小角钢的屋架仍属普通钢屋架)。

轻型钢屋架的屋面宜采用波形石棉瓦、压型钢板、压型铝合金板、瓦楞铁、GRC 板、阳光板、加气混凝土板等轻型或不太重的材料,使屋架用料省、自重轻、便于运输和安装。轻型钢屋架的刚度较差,有的形式制作较费工,不能用于重要的屋盖中。

轻型钢屋架一般用于:

①跨度 $l\leqslant18$ m,具有起重量 $Q\leqslant5$ t 的轻、中级工作制桥式吊车,且无高温和强烈侵蚀环境的厂房;

②中小型仓库、食堂以及临时候车室等的屋盖;

③可拆装的活动房屋;

④农业用温室、商业售货棚等棚类建筑。

轻型钢屋架的形式一般采用芬克式(图 8-50(a))、三铰拱(图 8-50(b))和梭形(图 8-50(c))。单坡屋架通常采用平行弦,其形式与三铰拱的一根斜梁相类似(图 8-50(d))。

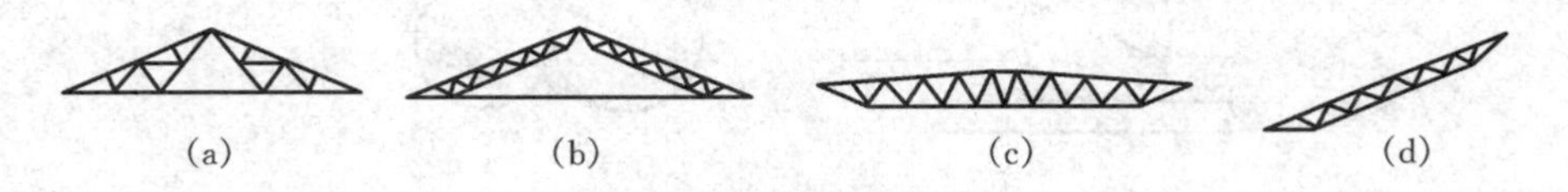

图 8-50 轻型钢屋架的形式

(a)芬克式;(b)三铰拱;(c)梭形;(d)平行弦

设计轻型钢屋架时,杆件和连接的强度设计值应乘以下列折减系数 ψ:

①连于节点板一侧的单圆钢,按轴心受力计算强度和连接时,$\psi=0.85$;

②连于节点板一侧的单角钢,ψ 值应按相关规定采用;

③双圆钢拱拉杆,$\psi=0.85$;

④平面桁架式三铰拱斜梁的主要受压腹杆,$\psi=0.85$;

⑤其他杆件和连接,$\psi=0.95$。

当以上①项或②项之一与③项的情况同时存在时,其折减系数应连乘。连于节点板一侧的单圆钢压杆,应考虑偏心弯矩按压弯杆计算其稳定性。

轻型钢屋架的腹杆宜直接与弦杆焊接,尽可能不用节点板。对于这种连接情况,腹杆的计算长度,在屋架平面内和平面外均取其几何长度。

轻型钢屋架的杆件容许长细比[λ]为:

压杆:

主要压杆(弦杆、端斜杆、端竖杆), $[\lambda]=150$;

其他压杆, $[\lambda]=200$;

拉杆(张紧的圆钢拉杆不受此限): $[\lambda]=400$;

拉杆在恒载与风荷载组合作用下受拉时:$[\lambda]=250$。

在轻型钢屋架中,钢板厚度不宜小于 4 mm,圆钢直径不宜小于 12 mm(屋架杆件)或 16

mm(支撑杆件)。

圆钢与平板(钢板或型钢的平面部分)、圆钢与圆钢之间的焊缝(图 8-51),应按下式计算抗剪强度:

$$\tau_f = \frac{N}{h_e \Sigma l_w} \leqslant f_f^w \tag{8.3.1}$$

式中 N——作用在连接处的轴心力;

Σl_w——焊缝计算长度之和;

h_e——焊缝有效厚度。

焊缝有效厚度对圆钢与平板的连接(图 8-51(a)),按下式计算:

$$h_e = 0.7h_f \tag{8.3.2}$$

对圆钢与圆钢的连接(图 8-51(b)),按下式计算:

$$h_e = 0.1(d_1 + 2d_2) - a \tag{8.3.3}$$

式中 d_1——大圆钢直径;

d_2——小圆钢直径;

a——焊缝表面至两个圆钢公切线的距离。

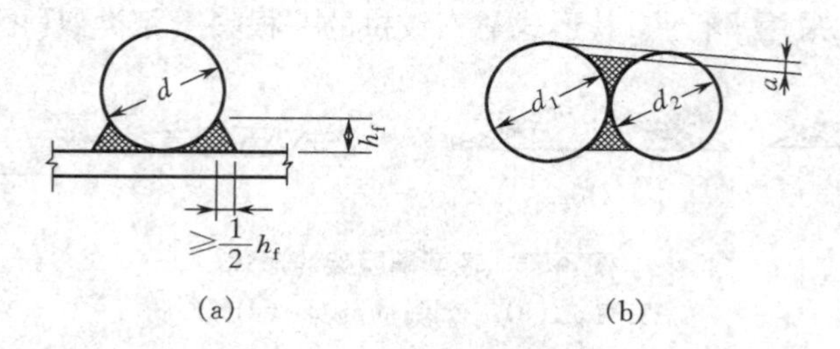

图 8-51 圆钢的连接焊缝

(a)圆钢与平板间的焊缝;(b)圆钢与圆钢间的焊缝

圆钢与平板的连接焊缝在设计图纸中应注明焊脚尺寸 h_f;圆钢与圆钢的连接焊缝应注明 a 值大小。

圆钢与平板、圆钢与圆钢之间的焊缝有效厚度不应小于 0.2 倍圆钢直径(当连接的两圆钢直径不同时,取平均直径)或 3 mm,并不大于 1.2 倍平板厚度,每条焊缝的计算长度不应小于 20 mm。

轻型钢屋架的杆件重心线应尽可能在节点处相交于一点;但圆钢腹杆与弦杆的连接有时很难避免偏心,此时节点中心至腹杆轴线与弦杆轴线交点的距离 e(图 8-52(b)、(c)、(e)),宜控制在 10~20 mm 范围内。

与弦杆直接焊接的圆钢腹杆,不论杆件重心线是否相交于一点,连接焊缝总承受偏心弯矩。当圆钢在节点处不中断时(图 8-52(b)、(d)、(e)),连接焊缝应按下式计算:

$$\sqrt{\left(\frac{H}{2h_e l_w}\right)^2 + \left(\frac{6M}{2h_e l_w^2}\right)^2} \leqslant f_f^w \tag{8.3.4}$$

式中 H——焊缝承受的水平力,

$$H = N_1 \cos\theta_1 + N_2 \cos\theta_2 \tag{8.3.5}$$

M——焊缝承受的偏心弯矩,

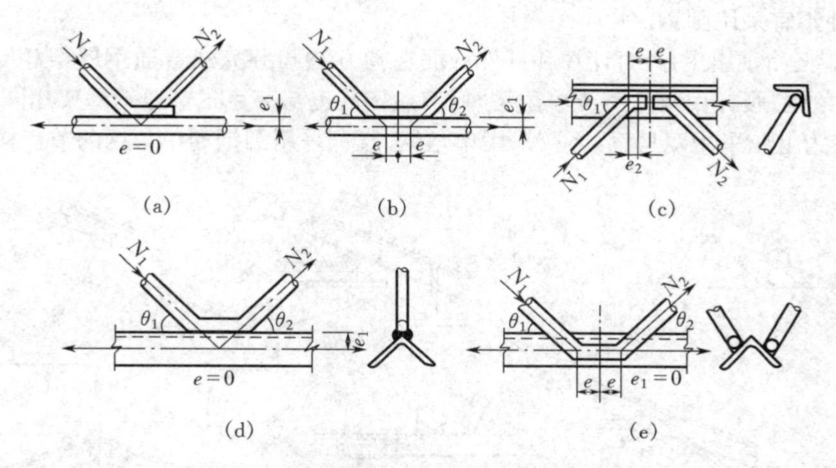

图 8-52　圆钢腹杆与圆钢或角钢弦杆的连接

(a)圆钢三段相连的节点;(b)圆钢二段相连的节点;(c)角钢强化圆钢节点;
(d)一段圆钢与角钢节点;(e)双段圆钢与角钢节点

$$M=(N_1\sin\theta_1+N_2\sin\theta_2)e+He_1 \tag{8.3.6}$$

N_1、N_2——腹杆的轴心力;

θ_1、θ_2——腹杆与弦杆轴线间夹角;

e——节点中心至腹杆轴线与弦杆轴线交点的距离;

e_1——弦杆轴线至焊缝的距离;

h_e——焊缝的有效厚度,按式(8.3.2)或式(8.3.3)计算;

l_w——每侧焊缝的计算长度(采用围焊时取实际长度,否则应减去 $2h_f$)。

当圆钢在节点处中断时(图 8-52),连接焊缝应按下式计算(轴心力为 N_1 的圆钢腹杆):

$$\sqrt{\left(\frac{H}{2h_e l_w}\right)^2+\left(\frac{V}{2h_e l_w}+\frac{6M}{2h_e l_w^2}\right)^2}\leqslant f_f^w \tag{8.3.7}$$

式中　H——焊缝承受的水平力,$H=N_1\cos\theta_1$;

V——焊缝承受的垂直力,$V=N_1\sin\theta_1$;

M——偏心弯矩,$M=Ve_2$;

e_2——在焊缝轴线上,腹杆轴线交点至焊缝中心的距离。

2. 三角形芬克式轻型钢屋架

芬克式轻型钢屋架为一种平面桁架,其腹杆布置和受力特点与芬克式普通钢屋架相同。上弦杆一般采用双角钢,下弦杆和腹杆可采用双角钢、单钢甚至圆钢(图 8-53)。

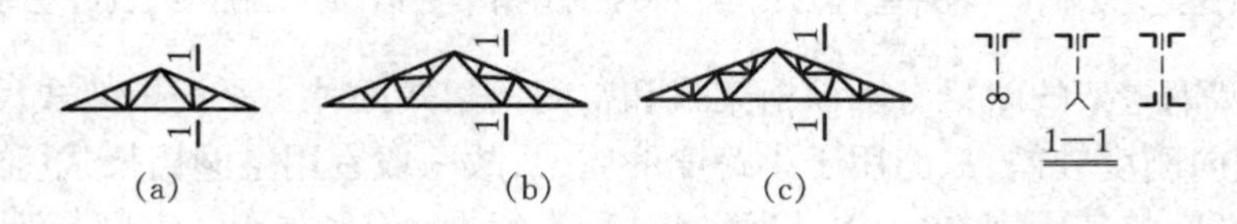

图 8-53　芬克式轻型钢屋架

(a)三分芬克式;(b)四分芬克式;(c)六分芬克式

芬克式轻型钢屋架的跨度一般为 9 ~ 18 m,屋架间距为 4 ~ 6 m。用于有桥式吊车的厂房时,屋架杆件不宜采用圆钢。

芬克式轻型钢屋架的内力计算和杆件截面选择方法与芬克式普通钢屋架相同。当上、下弦均采用双角钢、腹杆用双角钢或单角钢时,节点构造也与芬克式普通钢屋架相同。

图 8-54 为上弦采用双角钢、下弦采用单角钢、腹杆采用圆钢和单角钢的节点构造。

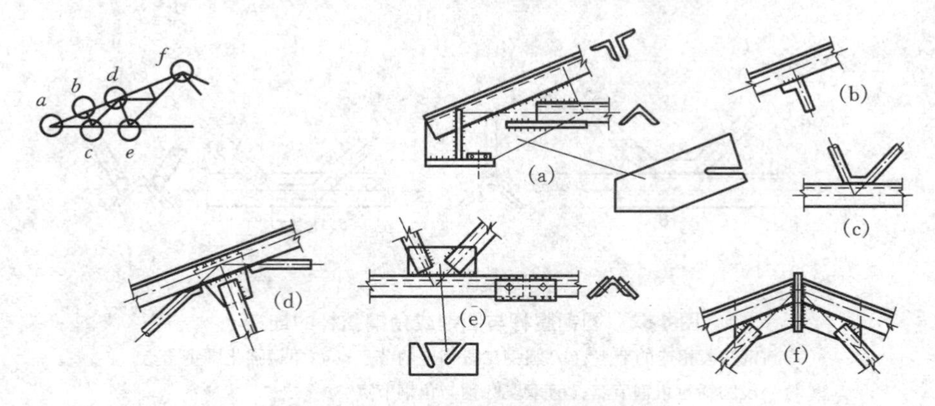

图 8-54　芬克式轻型钢屋架的节点

(a)支座节点;(b)上弦第一节点;(c)下弦第一节点;
(d)上弦第二节点;(e)下弦第二节点;(f)屋脊节点

单角钢杆件与节点板的连接,宜将节点板切口(图 8-54)或将角钢背切口,将杆件端部插入节点板后焊接。当杆件角钢切口时,应计算切口后的净截面强度。对受力较大的单角钢杆件(如图 8-54 的下弦杆),不论何种切口,均宜在角钢肢尖加焊水平板。内力较小的单角钢腹杆,为了制造简便,也可以单面与节点板连接。

3. 三铰拱轻型钢屋架

三铰拱轻型钢屋架主要由两根斜梁和一根拱拉杆组成。为使拱拉杆不致过分下垂,往往加 1 ~ 2 根竖直吊杆。斜梁的几何轴线一般取其上弦的形心线(图 8-55(a)、(b)),有时也取斜梁的形心线(图 8-55(c)),拱拉杆可与支座节点相连(图 8-55(a)、(c)),也可与斜梁下弦弯折处相连(图 8-55(b)),后者可改善斜梁弦杆的受力情况,故一般常用。

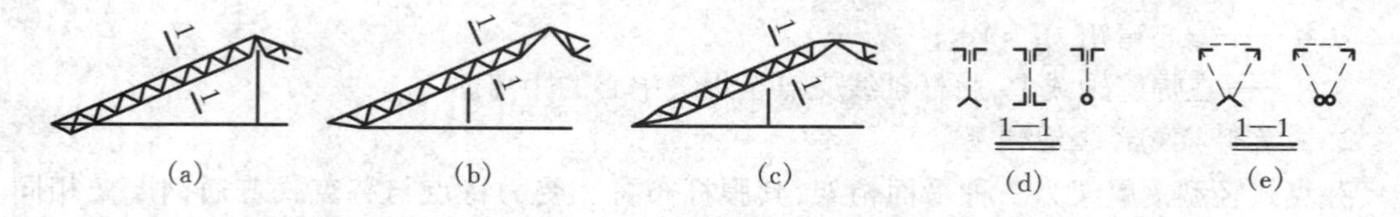

图 8-55　三铰拱轻型钢屋架

(a)拉杆连上弦支座;(b)拉杆连上弦及下弦;(c)拉杆连斜梁支座;(d)平面桁架梁;(e)空间桁架梁

三铰拱轻型钢屋架的斜梁有平面桁架式和空间桁架式两种。平面桁架式(图 8-55(d))的构造简单,但侧向刚度较差,只能用于小跨度的屋架,故一般宜用空间桁架式(图 8-55(e))。

斜梁截面高度与其长度之比为 1/18 ~ 1/12,一般取 1/15 左右。空间桁架式斜梁截面为倒三角形,其宽高比为 1/2.5 ~ 1/1.5,一般取 1/2 左右(图 8-56(a))。满足上述尺寸范围的三铰拱斜梁,可不计算其整体稳定性。

三铰拱轻型钢屋架斜梁的上弦杆宜采用双角钢,下弦杆宜采用单角钢。当下弦杆只受拉力时,也可采用圆钢。腹杆通常采用连续弯折的圆钢(蛇形筋)。拱拉杆一般采用单圆钢。

空间桁架式的三铰拱斜梁,可以按假想平面桁架(图 8-56(b))计算其杆件内力。

空间桁架的杆件可不认为是单面连接的单圆钢或单角钢杆件,即不考虑强度设计值的折减系数。

在三铰拱轻型钢屋架中,圆钢腹杆与弦杆的连接很难避免偏心,一般采取下列措施以减小其不利影响:

①采用围焊以缩短焊缝长度;

②斜梁的上、下弦均宜采用角钢截面;

③连续弯折的圆钢腹杆如果需断开时,应在上弦节点处断开;

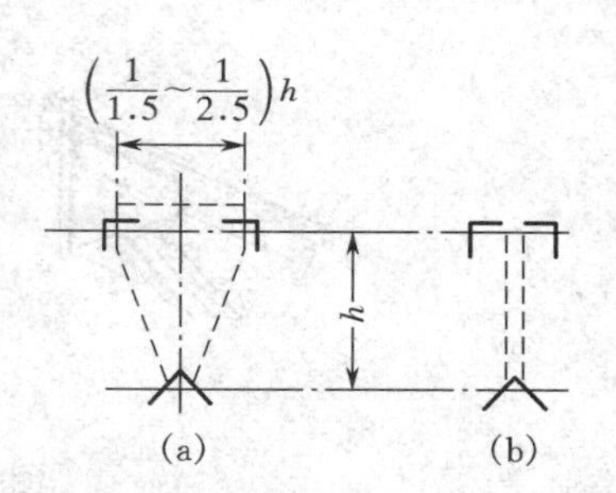

图 8-56　空间桁架式斜梁及其假想平面桁架

(a)空间桁架式斜梁;
(b)假想平面桁架

④选择截面时,宜留有一定余量,上弦 5% ~10% ,下弦 5% ~15% ,腹杆 10% ~20% ,连接偏心较小时取较小余量,否则取较大余量。

三铰拱轻型钢屋架的支座节点构造如图 8-57 所示,其中图 8-57(a)是图 8-55(b)形式的支座节点,图 8-57(b)是图 8-55(c)形式的支座节点。图 8-57(a)的拱拉杆与斜梁下弦的连接采用单个 A 级螺栓,此螺栓应按相关规定计算。

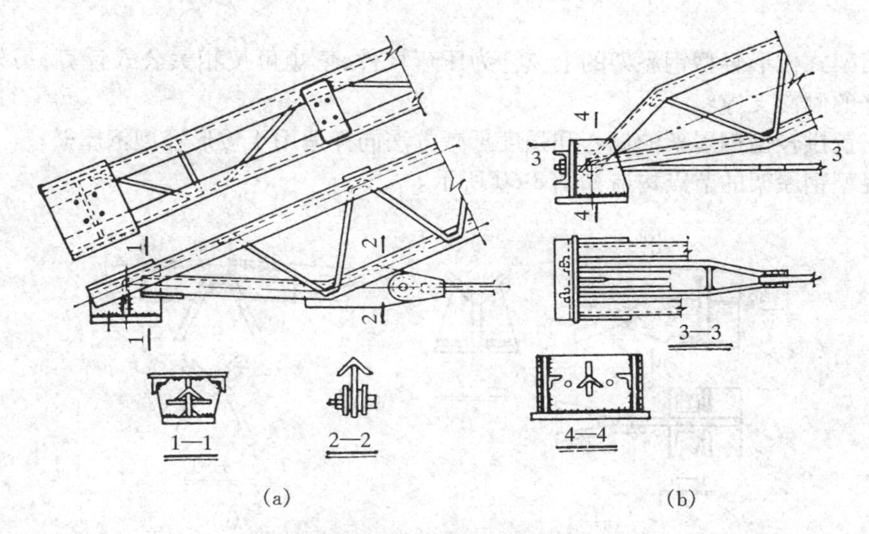

图 8-57　三铰拱轻型钢屋架的支座节点

(a)拉杆连上弦及下弦;(b)拉杆连斜梁支座

三铰拱轻型钢屋架的屋脊节点构造如图 8-58 所示。

4. 梭形轻型钢屋架

梭形轻型钢屋架一般采用空间桁架式,截面呈三角形(图 8-59)。屋面材料以用钢筋混凝土槽形板或加气钢筋混凝土板为最多。屋面坡度宜为 1/15 ~1/10。屋架跨度通常为 12 ~15 m,屋架间距为 3 ~6 m。屋架跨中高度为其跨度的 1/12 ~1/9,截面底宽为跨中高度的 1/3 ~1/2。

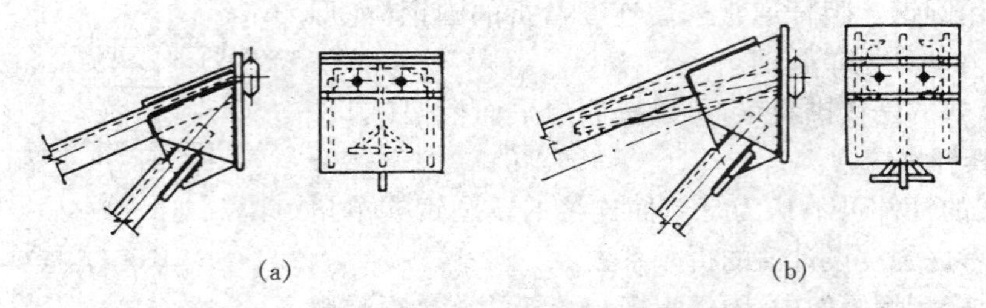

图 8-58　三铰拱轻型钢屋架的屋脊节点

(a)尖点屋脊;(b)平杆屋脊

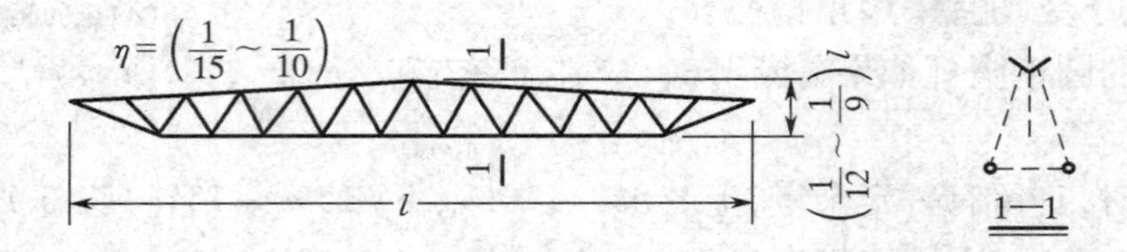

图 8-59　梭形轻型钢屋架的形式

梭形轻型钢屋架的上弦杆一般采用单角钢(不宜小于⌊90×6),下弦和腹杆可采用圆钢。

将梭形轻型钢屋架的上弦做成平直的,可成为支撑平屋顶的屋架或作为楼盖的格构式受弯构件。

空间桁架式梭形轻型钢屋架的上弦杆为压弯杆件,弯矩可按相关公式计算;另外,腹杆可视为上弦杆的侧向支撑。

用于三铰拱轻型钢屋架的偏心和强度折减方法同样适用于梭形轻型钢屋架。

梭形轻型钢屋架的节点构造如图 8-60 所示。

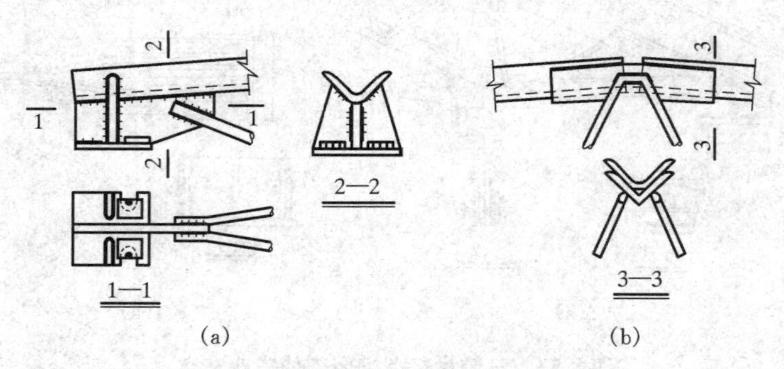

图 8-60　梭形轻型钢屋架的节点

(a)支座节点;(b)屋脊节点

为了保证支撑屋面板的可靠性,宜顺梭形轻型钢屋架上弦杆长度方向焊以直径为 6 mm 的绕筋(蛇形钢筋),在屋面板纵缝之间布置连系筋,而且屋面板的纵、横缝内都灌以细石混凝土(图 8-61)使之连成整体。这样在计算上弦杆截面时,可忽略节间荷载产生的局部弯矩。

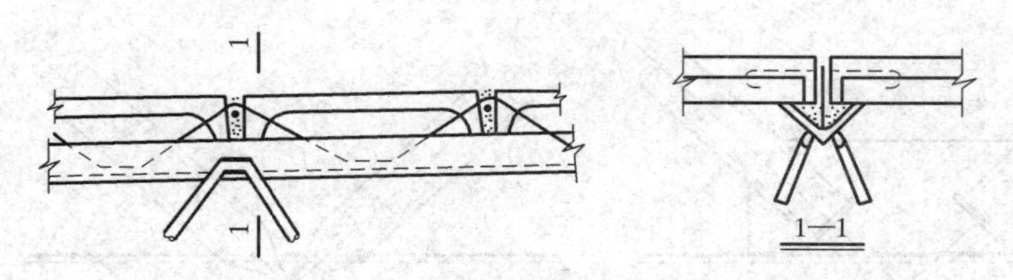

图 8-61　梭形轻型钢屋架上弦与屋面板的连接

8.3.2　钢管屋架

1. 钢管屋架的形式和构造

管状钢屋架也是一种轻型钢屋架，屋架形式常采用三角形腹杆的梯形屋架，也可做成普通屋架或轻钢屋架的形式。图 8-62 为钢管屋架构造。

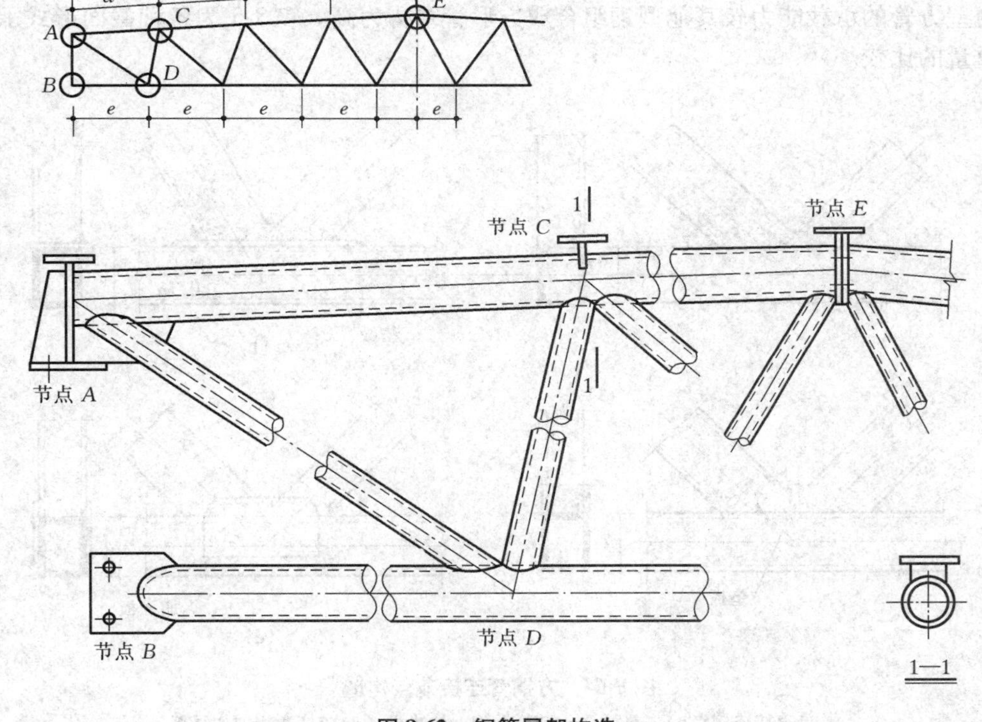

图 8-62　钢管屋架构造

钢管屋架的构件连接一般不用节点板而直接连接，但钢管端部要割成弧形剖口，这种连接刚度较大，但制作比较麻烦。

钢管之间的连接除了弧形剖口直接连接外，还可采用节点板连接（图 8-63（a）），或将钢管压扁直接连接（图 8-63（b）），但这种连接节点刚度不大，仅用于小型屋架。采用节点板连接，需要剖开钢管，以便节点板插入连接。

在轻型钢屋架中，虽然钢管屋架一般指圆钢管屋架，但有时也用薄壁方管结构，腹杆与弦

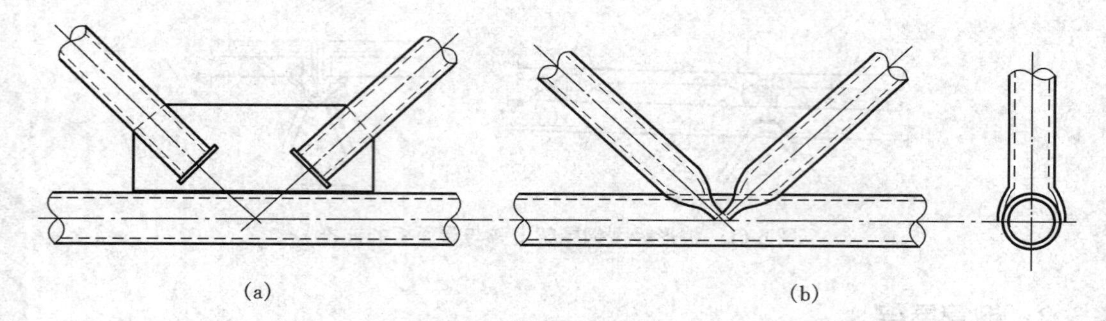

图 8-63　钢管连接节点的形式

(a)用节点板连接;(b)将钢管压扁直接连接

杆连接很少用节点板,可直接与弦杆连接(图 8-64(a)),当腹杆尺寸不同时,可衬一块垫板(图 8-64(b))。为了加强节点刚度可在弦杆上垫一块垫板(图 8-64(c))或在两边布置加强板(图 8-64(d))。

薄壁方管的承载能力较其他型钢组合成方形管结构为高。表 8-5 为各种截面形式承载能力与重量的比较。

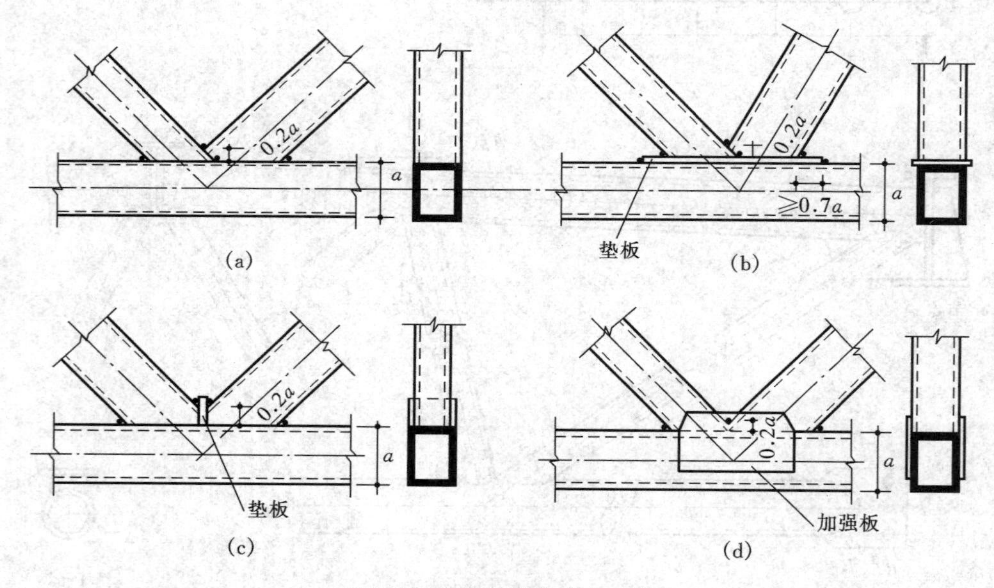

图 8-64　方钢管连接节点构造

(a)直接连接;(b)加垫板;(c)弦杆上加一块垫板;(d)弦杆两侧加加强板

2. 钢管节点强度计算

不用节点板连接的钢管节点,主管与支管间的交线是一条空间曲线,其应力状况十分复杂,应力分布也不均匀,按我国钢结构规范的规定,可按下列经验公式计算节点极限承载力。

对于受压支管:

$$N_c \leqslant N_c^{pj} \tag{8.3.8}$$

对于受拉支管:

$$N_t \leqslant N_t^{pj} \tag{8.3.9}$$

表 8-5　各种截面承载能力的比较表

编号	（管长一律 5 m）	构件截面形式						
		方管	双槽钢	双角钢	双工字钢	宽翼缘工字钢	双角钢组成T形	圆管
1	型钢（一律 Q235 钢）	120×6.3	2[100	2∟90×8	2 I 120	I200	2∟75×10	121×8
2	截面积/cm^2	28.0	27.0	27.8	28.4	28.5	28.2	28.4
3	回转半径/cm	4.62	3.75	3.40	3.14	2.24	2.25	4.01
4	承载力 P_{max}/kN	347	243	210	186	99	99	264
5	沿米重量/（kg/m）	22.0	21.2	21.8	22.2	22.4	22.2	22.29
6	油漆面积/（m^2/m）	0.465	0.400	0.360	0.570	0.768	0.432	0.380
7	$\frac{P}{P_{max}}$（薄壁方管）	1.00	0.70	0.61	0.53	0.29	0.29	0.76

式中　N_c、N_t——支管的轴向压力或拉力；

N_c^{pj}、N_t^{pj}——受压或受拉支管的承载力设计值。

根据节点形式不同，受压或受拉支管的承载力设计值也不同。钢管节点通常有 X 形（图 8-65（a）、T 形（图 8-65（b））、Y 形（图 8-65（c））、K 形（图 8-65（d））等形式。

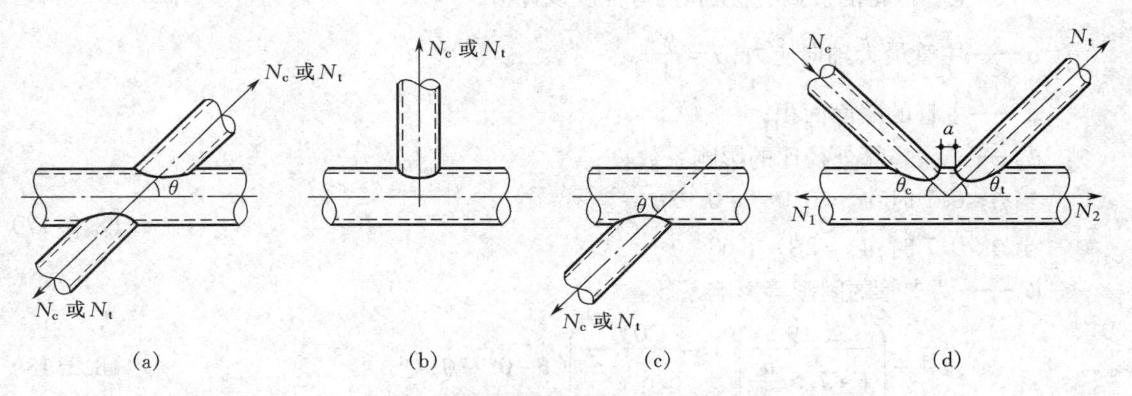

图 8-65　钢管节点主、支管直接连接构造形式

（a）X 形；（b）T 形；（c）Y 形；（d）K 形

（1）X 形节点

$$N_c^{pj} = \frac{5.45}{(1-0.81\beta)\sin\theta}\psi_n \cdot t^2 \cdot f \tag{8.3.10}$$

$$N_t^{pj} = 0.78\left(\frac{d}{t}\right)^{0.2} N_c^{pj} \tag{8.3.11}$$

（2）T 形和 Y 形节点

$$N_c^{pj} = \frac{11.51}{\sin\theta}\left(\frac{d}{t}\right)^{0.2} \cdot \psi_n \cdot \psi_d \cdot t^2 \cdot f \tag{8.3.12}$$

$$
\begin{aligned}
&当\ \beta \leqslant 0.6\ 时\quad N_t^{pj}=1.4N_c^{pj}\\
&当\ \beta>0.6\ 时\quad N_t^{pj}=(2-\beta)N_c^{pj}
\end{aligned}
\tag{8.3.13}
$$

(3)K 形节点

$$N_c^{pj}=\frac{12.12}{\sin\theta_c}\left(\frac{d}{t}\right)^{0.2}\cdot\psi_n\cdot\psi_d\cdot\psi_a\cdot t^2\cdot f \tag{8.3.14}$$

$$N_t^{pj}=\frac{\sin\theta_c}{\sin\theta_t}N_c^{pj} \tag{8.3.15}$$

式中 θ——在 X、T、Y 形节点中,支管轴线与主管轴线夹角;

θ_c、θ_t——K 形节点中,受压和受拉支管轴线与主管轴线夹角;

d、t——主管外径和壁厚;

β——支管外径与主管外径之比,$\beta=d_s/d$;

d_s、t_s——支管外径和壁厚;

ψ_n——主管中的轴向应力影响系数;

$$
\begin{aligned}
&当\ \sigma<0\ 时:\psi_n=1-0.3\left(\frac{\sigma}{f_y}\right)-0.3\left(\frac{\sigma}{f_y}\right)^2\\
&当\ \sigma\geqslant 0\ 时:\psi_n=1.0
\end{aligned}
\tag{8.3.16}
$$

N——主管最大轴向力(拉力为正、压力为负);

f_y——主管钢材屈服强度;

f——主管钢材的抗拉、抗压和抗弯强度设计值;

σ——主管最大轴向应力,$\sigma=\dfrac{N}{A}$;

A——主管的截面面积;

ψ_d——支、主管外径比的影响系数;

$$
\begin{aligned}
&当\ \beta\leqslant 0.7\ 时:\psi_d=0.069+0.93\beta\\
&当\ \beta>0.7\ 时:\psi_d=2\beta-0.68
\end{aligned}
\tag{8.3.17}
$$

ψ_a——两支管的间隙等影响系数:

$$\psi_a=1+\left(\frac{2.19}{1+7.5\dfrac{a}{d}}\right)\left(1-\frac{20.1}{6.6+\dfrac{d}{t}}\right)(1-0.77\beta) \tag{8.3.18}$$

a——两支管间的间隙,当 $a<0$ 时,取 $a=0$。

式(8.3.10)~式(8.3.18)适用范围如下。

支管与主管外径比:$0.2\leqslant\beta\leqslant 1.0$;支管与主管径厚比:$d_s/t_s\leqslant 50$,当 $d/t>50$ 时,取 $d/t=50$,这是因为此时 d/t 对于 ψ_a 影响趋于平缓;支管与主管轴线夹角 $\theta\geqslant 30°$;K 形和 X 形节点系指支管轴线与主管轴线在同一平面内,其中 K 形节点支管的垂直主管轴线的分力自相平衡。

3. 钢管节点焊缝计算

钢管节点的支管与主管连接焊缝可沿全周采用角焊缝;也可部分采用角焊缝,部分采用对接焊缝。支管管壁与主管管壁之间的夹角(图 8-66)$\alpha\geqslant 120°$ 的区域宜采用对接焊缝或带坡口的角焊缝。主管与支管的连接焊缝不论采用角焊缝还是对接焊缝,计算时可视为全周角焊缝。

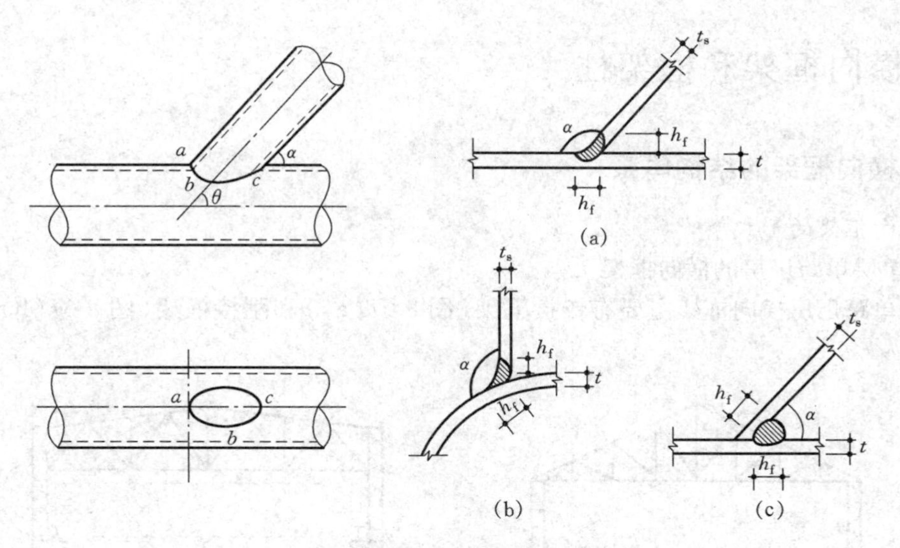

图 8-66　钢管连接焊缝

(a)a 部分;(b)b 部分;(c)c 部分

钢管连接焊缝计算公式为:

$$\frac{N}{h_e l_w}=\frac{N}{0.7h_f l_w}\leqslant f_f^w \tag{8.3.19}$$

式中　N——支管的轴向力;

h_f——角焊缝的焊脚尺寸,一般 $h_f \leqslant 2t_s$;

t、t_s——主管、支管壁厚;

h_e——角焊缝的有效高度,$h_e=0.7h_f$;

f_f^w——角焊缝的强度设计值;

l_w——支管与主管相交线长度。

当 $d_s/d\leqslant 0.65$ 时,

$$l_w=(3.25d_s-0.025d)\left(\frac{0.534}{\sin\theta}+0.466\right) \tag{8.3.20}$$

当 $d_s/d>0.65$ 时,

$$l_w=(3.81d_s-0.389d)\left(\frac{0.534}{\sin\theta}+0.466\right) \tag{8.3.21}$$

支管与主管相交线是一条空间曲线,是主管及支管表面的圆柱面方程的交线,只能采用分段求积方法得到,这种计算虽较精确但很麻烦,不适合工程应用。式(8.3.20)和式(8.3.21)为其近似式,误差在 1% 以内,只有 $d_s/d\geqslant 0.95$ 时,误差稍大,但也不超过 10%,而且偏于安全,完全满足工程要求。

焊缝有效厚度沿相交线也是变化的,取其平均值 $h_e=0.7h_f$,也偏于安全。

8.4 横向框架和框架柱

8.4.1 横向框架的结构体系

1. 横向框架的形式

(1)单层单跨厂房的横向框架

单层单跨厂房横向框架主要有铰接框架(图 8-67(a))和刚接框架(图 8-67(b))两种体系。

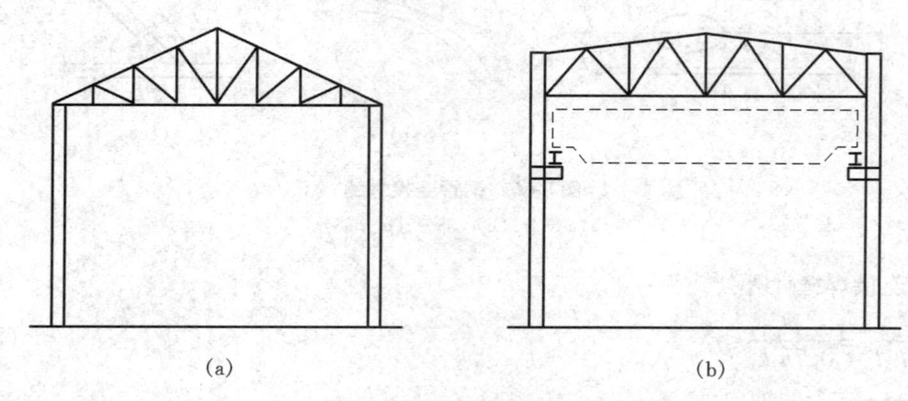

图 8-67 单层单跨厂房横向框架

(a)铰接框架;(b)刚接框架

横梁与柱铰接的框架多用在无桥式吊车或有轻型吊车的厂房结构中,其横向刚度较差,但在地基状况不太好和有不均匀沉降的地方却较适宜。铰接框架多用三角形屋架。

横梁与柱刚接的框架是常用的结构形式,横向刚度好,宜用于有桥式吊车或悬挂吊车的厂房,但对支座不均匀沉降及温度作用比较敏感。刚接框架的横梁常为梯形桁架。

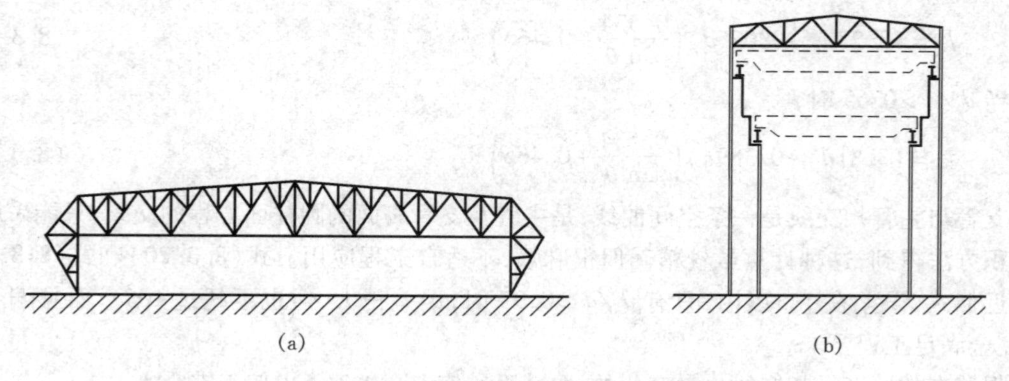

图 8-68 跨度和高度大的横向框架结构

(a)跨度大的框架;(b)高度大的框架

由于工艺要求,飞机制造厂的装配车间需要大跨度框架结构,造船厂的总装车间则需要高度大的框架结构(图 8-68)。

(2)单层多跨厂房的横向框架

在一些轻工业厂或机械制造厂,由于生产线有许多横向联系,要求多跨厂房。单层多跨厂房横向框架有等高多跨(图 8-69)和不等高多跨结构(图 8-70)。

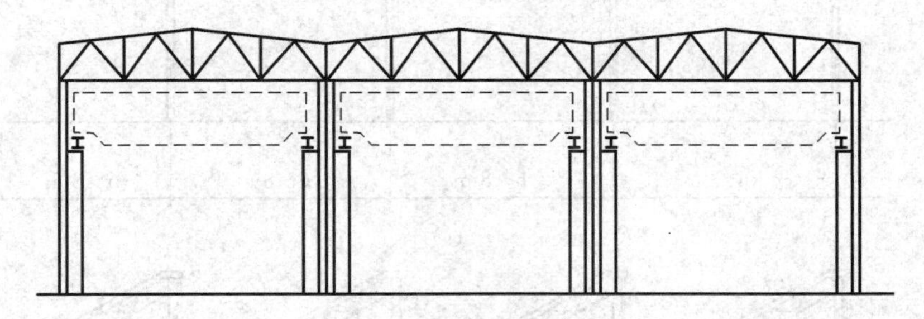

图 8-69　等高等跨的三跨厂房横向框架

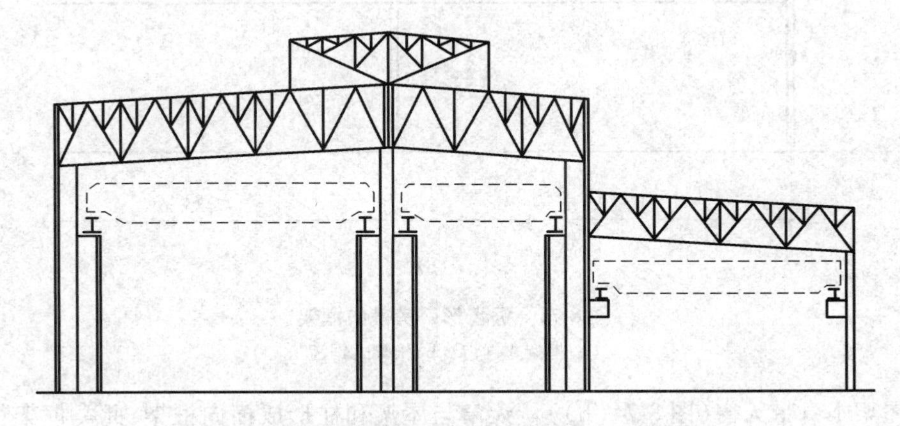

图 8-70　不等跨不等高的三跨厂房横向框架

等高等跨厂房的布置优点是厂房骨架构件的重复性较大,甚至可使结构构件定型化和标准化。

多跨框架也有铰接与刚接之分,一般无吊车或轻型厂房用铰接框架;有吊车的厂房以刚接框架为宜,以增加吊车运行时的厂房刚度和延长厂房结构的使用年限。

(3)锯齿形厂房的横向框架

在一些要求采光和通风的车间中,常用锯齿形厂房横向框架(图 8-71)。锯齿一面是采光和通风的玻璃窗,另一面是屋面板,这种三角形的锯齿可做成框架式或桁架式,支撑在柱上或横梁上。

支撑在边柱上的锯齿,为了加强支撑刚度,常做成桁架式,这种构造可使框架跨度放宽到 35 m(图 8-72)。

三角形锯齿多数是框架式(图 8-73(a)),这种形式构造简单,但因有推力,在支座处需设拉杆。也有做成桁架式(图 8-73(b)),用小型钢拼焊而成,可以节省材料。

(4)带有横向天窗的横向框架

为了采光和通风,有时采用沿厂房横向设置的天窗,这种天窗可放在屋架上(图 8-74

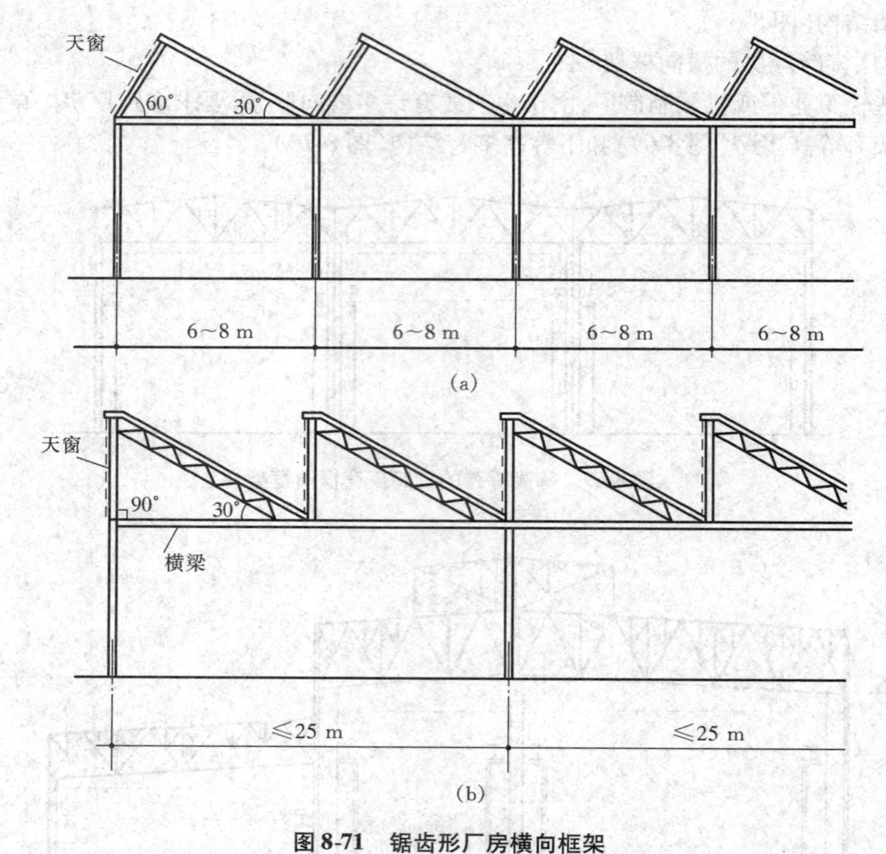

图 8-71　锯齿形厂房横向框架

(a)框架式锯齿;(b)桁架式锯齿

(a)),或屋架本身带天窗(图 8-74(b))。天窗与屋架和柱形成横向框架,此类框架往往做成铰接形式,用于轻型厂房中。

2. 横向框架的尺寸

横向框架的跨度常采用 6 m 倍数,有 12 m、18 m、24 m、30 m、36 m。框架高度根据工艺条件决定,一般从室内地坪算起,到吊车轨顶标高为止。由吊车轨顶到屋架下弦的净空尺寸,应根据桥式吊车规格要求决定。所有尺寸加起来应取 300 mm 的倍数。

框架的跨度 L,即车间纵向定位轴线间的距离。由图 8-75 可知:

$$L = L_k + \lambda_1 + \lambda_2 \tag{8.4.1a}$$

式中　L_k——吊车桥的跨度,可由吊车规格手册中查取;

λ_1——边列柱定位轴线到吊车轨道中心的距离;

λ_2——中列柱定位轴线到吊车轨道中心的距离。

确定 λ_1、λ_2 尺寸应保证边柱的内边缘及中柱的边缘与吊车桥之间有足够的空隙,由图 8-75(b)可知:

$$\lambda_1 = A + B + C \tag{8.4.1b}$$

式中　A——上柱内边缘至定位轴线间的距离,当上柱轴线与定位轴线重合,上柱截面为对称截面时,此值等于柱截面高度的一半;

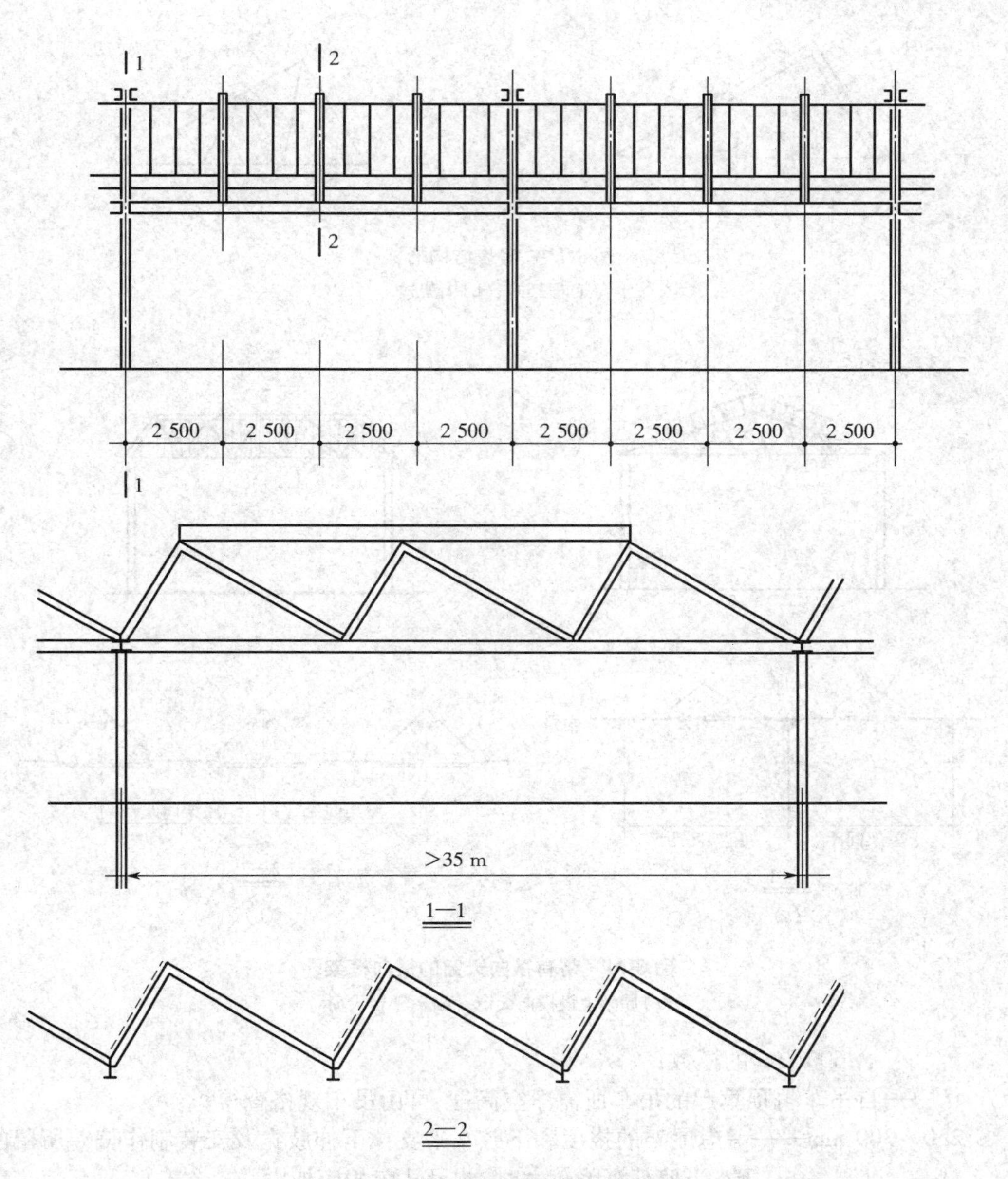

图 8-72　边柱桁架加强的锯齿形框架

B——吊车桥端部的伸出长度，根据吊车规格确定；

C——吊车桥外边缘至上柱内边缘之间的间隙尺寸（一般当吊车起重量 $Q \leqslant 50$ t 时，$C \geqslant 80$ mm；当 $Q \geqslant 75$ t 时，$C \geqslant 100$ mm；当吊车属重级工作制时，此处常常留安全通道，则 $C \geqslant 400$ mm）。

框架的有效高度 H_e，根据工艺设备要求及保证吊车正常运行所需的净空尺寸确定，由图 8-75(a)可知：

$$H_e = H_u + H_r + (250 \sim 300\ \text{mm}) \tag{8.4.2}$$

式中　H_u——室内地面到吊车轨顶的距离（即吊车轨顶标高），由工艺设备要求确定，并应符

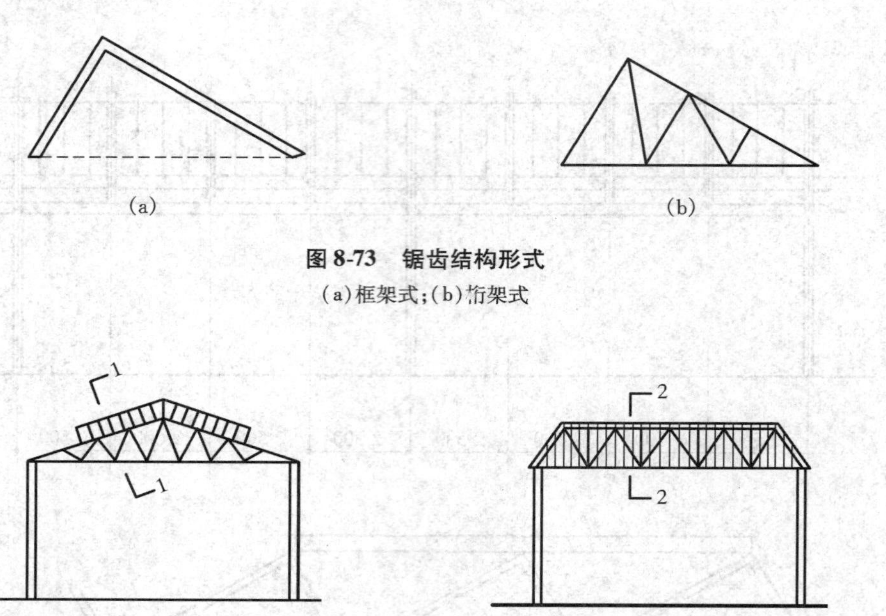

图 8-73 锯齿结构形式

(a)框架式;(b)桁架式

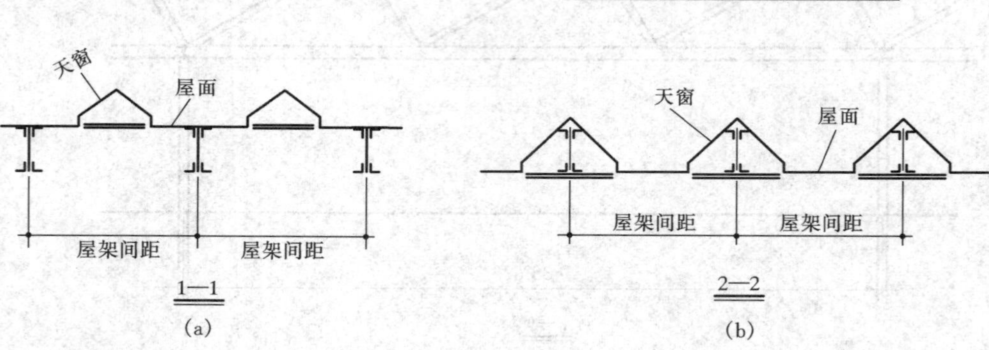

图 8-74 带有横向天窗的横向框架

(a)屋架上设横向天窗;(b)屋架带天窗

合 600 mm 的模数;

H_r——自吊车轨顶算起的吊车所需净空高度,可由吊车规格查得;

250 ~ 300 mm——考虑屋架的挠度和下弦水平支撑下伸肢宽及安装制作偏差所留的空隙,当地基沉陷较大时,此尺寸应相应加大。

8.4.2 横向框架的计算

厂房结构实际上处于空间受力状态。钢结构厂房中主要形成空间工作状态的构件是大型屋面板和屋盖的纵向水平支撑,当厂房局部受到横向集中荷载如吊车横向制动力,吊车垂直荷载的偏心弯矩等作用时,纵向水平支撑可视为一系列以横向框架作为弹性支撑的受水平弯曲的连续梁,通过连续梁的作用,将局部荷载分配到相邻的一系列框架上,从而减小了直接受载框架的负担。厂房在均布荷载作用下,所有横向框架的受载及位移情况基本相同,显然在这种情况下,没有空间分配作用。一般厂房中,吊车横向制动力和吊车垂直荷载的偏心弯矩引起的柱子内力,在柱子内力总和中所占比重并不很大,为了计算简便,均以平面框架作为计算的基

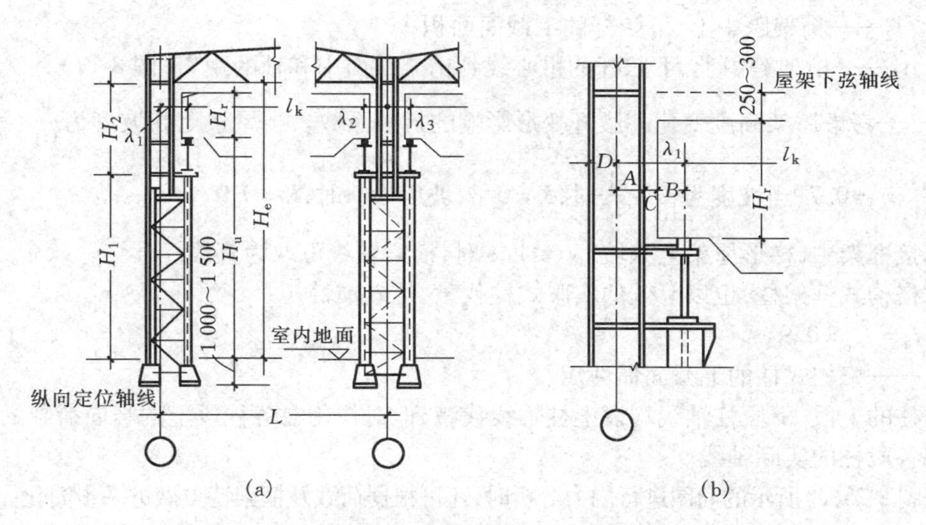

图 8-75　横向框架尺寸的确定

(a)横向框架总尺寸;(b)上柱尺寸

本单元,而不考虑厂房的空间作用。内设有起重量很大的桥式吊车的厂房,柱距较大、框架较高的重型厂房以及柱距不等的两跨以上厂房(即有拔柱的情况),考虑空间工作对降低钢柱的用钢量有显著效果时,才考虑框架的空间工作。

大型屋面板和屋架上弦杆焊连经灌缝后便可形成一个横向刚度很大的盘体。个别框架在局部荷载作用下产生侧移时,通过大型屋面板刚性盘体的空间作用远比屋盖纵向水平支撑的作用大。但由于大型屋面板和屋架上弦杆的焊接常常得不到保证,研究和实验工作还未深入进行,因而目前只能有限地考虑它的空间作用。

1. 横向框架的计算简图

对柱距相等的厂房只需要计算一个框架,计算单元划分如图 8-76(a)所示。

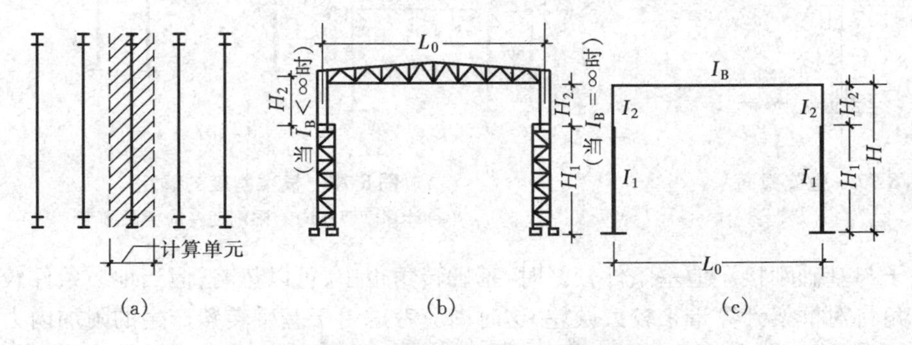

图 8-76　框架计算单元的划分与简图

(a)计算单元;(b)框架;(c)计算简图

进行框架内力分析时,如按图 8-76(b)所示的实际结构图式计算将十分繁复。为便于计算一般做如下简化。

①把桁架式横梁简化成等效的实腹式梁。等效的实腹梁惯性矩按下式计算:

$$I_B=(A_1y_1^2+A_2y_2^2)K \tag{8.4.3}$$

式中　A_1、A_2——桁架跨中上、下弦杆的毛截面面积；

y_1、y_2——桁架跨中上、下弦杆的重心线到桁架截面中和轴的距离(图 8-77)；

K——考虑屋架高度变化和腹杆变形影响的折减系数。当屋架上弦坡度为$\frac{1}{10}\sim\frac{1}{8}$时，$K=0.7$；当坡度为$\frac{1}{15}\sim\frac{1}{12}$时，$K=0.8$；坡度为 0 时，$K=0.9$。

在刚接框架中，梯形屋架上弦坡度 $i\leqslant 1/7$ 时，横梁轴线可取为直线。

②对格构式框架柱，也以等效的实腹式柱代替，等效惯性矩

$$I_c = I_{co}\times 0.9 \tag{8.4.4}$$

式中　I_{co}——格构式柱的毛截面惯性矩。

阶形柱的上段、下段柱轴线均以上柱轴线代替，但对作用在各柱段上的竖向荷载的偏心距仍应算到各段柱的实际轴线。

③按图 8-76(c)所示的简图进行内力分析时，还可根据荷载及框架特点做进一步简化。如当横梁比较刚强时，除直接作用于横梁上的垂直荷载外，由于其他荷载作用引起的横梁转角很小，可以忽略不计，近似认为横梁刚度为无穷大(图 8-78(c))。横梁是否可视为无穷刚度的条件是：

$$\frac{S_{AB}}{S_{AC}}\geqslant 4$$

式中　S_{AB}——横梁在 A 点的抗弯刚度(即当横梁远端固定，使近端 A 点转动单位转角在 A 点所需施加的弯矩值)；

S_{AC}——柱在 A 点的抗弯刚度(是使柱子在 A 点转动单位转角时在 A 点所需施加的弯矩值(图 8-78(a))。

当不满足以上条件时，横梁应视为有限刚度(图 8-78(b))。

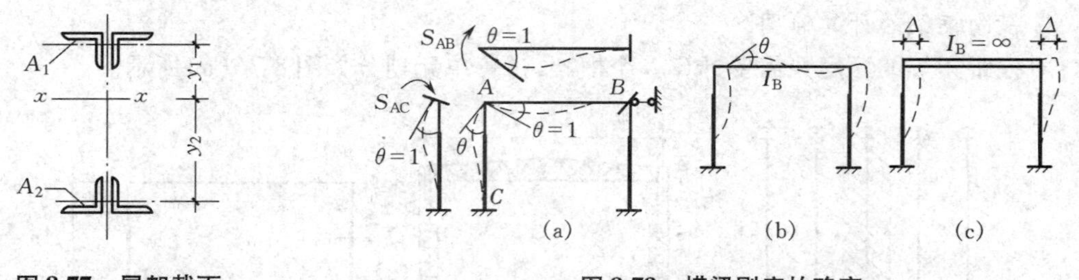

图 8-77　屋架截面

图 8-78　横梁刚度的确定

(a)计算模型；(b)有限刚度；(c)无限刚度

④柱子与基础刚接。地基条件较好时，基础转角很小，可以忽略；但当地质条件较差时，忽略基础转角将对框架计算带来较大误差，这时尚应考虑由于基础转角产生的附加内力。

⑤框架的计算跨度 L_0 取两个柱轴线之间的距离。框架的计算高度取值：下部自基础顶面算起；上部需视横梁与柱的相对刚度而定，当横梁为无穷刚度时，取到屋架传递支反力的弦杆截面重心(通常是下弦杆)，当横梁为有限刚度时，取到屋架端部截面的形心(图 8-76(b))。

2. 作用在横向框架上的荷载

作用在框架上的荷载有如下几种：

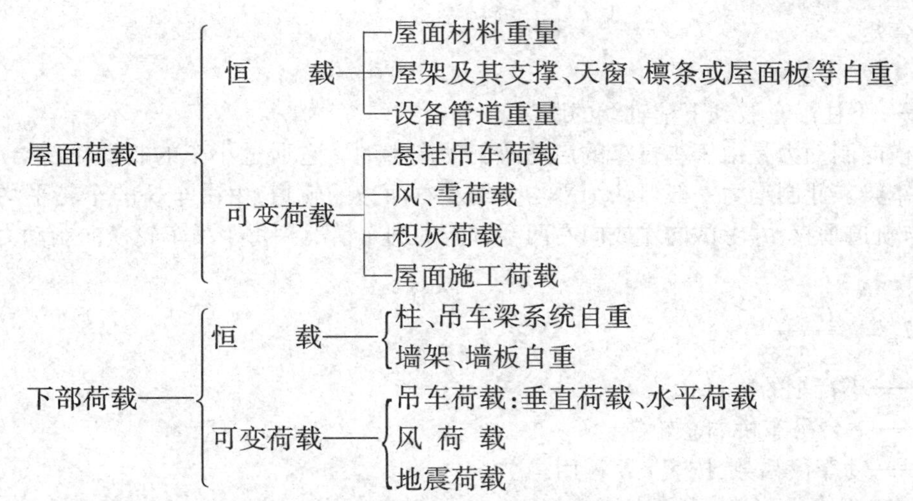

屋面荷载包括恒载及可变荷载,其标准值可由荷载规范查取,梁、柱等自重可根据初选截面估算,墙架、墙板重量按实际情况确定,吊车荷载由吊车规格中查取。计算荷载时应注意下列几点。

①恒载的设计值应是标准值乘以分项系数 $\gamma_Q=1.2$,活荷载的设计值应为标准值乘以分项系数 $\gamma_Q=1.4$。

②对屋面荷载一般均汇集成均布的线荷载作用于框架横梁上。

③计算风荷载时,为了简化计算,可将沿高度梯形分布折算为矩形均布并分别计算两相反风向的作用,屋架及天窗上的风荷载按集中力作用在框架柱顶。

④吊车运行时对厂房产生 3 种荷载作用:吊车垂直荷载、横向水平制动力及纵向水平制动力。纵向水平制动力通过吊车梁直接由柱间支撑传给基础,计算横向框架时不考虑。

吊车垂直荷载及水平横向制动荷载一般根据同一跨间、两台满载吊车并排运行的最不利情况考虑。当起重小行车达吊车桥一端的极限位置时(图 8-79(b)),靠近小行车一端的最大轮压达最大值,而远离小行车一端的轮压为最小,其标准值如下:

$$P_{kmin}=P_{kmax}\left(\frac{Q+G}{\Sigma P_{kmax}}-1\right) \tag{8.4.5}$$

式中 P_{kmax}——吊车最大轮压标准值,由吊车产品规格中查取;

Q——吊车最大起重量;

G——吊车桥、小行车及其电气设备的总重,可由吊车规格中查取。

由于吊车梁一般都简支于柱,所以作用在吊车上的最大及最小垂直吊车荷载 D_{max}、D_{min} 的设计值可由图 8-79 所示的吊车梁的支反力影响线求得:

$$D_{max}=1.4P_{kmax}\cdot\Sigma y_i \tag{8.4.6}$$

$$D_{min}=1.4P_{kmin}\cdot\Sigma y_i \tag{8.4.7}$$

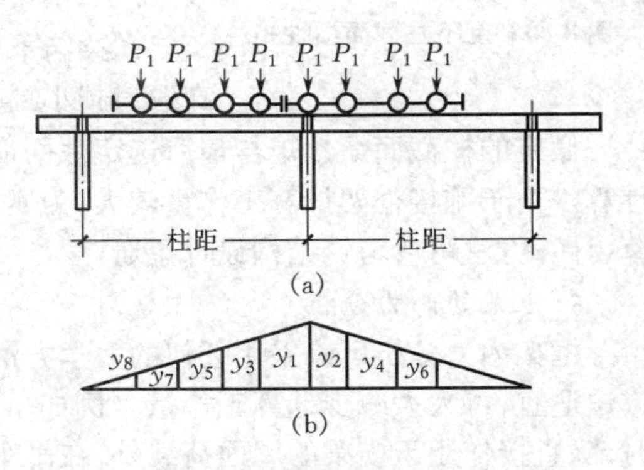

图 8-79　吊车荷载的计算

(a)轮压图;(b)支反力影响线

此最大垂直荷载作用于柱的吊车肢,因而对

下柱引起弯矩

$$M_{max}=D_{max}\cdot e \tag{8.4.8}$$

式中　e——下柱吊车肢到下柱轴线的距离。

吊车横向制动力是由于小行车的启动或制动产生的。它通过小车的制动轮传给吊车桥，再传给吊车梁。此制动力一般可认为平均分给左右两边的轨道，由吊车桥的车轮平均传至轨顶，方向与轨道垂直，并考虑向左或向右两个方向的刹车情况。每个吊车轮横向制动力的标准值为：

$$T_k=K\frac{Q+G}{n} \tag{8.4.9}$$

式中　G——小行车的重量；

n——一台吊车桥的总轮数；

K——动摩擦系数，按表8-6采用。

表8-6　动摩擦系数 K 值

吊车类别	软钩吊车			硬钩吊车
	$Q\leqslant10$ t	15～50 t	$\geqslant75$ t	
系数 K	0.12	0.10	0.08	0.2

传到框架柱上最不利的横向刹车力应根据制动梁支反力的感应线求得，显然吊车轮的不利位置同图8-79，其设计值为：

$$T=1.4T_k\sum y_i \tag{8.4.10}$$

3. 框架的刚度比

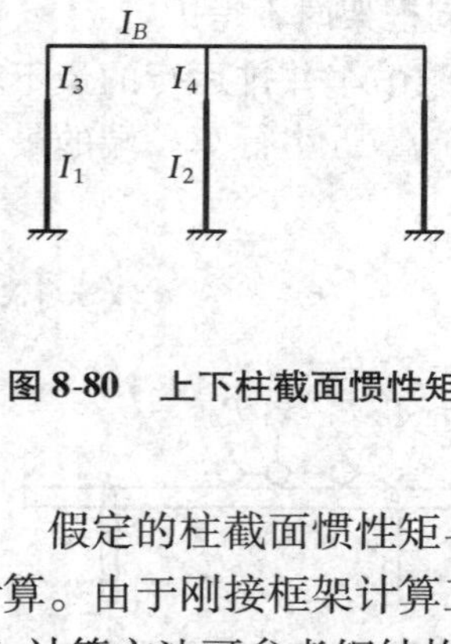

刚接框架属于超静定体系，内力分布与各部分刚度比值有关。在进行框架静力分析前，可以参考类似设计资料中的尺寸假设柱子的截面。上、下柱截面惯性矩之比一般为（图8-80）：

边列柱　$I_1:I_3=4.5\sim15$

中列柱　$I_2:I_4=8\sim25$

不拔柱的计算单元　$I_2:I_1=1.2\sim12$

图8-80　上下柱截面惯性矩

横梁与下柱惯性矩之比，一般可取 $I_B:I_1=1.2\sim12$，柱子越高取值越小，起重量越大或为重级工作制时取值越大。

假定的柱截面惯性矩与最后选定截面惯性矩相差不应大于30%，否则应调整柱截面重新计算。由于刚接框架计算工作量较大，为避免上述反复，可在初步假设截面后，先进行粗略计算，计算方法可参考钢结构设计手册。

4. 框架的静力分析

框架内力分析可以采用任何的力学方法，但根据不同的框架、不同的荷载作用，如果选用方法适宜，可大大减少计算工作量。例如单跨对称刚架，当横梁与柱抗弯刚度之比 $S_B/S_C\geqslant4$ 时，除直接作用于横梁的屋面荷载外，在吊车荷载、风荷载等情况下都可近似视横梁刚度 $I_B=\infty$，而忽略转角，这时采用变形法时只有节点线位移（Δ）一个未知数；在屋面荷载作用下，则只有角位移（图8-81（a））。当 $S_B/S_C\leqslant4$ 时，横梁不能视为无穷刚度，在不对称荷载作用下，既有节点线位移（Δ），又有角位移 θ_1、θ_2（图8-81（b）），这时采用弯矩分配法与变形法联合求解比较方便。分析框架内力时，一般均需首先求解两端为刚性嵌固的变截面柱在单位线位移、单位角位移及各种荷载作用下两端的固端弯矩及剪力，一般均可直接利用有关手册、表格以简化计算。

为便于对各构件和连接进行最不利的组合，必须对各种荷载作用分别进行框架内力分析。

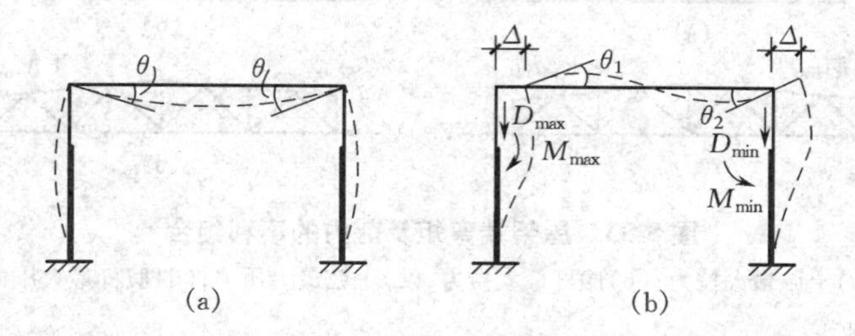

图 8-81　框架的简化计算

(a)角位移框架;(b)角位移及线位移框架

5. 框架内力组合

内力组合的目的在于确定计算框架构件截面和框架各部位连接的可能最不利内力。一般应考虑下面几种情况。

①对框架柱来说，可能的最不利的组合是使各柱段控制截面产生最大压应力，为此对柱各控制截面(图 8-82)要进行以下组合：

a. 正弯矩最大及相应的轴心力和剪力；

b. 负弯矩最大及相应的轴心力和剪力；

c. 轴心力最大及相应的正弯矩和剪力；

d. 轴心力最大及相应的负弯矩和剪力。

变阶处 2—2 截面的内力组合还用于计算上、下柱的连接。

②计算柱与基础连接的锚栓时，最不利的内力组合是锚栓受最大拉力，因此应进行柱底截面 4—4 的最小轴力和相应的最大弯矩(绝对值最大)和剪力的组合。

③柱与屋架刚接时，为了确定屋架杆件和计算屋架与柱的连接，应对横梁的端弯矩和剪力进行组合：

a. 使屋架下弦杆产生最大压力，同时使上弦杆产生最大拉力的组合(图 8-83(a))；

b. 使屋架上弦杆产生最大压力，同时使下弦杆产生最大拉力的组合(图 8-83(c))；

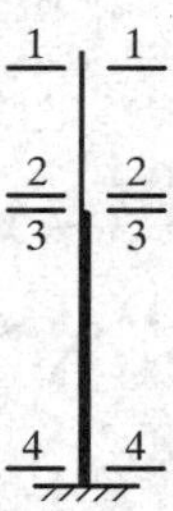

图 8-82　框架柱的各控制截面

c. 使腹杆产生最大拉力或最大压力的组合(图 8-83(b)、(d))。

④参与组合的荷载及组合系数应按荷载规范取用。

a. 当可变荷载没有风荷或可变荷载中只有风荷参与组合时，组合系数取 1.0；当有风荷及其他可变荷载参与组合时，荷载组合系数取 0.85，在地震区应参照《建筑抗震设计规范》(GB 50011—2010)进行偶然组合。

b. 对一层吊车的厂房，当采用两台、两台以上吊车的竖向及水平荷载组合时，应根据参与组合的吊车台数及其工作制乘以折减系数。两台吊车组合时：对轻、中级工作制，折减系数取 0.9；对重级工作制，取 0.95。对多层吊车的单跨或多跨厂房以及柱距大于 6 m 的厂房，吊车的竖向和水平荷载应按实际情况考虑。

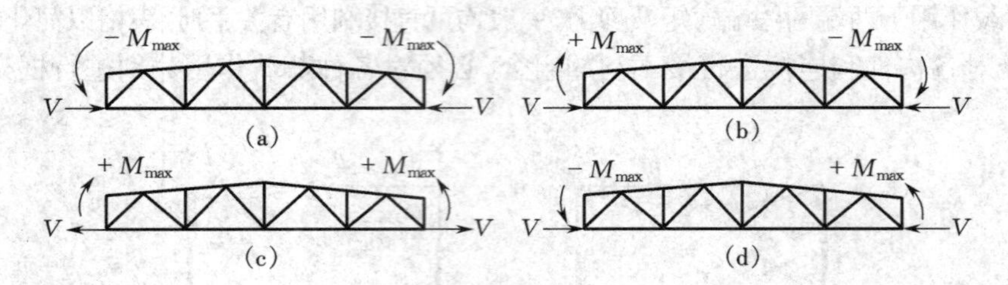

图 8-83 屋架端弯矩及剪力的不利组合

(a)上弦最大拉力;(b)腹杆最大拉力;(c)上弦最大压力;(d)腹杆最大压力

c. 任何情况下均应包括恒荷载,其他荷载如雪荷载、吊车荷载、风荷载等,只当它们的存在对柱或连接为不利时才加以考虑,且应注意到它们作用的可能性。

运用表格进行内力组合方便,对可能的最不利内力也不致遗漏。

8.4.3 框架柱

1. 框架柱形式

框架柱的形式通常有等截面、台阶柱和分离式 3 种。

等截面柱(图 8-84(a))的构造简单,只适用于无吊车或吊车起重量 $Q \leqslant 20$ t 的厂房。

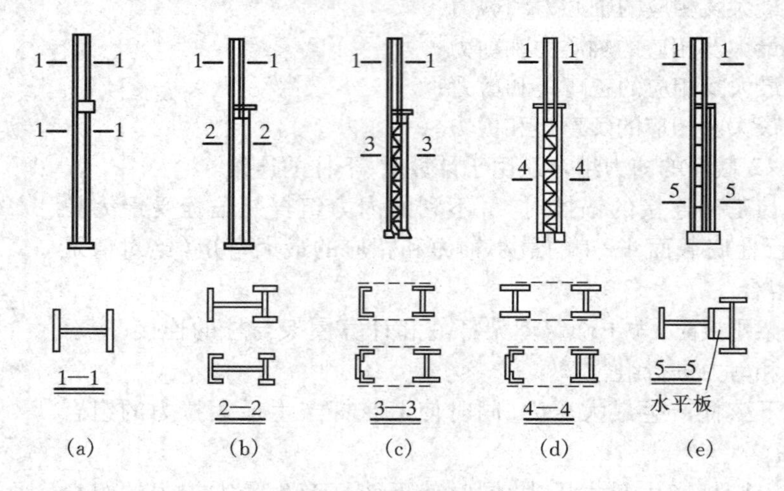

图 8-84 框架柱的形式

(a)等截面柱;(b)台阶柱;(c)格构台阶边柱;(d)格构台阶柱;(e)分离柱

台阶柱(图 8-84(b)~(d))根据吊车层数不同有单阶柱、双阶柱之分。吊车梁支撑在柱截面改变处,所以荷载对柱截面形心的偏心较小,构造合理,在钢结构厂房中应用广泛。

分离式柱(图 8-84(e))的屋盖肢和横梁组成框架,吊车肢独立设置,两肢之间用水平板相连。水平板可减小两单肢在框架平面内的计算长度。吊车肢只承受吊车的垂直荷载,设计成轴心受压柱,吊车的水平荷载通过吊车制动梁传给由屋盖肢组成的框架。这种柱的构造、制作及安装均较简单方便,但用钢量较阶形柱多、刚度较差,多在扩建厂房中应用。

框架柱的截面应根据柱承受荷载的大小确定,一般阶形柱的上柱荷载较小,所需宽度不大,宜采用对称的工字形组合截面(图 8-84(a))。单阶柱的下段柱承受的荷载较大且需支撑吊车梁,采用图 8-84 剖面 2—2 的形式比较合理。阶形柱的下柱宽度大于 1 m 时,采用格构式截面比较经济。边列柱的外侧需与围护结构连接,宜采用图中有平整表面的形式,如图 8-84 中剖面 3—3。中列柱两侧一般均需支撑吊车梁,如图 8-84 中 4—4 剖面。当吊车荷载很大时,吊车肢采用工字形截面往往需要由很厚的钢板组成,此时可采用图中所示的箱形截面。

2. *框架柱的构造*

等截面柱中实腹柱与格构柱的牛腿连接构造如图 8-85 所示。在实腹柱中,牛腿常做成工字形截面(图 8-85(a)),与牛腿相连的柱腹板用横向加劲肋来加强。在格构柱中,牛腿用双槽钢做成(图 8-85(b)),槽钢夹住柱身,上翼缘用水平板,腹板用竖向加劲肋加强。

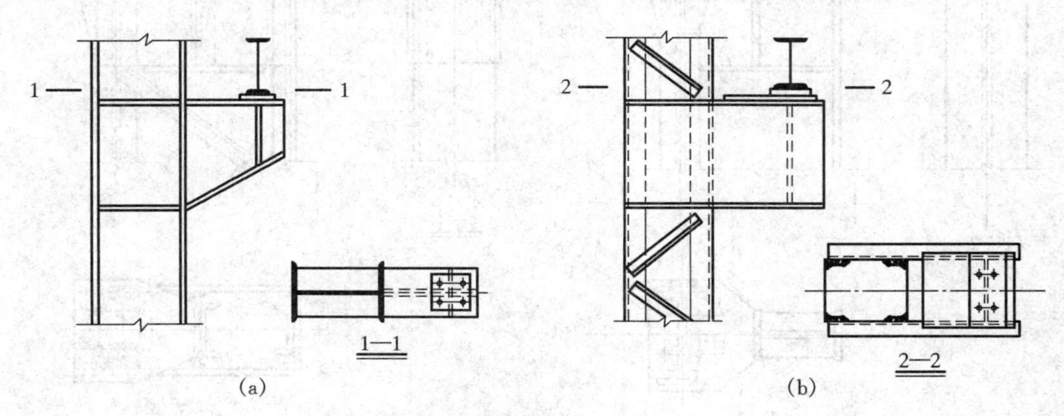

图 8-85　等截面柱的构造

(a)实腹柱;(b)格构柱

在台阶柱中,吊车肢顶上焊以水平支撑板,形成支撑吊车梁的平台,实腹与格构柱的构造不相同。

实腹柱(图 8-86(a))的吊车竖直压力通过支撑板传给吊车肢,当连接焊缝不足以承受竖直压力时,可在吊车肢的翼缘和腹板上焊以肩梁和肋板,以增加焊缝长度。

上柱与下柱连接,腹板可直接焊接,外翼缘不同宽度时可用斜焊缝拼接,内翼缘开槽口伸入下柱腹板中,下加横向肋板加强。通常吊车梁用 2 ~4 个螺栓固定在平台板上。

格构柱(图 8-86(b))的上下柱连接可用双壁式肩梁,上柱内肢通过肋板将力传给两旁肩梁,上柱外肢可直接与下柱外肢连接,格构柱的吊车肢上仍用平台板来传递吊车荷载。

多跨厂房的中列柱构造与边列柱类似,只是柱的两边均为吊车肢,因此可做成对称形式。

台阶柱上下部的拼接应有必要的强度和刚度。上下柱均为实腹柱时可用单壁式拼接(图 8-86(a)),上下柱均为格构柱时可用双壁式拼接(图 8-86(b))。单壁式较省钢材,双壁式刚度较大。

分离式柱(图 8-87)中屋盖柱与等截面柱一样,吊车柱上的平台构造与台阶柱类似。两柱的计算可分别进行,屋盖柱除承受风力及屋盖、墙架等荷载外,还承受吊车的横向制动力。其框架平面内的计算长度与等截面柱相同,不考虑吊车柱的影响。在垂直于框架平面内的计算长度则为纵向固定点间的距离。吊车柱按中心受压来计算,如果吊车梁的支撑构造不能保证轴向传递支座压力,还需按偏心受压构件来验算 M_y 的影响。

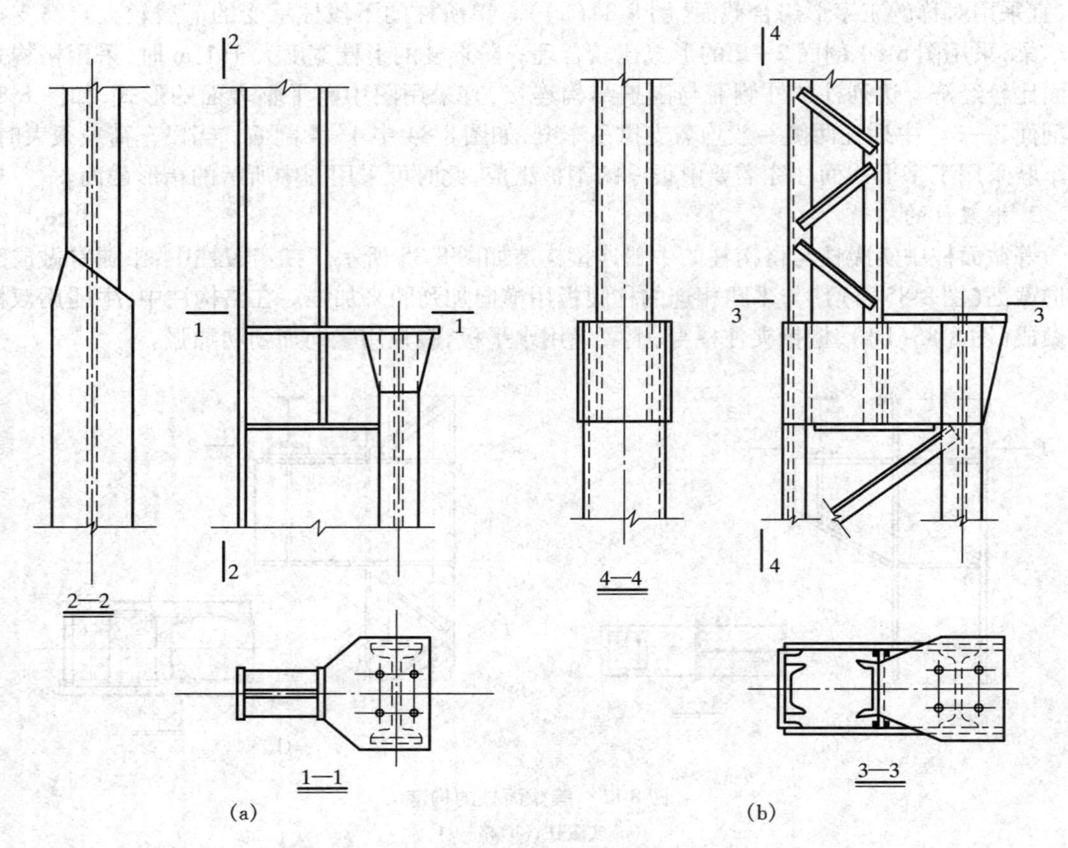

图8-86　台阶柱的构造

(a)实腹柱;(b)格构柱

3. 柱截面验算

厂房柱主要承受轴向力 N、框架平面内的弯矩 M_x、剪力 V_x，有时还要承受框架平面外的弯矩 M_y。

验算柱在框架平面内的稳定时，应取柱段的最大弯矩 $M_{x\max}$；验算柱在垂直于框架平面稳定时，则取柱间支撑点或纵向系杆间的等效弯矩。

单层厂房下端刚性固定的台阶柱，在框架平面内的计算长度确定如下。

对于单阶柱，下段柱的计算长度系数 μ_2 为：当柱上端与横梁铰接时，等于按有关规定（柱上端为自由的单阶柱）的数值乘以折减系数；当柱上端与横梁刚接时，等于按有关规定（柱上端可移动但不转动的阶柱）的数值乘以折减系数。

上段柱的计算长度系数 μ_1 按下式确定：

$$\mu_1 = \frac{\mu_2}{\eta_1}$$

式中　η_1——钢结构手册附表中公式计算的系数。

厂房柱在框架平面外的计算长度应取柱的支座、吊车梁、托梁、支撑和纵向固定节点等阻止框架平面外移的支撑点之间的距离。

当吊车梁的支撑结构不能保证沿柱轴线传递支座压力时，两侧吊车支座压力差产生垂直

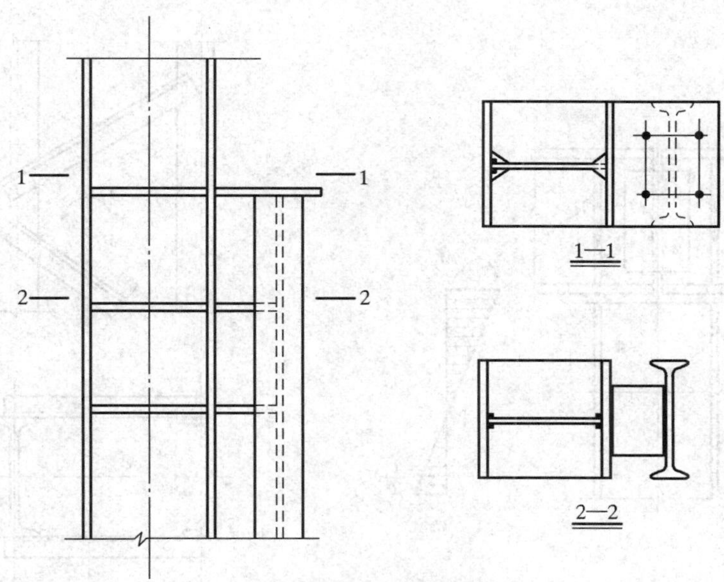

图 8-87　分离式柱的构造

于框架平面的弯矩 M_y，其值为（图 8-88）

$$M_y = \Delta R \cdot e \tag{8.4.11}$$

式中　ΔR——两侧吊车梁支座压力差值，$\Delta R = R_1 - R_2$；

e——柱轴线至吊车梁支座加劲肋的距离。

对于格构柱，除整体验算其强度、稳定外，还要对吊车肢另行补充验算，即偏于安全地认为吊车最大压力 D_{max} 完全由吊车肢单独承受，此时吊车肢的总压力为（图 8-89）：

$$N_B = D_{max} + \frac{(N - D_{max})z}{h} + \frac{M_x - M_D}{h} \tag{8.4.12}$$

式中　M_D——框架计算中由 D_{max} 引起的弯矩；

D_{max}——吊车最大压力；

N_B——吊车肢的总压力；

z——中心轴到单肢形心的距离；

h——柱截面高度。

4. 柱脚构造

厂房柱柱脚一般设计成刚接形式，要传递很大的轴向力、弯矩和剪力。在保证足够的强度和刚度的前提下，柱脚设计应尽可能节约材料、简化构造、便于施工。

等截面实腹柱的柱脚比较简单（图 8-90（a）），把靴梁做成单壁式，放在柱腹板平面内，靴梁上面加水平板作为上翼缘和安置锚栓之用。靴梁受弯时，上翼缘中的法向应力要通过焊缝传到柱的翼缘，因此，在靴梁顶部水平面内，柱的腹板应加水平加劲肋，并与柱翼缘相连，把力经过加劲肋传到腹板上。靴梁与柱腹板下设肋板，以提高其稳定性和增加底板的支撑边。这种柱脚宜用于中小型柱中。

等截面格构柱的柱脚可采用双壁式靴梁（图 8-90（b））。靴梁上加角钢以便安置锚栓。锚栓处用加劲肋加强靴梁，用以承受锚栓之力。两靴梁之间与锚栓中心连线上设隔板，使两靴梁

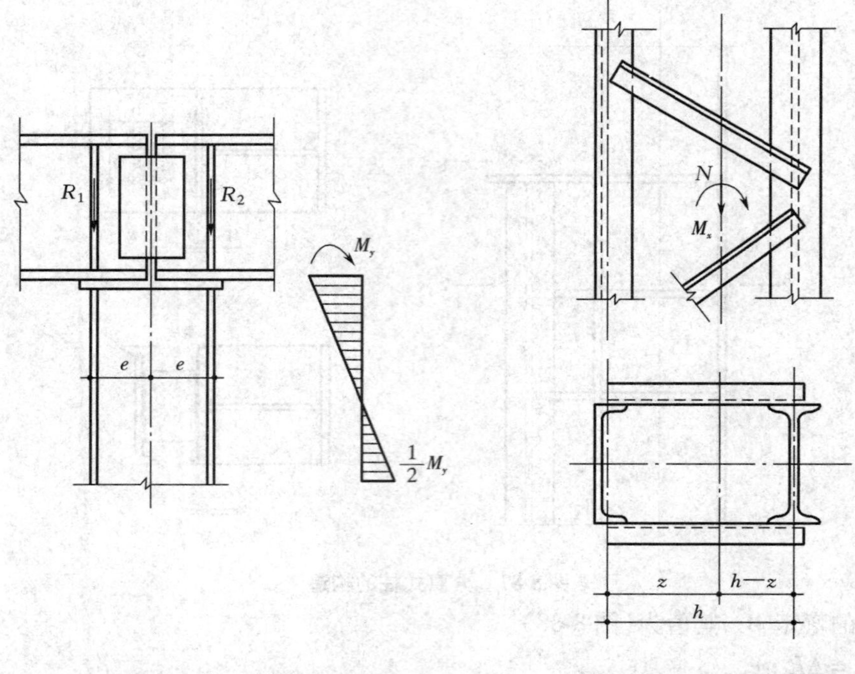

图 8-88　柱中的弯矩 M_y　　　图 8-89　格构柱内力计算

共同受力，也使底板的支撑边加长。

台阶柱的柱脚可采用双壁式分离靴梁，图 8-91(a)为实腹台阶柱柱脚，由于靴梁不连续，也节省了靴梁材料。为了提高靴梁稳定性和加长底板支撑边，靴梁之间与锚栓的中心线上需设置隔板。柱腹板下端的三角肋板上增设横隔板，以提高柱的抗扭刚度。上面角钢把左右两个靴梁联系起来，提高靴梁的抗弯能力和柱脚刚度。

格构式台阶柱柱脚也可用双壁式靴梁，但不能分离，靴梁也作格构柱双肢的缀板(图 8-91(b))，其他构造与实腹台阶柱相同。

在分离式柱中，通常把屋盖肢柱与吊车肢柱连在一起做成共同柱脚(图 8-92)，构造处理与上述整体式柱脚没有区别。如果屋盖肢柱的翼缘宽度比吊车脚柱的截面高度为小，则屋盖肢柱可另加隔板与靴梁连接。

为了便于安装和调整柱脚位置，所有锚栓均不穿过底板(底板缩小)。

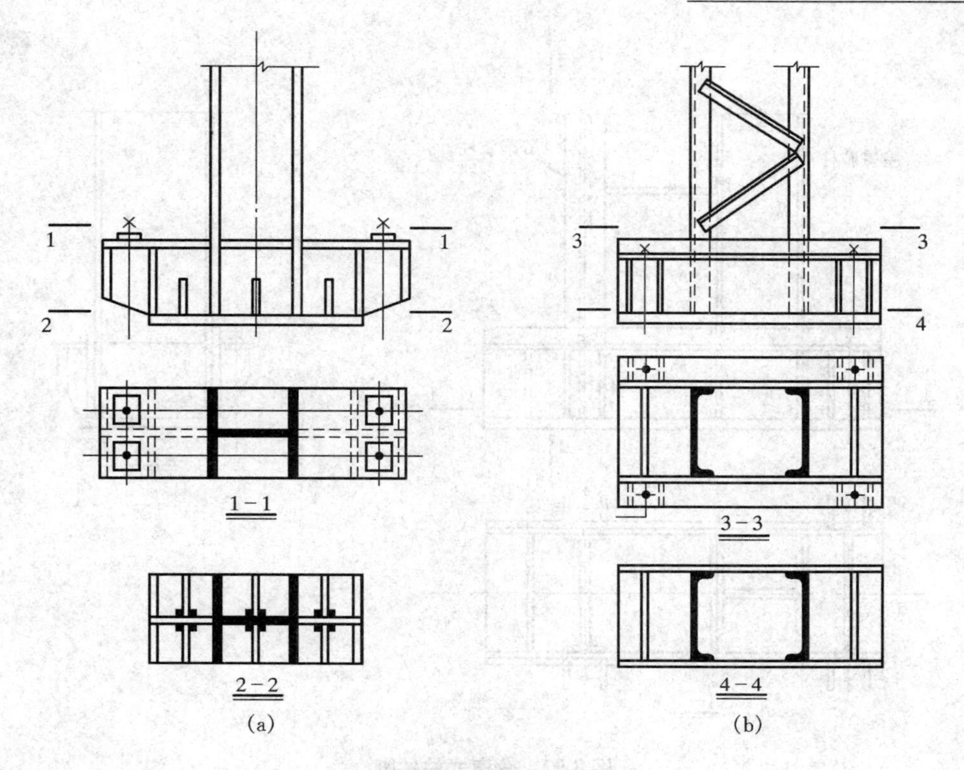

图 8-90　等截面柱柱脚

(a)实腹柱;(b)格构柱

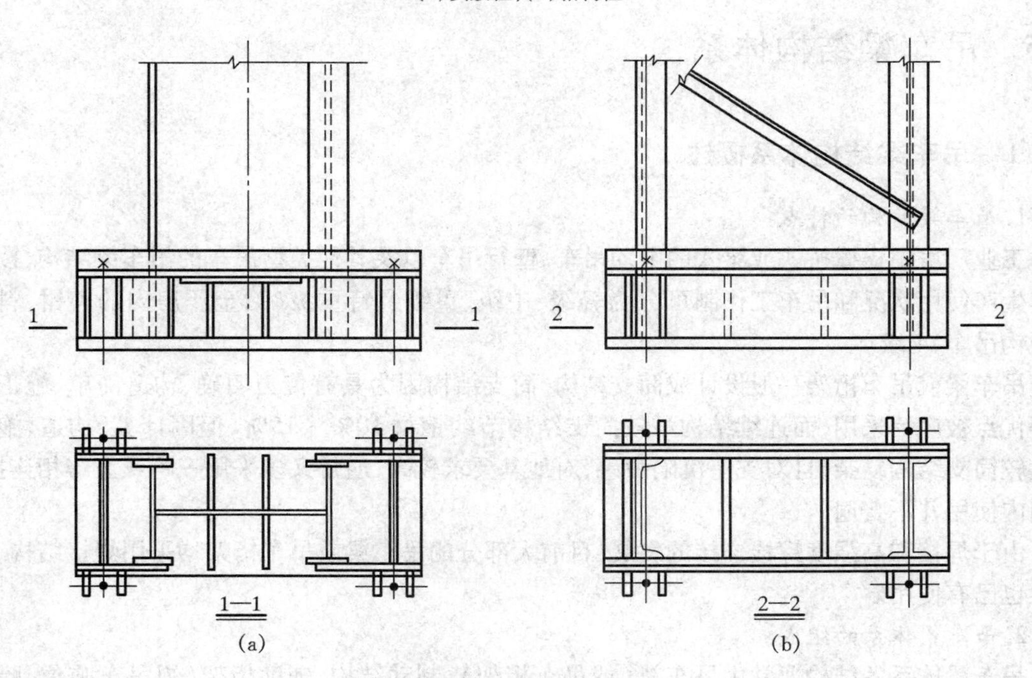

图 8-91　台阶柱柱脚

(a)实腹柱;(b)格构柱

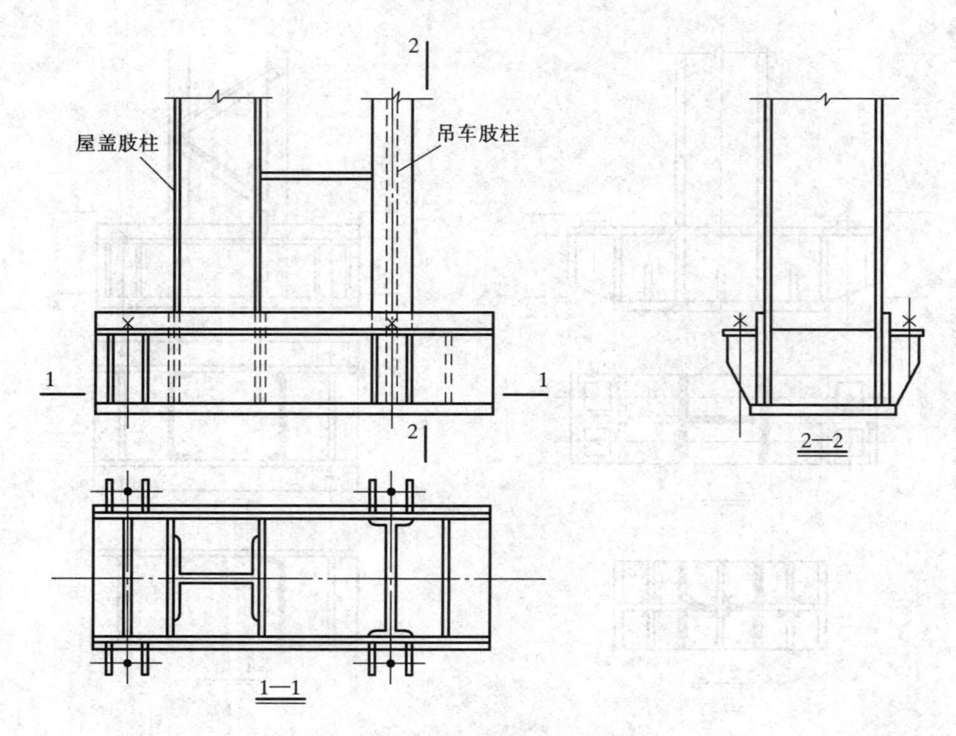

图 8-92 分离式柱柱脚

8.5 吊车梁结构体系

8.5.1 吊车梁结构体系概述

1. 吊车梁结构的特点

工业厂房中支撑桥式或梁式的电动吊车、壁行吊车以及其他类型吊车的吊车梁结构，按照吊车生产使用状况和吊车工作制可分为轻级、中级、重级及特重级（冶金厂房内的夹钳、料耙等硬钩吊车）4 级。

吊车梁或吊车桁架一般设计成简支结构，简支结构因为具有传力明确、构造简单、施工方便等优点被广泛采用，而连续结构虽较简支结构节约钢材 10% ~15%，但因计算、构造、施工等远较简支结构复杂，且对支座沉陷敏感，对地基要求较高，通常又多采用三跨或五跨相连接，故国内使用并不普遍。

由于焊接和高强度螺栓连接的发展，目前大部分的吊车梁或吊车桁架均采用焊接结构，栓焊梁也已有使用。

2. 吊车梁体系的组成

吊车梁体系的结构通常由吊车梁（或吊车桁架）、制动结构、辅助桁架（视吊车吨位、跨度大小确定）及支撑（水平支撑和垂直支撑）等构件组成。

当吊车梁的跨度和吊车起重量均较小且无须采取其他措施即可保证吊车梁的侧向稳定性

时,可采用图 8-93(a)的形式。

当吊车梁位于边列柱,且吊车梁跨度 $l \leqslant 12$ m,并以槽钢作为制动结构的边梁时,可采用图 8-93(c)的形式;当吊车梁跨度 $l > 12$ m,且吊车起重量较大时,宜采用图 8-93(b)的形式。

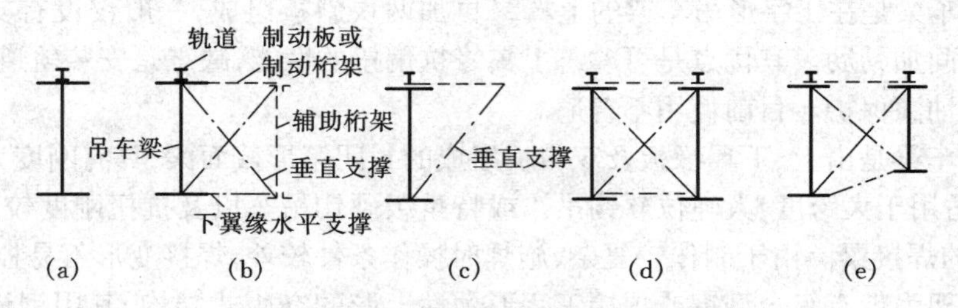

图 8-93　吊车梁体系的结构组成简图

(a)工字形吊车梁;(b)辅助桁架吊车梁;(c)垂直支撑吊车梁;
(d)中柱双吊车梁;(e)不等高双吊车梁

当吊车梁位于中列柱,且相邻两跨的吊车梁高度相等时,可采用图 8-93(d)的形式;当相邻两跨的吊车起重量相差悬殊而采用不同高度的吊车梁时,可采用图 8-93(e)的形式。

3. 吊车梁的形式

吊车梁和吊车桁架通常按实腹式和空腹式划分:实腹式为吊车梁,空腹式为吊车桁架。

吊车梁有型钢梁、组合工字形梁(焊接)、Y 形梁及箱形梁等形式,见图 8-94(a)~(d)。其中焊接工字梁为工程中常用的形式。

吊车桁架有桁架式、撑杆式、托架—吊车桁架合一式等。吊车桁架见图 8-94(e)、(f)。壁行吊车梁见图 8-94(g)、(h)。

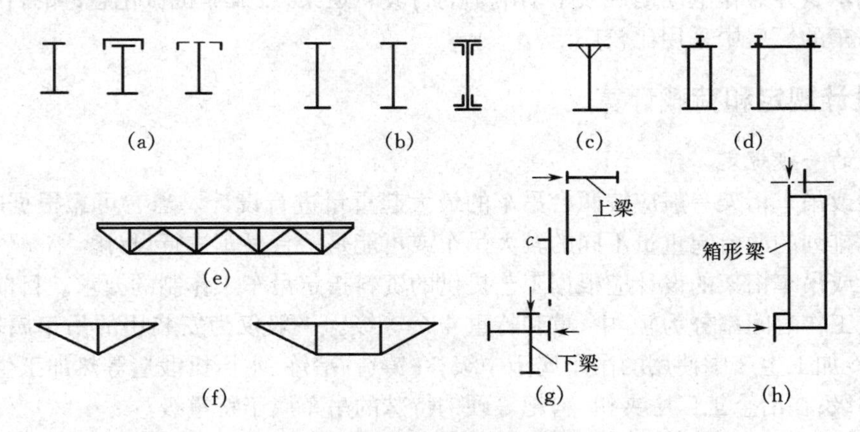

图 8-94　吊车梁和吊车桁架的类型简图

(a)型钢吊车梁;(b)工字形吊车梁;(c)Y 形吊车梁;(d)箱形吊车梁;
(e)吊车桁架;(f)撑杆式吊车桁架;(g)、(h)壁行吊车梁

4. 各类吊车梁或吊车桁架的特点

①型钢吊车梁(或加强型钢吊车梁)用型钢(有时用钢板、槽钢或角钢加强上翼缘)制成,制作简单、运输及安装方便,一般适用于跨度≤6 m、吊车起重量 $Q \leqslant 10$ t 的轻、中级工作制的吊车梁。

②焊接工字形吊车梁,由 3 块钢板焊接而成,制作比较简便,为当前常用的形式。当吊车

轮压值较大时，采用将腹板上部受压区加厚的形式较为经济，但会增加施工的不便。工字形吊车梁一般设计成等高度截面的形式，根据需要也可设计成变高度（支座处梁高缩小）变截面的形式。

③Y形吊车梁是在工字形吊车梁的上翼缘再加两块斜板组成，一般仅设有支撑加劲肋而不设或少设中间加劲肋。其优点是可改善上翼缘抗偏扭的性能，缺点是安装轨道比较困难，斜板内边无法刷油漆保护。目前使用不普遍。

④箱形吊车梁是由上、下翼缘板及双腹板组成的封闭箱形截面梁，具有刚度大和抗偏扭性能好的优点，适用于大跨度、大吨位软钩吊车或特重级硬钩吊车以及抗扭刚度较高（如大跨度壁行吊车梁）的焊接梁。由于制作较复杂，施焊时操作条件较差，焊接变形不易控制和校正。

⑤吊车桁架为带有组合型钢或焊接工字形劲性上弦的空腹式结构，其用钢量较实腹式结构节约钢材15%～30%，但制作较费工，连接节点处疲劳较敏感，一般适用于跨度$l \geqslant 18$ m以及起重量$Q \leqslant 75$ t的轻、中级工作制或小吨位软钩重级工作制吊车结构。支撑夹钳或刚性料耙硬钩吊车以及类似吊车的结构不宜采用吊车桁架。

⑥撑杆式吊车桁架可利用钢轨与上弦共同工作组成的吊车桁架，用钢量省，但制作、安装精度要求较高，设计时应注意加强侧向刚度，一般用于手动梁式吊车，起重量$Q \leqslant 3$ t、跨度不大于6 m的情况。

⑦壁行吊车梁由承受水平荷载的上梁及同时承受水平和竖向荷载的下梁组成分离的形式。分离型较为经济，但必须严格控制上、下梁的相对变形。为了增大刚度亦可将上、下梁组合成箱形梁。

⑧悬挂式吊车梁包括悬挂单梁和轨道梁，一般悬挂在屋盖承重结构或其他承重结构上，由单根工字钢承重并兼作电动葫芦或手动吊车的行驶轨道梁，或兼作机械化悬链的行驶轨道梁，在无桥式吊车的厂房中采用比较广泛。

8.5.2 设计规定和荷载计算

1. 设计的一般规定

吊车梁或吊车桁架一般应按两台吊车的最大起重量进行设计。当有可靠根据时，可按工艺提供实际排列的两台起重量不同的较大吊车或可能是一台吊车进行设计。

吊车梁或吊车桁架的设计应根据工艺提供的资料指定吊车工作制的要求。目前我国按吊车负荷率与工作时间率分为轻、中、重和特重4个等级。一般仅为安装用的吊车属轻级；对金工、焊接等冷加工生产中使用的吊车属于中级；在铸造、冶炼、水压机锻造等热加工生产使用的吊车属于重级；在冶金工厂中夹钳、料耙等硬钩特殊的吊车属于特重级。

吊车梁或吊车桁架的形式选用应根据吊车起重量大小、吊车梁或吊车桁架的跨度以及吊车工作制等确定。对于硬钩特重级吊车应采用吊车梁，重级软钩吊车也宜采用吊车梁（对大跨度而起重量较小的吊车也可采用吊车桁架，但其节点应采用高强度螺栓或铆钉连接）。对于重级工作制的吊车梁和吊车桁架均宜设置制动结构。

重级和特重级工作制吊车梁上翼缘（或吊车桁架上弦杆）与制动结构及柱传递横向荷载的连接、大跨度梁的现场拼接等应优先采用高强度螺栓连接。

重级和特重级工作制焊接工字形吊车梁的腹板与上翼缘板的连接焊缝，应采用K形剖口，并宜采用自动焊。

跨度≥24 m 的大跨度吊车梁或吊车桁架，制作时宜按跨度的 1/1 000 起拱；并应按制作、安装、运输等实际条件，划分制作、安装单元。一般宜采用分段制作及运输，在工地拼装成整根吊装，避免高空拼接。

2. 荷载计算

吊车梁或吊车桁架主要承受吊车的竖向或横向荷载，由工艺设计人员提供吊车起重量及吊车级别。对于一般吊车的技术规格可按产品标准选用，吊车的基本尺寸如图 8-95 所示。

吊车梁或吊车桁架承受的荷载如下。

①吊车的竖向荷载标准值为吊车的最大轮压。

②吊车的横向水平荷载，可按横行小车重量与额定最大起重量的百分数采用（如 4% ~ 20%）。

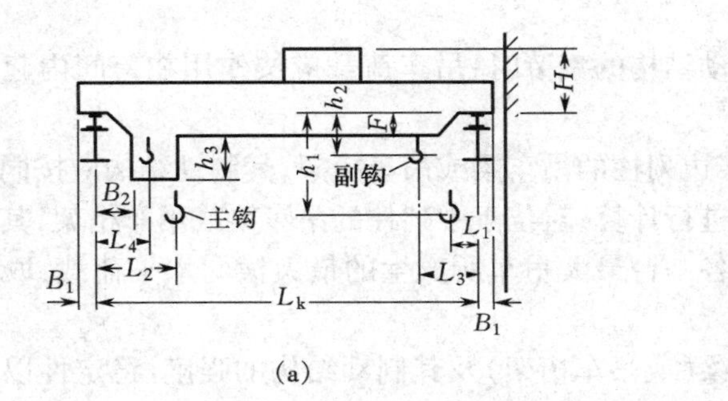

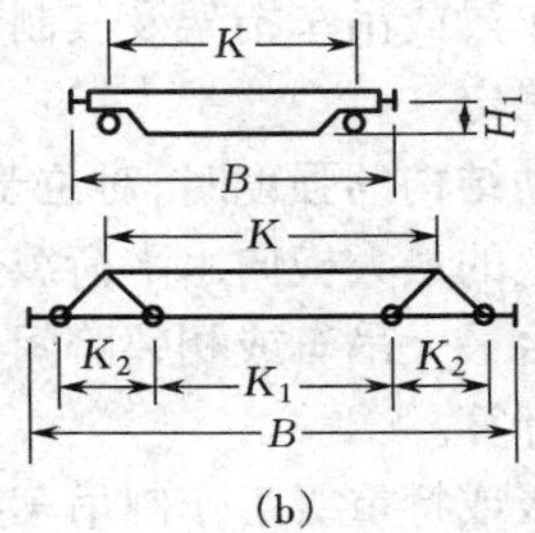

图 8-95　吊车的基本尺寸

(a)吊车的长向尺寸；(b)吊车的宽度尺寸

③吊车的纵向水平荷载，应按作用一边轨道上所有刹车轮的最大轮压之和的 10% 采用，即

$$T_z = 0.1\Sigma P_{max} \tag{8.5.1}$$

式中　ΣP_{max}——作用在一侧轨道上，两台起重量最大的吊车所有刹车轮（一般每台吊车的刹车轮的一半）最大轮压之和。

④作用在吊车梁或吊车桁架走道板上的活荷载，一般取为 2.0 kN/m²；当有积灰荷载时，按实际积灰厚度考虑，一般为 0.3 ~ 1.0 kN/m²。

⑤计算吊车梁（或吊车桁架）由于竖向荷载产生的弯矩和剪力时，应考虑轨道和它的固定件、吊车制动结构、支撑系统以及吊车梁（或吊车桁架）的自重等，并近似地简化为将求得的弯矩和剪力值乘以表 8-7 中的系数 β_w。

表 8-7　系数 β_w 值

吊车梁或吊车桁架 / 系数	吊车梁				吊车桁架
	梁跨度/m				
	6	12	15	≥18	
β_w 值	1.03	1.05	1.06	1.07	1.06

⑥若吊车梁或辅助桁架承受屋盖和墙架传来的荷载以及在吊车梁上悬挂有其他设备时，其荷载应予叠加。

⑦当吊车梁体系的结构表面长期受辐射热达150℃以上或在短时间内可能受到高温作用时，一般采用设置金属隔板等措施进行隔热，荷载计算时应予考虑在内。

⑧吊车梁或吊车桁架在受有震动荷载影响时，例如在水爆清砂、脱锭吊车等厂房中，应考虑受震动影响所增加的竖向荷载。

⑨对于露天栈桥的吊车梁，尚应考虑风、雪荷载的影响。

计算吊车梁或吊车桁架的强度、稳定性以及连接的强度时，应采用荷载设计值，计算疲劳和正常使用状态的变形时，应采用荷载标准值。

对于直接承受动力荷载的结构（如吊车梁或吊车桁架），计算强度和稳定性时，动力荷载值应乘以动力系数：对悬挂吊车（包括电动葫芦）以及轻、中级工作制的软钩吊车，动力系数取1.05；对重级工作制的软钩吊车、硬钩吊车以及其他特种吊车，动力系数取1.1；计算疲劳和变形时，动力荷载不乘动力系数。

计算吊车梁或吊车桁架及其制动结构的疲劳时，吊车荷载应按作用在跨间内起重量最大的一台吊车确定。

计算制动结构的强度时，对位于边列柱的吊车梁或吊车桁架，其制动结构应按同跨两台最大吊车所产生的最大横向水平荷载进行计算；对位于中列柱的吊车梁或吊车桁架，其制动结构应按同跨两台最大吊车或相邻跨间各一台最大吊车所产生的最大横向水平荷载，取两者中的较大者进行计算。

计算重级或特重级工作制吊车梁（或吊车桁架）及其制动结构的强度、稳定性以及连接强度时，应将吊车的横向水平荷载乘以表8-8的增大系数α_T。

表8-8　吊车横向水平荷载的增大系数α_T

吊车类别		吊车起重量/t	计算吊车梁（或吊车桁架）、制动结构的强度和稳定性	计算吊车梁（或吊车桁架）制动结构、柱相互间的连接强度
软钩吊车		5～20	2.0	4.0
		30～275	1.5	3.0
		≥300	1.3	2.6
硬钩吊车	夹钳或刚性料耙吊车	—	3.0	6.0
	其他硬钩吊车		1.5	3.0

重级工作制吊车梁和重级、中级工作制吊车桁架应进行疲劳计算，亦可作为常幅疲劳，按下式计算：

$$\alpha_f \cdot \Delta\sigma \leqslant [\Delta\sigma]_{2\times10^6} \tag{8.5.2}$$

式中　α_f——欠载效应的等效系数，按表8-9采用；

$\Delta\sigma$——对焊接部位为应力幅，$\Delta\sigma=\sigma_{max}-\sigma_{min}$，对非焊接部位为折算应力幅，$\Delta\sigma=\sigma_{max}-0.7\sigma_{min}$，$\sigma_{max}$为计算部位每次应力循环中的最大拉应力（取正值），$\sigma_{min}$为计算部位每次应力循环中的最小拉应力或压应力（拉应力取正值，压应力取负值）；

$[\Delta\sigma]_{2\times10^6}$——循环次数$n$为$2\times10^6$次的容许应力幅，按表8-10采用。

表 8-9　吊车梁和吊车桁架欠载效应的等效系数 α_f

吊　车　类　别	α_f
重级工作制硬钩吊车(如均热炉车间夹钳吊车)	1.0
重级工作制软钩吊车	0.8
中级工作制吊车	0.5

表 8-10　循环次数 $n=2\times10^6$ 次的容许应力幅　MPa

构件和连接类别	1	2	3	4	5	6	7	8
$[\Delta\sigma]_{2\times10^6}$	176	144	118	103	90	78	69	59

吊车梁的挠度不应超过表 8-11 中规定的数值。

表 8-11　吊车梁和吊车桁架的容许挠度

构　件　类　别	容许挠度值
手动或电动葫芦的轨道梁	$l/400$
手动吊车和单梁吊车(包括悬挂吊车)	$l/500$
轻级工作制桥式吊车	$l/800$
中级工作制桥式吊车	$l/1\ 000$
重级工作制桥式吊车	$l/1\ 200$

注:l——吊车梁或吊车桁架的跨度(对悬臂梁和伸臂梁为悬伸长度的 2 倍)。

在设有重级工作制吊车的厂房中,跨间每侧吊车梁或吊车桁架的制动结构,由一台最大吊车横向水平荷载所产生的挠度不宜超过制动结构跨度的 1/2 200。

8.5.3　内力计算

计算吊车梁的内力时,由于吊车荷载为动力荷载,首先应确定求各内力所需吊车荷载的最不利位置,再按此求梁的最大弯矩及其相应的剪力、支座最大剪力以及横向水平荷载作用下水平方向所产生的最大弯矩 M_T(当为制动梁时),或在吊车梁上翼缘所产生的局部弯矩 M_T'(当为制动桁架时)。

常用的简支吊车梁,当吊车荷载作用时,其最不利的荷载位置、最大弯矩和剪力,可按下列情况确定。

①两个轮子作用于梁上时(图 8-96),最大弯矩点(C 点)的位置为:

$$a_2=\frac{a_1}{4}$$

最大弯矩为:

$$M_{\max}^{C}=\frac{\Sigma P\left(\frac{l}{2}-a_2\right)^2}{l} \tag{8.5.3}$$

最大弯矩处的相应剪力为:

$$V^{C}=\frac{\Sigma P\left(\frac{l}{2}-a_2\right)}{l} \tag{8.5.4}$$

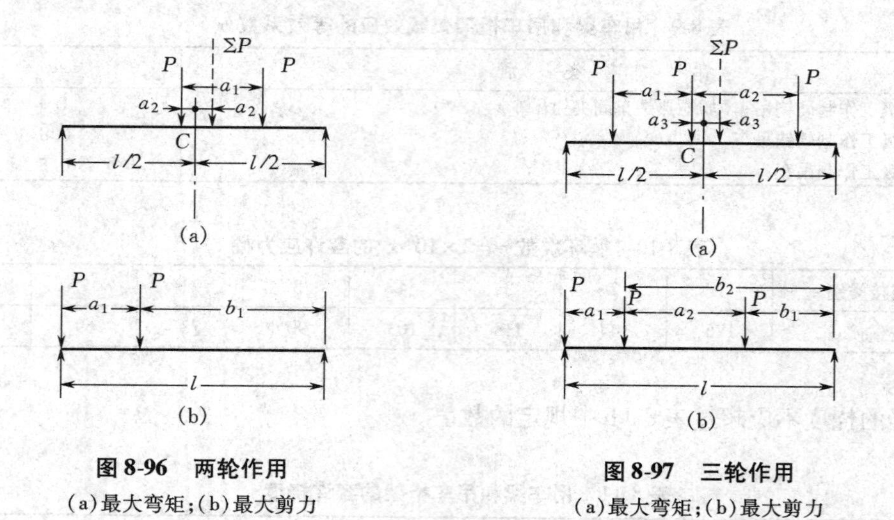

图 8-96　两轮作用

(a)最大弯矩;(b)最大剪力

图 8-97　三轮作用

(a)最大弯矩;(b)最大剪力

②3 个轮子作用于梁上时(图 8-97),最大弯矩点(C 点)的位置为:

$$a_3=\frac{a_2-a_1}{6}$$

最大弯矩为:

$$M_{\max}^{\mathrm{C}}=\frac{\Sigma P\left(\frac{l}{2}-a_3\right)^2}{l}-Pa_1 \tag{8.5.5}$$

最大弯矩处的相应剪力为:

$$V^{\mathrm{C}}=\frac{\Sigma P\left(\frac{l}{2}-a_3\right)}{l}-P \tag{8.5.6}$$

③最大剪力应在梁端支座处。此时,吊车竖向荷载应尽可能靠近该支座布置(图 8-96(b)和图 8-97(b)),并按下式计算支座最大剪力:

$$V_{\max}^{\mathrm{C}}=\sum_{i=1}^{n-1}b_i\frac{P}{l}+P \tag{8.5.7}$$

式中　n——作用于梁上的吊车竖向荷载数。

选择吊车梁截面时所用的最大弯矩和支座最大剪力,可由吊车竖向荷载作用下所产生的最大弯矩 $M_{\max}^{\mathrm{C}}$ 和支座最大剪力 $V_{\max}^{\mathrm{C}}$ 乘以表 8-7 的 β_{w}(β_{w} 为考虑吊车梁等自重的影响系数)值,即:

$$M_{\max}=\beta_{\mathrm{w}}M_{\max}^{\mathrm{C}} \tag{8.5.8}$$

$$V_{\max}=\beta_{\mathrm{w}}V_{\max}^{\mathrm{C}} \tag{8.5.9}$$

④吊车横向水平荷载作用下,在水平方向所产生的最大弯矩 M_{T},可分别按下列情况确定。

a. 吊车横向水平荷载对制动梁在水平方向产生的最大弯矩 M_{T},可根据图 8-96(b)和图 8-97(b)所示荷载位置采用下列公式计算:

当为轻、中级工作制吊车梁的制动梁时:

$$M_{\mathrm{T}}=\frac{T}{P}M_{\max}^{\mathrm{C}} \tag{8.5.10}$$

当为重级或特重级工作制吊车梁的制动梁时：

$$M_{\mathrm{T}}=\alpha_{\mathrm{T}}\frac{T}{P}M_{\max}^{\mathrm{C}} \tag{8.5.11}$$

式中 α_{T} 按表 8-8 选取。

b. 吊车横向水平荷载作用下制动桁架在吊车梁上翼缘所产生的局部弯矩 M_{T}'，可近似地按下列公式计算(图 8-98)：

当为起重量 $Q\geqslant 75$ t 的轻、中级工作制吊车的制动桁架时：

$$M_{\mathrm{T}}'=\frac{Ta}{3} \tag{8.5.12}$$

当为起重量 $Q\geqslant 75$ t 的重级工作制(包括特重级)吊车的制动桁架时：

$$M_{\mathrm{T}}'=\alpha_{\mathrm{T}}\frac{Ta}{3} \tag{8.5.13}$$

当为起重量 $Q\leqslant 50$ t 的轻、中级工作制吊车的制动桁架时：

$$M_{\mathrm{T}}'=\frac{Ta}{4} \tag{8.5.14}$$

当为起重量 $Q\leqslant 50$ t 的重级或特重级工作制吊车的制动桁架时：

$$M_{\mathrm{T}}'=\alpha_{\mathrm{T}}\frac{Ta}{4} \tag{8.5.15}$$

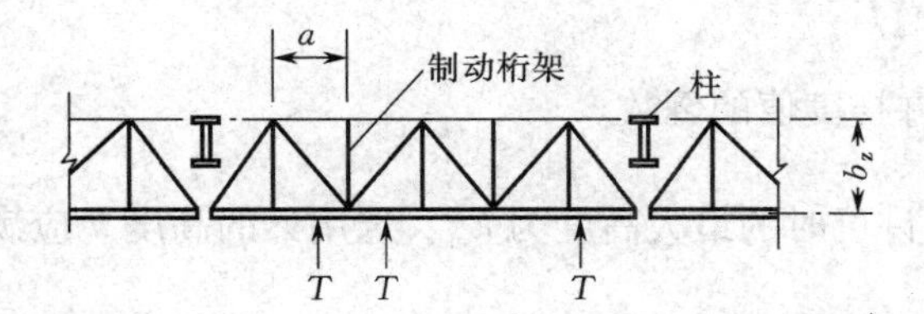

图 8-98　吊车横向水平荷载作用于吊车梁上翼缘和制动桁架的示意图

8.5.4　截面选择

焊接工字形吊车梁一般由上下翼缘板及腹板组成，通常设计成沿梁全长截面不变的一层翼缘板梁。必须采用两层钢板时，外层钢板宜沿梁通长设置，并应要求施工时采取措施使上翼缘两层钢板紧密接触。

当相邻两跨吊车梁的跨度不等且相差较大时，为使柱阶处两分肢顶面的标高相同，可将跨度较大的梁做成高度不等的梁(即在支座处将梁高度取为与相邻较小跨度梁的高度相等)，见图 8-99。

要求梁的颈部有较强的抗偏扭性能时，可采用上下腹板变厚度的形式，或腹板等厚但增加两块斜板做成 Y 形截面的梁。

1. 梁高

简支等截面焊接工字形吊车梁的腹板高度可根据经济高度、容许挠度值及建筑净空条件确定。

①经济高度 h_{e}(mm)要求：

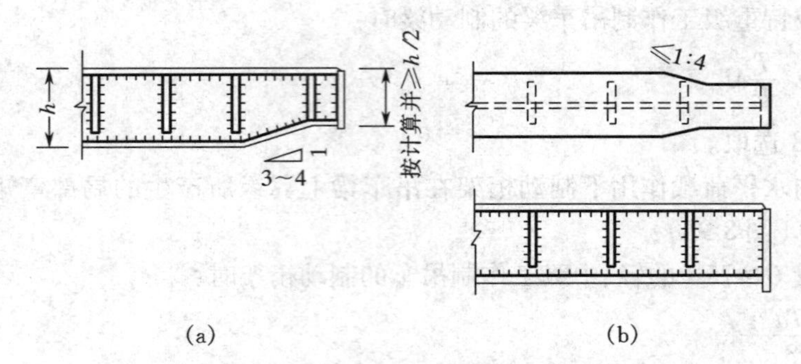

图 8-99　焊接实腹式吊车梁的截面变化示意图

(a)变高度梁;(b)变宽度梁

$$h_e \approx \sqrt[3]{W} - 300 \text{ mm} \tag{8.5.16}$$

式中　W——梁的截面抵抗矩(mm^3),$W=\frac{1.2M_{max}}{f}$,f 为钢材的抗拉、抗压和抗弯强度设计值(MPa);

M_{max}——竖向荷载作用下的绝对最大弯矩。

②按容许挠度值要求:

$$h_{min} = 0.6fl\left(\frac{l}{[v]}\right)10^{-5} \tag{8.5.17}$$

式中　$\frac{l}{[v]}$——相对容许挠度值的倒数。

③按建筑净空条件许可时的最大高度为 h_{max},选用梁的高度 h 应满足以下要求:

$$h_{max} \geqslant h \geqslant h_{min}$$

梁高 h 值应接近经济高度,即 $h \approx h_{ec}$。

2. 腹板厚度

梁腹板厚度 t_w(mm)按下列公式确定。

①按经验公式计算:

$$t_w = \frac{1}{3.5}\sqrt{h_0} \tag{8.5.18}$$

②按剪力确定:

$$t_w = \frac{1.2V_{max}}{h_0 f} \tag{8.5.19}$$

式中　V_{max}——最大剪力;

h_0——腹板高;

f——抗剪强度设计值。

腹板厚度 t_w 宜按上述公式计算所得的最大者取值,且不宜小于 8 mm,或按表 8-12 选用。

表 8-12　简支吊车梁腹板厚度经验参考数值

梁高 h(mm)	600 ~ 1 000	1 200 ~ 1 600	1 800 ~ 2 400	2 600 ~ 3 600	4 000 ~ 5 000
腹板厚度 t_w(mm)	8 ~ 10	10 ~ 14	14 ~ 16	16 ~ 18	20 ~ 22

腹板按局部稳定性的要求,其高厚比最好不大于 170;当梁很高时,亦应不大于 250。

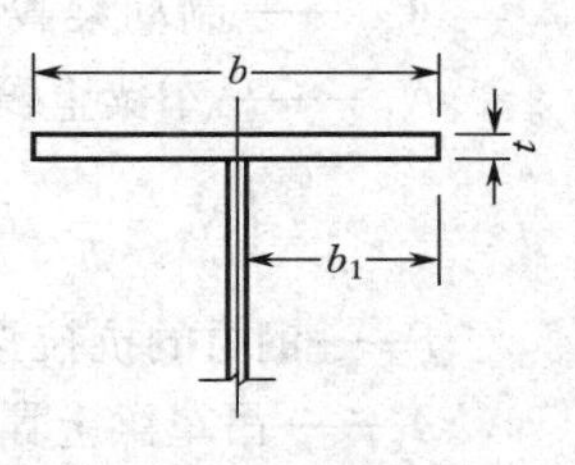

图 8-100　吊车梁受压翼缘的截面示意图

3. 翼缘宽度

吊车梁翼缘尺寸(图 8-100)可近似地按下式计算:

$$A_1 = bt = \frac{W}{h_0} - \frac{1}{b}h_0 t_w \tag{8.5.20}$$

式中　$b \approx \left(\frac{1}{5} \sim \frac{1}{3}\right)h_0$;$A = a_1$。

4. 翼缘厚度

受压翼缘自由外伸宽度 b_1 与其厚度 t 之比应满足下列要求:

当为 Q235 时,$b_1 \leqslant 15t$;

当为 Q345 钢时,$b_1 \leqslant 12.4t$;

当为 Q390 钢时,$b_1 \leqslant 11.6t$;

当为其他钢号时,$b_1 \leqslant 15t\sqrt{\frac{235}{f_y}}$,$f_y$ 为钢材屈服点(MPa)。

如果上翼缘板必须采用两层时,外层板与内层板厚度之比宜为 0.5 ~ 1.0,并沿梁通长设置。

受压翼缘的宽度尚应考虑固定轨道所需的构造尺寸要求,同时要满足连接制动结构所需的尺寸。必要时上翼缘两侧亦可做成不等宽度。

8.5.5　强度计算

吊车梁应按下列规定计算最大弯矩处或变截面处截面的正应力。

1. 上翼缘的正应力计算

当无制动结构时:

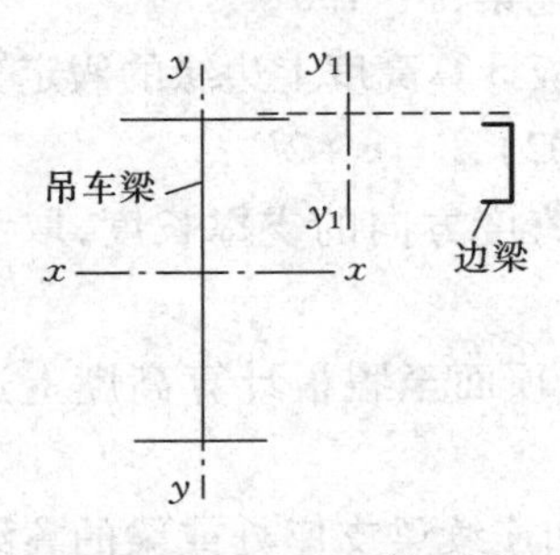

图 8-101　吊车梁体系结构的截面

$$\sigma = \frac{M_{max}}{W_{nx}^{上}} + \frac{M_T}{W_{ny}} \leqslant f \tag{8.5.21}$$

当制动结构为制动梁时:

$$\sigma = \frac{M_{max}}{W_{nx}^{上}} + \frac{M_T}{W_{ny_1}} \leqslant f \tag{8.5.22}$$

当制动结构为制动桁架时:

$$\sigma = \frac{M_{max}}{W_{nx}^{上}} + \frac{M'_T}{W_{ny}} + \frac{N_T}{A_n} \leqslant f \tag{8.5.23}$$

2. 下翼缘的正应力计算

下翼缘的正应力:

$$\sigma = \frac{M_{max}}{W_{nx}^{下}} \leqslant f \tag{8.5.24}$$

式中 $W_{nx}^{上}$、$W_{nx}^{下}$——梁截面对 x 轴的上部和下部纤维的净截面抵抗矩；

W_{ny}——上翼缘截面对 y 轴的净截面抵抗矩；

W_{ny_1}——制动梁截面(包括吊车梁上翼缘截面)对 y_1 轴的净截面抵抗矩；

N_T——吊车梁上翼缘作为制动桁架的弦杆,在吊车横向水平荷载作用下所产生的内力 $\left(N_T = \frac{M_T}{b_z}, b_z \text{ 见图 8-98}\right)$；

f——钢材的抗拉强度设计值；

A_n——吊车梁上翼缘的净截面面积。

吊车梁支座处截面的剪应力,应按下列公式计算:

当为平板式支座时:

$$\tau = \frac{V_{max}S}{It_w} \leqslant f_v \tag{8.5.25}$$

当为突缘支座时:

$$\tau = \frac{1.2V_{max}}{h_0 t_w} \leqslant f_v \tag{8.5.26}$$

式中 S——计算剪应力处以上毛截面对中和轴的面积矩；

I——毛截面惯性矩；

t_w——腹板厚度；

f_v——钢材的抗剪强度设计值；

h_0——腹板高度。

腹板计算高度上边缘受集中荷载的局部承压强度 σ_c,应按下式计算:

$$\sigma_c = \frac{\psi P}{t_w l_z} \leqslant f \tag{8.5.27}$$

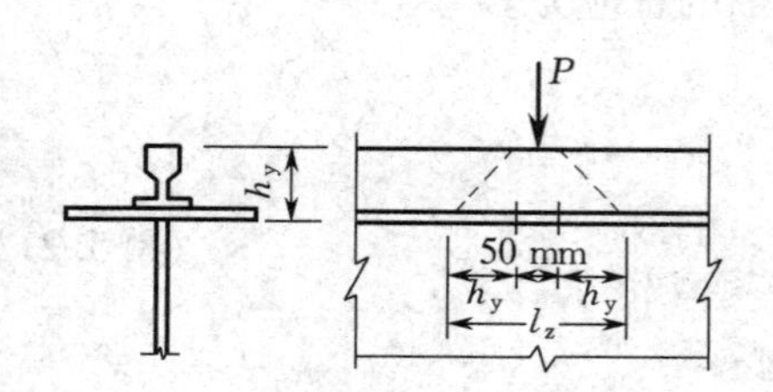

图 8-102　吊车轮压分布长度

式中 P——吊车轮的集中荷载(考虑动力系数)；

ψ——集中荷载增大系数,对重级工作制吊车梁,$\psi = 1.35$,对其他梁,$\psi = 1.0$；

l_z——吊车轮压在腹板计算高度上边缘的假定分布长度(图 8-102),$l_z = a + 2h_y$；

a——吊车轮压沿梁跨度方向的支撑长度,取为 50 mm；

h_y——自吊车梁轨道顶面至腹板计算高度上边缘的距离。

吊车梁同时受有较大正应力、较大剪应力和局部压应力时(如连续梁支座处或梁的翼缘截面改变处等),尚应按下式计算折算应力:

$$\sqrt{\sigma^2 + \sigma_c^2 - \sigma\sigma_c + 3\tau^2} \leqslant \beta_1 f \tag{8.5.28}$$

$$\sigma = \frac{M}{I_n} y_1$$

式中　σ、τ、σ_c——吊车梁腹板计算高度边缘同一点上同时产生的正应力、剪应力和局部压应力(σ_c 按式(8.5.27)计算;τ 按式(8.2.25)计算,但其中剪力 V 应为计算截面沿腹板平面作用的剪力。σ 和 σ_c 以拉应力为正值,压应力为负值);

I_n——梁净截面惯性矩;

y_1——计算点至梁中和轴的距离;

β_1——计算折算应力的强度设计值增大系数,当 σ 与 σ_c 异号时取 $\beta_1 = 1.2$,当 σ 与 σ_c 同号或 $\sigma_c = 0$ 时取 $\beta_1 = 1.1$。

重级工作制焊接工字形梁,应按规定进行疲劳计算。重点应验算受拉翼缘上虚孔处、横向加劲肋焊缝端部处以及翼缘连接焊缝附近处的主体金属疲劳强度。

8.5.6　稳定性计算

1. 整体稳定

吊车梁的整体稳定性应按下式计算:

$$\frac{M_x}{\varphi_b W_x} + \frac{M_y}{W_y} \leqslant f \tag{8.5.29}$$

式中　M_x、M_y——绕 x 轴和 y 轴作用的最大弯矩;

W_x、W_y——按受压纤维确定的对 x 轴和对 y 轴毛截面抵抗矩;

φ_b——梁的整体稳定性系数。

当符合下列情况之一时,可不计算梁的整体稳定性。

①设有制动结构时。

②对无制动结构的工字形截面简支吊车梁,当受压翼缘的自由长度 l_1 与其宽度 b 之比不超过以下限值时:

Q235 钢:$\dfrac{l_1}{b} \leqslant 13$

Q345 钢:$\dfrac{l_1}{b} \leqslant 11$

Q390 钢:$\dfrac{l_1}{b} \leqslant 10$

其他钢材:应按上述 Q235 钢的$\dfrac{l_1}{b}$值乘以 $\sqrt{235/f_y}$。

2. 局部稳定

为保证焊接工字形吊车梁腹板的局部稳定性,应按下述规定在腹板上配置加劲肋。

①当 $h_0/t_w \leqslant 80$(Q235 钢)、$h_0/t_w \leqslant 66$(Q345 钢)、$h_0/t_w \leqslant 62$(Q390 钢)时,宜按构造配置横向加劲肋。

②当 $80 < h_0/t_w \leqslant 170$(Q235 钢)、$66 < h_0/t_w \leqslant 140$(Q345 钢)、$62 < h_0/t_w \leqslant 132$(Q390 钢)时,应配置横向加劲肋,并按规定计算。

③当 $h_0/t_w > 170$(Q235 钢)、$h_0/t_w > 140$(Q345 钢)、$h_0/t_w > 132$(Q390 钢)时,应同时配置横向加劲肋和在受压区的纵向加劲肋,必要时尚应在受压区配置短加劲肋,且均应按规定计

算。

以上 h_0 为腹板的计算高度，t_w 为腹板的厚度。

加劲肋宜在腹板两侧成对配置，也可单侧配置，但支撑加劲肋和重级工作制吊车梁的加劲肋不应单侧配置。

横向加劲肋的最小间距为 $0.5h_0$，最大间距为 $2h_0$。

短加劲肋的最小间距为 $0.75h_0$。短加劲肋外伸宽度应取为横向加劲肋外伸宽度的 0.7 ~ 1.0 倍，其厚度不应小于短加劲肋外伸宽度的 1/5。

8.5.7 挠度计算

吊车梁的竖向挠度 v 可近似地按下列公式计算。

①等截面简支梁：

$$v=\frac{M_x l^2}{10EI_x}\leqslant[v] \tag{8.5.30}$$

②翼缘截面变化的简支梁：

$$v=\frac{M_x l^2}{10EI_x}\left(1+\frac{3}{25}\cdot\frac{I_x-I_x'}{I_x}\right)\leqslant[v] \tag{8.5.31}$$

③等截面连续梁：

$$v=\left(\frac{M_x}{10}-\frac{M_1+M_2}{16}\right)\frac{l^2}{EI_x}\leqslant[v] \tag{8.5.32}$$

式中 M_x——由全部竖向荷载（标准值，不考虑动力系数）产生的最大弯矩；

M_1、M_2——与 M_x 同时产生的两端支座负弯矩（代入公式时取绝对值）；

I_x——跨中毛截面惯性矩；

I_x'——支座处毛截面惯性矩；

$[v]$——容许挠度值。

8.5.8 连接和构造

1. 翼缘与腹板

吊车梁上翼缘与腹板的连接角焊缝的焊脚：

$$h_f=\frac{1}{2\times0.7f_f^w}\sqrt{\left(\frac{VS_1}{I_x}\right)^2+\left(\frac{\psi P}{l_z}\right)^2} \tag{8.5.33}$$

下翼缘与腹板的连接角焊缝的焊脚：

$$h_f\geqslant\frac{VS_1}{2\times0.7f_f^w I_x} \tag{8.5.34}$$

式中 ψ、P、l_z——按式（8.5.27）采用；

V——计算截面的最大剪力；

f_f^w——角焊缝抗拉强度设计值；

S_1——计算翼缘对梁中和轴的毛截面面积矩；

I_x——梁对 x 轴的毛截面惯性矩。

重级工作制和起重量 $Q \geqslant 50$ t 的中级工作制吊车梁或焊接吊车梁的腹板厚度 $t_w > 14$ mm 时，其上翼缘与腹板的连接焊缝应予焊透，焊缝质量不低于二级焊缝标准，腹板上端边缘应根据板厚加工剖口，并采取措施确保焊透（图 8-103）。此时，可按母材等强度考虑，不需验算连接焊缝的强度。

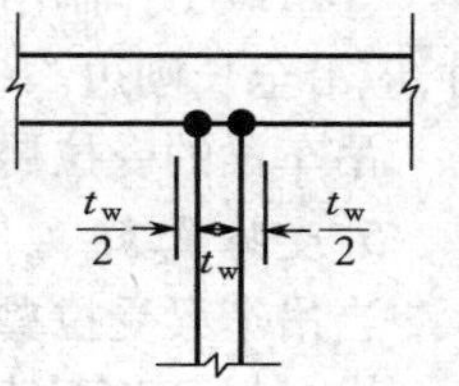

图 8-103　上翼缘腹板焊透的 T 形连接焊缝

2. 支座加劲肋

支座加劲肋与腹板的连接焊缝，应按下列情况计算确定。

当为板式支座时，

$$h_f = \frac{R_{max}}{0.7 n l_w f_f^w} \tag{8.5.35}$$

当为突缘支座时，

$$h_f = \frac{1.2 R_{max}}{0.7 n l_w f_t^w} \tag{8.5.36}$$

式中　n——焊缝条数；

l_w——焊缝计算长度，取支座处腹板焊缝的全长减去 $2h_f$。

当计算所得的 $h_f < 0.7t_w$ 时，则取 $h_f = 0.7t_w$，且不小于 6 mm；当为突缘支座且腹板厚度 $t_w > 14$ mm 时，腹板应剖口加工，以利焊缝焊透。

3. 纵向与横向加劲肋

横向加劲肋和纵向加劲肋的构造与连接应满足下列要求。

①横向加劲肋与上翼缘相接处应切角。当切成斜角时，其宽约为 $b_s/3$（但不大于 40 mm），高约为 $b_s/2$（但不大于 60 mm）。b_s 为加劲肋宽度（图 8-104）。

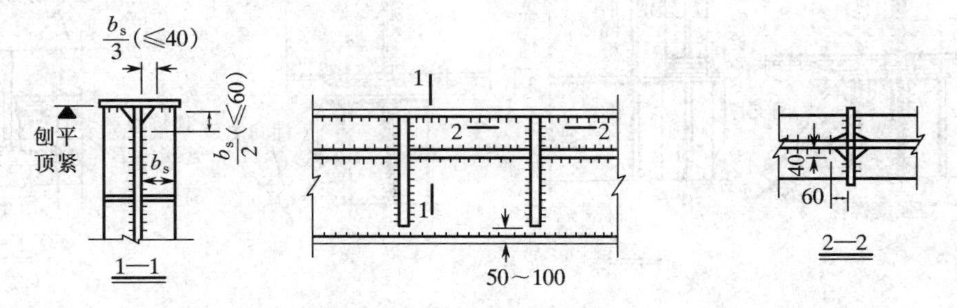

图 8-104　横向和纵向加劲肋的切角

②横向加劲肋的上端应与上翼缘刨平顶紧后焊接，加劲肋的下端宜在距受拉翼缘 50 ~ 100 mm 处断开（图 8-104），不应另加零件与受拉翼缘焊接。加劲肋与腹板的连接焊缝，施焊时不宜在加劲肋下端起弧和落弧。

③当同时采用横向加劲肋和纵向加劲肋时，其相交处应留有缺口（图 8-104 剖面 2—2），以免形成更大的焊接过热区。

4. 机械加工部位

焊接吊车梁的下列部位，应用机械加工（砂轮打磨或刨铲）使之平缓：

①对接焊缝引弧板切割处；

②重级工作制吊车梁受拉翼缘板、腹板对接焊缝的表面；

③重级工作制吊车梁的受拉翼缘边缘,宜采用自动精密气割,当用手工气割或剪切机切割时,应沿全长刨边。

吊车梁的受拉翼缘上不得任意焊接悬挂设备零件,也不允许在该处打火或焊接夹具。

5. 受拉翼缘

当吊车梁受拉翼缘与支撑相连时,不宜采用焊接。

横向加劲肋下端点的焊缝应采用连续的围焊或回焊,以免在端部有起弧、落弧而损伤母材。对于重级工作制吊车梁,其加劲肋端部常为疲劳所控制,因此要求回焊长度不小于4倍角焊缝的厚度。

6. 起拱

跨度≥24 m的吊车梁宜考虑起拱,拱度约为跨度的1/1 000。吊车梁的工地整段拼接宜采用摩擦型高强度螺栓。

8.5.9 吊车梁与框架柱的连接构造

1. 下翼缘

吊车梁下翼缘与框架柱的连接,一般采用普通螺栓固定。当吊车梁在非柱间支撑范围的柱间内,可按图8-105(a)、(b)节点之左侧和图8-106(b)、(c)所示的连接方法;此时所用的固定螺栓可按构造配置,通常采用2M22或4M22,螺栓上的垫板厚度应不小于14 mm。

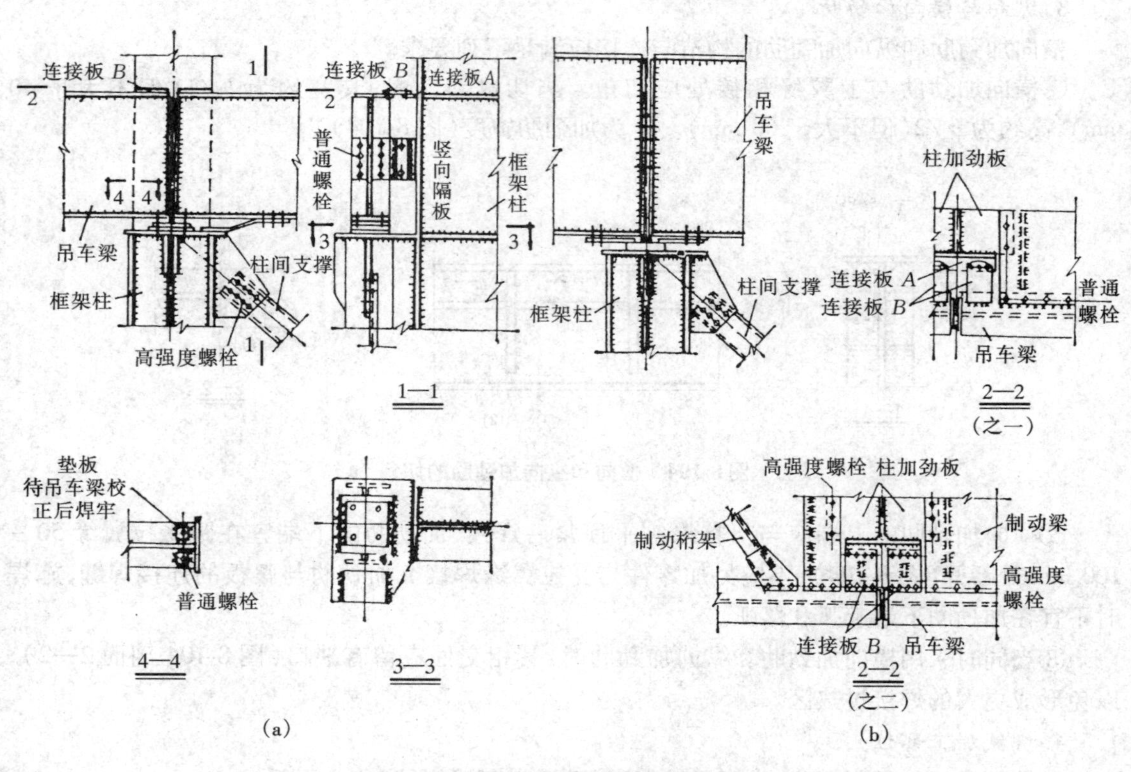

图8-105 吊车梁与框架柱的连接之一

(a)吊车梁柱连接A;(b)吊车梁柱连接B

当吊车梁位于设有柱间支撑的框架柱时，可按图 8-105(a)和图 8-106(a)所示的连接方法处理。

为了便于吊车梁的安装和调整，吊车梁下翼缘的螺栓孔径应比螺栓直径大 10 mm 左右，垫板上的螺栓孔径应比螺栓直径大 1.0 ~ 1.5 mm，待吊车梁调整后垫板与下翼缘周边焊牢，角焊缝的有效厚度 $h_e = 8$ mm。当吊车纵向水平荷载和山墙传来的风荷载较大时，尤其在高烈度地震区，应由计算确定角焊缝的有效厚度。

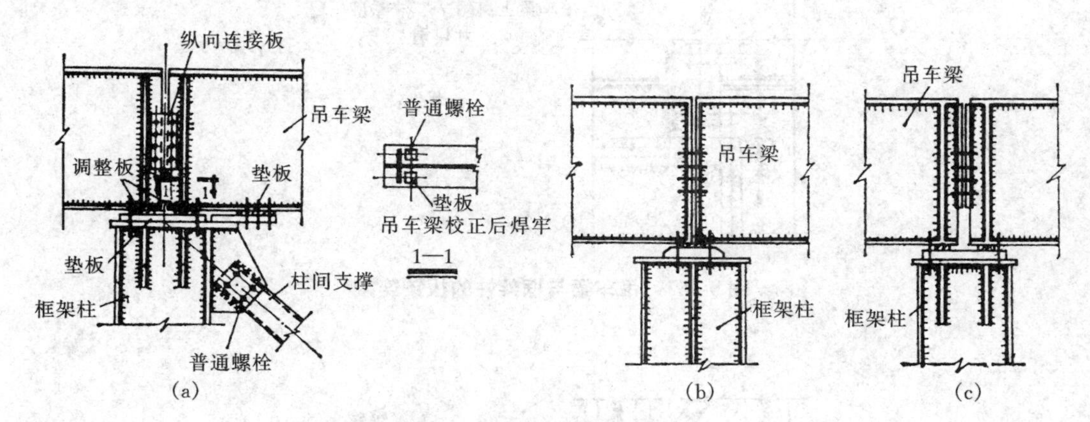

图 8-106　吊车梁与框架柱的连接之二

(a)吊车梁柱连接 C；(b)吊车梁柱连接 D；(c)吊车梁柱连接 E

2. 上翼缘

吊车梁上翼缘与框架柱的连接可按下列情况确定。

①吊车梁上翼缘与框架柱连接的连接板(如图 8-105 所示的连接板 B)，可按强度和稳定性进行验算。

②连接板 B 与框架柱或吊车梁上翼缘的连接，应分别按高强螺栓或焊接验算连接强度，也可以采用图 8-107 所示的板铰连接。

3. 垂直隔板与辅助桁架

当吊车起重量较大，梁端高度大于 1.5 m 时的重级工作制吊车梁，在与框架柱的连接处，应在梁端高度中部增设与框架柱连接的垂直隔板(图 8-105 剖面 1—1 所示)。隔板的尺寸以及采用普通螺栓的直径和数量可按吊车纵向水平荷载和山墙传来的风荷载(在地震区尚应考虑地震荷载)计算确定。当采用图 8-105 所示的连接方式时，螺栓按受拉计算；当采用图 8-106(a)所示连接方式时，螺栓按受剪和承压计算。此时，宜采用高强度螺栓。对于一般吊车梁端部的纵向连接通常在梁端高度中部加设调整垫板，并用普通螺栓连接，按吊车纵向水平荷载和山墙传来的风荷载或地震荷载计算确定。

吊车梁上翼缘、制动结构、辅助桁架与柱子的连接节点如图 8-108 所示。

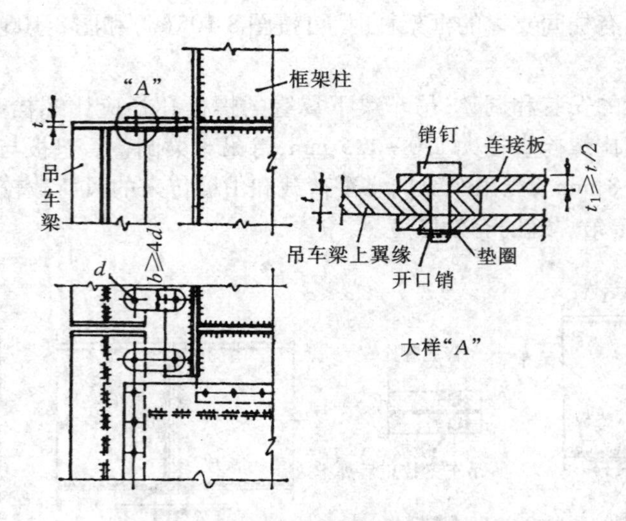

图 8-107　吊车梁与框架柱的板铰连接

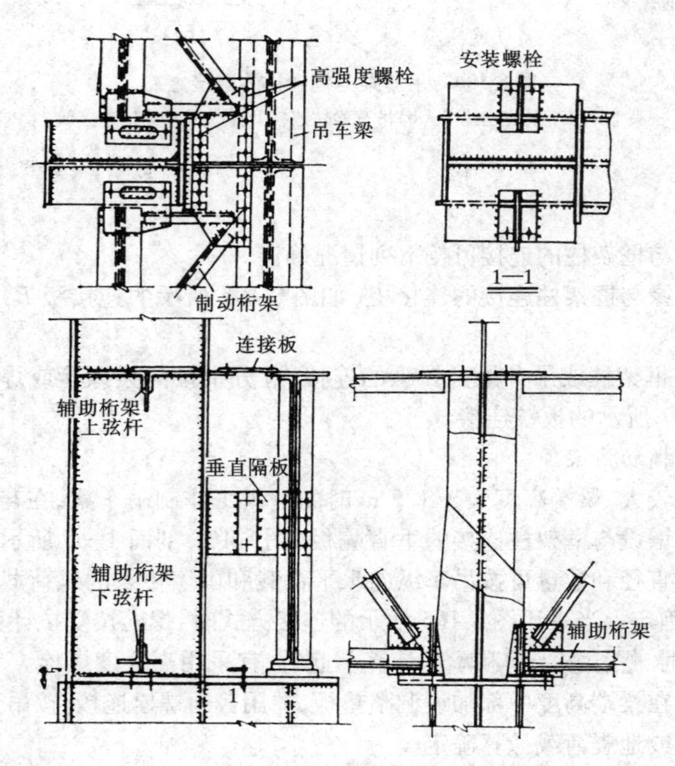

图 8-108

第 9 章　多层钢结构设计

9.1　多层钢结构体系

多层钢结构一般采用框架类结构体系,因此也称为多层钢框架结构。多层钢结构是工业与民用建筑中常用的结构形式,在工业建筑中用于矿井地面建筑、石油焦化结构和电子工业、机械工业的多层厂房等;在民用建筑中用于停车场、办公楼等建筑。

多层钢结构的主要组成部分是柱、梁、楼盖结构、支撑结构、墙板或墙架结构,如图 9-1 所示。

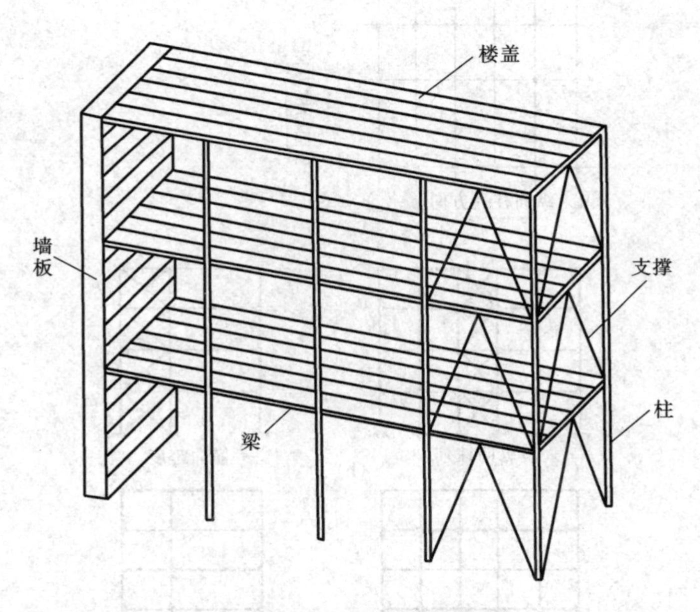

图 9-1　多层钢结构的组成

9.1.1　多层钢结构类型

随着层数和高度的增加,除承受较大的竖向荷载外,抗侧力(风荷载、地震作用等)要求也成为多层钢结构的主要承载特点。本章所讨论的多层钢结构一般指层数不超过 10 层,总高度不超过 60 m 的框架结构。

多层钢结构的主要类型有:柱—支撑体系、纯框架体系及框架支撑体系等。

1. 柱—支撑体系(图 9-2(b))

多层框架梁柱节点均为铰接,而在纵向与横向沿柱高设置竖向柱间支撑,其空间刚度及抗侧力承载力均由支撑提供,适用于柱距不大而又允许双向设置支撑的建筑物,其特点是设计、制作及安装简单,承载功能明确,侧向刚度较大,用于抗侧力的钢耗量较少。

2. 纯框架体系(图 9-2(c))

多层框架在纵、横两个方向均为多层刚接框架,其承载能力及空间刚度均由刚接框架提供,适用于柱距较大而又无法设置支撑的建筑物,其特点为节点构造较复杂、结构用钢量较多,但使用空间较大。

3. 框架—支撑体系(9-2(d))

该体系为多层框架在一个方向(多为纵向)为柱—支撑体系,另一方向(多为横向)为纯框架体系的混合体系。其特点为一个方向无支撑便于生产或人流、物流等建筑功能的安排,又适当考虑了简化设计、施工及用钢量等要求,为实际工程中较多采用的体系。特别适用于平面纵向较长、横向较短的建筑物。

除上述 3 类基本体系外,尚有在同一建筑物的不同楼层分别采用支撑或刚架的混合体系以及当侧力很大时在同一柱列(或柱行)同时采用刚架加支撑的框架—支撑组合体系,但实际工程中采用尚不多。

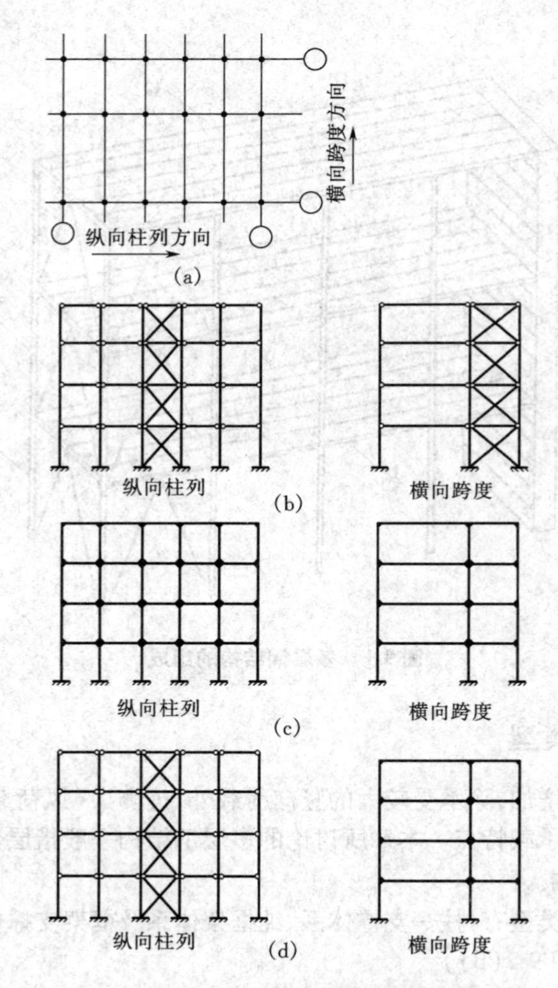

图 9-2　多层框架结构体系简图

(a)平面柱网;(b)柱—支撑体系;(c)纯框架体系;(d)框架—支撑体系

9.1.2　多层钢结构的布置

多层钢结构的布置原则主要有以下几点。

①多层框架的平面布置应考虑柱网及梁系布置合理，纵向及横向刚度可靠、均匀，构件的传力明确、类型统一以及节点构造简化、便于施工等基本要求。

②与多层框架结构体系相应的各层楼(屋)盖均应采用平面刚性楼盖，如钢梁上现浇钢筋混凝土板的组合楼盖或钢梁上铺预制钢筋混凝土板再加现浇整浇层的装配整体式楼盖等，以保证整体空间刚度及空间协调工作；楼盖主次梁的连接宜采用平接连接构造。

③当横向框架采用柱—支撑体系并且楼盖为平面刚性楼盖时，其横向柱行的柱间支撑宜按不大于 $4l$(l 为支撑跨间的跨度)的距离设置一道；当有抗震设防要求时，此间距尚应参照抗震要求确定。

④多层框架结构沿竖向的布置可以采用分段变截面(柱及支撑)的做法，但应防止楼层间侧向刚度的突然变化。

⑤支撑结构体系的特点是用钢量低而刚度大，抗侧力效果明显且构造简单，在条件允许时宜优先选用；在布置支撑时应注意合理及均匀，以避免及减少结构刚度中心的偏移。

9.2　多层钢结构的荷载效应和组合

9.2.1　荷载效应

设计多层钢结构时，一般应考虑以下各类荷载。

1. 恒载(永久荷载)

①建筑物自重按实际情况计算取值，分项系数 γ 取为 1.2。

②楼(屋)盖上工艺设备荷载包括永久性设备荷载及管线等，应按工艺提供的数据取值，其荷载分项系数 γ 取为 1.2。

当恒荷载在荷载组合中为有利作用时，其分项系数 γ 应取为 1.0。

2. 活荷载(可变荷载)

①雪荷载。应按《建筑结构荷载规范》(GB 50009—2012)(以下简称《荷载规范》)取值，荷载分项系数一般取 $\gamma=1.4$。

②积灰荷载同上。

③楼层活荷载(包括运输或起重设备荷载)。按工艺提供的资料确定，荷载分项系数一般取 $\gamma=1.4$，但当楼面活荷载 $Q\geqslant 4\ \text{kN/m}^2$，$\gamma$ 可取 1.3。

④风荷载。作用于多层框架围护墙面上的风荷载标准值 w_k 可按荷载规范由下式计算，其分项系数取为 $\gamma=1.4$。

$$w_k = w_0\mu_z\mu_s\beta_z \tag{9.2.1}$$

式中，基本风压 w_0、风压高度变化系数 μ_z、风荷载体型系数 μ_s 等均按《荷载规范》取值；风振系数 β_z，当框架建筑高度超过 30 m，且高宽比大于 1.5 时，可按《荷载规范》取值，否则按 $\beta_z=1.0$ 取值。

⑤地震作用。发生地震时，由于楼(屋)盖及构件等本身的质量而对于结构产生地震作用

有:水平地震作用与竖向地震作用。前者为计算多层框架地震作用时所采用组合内力中主要的作用,后者仅在计算多层框架内的大跨度或大悬臂构件时予以考虑。

a. 水平地震作用及作用效应。多层框架的水平地震作用应按《建筑抗震设计规范》(GB 50011—2010)并采用振型分解反应谱方法计算确定(一般宜采用计算机及专门软件计算);当不计扭转影响时,其典型表达式如下:

$$F_{ji} = 1.15\alpha_j \gamma_j X_{ji} G_i \tag{9.2.2}$$

式中 F_{ji}——j 振型($i=1,2,\cdots,m$)时质点 i 的水平地震作用标准值;

1.15——考虑多层钢结构阻尼比修正的调整系数;

α_j——相应于 j 振型自振周期的水平地震影响系数,应按《建筑抗震设计规范》(GB 50011—2010)中以 $\alpha_{\max}$、特征周期 T_g、结构自振周期 T 等为函数的地震影响系数曲线确定;

γ_j——j 振型的参与系数;

X_{ji}——j 振型质点 i 的水平相对位移;

G_i——i 质点的重力荷载代表值;

m——振型数。(一般计算不少于 3 个振型,当基本周期 $T_1 > 1.5$ s,且质量、刚度沿高度不均匀时,振型数应适当增加。)

计算时,对平面布置较规则的多层框架,可采用平面计算模型;当平面不规则且楼盖为平面刚性楼盖时,应采用空间计算模型;当刚心与重心有较大偏心时应计入扭转影响。

按上述振型分解反应谱法计算地震作用时,由地震作用产生的框架结构效应 S_{Ek},即结构或构件最终组合的弯矩、剪力、轴力及位移等,可采用平方和平方根方法将各振型水平地震作用 F_{ji} 产生的各效应 S_{Ekj} 组合成 S_{Ek},从而进行截面验算。

水平地震作用的荷载分项系数 γ 按 1.3 采用。

b. 竖向地震作用。当多层框架中有大跨度($l>24$ m)的桁架、长悬臂以及托柱梁等结构时,其竖向地震作用可采用其重力荷载代表值与竖向地震作用系数 α_V 的乘积来计算,即

$$F_{VO} = \alpha_V G_{EO} \tag{9.2.3}$$

式中 F_{VO}——大跨或悬臂构件的竖向地震作用;

α_V——竖向地震作用系数,8 度设防时取 0.1,9 度设防时取 0.2;

G_{EO}——大跨或悬臂结构上相应的重力荷载代表值。

3. 其他荷载

对无水平荷载作用的多层框架,可考虑柱在安装中因可能产生的偏差而引起的假定水平荷载 P_{Hi}(作用于每层梁柱节点上)进行计算:

$$P_{Hi} = 0.01 \frac{\Sigma N_i}{\sqrt[3]{n}} \tag{9.2.4}$$

式中 ΣN_i——P_{Hi} 作用的 i 层以上柱的总竖向荷载;

n——i 层的框架柱总数。

9.2.2 荷载效应 S(内力)的组合

多层框架设计时,一般采用分别按荷载类别计算其所产生的荷载效应,即结构构件的内力(如弯矩、轴力和剪力)和位移,然后进行组合,求得其总效应进行设计。

1. 用活荷载计算荷载效应

活荷载的分布和折减，可按建筑物分类及荷载来源，根据原有设计经验选用。下述为一般应用的情况。

①对不考虑地震设计的民用建筑多层框架，其活荷载的数值可按《荷载规范》规定的折减系数折减，并根据构件位置和结构力学原理采用不同的布置方案，确定不利的组合。

对不考虑地震设计的工业建筑多层框架，其活荷载为来源于工艺操作荷载，故一般不采用《荷载规范》确定折减范围，可不进行折减。

②对考虑抗震设计的多层框架，采用考虑地震作用荷载组合的重力荷载代表值进行计算时，一般不计入荷载折减系数。

2. 多层框架的总效应 S（即构件的弯矩、剪力、轴力或位移等）

多层框架的总效应 S 应按可能同时出现的各类荷载效应及其最不利的工况组合，其基本组合表达式如下。

①不考虑地震作用效应的基本组合，其总效应

$$S=\gamma_G C_G G_k(\text{恒载})+\gamma_L\psi_L[C_L Q_L(\text{楼层活载})+C_s Q_s(\text{雪载})+C_A Q_A(\text{灰载})+C_w Q_w(\text{风载})] \tag{9.2.5}$$

②考虑地震作用效应的基本组合。按下式计算确定地震作用时的重力荷载代表值 G_E：

$$G_E=G_k(\text{恒载})+0.5Q_s(\text{雪载})+0.5Q_A(\text{灰载})+KQ_L(\text{活载})+G_{KT}(\text{吊车荷载}) \tag{9.2.6}$$

考虑地震作用效应的基本组合，其总效应

$$S_E=\gamma_{EG}C_G G_E(\text{重力荷载代表值})+\gamma_{Eh}C_{Eh}E_{hk}(\text{水平地震作用})+\gamma_{Ev}C_{Ev}E_{vk}(\text{竖向地震作用})+\psi_w\gamma_w C_w Q_w(\text{风荷载}) \tag{9.2.7}$$

式中　γ_G、γ_L——恒载及活载的荷载分项系数，分别取1.2和1.4；

γ_{EG}——重力荷载值的分项系数，取1.2；

γ_{Eh}、γ_{Ev}——地震作用的荷载分项系数，若仅考虑水平（E_{hk}）或竖向（E_{vk}）一种地震作用时取1.3，如同时考虑水平和竖向作用时 γ_{Eh} 取1.3、γ_{Ev} 取0.5；

γ_w——风荷载的荷载分项系数，取1.4；

ψ_L——活荷载组合系数，当有两个或两个以上活荷载（含风载）参与组合时取0.85，其他情况取1.0；

K——活载组合值系数，对屋面取0，对按实际情况考虑的楼面活荷载取1.0，对按等效均布考虑的楼面活载取0.5；

G_{KT}——吊车荷载，在重力荷载值的效应计算中为包括吊重的数值，在计算地震作用效应中为吊车自重；

G_k、Q_L、Q_s、Q_A、Q_w——恒荷载、活荷载、雪载、灰载、风载的标准值；

C_G、C_L、C_s、C_A、C_w、C_{Eh}、C_{Ev}——相应于上述荷载的荷载效应系数；

ψ_w——地震作用组合时的风载组合系数，取0.2。（仅当框架总高度超过40 m时才考虑风荷载参与地震作用组合。）

当所组合的效应为位移或变形时，所有荷载分项系数均取为1.0。

9.3 多层钢结构的内力分析

9.3.1 一般规定

①对平面布置较规则的多层框架,其横向框架的计算宜采用平面计算模型;当平面不规则且楼盖为刚性楼盖时,宜采用空间计算模型。

多层框架的纵向计算,一般可按柱列法计算;当各柱列纵向刚度差别较大且楼盖为刚性楼盖时,宜采用空间整体计算模型。

②进行地震作用效应计算时,宜采用将重量集中于各楼层的计算模型,同时按不同围护结构考虑其自振周期的折减系数 ψ。

当为轻质砌块及悬挂预制墙板时, $\psi=0.9$

当为重砌体墙外包时, $\psi=0.85$

当为重砌体墙嵌砌时, $\psi=0.8$

对所有围护墙体一般只计入质量,不考虑其刚度的影响。

③多层框架的横向框架计算一般宜采用专门软件的机算方法,当对层数不多的框架采用手算方法时,其竖向荷载作用下的内力效应可用近似的分层法计算,水平荷载作用下的内力效应可采用半刚架法、改进反弯点法(D 值法)等近似方法计算。

多层框架纵向为柱—支撑结构体系时,其内力宜用机算法求解,亦可按悬臂铰接桁架等近似计算。

④多层框架柱的计算长度 H_0 取为 μH,其计算长度系数 μ 可按如下确定。

a. 对有侧移框架,在框架平面内的计算长度系数 μ 可按相关规定进行计算。

b. 对无侧移框架(如柱—支撑体系或框架—支撑体系),可取 $\mu=1.0$。当在同一抗侧移体系中的竖向支撑的抗剪刚度 S_b 大于框架柱抗剪刚度 S_c 的5倍时,则可作为无侧移框架考虑。

⑤多层框架在风荷载作用下,顶点的横向水平位移不宜大于 $H/500$(H 为框架柱总高),层间相对位移不宜大于 $h/400$(h 为层高),对无隔墙的多层框架,可不验算其层间位移。

按多遇地震进行抗震设计时,多层框架的层间侧移(标准值)不应大于层高的1/250。

⑥多层框架的框架梁上采用压型钢板组合楼板且有可靠连接时,在进行框架内力计算的梁截面特性中应计入混凝土楼板的作用,对楼盖主梁可近似取其惯性矩 $I=2I_s$,对其他情况可取 $I=1.5I_s$,I_s 为相应钢梁的惯性矩。

⑦对刚度沿高度分布较均匀的框架,其基本自振周期 T_1 可近似按下式计算:

$$T_1=0.1\sqrt{u} \tag{9.3.1}$$

式中 u——全部风载集中作用在框架顶部所产生的顶部水平位移,以cm计。

9.3.2 半框架法

①在水平荷载作用下,假定刚架各层横梁的反弯点均位于横梁中点,且该点无竖向位移;利用各跨反对称的原理,将多层多跨平面刚架分解为若干个半刚架。如图9-3中4层的3跨刚架(图9-3(a)),可分解为4个半刚架(图9-3(b)),然后将此4个半刚架叠加而成等效半刚架(图9-3(c))。等效半刚架的 j 层柱子的线刚度 i_{cj} 等于第 j 层各列柱线刚度的总和,其 j 层横

梁线刚度 i_{bj} 等于所有被分解成的半刚架在第 j 层横梁线刚度的总和。对柱左右两侧均有横梁的半刚架，其横梁的线刚度为左右两侧横梁线刚度之和。

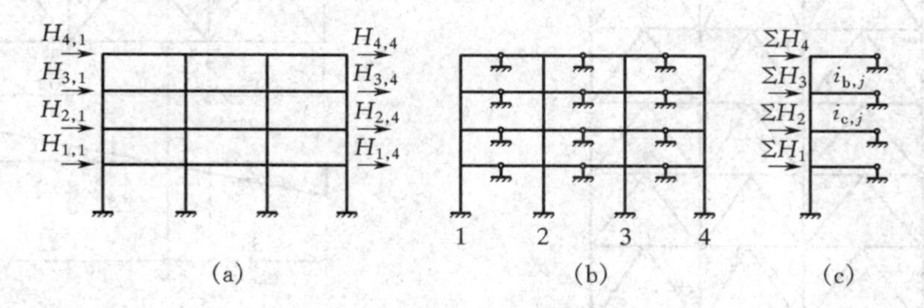

图 9-3　多层多跨刚度计算图

(a)多层多跨刚架；(b)半刚架；(c)等效半刚架

②将原框架各楼层所受的水平荷载按楼层叠加后作用于等效刚架的相应楼层上，然后用弯矩分配法计算等效半刚架的内力。

③计算等效半刚架每一楼层标高处在水平荷载作用下的水平位移，并假定此水平位移即为原刚架各相应楼层的水平位移。

④根据已知原刚架的水平位移，即可求出各层柱子的固端弯矩，并假定刚架不再有侧移，因此可用弯矩分配法直接算出水平荷载作用下的弯矩图。

⑤在竖向荷载作用下，假定刚架无侧移，即各层横梁的跨中截面无转动，仅有竖向位移，于是可利用各跨对称变形的关系，将刚架分解为若干半刚架。

⑥先在原框架中求出各层横梁在竖向荷载作用下的固端弯矩，然后在各半刚架中进行弯矩分配，可很快求得原刚架在竖向荷载作用下的弯矩图。

⑦将上述竖向荷载和水平荷载作用下的弯矩图相叠加，即可求得原刚架的最终弯矩图。

用此法求得的弯矩图，当同一层各横梁的线刚度相差不大时，其误差一般为 5%，最大不超过 10%。

9.3.3　柱—支撑框架体系水平荷载下近似计算方法

①求出各柱间支撑在水平力作用下的剪力分配系数。计算在单位水平力作用下的各层剪力，在支撑桁架(图 9-4)中取任一层的支撑体系，如图 9-5 所示，该层柱间支撑桁架在水平力 $H=1$ 的作用下，按悬臂求得各柱的轴力为 N_j(N_j 按悬臂桁架的中和轴位置求得)，其计算式为：

$$N_j = \frac{M x_j A_j}{I} \tag{9.3.2}$$

$$I = \Sigma A_j \cdot x_j^2 \tag{9.3.3}$$

$$M = Hh$$

当 $H=1$ 时，$M=h$。

式中　A_j——第 j 根柱的截面积；

I——支撑桁架截面绕 z—z 轴的惯性矩；

x_j——j 柱距中心轴的距离；

M——对悬臂底部截面的力矩。

从图中可知，若取 $\Sigma M_2=0$，$\Sigma M_3=0$ 可知，各柱间支撑的剪力与柱中轴力 N_j 有关，即

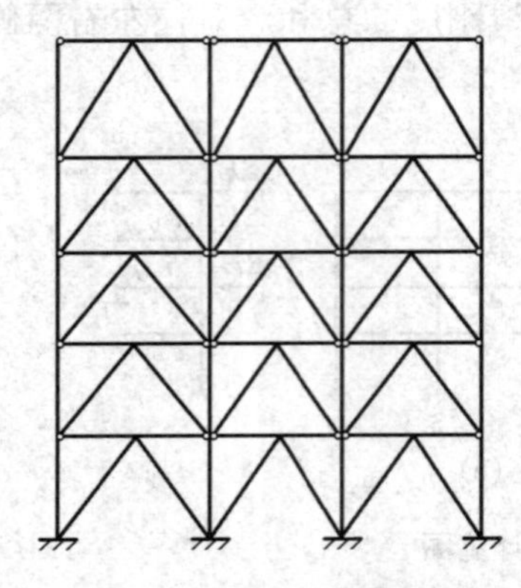
图 9-4　支撑式多层框架图

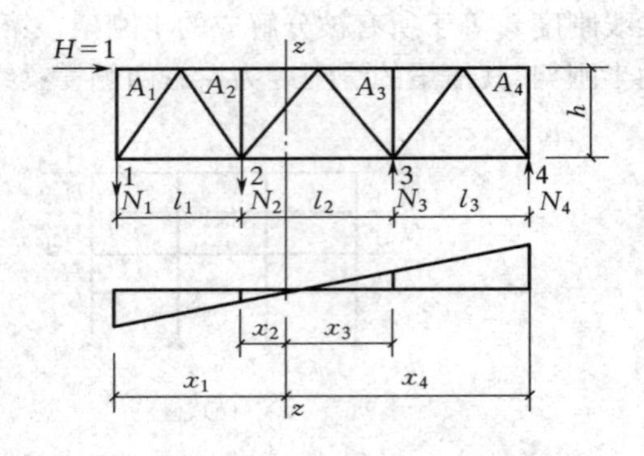

图 9-5　柱间支撑的剪力分配

$$V_{1-2}=\frac{N_1 l_1}{h}=\frac{h x_1 A_1 l_1}{Ih}=\frac{x_1 A_1}{I}l_1 \tag{9.3.4}$$

$$V_{3-4}=\frac{N_4 l_3}{h}=\frac{h x_4 A_4 l_3}{Ih}=\frac{x_4 A_4}{I}l_3 \tag{9.3.5}$$

$$V_{2-3}=1-V_{1-2}-V_{3-4} \tag{9.3.6}$$

由于 $H=1$,故上式求得的剪力即为各柱间支撑的剪力分配系数,此法适用于各种类型的支撑体系;但对 K 形支撑位于框架底层时,用此法计算的结果误差较大,此时可用各柱间支撑在水平力作用下水平位移 μ 相等的原则来求解剪力的分配。如图 9-6 所示的双柱间 K 形支撑桁架底层支撑的剪力分配为:

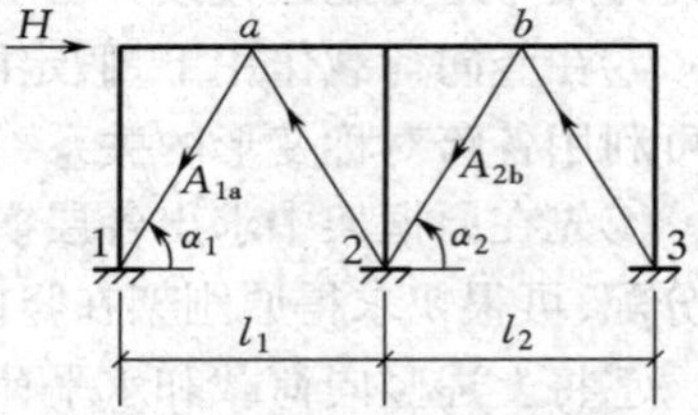

图 9-6　底层 K 形支撑的剪力分配

$$\mu=\frac{V_{1-2}l_1}{4\cos^3\alpha_1 EA_{1a}}=\frac{V_{2-3}l_2}{4\cos^3\alpha_2 EA_{2b}} \tag{9.3.7}$$

而　　$V_{1-2}+V_{2-3}=H$

故

$$V_{1-2}=H\times\frac{\cos^3\alpha_1\cdot A_{1a}/l_1}{\dfrac{\cos^3\alpha_1 A_{1a}}{l_1}+\dfrac{\cos^3\alpha_2 A_{2b}}{l_2}} \tag{9.3.8}$$

$$V_{2-3}=H\times\frac{\cos^3\alpha_2 A_{2b}/l_2}{\dfrac{\cos^3\alpha_1 A_{1a}}{l_1}+\dfrac{\cos^3\alpha_2 A_{2b}}{l_2}} \tag{9.3.9}$$

②根据各楼层所受的水平荷载,乘以剪力分配系数,即可求得每楼层各柱间支撑所负担的剪力,并按此计算杆件的内力。

③已知支撑杆件的内力后,对每个桁架节点,按铰接进行分析,即可求得柱(桁架弦杆)在水平荷载作用下的内力。

9.3.4　多层钢结构的梁

1. 多层钢结构梁的截面形式

多层框架梁最常用的截面为轧制或焊接的H型钢截面(图9-7(a)),当为组合楼盖时,为优化截面,降低钢耗,可采用上下翼缘不对称的焊接工字形截面(图9-7(b)),亦可采用蜂窝梁截面(图9-7(c))。

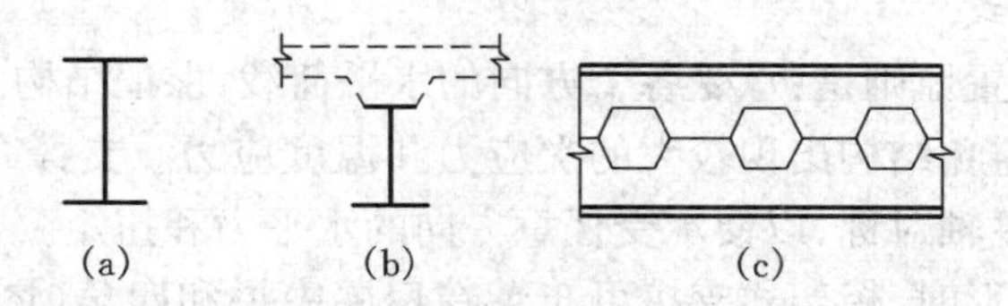

图9-7　多层框架梁截面形式

(a)H型钢截面;(b)组合梁截面;(c)蜂窝梁截面

2. 多层钢结构梁的计算

多层框架梁的内力组合应按梁、柱两端或最不利截面计算确定,一般可采用表格方便地进行组合。

当各截面的最不利组合内力确定后,构件(梁、柱、支撑等)的截面验算可按有关规定及公式进行。

当构件验算后需调整截面,调整后截面惯性矩与原假定截面的惯性矩差幅大于30%时,宜对原框架计算内力亦进行相应修正。

对楼板为钢铺板的框架梁,当不直接承受动力荷载时,可考虑按塑性设计要求验算截面。同时计算梁的挠度时,可将梁上翼缘每侧$15t$(t为铺板厚度)宽度的铺板截面计入梁的截面惯性矩。

当楼盖梁为钢—混凝土组合梁时,其设计计算可按钢—混凝土组合楼盖有关要求进行。

9.3.5　多层钢结构的柱

1. 多层钢结构柱的截面形式

多层框架柱最常用的截面亦为轧制或焊接的H型钢截面(图9-8(a));当柱很高或纵向、横向均要求较大的刚度时(如角柱),宜采用十字形截面(图9-8(b));当荷载及柱高均较大时,亦可采用方管截面(图9-8(c)),但其用钢量较大且制作亦较困难;当有外观等特别要求时亦可采用圆管截面(图9-8(d))。

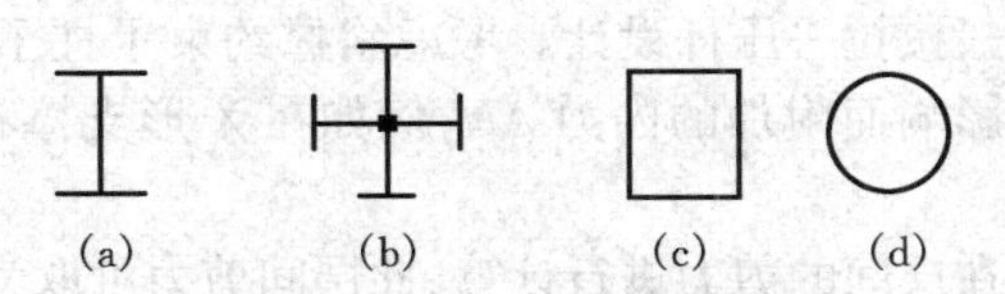

图9-8　多层框架柱截面形式

(a)H型钢截面;(b)十字形截面;(c)方管截面;(d)圆管截面

2. 多层钢结构柱的计算

框架柱应按两个主轴方向分别进行强度及稳定的验算。

框架柱截面所用板材若厚度超过60 mm(Q235钢)或36 mm(Q345钢),其材质选用除力学指标外,尚应考虑防止分层的要求。

9.3.6 多层钢结构的支撑

1. 支撑的布置和形式

多层框架支撑的布置原则是:承受各个方向的水平荷载,保证结构的整体稳定及安装过程中的局部和整体稳定,避免结构出现较大的次应力和温度应力。支撑布置在多层框架的纵向与横向,并最好与框架主轴对称,以便承受任意方向的水平力和扭矩。

当结构平面为正方形时,桁架式支撑可布置在房屋中央和四角(图9-9(a));在长方形平面中,桁架式支撑则宜布置在短边两端及中部,以保证短边方向的刚度,在长边方向可布置少量支撑(图9-9(b))。

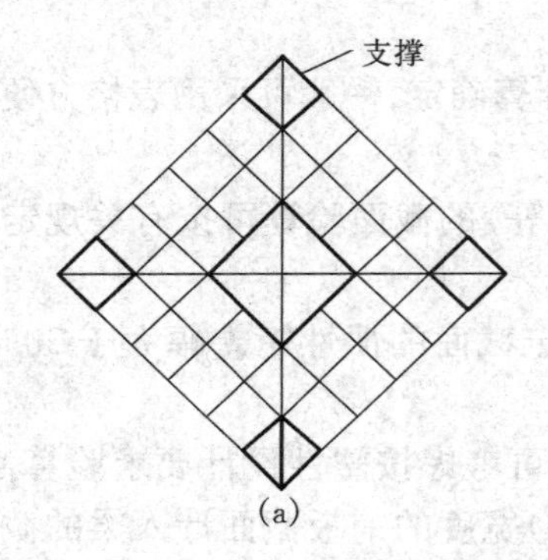

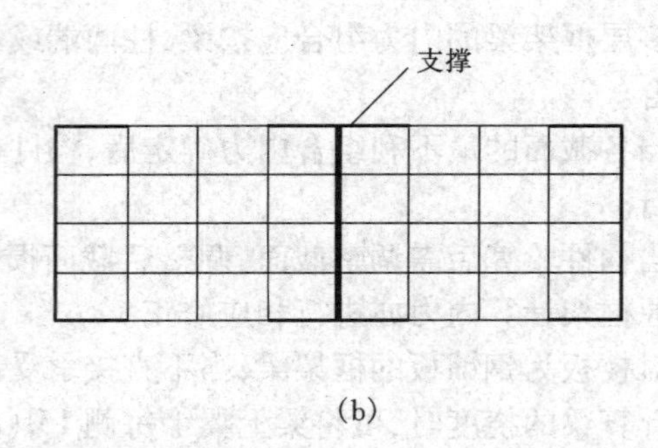

图9-9 多层框架的支撑平面布置

(a)正方形平面的支撑;(b)长方形平面的支撑

沿高度布置支撑时,最好从上到下贯通。如果桁架式支撑不能这样布置时,可将支撑移到相邻的区格中,并搭接一层以利水平力的传递。

桁架式支撑形式基本上有3种:X形支撑、K形支撑和华伦氏桁架(图9-10)。

X形支撑是3种形式中最差的一种,因为两根交叉斜杆都必须承受全部楼层的水平力,材料用量增加,而且还有次应力。K形支撑抗挠曲比较有效,基本上无次应力。华伦氏桁架最有效,受压斜杆与柱一起参与承受垂直荷载,但分析比较困难。

2. 支撑的计算

多层钢结构的支撑一般按拉—压杆设计。考虑斜撑约束了柱子的轴心受压变形时,受压斜撑和横杆应该考虑由该影响而附加的内力 ΔN,例如在X形支撑和华伦氏桁架支撑的情况下一般应计入 ΔN。

支撑杆件内力应按所在层间的剪力进行计算,此层间剪力可取为下列两者的较大值:

①实际水平荷载产生的层间剪力;

②层间节点水平荷载

$$V=\frac{1}{85}Af\sqrt{\frac{f_y}{235}}$$

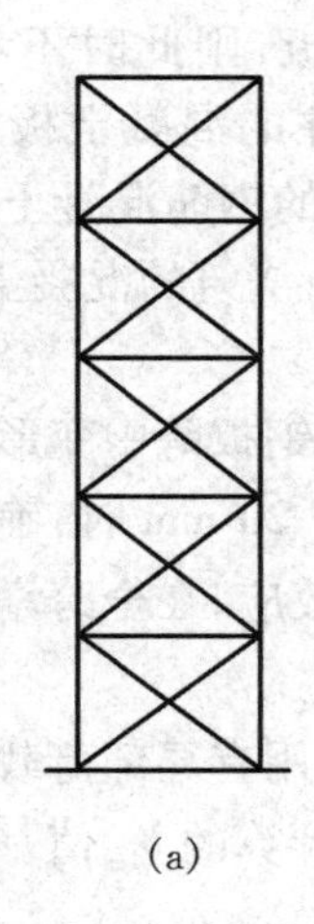
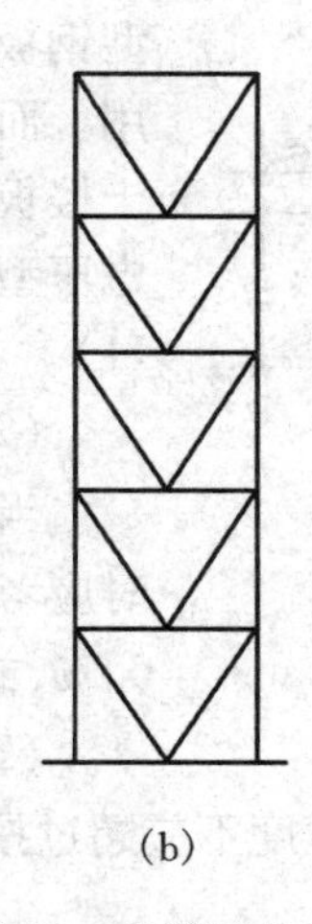
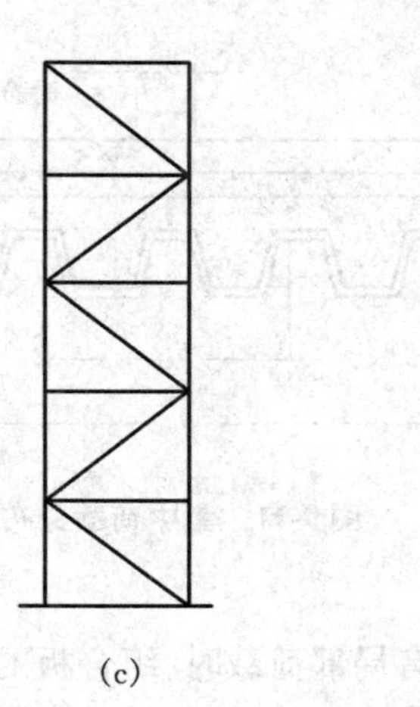

(a)　　(b)　　(c)

图9-10　支撑结构形式

(a)X形支撑;(b)K形支撑;(c)华伦氏桁架

式中　A——框架平面内所验算层间各柱子的总面积,当柱子的总数 $n>2$ 时,应乘以系数 $(0.35+0.65n)$ 予以折减。

受压交叉斜撑因柱子在垂直荷载下的变形而产生的附加内力 ΔN,可按下式计算:

$$\Delta N=\frac{\sigma_{c1}+\sigma_{c2}}{2}A_b\cos^2\alpha \tag{9.3.10}$$

式中　σ_{c1}、σ_{c2}——左右两柱在垂直荷载作用下产生的压应力;

A_b——斜撑的截面积;

α——斜撑与柱之间的交角。

横撑杆中的附加内力为受压斜撑附加内力的水平分力。当交叉斜撑仅考虑拉杆起作用时,可不考虑因柱子压缩而引起的附加内力,此时支撑的连接计算,应取下列两者的较大值:即斜撑在荷载作用下的拉力或斜撑的欧拉临界压力值。

按内力设计支撑时,支撑端部的连接承载力宜考虑10%～15%的余量。

9.4　钢与混凝土组合板和组合梁

9.4.1　钢与混凝土组合板

1. 设计原则

(1)组合板的设计应考虑以下两个受力阶段

①施工阶段。此时压型钢板作为浇注混凝土的底模,应对其强度与变形进行验算。在施工阶段,应考虑下列荷载,对压型钢板进行计算。

a. 永久荷载,包括压型钢板与混凝土自重。

b. 可变荷载,包括施工荷载与附加荷载。施工荷载的标准值取1 kN/m²。此外,尚应以工地实际荷载为依据,穿过管线等应增加附加荷载。

②使用阶段。此时组合板在全部荷载作用下,应对其截面的强度与变形进行计算。若压

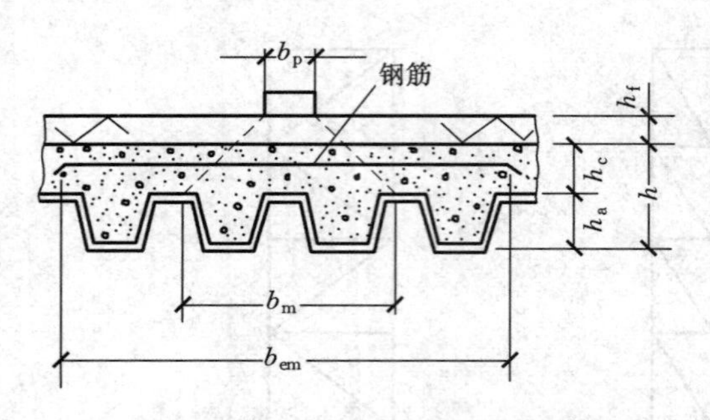

图 9-11　集中荷载分布的有效宽度

型钢板仅作为模板，则此时不考虑其承载作用。而对其上浇注的混凝土板可按钢筋混凝土楼板计算，此时的钢筋混凝土楼板厚度仅考虑压型钢板上翼所浇筑的混凝土厚度 h_c（图 9-11）。

（2）考虑压型钢板跨中变形时

当变形 v 大于 20 mm 时，确定混凝土自重时应考虑"凹坑"效应，在全跨增加混凝土厚度 $0.7v$，或增设支撑。

（3）组合板作用有局部荷载时

有局部荷载时，组合板的有效工作宽度不应超过按下列公式计算的 b_{em} 值。

①抗弯计算时：

简支板

$$b_{em}=b_m+2l_p(1-l_p/l) \tag{9.4.1}$$

连续板

$$b_{em}=b_m+[4l_p(1-l_p/l)]/3 \tag{9.4.2}$$

②抗剪计算时：

$$b_{em}=b_m+l_p(1-l_p/l) \tag{9.4.3}$$

$$b_m=b_p+2(h_c+h_f) \tag{9.4.4}$$

式中　l——组合板跨度；

l_p——荷载作用点至组合楼板较近支座的距离，当跨度内有多个集中荷载时，l_p 应取较小 b_{em} 值的相应荷载作用点至较近支撑点的距离；

b_m——集中荷载在组合板中的分布宽度（图 9-11）；

b_p——荷载宽度；

h_c——压型钢板肋顶上混凝土厚度；

h_f——地板饰面厚度（若无饰面则 $h_f=0$）。

（4）施工阶段计算时

对作为浇注混凝土模板的压型钢板，当计算其抗弯承载力时，可采用弹性分析方法，其强边（顺肋）方向的正负弯矩和挠度均按单向板计算，而不考虑弱边（垂直肋）方向的正、负弯矩。

（5）使用阶段计算时

当压型钢板上浇的混凝土厚度 $h_c=50\sim100$ mm 时，可按以下规定进行实用设计：

①组合板强边方向的正弯矩和挠度均按全部荷载作用的强边方向单向板计算，且不论其实际支撑情况如何，均按简支板考虑；

②强边方向的负弯矩按嵌固端考虑；

③弱边方向的正、负弯矩均不考虑。

（6）考虑组合板的方向异性时

根据弹性理论分析，按以下规定考虑：

①当 $\lambda_e>0.5$ 时，按双向板计算；

②当 $\lambda_e \leqslant 0.5$ 或 $\lambda_e > 2$ 时，按单向板计算：

$$\lambda_e = \mu l_x / l_y \tag{9.4.5}$$

$$\mu = \sqrt[4]{I_x / I_y}$$

式中　μ——板的各向异性系数；

l_x——组合板强边（顺肋）方向的跨度；

l_y——组合板弱边（垂直肋）方向的跨度；

I_x、I_y——组合板强、弱边方向的截面惯性矩（计算 I_y 时，只考虑压型钢板肋顶上混凝土厚度 h_c）。

（7）双向组合板周边的支撑条件

可按以下情况确定双向组合板周边的支撑条件：

①当跨度大致相等，且相邻跨是连续的，楼板周边可视为固定边；

②当组合板上浇混凝土板不连续或相邻跨度相差较大，应将楼板周边视为简支边。

（8）各向异性双向板弯矩

对于各向异性双向板弯矩，可将板形状按有效边长比 λ_e 加以修正后视作各向同性板弯矩：

①强边方向弯矩，取弱边方向跨度乘以系数 μ 后所得各向同性板在短边方向的弯矩（图 9-12（a））；

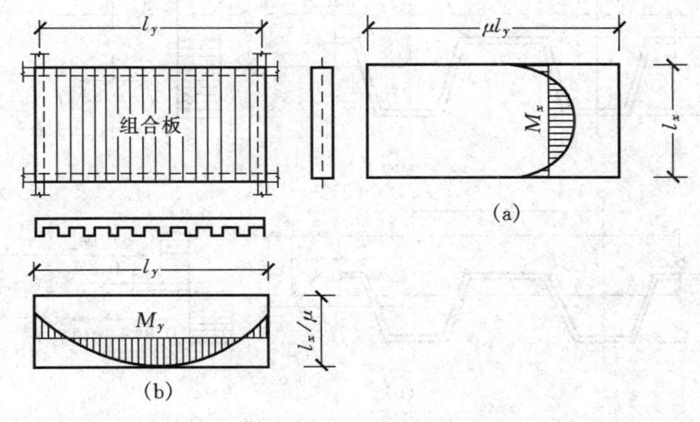

图 9-12　各向异性板的计算简图

（a）强边方向弯矩；（b）弱边方向弯矩

②弱边方向弯矩，取强边方向跨度乘以系数 $1/\mu$ 后所得各向同性板在长边方向的弯矩（图 9-12（b））。

（9）设计四边支撑双向板

设计时强边方向按组合板设计，弱边方向只按上浇混凝土板（$h = h_c$）设计。

2. 组合板设计

①组合板施工阶段验算，需验算压型钢板的强度以及压形板腹板的局部屈曲承载能力和挠度。

②组合板在使用阶段的截面设计，应保证具有足够抵抗各种可能的极限状态破坏模式，应进行正截面抗弯能力、纵向抗剪能力、抗冲剪能力、斜截面抗剪能力等破坏状态计算。对连续

板还应计算负弯矩段的截面强度与裂缝宽度。

③组合板正截面抗弯承载力采用塑性设计法计算，假定截面受拉区和受压区的材料均达到强度设计值。组合板抗弯承载力计算的截面应力图形见图9-13。压型钢板钢材强度设计值f与混凝土轴心抗压强度设计值f_c均分别乘以折减系数0.8。

a. 当$A_s f \leqslant f_c h_c b$时，塑性中和轴在压型钢板上翼缘以上的混凝土内（图9-13（a）），组合板抗弯承载力按下式进行计算：

$$M \leqslant 0.8 f_c x_{cc} b y \quad (9.4.6)$$

$$x_{cc} = A_s f/(f_c b)$$

$$y = h_0 - x_{cc}/2$$

式中 x_{cc}——组合板受压区高度，当$x_{cc} > 0.55h_0$时，取$x_{cc} = 0.55h_0$；

h_0——组合板有效高度，即从压型钢板重心至混凝土受压边缘的距离；

y——压型钢板截面应力合力至混凝土受压区截面应力合力距离；

b——压型钢板单位宽度；

A_s——压型钢板截面面积（单位宽度内）；

f_c——混凝土轴心抗压强度设计值。

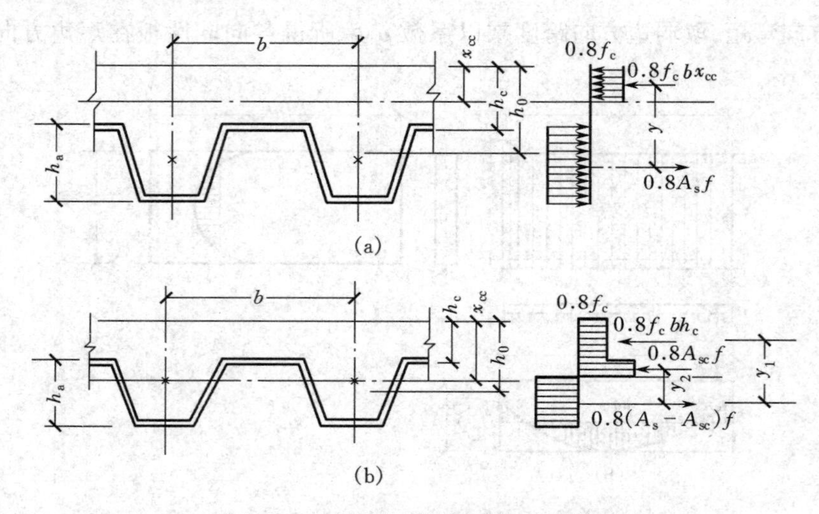

图9-13　组合板正截面抗弯能力计算图

（a）塑性中和轴在压型钢板以上混凝土内；（b）塑性中和轴在压型钢板内

b. 当$A_s f > f_c h_c b$时，塑性中和轴在压型钢板内（图9-13（b）），组合板正截面抗弯能力按下式计算：

$$M \leqslant 0.8(f_c h_c b y_1 + A_{sc} f y_2) \quad (9.4.7)$$

$$A_{sc} = 0.5(A_s - f_c h_c b/f)$$

式中 A_{sc}——塑性中和轴以上的压型钢板面积；

y_1、y_2——压型钢板受拉区截面拉应力合力分别至受压区混凝土板截面和压型钢板截面压应力合力的距离；

f——压型钢板钢材强度设计值；

h_c——混凝土最小浇注厚度。

④组合板的纵向抗剪承载力按下式计算：

$$V_f \leqslant V_u = \alpha_0 - \alpha_1 l_v + \alpha_2 b h_0 + \alpha_3 t \quad (9.4.8)$$

式中　V_f——组合板的纵向剪力设计值(kN/m)；

V_u——组合板抗剪能力(kN/m)；

l_v——组合板剪跨(mm)；

b——组合板平均肋宽(mm)；

t——压型钢板厚度(mm)；

α_0、α_1、α_2、α_3——剪力黏结系数(由试验确定)；

h_0——组合板的有效高度(mm)，等于压型钢板截面重心至混凝土受压边缘的距离。

⑤组合板在集中荷载下的抗冲剪能力按下式计算：

$$V_p \leqslant 0.6 f_t c_p h_c \quad (9.4.9)$$

式中　V_p——组合板的冲剪力设计值；

c_p——临界周界长度(图 9-14)；

f_t——混凝土轴心抗拉强度设计值；

h_c——混凝土最小浇筑厚度。

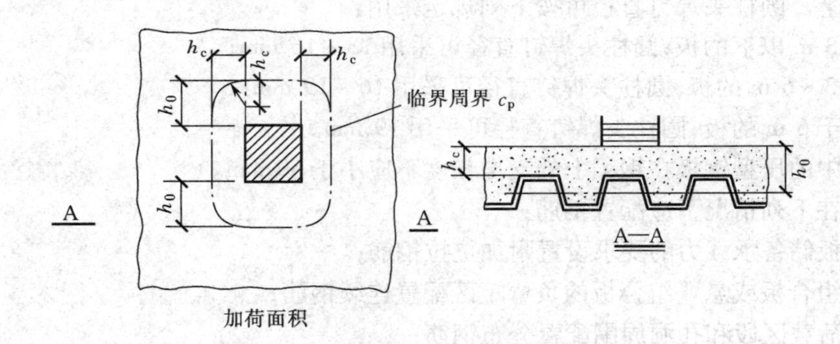

图 9-14　剪力临界周界

⑥组合板的斜截面抗剪能力按下式计算：

$$V_c \leqslant 0.07 f_c b h_0 \quad (9.4.10)$$

式中　V_c——组合板斜截面上的最大剪力设计值；

f_c——混凝土轴心抗压强度设计值；

b——组合板平均肋宽；

h_0——组合板的有效高度。

⑦组合板的挠度分别按荷载短期效应组合和荷载长期效应组合计算。组合板负弯矩区的最大裂缝宽度，按《混凝土结构设计规范》(GB 50010—2010)计算。

⑧组合板的自振频率 f 不得小于 15 Hz，可按下式估算：

$$f = 1/(0.178\sqrt{v}) \quad (9.4.11)$$

式中　v——永久荷载产生的挠度，以 cm 计。

3. 组合板的构造要求

①组合板用的压型钢板净厚度(不包括镀锌保护层或饰面层)不应小于 0.75 mm。

②组合板用的压型钢板应采用镀锌钢板，其镀锌层厚度应满足在使用期间不致锈蚀的要求，其浇注混凝土的槽(肋)宽 w 不应小于 50 mm。对闭合式压型钢板，按上槽口宽度计；当在槽内放置圆柱头焊钉连接件时，压型钢板总高 h(包括压痕)不应超过 80 mm(图 9-15)。

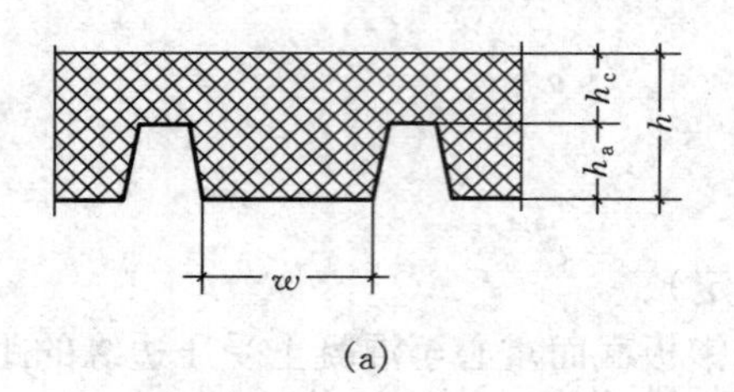

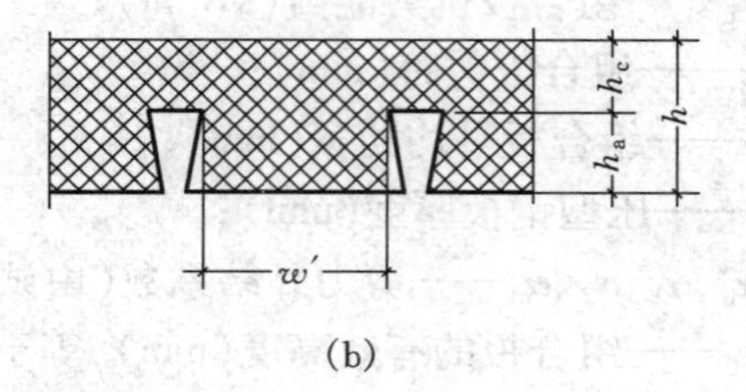

图 9-15　组合板截面

(a)开口式压型钢板；(b)闭合式压型钢板

③组合板的总厚度不应小于 90 mm，压型钢板板肋顶部以上浇注的混凝土厚度 h_c 不应小于 50 mm(图 9-14)。浇注混凝土骨粒的最大直径不应超过下列数值：$0.4h_c$，$w/3$，30 mm。

④组合板端部必须设置圆柱头焊钉连接件。圆柱头焊钉连接件应在端支座处压型钢板凹肋焊牢于钢梁上。圆柱头焊钉直径可按下列规定采用：

a. 跨度在 3 m 以下的板，圆柱头焊钉直径可采用 13 ~ 16 mm；

b. 跨度在 3 ~ 6 m 的板，圆柱头焊钉直径可采用 16 ~ 19 mm；

c. 跨度大于 6 m 的板，圆柱头焊钉直径可采用 19 mm。

⑤组合板中的压型钢板在钢梁上的支撑长度不应小于 50 mm。

⑥组合板在下列情况下应配置钢筋：

a. 为组合板储备承载力的要求设置附加抗拉钢筋；

b. 在连续组合板或悬臂组合板的负弯矩区配置连续钢筋；

c. 在集中荷载区段和孔洞周围配置分布钢筋；

d. 为改善防火效果，配置受拉钢筋；

e. 为保证组合作用，将剪力连接钢筋焊于压型钢板上翼缘。(剪力筋在剪跨区段内设置，间距 150 ~ 300 mm。)

⑦连续组合板负弯矩区的裂缝宽度，当处于正常环境时不应超过 0.3 mm；当处于室内高湿度环境或露天时不应超过 0.2 mm。

⑧连续组合板按简支板设计时，抗裂钢筋截面不应小于混凝土截面的 0.2%；从支撑边缘算起，抗裂钢筋的长度不应小于跨度的 1/6，且必须与不少于 5 根分布钢筋相交。

⑨抗裂钢筋最小直径为 4 mm，最大间距为 150 mm，顺肋方向抗裂钢筋的保护层厚度为 20 mm，与抗裂钢筋垂直的分布钢筋直径不应小于抗裂钢筋直径的 2/3，其间距不应大于抗裂钢筋间距的 1.5 倍。

9.4.2　组合梁设计

钢筋混凝土具有较好的抗压性能，钢材具有较好的抗拉压性能，把两者合理地结合在一起，就可以充分利用两种材料的性能，扬长避短，使所用材料各尽所能，协同工作，充分发挥材料的作用。钢—混凝土组合梁就是基于这种思想创造出来的一种结构形式。由钢梁部件及支撑在其上的钢筋混凝土翼板所构成的“钢—混凝土”组合楼层梁，称为钢—混凝土组合梁，简称组合梁。

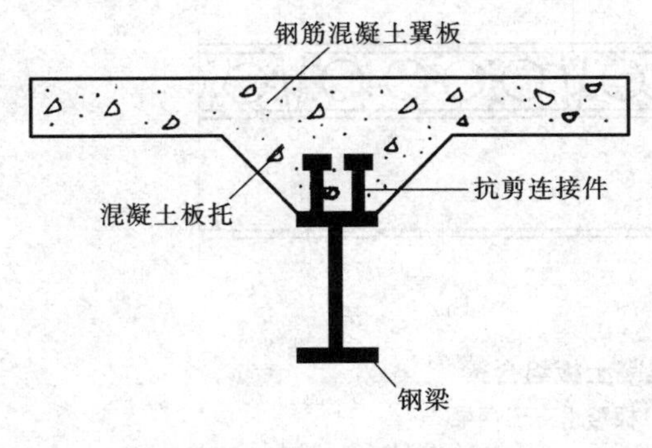

图 9-16　一般形式组合梁

1. 组合梁的分类

组合梁按混凝土翼板形式的不同，可以分成 3 类。

(1)普通混凝土翼板组合梁

它是由钢筋混凝土翼板、混凝土板托、抗剪连接件和钢梁 4 部分组成的，如图 9-16 所示。

(2)压型钢板组合梁

它是由支撑在钢梁上的压型钢板组合板与钢梁结合在一起所形成的，如图 9-17 所示。它是由后浇混凝土板、压型钢板、抗剪连接和钢梁 4 部分组成的。当压型钢板的肋平行于钢梁时，这种梁称为压型钢板组合主梁，如图 9-17(a)所示；当压型钢板的肋垂直于钢梁时，这种梁称为压型钢板组合次梁，如图 9-17(b)所示。由于压型钢板组合梁组合性能好、施工便捷、能加快施工进度，因此在高层建筑中有广泛的应用。

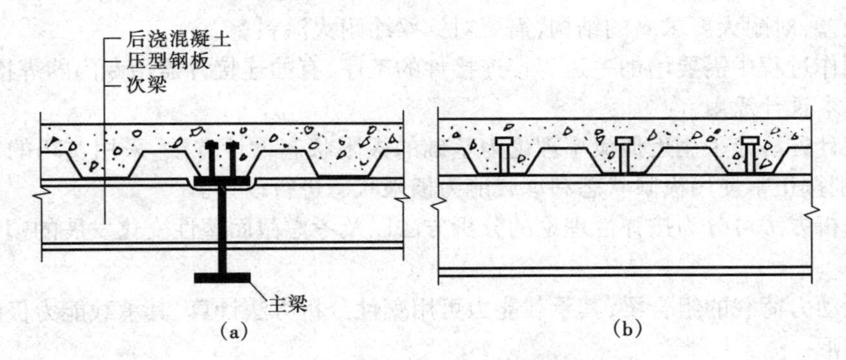

图 9-17　压型钢板组合梁

(a)压型钢板楼板的组合主梁(肋平行于钢梁)；(b)压型钢板楼板的组合次梁(肋垂直于钢梁)

(3)预制装配式钢筋混凝土板组合梁

它是将预制装配式钢筋混凝土板直接支撑在钢梁上，再后浇混凝土而形成的，如图 9-18 所示。它也分为预制混凝土板组合主梁(如图 9-18(a))和预制混凝土板组合次梁(如图 9-18(b))两种。

组合梁由于各部件所处的受力位置较合理，所以能较大限度地发挥钢与混凝土各自材料的特性，不但满足了结构的功能要求，而且有较好的技术经济效益。概括起来，组合梁有以下的优点：

①实践表明，组合梁方案与钢结构方案相比，可节约钢材 20% ~40%，每平方米造价可降低 10% ~40%；

②组合梁方案与钢梁方案相比，截面刚度大，梁的挠度可减小 1/3 ~1/2，此外，还可以提高梁的自振频率；

③由于组合梁刚度大，梁截面高度相对较小，可以减少结构高度，这一点对高层建筑是很

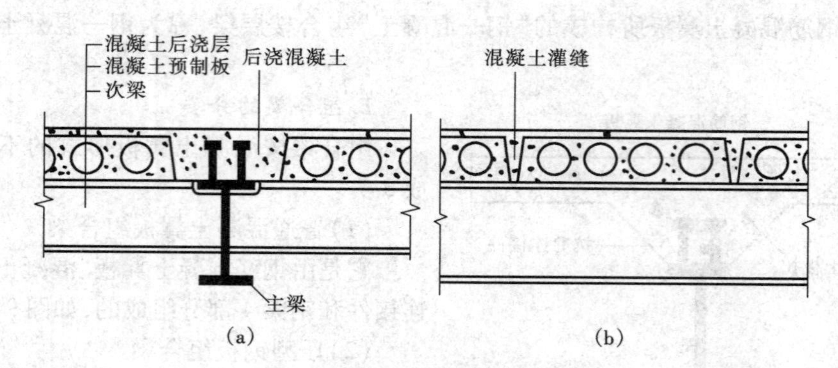

图 9-18 预制钢筋混凝土板组合梁

(a)板跨平行于钢梁;(b)板跨垂直于钢梁

重要的,若每层减少十几厘米,数十层累计将是一个可观的数字;

④组合梁方案整体性能好,抗剪能力好,表现出良好的抗震性能;

⑤由于可以利用钢梁作为组合板的支撑,在节约木材(支模用)的同时,还加快了施工进度。

组合梁的不足之处主要表现为:

①耐火等级差,对耐火要求高的结构,需要对钢梁涂耐火涂料;

②在钢梁制作过程中需要增加一道焊接连接件的工序,有的连接件需用专门的焊接工艺。

2. 组合梁基本设计原则

组合梁的设计方法应采用近似概率理论为基础的极限状态设计方法,采用实用的分项系数表达式,并分别按正常使用极限状态和承载能力极限状态进行设计。

组合梁的分析方法可分为按弹性理论的分析方法以及考虑截面塑性变化发展的塑性分析方法。

不直接承受动力荷载的组合梁,其承载能力可用塑性分析方法计算,其承载能力极限状态计算式的模式如下:

$$S \leqslant R \tag{9.4.12}$$

式中 S——荷载效应设计值(此处荷载效应指弯矩及剪力等);

R——结构抗力设计值(此处结构抗力系指结构的极限承载能力,它与构件的截面几何特征、材料性能及计算模式等因素有关)。

对于直接承受动力荷载的组合梁,其截面应力(包括温度应力及收缩应力)可用弹性理论分析方法计算,其承载力的极限状态计算式的模式如下:

$$\sigma \leqslant f \tag{9.4.13}$$

式中 σ——荷载效应设计值在构件截面或连接中产生的应力(如法向应力 σ 及剪应力 τ 等);

f——材料强度设计值。

在进行组合梁内力分析时,考虑到组合梁中混凝土部分是后浇注的,故此钢梁的应力可能超前,即组合梁的受力状态应考虑施工状态的异同而定。当施工阶段钢梁下设置临时支撑时(梁跨度 $l>7$ m,设不少于 3 个支撑点;$l \leqslant 7$ m 时,设 1 ~ 2 个支撑点),全部荷载作用由组合梁承受。当钢梁下不设临时支撑时,应分两步考虑:

①混凝土翼缘板强度达 75% 强度设计值之前,组合梁自重与施工荷载由钢梁承受,并按

《钢结构设计标准》(GB 50017—2017)计算;

②混凝土翼缘板强度达到75%强度设计值后,用弹性分析方法时,其余荷载作用由组合截面承受,钢梁的应力和挠度应与前一阶段的叠加;用塑性理论分析时,则全部荷载由组合梁截面承受。

考虑到对组合梁刚度的要求,组合梁截面高度 h 与跨度 l 的高跨比 $\frac{h}{l}$ 不宜小于 $\frac{1}{16}$。虽然组合梁的抗弯承载力很强,但在某些情况下,钢梁的抗剪能力相对较弱,故在选取截面时,组合梁截面的总高度不应超过钢梁截面高度的2.5倍。混凝土板托两侧斜坡的倾角 α 不宜大于45°,混凝土板托的高度不应超过混凝土翼板厚度的1.5倍,板托顶面宽度不应小于板托高度的1.5倍。

对于钢筋混凝土翼板过宽的组合梁,受弯时沿翼板宽度方向的压应力分布是不均匀的,在钢梁竖轴处压应力最大,随着离钢梁竖轴的距离增大压应力将逐步减小。为了计算方便,一般用翼板的有效宽度 b_e 来代替计算宽度 b。组合梁混凝土翼板的有效宽度 b_e 取下列各项中的最小值:

$$\left.\begin{aligned} b_e &= \frac{l_0}{3} \\ b_e &= b_0 + 12h_{c1} \\ b_e &= b_0 + b_1 + b_2 \end{aligned}\right\} \tag{9.4.14}$$

式中　l_0——钢梁计算跨度;

h_{c1}——混凝土翼板厚度,见图9-19;

b_1、b_2——钢梁相邻两侧钢梁间净距的 $\frac{1}{2}$,若 b_1 为混凝土外伸翼板,则 b_1 还不应超过其实际外伸宽度 S_1;

b_0——若无板托则为钢梁上翼板宽度,若有板托则为板托顶部宽度,当板托倾角 $\alpha \geqslant$ 45°时应按实际角度计算板托顶部宽度,当板托倾角 $\alpha < 45°$ 时应按 $\alpha = 45°$ 计算板托顶部宽度。

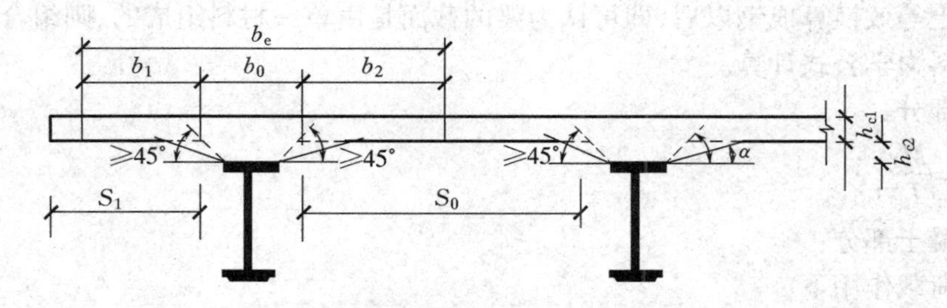

图 9-19　组合梁截面与混凝土翼板计算宽度

组合梁混凝土翼板在有效宽度内受压时,认为压应力沿宽度均匀分布。

组合梁上钢筋混凝土板厚一般采用100 mm、120 mm、140 mm、160 mm,对于承受荷载特大的平台结构,可采用180 mm、200 mm甚至300 mm。

3. 组合梁截面的弹性分析

组合梁截面的弹性分析主要用以计算截面应力及刚度。由于组合梁有钢筋混凝土楼板作横向支撑,它的整体刚性很好,不致发生整体失稳。但在施工阶段,应考虑钢梁的整体稳定问题。组合梁中,钢梁腹板的局部稳定应得到保证。由《钢结构设计标准》可知:

当$\frac{h_0}{t_w}\leqslant 80\sqrt{\frac{235}{f_y}}$时,可不设置加劲肋,对有局部压应力的梁,宜按规定配置加劲肋,t_w 为腹板厚度,h_0 为腹板计算高度;

当$80\sqrt{\frac{235}{f_y}}<\frac{h_0}{t_w}\leqslant 170\sqrt{\frac{235}{f_y}}$时,应配置加劲肋,并应按规定计算;

当$\frac{h_0}{t_w}>170\sqrt{\frac{235}{f_y}}$时,应配置横向加劲肋和在受压区的纵向加劲肋,必要时尚应在受压区配置短加劲肋,且均应按规定计算。

(1)组合梁的正应力分析

在组合梁的弹性分析法中,采用了以下假定:

①钢材与混凝土均为理想的弹性体;

②钢筋混凝土翼板与钢梁之间有可靠的连接相互作用,相对滑移很小,可以忽略不计,平截面在弯曲之后仍保持平面;

③混凝土翼板按实体面积计算,不扣除其中受拉开裂的部分,但为了简化计算,板托面积有时亦可忽略不计;

④不考虑混凝土翼板中的钢筋。

在进行弹性内力分析时,根据应变相同且总内力不变的原则,将混凝土等效换算成钢,即将受压混凝土翼板有效宽度 b_e 折算成与钢材等效的换算截面宽度 b_{es}、b_{el},其计算如下。

短期荷载作用下的等效截面宽度:

$$b_{es}=b_e/\alpha_E \tag{9.4.15}$$

长期荷载作用下的等效截面宽度:

$$b_{el}=b_e/(2\alpha_E) \tag{9.4.16}$$

式中 b_e——混凝土翼板有效宽度,按式(9.4.14)计算;

α_E——钢材与混凝土弹性模量之比。

将混凝土等效换算成钢以后,即可认为梁的截面是由单一材料组成的,则组合截面的法向应力可用材料力学公式计算。

对钢梁部分:

$$\sigma_s=\frac{My}{I_{sc}} \tag{9.4.17}$$

对于混凝土部分:

短期荷载作用下:

$$\sigma_c=\frac{My}{\alpha_E I_{sc}} \tag{9.4.18}$$

长期荷载作用下:

$$\sigma_c=\frac{My}{2\alpha_E I_{sc}} \tag{9.4.19}$$

式中 σ_s——钢梁应力,受拉为正;

σ_c——混凝土应力,受拉为正;

M——弯矩设计值；

I_{sc}——换算截面惯性矩；

y——所求应力点到换算截面形心轴的距离，在形心轴以下时为正。

(2)组合梁的剪应力分析

组合梁的剪应力分析，也采用本节所述的基本假定并采用换算截面，按照材料力学的公式进行。

①对于钢材：

$$\tau_s = \frac{VS}{I_{sc}t} \tag{9.4.20}$$

②对于混凝土：

短期荷载作用下：

$$\tau_c = \frac{VS}{\alpha_E I_{sc}t} \tag{9.4.21}$$

长期荷载作用下：

$$\tau_c = \frac{VS}{2\alpha_E I_{sc}t} \tag{9.4.22}$$

式中　V——竖向剪力设计值；

S——剪应力计算点以上的换算截面对总换算截面中和轴的面积矩；

t——换算截面的腹板厚度，在混凝土区等于该处的混凝土换算厚度，在钢梁区等于钢梁腹板厚度。

在进行抗剪承载能力计算时，应分别取钢梁和混凝土最大剪应力点的剪应力进行验算。当换算截面中和轴位于钢梁腹板内时，钢梁的剪应力计算点取换算截面中和轴处；混凝土部件的剪应力计算点取混凝土部件与钢梁上翼缘衔接处；当换算截面中和轴位于钢梁以上时，钢梁的剪应力计算点取钢梁腹板计算高度上边缘处，混凝土部件剪应力计算点取换算截面中和轴处。

4. 组合梁截面的塑性分析

除了直接承受动力荷载作用的组合梁以及钢梁板件宽厚比较大的组合梁以外，一般均应用塑性分析的方法来计算组合梁的承载力。由于塑性分析方法考虑了材料塑性阶段的性质，使材料的强度得到了充分的发挥，因而是一种更经济的方法。由于塑性阶段工作不存在应力叠加问题，而且初应力的存在也不影响构件的最终承载力，因而计算公式简明。对于组合梁来说，当考虑材料的塑性发展时，不论施工时梁下有无临时支撑，可认为其最终承载力是相同的。

(1)组合梁抗弯承载力的计算

①基本假定。在确定组合梁截面抗弯承载力时，采用以下基本假定：

a. 混凝土翼板与钢梁有可靠的相互连接，能保证抗弯能力得到充分的发挥；

b. 位于塑性中和轴一侧的受拉混凝土，因为开裂而不参加工作；

c. 混凝土的受压区为均匀受压，混凝土达到弯曲抗压强度设计值；

d. 钢梁的受压区为均匀受压，钢梁的受拉区为均匀受拉，并分别达到塑性设计抗压及抗拉强度 f_p，$f_p = 0.9f$，f 为钢材强度设计值。

此外，为了简化计算，可将混凝土板托及钢筋混凝土翼板内的受压钢筋忽略不计。

②组合梁的截面分类。在进行组合梁正截面抗弯能力分析时，梁截面可能受到正、负两种

弯矩的作用。在负弯矩(如连续组合梁的支座处)的作用下,混凝土的翼板处于受拉区,钢梁则一部分受拉一部分受压。在正弯矩的作用下,组合梁按其塑性中和轴所在的位置的不同,将组合梁截面分成两种类型。

第一类截面:塑性中和轴位于混凝土翼板内(包括板托),钢梁全部处于受拉状态,钢梁的板件无局部失稳问题,如图 9-20(a)所示。

第二类截面:塑性中和轴位于钢梁内,钢梁部分受压部分受拉,如图 9-20(b)所示。

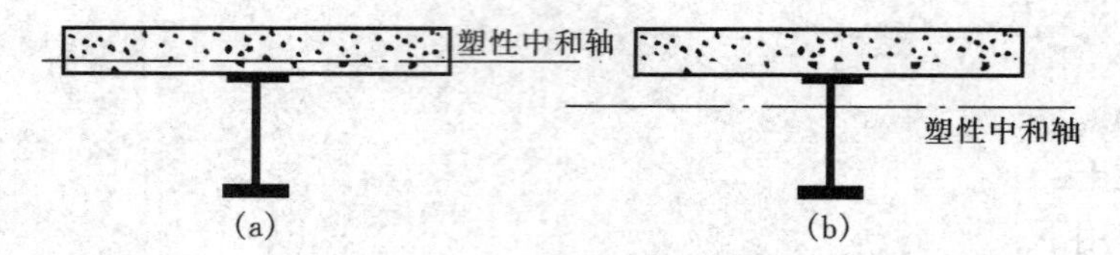

图 9-20　组合梁截面类型

(a)第一类;(b)第二类

对于负弯矩作用下的组合梁及正弯矩作用下的第二类截面的组合梁,为了保证钢梁受压区塑性变形能充分发展,钢梁板件的宽厚比应满足相应的规定。

③抗弯承载力计算公式有多个,它们分别考虑了弯矩的正负和截面类型。

a. 正弯矩作用时。当 $Af_p \leqslant b_e h_{c1} f_c$ 时,塑性中和轴位于混凝土受压翼缘内,为第一类截面。计算简图如图 9-21 所示。建立平衡方程如下:

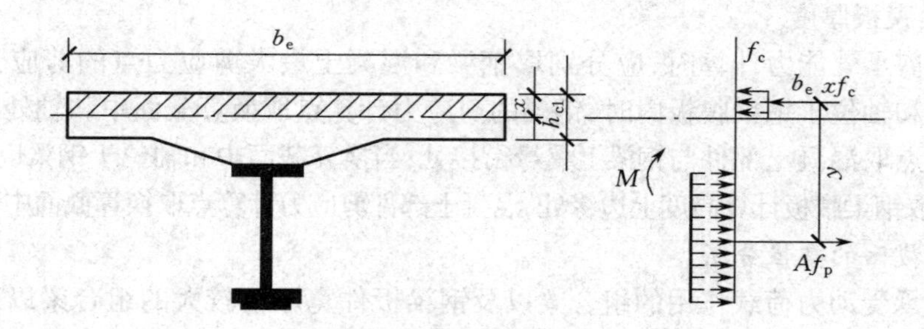

图 9-21　第一类截面和计算简图

$$M \leqslant f_e x f_c y \tag{9.4.23}$$

式中　x——组合梁截面塑性中和轴至混凝土翼板顶面的距离,

$$x = \frac{Af_p}{b_e f_c} \tag{9.4.24}$$

M——全部荷载产生的弯矩设计值;

A——钢梁截面面积;

y——钢梁截面应力合力至混凝土受压区截面应力合力之间的距离;

f_c——混凝土轴心抗压强度设计值;

b_e——混凝土翼缘有效宽度。

当 $Af_p > b_e h_{c1} f_c$ 时,塑性中和轴在钢梁截面内,为第二类截面,计算简图如图 9-22 所示。建立平衡方程如下:

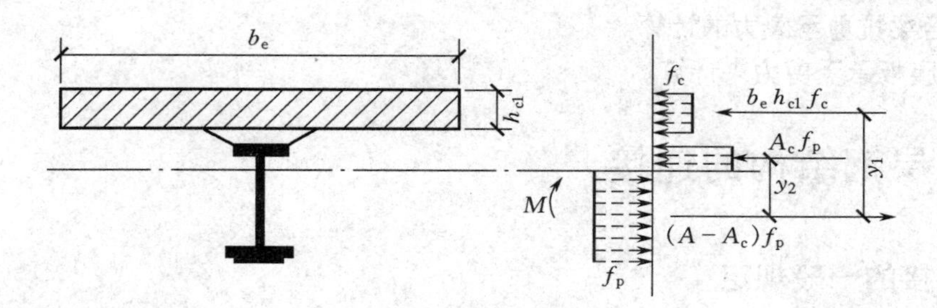

图 9-22　第二类截面和计算简图

$$M \leqslant b_e h_{c1} f_c y_1 + A_s f_p y_2 \tag{9.4.25}$$

式中　A_s——钢梁受压区截面面积，

$$A_s = 0.5(A - b_e h_{c1} f_c / f_p) \tag{9.4.26}$$

y_1——钢梁受拉区截面应力合力至混凝土翼板截面应力合力之间的距离；

y_2——钢梁受拉区截面应力合力至钢梁受压区截面应力合力之间的距离。

b. 负弯矩作用时。在负弯矩作用下，因混凝土翼板处于受拉区而退出工作。截面的计算简图如图 9-23 所示。

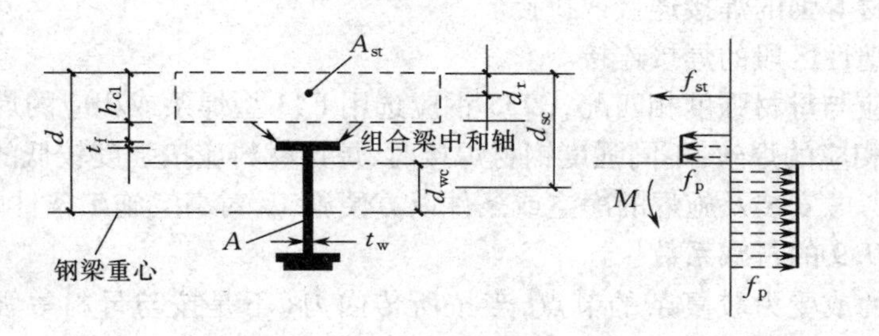

图 9-23　负弯矩组合梁截面与计算简图

对钢梁形心轴取矩，建立平衡方程如下：

$$M \leqslant M_p + A_{st} f_{st}(d_{sc} - d_r) \tag{9.4.27}$$

$$d_{sc} = d - \frac{d_{wc}}{2} \geqslant h_{c1} + t_f \tag{9.4.28}$$

$$d_{wc} = \frac{A_{st} f_{st}}{2 t_w f_p} \tag{9.4.29}$$

式中　M_p——钢梁对自身塑性中和轴的抗弯能力；

d——钢梁截面重心至混凝土翼板顶端距离；

d_{wc}——钢梁截面重心至组合梁截面塑性中和轴距离；

d_r——混凝土截面重心至混凝土翼板顶端的距离；

t_f——钢梁上翼缘板厚度；

t_w——钢梁腹板厚度；

d_{sc}——d 与 $d_{wc}/2$ 的差值；

A_{st}——位于混凝土板计算宽度内纵向钢筋的截面面积；

f_{st}——纵向钢筋的受拉承载力设计强度。

(2)组合梁抗剪承载力的计算

按钢梁腹板承受剪力来计算。

9.5 多层钢结构的连接

9.5.1 连接的一般规定

①多层框架主要构件及节点的连接应采用焊接、摩擦型高强度螺栓连接或栓—焊组合连接。栓—焊组合连接系指在同一受力连接的不同部位分别采用高强度螺栓及焊接的组合连接,如同一梁与柱连接时其腹板与翼缘分别采用栓、焊的连接等,此时栓接部分的承载力应考虑先栓后焊的温度影响乘以折减系数0.9。

②在节点连接中将同一力传至同一连接件上时,不允许同时采用两种方法连接(如又焊又栓等)。

③节点焊接连接应符合下列要求:

a. 下列部位应采用全熔透焊缝,其焊缝质量检验要求应符合一级或二级质量要求。

• 要求与母材等强的焊接连接或拼接。

• 框架节点塑性区段的焊接连接。

b. 焊缝金属应与母材强度相匹配,Q235 钢应选用 E43 型焊条或相应的焊丝;Q345 钢应选用 E50 型焊条或相应的焊丝;不同强度钢材焊接时,焊接材料应按强度较低的钢材选用。

c. 设计中应考虑安装及施焊的净空或条件以方便施工,对高空施工条件困难的现场焊缝,其承载力应乘以 0.9 的折减系数。

④对较重要的或受力较复杂的节点,当按所传内力(不是按与母材等强)进行连接设计时,宜使连接的承载力留有 10% ~15% 的裕度。

⑤多层框架结构体系中的梁柱连接节点及柱脚节点均应设计为刚接节点;柱—支撑结构体系中的梁柱连接节点可设计为铰接节点,而其柱脚节点则应考虑安装时稳定而具有一定的刚接抗弯性能。

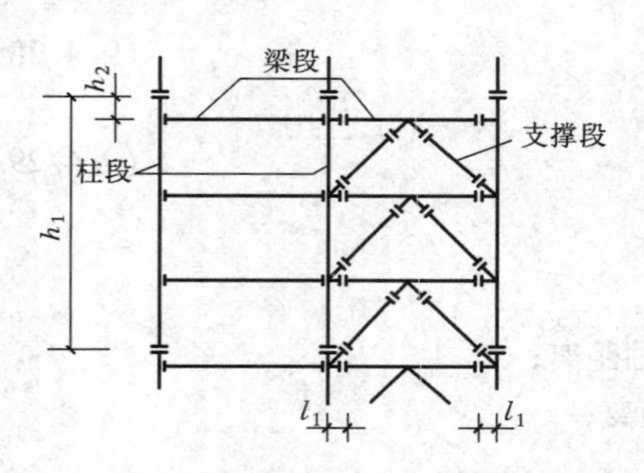

图 9-24　多层框架构件安装分段示意

⑥所有框架承重构件的现场拼接均应为等强拼接(用摩擦型高强度螺栓连接或焊接连接)。多层框架梁柱及支撑的安装单元划分,一般宜按图 9-24 所示分段。

柱段高度 h_1 一般可按 3 层一段考虑,拼接点高 h_2 宜按主梁顶面以上 1.0 ~1.3 m 考虑。

⑦对按 8 度及 9 度抗震设防地区的多层框架,其梁、柱节点及连接尚应进行节点塑性区段(为梁端或柱端由构件端面算起1/10 跨长或2 倍截面高度的范围)的下述验算校核:

a. 节点连接的极限承载力应不小于所连接构件(包括梁、柱、支撑)截面塑性承载力的 1.2 倍(抗弯承载力)及 1.3 倍(抗剪承载力)。

b. 塑性区段内的构件板件截面的宽厚比及受弯构件侧向支撑点区段的长细比均应符合现

行《钢结构设计标准》(GB 50017—2017)中塑性设计一节中的有关规定。

9.5.2　梁柱节点

梁与柱的连接可以设计成铰接、半刚性连接或刚性连接。铰接节点一般仅用梁的腹板与柱用螺栓相连构成,半刚性节点在多层钢结构中的应用还不多,但已经有一些研究成果。工程实践中,除了铰接节点外,一般大都采用刚接节点。

梁与柱的刚性连接有下列几种构造形式。

①梁与柱丁字形连接(图 9-25),柱上焊有安装用支托,柱的腹板用横向加劲肋加强。这种连接刚度较大,但梁的长度必须制造精确,安装焊缝有仰焊缝。

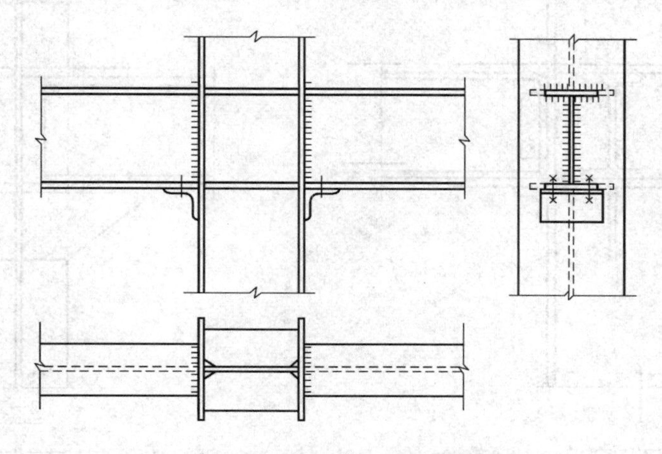

图 9-25　梁与柱丁字形连接

②梁与柱通过宽翼缘 T 形钢连接(图 9-26),T 形钢起竖向加劲肋作用,特别适合于十字形横梁的连接。T 形钢可用工字钢在腹板上裁开而得,接头长度大于横梁高度,可使柱的抗扭

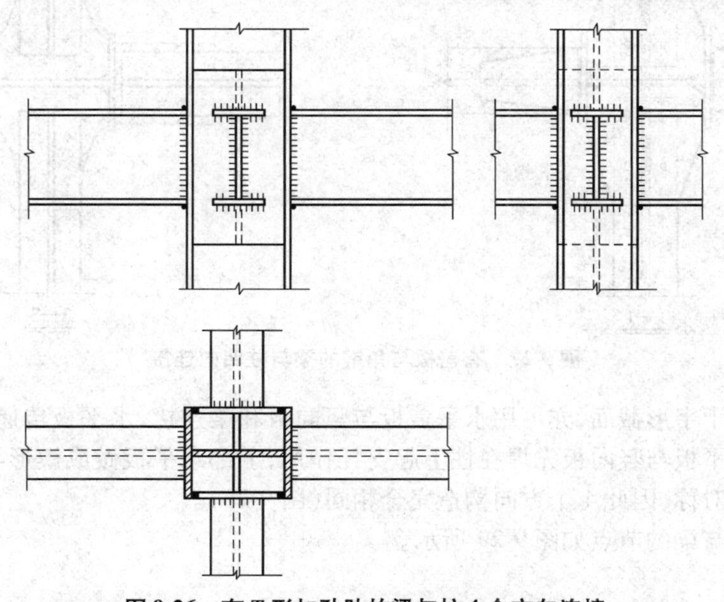

图 9-26　有 T 形加劲肋的梁与柱 4 个方向连接

刚度得到加强，与柱翼缘直接焊接的东西向横梁，要比通过 T 形加劲肋连接的南北向横梁刚度大一些。

③梁与柱通过盖板和角钢连接(图 9-27)，在柱的东西方向，通过盖板与梁翼缘连接，以传递弯矩。通过竖直角钢与梁腹板连接，以传递剪力。柱上焊有安装用支托，为避免仰焊，上部水平板应小于梁翼缘，下部水平板应大于梁翼缘。在柱的南北方向，盖板兼肋板与柱翼缘和腹板焊接，为避免仰焊，可在上部水平板中间开槽进行焊接。下部水平板下有竖向肋板作为支托，承受剪力。梁与柱焊接前均有安装螺栓定位。

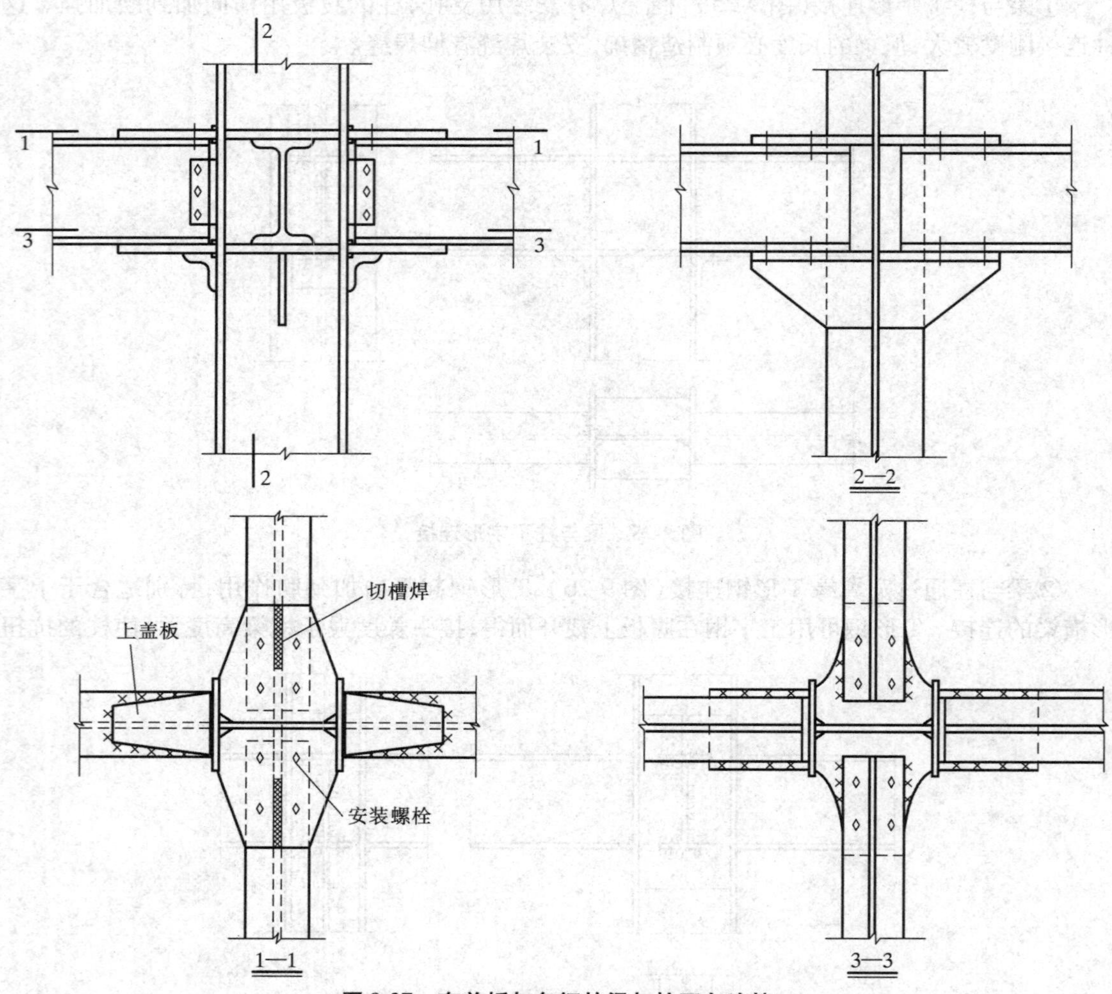

图 9-27　有盖板与角钢的梁与柱四向连接

④对于柱为十字形截面，亦可用水平盖板与竖向板和梁连接，水平板传递弯矩，竖向板传递剪力。下部水平板与竖向板先焊在柱上起支托作用，上部水平板做成楔形与梁柱连接。十字形柱截面完全对称，因此 4 个方向构造完全相同(图 9-28)。

⑤方钢管柱与梁的节点如图 9-29 所示。

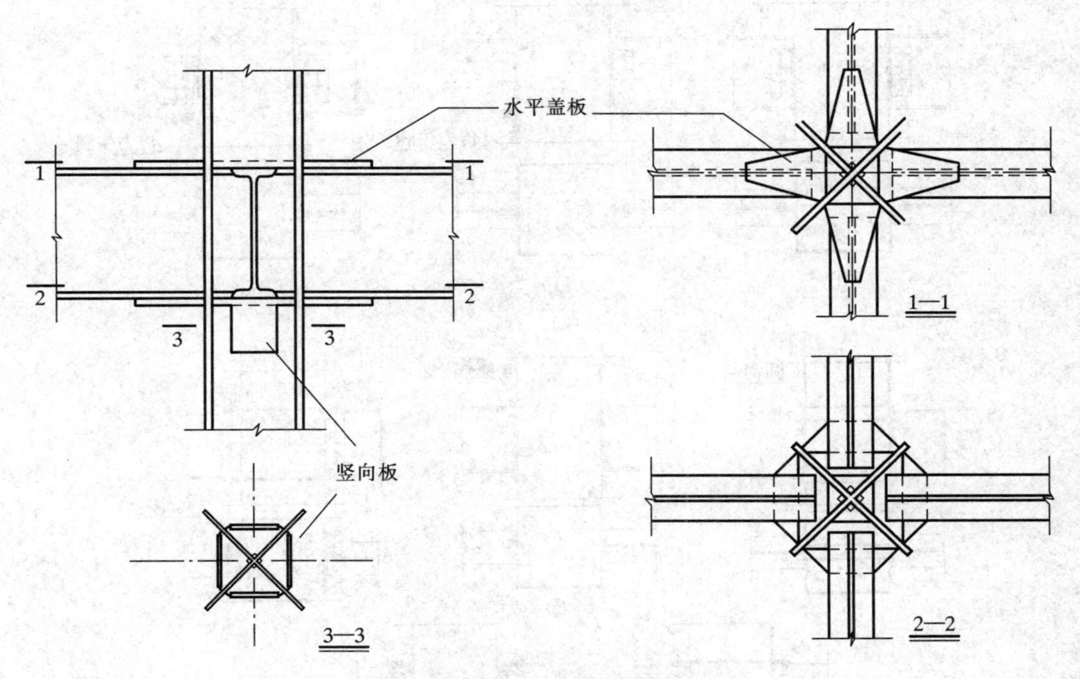

图 9-28　梁与十字形截面柱的连接

9.5.3　柱的拼接连接

多层框架结构中,上下层的柱总是要做拼接连接的。柱的拼接有时放在楼层半高的地方,以避开风载下的大弯矩区。柱拼接的传力方式有焊缝传力、端部铣平传力、连接板传力和横向填板传力。

图 9-30 所示为上下柱用焊缝传力。施焊前先用定位角钢安装螺栓定位,施焊后割去引弧板和空位角钢,再补焊撤除定位角钢的焊缝,此法用于上下柱同型号或翼缘不等厚的柱。

图 9-31 所示为端部铣平传力。上下柱截面相等,首先将柱端磨平,上柱剖口做成平整支承面,用角钢定位连接,再对上柱下翼缘剖口处焊接,最后去掉定位角钢再补焊。

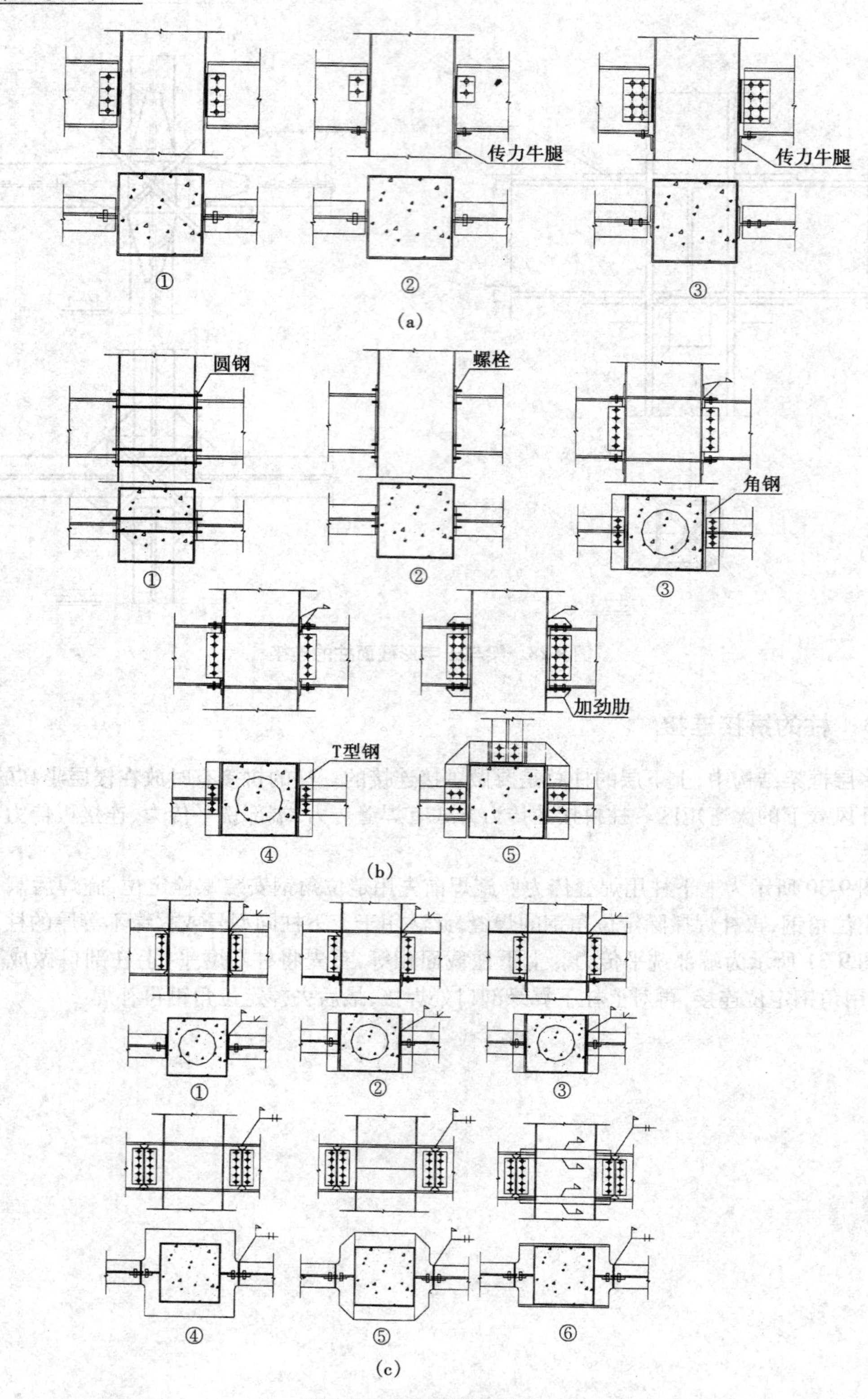

图 9-29　方钢管柱梁节点

(a)铰接节点;(b)半刚性节点;(c)刚接节点

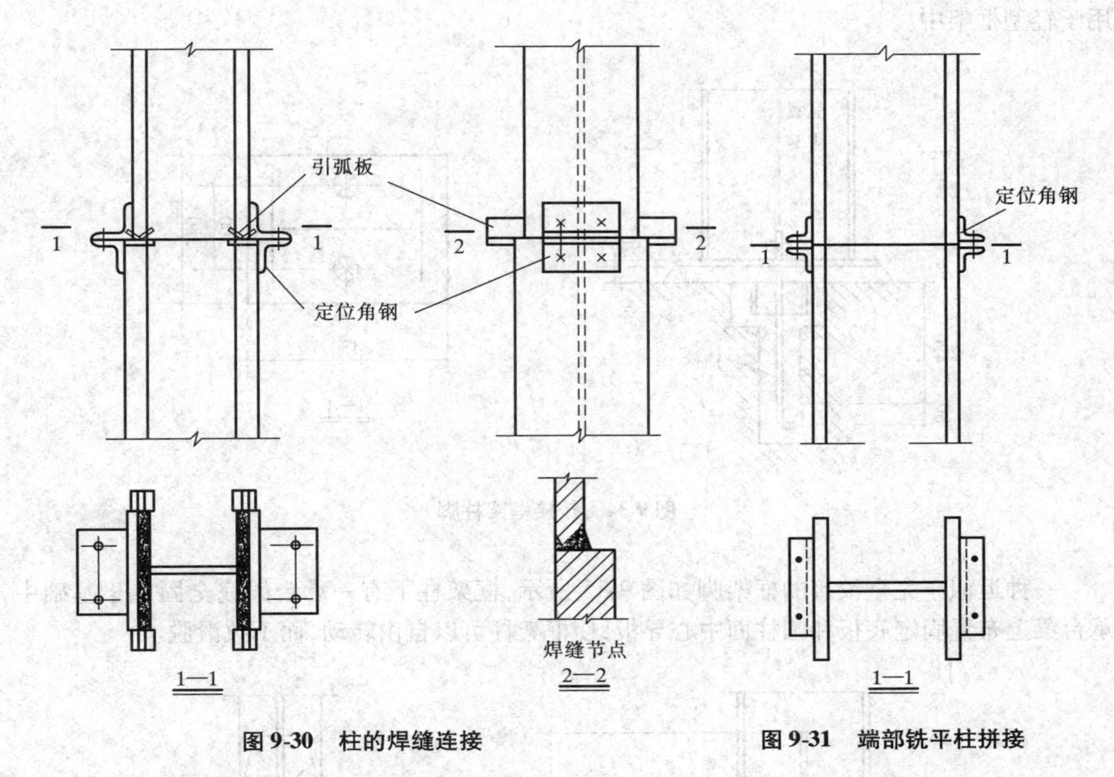

图 9-30　柱的焊缝连接　　　图 9-31　端部铣平柱拼接

当上下柱截面或宽度不相等时，可用竖向连接板传力（图 9-32）或横向填板传力（图 9-33）。

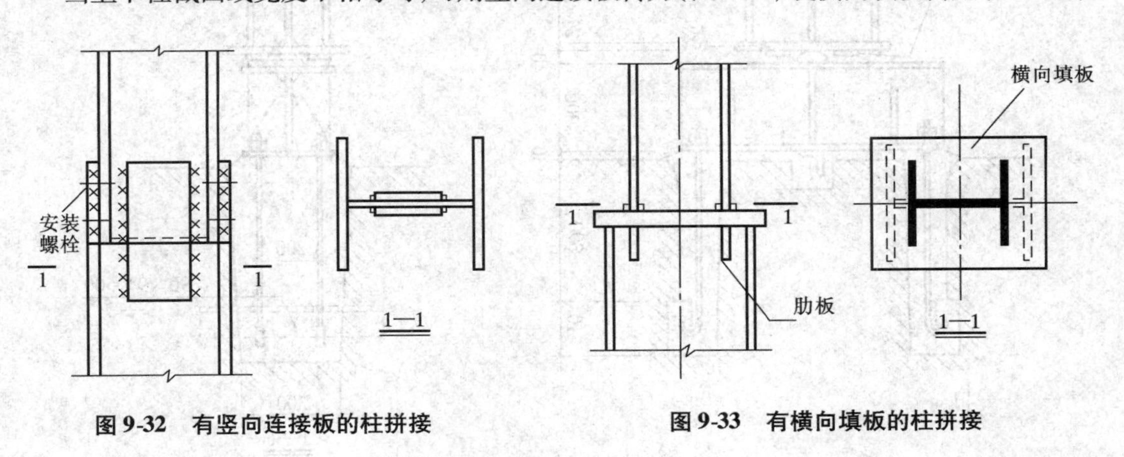

图 9-32　有竖向连接板的柱拼接　　　图 9-33　有横向填板的柱拼接

当上柱宽度与下柱腹板宽度相等时，可将下柱翼缘板向上伸出，以便上柱插入焊接，腹板则另加拼接板。若板厚不等，则填以垫板变成横向填板拼接，此时需在下柱加肋板来传递上柱压力。

9.5.4　柱脚

柱脚有两种体系，即铰接框架脚和刚接框架脚。铰接框架脚（图 9-34）构造比较简单，实腹式框架柱直接搁在底板上，周边焊接，并用锚栓与基础连接。这种框架脚不能完全转动，只用于轻型框架中。

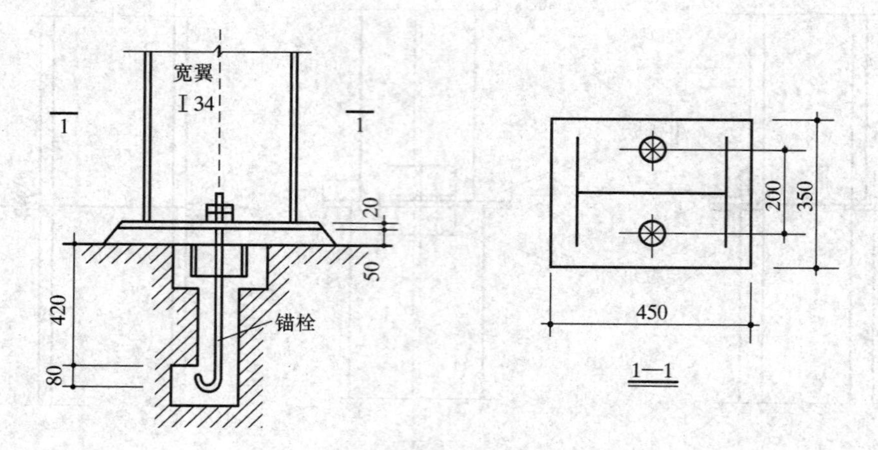

图 9-34　铰接框架柱脚

一种近似于完全铰接的框架脚如图 9-35 所示，框架柱下有一承台梁完全固定于基础中，承台梁上布置固定底板和圆柱面中心导板，使框架柱可以自由转动，而不致滑脱。

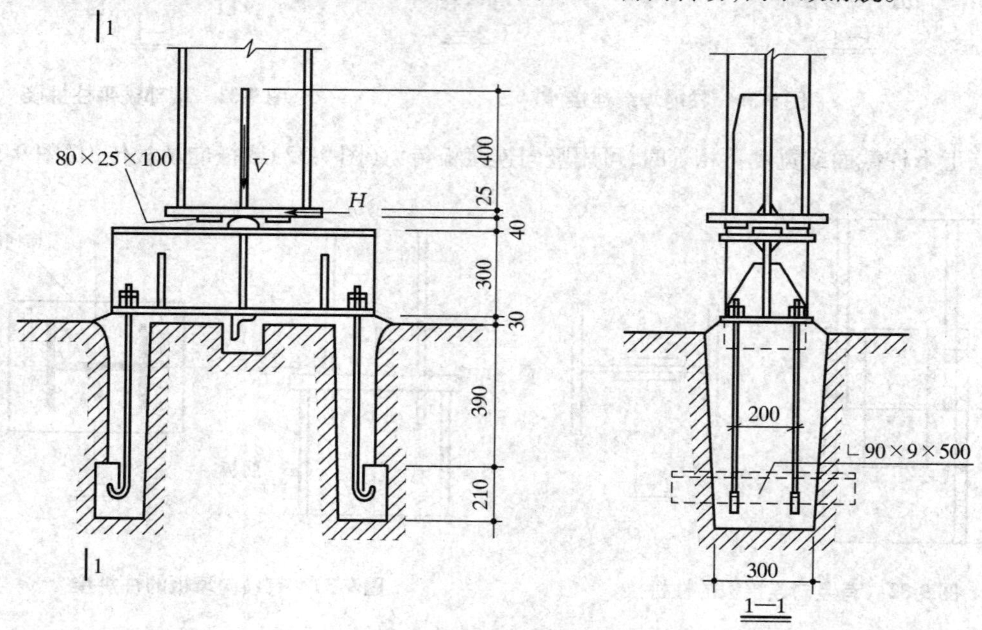

图 9-35　实腹式框架脚完全铰构造

在重型格构框架脚中，有时做成辊轴式铰接支座（图 9-36），上下两个轴承间的滚轴可以承受框架脚的压力与剪力。

刚接框架脚要传递很大的轴向力、弯矩和剪力。因此框架脚构造要求有足够的刚度并保证其受力性能。

最简单的实腹式框架脚（图 9-37）由两块靴梁和底板构成，4 个底脚螺栓（销栓）可承受弯

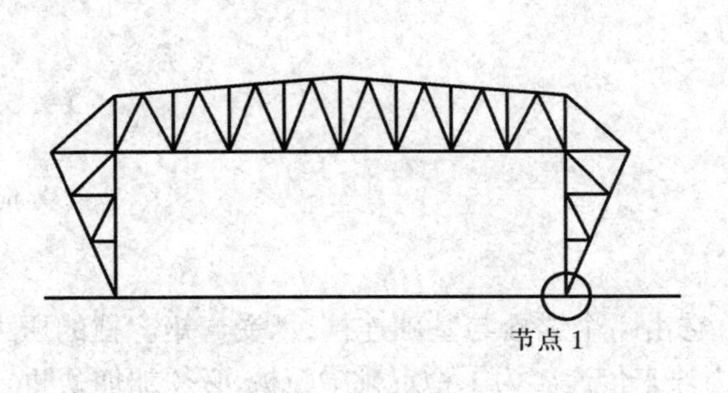

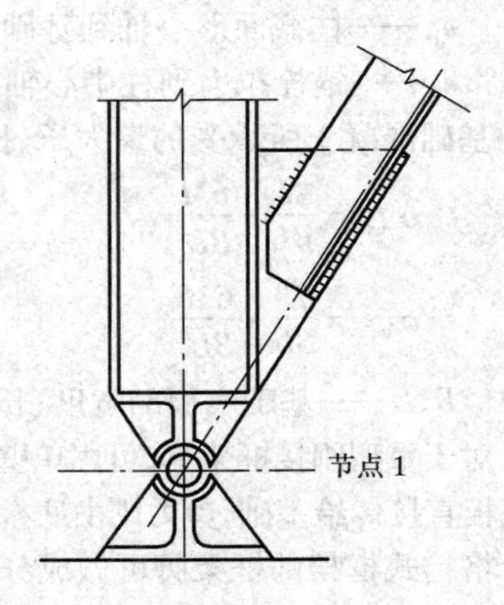

图 9-36　格构框架脚构造

矩，框架柱的内力通过焊缝传给靴梁，靴梁再通过 4 个螺栓传给基础。柱脚内力传给基础时，各部分有所分工，轴向压力是由底板直接传给基础的，剪力则由底板下的剪力块传递，弯矩则由锚栓和底板共同传递。

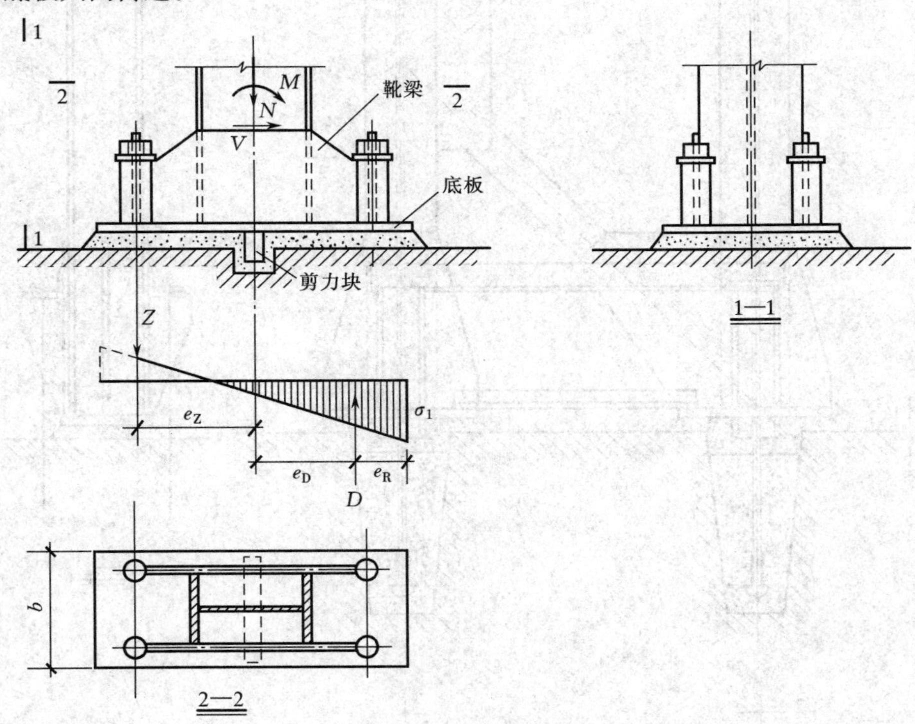

图 9-37　实腹式框架的刚接框架脚

锚栓拉力 Z 的计算公式如下：

$$Z=\frac{M-Ne_{\mathrm{D}}}{e_{\mathrm{Z}}+e_{\mathrm{D}}} \tag{9.5.1}$$

式中　M、N——锚栓受最大拉力时的内力组合；

e_D——柱截面形心轴到基础受压区合力点间距；

e_Z——锚栓拉力到柱中心轴距离。

基础混凝土所承受的最大压、拉应力为：

$$\sigma_{max}=\frac{N}{BL}+\frac{6M}{BL^2} \tag{9.5.2}$$

$$\sigma_{min}=\frac{N}{BL}-\frac{6M}{BL^2} \tag{9.5.3}$$

式中　B、L——基础底板的宽度、长度。

对于重型刚接框架脚，可用单壁式靴梁，它由4个锚栓与基础连接，承受弯矩。柱的压力仍由底板直接传给基础，剪力则由底板下的剪力块来传递。为了稳定靴梁腹板，必须加加劲肋。

格构式框架的框架脚可做成分离式（图9-38），分离式柱脚中各个单独柱脚的构造与中心

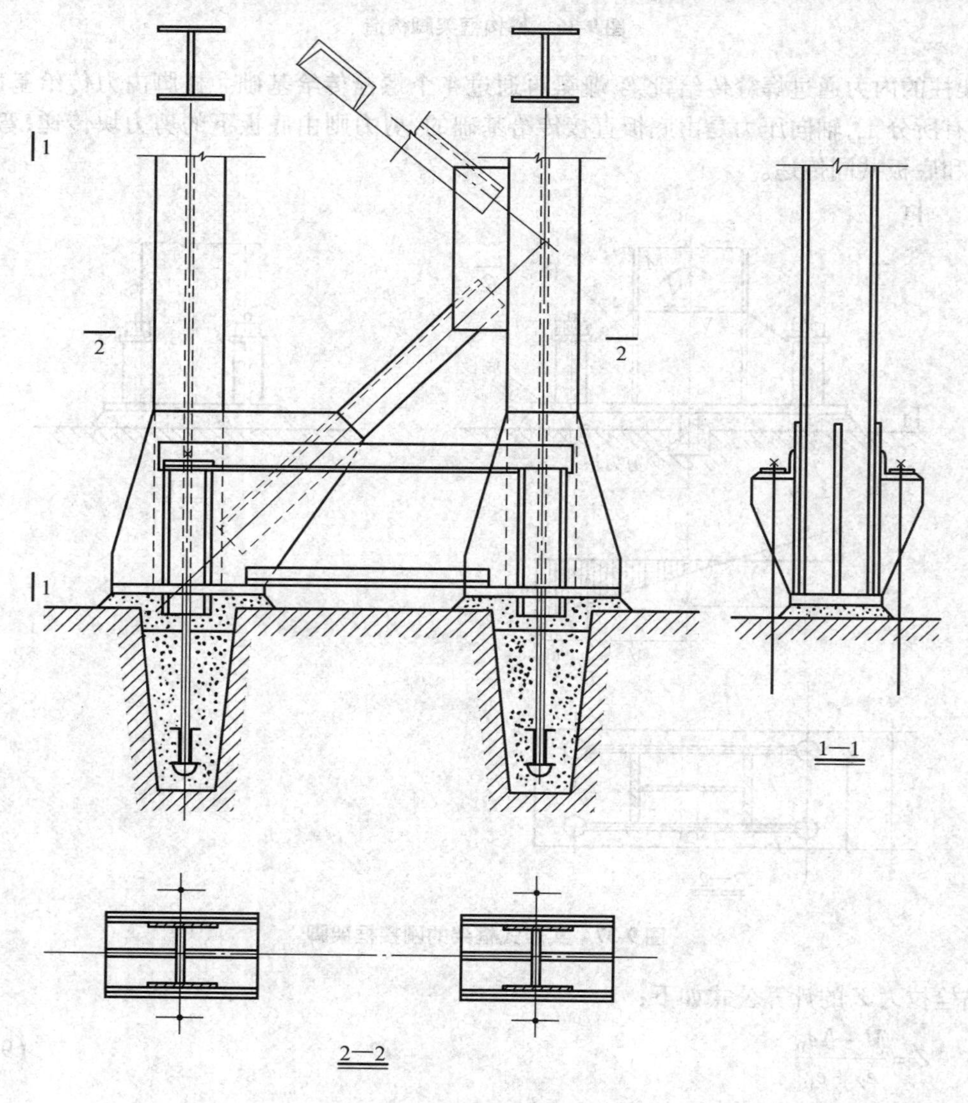

图9-38　格构式框架的框架脚

受压柱柱脚相同,框架柱的弯矩由锚栓来传递,压力分别由柱肢通过靴梁和底板传给基础,剪力也可由底板下的剪力块来传递。为了保证框架脚在运输过程中不致产生变形,在两柱脚间用一些角钢构件连接起来。

9.6　多层钢结构设计实例

9.6.1　设计资料及说明

设计计算一制糖车间多层钢框架,其平面及剖面如图 9-39。其横向为框架,纵向为支撑抗侧力体系;框架梁、柱均采用焊接 H 型钢截面,材质均为 Q235 钢;梁、柱节点采用现场焊接连接;框架柱考虑在现场分两段吊装(下二层一段、上三层一段),因而中柱上段变一次截面;屋(楼)面构造均采用预制肋式钢筋混凝土板上加 40 mm 配筋整浇层。外墙采用加气混凝土(200 mm 厚)外包砌筑,并分别由各层墙梁支托。

风荷载及雪荷载标准值分别为 0.35 kN/m^2 及 0.4 kN/m^2,各层楼盖上活荷载标准值均为 5.0 kN/m^2,屋面活荷载标准值为 7.0 kN/m^2。

抗震设防烈度为 8 度,并按Ⅱ类场地土及近震条件考虑。

9.6.2　横向刚架计算

由于每行的刚架布置相同,故可按间距为 5 m 的平面刚架计算。

1. 荷载计算

(1)屋面恒荷载

大型屋面板　　$1.5\ kN/m^2 \times 5 \times 1.2 = 9\ kN/m$

整浇混凝土层　　$25\ kN/m^3 \times 0.04 \times 5 \times 1.2$

$= 6\ kN/m$

泡沫混凝土保温层　　$6\ kN/m^3 \times 0.08 \times 5 \times 1.2$

$= 2.88\ kN/m$

二毡三油防水层　　$0.35\ kN/m^2 \times 5 \times 1.2 = 2.1\ kN/m$

钢梁自重　　$1\ kN/m \times 1.2 = 1.2\ kN/m$

合　计　　$\sum = 21.18\ kN/m$

(2)屋面活荷载

屋面雪荷载　　$0.4\ kN/m^2 \times 5 \times 1.4 = 2.8\ kN/m$

屋面活荷载　　$0.7\ kN/m^2 \times 5 \times 1.4 = 4.9\ kN/m$

活荷载与雪荷载不同时考虑,取两者较大值。本例取活荷载值计算,即 4.9 kN/m。

(3)各层楼面静荷载

肋式预制板　　$6.25\ kN/m^2 \times 5 \times 1.2 = 37.5\ kN/m$

整浇混凝土层　　$25\ kN/m^3 \times 0.04 \times 5 \times 1.2 = 6\ kN/m$

钢梁自重　　$1\ kN/m \times 1.2 = 1.2\ kN/m$

合　计　　$\sum = 44.7\ kN/m$

(4)各层楼面活荷载

操作活荷载不折减。

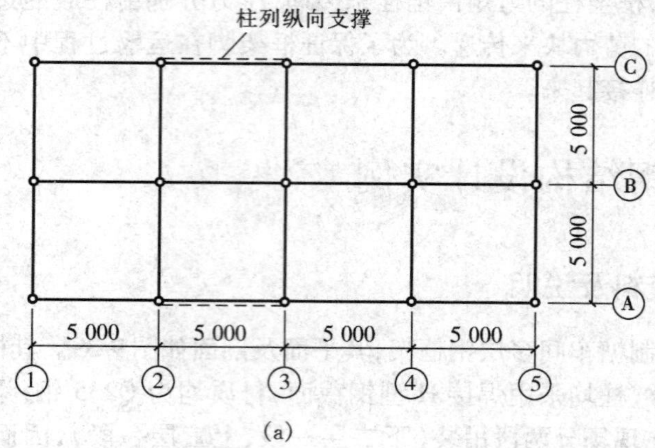

(a)

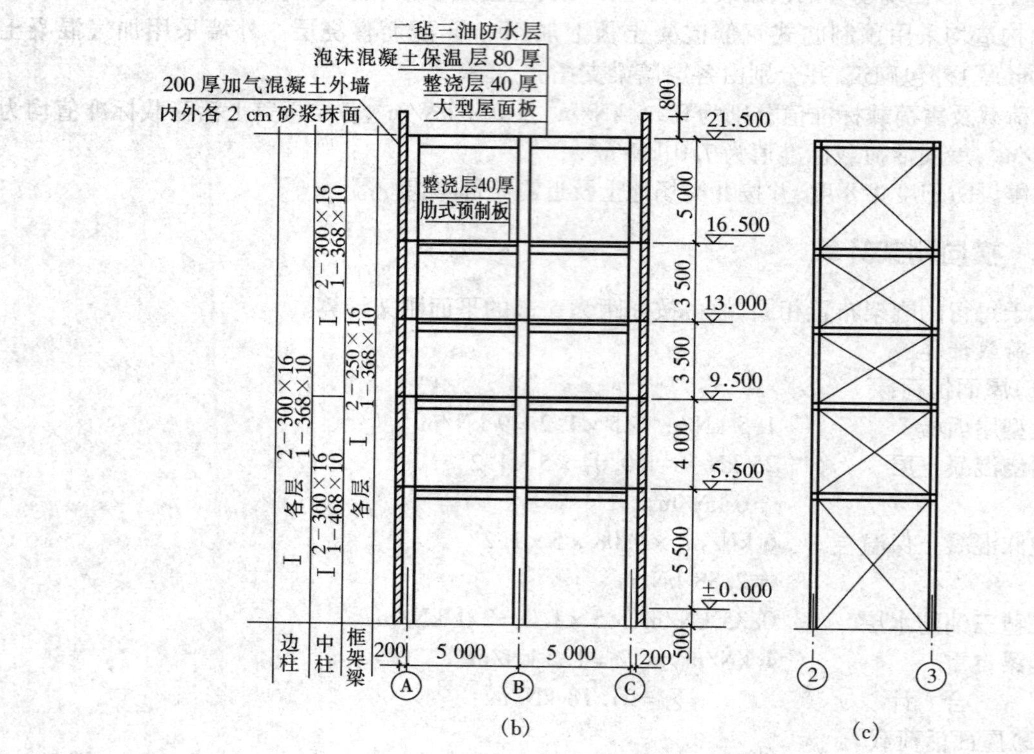

(b)　　(c)

图 9-39　多层框架示意图

(a)平面图;(b)剖面图;(c)柱间支撑布置图

楼面活荷载　　　　$5\ \text{kN/m}^2\times5\times1.3=32.5\ \text{kN/m}$

(5)各层框架节点集中荷载

①A 列、C 列:

16.500 m 标高处:

钢柱　　　　　　$1.1\ \text{kN/m}\times5\times1.2=6.6\ \text{kN}$

外墙　　　　　　$(7\ \text{kN/m}^3\times0.2+20\ \text{kN/m}^3\times0.04)\times5\times5.8\times1.2=76.56\ \text{kN}$

考虑窗口折减　　$76.56\ \text{kN}\times0.8=61.25\ \text{kN}$

合　计　　$\sum = 67.85\ \mathrm{kN}$

13.000 m 标高处：

钢柱　　$1.1\ \mathrm{kN/m} \times 3.5 \times 1.2 = 4.62\ \mathrm{kN}$

外墙　　$(7\ \mathrm{kN/m^3} \times 0.2 + 20\ \mathrm{kN/m^3} \times 0.04) \times 5 \times 3.5 \times 1.2 \times 0.8 = 36.96\ \mathrm{kN}$

合　计　　$\sum = 41.58\ \mathrm{kN}$

9.500 m 标高处：

钢柱　　$1.1\ \mathrm{kN/m} \times 3.5 \times 1.2 = 4.62\ \mathrm{kN}$

外墙　　$(7\ \mathrm{kN/m^3} \times 0.2 + 20\ \mathrm{kN/m^3} \times 0.04) \times 5 \times 3.5 \times 1.2 \times 0.8 = 36.96\ \mathrm{kN}$

合　计　　$\sum = 41.58\ \mathrm{kN}$

5.500 m 标高处：

钢柱　　$1.1\ \mathrm{kN/m} \times 4 \times 1.2 = 5.28\ \mathrm{kN}$

外墙　　$(7\ \mathrm{kN/m^3} \times 0.2 + 20\ \mathrm{kN/m^3} \times 0.04) \times 5 \times 4 \times 1.2 \times 0.8 = 42.24\ \mathrm{kN}$

合　计　　$\sum = 47.52\ \mathrm{kN}$

-0.500 m 标高处：

钢柱　　$1.1\ \mathrm{kN/m} \times 6 \times 1.2 = 7.92\ \mathrm{kN}$

外墙　　$(7\ \mathrm{kN/m^3} \times 0.2 + 20\ \mathrm{kN/m^3} \times 0.04) \times 6 \times 5 \times 1.2 \times 0.8 = 63.36\ \mathrm{kN}$

合　计　　$\sum = 71.28\ \mathrm{kN}$

②B 列为钢柱节点荷载：

16.500 m 标高处：　$1.1\ \mathrm{kN/m} \times 5 \times 1.2 = 6.6\ \mathrm{kN}$

13.000 m 标高处：　$1.1\ \mathrm{kN/m} \times 3.5 \times 1.2 = 4.62\ \mathrm{kN}$

9.500 m 标高处：　$1.1\ \mathrm{kN/m} \times 3.5 \times 1.2 = 4.62\ \mathrm{kN}$

5.500 m 标高处：　$1.15\ \mathrm{kN/m} \times 4 \times 1.2 = 5.52\ \mathrm{kN}$

-0.500 m 标高处：　$1.15\ \mathrm{kN/m} \times 6 \times 1.2 = 8.28\ \mathrm{kN}$

(6)风载

基本风压为 $0.35\ \mathrm{kN/m^2}$，按统一高度 $21.5 \times \frac{2}{3} = 14.5\ \mathrm{m}$ 计，取 B 类 $\mu_Z = 1.16$。

迎风面　$q_1 = (0.35 \times 1.16 \times 0.8) \times 5 \times 1.4 = 2.28(\mathrm{kN/m})$

背风面　$q_2 = (0.35 \times 1.16 \times 0.5) \times 5 \times 1.4 = 1.425(\mathrm{kN/m})$

计算按左风和右风分别考虑，各项荷载计算简图如图 9-40 所示。

$P_{A4} = P_{C4} = 67.85\ \mathrm{kN}$　　$P_{B4} = 6.6\ \mathrm{kN}$

$P_{A3} = P_{C3} = 41.58\ \mathrm{kN}$　　$P_{B3} = 4.62\ \mathrm{kN}$

$P_{A2} = P_{C2} = 41.58\ \mathrm{kN}$　　$P_{B2} = 4.62\ \mathrm{kN}$

$P_{A1} = P_{C1} = 47.52\ \mathrm{kN}$　　$P_{B1} = 5.52\ \mathrm{kN}$

$P_A = P_C = 71.28\ \mathrm{kN}$　　$P_B = 8.28\ \mathrm{kN}$

$q_{5d} = 21.18\ \mathrm{kN/m}$　　$q_{5L} = 4.9\ \mathrm{kN/m}$

$q_{4d} = q_{3d} = q_{2d} = q_{1d} = 44.70\ \mathrm{kN/m}$

$q_{4L} = q_{3L} = q_{2L} = q_{1L} = 32.5\ \mathrm{kN/m}$

(7)地震

计算地震作用时横向刚架节点的质量集中(见图 9-41)。

①A 列、C 列：

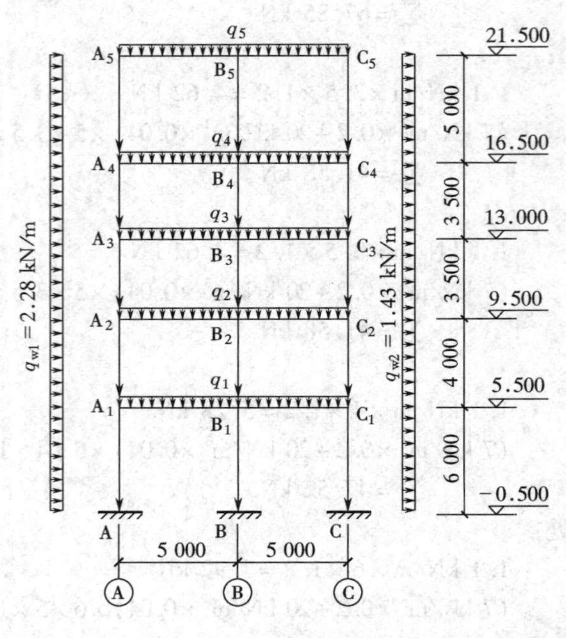

图 9-40　荷载简图

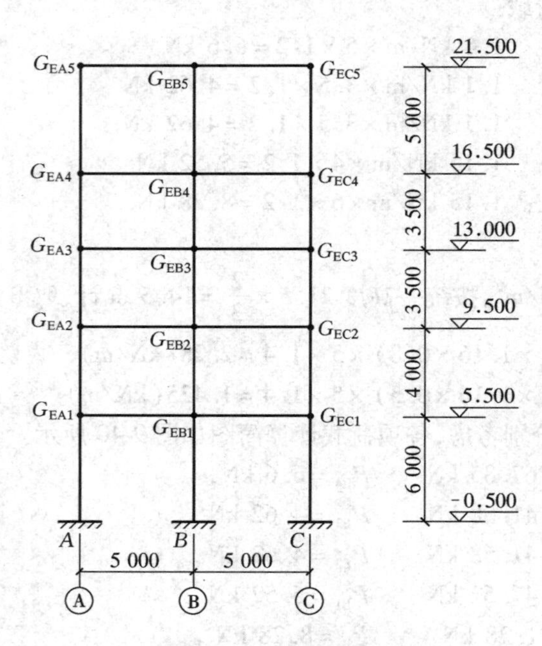

图 9-41　节点质量集中

$$
\begin{aligned}
G_{EA5} &= G_{EC5} \\
&= (1.5+25\times0.04+6\times0.08+0.35)\times5\times2.7+1.1\times2.5+1\times2.5 \\
&\quad +0.4\times5\times2.7\times0.5+(7\times0.2+20\times0.04)\times5\times3.3\times0.8 \\
&= 44.96+2.75+2.5+2.7+29.04 \\
&= 81.95(\text{kN})
\end{aligned}
$$

$$
\begin{aligned}
G_{EA4} &= G_{EC4} \\
&= (6.25+25\times0.04)\times5\times2.7+(7\times0.2+20\times0.04)\times5\times4.25\times0.8 \\
&\quad +1.1\times4.25+1\times2.5+5\times5\times2.7\times0.5 \\
&= 97.88+37.4+4.68+2.5+33.75 \\
&= 176.21(\text{kN})
\end{aligned}
$$

$$
\begin{aligned}
G_{EA3} &= G_{EC3} \\
&= (6.25+25\times0.04)\times5\times2.7+1.1\times3.5+1\times2.5+5\times5\times2.7\times0.5 \\
&\quad +(7\times0.2+20\times0.04)\times5\times3.5\times0.8 \\
&= 97.88+3.85+2.5+33.75+30.8 \\
&= 168.78(\text{kN})
\end{aligned}
$$

$$
\begin{aligned}
G_{EA2} &= G_{EC2} \\
&= (6.25+25\times0.04)\times5\times2.7+1.1\times3.75+1\times2.5+5\times5\times2.7\times0.5 \\
&\quad +(7\times0.2+20\times0.04)\times5\times3.75\times0.8 \\
&= 97.88+4.125+2.5+33.75+33 \\
&= 171.26(\text{kN})
\end{aligned}
$$

$$
\begin{aligned}
G_{EA1} &= G_{EC1} \\
&= (6.25+25\times0.04)\times5\times2.7+1.1\times5+1\times2.5+5\times5\times2.7\times0.5 \\
&\quad +(7\times0.2+20\times0.04)\times5\times5\times0.8 \\
&= 97.88+5.5+2.5+33.75+44 \\
&= 183.63(\text{kN})
\end{aligned}
$$

②B 列：

$$
\begin{aligned}
G_{EB5} &= (1.5+25\times0.04+6\times0.08+0.35)\times5\times5+1.1\times2.5+1\times5 \\
&\quad +0.4\times5\times5\times0.5 \\
&= 83.25+2.75+5+5 \\
&= 96(\text{kN})
\end{aligned}
$$

$$
\begin{aligned}
G_{EB4} &= (6.25+25\times0.04)\times5\times5+1.1\times4.25+1\times5+5\times5\times5\times0.5 \\
&= 181.25+4.675+5+62.5 \\
&= 253.43(\text{kN})
\end{aligned}
$$

$$
\begin{aligned}
G_{EB3} &= (6.25+25\times0.04)\times5\times5+1.1\times3.5+1\times5+5\times5\times5\times0.5 \\
&= 181.25+3.85+5+62.5 \\
&= 252.60(\text{kN})
\end{aligned}
$$

$$G_{EB2} = 181.25+1.1\times3.75+1\times5+62.5 = 252.88(\text{kN})$$

$$G_{EB1} = 181.25+1.1\times5+1\times5+62.5 = 254.25(\text{kN})$$

2. 内力计算及组合

内力计算及组合分别按荷载基本组合及地震作用组合计算。内力分析采用结构分析通用程序 SAP84 进行，计算模型采用平面框架模型。

荷载基本组合的内力计算及组合，应考虑荷载为恒载、除地震作用外的活荷载及风荷载。由机算所得的各荷载作用的内力图分别示于图 9-42 ~ 图 9-45。图中弯矩单位为 kN·m。正负号：对于柱，内侧受拉为正，外侧受拉为负；对于梁，下侧受拉为正，上侧受拉为负。

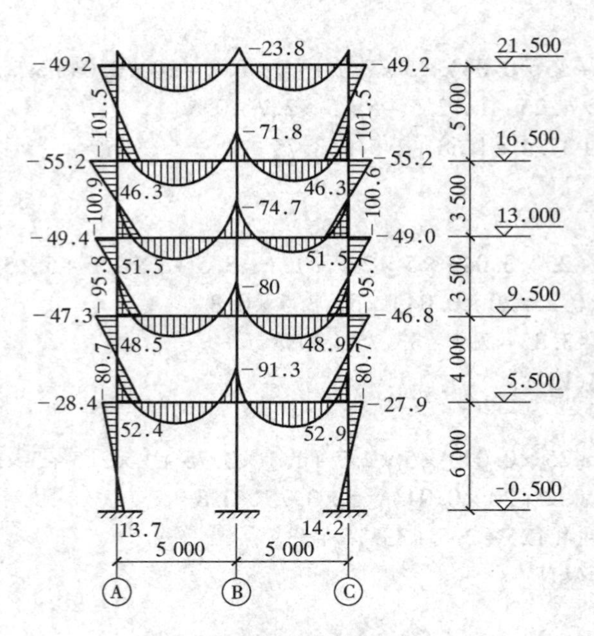

图 9-42　恒载弯矩图

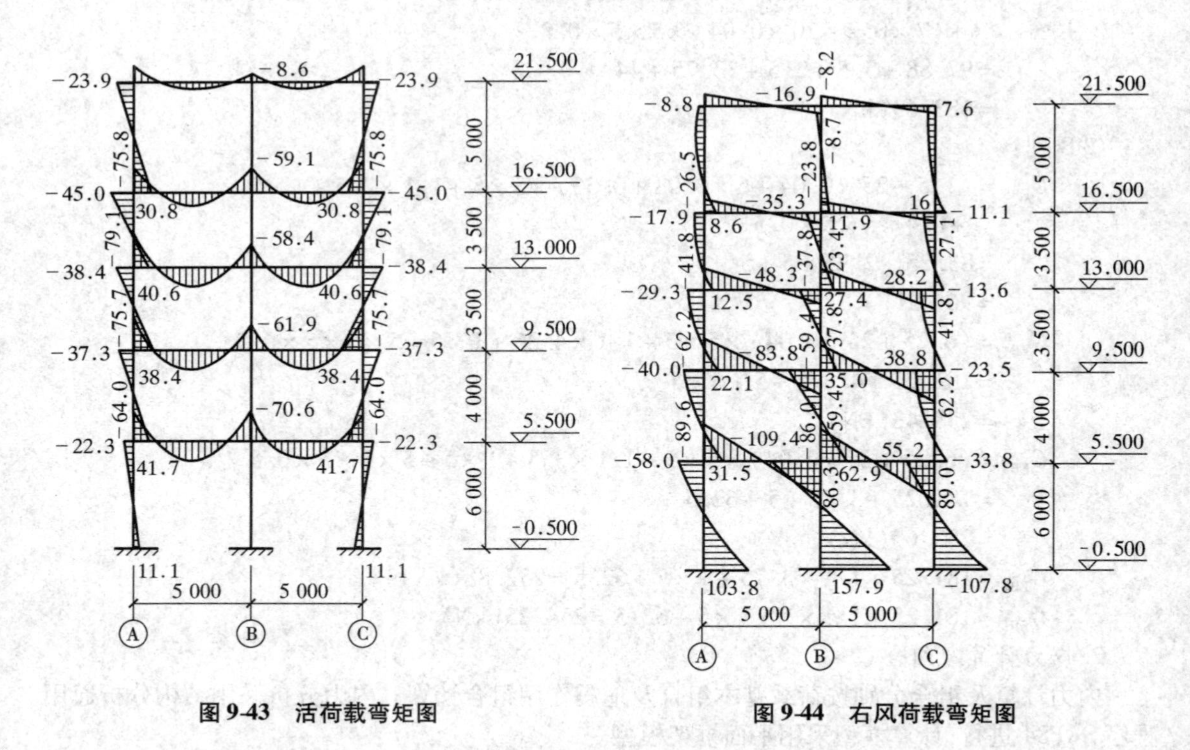

图 9-43　活荷载弯矩图　　　　图 9-44　右风荷载弯矩图

当内力组合中考虑有风荷载与活荷载共同作用时，所有活荷载考虑组合系数 0.85。荷载基本组合的框架内力见表 9-1。

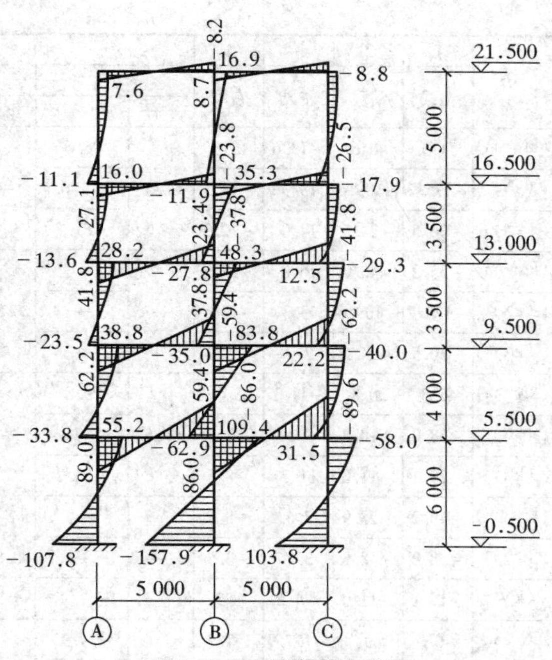

图 9-45　左风荷载弯矩图

表 9-1　荷载基本组合的框架内力

截面		内力	1 恒载	2 活载	3 左风	4 右风	$+M_{max}$ 组合	$+M_{max}$ 内力	$-M_{max}$ 组合	$-M_{max}$ 内力	N_{max} 组合	N_{max} 内力
AA_1 柱	柱下端	M_{AA_1}(kN·m)	13.7	11.1	-107.8	103.8	1+0.85(2+4)	111.4	1+3	-94.1	1+0.85(2+4)	111.4
		N_{AA_1}(kN)	-648	-377.7	88.6	-88.9		-1 044.6		-559.4		-1 044.6
		V_{AA_1}(kN)	-7.0	-5.6	36.7	-33		-39.8		29.7		-39.8
	柱上端	M_{A_1A}(kN·m)	-28.4	-22.3	55.2	-58.0	1+3	26.8	1+0.85(2+4)	-96.7	1+0.85(2+4)	-96.7
		N_{A_1A}(kN)	-648	-377.7	88.6	-88.9		-559.4		-1 044.6		-1 044.6
		V_{A_1A}(kN)	-7.0	-5.6	17.5	-21		10.5		-29.6		-29.6
A_1A_2 柱	柱下端	$M_{A_1A_2}$(kN·m)	52.4	41.7	-33.8	31.5	1+0.85(2+4)	114.6	—	—	1+0.85(2+4)	114.6
		$N_{A_1A_2}$(kN)	-490.8	-291.5	53.6	-53.8		-784.3		—		-784.3
		$V_{A_1A_2}$(kN)	-24.9	-19.8	24.5	-21.8		-60.3		—		-60.3
	柱上端	$M_{A_2A_1}$(kN·m)	-47.3	-37.3	38.8	-40	—	—	1+0.85(2+4)	-113.0	1+0.85(2+4)	-113.0
		$N_{A_2A_1}$(kN)	-490.8	-291.5	53.6	-53.8		—		-784.3		-784.3
		$V_{A_2A_1}$(kN)	-24.9	-19.8	11.6	-13.9		—		-53.5		-53.5
A_2A_3 柱	柱下端	$M_{A_2A_3}$(kN·m)	48.5	38.4	-23.5	22.1	1+0.85(2+4)	99.9	—	—	1+0.85(2+4)	99.9
		$N_{A_2A_3}$(kN)	-334.3	-201.2	29.2	-29.4		-530.3		—		-530.3
		$V_{A_2A_3}$(kN)	-28.0	-22.0	20.3	-18.2		-62.2		—		-62.2
	柱上端	$M_{A_3A_2}$(kN·m)	-49.4	-38.4	28.2	-29.3	—	—	1+0.85(2+4)	-106.9	1+0.85(2+4)	-106.9
		$N_{A_3A_2}$(kN)	-334.3	-201.2	29.2	-29.4		—		-530.3		-530.3
		$V_{A_3A_2}$(kN)	-28.0	-22.0	9.2	-11.2		—		-56.2		-56.2

续表

截面		内力	1	2	3	4	内力组合					
			恒载	活载	左风	右风	$+M_{max}$		$-M_{max}$		N_{max}	
							组合	内力	组合	内力	组合	内力
A_3A_4柱	柱下端	$M_{A_3A_4}$(kN·m)	51.5	40.6	−13.6	12.5	1 +	96.6		—	1 +	96.6
		$N_{A_3A_4}$(kN)	−175.7	−109.6	13.3	−13.5	0.85	−280	—	—	0.85	−280
		$V_{A_3A_4}$(kN)	−30.5	−24.5	14.0	−12.2	(2 +4)	−61.7		—	(2 +4)	−61.7
	柱上端	$M_{A_4A_3}$(kN·m)	−55.2	−45.0	16.0	−17.9		—	1 +	−108.7	1 +	−108.7
		$N_{A_4A_3}$(kN)	−175.7	−109.6	13.3	−13.5	—	—	0.85	−280.3	0.85	−280.3
		$V_{A_4A_3}$(kN)	−30.5	−24.5	2.9	−5.2		—	(2 +4)	−55.7	(2 +4)	−55.7
A_4A_5柱	柱下端	$M_{A_4A_5}$(kN·m)	46.3	30.8	−11.1	8.6	1 +	79.8		—	1 +	79.8
		$N_{A_4A_5}$(kN)	−58.0	−18.8	3.1	−3.5	0.85	−77	—	—	0.85	−77
		$V_{A_4A_5}$(kN)	−19.1	−11.0	11.7	−8.5	(2 +4)	−35.7		—	(2 +4)	−35.7
	柱上端	$M_{A_5A_4}$(kN·m)	−49.2	−23.9	7.6	−8.8		—	1 +	−77	1 +	−77
		$N_{A_5A_4}$(kN)	−58.0	−18.8	3.1	−3.5	—	—	0.85	−77	0.85	−77
		$V_{A_5A_4}$(kN)	−19.1	−11.0	−4.2	1.5		—	(2 +4)	−27.2	(2 +4)	−27.2
BB_1柱	柱下端	M_{BB_1}(kN·m)	0	0	−157.9	157.9		157.9		−157.9		0
		N_{BB_1}(kN)	−1 054.6	−693.7	0.3	0.3	1 +4	−1 054.3	1 +3	−1 054.3	1 +2	−1 748.3
		V_{BB_1}(kN)	0	0	44.5	−44.5		−44.5		44.5		0
	柱上端	M_{B_1B}(kN·m)	0	0	109.4	−109.4		109.4		−109.4		0
		N_{B_1B}(kN)	−1 054.6	−693.7	0.3	0.3	1 +3	−1 054.3	1 +4	−1 054.3	1 +2	−1 748.3
		V_{B_1B}(kN)	0	0	44.5	−44.5		44.5		−44.5		0
B_1B_2柱	柱下端	$M_{B_1B_2}$(kN·m)	0	0	−62.9	62.9		62.9		−62.9		0
		$N_{B_1B_2}$(kN)	−821.4	−516.0	0.2	0.2	1 +4	−821.2	1 +3	−821.2	1 +2	−1 337.4
		$V_{B_1B_2}$(kN)	0	0	36.7	−36.7		−36.7		36.7		0
	柱上端	$M_{B_2B_1}$(kN·m)	0	0	83.8	−83.8		83.8		−83.8		0
		$N_{B_2B_1}$(kN)	−821.4	−516.0	0.2	0.2	1 +3	−821.2	1 +4	−821.2	1 +2	−1 337.4
		$V_{B_2B_1}$(kN)	0	0	36.7	−36.7		36.7		−36.7		0
B_2B_3柱	柱下端	$M_{B_2B_3}$(kN·m)	0	0	−35.0	35.0		35.0		−35.0		0
		$N_{B_2B_3}$(kN)	−599.5	−346.5	0.2	0.2	1 +4	−599.3	1 +3	−599.3	1 +2	−946
		$V_{B_2B_3}$(kN)	0	0	23.8	−23.8		−23.8		23.8		0
	柱上端	$M_{B_3B_2}$(kN·m)	0	0	48.3	−48.3		48.3		−48.3		0
		$N_{B_3B_2}$(kN)	−599.5	−346.5	0.2	0.2	1 +3	−599.3	1 +4	−599.3	1 +2	−946
		$V_{B_3B_2}$(kN)	0	0	23.8	−23.8		23.8		−23.8		0
B_3B_4柱	柱下端	$M_{B_3B_4}$(kN·m)	0	0	−27.4	27.4		27.4		−27.4		0
		$N_{B_3B_4}$(kN)	−381.8	−179.8	0.2	0.2	1 +4	−381.6	1 +3	−381.6	1 +2	−561.6
		$V_{B_3B_4}$(kN)	0	0	17.9	−17.9		−17.9		17.9		0
	柱上端	$M_{B_4B_3}$(kN·m)	0	0	35.3	−35.3		35.3		−35.3		0
		$N_{B_4B_3}$(kN)	−381.8	−179.8	0.2	0.2	1 +3	−381.6	1 +4	−381.6	1 +2	−561.6
		$V_{B_4B_3}$(kN)	0	0	17.9	−17.9		17.9		−17.9		0

续表

截面		内力	1 恒载	2 活载	3 左风	4 右风	$+M_{max}$ 组合	$+M_{max}$ 内力	$-M_{max}$ 组合	$-M_{max}$ 内力	N_{max} 组合	N_{max} 内力
B_4B_5柱	柱下端	$M_{B_4B_5}$(kN·m)	0	0	-11.9	11.9		11.9		-11.9		0
		$N_{B_4B_5}$(kN)	-95.7	-11.5	0.4	0.4	1+4	-95.3	1+3	-95.3	1+2	-107.2
		$V_{B_4B_5}$(kN)	0	0	5.7	-5.7		-5.7		5.7		0
	柱上端	$M_{B_5B_4}$(kN·m)	0	0	16.8	-16.8		16.8		-16.8		0
		$N_{B_5B_4}$(kN)	-95.7	-11.5	0.4	0.4	1+3	-95.3	1+4	-95.3	1+2	-107.2
		$V_{B_5B_4}$(kN)	0	0	5.7	-5.7		5.7		-5.7		0
A_1B_1梁	梁左端	$M_{A_1B_1}$(kN·m)	-80.8	-64.0	89.0	-89.6		8.2		-211.4		-144.8
		$N_{A_1B_1}$(kN)	17.9	14.2	-6.9	0.9	1+3	11.0	1+0.85(2+4)	30.7	1+2	32.1
		$V_{A_1B_1}$(kN)	109.6	86.2	-35.0	35.2		74.6		212.8		195.8
	梁右端	$M_{B_1A_1}$(kN·m)	-91.3	-70.6	-86	86.3		—		-224.4		-161.9
		$N_{B_1A_1}$(kN)	17.9	14.2	-6.9	0.9	—	—	1+0.85(2+3)	24.1	1+2	32.1
		$V_{B_1A_1}$(kN)	-113.9	-88.8	-35.0	35.2		—		-219.1		-202.7
A_2B_2梁	梁左端	$M_{A_2B_2}$(kN·m)	-95.8	-75.7	62.2	-62.2		—		-213.0		-213.0
		$N_{A_2B_2}$(kN)	3.0	2.2	-8.6	4.3	—	—	1+0.85(2+4)	8.5	1+0.85(2+4)	8.5
		$V_{A_2B_2}$(kN)	114.9	90.3	-24.3	24.3		—		212.3		212.3
	梁右端	$M_{B_2A_2}$(kN·m)	-80	-61.9	-59.4	59.4		—		-183.1		-82.13
		$N_{B_2A_2}$(kN)	3.0	2.2	-8.6	4.3	—	—	1+0.85(2+3)	-2.44	1+0.85(2+4)	-8.5
		$V_{B_2A_2}$(kN)	-108.6	-84.7	-24.3	24.3		—		-201.3		-160.0
A_3B_3梁	梁左端	$M_{A_3B_3}$(kN·m)	-100.9	-79.1	41.8	-41.8		—		-203.7		-203.7
		$N_{A_3B_3}$(kN)	2.5	2.5	-4.9	1.0	—	—	1+0.85(2+4)	5.5	1+0.85(2+4)	5.5
		$V_{A_3B_3}$(kN)	117	91.6	-15.9	15.9		—		208.4		208.4
	梁右端	$M_{B_3A_3}$(kN·m)	-74.7	-58.4	-37.8	37.8		-156.5		—		-92.2
		$N_{B_3A_3}$(kN)	2.5	2.5	-4.9	1.0	1+0.85(2+3)	0.5	—	—	1+0.85(2+4)	5.5
		$V_{B_3A_3}$(kN)	-106.5	-83.4	-15.9	15.9		-190.9		—		-163.9
A_4B_4梁	梁左端	$M_{A_4B_4}$(kN·m)	-101.5	-75.8	27.1	-26.5		—		-188.5		-142.9
		$N_{A_4B_4}$(kN)	-11.4	-13.5	-8.8	3.3	—	—	1+0.85(2+4)	-20.1	1+0.85(2+3)	-30.3
		$V_{A_4B_4}$(kN)	117.7	90.8	-10.2	10		—		203.4		186.2
	梁右端	$M_{B_4A_4}$(kN·m)	-71.8	-59.1	-23.8	23.4		—		-142.3		-142.3
		$N_{B_4A_4}$(kN)	-11.4	-13.4	-8.8	3.3	—	—	1+0.85(2+3)	-30.3	1+0.85(2+3)	-30.3
		$V_{B_4A_4}$(kN)	-105.8	-84.2	-10.2	10.0		—		-186.0		-186.0
A_5B_5梁	梁左端	$M_{A_5B_5}$(kN·m)	-49.2	-23.9	7.6	-8.8		—		-77.0		-63.1
		$N_{A_5B_5}$(kN)	-19.0	-10.9	-4.2	1.5	—	—	1+0.85(2+4)	-27.0	1+0.85(2+3)	-31.8
		$V_{A_5B_5}$(kN)	58.0	18.8	-3.1	3.5		—		77.0		71.3
	梁右端	$M_{B_5A_5}$(kN·m)	-23.8	-8.6	-8.2	8.7		—		-38.1		-38.1
		$N_{B_5A_5}$(kN)	-19.0	-10.9	-4.2	1.5	—	—	1+0.85(2+3)	-31.8	1+0.85(2+3)	-31.8
		$V_{B_5A_5}$(kN)	-47.9	-5.7	-3.1	3.5		—		-55.4		-55.4

A5　B5　C5
A4　B4　C4
A3　B3　C3
A2　B2　C2
A1　B1　C1
A　B　C

3. 杆件截面验算

(1)基本组合时的杆件截面验算

①A、C 列柱(见图 9-46)。

a. 截面特性计算如下:

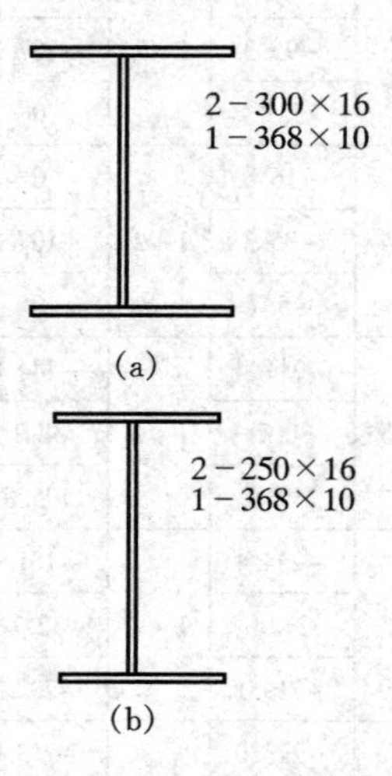

图 9-46　A、C 列柱及横梁截面

(a)柱截面;(b)梁截面

$$A = 2 \times 30 \times 1.6 + 36.8 \times 1 = 132.8(\text{cm}^2)$$

$$I_x = 2 \times 30 \times 1.6 \times 19.2^2 + \frac{1}{12} \times 36.8^3 \times 1 = 39\ 542(\text{cm}^4)$$

$$i_x = \sqrt{\frac{39\ 542}{132.8}} = 17.26(\text{cm})$$

$$W_x = \frac{39\ 542}{20} = 1\ 977(\text{cm}^3)$$

$$I_y = 2 \times \frac{1}{12} \times 30^3 \times 1.6 = 7\ 200(\text{cm}^4)$$

$$i_y = \sqrt{\frac{7\ 200}{132.8}} = 7.36(\text{cm})$$

$$A = 2 \times 25 \times 1.6 + 36.8 \times 1 = 116.8(\text{cm}^2)$$

$$I_x = 2 \times 25 \times 1.6 \times 19.2^2 + \frac{1}{12} \times 36.8^3 \times 1 = 33\ 644(\text{cm}^4)$$

$$W_x = \frac{33\ 644}{20} = 1\ 682.2(\text{cm}^3)$$

b. AA_1 柱段验算如下:

计算长度系数:

柱底为刚接

$$K_2 = \infty$$

$$K_1 = \frac{33\ 644/500}{(39\ 542/600 + 39\ 542/400)} = 0.41$$

查得　$\mu = 1.33$

计算长度

$$l_0 = \mu l = 1.33 \times 600 = 798(\text{cm})$$

内力组合

$$\begin{cases} M = 111.4\ \text{kN} \cdot \text{m} \\ N = 1\ 044.6\ \text{kN} \end{cases} \quad \begin{cases} M = 94.1\ \text{kN} \cdot \text{m} \\ N = 559.4\ \text{kN} \end{cases}$$

强度

$$\frac{1\ 044.6 \times 10^3}{132.8 \times 10^2} + \frac{111.4 \times 10^6}{1.05 \times 1\ 977 \times 10^3} = 78.7 + 53.7 = 132.4(\text{MPa}) < f$$

平面内稳定

由　$\lambda_x = \dfrac{798}{17.26} = 46.2$,　$\varphi_x = 0.874$

$$N_{Ex} = \frac{\pi^2 \times 206 \times 10^3 \times 132.8 \times 10^2}{46.2^2} = 12\ 649 \times 10^3\ \text{N}$$

得
$$\frac{1\ 044.6\times10^3}{0.874\times132.8\times10^2}+\frac{1.0\times111.4\times10^6}{1.05\times1\ 977\times10^3\left(1-0.8\times\frac{1\ 044.6\times10^3}{12\ 649\times10^3}\right)}$$
$$=90.0+56.7=146.7(\text{MPa})<f$$

平面外稳定

由　$\lambda_y=\frac{600}{7.36}=81.5$，　$\varphi_y=0.569$（《钢结构设计标准》c 类截面）

$$\varphi_b=1.07-\frac{81.5^2}{44\ 000}=0.92,\quad \beta_{tx}=1.0$$

得
$$\frac{1\ 044.6\times10^3}{0.569\times132.8\times10^2}+\frac{1.0\times111.4\times10^6}{0.92\times1\ 977\times10^3}=138.2+61.2=199.4(\text{MPa})<f$$

c. A_1A_2 柱段验算如下：

计算长度系数

$$K_2=0.41$$
$$K_1=\frac{33\ 644/500}{(39\ 542/350+39\ 542/400)}=0.32$$

查得　$\mu=1.78$

计算长度

$$l_0=\mu l=1.78\times400=712(\text{cm})$$

荷载组合

$$\begin{cases}M=114.6\ \text{kN}\cdot\text{m}\\N=784.3\ \text{kN}\end{cases}$$

强度

$$\frac{784.3\times10^3}{132.8\times10^2}+\frac{114.6\times10^6}{1.05\times1\ 977\times10^3}=59.1+55.2=114.3(\text{MPa})<f$$

平面内稳定

由　$\lambda_x=\frac{712}{17.26}=41.3$，　$\varphi_x=0.893$

$$N_{Ex}=\frac{\pi^2\times206\times10^3\times132.8\times10^2}{41.3^2}=15\ 829\times10^3(\text{N})$$

得
$$\frac{784.3\times10^3}{0.893\times132.8\times10^2}+\frac{1.0\times114.6\times10^6}{1.05\times1\ 977\times10^3\times\left(1-0.8\times\frac{784.3\times10^3}{15\ 829\times10^3}\right)}$$
$$=66.1+57.5=123.6(\text{MPa})<f$$

平面外稳定

由　$\lambda_y=\frac{400}{7.36}=54.4$，　$\varphi_y=0.746$（c 类截面）

$$\varphi_b=1.07-\frac{54.4^2}{44\ 000}=1.0,\quad \beta_{tx}=1.0$$

得
$$\frac{784.3\times10^3}{0.746\times132.8\times10^2}+\frac{1.0\times114.6\times10^6}{1.0\times1\ 977\times10^3}=79.2+58=137.2(\text{MPa})<f$$

局部稳定

翼缘

$$\frac{145}{16}=9.1<13$$

腹板

$$W=\frac{39\ 542}{18.4}=2\ 149(\mathrm{cm}^3)$$

$$\begin{matrix}\sigma_{\max}\\ \sigma_{\min}\end{matrix}=\frac{1\ 044.6\times10^3}{132.8\times10^2}\pm\frac{111.4\times10^6}{2\ 149\times10^3}=78.7\pm51.8=\begin{cases}130.5(\mathrm{MPa})\\ 26.9(\mathrm{MPa})\end{cases}$$

$$\alpha_0=\frac{130.5-26.9}{130.5}=0.79$$

$\frac{h_0}{t_w}$限值为 $16\times0.79+0.5\times46.2+25=60.7$，而实际采用的$\frac{h_0}{t_w}=\frac{36.8}{1}=36.8<60.7$，可以。

其他柱段可不再计算。

②B 列柱（见图 9-47）。

a. 截面特性计算如下：

$$A=2\times30\times1.6+46.8\times1=142.8(\mathrm{cm}^2)$$

$$I_x=2\times30\times1.6\times24.2^2+1/12\times46.8^3\times1$$
$$=64\ 763(\mathrm{cm}^4)$$

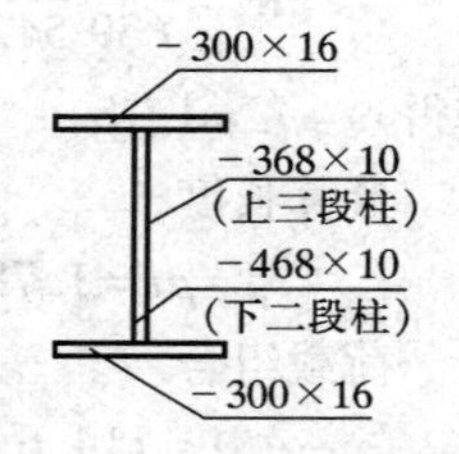

图 9-47　B 列柱截面

$$i_x=\sqrt{\frac{64\ 763}{142.8}}=21.3(\mathrm{cm})$$

$$W_x=\frac{64\ 763}{25}=2\ 590(\mathrm{cm}^3)$$

$$I_y=2\times\frac{1}{12}\times30^3\times1.6=7\ 200(\mathrm{cm}^4)$$

$$i_y=\sqrt{\frac{7\ 200}{142.8}}=7.1(\mathrm{cm})$$

b. BB_1 柱段验算如下：

计算长度系数

柱脚为刚接，

$$K_2=\infty$$

$$K_1=\frac{33\ 644/500\times2}{(64\ 763/580+64\ 763\times400)}=0.49$$

查得　$\mu=1.28$

计算长度

$$l_0=\mu l=1.28\times600=768(\mathrm{cm})$$

内力组合

$$\begin{cases}M=157.9\ \mathrm{kN\cdot m}\\ N=1\ 054.3\ \mathrm{kN}\end{cases}\quad\begin{cases}M=0\\ N=1\ 748.3\ \mathrm{kN}\end{cases}$$

强度

$$\frac{1\ 054.3\times10^3}{142.8\times10^2}+\frac{157.9\times10^6}{1.05\times2\ 590\times10^3}=73.8+58.1=131.9(\mathrm{MPa})$$

平面内稳定

由　$\lambda_x = \frac{768}{21.3} = 36.1$，　$\varphi_x = 0.914$

$$N_{Ex} = \frac{\pi^2 \times 206 \times 10^3 \times 142.8 \times 10^2}{36.1^2} = 22\ 278 \times 10^3 (\mathrm{N})$$

得　$$\frac{1\ 054.3 \times 10^3}{0.914 \times 142.8 \times 10^2} + \frac{1.0 \times 157.9 \times 10^6}{1.05 \times 2\ 590 \times 10^3 \left(1 - 0.8 \times \frac{1\ 054.3}{22\ 278}\right)}$$

$= 80.8 + 60.3 = 141.1(\mathrm{MPa}) < f$

平面外稳定

由　$\lambda_y = \frac{600}{7.1} = 84.5$，　$\varphi_y = 0.55$（C 类截面）

$$\varphi_b = 1.07 - \frac{84.5^2}{44\ 000} = 0.91$$

得

$$\frac{1\ 054.3 \times 10^3}{0.55 \times 142.8 \times 10^2} + \frac{1.0 \times 157.9 \times 10^6}{0.91 \times 2\ 590 \times 10^3} = 134.2 + 67 = 201.2(\mathrm{MPa}) < f$$

局部稳定

按轴压杆件考虑：

翼缘　$\frac{b}{t} = (10 + 0.1 \times 81.7) = 18.7 > \frac{145}{1.6} = 9.1$，可以。

腹板　$25 + 0.5 \times 81.7 = 65.8 > 46.8$，可以。

按压弯考虑：

翼缘　$\frac{145}{1.6} = 9.1 < 13$，可以。

腹板

$$W = \frac{64\ 763}{23.4} = 2\ 767.6(\mathrm{cm}^3)$$

$$\begin{cases} \left\{ \begin{matrix} \sigma_{max} \\ \sigma_{min} \end{matrix} \right. = \frac{1\ 054.3 \times 10^3}{142.8 \times 10^2} \pm \frac{157.9 \times 10^6}{2\ 767.6} = 73.83 \pm 57.05 = \left\{ \begin{matrix} 130.88(\mathrm{MPa}) \\ 16.78(\mathrm{MPa}) \end{matrix} \right. \\ \alpha_0 = \frac{130.88 - 16.78}{130.88} = 0.87 \end{cases}$$

$\frac{h_0}{t_w}$限值为 $16 \times 0.87 + 0.5 \times 36.1 + 25 = 57$，而实际采用的$\frac{h_0}{t_w} = \frac{46.8}{1} = 46.8 < 57$，可以。

c. B_2B_3 柱段（截面与 A、C 列柱相同）验算如下：

计算长度系数

$$K_1 = \frac{2 \times 33\ 644/500}{(2 \times 39\ 542/350)} = 0.60$$

$$K_2 = \frac{2 \times 33\ 644/500}{(39\ 542/350 + 64\ 763/400)} = 0.49$$

查得　$\mu = 1.56$

计算长度

$l_0 = \mu l = 1.56 \times 350 = 546(\text{cm})$

荷载组合

$\begin{cases} M = 48.3\ \text{kN} \cdot \text{m} \\ N = 599.3\ \text{kN} \end{cases} \quad \begin{cases} M = 0 \\ N = 946\ \text{kN} \end{cases}$

强度

$$\frac{599.3 \times 10^3}{132.8 \times 10^2} + \frac{48.3 \times 10^6}{1.05 \times 1\,977 \times 10^2} = 45.1 + 23.3 = 68.4(\text{MPa})$$

与 A、C 列柱相比较,均偏安全,可不再计算。

③横梁。

因截面相同,可选择最不利的内力组合验算。现选用 A_1、B_1 梁端内力组合为 $M = 224.4\ \text{kN} \cdot \text{m}$,$N = 24.1\ \text{kN}$,$Q = 219.1\ \text{kN}$。

a. 梁端截面验算如下:

正应力

$$\frac{24.1 \times 10^3}{116.8 \times 10^2} + \frac{224.4 \times 10^6}{1\,682.2 \times 10^3} = 2.1 + 133.4 = 135.5(\text{MPa}) < f$$

可知轴力影响很小,可忽略不计。

$$S = 250 \times 16 \times 192 + 184 \times 10 \times 92 = 937.3 \times 10^3(\text{mm}^3)$$

剪应力

$$\tau = \frac{219.1 \times 10^3 \times 937.3 \times 10^3}{33\,644 \times 10^4 \times 10} = 61(\text{MPa}) < f_v$$

梁整体稳定由预制板与梁焊缝连接保证,可不验算;局部稳定,翼缘 $\frac{b}{t} = \frac{120}{16} = 7.5$,腹板 $\frac{368}{10} = 36.8$,均符合要求。

b. 梁跨中截面验算如下。

跨中最大弯矩按 A_2B_2 梁取算,其荷载作用如图 9-48 所示。

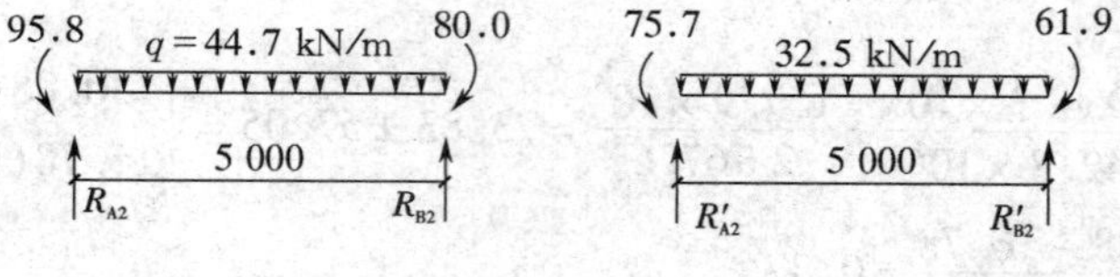

95.8　$q = 44.7$ kN/m　80.0　5 000　R_{A2}　R_{B2}　(a)

75.7　32.5 kN/m　61.9　5 000　R'_{A2}　R'_{B2}　(b)

图 9-48　A_2B_2 梁荷载作用

(a)恒载作用;(b)活载作用

恒荷载作用下跨中部最大弯矩 M_{x1}:

$$R_{A2} = \frac{1}{5}\left(95.8 - 80 + \frac{1}{2} \times 44.7 \times 5^2\right) = 114.91(\text{kN})$$

$$R_{B2} = 108.59\ \text{kN}$$

$$M_{x1} = 114.91x - 95.8 - \frac{1}{2} \times 44.7x^2$$

由 $\frac{\mathrm{d}M_x}{\mathrm{d}x} = 114.91 - 44.7x = 0$,$x = 2.57(\text{m})$

求得

$$M_{x1}=114.91\times2.57-44.7\frac{2.57^2}{2}-95.8=51.9(\text{kN}\cdot\text{m})$$

活荷载作用下跨中部最大弯矩 M_{x2}(位置同上):

$$R_{A2}'=\frac{1}{5}[75.7-61.9+1/2\times5^2\times32.5]=84.01(\text{kN})$$

$$M_{x2}=84.01\times2.57-75.7-1/2\times32.5\times2.57^2=32.9(\text{kN}\cdot\text{m})$$

梁跨中部最大弯矩 M_x:

$$M_x=M_{x1}+M_{x2}=51.9+32.9=84.8(\text{kN}\cdot\text{m})$$

与支座弯矩 $M=224.4$ kN · m 相比较,M_x 小甚多,故不再计算。

(2)地震作用下的内力组合及构件截面验算

①地震作用内力组合。

a. 重力荷载代表值的效应。为了利用无地震计算结果现分析如下:

对于恒荷载,取标准值 × 系数 $1\times\gamma_{EG}(=1.2)$,故可利用恒荷载数据。

屋面活荷载,只取雪载 $\times0.5\times\gamma_{EG}(=1.2)$。

屋面活荷载,取标准值 $\times0.75\times\gamma_{EG}(=1.2)$,故需将原数据乘以 $\frac{0.75\times1.2}{1.3}=0.7$ 的系数,为了不重作计算,将原活荷载数据统一乘以系数 0.7。

b. 各楼层集中质量(见图 9-41)产生的地震作用标准值,经机算分析后示于图 9-49。

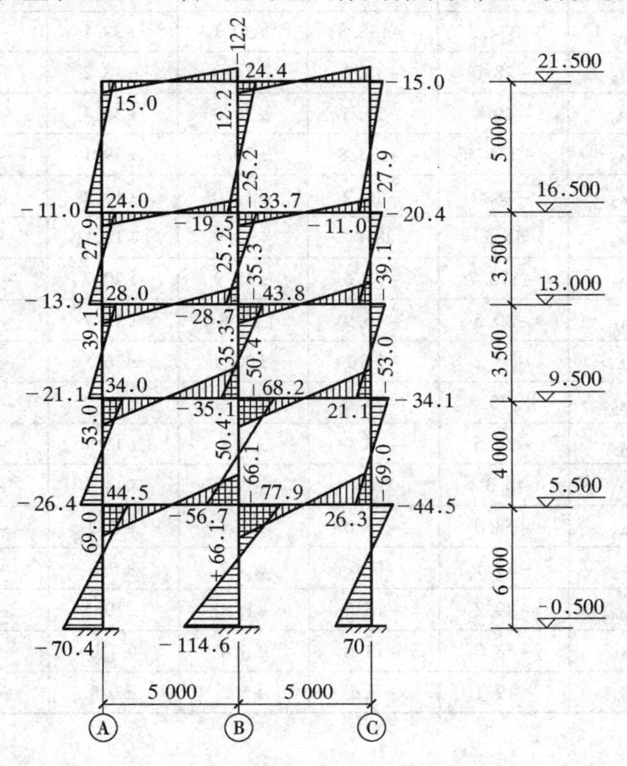

图 9-49　水平地震作用弯矩图(kN · m)

(图示内力的地震作用方向为由左向右)

c. 地震作用时梁、柱的内力组合见9-2。

表9-2　考虑地震作用组合的框架内力

截面			内力	重力荷载代表值		地震作用		内力组合	
				恒荷载	活荷载	数值	×1.3	$\pm M_{max}$	N_{max}
框架柱	AA_1 柱	柱下端	M_{AA_1}	13.7	7.7	∓70.4	∓91.5	+112.9	
			N_{AA_1}	-648	-260.6	±74.9	±97.4	-1 006	
			V_{AA_1}	-0.7	-3.9	±19.1	±24.8	-29.4	
		柱上端	M_{A_1A}	-28.4	-15.4	±44.5	±57.9	-101.7	
			N_{A_1A}	-648	-260.6	±74.9	±97.4	-1 006	
			V_{A_1A}	-0.7	-3.9	±19.1	±24.8	-29.4	
	A_1A_2 柱	柱下端	$M_{A_1A_2}$	52.4	28.8	∓26.4	∓34.3	115.5	
			$N_{A_1A_2}$	-490.8	-201.1	±49.6	±64.5	756.4	
			$V_{A_1A_2}$	-24.9	-13.7	±15.1	±19.6	-58.2	
		柱上端	$M_{A_2A_1}$	-47.3	-25.7	±34.0	±44.2	-117.2	
			$N_{A_2A_1}$	-490.8	-201.1	±49.6	±64.5	-756.4	
			$V_{A_2A_1}$	-24.9	-13.7	±15.1	±19.6	-58.2	
	A_2A_3 柱	柱下端	$M_{A_2A_3}$	48.5	26.5	∓21.1	∓27.4	+102.4	
			$N_{A_2A_3}$	-334.3	-138.8	±30.1	±39.1	-512.2	
			$V_{A_2A_3}$	-28.0	-15.2	±14.0	±18.2	-61.4	
		柱上端	$M_{A_3A_2}$	-49.4	-26.5	±28.0	±36.4	-112.3	
			$N_{A_3A_2}$	-334.3	-138.8	±30.1	±39.1	-512.2	
			$V_{A_3A_2}$	-28.0	-15.2	±14.0	±18.2	-61.4	
	A_3A_4 柱	柱下端	$M_{A_3A_4}$	51.5	28.0	∓13.9	∓18.1	97.6	
			$N_{A_3A_4}$	-175.7	-75.6	±15.9	±20.7	-272.0	
			$V_{A_3A_4}$	-30.5	-16.9	±9.8	±12.7	-60.1	
		柱上端	$M_{A_4A_3}$	-55.2	-31.1	±20.4	±26.5	-112.6	
			$N_{A_4A_3}$	-175.7	-75.6	±15.9	±20.7	-272.0	
			$V_{A_4A_3}$	-30.5	-16.9	±9.8	±12.7	-60.1	
	A_4A_5 柱	柱下端	$M_{A_4A_5}$	46.3	21.3	±11.0	∓14.3	+81.9	
			$N_{A_4A_5}$	-58.0	-13.0	±5.4	±7.0	-78.0	
			$Q_{A_4A_5}$	-19.1	-7.6	±5.2	±6.8	-33.5	
		柱上端	$M_{A_5A_4}$	-49.2	-16.5	±15.0	±19.5	-85.2	
			$N_{A_5A_4}$	-58.0	-13.0	±5.4	±7.0	-78.0	
			$Q_{A_5A_4}$	-19.1	-7.6	±5.2	±6.8	-33.5	

续表

截面			内力	重力荷载代表值		地震作用		内力组合	
				恒荷载	活荷载	数值	×1.3	$\pm M_{max}$	N_{max}
框架柱	BB_1 柱	柱下端	M_{BB_1}	0	0	∓114.6	∓149.0	∓149.0	
			N_{BB_1}	−1 054.6	−478.7	0	0	1 533.3	
			Q_{BB_1}	0	0	±32.1	±41.7	±41.7	
		柱上端	M_{B_1B}	0	0	±77.9	±101.3	±101.3	
			N_{B_1B}	−1 054.6	−478.7	0	0	−1 533.3	
			Q_{B_1B}	0	0	±32.1	±41.7	±41.7	
	B_1B_2 柱	柱下端	$M_{B_1B_2}$	0	0	∓56.8	∓73.8	∓73.8	
			$N_{B_1B_2}$	−821.4	−356.0	0	0	−1 177.4	
			$Q_{B_1B_2}$	0	0	±31.2	±40.6	±40.6	
		柱上端	$M_{B_2B_1}$	0	0	±68.2	±88.7	±88.7	
			$N_{B_2B_1}$	−821.4	−356.0	0	0	−1 177.4	
			$Q_{B_2B_1}$	0	0	±31.2	±40.6	±40.6	
	B_2B_3 柱	柱下端	$M_{B_2B_3}$	0	0	∓35.1	∓45.6	∓45.6	
			$N_{B_2B_3}$	−599.5	−239.1	0	0	−838.6	
			$Q_{B_2B_3}$	0	0	±22.5	±29.3	±29.3	
		柱上端	$M_{B_3B_2}$	0	0	±43.8	±56.9	±56.9	
			$N_{B_3B_2}$	−599.5	−239.1	0	0	−838.6	
			$Q_{B_3B_2}$	0	0	±22.5	±29.3	±29.3	
	B_3B_4 柱	柱下端	$M_{B_3B_4}$	0	0	∓28.7	∓37.3	∓37.3	
			$N_{B_3B_4}$	−381.8	−124.1	0	0	−505.9	
			$V_{B_3B_4}$	0	0	±17.8	±23.1	±23.1	
		柱上端	$M_{B_4B_3}$	0	0	±33.7	±43.8	±43.8	
			$N_{B_4B_3}$	−381.8	−124.1	0	0	−505.9	
			$V_{B_4B_3}$	0	0	±17.8	±23.1	±23.1	
	B_4B_5 柱	柱下端	$M_{B_4B_5}$	0	0	∓19.5	∓25.4	∓25.4	
			$N_{B_4B_5}$	−95.7	−7.9	0	0	−103.6	
			$V_{B_4B_5}$	0	0	±8.8	±11.4	±11.4	
		柱上端	$M_{B_5B_4}$	0	0	±24.4	±31.7	±31.7	
			$N_{B_5B_4}$	−95.7	−7.9	0	0	−103.6	
			$V_{B_5B_4}$	0	0	±8.8	±11.4	±11.4	

续表

截面			内力	重力荷载代表值		地震作用		内力组合	
				恒荷载	活荷载	数值	×1.3	$\pm M_{max}$	N_{max}
楼层横梁	A_1B_1梁	梁左端	$M_{A_1B_1}$	−80.8	−44.2	±69.0	±88.7	−213.7	
			$N_{A_1B_1}$	17.9	9.8	±1.5	±2.0	25.7	
			$V_{A_1B_1}$	109.6	59.4	∓27.0	∓35.1	204.1	
		梁右端	$M_{B_1A_1}$	−91.3	−48.7	∓66.1	∓85.9	−225.9	
			$N_{B_1A_1}$	17.9	9.8	±1.5	±2.0	29.7	
			$V_{B_1A_1}$	−113.9	−61.3	∓27.0	∓35.1	−210.3	
	A_2B_2梁	梁左端	$M_{A_2B_2}$	−95.8	−52.2	±53.0	±68.9	−216.9	
			$N_{A_2B_2}$	3.0	1.5	∓2.1	∓2.7	7.2	
			$V_{A_2B_2}$	114.9	62.3	∓20.7	∓26.9	204.1	
		梁右端	$M_{B_2A_2}$	−80	−42.7	∓50.4	∓65.5	−188.2	
			$N_{B_2A_2}$	3.0	1.5	∓2.1	∓2.7	1.8	
			$V_{B_2A_2}$	−108.6	−58.4	∓20.7	∓26.9	−193.9	
	A_3B_3梁	梁左端	$M_{A_3B_3}$	−100.9	−54.6	±39.1	±50.8	−206.3	
			$N_{A_3B_3}$	2.5	1.7	±0.5	±0.7	3.5	
			$V_{A_3B_3}$	117.0	63.2	∓14.9	∓19.4	199.6	
		梁右端	$M_{B_3A_3}$	−74.7	−40.3	∓35.3	∓45.9	−160.9	
			$N_{B_3A_3}$	2.5	1.7	±0.5	±0.7	4.9	
			$V_{B_3A_3}$	−106.5	−57.5	∓14.9	∓19.4	−183.4	
	A_4B_4梁	梁左端	$M_{A_4B_4}$	−101.5	−52.3	±27.9	±36.3	−190.1	
			$N_{A_4B_4}$	−11.4	−9.3	∓1.0	∓1.3	−19.4	
			$V_{A_4B_4}$	117.7	62.6	∓10.6	∓13.8	194.1	
		梁右端	$M_{B_4A_4}$	−71.8	−40.8	∓25.2	∓32.8	−145.4	
			$N_{B_4A_4}$	−11.4	−9.3	∓1.0	∓1.3	−22.0	
			$V_{B_4A_4}$	−105.8	−58.1	∓10.6	∓13.8	−177.7	
	A_5B_5梁	梁左端	$M_{A_5B_5}$	−49.2	−16.5	±15.0	±19.5	−85.2	
			$N_{A_5B_5}$	−19.0	−7.5	∓0.9	∓1.2	−25.3	
			$V_{A_5B_5}$	58.0	13.0	∓5.4	∓7.0	78.0	
		梁右端	$M_{B_5A_5}$	−23.8	−5.9	∓12.2	∓15.9	−45.6	
			$N_{B_5A_5}$	−19.0	−7.5	∓0.9	∓1.2	−27.7	
			$V_{B_5A_5}$	−47.9	−3.9	∓5.4	∓7.0	−58.8	

注：表中 M 值的单位均为 kN·m，N、V 值的单位均为 kN。

②梁、柱截面验算。验算时，梁、柱截面承载力调整系数 γ_{RE} 采用 0.8；局部稳定应按《钢结构设计标准》（GB 50017—2017）中塑性设计一章中的限值控制。

梁、柱截面特性均同前。

a. AA_1 柱段验算如下：

地震内力组合

$$\begin{cases}M=+112.9\ \text{kN}\cdot\text{m}\\N=1\ 006\ \text{kN}\\Q=-29.4\ \text{kN}\end{cases}$$

强度

$$\frac{1\ 006\times10^3}{132.8\times10^2}+\frac{112.9\times10^6}{1.05\times1\ 977\times10^3}=75.8+54.4=130.2(\text{MPa})<f/0.8$$

平面内稳定

由　$\lambda_x=46.2$，　$\varphi_x=0.874$，　$N_{Ex}=12\ 649\times10^3$ N

得

$$\frac{1\ 006\times10^3}{0.874\times132.8\times10^2}+\frac{1.0\times112.9\times10^6}{1.05\times1\ 977\times10^3\left(1-0.8\dfrac{1\ 006\times10^3}{12\ 649\times10^3}\right)}$$

$$=86.7+58.1=144.8\ (\text{MPa})<f/0.8$$

平面外稳定

由　$\varphi_y=0.569$，　$\varphi_b=0.92$

得

$$\frac{1\ 006\times10^3}{0.569\times132.8\times10^2}+\frac{1.0\times112.9\times10^6}{0.92\times1\ 977\times10^3}=133.1+62.1=195.2\ \text{MPa}<f/0.8$$

局部稳定，按“塑性设计”要求控制。

翼缘

$$\frac{145}{16}=9.1\approx9$$

腹板

$$\frac{1\ 006\times10^3}{132.8\times10^2\times215}=0.35<0.37$$

$\frac{h_0}{t_w}$限值为$\left(72-100\times\dfrac{1\ 006\times10^3}{132.8\times10^2\times215}\right)=36.8$，而实际采用的$\frac{h_0}{t_w}=368/10=36.8$，可以。

b. BB_1 柱段验算如下：

地震内力组合

$$\begin{cases}M=-149\ \text{kN}\cdot\text{m}\\N=1\ 533.3\ \text{kN}\\Q=41.7\ \text{kN}\end{cases}$$

强度

$$\frac{1\ 533.3\times10^3}{142.8\times10^2}+\frac{149\times10^6}{1.05\times2\ 590\times10^3}=107.4+54.8=162.2\ \text{MPa}<f/0.8$$

平面内稳定

由　$\varphi_x=0.918$，　$N_{Ex}=23\ 973\times10^3$ N

得

$$\frac{1\ 533.3\times10^3}{0.918\times142.8\times10^2}+\frac{1.0\times149\times10^6}{1.05\times2\ 590\times10^3\left(1-0.8\times\dfrac{1\ 533.3}{23\ 973}\right)}$$

$= 117 + 57.7 = 174.7(\text{MPa}) < f/0.8$

平面外稳定

由 $\varphi_y = 0.568$， $\varphi_b = 0.92$

得 $$\frac{1\,533.3\times10^3}{0.568\times142.8\times10^2}+\frac{1.0\times149\times10^6}{0.92\times2\,590\times10^3}=189+62.5=251.5\ \text{MPa}<f/0.8$$

局部稳定

翼缘

$9.1 \approx 9$

腹板

$$\frac{1\,533.3\times10^3}{142.8\times10^2\times215}=0.50>0.37$$

$\frac{h_0}{t_w}$限值为 35，而实际采用的$\frac{h_0}{t_w}=\frac{368}{10}=36.8$，尚可。

c. A_1B_1 梁验算如下：

地震内力组合

$$\begin{cases}M = 225.9\ \text{kN}\cdot\text{m}\\ N = 29.7\ \text{kN}\\ Q = 210.3\ \text{kN}\end{cases}$$

正应力

$$\frac{29.7\times10^3}{116.8\times10^2}+\frac{225.9\times10^6}{1\,682.2\times10^3}=2.5+134.3=136.8(\text{MPa})$$

剪应力

$$\tau=\frac{210.3\times10^3\times768\times10^3}{33\,644\times10^4\times10}=48(\text{MPa})$$

整体稳定可不计算。局部稳定可参见非地震组合验算，已满足要求。

9.6.3 纵向支撑计算

1. 基本组合时的计算

基本组合的纵向计算，主要进行端山墙风力作用下柱列纵向柱间支撑开间的抗侧力验算，因纵向采用柱—支撑结构体系，故仅由竖向支撑承受风荷载，按布置图竖向支撑仅设置在Ⓐ©柱列，故每列竖向支撑承受 5 m 宽度的荷载。纵向支撑计算简图见图 9-50。

(1)各层支撑内力计算

左风时，$q_{w1} = 2.28\ \text{kN/m}$，$q_{w2} = 1.93\ \text{kN/m}$，将均布风荷化为节点集中风荷，且交叉支撑一般仅按受拉杆计算；此时亦可不计入柱压缩所增加的轴心力。

水平风荷计算：

$$P_5 = (0.8 + 5/2)\times2.28 = 7.52(\text{kN})$$

$$P_5' = (0.8 + 5/2)\times1.43 = 4.72(\text{kN})$$

$$P_4 = \frac{1}{2}(5 + 3.5)\times2.28 = 9.69(\text{kN})$$

$$P_4{}'=\frac{1}{2}(5+3.5)\times1.43=6.08(\text{kN})$$

$$P_3=\frac{1}{2}(3.5+3.55)\times2.28=8.04(\text{kN})$$

$$P_3{}'=\frac{1}{2}(3.5+3.55)\times1.43=5.04(\text{kN})$$

$$P_2=\frac{1}{2}(3.55+4.00)\times2.28=8.61(\text{kN})$$

$$P_2{}'=\frac{1}{2}(3.55+4.0)\times1.43=5.40(\text{kN})$$

$$P_1=\frac{1}{2}(4+4.75)\times2.28=9.98(\text{kN})$$

$$P_1{}'=\frac{1}{2}(4+4.75)\times1.43=6.26(\text{kN})$$

$$N_{en}=+(7.52+4.72)\times\frac{707}{500}=+17.31(\text{kN})$$

$$N_{dm}=+(12.24+9.69+6.08)\times\frac{610}{500}$$

$$=28.01\times\frac{610}{500}=34.17(\text{kN})$$

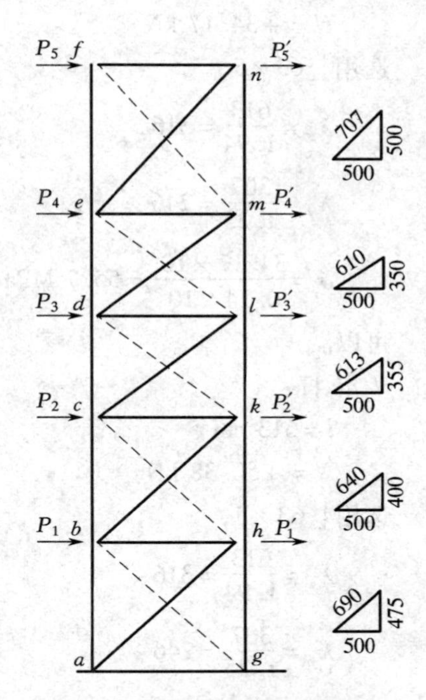

图 9-50　纵向支撑计算简图

$$N_{cl}=+(28.01+8.04+5.04)\times\frac{613}{500}=41.09\times\frac{613}{500}=50.38\ \text{kN}$$

$$N_{bk}=+(41.09+8.61+5.40)\times\frac{640}{500}=55.1\times\frac{640}{500}=70.53(\text{kN})$$

$$N_{ah}=+(55.1+9.98+6.26)\times\frac{690}{500}=98.45(\text{kN})$$

(2)支撑斜杆截面选择

斜杆截面均选择∟63×5,并验算如下。

en、*fm* 杆:

$l=707$ cm

$N=+17.31$ kN

选用∟63×5,

$$\lambda_x=\frac{707}{1.94}=364$$

$$\lambda_y=\frac{354}{1.25}=283$$

$$\sigma=\frac{17.31\times10^3}{6.14\times10^2}=28.2(\text{MPa})$$

可以。

dm、*le* 杆:

$l=610$ cm

$N = +34.17$ kN

选用∟63×5，

$$\lambda_x = \frac{613}{1.94} = 316,$$

$$\lambda_y = \frac{307}{1.25} = 246$$

$$\sigma = \frac{34.17\times10^3}{6.14\times10^2} = 55.7\text{ MPa}$$

可以。

cl、dk 杆：

$l = 613$ cm

$N = +50.38$ kN

选用∟63×5，

$$\lambda_x = \frac{613}{1.94} = 316$$

$$\lambda_y = \frac{307}{1.25} = 246$$

$$\sigma = \frac{50.38\times10^3}{6.14\times10^2} = 82.1\text{ MPa}$$

可以。

bk、hc 杆：

$l = 640$ cm

$N = +70.53$ kN

选用∟63×5，

$$\lambda_x = \frac{640}{1.94} = 330$$

$$\lambda_y = \frac{320}{1.25} = 256$$

$$\sigma = \frac{70.53\times10^3}{6.14\times10^2} = 11.49\text{ MPa}$$

可以。

ah、bg 杆：

$l = 690$ cm

$N = +98.45$ kN

$$\lambda_x = \frac{690}{1.94} = 356$$

$$\lambda_y = \frac{345}{1.25} = 276$$

$$\sigma = \frac{98.45\times10^3}{6.14\times10^2} = 160.3(\text{MPa})$$

可以。

2. 地震作用组合时的计算

本例框架总高度为 22.0 m。在有地震作用的组合中不考虑风荷载的影响。计算地震作用时，采用层模型进行。

(1) 各层重力荷载代表值的计算

各层质量集中见图 9-51 所示。由横向计算中知

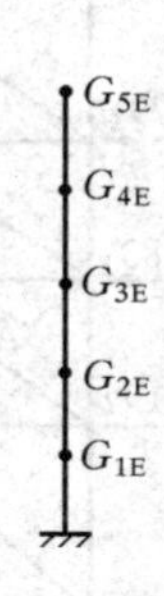

图 9-51　各层质量集中

$$G_{5E} = (2 \times 81.95 + 96) \times 4 + (7 \times 0.2 + 20 \times 0.04) \times 10 \times 3.3 \times 2$$
$$= 1\,039.6 + 72.6 \times 2 = 1\,184.8(\mathrm{kN})$$

$$G_{4E} = (2 \times 176.21 + 253.43) \times 4 + (2.2 \times 10 \times 4.25 \times 2)$$
$$= 2\,423.4 + 93.5 \times 2 = 2\,610.4(\mathrm{kN})$$

$$G_{3E} = (2 \times 168.78 + 252.6) \times 4 + (2.2 \times 10 \times 3.5 \times 2)$$
$$= 2\,360.6 + 154 = 2\,514.6(\mathrm{kN})$$

$$G_{2E} = (2 \times 171.26 + 252.88) \times 4 + 2.2 \times 10 \times 3.75 \times 2$$
$$= 2\,381.6 + 165 = 2\,546.6(\mathrm{kN})$$

$$G_{1E} = (2 \times 183.63 + 254.25) \times 4 + 2.2 \times 10 \times 5 \times 2$$
$$= 2\,486.0 + 220 = 2\,706(\mathrm{kN})$$

(2) 各层刚度及周期计算

抗侧刚度计算见表 9-3。

框架基本周期采用能量法计算，结果见表 9-4。

(3) 各楼层的纵向地震作用设计值

地震设防烈度 8 度，近震，Ⅱ类场地。

$$\alpha_{\max} = 0.16$$

$$T_g = 0.3\ \mathrm{s}$$

$$\alpha_1 = \left(\frac{0.3}{1.5}\right)^{0.9} \times 0.16 = 0.02\,676$$

由于 $T_1 > 1.4T_g$，故需考虑顶部附加地震作用。

$$S_n = 0.08T_1 + 0.01 = 0.08 \times 1.5 + 0.01 = 0.13$$

$$F_{EK} = \alpha_1 G_{eg} = 0.02\,676 \times 0.85 \times 11\,562.4 = 263(\mathrm{kN})$$

$$\Delta F_n = S_n F_{EK} = 0.13 \times 263 = 34.19(\mathrm{kN})$$

各层的地震作用

$$F_i = \frac{G_i H_i}{\sum G_i H_i} F_{EK}(1 - S_n)$$

列表计算，结果见表 9-5。

(4) 竖向支撑截面验算(见图 9-52)

杆 *en*：

$$N = 49.09 \times \frac{7.07}{5} = 69.41(\mathrm{kN})$$

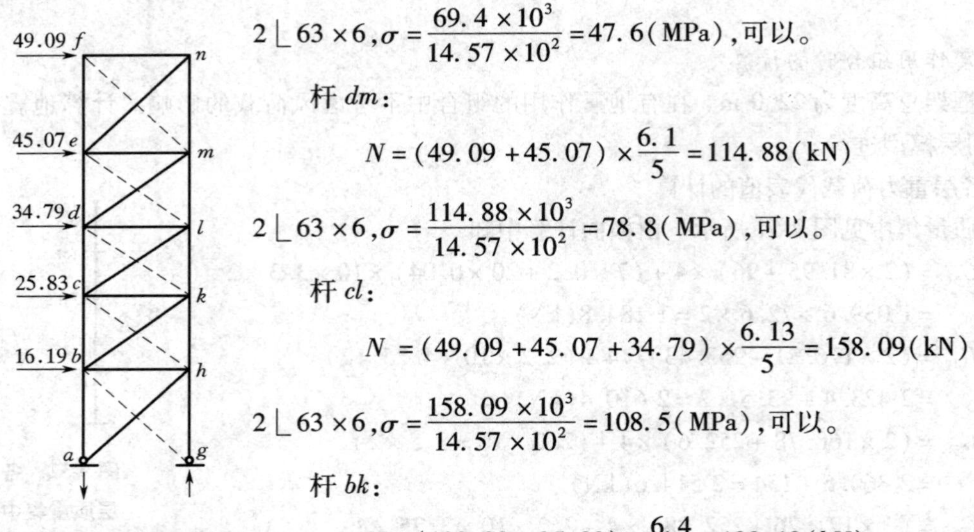

图 9-52　各层地震作用

$$2\llcorner 63\times 6,\sigma=\frac{69.4\times 10^3}{14.57\times 10^2}=47.6(\text{MPa})$$，可以。

杆 dm：

$$N=(49.09+45.07)\times\frac{6.1}{5}=114.88(\text{kN})$$

$$2\llcorner 63\times 6,\sigma=\frac{114.88\times 10^3}{14.57\times 10^2}=78.8(\text{MPa})$$，可以。

杆 cl：

$$N=(49.09+45.07+34.79)\times\frac{6.13}{5}=158.09(\text{kN})$$

$$2\llcorner 63\times 6,\sigma=\frac{158.09\times 10^3}{14.57\times 10^2}=108.5(\text{MPa})$$，可以。

杆 bk：

$$N=(128.98+25.83)\times\frac{6.4}{5}=198.12(\text{kN})$$

$$2\llcorner 63\times 6,\sigma=\frac{198.12\times 10^3}{14.57\times 10^2}=136(\text{MPa})$$，可以。

杆 ah：

$$N=(154.78+16.19)\times\frac{7.07}{5}=241.75(\text{kN})$$

$$2\llcorner 63\times 6,\sigma=\frac{241.75\times 10^3}{14.57\times 10^2}=165.9(\text{MPa})$$，可以。

表 9-3　抗侧刚度计算

层序	简　图	抗　侧　刚　度
第一层	1 → b, h, a, g；5.75；5.0	$l=\sqrt{5^2+5.75^2}=7.62(\text{m})$　$\lambda_x=\frac{0.7\times 762}{1.93}=276$　$\lambda_y=\frac{762}{2.84}=268$ $\lambda_x=276>200$，故不考虑压杆卸荷作用 $\delta_{11}=\frac{1}{EA_1}\times\frac{7.62^3}{5^2}=\frac{1}{206\times 1\,457}\times\frac{7.62^3}{5^2}$ 刚度 $\bar{K}_1=2\times\frac{5^2}{7.62^3}\times 206\times 1\,457=16\,959\ (\text{kN/m})\times 2=33\,918\ \text{kN/m}$
第二层	1 → c, k, b, h；4.0；5.0	$l=\sqrt{5^2+4^2}=6.4\ \text{m}$　$\lambda_x=\frac{0.7\times 640}{1.93}=232$　$\lambda_y=\frac{640}{2.84}=225$ $\lambda_x=232>200$，故不考虑压杆卸荷作用 $\delta_{11}=\frac{1}{206\times 1\,457}\times\frac{6.4^3}{5^2}$ 刚度 $\bar{K}_2=\frac{206\times 1\,457}{10.48}\times 2=57\,248\ (\text{kN/m})$

续表

层序	简　图	抗　侧　刚　度
第三层	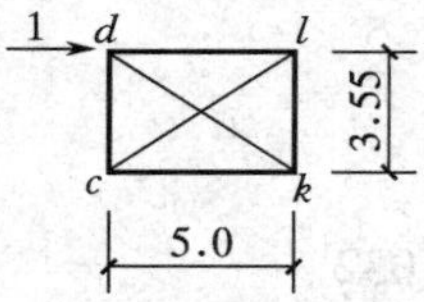 1 → d　l　3.55　c　k　5.0	$l=\sqrt{5^2+3.55^2}=6.13$ m　$\lambda_x=\dfrac{0.7\times613}{1.93}=222$　$\lambda_y=\dfrac{613}{2.84}=216$ $\lambda_x=222>200$，故不考虑压杆卸荷作用 $\delta_{11}=\dfrac{1}{206\times1\ 457}\times\dfrac{6.13^3}{5^2}$ 刚度 $\bar{K}_3=\dfrac{5^2}{6.13^3}\times206\times1\ 457\times2=32\ 575\times2=65\ 150$(kN)
第四层	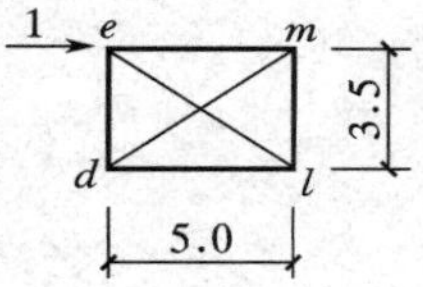 1 → e　m　3.5　d　l　5.0	$l=\sqrt{5^2+3.5^2}=6.10$ m　$\lambda_x=\dfrac{0.7\times610}{1.93}=221$　$\lambda_y=\dfrac{610}{2.84}=215$ $\lambda_x=221>200$，故不考虑压杆卸荷作用 $\delta_{11}=\dfrac{1}{206\times1\ 457}\times\dfrac{6.1^3}{5^2}$ 刚度 $\bar{K}_4=\dfrac{5^2}{6.1^3}\times206\times1\ 457\times2=33\ 058\times2=66\ 116$(kN/m)
第五层	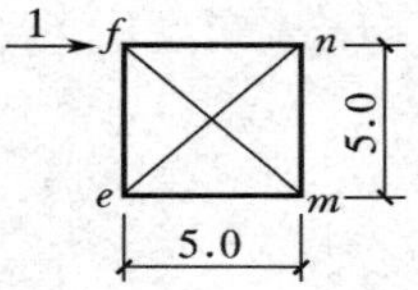 1 → f　n　5.0　e　m　5.0	$l=\sqrt{5^2+5^2}=7.07$ m　$\lambda_x=\dfrac{0.7\times7.07}{1.93}=256$　$\lambda_y=\dfrac{707}{2.84}=249$ $\lambda_x=256>200$，故不考虑压杆卸荷作用 $\delta_{11}=\dfrac{1}{206\times1\ 457}\times\dfrac{7.07^3}{5^2}$ 刚度 $\bar{K}_5=\dfrac{5^2}{7.07^3}\times206\times1\ 457\times2=21\ 233\times2=42\ 466$(kN/m)

表 9-4　框架基本周期计算

层号	G_i /kN	$\sum D$ /(kN·m⁻¹)	$\Delta u_i=\dfrac{\sum G_i}{\sum D}$ /m	$u_i=\sum\Delta u_i$ /m	G_iu_i	$G_iu_i^2$
5	1 184.8	42 466	0.027 900	0.677 747	802.99	544.23
4	2 610.4	66 116	0.057 402	0.649 847	1 696.36	1 102.37
3	2 514.6	65 150	0.090 850	0.592 445	1 489.76	882.60
2	2 546.6	57 248	0.154 702	0.495 595	1 262.08	625.48
1	2 706.0	33 918	0.340 893	0.340 893	922.46	314.46
Σ	11 562.4		0.677 747		6 173.65	3 469.14

基本周期 $T_1=2\sqrt{\dfrac{\sum G_iu_i}{\sum G_iu_i^2}}=2\sqrt{3\ 469.14/6\ 173.65}=1.5$ s

表 9-5　各楼层纵向地震作用设计值

层号	G_i /kN	H_i /m	G_iH_i /(kN·m)	F_i /kN	ΔF_i /kN	$1.3(F_i+\Delta F_i)$ /kN	每列竖向支撑的作用力 $1.3(F_i+\Delta F_i)/2$
1	1 184.8	21.80	25 828.6	41.33	34.19	98.18	49.09
2	2 610.4	16.60	43 332.6	69.34		90.14	45.07
3	2 514.6	13.30	33 444.2	53.52		69.58	34.79
4	2 546.6	9.75	24 829.4	39.73		51.65	25.83
5	2 706.0	5.75	15 559.5	24.90		32.37	16.19
Σ	11 562.4		142 994.3	228.82			

根据一般设计要求,尚应控制在地震作用下框架的位移,其限值一般取$\frac{h}{150}$。现计算如下:

$$v=\frac{49.09}{206\times1\,457}\times\frac{7.62^3}{5^2}+\frac{94.16}{206\times1\,457}\times\frac{6.4^3}{5^2}+\frac{128.95}{206\times1\,457}\times\frac{6.13^3}{5^2}$$

$$+\frac{154.78}{206\times1\,457}\times\frac{6.1^3}{5^2}+\frac{170.97}{206\times1\,457}\times\frac{7.07^3}{5^2}$$

$$=0.002\,898+0.003\,290+0.003\,959+0.004\,682+0.008\,052$$

$$=0.02\,288(\text{m})$$

$$\frac{v}{h}=\frac{0.022\,881}{21.8}=\frac{1}{952}<\frac{1}{150}$$,可以

第 10 章　高层钢结构设计

10.1　高层钢结构的体系和布置

近几十年来,各国的大城市由于人口高度密集、生产和生活用房紧张、交通拥挤、地价昂贵,因此城市建筑逐渐向高空发展,高层和超高层建筑迅速出现,最高的建筑已达百层以上,高度在 50 层左右的超高层建筑有大规模发展和普遍兴建的趋势。

10.1.1　高层钢结构的特点

1. 结构性能的特点

(1)自重轻

以中等高度的高层结构为例,采用钢结构承重骨架,可比钢筋混凝土结构减轻自重 1/3 以上,因而可显著减轻结构传至基础的竖向荷载与地震作用。

(2)抗震性能良好

由于钢材良好的弹塑性性能,可使承重骨架及节点等在地震作用下具有良好的延性及耐震效果。

(3)能更充分地利用建筑空间

与同类钢筋混凝土高层结构相比,由于柱网尺寸可适当加大及承重柱截面尺寸较小,因而可相应增加建筑使用面积 2% ~4%。此外,由于可采用组合楼盖并利用钢梁腹板穿孔设置管线,还可适当降低建筑层高。由于设计柱网尺寸的选择幅度较大,更有利于满足建筑功能的空间划分。

(4)建造速度快

由于可以在工厂制造构件,并采用高强度螺栓与焊接连接以及组合楼板等配套技术进行现场装配式施工,与同类钢筋混凝土高层结构相比,一般可缩短建设周期 1/4 ~1/3。

某 43 层结构选用不同类型结构体系方案时的比较可见表 10-1。

表 10-1　钢与混凝土和组合结构体系的比较

指　　标	钢框支撑体系	混凝土剪力墙—框筒体系	钢混组合框筒体系
结构钢材/$kg \cdot m^{-2}$	102.62	0.00	53.75
楼板混凝土/$m^3 \cdot m^{-2}$	0.1	0.26	0.1
混凝土柱和墙/$m^3 \cdot m^{-2}$	0.00	0.15	0.09
钢筋/$kg \cdot m^{-2}$	2.93	51.31	19.54
模板/$m^2 \cdot m^{-2}$	1.0	2.0	0.50
钢楼板/$m^2 \cdot m^{-2}$	1.0	0.00	1.0

续表

指　　标	钢框支撑体系	混凝土剪力墙—框筒体系	钢混组合框筒体系
防火/$m^2 \cdot m^{-2}$	0.9	0.00	0.6
工期/a	1	2	1.25
墙皮	金属/玻璃	混凝土或石	混凝土或石

(5)防火性能差

不加耐火防护的钢结构构件,其平均耐火时限约为15 min,明显低于钢筋混凝土构件。故当有防火要求时,钢构件表面必须用专门的耐火涂层防护,以满足《建筑设计防火规范》(GB 50016—2014)的要求。

2. 结构荷载的特点

①水平荷载是设计控制荷载。与其他高层结构一样,由于建筑高度显著增加,风荷载或地震作用等水平荷载成为设计高层钢结构的控制性荷载,从而对结构材料用量也有着极大的影响。随建筑高度增加,结构材料用量增加幅度变化可参见图10-1。

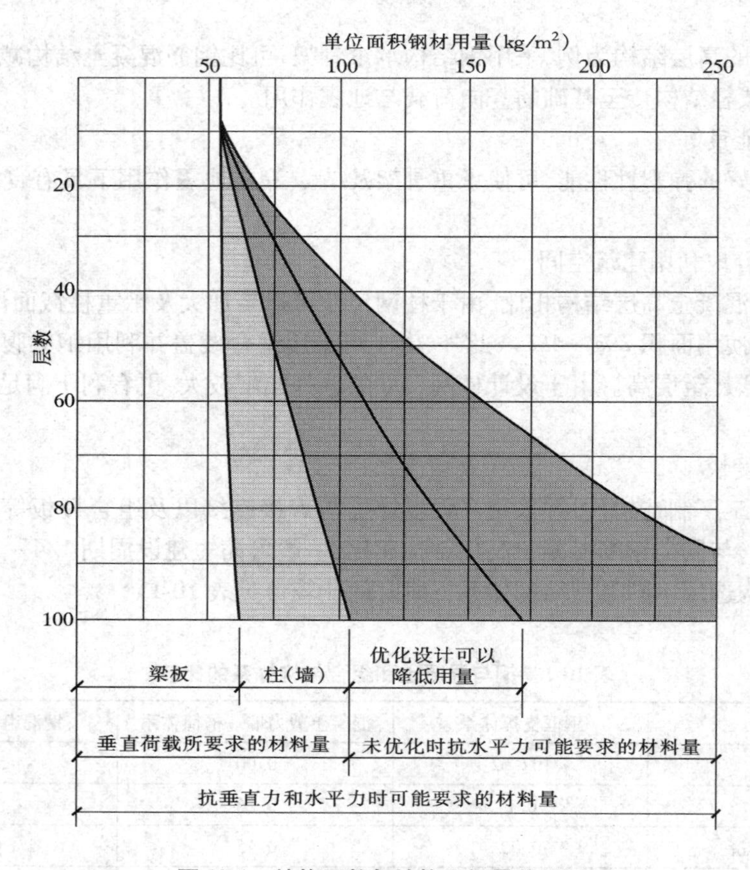

图10-1　结构层数与结构用钢量关系图

②风荷载和地震作用虽然都是控制水平荷载,但由于两者性质不同,设计时应特别注意其各自的特性与计算要求。

a. 风荷载是直接施加于建筑物表面的风压，其值和建筑物的体型、高度以及地形地貌有关。而地震作用却是地震时的地面运动迫使上部结构发生振动时产生并作用于自身的惯性力，故其作用力与建筑物的质量、自振特性、场地土条件等有关。

b. 高层钢结构属于柔性建筑，自振周期较长，易与风载波动中的短周期成分产生共振，因而风载对高层建筑有一定的动力作用。但可仅在风载中引入风振系数 β 后，仍按静载处理来简化计算。而地震作用的波动对结构的动力反应影响很大，必须按考虑动力效应的方法计算。

c. 风载作用时间长、频率高，因此，在风载作用下，要求结构处于弹性阶段，不允许出现较大的变形。而地震作用发生的几率很小，持续时间很短，因此，对抗震设计允许结构有较大的变形，允许某些结构部位进入塑性状态，从而使周期加长，阻尼加大，以吸收能量，达到"小震不坏，大震不倒"。

3. 结构设计的特点

a. 要求更加注意对变形的控制，结构的侧向刚度往往是主要的设计控制指标。除了满足强度可靠的要求外，还应更加注意按使用（如舒适度）要求的顶点位移限值及按保证围护结构不致严重损坏的层间位移限值。必要时还应考虑结构物在局部变形状态下的位移限值。

b. 要求采用更加准确与完善的设计方法。由于高层建筑的重要性及力学特征，为了较准确地判明其承载能力及适应变形能力，需采用较完善的设计方法。如其体型较特殊时，需进行风洞试验以确定其风荷载值。对抗震设防要求较高的高层结构需采用直接动力分析方法进行抗震计算分析，以便从强度、刚度和延性 3 个方面来判别高层结构的各部位是否安全。

4. 结构体系的特点

根据高层结构的荷载特点，其结构体系必须包括两个抗力系统，即抗重力系统和抗水平侧力系统。后者可按结构高度、建筑形式及水平荷载大小等分别选用框架、框架—抗剪结构（支撑、抗剪墙、筒体等）各类结构体系。其中剪力墙或筒体亦可采用钢筋混凝土结构，其技术经济效果更为良好。

为了可靠地协调结构整体工作，在构造上需设置各楼层的水平刚性楼板（一般为压型钢板与现浇混凝土的组合楼板）以及帽带、腰带水平桁架。在柱的下段需将其可靠且方便地嵌固于地下室或箱基墙中，通常将地下部分及地上若干层做成型钢混凝土结构（也称 SRC 结构）。

10.1.2　高层钢结构种类

高层钢结构体系主要有框架结构体系、框架—抗剪桁架结构体系、半筒体结构体系、外框筒结构体系、成束筒结构体系和巨型桁架外筒结构体系等。

1. 框架结构体系

框架结构体系是由梁、柱通过节点的刚性构造连接而成的多个平面刚接框架结构组成的建筑结构体系。它包括各层楼盖平面内的梁格系统和各竖直平面内的梁、柱组成的平面刚接框架体系。结构体系的整体性取决于各柱和梁的刚度、强度以及节点刚接构造的可靠性。层数、层高和柱距是决定结构设计的主要因素。

图 10-2 表示刚接框架体系的几种平面形式。刚接框架结构体系对于 30 层左右的楼房是较为合适的。超过 30 层后，这种体系的刚度不易满足要求，在风荷载和地震荷载等水平力作用下，暴露明显的缺陷，常需采用剪力墙或筒体结构来加强刚接框架而另成别的体系。

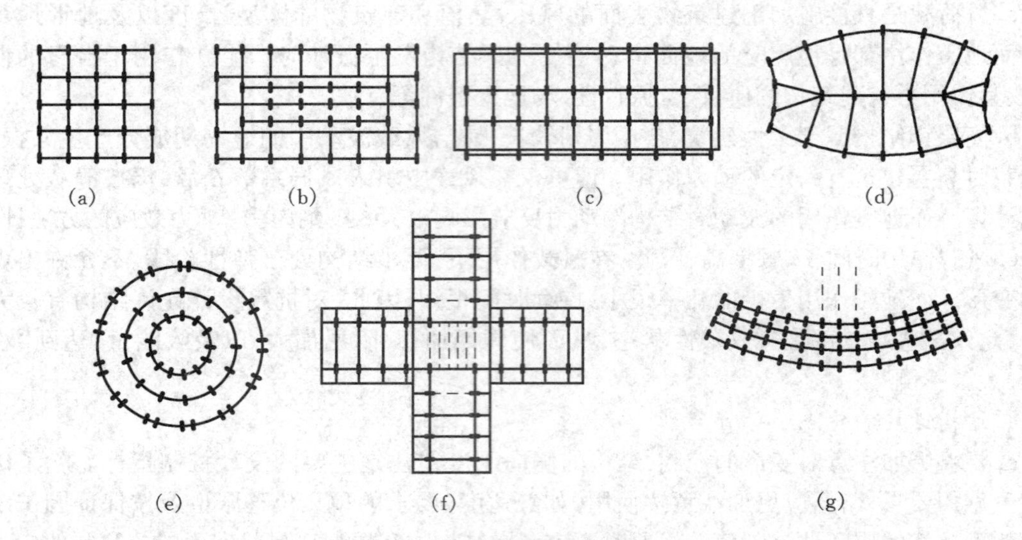

图 10-2　框架结构体系的平面形式

(a)双向十字交叉框架;(b)踏步式平行内柱的平行框架;(c)平行的横向框架;(d)曲线网格上的横向框架;(e)圆弧包络的径向框架;(f)双轴平行双向框架;(g)径向网格上的横向框架

刚接框架结构在竖向荷载作用下的承载能力决定于梁、柱的强度和稳定性,在这方面的受力情况与其他结构体系的情况基本相同。水平荷载是刚接框架结构不能用于层数过高的楼房的决定性因素。图 10-3 表示平面框架结构在水平荷载作用下的水平位移(图 10-3(a)虚线),它包括两部分:一部分是竖向构件(柱)承受轴向压力或拉力引起的水平位移(图 10-3(b)),另一部分为各层梁、柱在剪力作用下引起的水平位移(图 10-3(c)),后者可能占总水平位移的 80%左右。

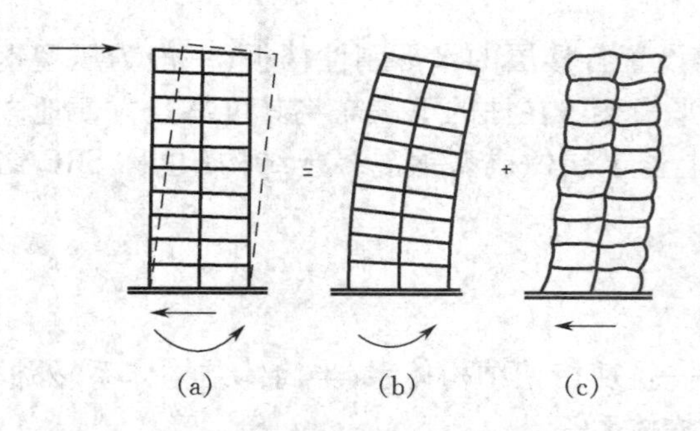

图 10-3　框架结构的水平位移

(a)平面框架在水平荷载作用下的位移(虚线);
(b)竖向构件(柱)承受轴向力引起的位移;
(c)各层梁、柱在水平剪力作用下引起的位移

框架结构体系的最大优点是建筑平面布置灵活,能适用于各类性质的建筑;其缺点是侧向刚度较差,在大风或中等地震荷载作用下,层间位移较大,会导致非结构部件破坏。我国上海新建的金山港饭店和金沙江大酒店,均采用钢框架结构体系。

2. 框架—剪力墙结构体系

高楼建筑结构设计的重要内容之一是控制楼房顶点的侧移(水平位移)在一定的限度以内,而刚接框架结构到达一定高度后,难以承受在水平荷载作用下的水平剪力。采用剪力墙来承受水平剪力是行之有效的结构措施。所谓剪力墙,不一定都是指钢筋混凝土墙体,在钢结构中也常用钢支撑(交叉支撑或斜形腹杆)把部分框架组成坚强的竖直桁架以代替笨重的钢筋混凝土墙体。图 10-4 所示的几种形式,即能有效地提高结构体系的抗剪刚度而大大减少水平位移。这种结构形式一般称之为框架—剪力墙结构体系。

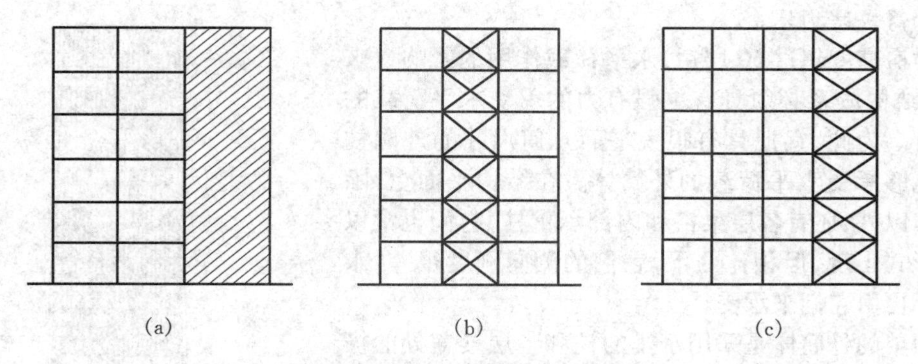

图 10-4　框架—剪力墙结构体系

(a)实体式剪力墙;(b)、(c)由交叉支撑组成的桁架式剪力墙

刚接框架在水平荷载作用下的自由位移见图 10-5(a),而剪力墙结构的自由位移见图 10-5(b),把两者的基点位移画在同一坐标图上,并将两者共同工作时的位移曲线也表示出来则可见图 10-5(c)。当刚接框架和剪力墙共同工作而成为框架—剪力墙体系时,框架主要作为承受竖向荷载的结构,也承受一部分水平荷载(一般占 15% ~20%)。大部分水平荷载由剪力墙承受。

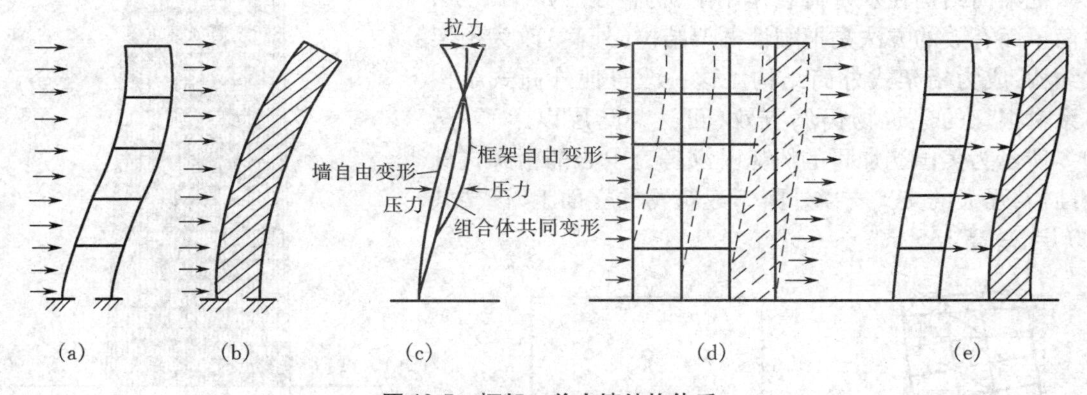

图 10-5　框架—剪力墙结构体系

(a)刚接框架的自由位移;(b)剪力墙结构的自由位移;(c)两种自由位移的合成;
(d)框架—剪力墙体系的共同位移;(e)刚接框架与剪力墙之间的内部作用力分布

除图 10-4 所示的典型的框架—剪力墙体系外,还可把整个结构体系中的某几榀框架完全做成剪力墙而具有很大的侧向抗剪刚度,其他大部分仍保持刚接框架的形式,两者虽不在同一竖直平面内,但由于各层楼盖都具有巨大的平面内刚度(用预制楼板而刚度不足时,可采用一些构造措施),因此把所有的框架和剪力墙联结在一起共同抵抗水平荷载。这样可以多功能地灵活地进行建筑布置,在某些地点设置强大的剪力墙不影响建筑使用,但对增加结构体系的刚度和承载能力却有显著的效果。

框架—剪力墙结构体系用于 40 层左右的高楼比较合适,高于 40 层的建筑物在采用这一体系时,应采用一些加强和改进的措施。在楼高度适当位置上加设一道或几道水平的层桁架(即将上下两层的楼面大梁用交叉支撑或斜腹杆和柱组成一道水平桁架),见图 10-6。由于层桁架有较大的刚度,当剪力墙产生侧移而旋转时能起阻止和约束作用。

3. 外筒式结构体系

当楼房高度超过60层后,水平荷载作用的影响愈来愈严重,结构体系必须具有更强有力的承受水平荷载的有效部分。为此,宜把具有很大平面几何尺寸的外圈柱网组成能够承受水平荷载的外筒体。在结构平面上,除了外筒体以外,还有各层梁格和内部承重柱,它们也常以框架的形式出现,但相比之下,它们的侧向刚度很差,水平荷载不再由它们来承受。

最简单的外筒体是采用密排的柱和各层楼盖处的横梁(或以窗下墙作为横梁)刚接而成的密间距矩形网络,四周成圈,形成一个悬臂筒(竖直方向)以承受水平荷载,竖直荷载则主要由内部柱来承受。这种体系的建筑平面具有很大的多功能灵活性,外圈密排式空腹格网可直接作为安装玻璃的窗框(图10-7)。这种结构的外筒是由空腹格网组成的框架式结构,故称框架筒,其合适高度为80层左右。

框架筒结构在水平荷载作用下,仍存在一定的缺点,最简单而有效的方法是把刚性框架结构(外筒)改为桁架式结构,成为桁架式外筒结构。这一改进使外筒式结构体系对很高的建筑物仍然有效(可达100层以上)。图10-8所示为美国芝加哥的约翰·汉考克中心的桁架式外筒结构,强大的交叉支撑外露于建筑物的立面上,该楼共100层,总高335 m。

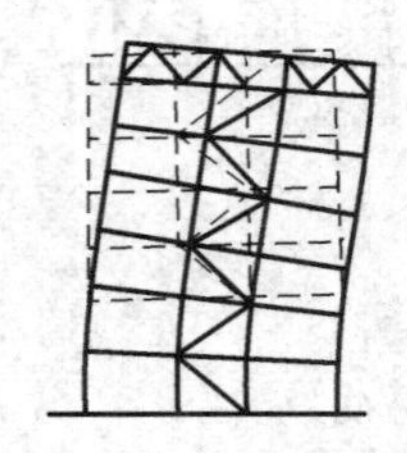

图10-6 楼层顶端设置的水平层桁架

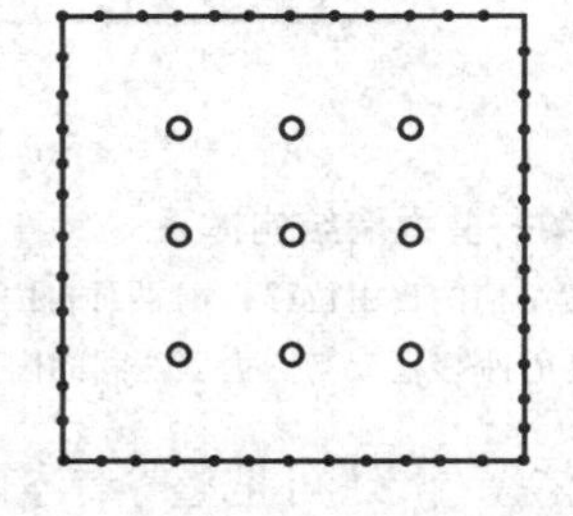

图10-7 外筒式结构体系

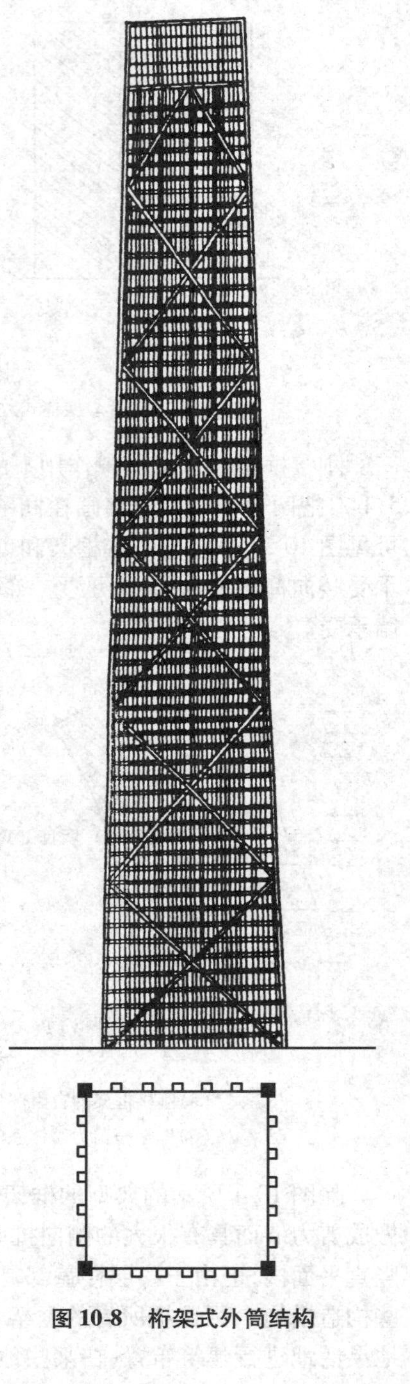

图10-8 桁架式外筒结构

4. 筒中筒结构体系

加强外筒式结构体系的另一方法是在内部设置强劲的剪力墙式的内筒(核心筒),从而发展成筒中筒结构体系。楼盖结构把外筒和内筒联合在一起而成一整体,共同承受水平荷载和竖直荷载(常不设其他内柱)。图10-9表示筒中筒(图10-9(a))和三重筒(图10-9(b))结构体系。

筒中筒结构体系的合适高度也可用到100层左右。

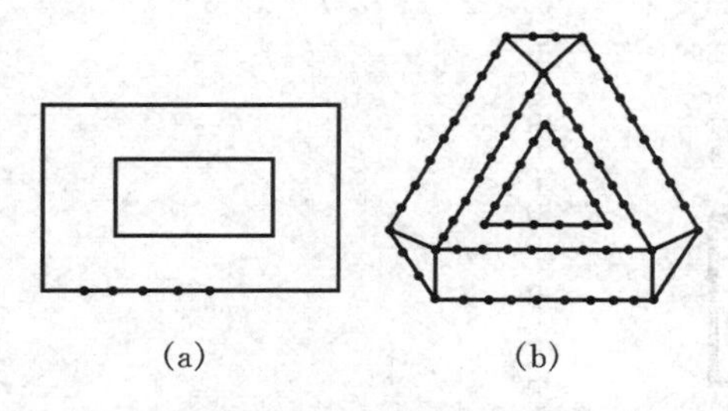

图 10-9　筒中筒结构体系

(a)筒中筒;(b)三重筒

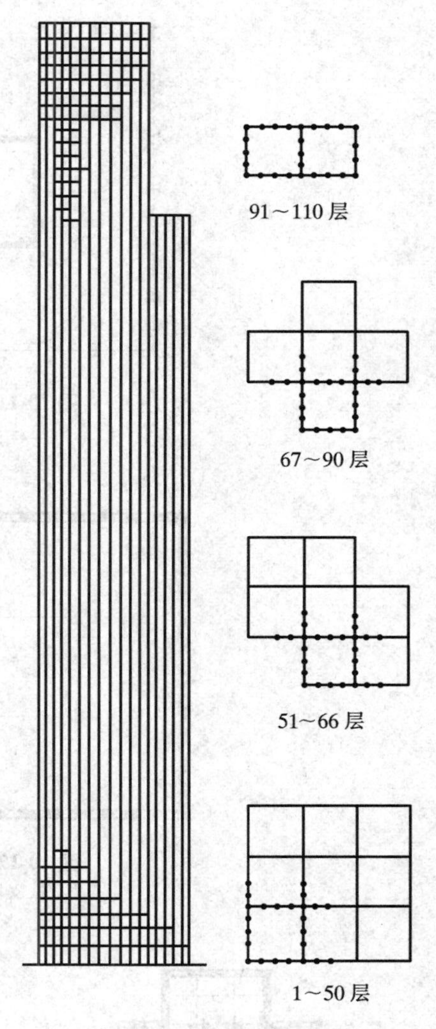

图 10-10　筒束结构体系

5. 筒束结构体系

筒式结构的发展,从单筒到筒中筒,又进而把许多个筒体排列成筒束结构体系(图 10-10)。筒束结构在承受水平荷载引起的弯矩时,改善了剪力滞后现象引起的外筒式结构中各柱内力分布的不均匀性。

美国芝加哥的西尔兹大楼是目前国际上采用筒束结构的典型实例。筒束结构体系的合适高度为 110 ~120 层。如采用桁架式筒束结构体系,有可能把有效高度提高到 140 层以上。

6. 钢—混凝土组合结构体系

高层组合结构体系主要有以下两种。

(1)钢外框架—钢筋混凝土核心筒体系

如图 10-11 所示,这种体系由钢筋混凝土核心筒承受全部侧向荷载,而钢外框架只承受竖向荷载。因为钢框架不承受侧向荷载,所以既能更好地发挥高强钢的效应,又能简化钢框架梁柱节点的构造,一般只需作简单的连接即可。此外,钢梁的跨度大,使建筑有较多的空间和使用面积。它的缺点是:核心筒布置不够灵活,侧向刚度不够大,而且筒身墙也占据了一定空间。

这种结构体系适合于 20 ~ 40 层的高层建筑,它在东欧和西欧采用较多;我国上海新建的静安希尔顿饭店和瑞金宾馆,都是属于这一类体系。

(2)钢筋混凝土外框筒—钢内框架体系

如图 10-12 所示,这种结构体系由钢筋混凝土框筒承受全部侧向荷载,而钢内框架仅承受竖向荷载,因此能更好地发挥高强钢的效能,同时梁与柱可采用简单的连接。此外,混凝土的隔热性能好,可降低冷热负荷而节约能源。内框架对电梯间等公用设施的布置也十分灵活,不像混凝土核心筒那样,在设计中将受到某些条件的限制而较难处理。

此外,这种结构体系的平面形状可以变化,因为外框筒有较大的抗扭刚度,故对其外形不要求完全对称,如图 10-13 所示。同时,内框架系统因不承受侧力,故其平面可以任意布置,这些都是建筑师所欢迎的。

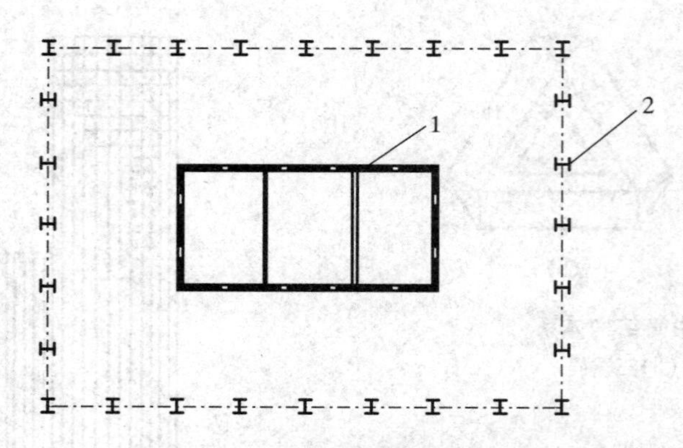

图 10-11　钢—钢筋混凝土组合结构

1—钢筋混凝土核心筒；2—钢外框架

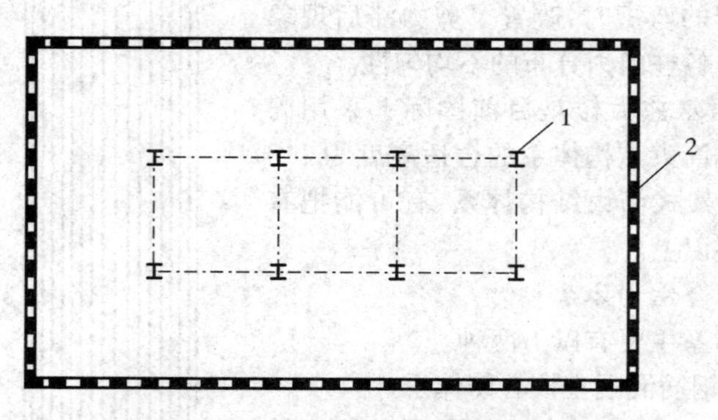

图 10-12　钢筋混凝土外筒组合结构

1—钢内框架；2—钢筋混凝土外筒

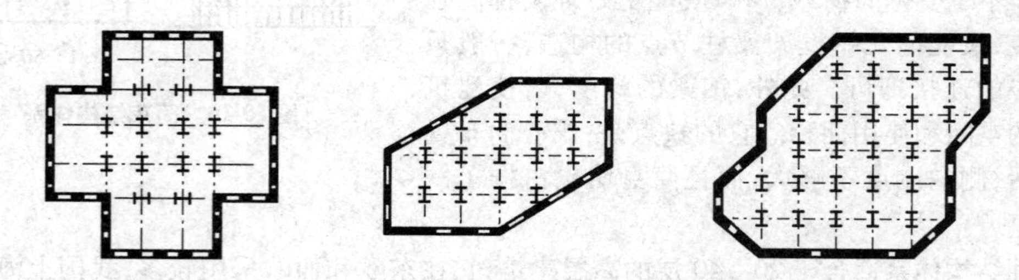

图 10-13　钢筋混凝土外筒组合结构不同平面

这种结构体系适用于 50 ~ 80 层的高层建筑。

除上述两种组合结构体系外，最后在此值得一提的还有日本高层建筑中颇具特色的一种结构体系，它将地面以上 1 ~ 3 层采用劲性钢筋混凝土梁和柱（即在钢筋混凝土梁和柱内埋入型钢）作为过渡段，以增加结构的刚度；3 层以上则全是钢结构，以减轻自重和缩短施工周期。日本东京 47 层的京王广场旅馆和 30 层的太平洋东京旅馆等均采用这种结构体系。

10.1.3　高层钢结构的布置

1. 结构平面布置

①建筑平面及体型宜简单规则。平面布置应力求使结构的抗侧力中心与水平荷载合力中心重合,以减小结构受扭转的影响。

建筑的开间、进深应尽量统一,以减少构件规格,利于制作和安装。

结构平面布置不宜使钢柱截面尺寸过大,钢板厚度不宜超过 100 mm。

②抗震设计的高层建筑,在结构平面布置上具有下列情况之一者,为平面不规则结构。

a. 任一层的偏心率大于 0.15。偏心率按下式计算:

$$\varepsilon_x = \frac{e_x}{r_{ex}} \qquad \varepsilon_y = \frac{e_y}{r_{ey}} \tag{10.1.1}$$

$$r_{ex} = \sqrt{\frac{K_T}{\Sigma K_x}} \qquad r_{ey} = \sqrt{\frac{K_T}{\Sigma K_y}} \tag{10.1.2}$$

式中　ε_x、ε_y——该层在 x 和 y 方向的偏心率;

e_x、e_y——x 和 y 方向水平荷载合力作用线到结构刚心的距离;

r_{ex}、r_{ey}——x 和 y 方向的弹性半径;

ΣK_x、ΣK_y——楼层各抗侧力构件在 x 和 y 方向的侧向刚度之和;

K_T——楼层的扭转刚度,

$$K_T = \Sigma(K_x \cdot \bar{y}^2) + \Sigma(K_y \cdot \bar{x}^2) \tag{10.1.3}$$

$\bar{x}$、$\bar{y}$——以刚心为原点的抗侧力构件坐标。

b. 结构平面形状有凹角。凹角缺少部分在两个方向的长度,都超过各自方向建筑物尺寸的 25%。

c. 楼面不连续或刚度突变,包括开洞面积超过该层总面积的 50%。

d. 抗侧力构件既不平行于又不对称于抗侧力体系的两个互相垂直的主轴。

③高层建筑宜选用风压较小的平面形状,并应考虑邻近高层房屋对该房屋风压的影响,在体型上应力求避免在风作用下的横向振动。

④建筑物平面宜优先采用方形、圆形、矩形及其他对称平面。抗震设计的常用建筑平面和尺寸关系见图 10-14。筒体结构多采用正方形、圆形、正多边形,当框筒结构采用矩形平面时,其长宽比不宜大于 1.5∶1。

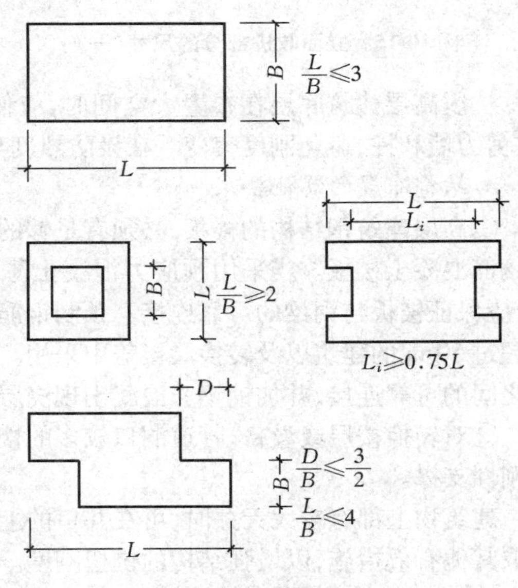

图 10-14　抗震建筑平面

⑤高层建筑钢结构不宜设置防震缝。体型复杂的建筑应符合实际结构的计算模型,进行较精确的抗震分析,估计其局部的应力和变形集中及扭转影响,判明其易损部位,采取措施提高抗震能力。

高层建筑钢结构可不设伸缩缝。

当高层部分与裙房间不设沉降缝时,基础设计应进行基础整体沉降验算,并采取必要措施减轻差异沉降造成的影响,在施工中宜预留后浇带,连接部位还应加强构造和连接。

⑥高层建筑钢结构的平面布置宜设置中心结构核心,将楼梯、电梯、管道等设置其中。对于抗震设防烈度 7 度和 7 度以上地区的建筑,在结构单元的端部角区或凹角部位,不宜设置楼梯、电梯间,必须设置时应采取加强措施。

2. 结构竖向布置

①抗震设计的高层建筑,在结构的竖向布置上具有下列情况之一者,为竖向不规则结构。

a. 楼层刚度小于其相邻上层刚度的 70%,且连续 3 层总的刚度降低超过 50%。

b. 相邻楼层有效质量之比超过 1.5,但轻屋盖与相邻楼层的有效质量之比除外。

c. 立面收进部分的尺寸比值为下列情况者:

- $L_1/L<0.75$(图 10-15);
- 当收进位于 0.15H 范围内时,$L_1/L<0.50$(图 10-16)。

d. 竖向抗侧力构件不连续。

e. 任一楼层抗侧力构件的总抗剪承载力,小于其相邻上层的 80%。

②抗震设计的框架—支撑结构中,支撑宜在竖向连续布置。除底部较高楼层、水平帽状桁架和带状桁架所在楼层及顶部不规则楼层外,支撑的形式和布置在竖向宜一致。

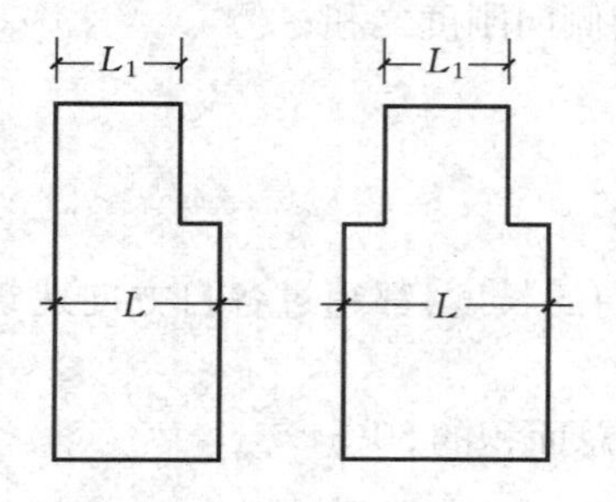

图 10-15　立面收进部分的尺寸(一)

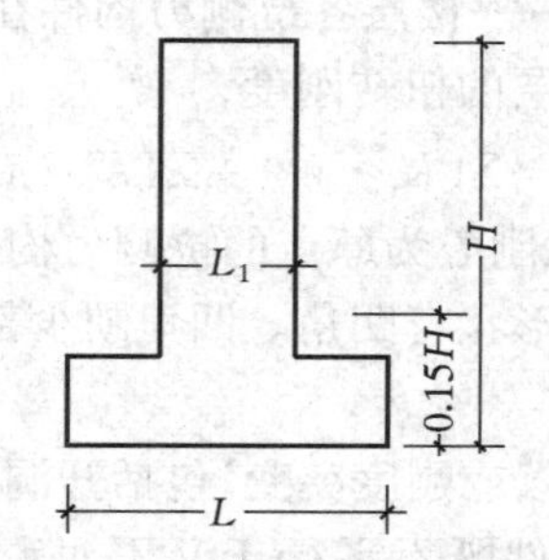

图 10-16　立面收进部分的尺寸(二)

抗震高层建筑底层在布置大空间时,应使核心筒上下连续,根据分析保留必要数量的支撑、剪力墙和柱,避免刚度突变。在设防烈度 9 度地区不应采用大梁托柱的结构形式。

3. 结构布置的其他要求

①高层建筑钢结构的楼板,必须有足够的承载力、刚度和整体性。楼板宜采用压型钢板现浇钢筋混凝土楼板。当采用预应力混凝土薄板加混凝土现浇层或一般现浇钢筋混凝土楼板时,应保证楼板与钢梁的可靠连接。预制钢筋混凝土楼板不得在设防烈度 9 度地区的建筑、高度超过 50 m 的建筑以及转换层楼盖中采用。在其余情况采用时,必须保证楼板与钢梁以及楼板之间的可靠连接,并加铺钢筋混凝土现浇层。

②对转换楼层或设备、管道洞口较多的楼层,应采用现浇多筋混凝土楼板,必要时可设水平刚性支撑。

建筑物上部有较大天井时,可在井口的上下两端楼层用水平桁架将天井开口连接起来,或采取其他有效措施,以增强结构的抗扭刚度。

③在设防烈度 7 度及 7 度以上地区的建筑中,各种幕墙与主体结构的连接,应充分考虑主体结构产生层间位移时幕墙的随动性,使幕墙不增加主体结构的刚度。

④暴露在室外的钢结构构件,应采取隔热和防火措施,以减少温度应力的影响。

10.1.4　高层钢结构的材料选用

以《高层民用建筑钢结构技术规程》(JGJ 99—2015)(以下简称《高钢规程》)和《钢骨混凝土结构设计规程》(YB 9082—2006)(以下简称《钢骨规程》)的规定为例来说明高层钢结构中的材料选用方法。

10.1.4.1　《高钢规程》对钢材材质的要求

1. 钢号的选用

主承重构件宜用 Q345、Q390,一般构件宜选用 Q235。

Q235 等级 B、C、D 的碳素结构钢,其质量标准应符合现行国家标准《碳素结构钢》(GB/T 700—2006)。

Q345 等级 B、C、D、E 的低合金高强度结构钢,其质量标准应符合现行国家标准《低合金高强度结构钢》(GB/T 1591—2018)。

2. 主要承重结构钢材的力学性能保证项目

(1)基本保证项目

应保证抗拉强度、屈服点、伸长率、冷弯试验、冲击韧性 5 项力学性能。采用焊接连接的节点,钢板厚度等于或大于 40 mm,并承受板厚方向的拉力时,应附加板厚方向断面收缩率的保证项目,并不得小于现行国家标准《厚度方向性能钢板》(GB/T 5313—2010)中 Z15 级规定的允许值。

(2)抗震结构钢材的附加规定

①强屈比 $f_u/f_y \geqslant 1.2$(f_u 为抗拉强度,f_y 为屈服点),以便结构在罕遇地震时,结构产生塑性变形后,构件仍具有一定的强度储备。

②应有明显的屈服台阶,以使结构在罕遇地震时,具有良好的塑性性能。

③伸长率 $\delta_s > 20\%$,它反映钢材能承受残余变形量的程度及塑性变形的能力。

④应有良好的焊接性。焊接性是指能顺利进行焊接,不产生因钢材原因引起的焊接缺陷,焊后保持材料的弹性性能。

上述要求,对于符合国家标准的 Q235 的 B、C、D 级钢以及 Q345 的 B、C、D、E 级钢均能符合要求。

3. 钢材的化学成分保证项目

在保证钢材的力学性能的同时,还应将碳、硫、磷等 3 项化学成分也作为保证项目,以使焊接性和力学性能符合要求。

4. 外露结构及低温环境的钢材

外露承重结构钢材应符合耐大气腐蚀的要求。低温环境下的承重结构钢材应符合避免低温冷脆的要求,根据计算温度选用 Q235 的 C、D 级钢和 Q345 的 C、D、E 级钢。

10.1.4.2　《钢骨规程》对钢材材质的要求

《钢骨规程》对钢材材质的要求基本上同《高钢规程》的规定,但也有如下的补充规定和有差别的规定:

①采用国外钢材时,钢材的化学成分及其含量限值、力学性能、强屈比及焊接性等均应符合我国标准的规定;

②构件上的钢板厚度等于或大于36 mm,并承受沿板厚方向的拉力作用时,附加板厚方向的断面收缩率要求,其值不得小于Z15级规定的容许值。这一规定与《高钢规程》的不同处在于后者的板厚下限为50 mm,而上海市标准《高层建筑钢结构设计规程》(DG/TJ 08—32—2008)为40 mm,三者宜协调一致。

10.1.4.3 设计时考虑的其他因素

高层建筑钢结构的钢材选用,除要考虑钢材材质符合《高钢规程》及《钢骨规程》规定的力学性能和化学成分外,还宜考虑下列情况。

1. 关于高强度钢材的应用

现行的《高钢规程》推荐采用碳素结构钢Q235和低合金钢Q345。Q345钢与日本广泛应用的SM490钢及美国的ASTMA579/50级钢的屈服强度值基本相同。高层建筑钢结构中的钢柱和竖向支撑用钢量很大,但这些构件受长细比影响,采用更高强度的钢材,经济效益不明显。高层建筑钢结构的侧向刚度较小,但由于各种钢号的钢材弹性模量几乎相等,如采用更高强度的钢材,有些构件的截面尺寸要减小,使结构的侧向刚度也相应减小,而且钢材的延性也会降低。美国加州规范规定屈服强度超过50 ksi(350 MPa)的钢材,要经过充分研究证明其性能符合要求后才能采用。因此,高强度钢材在抗震高层钢结构中的应用,应持慎重态度。

2. 对低温环境和外露结构要选用适宜的钢材

对于冬季计算温度低于0℃的情况,应考虑适应负温的钢材等级。对外露结构构件宜选用耐候钢。

3. 慎用特厚钢板

对于大于100 mm的特厚钢板,由于国内尚无钢材材质标准,厂家也未生产,即使采用进口钢板,也仍需采用严格的焊接工艺措施。因此,现阶段宜慎用这类特厚钢板,也可采用调整柱距、结构布置或改变结构体系等方法,以使采用小于100 mm的钢板。

4. 对钢梁宜优先采用热轧H型钢

目前国内已生产较多规格的热轧H型钢。在地震区的高层建筑钢结构,柱子常宜采用箱形截面柱,但钢梁常采用H形截面和相应的热轧H型钢,其质量优于焊接H型钢,价格也略低些。因此,对占用钢量比例很大的钢梁宜优先采用热轧H型钢。

10.2 高层钢结构的荷载及效应组合

10.2.1 竖向荷载

①高层钢结构的竖向荷载除按荷载规范有关条文选取外,特殊的使用空间应考虑不同的活荷载,如屋顶花园可取为4.0 kN/m^2。

直升飞机平台活荷载应根据《高层建筑钢结构设计与施工规程》以及其他有关规定采用。

②高层建筑中,活荷载值与永久荷载值相比是不大的,因此计算时,对楼层和屋面活荷载一般可不作最不利布置工况的选择,而均采取满布活荷载的计算图形,以简化计算。但活荷载较大时,需将简化算得的框架梁的跨中弯矩计算值乘以系数1.1～1.2;梁端弯矩乘以系数1.05～1.1予以提高。

③当计算侧向水平荷载与竖向荷载共同作用下结构产生的内力时,竖向荷载应按《建筑

结构荷载规范》(GB 50009—2012)的规定折减,但在抗震计算时另行考虑。

④施工中采用附墙塔、爬塔等对结构受力有影响的起重机械或其他施工设备时,在结构设计中应根据具体情况验算施工荷载的影响。

10.2.2　风荷载

①作用在高层建筑任意高度处的风荷载 w_k(kN/m^2)应按下式计算:

$$w_k = \beta_z \mu_s \mu_z w_0 \tag{10.2.1}$$

式中　w_k——任意高度处的风荷载标准值(kN/m^2);

w_0——高层建筑基本风压(kN/m^2);

μ_s——风载体型系数;

μ_z——风压高度变化系数;

β_z——顺风向高度 z 处的风振系数。

②用于高层建筑的基本风压 w_0 值,应按《建筑结构荷载规范》(GB 50009—2012)规定的基本风压 w_0 值乘以系数 1.1 采用。对于特别重要和有特殊要求的高层建筑则乘以系数 1.2。

③风压高度变化系数 μ_z 的取值按《建筑结构荷载规范》(GB 50009—2012)的规定采用。

④高层建筑风载体型系数 μ_s 可按下列规定采用。

a. 单个高层建筑的风载体型系数可按特殊规定采用。

b. 在城市新建高层建筑(其高度为 H),当邻近已有一些高层建筑(其高度为 H_0)且 $H_0 \geqslant \frac{H}{2}$时,应根据新旧高层建筑距离 d 的大小,考虑对高层建筑体型系数 μ_s 的增大影响。即

当 $d \leqslant H_0$ 时增大系数取 1.3;

当 $d \geqslant 2H_0$ 时增大系数取 1.0;

d 为中间值时,增大系数按线性内插法计算。

对特别重要或不规则的高层建筑,增大系数宜按建筑群模拟风洞试验确定。

c. 周围环境复杂、外形极不规则的高层建筑体型系数,亦应按风洞试验确定。

d. 进行墙面、墙面构件、玻璃幕墙及其连接的局部验算时,对负压区应采用局部体型系数,此时不再采用上述 b 项的增大系数。

⑤沿高度为等截面的高层钢结构,顺风向风振系数可按相关规定采用。

⑥当高层建筑顶部有小体型的突出部分(如电梯井伸出屋顶,屋顶瞭望塔建筑等)时,设计应考虑鞭梢效应。一般可根据上部小体型建筑作为独立体时的自振周期 T_u 与下部主体建筑的自振周期 T_1 的比例,分别按下列规定处理。

a. 当 $T_u \leqslant \frac{1}{3}T_1$ 时,可简化假定主体建筑为等截面沿高度延伸至小体型建筑的顶部,风振系数仍按《建筑结构荷载规范》(GB 50009—2012)(以下简称《荷载规范》)的规定采用。

b. 当 $T_u > \frac{1}{3}T_1$ 时,风振系数应按风振理论参考《结构风压和风振计算》或《工程结构风荷载理论及抗风计算手册》等计算。鞭梢效应一般与上、下部质量比,自振周期比以及承风面积有关。研究表明在 T_u 约大于 $1.5T_1$ 范围内,盲目增大上部结构刚度反而起着相反效果,这一特点特别应引起注意。另外,盲目减小上部承风面积,在 $T_u < T_1$ 范围内其作用也不明显。

⑦在风荷载作用下圆筒形高层建筑钢结构有时会发生横风向的涡流共振现象，为了避免发生横风向共振，设计圆筒形高层建筑钢结构时，应满足下列控制条件：

$$V_{\mathrm{H}} < V_{\mathrm{cr}} \tag{10.2.2}$$

$$V_{\mathrm{cr}} = \frac{5D}{T_1}$$

式中 V_{H}——高层建筑顶部风速，$V_{\mathrm{H}} = 40\sqrt{\mu_z w_0}$；

V_{cr}——临界风速；

D——高层建筑的直径；

T_1——高层建筑的基本周期。

当不能满足这一控制条件时，一般可增加刚度，使自振周期减小来提高临界风速或进行横风向涡流脱落共振试验。

10.2.3　地震作用

①进行高层建筑钢结构抗震设计时，第一阶段按多遇烈度地震计算地震作用，第二阶段按罕遇烈度地震计算地震作用。

②第一阶段设计时的地震作用应考虑下列原则。

a. 沿结构的两个主轴方向分别考虑水平地震作用并进行抗震计算，各方向的水平地震作用全部由该方向的抗侧力构件承担。

b. 当有斜交抗侧力构件时，宜分别考虑各侧力构件方向的水平地震作用。

c. 应考虑结构偏心引起的水平地震作用的扭转影响。

d. 对按 8 度和 8 度以上抗震设防的、平面特别不规则的高层建筑钢结构，宜按双向水平地震同时作用进行抗震计算。计算时，可在主要方向按所规定地震作用的 100% 计算，在与其垂直的方向按所规定地震作用的 30% 计算。先各自按弹性振型分解反应谱法进行计算，然后再将两个方向求得的内力分别叠加。

e. 对按 9 度抗震设防的高层钢结构以及按 8 度和 9 度抗震设防结构中的大跨度和长悬臂构件，应考虑竖向地震作用。

③高层建筑钢结构的设计反应谱用图 10-17 所示地震影响系数 α 曲线表示。α 值应根据近震、远震、场地类别及结构自振周期 T 计算，其下限不应小于 $\alpha_{\max}$ 值的 20%。$\alpha_{\max}$ 及场地特征周期 T_{g} 分别按相关规定采用。

采用型钢混凝土结构和以钢筋混凝土结构为主要抗侧力结构的钢混结构时，$\alpha_{\max}$ 按《建筑抗震设计规范》(GB 50011—2010)第 5.1.4 条的规定采用。

④采用底部剪力法计算水平地震作用时，结构总水平地震作用等效底部剪力标准值可按下式确定：

$$F_{\mathrm{Ek}} = \alpha_1 G_{\mathrm{eq}} \tag{10.2.3}$$

在质量沿高度分布基本均匀、刚度沿高度分布基本均匀或向上均匀减小的结构中，各层水平地震作用标准值为：

$$F_i = \frac{G_i H_i}{\sum_{j=1}^{n} G_j H_j} \cdot F_{\mathrm{Ek}}(1 - \delta_n) \quad (i = 1, 2, \cdots, n) \tag{10.2.4}$$

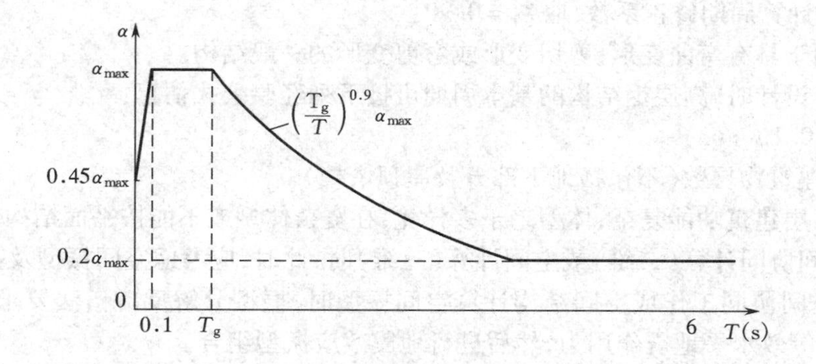

图 10-17　高层建筑钢结构的地震影响系数曲线

顶部附加水平地震作用标准值为：

$$\Delta F_n = \delta_n F_{Ek} \tag{10.2.5}$$

$$\delta_n = \frac{1}{T_1 + 8} + 0.05 \tag{10.2.6}$$

式中　F_{EK}——结构总水平地震作用等效底部剪力标准值；

α_1——相当于结构基本周期 T_1 的地震影响系数，按上面第③条的规定计算；

G_{eq}——结构的等效重力荷载代表值，取 $G_{eq} = 0.85G_E$（重力荷载代表值 G_E 按相关规定计算）；

G_i、G_j——第 i、j 层重力荷载代表值；

H_i、H_j——第 i、j 层楼盖距底部固定端的高度；

F_i——第 i 层的等效地震作用；

δ_n——第 n 层（顶层）附加集中力系数，当 $\delta_n > 0.15$ 时，取 $\delta_n = 0.15$；

ΔF_n——第 n 层（顶层）附加水平集中力。

采用底部剪力法时，突出屋面的塔屋的地震作用效应宜乘以增大系数 3，此增大影响宜向下考虑 1 ~ 2 层，但不再往下传递。

⑤抗震计算中重力荷载代表值为恒载和活载之和，按下列规定取值。

a. 恒载：结构和配件及装修材料等的自重，取标准值。

b. 雪荷载：取荷载规范标准值的 50%。

c. 楼面活荷载：一般民用建筑取《荷载规范》的标准值再乘以《建筑抗震设计规范》表 4.1.3 规定的组合值系数。其他如书库、档案库或类似具有特殊用途的建筑，其荷载可取规定值的 80% 或按实际情况取值，计算时不再按《荷载规范》的规定折减，且不应考虑屋面活荷载。

⑥由于非结构构件及计算简图与实际情况存在差别，因此，高层钢结构的设计周期应按主体结构弹性计算周期乘以修正系数 ξ_T 后采用，$\xi_T = 0.90$。用弹性方法计算高层钢结构周期及振型时，应符合内力和位移的弹性计算的规定。

⑦对于质量及刚度沿高度分布比较均匀的结构，基本周期可用下式作近似计算：

$$T_1 = 1.7\xi_T \sqrt{u_T} \tag{10.2.7}$$

式中　u_T——结构顶点假想侧移（即假想将结构各层的重力荷载作为楼层集中水平力，按弹性静力方法计算所得的顶点侧移值）(m)；

ξ_T——计算周期修正系数，取 $\xi_T = 0.90$。

上式适用于具有弯曲变形、剪切变形或弯剪变形的一般结构。

⑧在初步设计时，高层钢结构的基本周期可按下列经验公式估算：

$$T_1 = 0.1n \quad (\mathrm{s}) \tag{10.2.8}$$

式中 n——建筑物层数（不包括地下部分及屋顶塔楼）。

⑨由于高层建筑功能复杂，体型趋于多样化，在复杂体型或不能按平面结构假定进行计算时，宜采用空间协同计算（二维）或空间计算（三维）时，此时，应考虑空间振型及其耦联作用。

当采用空间协同工作或空间结构计算空间振型时，振型分解反应谱法要求按下式计算 j 振型 i 质点的等效水平地震作用力，然后进行地震效应振型组合。

a. 仅考虑 x 方向地震作用时：

$$\left.\begin{aligned} F_{xji} &= \alpha_j \gamma_{xj} x_{ji} G_i \\ F_{yji} &= \alpha_j \gamma_{xj} y_{ji} G_i \\ F_{tji} &= \alpha_j \gamma_{tj} r_i^2 \varphi_{ji} G_i \end{aligned}\right\} \quad (i = 1, 2, \cdots n; j = 1, 2, \cdots, m) \tag{10.2.9}$$

$$\gamma_{xj} = \frac{\sum_{i=1}^{n} x_{ji} G_i}{\sum_{i=1}^{n} (x_{ji}^2 + y_{ji}^2 + \varphi_{ji}^2 \gamma_i^2) G_i} \tag{10.2.10}$$

式中 α_j——相应于 j 振型计算周期 T_j 的地震影响系数，按上面第③条取值；

T_j——j 振型周期，按上面第⑥条计算；

γ_{xj}——仅考虑 x 方向地震作用时 j 振型的参与系数；

$x_{ji}, y_{ji}, \varphi_{ji}$——$j$ 振型中 i 质点在 x、y、θ 三个方向的分量；

F_{tji}——j 振型 i 质点在 θ 方向上的地震作用；

γ_{tj}——仅考虑 θ 方向地震作用时 j 振型的参与系数；

r_i——i 层质量转动惯性半径，

$$r_i = \sqrt{\frac{J_i}{m_i}} \tag{10.2.11}$$

J_i——i 层质量的转动惯性矩；

G_i, m_i——i 层计算地震作用时的重力荷载及质量代表值；

n, m——结构层数及组合的振型数。

b. 仅考虑 y 方向地震作用时，用 γ_{yj} 代替式（10.2.9）中的 γ_{xi}，用 y_{ji} 代替式（10.2.10）分子中的 x_{ji} 而得到 γ_{yj}。

c. 当地震作用方向与 x 轴有 θ 夹角时，可用 $\gamma_{\theta j}$ 代替式（10.2.9）中的 γ_{xj}。$\gamma_{\theta j} = \gamma_{xj} \cos\theta + \gamma_{yj} \sin\theta$。

⑩在完全对称且可不考虑扭转影响的结构中，振型分解反应谱法仅考虑平动作用下的地震效应组合，j 振型 i 质点的等效地震作用力可按下式计算：

$$F_{ji} = \alpha_j \gamma_j x_{ji} G_i \qquad (i = 1, 2, \cdots, n; j = 1, 2, \cdots, m) \tag{10.2.12}$$

$$\gamma_j = \frac{\sum_{j=1}^{n} x_{ji} G_i}{\sum_{i=1}^{n} x_{ji}^2 G_i} \tag{10.2.13}$$

式中　α_j、G_i、m、n——同第⑨条；

γ_j——j 振型的参与系数；

x_{ji}——j 振型 i 质点的振幅。

⑪组合方法如下：

a. 采用空间振型时，可取 9 ~ 15 个振型，当基本周期 $T_1 > 2$ s 时，振型数应取较大者；在刚度及质量沿高度分布很不均匀的情况下，应取更多的振型（18 或更多）。地震效应振型组合采用完全二次方根法。

$$S = \sqrt{\sum_{j=1}^{m} \sum_{r=1}^{m} \rho_{ir} S_j S_r} \tag{10.2.14}$$

$$\rho_{jr} = \frac{8\xi^2(1+\lambda_T)\lambda_T^{\frac{3}{2}}}{(-\lambda_T^2)^2 + 4\xi^2\lambda_T(1+\lambda_T)^2} \tag{10.2.15}$$

式中　S——组合效应；

S_j，S_r——j 振型及 r 振型产生的地震作用效应；

ρ_{jr}——振型相关系数；

ξ——阻尼比，对于钢结构，一般可取 0.02；

λ_T——j 振型与 r 振型的周期比，

$$\lambda_T = \frac{T_j}{T_r}$$

T_j——j 振型的周期；

T_r——r 振型的周期；

m——振型组合数。

b. 采用平面振型时，至少取 3 个振型，当基本周期 $T_1 > 1.5$ s 时，在质量及刚度沿高度分布很不均匀时振型数应适当增加。地震效应组合可采用方和平方根方法。

$$S = \sqrt{\sum_{j=1}^{m} S_j^2} \tag{10.2.16}$$

c. 突出屋面的塔屋应按每个楼层一个质点的方法进行地震作用计算和震型效应组合。当采用 3 个振型时，所得地震作用效应应乘以增大系数 1.5；当采用 6 个振型时，所得地震作用效应可不再增大。

d. 为防止有时在高柔度结构中由于振型数取得不够，振型分析法所得到的等效地震力过小而不安全，由振型分解反应谱法所得的底部总剪力，不应小于按式（10.2.3）计算所得底部剪力的 80%。如果小于此值，则按底部剪力调整放大计算内力。

⑫高层建筑中考虑竖向地震作用时，按下述方法确定等效地震力。

总竖向地震作用：

$$F_{\text{EVk}} = \alpha_{\text{vmax}} G_{\text{eq}} \tag{10.2.17}$$

楼层 i 的竖向地震作用：

$$F_{\text{v}i} = \frac{G_i H_i}{\sum_{j=1}^{n} G_j H_j} F_{\text{EVk}} \tag{10.2.18}$$

式中　F_{EVk}——总竖向地震作用；

α_{vmax}——竖向地震作用最大值,可取水平地震影响系数最大值的65%;

G_{eq}——等效结构总重力荷载,可取该结构重力荷载代表值的75%。

各层的竖向地震效应按各构件承受的重力荷载代表值比例分配,应考虑向上、向下作用产生的不利组合。

长悬臂和大跨度结构的竖向地震作用标准值,按8度和9度抗震设防的建筑可分别取该结构、构件重力荷载代表值的10%和20%。

⑬采用时程分析法计算结构的地震反应时,应输入典型的地震波进行计算,典型地震波应按下列原则选用。

a. 至少应采用4条能反映当地场地特性的地震加速度波,其中宜包括一条本地区历史上发生地震时的实测记录波。如当地没有地震记录,可根据当地场地条件选用合适的其他地区的地震记录。如没有合适的地震记录,可采用根据当地地震危险性分析结果获得的人工模拟地震波,但4条波不得全部用人工模拟地震波。

b. 地震波的持续时间不宜过短,可取10~20 s或更长。

⑭输入地震波的峰值加速度值按表10-2采用。

表10-2　地震加速度峰值　gal

设防烈度	7	8	9
第一阶段弹性分析	35	70	140
第二阶段弹塑性分析	220	400	620

表10-2中给出的第一阶段弹性分析及第二阶段弹塑性分析两个水准的加速度峰值,分别相应于小震及罕遇地震下地震波加速度峰值。

在有条件时,所输入地震波宜按《高层建筑钢结构设计与施工规程》要求,输入地震波采用加速度标准化处理,在有条件时,也可采用速度标准化处理。

加速度标准化处理:

$$a_t' = \frac{A_{max}}{a_{max}} \cdot a_t$$

速度标准化处理:

$$a_t' = \frac{V_{max}}{v_{max}} \cdot a_t$$

式中　a_t'——调整后输入地震波各时刻的加速度值;

a_t, a_{max}, v_{max}——地震波原始记录中各时刻的加速度值、加速度峰值及速度峰值;

A_{max}——表10-2中规定的输入地震波加速度峰值;

V_{max}——按烈度要求的输入地震波速度峰值。

10.3　高层钢结构的内力与位移分析

10.3.1　一般原则及基本假定

①高层钢结构的内力与位移一般采用弹性方法计算,并考虑各种抗侧力结构的协同工作。

当有抗震设防要求时,应考虑在罕遇烈度地震作用下结构可能进入弹塑性状态,此时应采用弹塑性方法计算。

②高层建筑钢结构通常采用现浇组合楼盖,因此,在进行高层钢结构内力和位移计算时,一般可假定楼面在自身平面内为绝对刚性。相应地在设计中应采取构造措施(加板梁抗剪件、非刚性楼面加设现浇层等)保证楼面的整体刚度。当楼面整体性较差、楼面有大开孔、楼面外伸段较长或相邻层刚度有突变时,应采用楼板在自身平面内的实际刚度,或对按刚性楼面所得计算结果进行调整。

③由于楼板与钢梁连接在一起,进行高层钢结构弹性分析时,宜考虑现浇钢筋混凝土楼板与钢梁的共同工作,此时在设计中应保证楼板与钢梁间有抗剪件等可靠的连接。当按弹塑性分析时,楼板可能严重开裂,故此时不宜考虑楼板与梁的共同工作。

在框架弹性分析时,压型钢板组合楼盖组合梁的惯性矩可取为:对楼板的主要支撑梁 $I=2I_s$;对其他情况 $I=1.5I_s$(I_s 为钢梁惯性矩)。

④高层建筑钢结构的计算模型,应视具体结构形式和计算内容确定。

a. 一般情况下,可采用平面抗侧力结构的空间协同计算模型;

b. 结构布置规则、质量及刚度沿高度分布均匀、可以忽略扭转效应的结构,允许采用平面结构的计算模型;

c. 结构平面或立面布置不规则、体型复杂、无法划分成平面抗侧力单元的结构以及空间筒体结构等,应采用空间结构计算模型。

⑤高层钢结构梁柱构件的长度一般较小,因此,在内力与位移计算中,除考虑梁、柱的弯曲变形和柱的轴向变形外,尚应考虑梁、柱的剪切变形。由于梁的轴力很小,一般可不考虑梁的轴向变形。此外,还应考虑梁柱节点域剪切变形对侧移的影响。

⑥高层钢结构梁、柱节点域剪切变形对结构内力的影响较小,一般在 10% 以内,因而不需对结构内力进行修正。但此剪切变形对结构水平位移的影响较大,必须考虑其影响。影响程度主要取决于梁的弯曲刚度、节点域的剪切刚度、梁腹板高度以及梁与柱的刚度之比。在设计中,可将梁柱节点域当做一个单独的剪切单元进行高层钢结构的结构分析,并用下述方法作近似考虑。

a. 对于箱形截面柱框架,可将节点域当做刚域,刚域的尺寸取节点域尺寸的一半。

b. 对于 H 形截面柱框架,若结构的 $\frac{EI_b}{kh_b}\leqslant 1$ 或 $\eta\leqslant 5$,可不考虑梁柱节点域剪切变形的影响,按结构轴线尺寸进行分析时,η 值按下式计算:

$$\eta=\left[17.5\frac{EI_b}{kh_b}-1.8\left(\frac{EI_b}{kh_b}\right)^2-10.7\right]\sqrt[4]{\frac{I_c h_b}{I_b h_c}} \tag{10.3.1}$$

$$k=h_c h_b t G$$

式中　I_c、I_b——结构中柱和梁截面惯性矩的平均值;

h_c、h_b——结构中柱和梁腹板高度的平均值;

k——节点域剪切刚度的平均值;

t——节点域腹板厚度;

G——钢材的剪切模量;

E——钢材的弹性模量。

若不满足上述条件，即$\frac{EI_b}{kh_b}>1$或$\eta>5$时，可按下式修正结构楼层的水平位移。内力可不必修正，仍按结构轴线尺寸进行分析。

修正后的水平位移值可按下式进行计算：

$$u_i'=\left(1+\frac{\eta}{100-0.5\eta}\right)u_i \tag{10.3.2}$$

式中　u_i'——修正后的第 i 层楼层的水平位移；

u_i——忽略节点域剪切变形并按结构轴线尺寸分析所得的第 i 层楼层的水平位移。

⑦一般情况下，柱间支撑构件可按两端铰接考虑，偏心支撑中的耗能梁段应取为单独单元。

⑧对钢框架—剪力墙体系，现浇竖向连续钢筋混凝土剪力墙的计算，宜考虑墙的弯曲变形、剪切变形和轴向变形，剪力墙可作为独立竖向悬臂弯曲构件考虑。

当钢筋混凝土剪力墙具有比较规则的开孔时，可按带刚域的框架计算；当具有复杂开孔时，宜采用平面有限元法计算。

对于嵌入式剪力墙，可按相同水平力作用下产生相同侧移的原则，将其折算成等效支撑或等效剪切板考虑。

⑨除应力蒙皮结构外，结构计算中不考虑非结构构件对结构承载力和刚度的有利作用。

⑩如有条件时，计算结构内力和位移时可考虑结构与地基的相互作用。

⑪进行结构内力分析时，应考虑重力荷载引起的竖向构件差异缩短所产生的影响。

⑫荷载效应和地震作用效应组合的设计值应按下列公式确定。

a. 无地震作用时。

$$S=\gamma_G C_G G_k+\gamma_{Q1}C_{Q1}Q_{1k}+\gamma_{Q2}C_{Q2}Q_{2k}+\psi_w\gamma_w C_w W_k \tag{10.3.3}$$

b. 有地震作用的第一阶段设计时。

$$S=\gamma_G C_G G_E+\gamma_{Eh}C_{Eh}F_{Ehk}+\gamma_{Ev}C_{Ev}F_{Evk}+\psi_w\gamma_w C_w W_k \tag{10.3.4}$$

式中　G_k、Q_{1k}、Q_{2k}——永久荷载、楼面活荷载、雪荷载等竖向荷载标准值；

F_{Ehk}、F_{Evk}、W_k——水平地震作用、竖向地震作用和风荷载的标准值；

G_E——考虑地震作用时的重力荷载代表值，按相关规定计算；

$C_G G_k$、$C_{Q1}Q_{1k}$、$C_{Q2}Q_{2k}$、$C_w W_k$、$C_G G_E$、$C_{Eh}F_{Ehk}$、$C_{Ev}F_{Evk}$——永久荷载、楼面活荷载、雪荷载、风荷载、重力荷载代表值的效应、水平地震作用和竖向地震作用标准值产生的荷载和作用效应标准值，由力学计算求得；

γ_G、γ_{Q1}、γ_{Q2}、γ_w、γ_{Eh}、γ_{Ev}——永久荷载、楼面活荷载、雪荷载、风荷载、水平地震作用和竖向地震作用的分项系数，各种情况下的分项系数值见表 10-3；

ψ_w——风荷载组合系数，在无地震作用的组合中取 1.0，在有地震作用的组合中取 0.2。

表 10-3　荷载与作用的组合和分项系数

序号	组合情况	重力荷载（γ_G）	活荷载（γ_{Q1}、γ_{Q2}）	水平地震作用（γ_{Eh}）	竖向地震作用（γ_{Ev}）	风荷载（γ_w）	备注
1	考虑重力荷载、楼面活荷载及风荷载	1.20	1.40	—	—	1.40	

续表

序号	组合情况	重力荷载（γ_G）	活荷载（γ_{Q1}、γ_{Q2}）	水平地震作用（γ_{Eh}）	竖向地震作用（γ_{Ev}）	风荷载（γ_w）	备　注
2	考虑重力荷载及水平地震作用	1.20	—	1.30	—	—	
3	考虑重力荷载、水平地震作用及风荷载	1.20	—	1.30	—	1.40	用于 60 m 以上建筑
4	考虑重力荷载及竖向地震	1.20	—	—	1.30	—	在下列情况下使用：①9 度设防；②8、9 度设防的大跨度和长悬臂结构
5	考虑重力荷载、水平及竖向地震作用	1.20	—	1.30	0.50	—	
6	考虑重力荷载、水平及竖向地震作用及风荷载	1.20	—	1.30	0.50	1.40	同上，并用于 60 m 以上建筑

注：非地震作用组合中，重力荷载即永久荷载。当重力荷载效应对构件承载能力有利时，取 $\gamma_G = 1.0$。

非地震作用组合式（10.3.3）中，考虑高层建筑荷载特点（高层钢结构主要用于办公室、公寓、饭店），只列入了永久荷载、楼面使用荷载及雪荷载 3 项竖向荷载，水平荷载只有风荷载。如果建筑物上还有其他活荷载，可参照荷载规范要求进行组合。

⑬表 10-3 给出了高层钢结构的各种可能的荷载效应组合情况，在高度很大的高层钢结构中，只有竖向荷载的组合不可能成为最不利组合，因此未包括无风荷载的组合情况。第一阶段抗震设计进行构件承载力验算时，应由表 10-3 中选择出可能出现的组合情况及相应的荷载和作用分项系数，分别进行内力设计值组合，取各构件的最不利组合进行截面设计。

⑭第一阶段抗震设计进行高层钢结构位移计算时，应取与内力组合相同的情况进行组合；但各荷载和作用的分项系数均取 1.0，取结构最不利位移标准进行位移限值验算。

⑮第二阶段采用时程分析进行抗震验算时，不考虑风荷载，竖向荷载取重力荷载代表值。同时考虑的荷载和作用均取标准值。此时，因为结构处于弹塑性阶段，叠加原理已不适用，故应将考虑的荷载和作用事先施加到结构模型上，再进行时程分析。

10.3.2　内力与位移的计算方法

1. 一般规定

①高层建筑钢结构由于其功能复杂、体型多样，且高度较大，杆件较多，受力也比较复杂，因此，在进行结构的静、动力分析时，一般都应借助于电子计算机来完成。目前，冶金工业部建筑研究总院、建设部建筑科学研究院等单位已编制了符合国内现行规范要求的专用计算软件，并开始应用于工程设计。

②结构布置不规则、体型复杂以及空间作用明显的结构，宜采用空间分析方法。此时，梁柱构件按空间杆件考虑，每端有 6 个自由度；剪力墙按薄壁空间杆件考虑，每端有 7 个自由度。

空间分析按如下步骤进行：

a. 形成梁、柱、墙的单元刚度矩阵；

b. 进行坐标变换，用整体坐标位移代换局部坐标位移；

c. 引入楼板刚性的条件，用楼层的公共位移代换杆端相应位移；

d. 求解方程，得杆端位移，从而计算杆件内力。

这种方法国内也有计算机软件可以采用。

③结构分析中一些技术问题按以下原则处理。

a. 形状复杂的剪力墙可采用平面有限元法进行应力计算，所采用的平面单元应具有较高的精度，例如采用完全三次式位移函数的单元。

b. 沿竖向基本均匀的结构，可采用有限条法进行内力与位移分析。有限条的类型可根据结构类型决定。

c. 有必要并有条件时，可以将更复杂的高层建筑结构划分为各种单元的组合，采用更详细的计算机程序进行三维空间分析。

d. 在计算机弹性分析程序编制中宜采用子结构方法以节省内存。首先消去子结构中的内部自由度后再形成总刚度矩阵，然后解方程，求得总体未知量再代回求出其他位移和相应的内力。

2. 高层建筑钢结构的近似分析法

在实际工程中，对于高度小于 60 m 的建筑或在方案设计阶段预估截面时，为了迅速有效地评价结构体系的性能及确定结构与构件的主要尺寸指标，也可以采用一些简化的计算模型进行分析计算。

(1)框架结构的简化计算

①纯框架结构在竖向荷载作用下框架内力可采用分层法进行简化计算，此时框架梁与上、下层柱组成基本计算单元，不考虑横梁的侧移，竖向荷载产生的梁固端弯矩只在本单元内进行弯矩分配，单元之间不传递。计算所得的梁弯矩作为最终弯矩，柱端弯矩取相邻单元对应柱端弯矩(即上、下两层计算所得弯矩)之和。柱中轴力可通过梁端剪力和逐层叠加柱内的竖向荷载而求出。

②在水平荷载作用下框架的内力和位移可采用 D 值法进行简化计算。层数少于 20 层，斜撑或剪力墙较少的带斜撑或带嵌入剪力墙的钢框架结构，也可作为剪切型体系近似采用 D 值法计算。此时斜撑、剪力墙的等效 D 值可按下列方法计算。

a. 带十字形支撑的框架(图 10-18)中，十字形支撑的等效值

$$D_b=\frac{2E_bA_b\cos^3\theta}{l_0} \tag{10.3.5}$$

式中 E_b、A_b——支撑的弹性模量和截面积；

θ——支撑的水平倾角；

l_0——支撑的跨度。

b. 其他形式的支撑(K 形支撑(图 10-19)、偏心支撑等)，可按产生单位水平位移所需的水平力确定 D_b，即

$$D_b=\frac{P}{\delta} \tag{10.3.6}$$

式中 P——施加的水平力；

δ——由于 P 力作用于支撑上产生的水平位移。

c. 在钢框架中填充的钢筋混凝土剪力墙的等效值

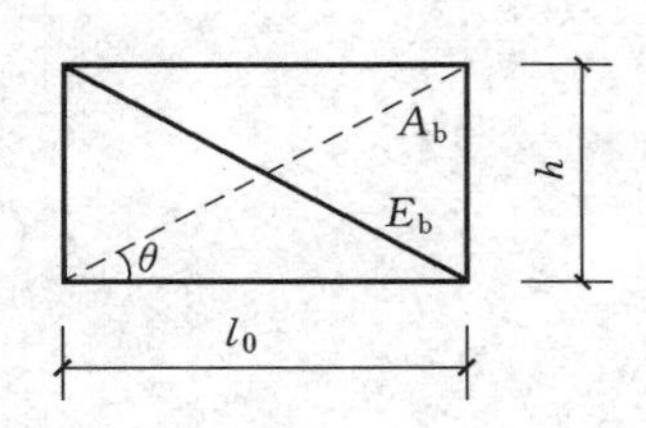

图 10-18　十字支撑

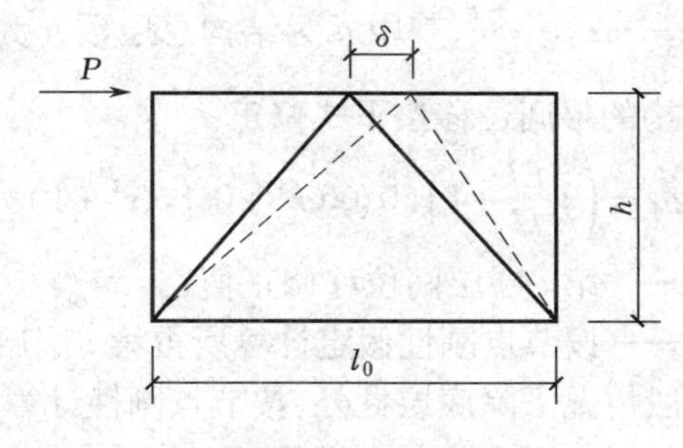

图 10-19　K 形支撑

$$D_w = \frac{\mu G_w t_w l_0}{h} \tag{10.3.7}$$

式中　μ——剪应力不均匀系数，矩形截面 $\mu = 1.2$，工字形截面 $\mu = \frac{A}{A'}$（A 为全截面面积，A' 为腹板面积）；

G_w——墙的剪切模量；

t_w——墙厚；

l_0——墙宽；

h——层高。

③节点半刚性对结构内力与位移一般应作修正。在钢框架设计中，通常假定梁柱节点完全刚接或完全铰接。但研究表明，一般构造的刚节点或铰节点，其弯矩和相对转角的关系既非完全刚接，也非完全铰接，这种刚接节点的半刚性特征将明显影响到结构分析的结果。研究同时表明，当满足下述条件时，可以忽略节点半刚性的影响。

a. 对于满焊节点，其性能基本上符合节点刚性的假定，可不考虑节点半刚性对内力和位移的影响。

b. 当结构中梁的线刚度 EI/l 和节点初始刚度 k 之比的平均值 $\frac{EI}{kl} \leqslant 0.02$ 时，可不考虑节点半刚性对结构水平位移的影响。

c. $\frac{\sqrt{n}EI}{kl} \leqslant 0.1$ 时（n 为结构层数），可不考虑节点半刚性对结构内力的影响。

节点刚度 k 可通过节点试验和对节点性能的研究得到。一般说来，螺栓连接节点 $k = (2 \sim 10) \times 10^4$ kN · m/rad；翼缘为焊接，腹板为栓接的混合节点 $k = (1 \sim 3.5) \times 10^5$ kN · m/rad。

当不满足上述条件时，须按下述情况将按节点刚性假定所得的结果作适当修正；修正前后所得值的变化范围一般约 5%。

a. 结构各层水平位移按下式修正：

$$\Delta_{si} = \left(4.3 \frac{EI}{kl} + 1\right)(0.66\sigma^3 + 0.86\sigma^2 + 1)\Delta_{ri} \tag{10.3.8}$$

式中　Δ_{si}——第 i 层楼层水平位移的修正值；

Δ_{ri}——按节点刚性假定计算所得第 i 层楼面水平位移值；

$\frac{EI}{kl}$——梁线刚度与节点初始刚度之比的平均值；

σ——$\sigma = \dfrac{n-i}{n}$,其中 n 为结构总层数,i 为第 i 层楼层数。

b. 结构的层间位移按下式修正:

$$\delta_{si} = \left(2\frac{EI}{kl} + 1\right)(0.66\sigma^3 + 0.86\sigma^2 + 1)\delta_{ri} \tag{10.3.9}$$

式中 δ_{si}——第 i 层层间位移修正值;

δ_{ri}——按节点刚性假定计算所得第 i 层层间位移值。

c. 一般情况下除底层柱外,按节点刚性计算所得弯矩值比按节点半刚性计算所得弯矩值大,因此,只对底层柱靠基础端的弯矩值进行修正,公式为:

$$M_s = \left(0.56\sqrt{n}\frac{EI}{kl} + 1\right)M_r \tag{10.3.10}$$

式中 M_s——底层柱端弯矩修正值;

M_r——按节点刚性计算所得底层柱端弯矩值。

(2)框架—抗剪结构体系空间分析的近似方法

平面布置规则的框架—抗剪结构体系(框—支体系和框—剪体系),在水平荷载作用下,可以简化为平面抗侧力体系进行分析,其基本方法如下。

①将高层建筑钢结构沿两个主轴划分为若干平面抗侧力结构。每一个方向上作用的水平荷载由该方向上的平面抗侧力结构承受,垂直于荷载方向的抗侧力结构不参加工作,并由同一楼层上水平位移相等的条件进行水平力分配。如抗侧力结构与主轴方向斜交,可由转轴公式计算该抗侧力结构在两个主轴方向上的作用。

②将所有竖向支撑(或剪力墙)并联为总支撑(或总剪力墙),所有框架也并联为总框架,总框架和总支撑(或总剪力墙)之间用一刚性水平铰接连杆串联起来,形成最终计算模型,然后进行协同工作分析。

③总支撑可当做一个弯曲杆,其等效弯曲刚度

$$EI_b = E\mu\sum_{j=1}^{m}\sum_{i=1}^{n}A_{ij}b_{ij}^2 \tag{10.3.11}$$

式中 μ——折减系数,对中心支撑可取 $\mu = 0.8 \sim 0.9$;

A_{ij}——第 j 片竖向支撑的第 i 根柱的截面积;

b_{ij}——第 i 根柱至第 j 片竖向支撑的柱截面总形心轴的距离;

n——每一片竖向支撑中的柱子数;

m——水平荷载作用方向竖向支撑的片数;

E——钢材的弹性模量。

④总剪力墙的等效抗弯刚度 EI_d 可由下式计算:

$$EI_d = \sum_{i=1}^{n}EI_{di} \tag{10.3.12}$$

式中 I_d——总剪力墙的等效惯性矩;

I_{di}——各片剪力墙的等效惯性矩。

⑤框架与抗剪结构体系协同工作的计算,宜采用矩阵位移法等用电子计算机求解的精确计算方法。国内已有许多这种方法的计算机软件,设计人员可根据情况选用。

⑥对规则但有偏心的结构作近似分析时,可先按无偏心结构进行分析,然后将内力乘以如

下修正系数：

$$\psi_i = 1 + \frac{e_d r_i \sum k_i}{\sum k_i r_i^2} \tag{10.3.13}$$

式中　ψ_i——第 i 片抗侧力结构的内力修正系数；

e_d——偏心距设计值，非地震作用时 $e_d = e_0$，地震作用时 $e_d = e_0 + 0.05L$，L 为垂直于楼层剪力方向的结构平面尺寸；

e_0——楼层水平荷载合力中心与刚度中心之间的距离；

r_i——第 i 片抗侧力结构至刚心的距离；

k_i——第 i 片抗侧力结构的侧向刚度。

当扭矩对计算构件的内力起有利作用时，应忽略扭矩的作用。

(3)高层钢框架的底部剪力法

用底部剪力法估算高层钢框架结构的构件截面时，水平地震作用下倾覆力矩引起的柱轴力，对体型较规则的丙类建筑可考虑折减。折减系数 k 的取值根据所考虑截面的位置。对体型不规则或体型规则但基本周期 $T_1 \leqslant 1.5$ s 的结构，倾覆力矩不折减。

(4)筒体结构的近似计算法

①筒体结构的计算方法应反映其空间工作特点，并考虑所有抗侧力构件的共同工作。平面为矩形或其他规则的筒体结构可采用等效角柱法、展开平面框架法、等效截面法等方法，转化为平面框架进行近似计算。

②展开平面框架法。如果框筒结构是双轴对称的，则可以取 1/4 结构来分析。与侧向力作用方向垂直的框架称为翼缘框架，而与侧向力作用方向平行的框架称为腹板框架。

由于侧向力主要由腹板框架承受，腹板框架又通过竖向剪力将荷载传递到翼缘框架上，因此，可以设想将这 1/4 的空间框架展开成一个平面框架，腹板框架与翼缘框架之间通过能传递竖向剪力的虚拟构件来连接。虚拟构件只能传递剪力而不能传递弯矩和轴力，即虚拟构件的剪切刚度无限大而弯曲和轴向刚度为零，在展开的等效平面框架的边界上，则代之以相应的约束条件。

由于角柱分别为翼缘框架和腹板框架所共有，计算时，将角柱分为两个，计算角柱的轴向刚度时，所用截面面积取为实际角柱截面积的一半；在计算弯曲刚度时，惯性矩可取角柱各自方向上的惯性矩。内力计算完成后，将翼缘框架和腹板框架角柱的轴力相叠加，作为原角柱的轴力。

根据计算模型，即可按平面框架用矩阵位移法计算框筒在侧向力作用下的侧移和内力。

③等效截面法。对于框架筒体系，在侧向力作用下，由于剪力滞后效应，使得与侧向力作用方向垂直的翼缘框架中部的柱子轴向应力减少，因此，可假设这部分框架对结构抗侧力影响不大，此时，可将外框筒简化为平行于荷载方向的两个等效槽形截面构件，其翼缘有效宽度 b 按下列二者的最小值采用：

$$b \leqslant \frac{L}{3};\ b \leqslant \frac{B}{2}$$

式中　b、L、B——筒体的高度、长度和宽度。

这样，可将此双槽形截面作为悬臂构件来抵抗侧向力的作用。等效槽形截面中的密排柱产生轴向力，连接密排柱的横梁则产生剪力，柱内轴力和梁内剪力可通过悬臂梁的计算方法分别求得。

$$N_c = \frac{My_c}{I_e} A_c \tag{10.3.14}$$

$$Q_b = \frac{QS}{I_e} \cdot h \tag{10.3.15}$$

式中 N_c——水平侧向力作用下所计算柱内的轴力；

M——水平侧向力作用下等效双槽形截面框架整体弯曲时的弯矩；

I_e——等效双槽形截面的惯性矩；

A_c——所计算柱的截面面积；

y_c——所计算柱的形心至框架筒中性轴的距离；

Q_b——横梁的剪力；

Q——水平侧向力引起的楼层剪力；

S——等效双槽形截面中框筒中性轴一侧的所有柱对框筒中性轴的面积矩之和；

h——所计算梁所在高度处的楼层层高，如果梁的上下层层高不同，则取平均值。

梁的剪力求出后，假定梁的反弯点在梁净跨度的中点上，则可求得梁端处的弯矩。

④框筒结构（无论是平面或空间框架）简化计算的另一种方法是按位移等效的原则将实际的杆系折合为等效的连续体，然后用计算连续体的有效方法——有限元法、有限条法或其他方法进行计算。

⑤筒体—框架结构可作为框架—剪力墙结构近似计算，内筒体作为剪力墙考虑，外框架只考虑平行于外荷载方向的框架。

3. 地震作用下内力及位移的计算

①高层钢结构在地震作用下的内力及位移计算，除符合本节规定外，应按《建筑抗震设计规范》及以上 10.3.2 节中的有关条文进行。

②高层钢结构的抗震设计应采用两阶段设计法。第一阶段进行多遇地震作用下的弹性分析，验算构件的承载力和稳定以及结构的层间位移；第二阶段进行罕遇地震作用下的弹塑性分析，验算结构的层间弹塑性位移和层间位移延性比。

③高层建筑钢结构的第一阶段抗震设计可分别采用下列方法。

a. 高度不超过 60 m 且平面和竖向布置较规则的结构以及预估截面时，可采用底部剪力法。

b. 高度超过 60 m 的建筑，应采用振型分解反应谱法。

c. 竖向特别不规则的建筑，宜采用时程分析法作补充计算。设计时，应取按该法求得的层剪力分布和按振型分解反应谱法求得的层剪力分布之外包线，作为计算采用的层剪力分布。

④在第一阶段抗震设计中，确定框架—支撑（剪力墙）结构体系中总框架承担的地震剪力时，应考虑支撑（剪力墙）刚度退化的影响，总框架任一层所承担的地震剪力，不得小于结构底部总剪力的 25%。

⑤在结构平面的两个主轴方向分别计算水平地震效应时，角柱和两个方向的支撑或剪力墙所共有的柱构件，其水平地震作用效应应在上条的规定调整的基础上提高 30%。

⑥高层建筑钢结构应按下列规定验算倾覆力矩对地基的作用：

a. 核算在多遇地震作用下整体基础（箱形或筏式基础）对地基的作用时，可用底部剪力法求作用于地基的倾覆力矩，考虑折减系数 0.8；

b. 计算倾覆力矩对地基的作用时，不考虑基础侧面回填土的约束作用。

⑦高层钢结构的第二阶段抗震设计，应采用时程分析法。采用时程分析法时，时间步长不宜超过输入地震波卓越周期的 1/10，也不宜大于 0.02 s。必要时，可以按步长减半计算后结构反应无明显变化的原则确定。

第二阶段设计时，钢结构阻尼比可取 0.05。

⑧在第二阶段设计中进行结构的弹塑性地震反应分析时，可采用杆系模型，也可采用剪切型层间模型，或剪—弯协同工作层间模型。恢复力模型一般可参考已有资料确定，对新型、特殊的杆件和结构，则宜进行恢复力特性的试验。

钢柱及梁的恢复力模型可采用二折线模型，其滞回模型可不考虑刚度退化。钢支撑和耗能连梁等构件的恢复力模型，则应按杆件特性确定。钢筋混凝土剪力墙、剪力墙板和核心筒，则应选用考虑钢筋混凝土结构特点的二折线或三折线模型，并考虑刚度退化。

⑨采用层间模型进行高层钢结构的弹塑性地震反应分析时，应综合有关构件的弯曲、轴向、剪切变形的等效剪切刚度，恢复力模型的骨架线可近似地用静力弹塑性法计算。此时作用于结构的水平荷载沿结构高度的分布，应与水平地震力沿高度的分布一致或接近，并应同时作用重力荷载。计算中材料的屈服强度和极限强度按标准值采用。骨架线可简化为二折线或三折线，但尽量与计算所得的骨架线接近。

⑩进行高层建筑钢结构的弹塑性时程反应分析时，应考虑 $P—\Delta$ 效应对侧移的影响。

⑪高层建筑钢结构在罕遇地震作用下的抗震设计，各层的抗剪承载力均应满足：

$$V \leqslant V_R$$

式中　V——结构在罕遇地震作用下由时程分析求得的层剪力；

V_R——结构的层极限剪力标准值。取下列两种情况下结构层剪力的最小值：结构整体或某层（顶层屋盖除外）中出现足够多的塑性铰并形成倒塌机构时；结构层间位移达到层高的$\frac{1}{70}$时。

10.3.3　整体稳定的验算

1. 高层钢结构同时符合以下两个条件时，可不进行结构的整体稳定验算

①结构各楼层的柱子平均长细比和平均轴压比满足下式：

$$\frac{N}{N_y}+\frac{\lambda}{80}\leqslant 1 \tag{10.3.16}$$

$$N_y = Af_y$$

式中　λ——楼层柱的平均长细比；

N——楼层柱的平均轴压力；

N_y——楼层柱的平均全塑性轴压力；

A——柱截面面积的平均值；

f_y——钢材屈服强度。

②结构按一阶线性弹性计算所得的各楼层层间相对位移值满足下式要求：

$$\frac{\Delta u}{h}\leqslant 0.12\,\frac{\sum F_h}{\sum F_v} \tag{10.3.17}$$

式中 Δu——按一阶线性弹性计算所得的质心处层间位移；

h——楼层层高；

ΣF_h——计算楼层以上全部水平荷载之和；

ΣF_v——计算楼层以上全部竖向荷载之和。

2. 整体稳定的验算方法

①对于有支撑且$\frac{\Delta u}{h}\leqslant\frac{1}{1\ 000}$的结构，可按有效长度法验算。柱的计算长度系数可按无侧移柱的计算长度系数采用。支撑体系可以是钢支撑、剪力墙和核心筒体等。

②对于无支撑的结构和$\frac{\Delta u}{h}>\frac{1}{1\ 000}$的有支撑结构，应按能反映 P—Δ 效应的二阶分析方法验算结构的整体稳定。

3. 有效长度设计法

有效长度法建立在第一类平衡分枝型稳定分析模型上，它把对框架结构整体稳定的计算转换成对单柱的计算。其基本思路是把每根柱与在其两端同柱连接的各杆件作为单元分离出来，计算它的弹性分枝荷载，并使其和另一有效长度为 l_0 的铰接轴心压杆的压屈荷载相同。对每一根长度为 l_0 的柱，按原柱实际所受的力，用压弯构件计算的相关公式进行该柱截面的验算，用保证各单柱不失稳定来避免结构的整体失稳。

4. P—Δ 设计法

P—Δ 设计法是二阶分析法，可以采用电子计算机求出其精确解，也可以采用一些简化计算方法。下面介绍一种 P—Δ 设计法的计算步骤，供设计人员参考。其基本思路是把 P—Δ 效应等效为节点的横向荷载，用数学上的迭代法求得非线性问题的解。设计步骤如下。

①计算在使用荷载作用下每一楼层水平面上各柱轴向荷载的总和 ΣF。

②按一阶分析所得的每层楼层处的水平位移 u_i，或按预先确定的楼层水平位移 u_i，确定由楼层柱子的轴力作用于变形结构上而产生的附加水平力（图 10-20），公式为：

$$V_i=\alpha\frac{\Sigma F_i}{h_i}(u_{i+1}-u_i) \tag{10.3.18}$$

式中 V_i——由侧移引起的第 i 层处的附加水平力；

ΣF_i——在第 i 层所有柱子轴向力之和；

α——放大系数，取 1.05～1.2；

h_i——第 i 层的楼层高度；

u_{i+1}、u_i——第 $i+1$ 层和第 i 层楼盖的水平位移，并不得大于规定的限值。

③取每一楼层的附加水平力的代数和作为楼层水平面上的侧向力，公式为：

$$H_i=V_i-V_{i+1}$$

④把侧向力 H_i 和其他水平荷载相加，按合并后的水平力连同竖向荷载进行一阶弹性分析，得出各节点的位移量。

⑤验算在步骤②中所有的楼层水平位移的精度，即在迭代过程前后两次所得的楼层水平位移值误差是否在容许范围内。

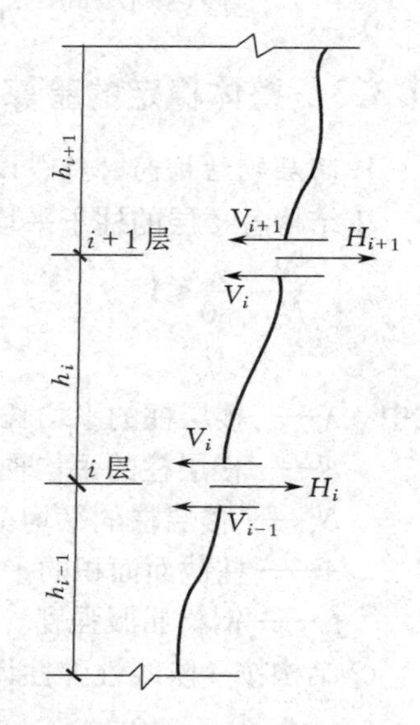

图 10-20 二阶分析法

如果不够,按步骤②至④继续迭代。如果计算精度满足要求,用迭代后所得的内力对各杆进行截面验算,此时柱的有效长度系数取 $\mu=1$。

在侧向刚度较大的结构中,楼层水平位移收敛较快,只需迭代 2 ~ 3 次。假如上述计算在迭代 5 ~ 6 次后仍不收敛,说明结构的抗侧刚度很可能不够,需重新选择截面。

10.3.4　位移限值和舒适感验算

1. 位移限值

①高层建筑钢结构不考虑地震作用时,结构在风荷载作用下的顶点质心位置的侧移不宜超过建筑高度的$\frac{1}{500}$,质心层间侧移不宜超过楼层高度的$\frac{1}{400}$。

结构平面端部构件最大侧移不得超过质心侧移的 1.2 倍。

②在常遇地震烈度作用下,高层钢结构的层间侧移标准值不应超过层高的$\frac{1}{250}$。以钢筋混凝土结构为主要抗侧力构件的高层钢—混凝土混合结构的侧移限值,应按钢筋混凝土高层建筑的设计规定采用。

结构平面端部构件最大侧移不得超过质心侧移的 1.5 倍。

③罕遇地震作用下,高层钢结构的最大层间侧移不得超过该层层高的$\frac{1}{70}$;结构层间侧移延性比不应超过表 10-4 规定的限值。

表 10-4　结构层间侧移延性比限值

结构类别	层间侧移延性比限值
钢框架	3.5
偏心支撑框架	3.0
中心支撑框架	2.5
型钢混凝土框架	2.5
钢混结构	2.0

2. 舒适感验算

①高层建筑钢结构在水平脉动风作用下,其水平运动加速度应满足居住者舒适感的要求。即在风荷载作用下的顺风向与横风向顶点最大加速度应不大于下列加速度限值。

公寓建筑:0.20 m/s^2。

公共建筑:0.30 m/s^2。

②顺风向和横风向顶点最大加速度按下列公式计算。

a. 顺风向顶点最大加速度

$$a_d=\zeta v\frac{\mu_s\mu_r w_0 A}{M}\quad (m/s^2) \tag{10.3.19}$$

式中　μ_s——风载体型系数;

μ_r——重现期调整系数,一般取重现期为 10 年,$\mu_r=0.83$;

w_0——高层建筑基本风压(kN/m²),按《建筑结构荷载规范》(GB 50009—2012)的规定采用;

ζ、v——脉动增大系数和脉动影响系数,按《建筑结构荷载规范》(GB 50009—2012)的规定采用;

A——建筑物总迎风面积(m²);

M——建筑物总质量(t)。

b.横风向顶点最大加速度

$$a_w=\frac{b_r}{T_w^2\gamma_B}\frac{\sqrt{BL}}{\sqrt{\zeta_w}}\quad (m/s^2) \tag{10.3.20}$$

式中 b_r——折算质量,$b_r=2.05\times10^{-4}\left(\frac{\bar{V}_H T_w}{\sqrt{BL}}\right)^{3.3}$ (kN/m³);

$\bar{V}_H$——建筑物顶点平均风速(m/s),$\bar{V}_H=40\sqrt{\mu_z\mu_r w_0}$;

μ_z——风压高度变化系数;

μ_r——重现期调整系数,$\mu_r=0.83$;

γ_B——建筑物平均质量(kN/m³);

ζ_w——建筑物横风向的临界阻尼比值,一般可取0.01~0.02;

T_w——建筑物横风向第一自振周期(s);

B、L——建筑物平面的宽度和长度(m)。

c.若遇体型较为复杂的建筑物,应参照一般高层建筑物的做法,将式(10.3.19)中的$\mu_s A$换成$\sum_i \mu_{si}A_i$进行计算,并取绝对值之和。这里,μ_{si}代表迎风面或背风面第i部分的体型系数,A_i代表与之对应的迎风面或背风面面积。

10.4 高层钢结构的构件及节点设计

10.4.1 梁

①梁的抗弯强度应按下式计算。

非抗震设计:

$$\frac{M_x}{\gamma_x W_{nx}}\leqslant f \tag{10.4.1}$$

抗震设计:

$$\frac{M_x}{\gamma_x W_{nx}}\leqslant\frac{f}{0.8} \tag{10.4.2}$$

式中 M_x——梁绕形心轴x的弯矩设计值;

W_{nx}——梁对x轴的净截面抵抗矩;

γ_x——截面塑性发展系数,非抗震设计按《钢结构设计标准》(GB 50017—2017)的规定采用,抗震设计取$\gamma_x=1.0$;

f——钢材强度设计值。

②除设置刚性铺板情况外，应按下式计算梁的稳定性。

非抗震设计：

$$\frac{M_x}{\varphi_b W_x} \leqslant f \tag{10.4.3}$$

抗震设计：

$$\frac{M_x}{\varphi_b W_x} \leqslant \frac{f}{0.8} \tag{10.4.4}$$

式中　W_x——梁的毛截面抵抗矩（单轴对称者以受压翼缘为准）；

φ_b——整体稳定系数，按《钢结构设计标准》（GB 50017—2017）规定确定，当梁在端部仅以腹板与柱（或主梁）相连时，φ_0（或当 $\varphi_b > 0.6$ 时的 φ_0）应乘以降低系数 0.85；

f——钢材强度设计值。

③当梁上设有符合《钢结构设计标准》（GB 50017—2017）第 4.2.1 条规定的整体刚性铺板时，可不计算整体稳定性。

④梁设有侧向支撑体系并符合《钢结构设计标准》（GB 50017—2017）第 4.2.1 条规定的 l_1/b_1 限值时，一般可不计算整体稳定。但处于地震设防烈度 7 度及以上地区的高层建筑，梁在支撑连接点间的长细比 l_1/b_1 应满足《钢结构设计标准》（GB 50017—2017）第 9.3.2 条的要求。在罕遇地震作用下可能出现塑性铰区，梁上下翼缘均应有支撑点。

⑤梁的板件宽厚比在一般情况下应符合《钢结构设计标准》（GB 50017—2017）第 4 章的有关规定，但处于地震设防烈度大于、等于 7 度地区的抗侧力框架的梁可能出现塑性铰的区段以及非地震区和设防烈度为 6 度的地区，当侧力框架的梁中可能出现塑性铰时，板件宽厚比不应超过规定的限值。

⑥在进行多遇地震作用下的构件承载力计算时，托柱梁的内力应乘以不小于 1.5 的增大系数。

10.4.2　轴心受压柱

①轴心受压稳定性按下列公式计算。

非抗震设计：

$$\frac{N}{\varphi A} \leqslant f \tag{10.4.5}$$

抗震设计：

$$\frac{N}{\varphi A} \leqslant \frac{f}{0.85} \tag{10.4.6}$$

式中　N——压力的设计值；

A——柱的毛截面面积；

φ——轴心受压稳定系数，当柱的板件厚度不超过 40 mm 时按规范《钢结构设计标准》（GB 50017—2017）采用，板件厚度超过 40 mm 者，按下条采用。

②轴心受压柱板件厚度超过 40 mm 者，稳定系数按相应的类别取值。

③轴心受压柱的板件宽厚比应符合规范《钢结构设计标准》（GB 50017—2017）第五章第四节的规定。

④轴心受压柱的长细比不宜大于120。

10.4.3 框架柱

①与梁刚性连接并参与承受水平荷载作用的框架柱，依本章算得的内力按《钢结构设计标准》(GB 50017—2017)第五章有关规定及本节的各项规定计算其强度和稳定性。

②框架柱的计算长度视其荷载组合和结构组成的具体情况按下列规定计算。

a. 当计算框架柱在重力荷载作用下的稳定性时，纯框架体系柱的计算长度按《钢结构设计标准》(GB 50017—2017)附表D-2(有侧移)的μ系数确定；有支撑和(或)剪力墙的体系，符合$\Delta\mu/h \leqslant 1/1\,000$的条件时($\Delta\mu$为一阶线性弹性计算所得的层间位移，$h$为楼层层高)，框架柱的计算长度按《钢结构设计标准》(GB 50017—2017)附表D-1(无侧移)的μ系数确定。

上述计算长度系数μ也可用下列近似公式计算。

有侧移时：

$$\mu = \sqrt{\frac{1.6 + 4(k_1 + k_2) + 7.5k_1k_2}{k_1k_2 + 7.5k_1k_2}} \tag{10.4.7}$$

无侧移时：

$$\mu = \frac{3 + 1.4(k_1 + k_2) + 0.64k_1k_2}{3 + 2(k_1 + k_2) + 1.28k_1k_2} \tag{10.4.8}$$

在上两式中，k_1、k_2分别为交于柱上端、下端横梁线刚度之和的比值。

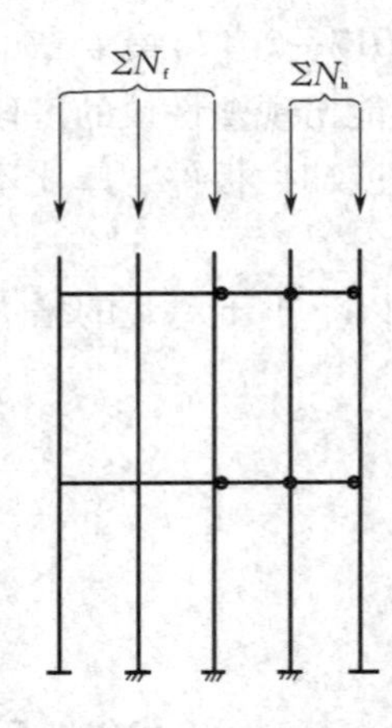

图10-21 框架简图

b. 当框架或框筒体系和两端铰接柱共同使用时(图10-21)，框架(筒)柱的计算长度系数应按式(10.4.7)算得的值乘以下列放大系数：

$$\alpha_\mu = \sqrt{1 + \Sigma N_h / \Sigma N_f} \tag{10.4.9}$$

式中 ΣN_f——计算层框架(筒)柱所承轴力之和；

ΣN_h——计算层铰接柱所承轴力之和。

c. 当计算在重力和风力或常遇烈度地震力组合作用下的稳定时，有支撑和(或)剪力墙的体系在层间位移不超过层高的1/25(包括必要时计入P—Δ效应)，柱的计算长度系数可取$\mu = 1$。如纯框架体系层间位移小于$0.001h$(h为层间高度)，也可考虑按式(10.4.8)确定μ值。

③抗震设计的框架柱在框架的任一节点处，柱截面的塑性抵抗矩和梁截面塑性抵抗矩应满足下列关系：

$$\Sigma W_{pc}(f_{yc} - \sigma_a) \geqslant W_{pb}f_{yb} \tag{10.4.10}$$

式中 W_{pc}、W_{pb}——交汇于节点的柱和梁的截面塑性抵抗矩；

f_{yc}、f_{yb}——柱和梁材料的屈服强度；

σ_a——轴力引起的柱平均轴向应力，$\sigma_a = N/A_c$，其中N按多遇地震作用的荷载组合计算。

当式(10.4.10)不能满足时，该处框架柱的轴力不得超过$0.8A_nf_y$，其中，A_n为柱截面的净面积，f_y为柱材料的屈服强度。

④处于抗震设防烈度≥7度地区的框架柱板件宽厚比，应不超过表10-5所列限值。

表 10-5　框架柱板件宽厚比

设防烈度	7 度		8、9 度	
所用钢材	Q235	16Mn	Q235	16Mn
H 形柱翼缘悬伸部分	11	9	10	8
H 形柱腹板	43	37	43	37
箱形柱壁板	37	30	33	27

注：表列数值适用于 $f_y=235$ MPa 的 Q235，当材料为其他钢的牌号时，应乘以 $\sqrt{235/f_y}$。

非地震区及设防烈度为 6 度的地震区，柱板件宽厚比按《钢结构设计标准》的规定采用。

⑤柱梁连接处应设置与梁上下翼缘相衔接的加劲肋。处于地震设防烈度 7 度及以上地区的 H 形截面柱和箱形截面柱的腹板在和梁相连的范围，其厚度应满足下列要求：

$$t_{wc} \geqslant \frac{h_{0b}+h_{0c}}{70} \tag{10.4.11}$$

式中　t_{wc}——柱在连接区的腹板厚度，不包括焊于其上的补强板厚度（如补强板和腹板用塞焊紧密连接，则可以包括在内）；

h_{0b}、h_{0c}——分别为梁腹板高度和柱腹板高度。

⑥设防烈度≥7 度的地震区，柱长细比不宜超过 80，非地震区和设防烈度为 6 度的地区，柱长细比不宜超过 120。

⑦在进行多遇地震作用下的构件承载力计算时，承载抗震墙的框架柱内力应乘以不小于 1.5 的增大系数。

10.4.4　中心支撑

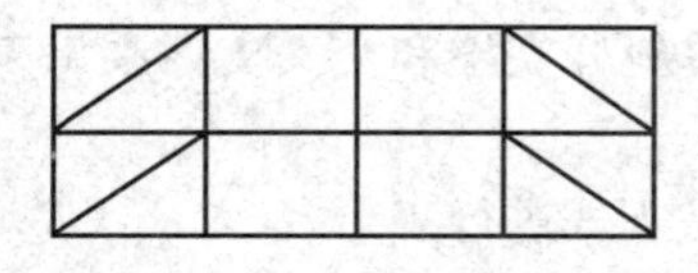

图 10-22　单斜杆中心支撑布置

①中心支撑构件可用单斜杆、十字交叉斜杆、人字形或 V 形斜杆体系。当采用只能受拉的单斜杆体系时，应同时设置不同倾斜方向的两组，且每层中不同方向斜杆的截面积在水平方向的投影面积相差不应超过 10%（图 10-22）。

②非抗震设计的中心支撑，当采用交叉斜杆或两组不同方向的单斜杆体系时，可近似为拉杆设计，也可按既能抗拉又能抗压设计，这两种情况的支撑斜杆长细比分别不超过 300 和 150。

③设防烈度≥7 度的地震区，支撑斜杆一边简支一边自由板件的宽厚比应不超过 6 $\sqrt{235/f_y}$，两边简支板件的宽厚比应不超过 23 $\sqrt{235/f_y}$。支撑斜杆宜采用双轴对称截面，当采用单轴对称截面时，宜防止出现绕截面对称轴屈曲。

④支撑斜杆所受的内力，应按本章第二节的有关要求通过计算确定。计算中应计及施工过程逐层加载各受力构件的变形对支撑内力的影响。

⑤在初步设计阶段，支撑斜杆所受的内力可按下述近似方法确定。

a. 在重力和水平力（风荷载或常遇地震）作用下，支撑除作为竖向桁架的斜杆承受水平荷载引起的剪力外，还应承受水平位移和重力荷载产生的附加弯曲效应。楼层附加剪力按下式计算：

$$V_i = 1.2\frac{\Delta u_i}{h_i}\Sigma G_i \tag{10.4.12}$$

式中　h_i——计算楼层的高度；

ΣG_i——计算楼层以上的全部重力荷载；

Δu_i——计算楼层的层间位移。

人字形和V形支撑尚应考虑支撑跨梁所传下的楼面荷载的作用。

b. 对于十字交叉支撑，人字形和V形支撑的斜杆，除按a条计算外，尚应计入柱在重力荷载作用下压缩变形在斜杆中引起的附加压应力。

对十字交叉支撑的斜杆：

$$\Delta\sigma_d = \frac{\sigma_c}{\left(\frac{l_d}{h}\right)^2 + \frac{h}{l_d}\frac{A_d}{A_c} + 2\frac{b^3}{l_d h^2}\frac{A_d}{A_b}} \tag{10.4.13}$$

对于人字形和V形支撑的斜杆：

$$\Delta\sigma_d = \frac{\sigma_c}{\left(\frac{l_d}{h}\right)^2 + \frac{b^3}{24 l_d}\frac{A_d}{I_b}} \tag{10.4.14}$$

式中　σ_c——斜杆端部连接固定后，在计算楼层以上各层增加的恒载或楼层活载引起的柱压应力；

l_d——支撑斜杆长度；

b、I_b、h——支撑跨梁的长度、绕水平主轴的惯性矩以及楼层高度；

A_d、A_c、A_b——计算楼层的支撑斜杆、支撑跨的柱和梁的截面积。

为了减少斜杆的附加压应力，应在大部分永久荷载加上后，再固定斜撑端部的连接。有条件时，还可考虑对斜撑施加预拉力以抵消附加应力的不利影响。

⑥在计算中心支撑斜杆内力时，地震力应乘以增大系数，单斜杆支撑和交叉支撑乘1.3，人字支撑和V形支撑乘1.5。

⑦在多遇烈度地震作用效应组合下，支撑斜杆的抗压验算按下式进行：

$$\frac{N}{\varphi A_d} \leqslant \eta f_p \tag{10.4.15}$$

式中　φ——轴压稳定系数；

f_p——塑性设计时钢材强度设计值，按《钢结构设计标准》中的规定乘以0.9；

η——循环荷载作用下强度设计值降低系数，按下式计算：

$$\eta = \frac{1}{1 + 0.35\bar{\lambda}} \tag{10.4.16}$$

$$\bar{\lambda} = \frac{\lambda}{\pi}\sqrt{\frac{f_y}{E}}$$

式中　$\bar{\lambda}$——支撑斜杆的正则化长细比。

⑧与支撑一起组成支撑系统的横梁和柱及其连接应具有承受支撑斜杆传来的内力的能力。与人字形和V形支撑相交的横梁，在柱间的支撑连接处应保持连续。在确定人字形支撑体系中的横梁截面时，不考虑重力荷载作用下支撑的支点作用。

⑨设防烈度大于等于 7 度的地区，当支撑为填板式双肢组合构件时，肢件的长细比 λ，不应大于构件最大长细比的一半，且不大于 40。

⑩对于 8 度和 8 度以上地震区，可以采用带有消能装置的中心支撑体系。此时，支撑斜杆的承载力应是消能装置滑动时承载力的 1.5 倍。

10.4.5　偏心支撑

①偏心支撑框架的每根支撑应至少在一端与梁连接，其连接点偏离梁柱节点或相对方向的另一支撑与梁连接的节点，从而在支撑与柱之间或在支撑与支撑之间形成耗能梁段。其基本形式如图 10-23 所示。偏心支撑框架的设计必须满足本节的要求。

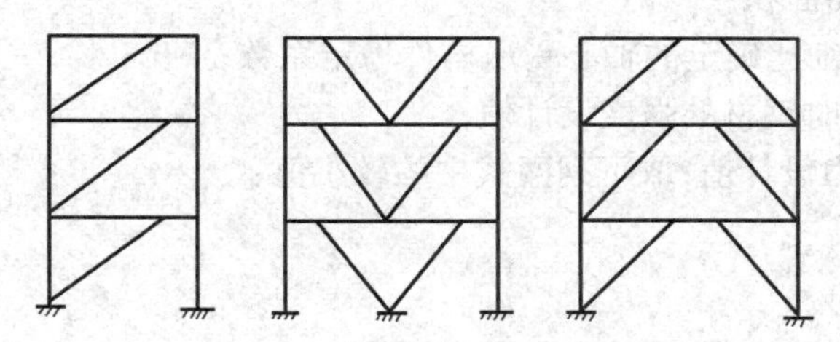

图 10-23　偏心支撑框架

②耗能梁段的塑性抗剪承载力 V_s 和塑性抗弯承载力 M_s 分别按下式计算：

$$V_s = 0.58 f_y h_0 t_w \tag{10.4.17}$$

$$M_s = W_p f_y \tag{10.4.18}$$

梁段中作用轴力时，塑性抗弯承载力 M_{rs} 有所下降，按下式计算：

$$M_{rs} = W_p (f_y - \sigma_a) \tag{10.4.19}$$

式中　f_y——钢材的屈服强度；

h_0——梁段腹板计算高度；

t_w——梁段腹板厚度；

W_p——梁段截面塑性抵抗矩；

σ_a——轴力引起的梁段翼缘平均正应力。

净长 $e < 2.2M_s/V_s$ 和 $e \geqslant 2.2M_s/V_s$ 的梁段，σ_a 分别按以下二式计算（$\sigma_a < 0.15f_y$ 时，取 $\sigma_a = 0$）：

$$\sigma_a = \frac{V_s}{V_{1b}} \cdot \frac{N_{1b}}{2b_f t_f} \tag{10.4.20}$$

$$\sigma_a = \frac{N_{1b}}{A_{1b}} \tag{10.4.21}$$

V_{1b}、N_{1b}——梁段的剪力设计值和轴力设计值；

b_f——梁段翼缘宽度；

t_f——梁段翼缘厚度；

A_{1b}——梁段截面面积。

③耗能梁段的净长 e 符合下式者为剪切屈服型，否则为弯曲屈服型：

$$e \leqslant 1.6M_s/V_s \tag{10.4.22}$$

耗能梁段宜设计成剪切屈服型;与柱连接的耗能梁段不宜设计成弯曲屈服型。

④净长 $e<2.2M_s/V_s$ 的耗能梁段,腹板和翼缘的强度分别按以下二式计算:

$$\frac{V_{1b}}{0.8\times0.58h_0t_w}\leqslant f_p \tag{10.4.23}$$

$$\left(\frac{M_{1b}}{h_1}+\frac{N_{1b}}{2}\right)\frac{1}{b_ft_f}\leqslant f_p \tag{10.4.24}$$

⑤偏心支撑斜杆的强度按下式计算:

$$\frac{N_{br}}{\varphi A_{br}}\leqslant f_p \tag{10.4.25}$$

式中 A_{br}——支撑截面面积;

φ——由支撑长细比确定的轴心受压构件稳定系数;

f_p——塑性设计时钢材的强度设计值;

N_{br}——支撑轴力设计值,取下列两式中的较小值:

$$N_{br}=1.6\frac{V_s}{V_{1b}}N_{br}^c \tag{10.4.26}$$

$$N_{br}=1.6\frac{M_{rs}}{M_{1b}}N_{br}^c \tag{10.4.27}$$

N_{br}^c——在重力荷载和水平荷载最不利组合作用下支撑的轴力。

⑥偏心支撑框架柱的强度按《钢结构设计标准》(GB 50017—2017)第五章有关规定计算,抗震调整系数取0.9。弯矩设计值 M_c 取下列两式中的较小值:

$$M_c=2.0\frac{V_s}{V_{1b}}M_c^c \tag{10.4.28}$$

$$M_c=2.0\frac{M_{rs}}{M_{1b}}M_c^c \tag{10.4.29}$$

轴力设计值 N_c 取下列两式中的较小值:

$$N_c=2.0\frac{V_s}{V_{1b}}N_c^c \tag{10.4.30}$$

$$N_c=2.0\frac{M_{rs}}{M_{1b}}N_c^c \tag{10.4.31}$$

式中 M_c^c、N_c^c——在重力荷载和水平荷载最不利组合下柱的弯矩和轴力。

⑦耗能梁段腹板不得加焊贴板提高强度,也不得在腹板上开洞。

⑧剪切屈服型耗能梁段与柱翼缘连接的节点可参照图10-24设计。梁翼缘与柱翼缘之间应用坡口全焊透对接焊缝;梁腹板与柱之间应用角焊缝、螺栓连接,焊缝强度应满足腹板的塑性抗剪强度要求。耗能梁段不宜与柱腹板连接。

⑨支撑与耗能梁段连接的节点可参照图10-24和图10-25设置。支撑轴线与梁轴线的交点应在耗能梁段内,不应在耗能梁段外。

⑩耗能梁段腹板的加劲肋可参照图10-24设置。

耗能梁段与支撑连接的一端,应在两侧加肋。净长 $e<2.6\ M_s/V_s$ 的耗能梁段,应在距两端 b_f 的位置两侧加肋。加劲肋总宽不小于 b_f-2t_w,厚不小于 $0.75t_w$ 或 100 mm。

净长 $e<2.2M_s/V_s$,或净长 $e\geqslant2.2M_s/V_s$,但截面弯矩为 M_{rs} 时剪力大于 $0.47fh_0t_w$ 的耗能梁

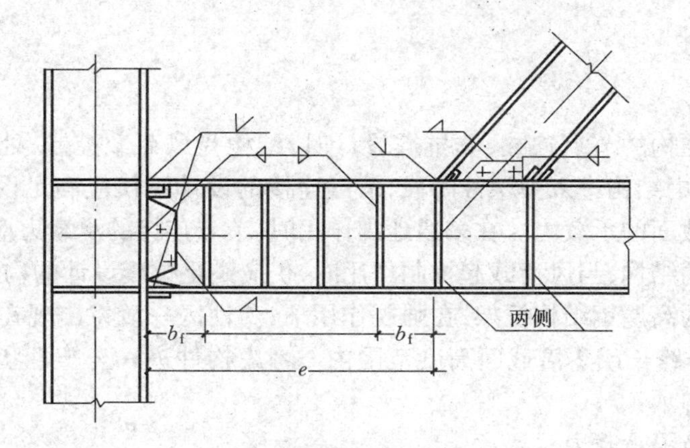

图 10-24　耗能梁连接节点

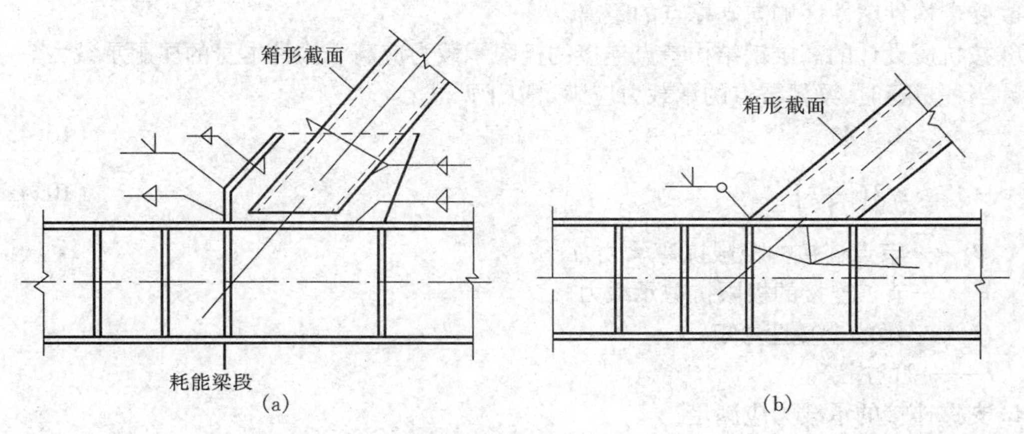

图 10-25　耗能梁与支撑连接节点

(a)带节点板耗能梁段;(b)无节点板耗能梁段

段,还应设置中间肋,间距根据其净长 e 确定;$e \leqslant 1.6M_s/V_s$ 时,间距不得超过 $38t_w - h_0/5$;$e \geqslant 2.6M_s/V_s$ 时,间距不得超过 $56t_w - h_0/5$;e 介于两者之间时,用线性插值确定。高度不超过 600 mm 的耗能梁段,可单侧加肋;等于或超过 600 mm,应两侧加肋。一侧加劲肋的宽不小于 $b/2 - t_w$,厚不小于 10 mm。

⑪耗能梁段加劲肋应三面与梁用角焊缝连接。与腹板连接焊缝的承载力不低于 $A_{st}f$;与翼缘连接焊缝的承载力不低于 $A_{st}f/4$。此处,$A_{st} = b_{st}t_{st}$,b_{st} 为加劲肋的宽度,t_{st} 为加劲肋的厚度。

⑫耗能梁段两端上下翼缘应设置水平侧向支撑,其轴力设计值应至少为 $0.015\ fb_ft_f$;在耗能梁段同一跨内,框架梁的上下翼缘也应设置水平侧向支撑,其间距不超过 $13b_f\ \sqrt{235/f_y}$,轴力设计值应至少为 $0.012fb_ft_f$。侧向支撑的长细比应符合《钢结构设计标准》(GB 50017—2017)第九章的有关规定。

⑬高层钢结构使用偏心支撑框架时,顶层可以不设耗能梁段。在设置偏心支撑的框架跨中,首层的弹性承载力为其余各层承载力的 1.5 倍以上时,首层可以采用中心支撑。

10.4.6 节点设计

1. 设计原则

①高层建筑钢结构的节点连接,非抗震设计时,结构受风荷载控制,处于弹性受力状态。按抗震设计时,应考虑结构进入弹塑性阶段,节点连接的设计不仅应满足设计内力,尚应要求等强度或高于构件截面的承载力。在多遇地震作用时,节点连接的承载力应单独计算。

要求抗震设防的结构,当风荷载起控制作用时,仍应满足抗震设计的构造要求。

②按抗震设计的高层钢结构框架,在强震作用下,塑性区一般将出现在距梁端或柱端(自构件端面算起)1/10 跨长或 2 倍截面高度范围内。考虑构件进入全塑性状态的正常工作,节点设计应验算下列各项:

a. 节点连接的极限承载力;

b. 构件塑性区的局部稳定;

c. 受弯构件塑性区侧向支撑点的距离。

③按抗震设计的高层钢结构节点连接的极限承载力应高于构件本身的屈服承载力。

a. 当柱贯通时,梁柱节点的承载力应满足以下两式:

$$M_u \geqslant 1.2M_p \tag{10.4.32}$$

$$V_u \geqslant 1.3\left(\frac{2M_p}{l}\right) \tag{10.4.33}$$

式中 M_u——节点连接的极限抗弯承载力;

V_u——节点连接的极限抗剪承载力;

M_p——梁的全塑性弯矩;

l——梁的净跨。

b. 支撑连接的承载力应满足:

$$R_u \geqslant 1.2Af_y \tag{10.4.34}$$

式中 R_u——支撑连接的极限承载力;

A——支撑的截面面积;

f_y——支撑材料的屈服强度。

c. 柱脚的设计应满足:

$$M_u^b \geqslant 1.2M_{pc} \tag{10.4.35}$$

式中 M_u^b——柱脚的极限抗弯承载力;

M_{pc}——考虑柱轴力时,柱的全塑性弯矩。

④构件塑性区的局部稳定,由截面的板件宽厚比控制,应满足相应的要求。

⑤框架节点塑性区段内,梁的侧内支撑点间的距离,应符合《钢结构设计标准》(GB 50017—2017)第九章第三节的有关规定。

⑥在节点设计中应注意节点的合理构造,避免易产生过大约束应力和层状撕裂的连接形式,使结构具有良好的延性,同时应简化节点构造,使便于加工和安装。

⑦钢框架安装单元的划分,应根据构件重量及运输和起重设备条件而定。在采用柱贯通连接形式时,柱的安装单元一般为 3 层 1 根,根据具体情况也可 1 层或数层 1 根,工地接头设于主梁顶面以上 1.0~1.3 m 处。梁的安装单元为每跨 1 根。为了便于支撑的安装和减少工

地焊接工作量，可采用带悬臂段柱单元。悬臂段的长度，一般距柱轴线 0.9～1.5 m 处。密排柱深梁的框筒结构，当采用带悬臂段的柱安装单元时，可在梁跨中拼接。

2. 连接

①高层钢结构的节点连接，可采用焊接、高强度螺栓连接或栓焊混合连接。

②节点的焊接连接根据受力情况，可采用全焊透或部分焊透焊缝，但在下列情况应采用全焊透焊缝：

a. 构件受垂直于焊缝方向的拉力时；

b. 构件受围绕焊缝作用的弯矩时；

c. 框架节点塑性区段的焊接连接。

③焊缝的坡口形式和尺寸应按规范的规定或其他适用的方法选用。

④焊缝金属应与母材强度相匹配，不同强度钢材焊接时，焊接材料的强度应按强度较低的钢材选用。根据不同的连接部位，确定质量检查要求。

⑤高层钢结构主要承重构件的螺栓连接，均应采用摩擦型高强度螺栓。

⑥当梁与柱的连接中同时采用焊缝和高强度螺栓时，应考虑焊接热影响而造成的高强度螺栓预拉力损失。

3. 梁与柱的连接

①框架梁与柱的连接通常为柱贯通型，梁贯通型较少采用。当柱为 I 形截面时，梁与柱的连接可分为在强轴方向连接和在弱轴方向连接。

②梁与柱的抗弯连接应采用刚接，也可根据需要与可能采用半刚性连接。

梁与柱刚接时，应验算以下各项：

a. 校核梁翼缘和腹板与柱的连接在弯矩和剪力作用下的承载力；

b. 在梁受压翼缘的作用下，柱腹板的抗压承载力；

c. 节点板域的抗剪承载力。

③主梁与柱刚接时，梁翼缘与柱采用全焊透对接焊缝，梁腹板与柱采用高强度螺栓或焊接连接（图 10-26、图 10-27）。

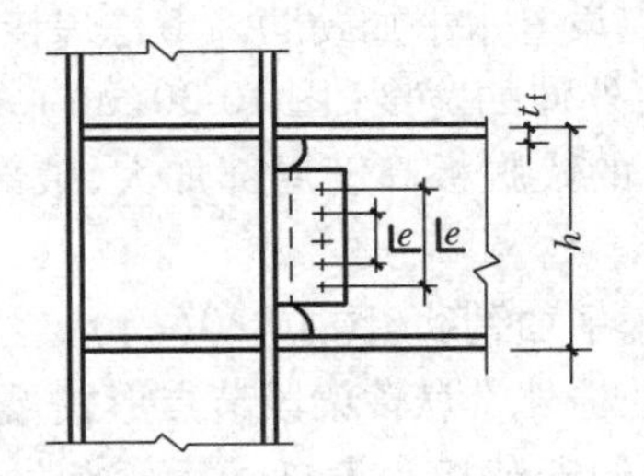

图 10-26　梁—柱栓焊混合连接

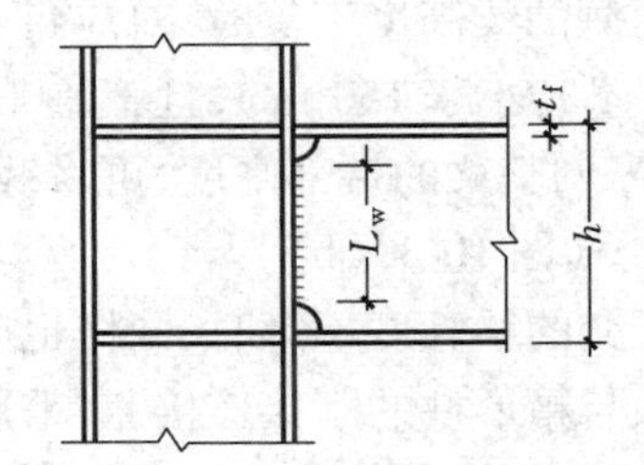

图 10-27　梁—柱全焊接连接

当梁翼缘的抗弯承载力大于主梁整个截面全塑性抗弯承载力的 70%（即 $b \cdot t_f(h-t_f)f_y > 0.7W_pf_y$）时，梁翼缘与柱的连接承受梁端全部弯矩，梁腹板与柱的连接承受梁端全部剪力。

当梁翼缘的抗弯承载力小于主梁整个截面全塑性抗弯承载力的 70% 时，梁端弯矩由梁翼缘和腹板与柱的连接分担，梁端剪力全部由梁腹板与柱的连接承担。

④按抗震设计时，梁柱连接尚应满足式（10.4.32）和（10.4.33）的要求。

⑤当柱在弱轴方向与主梁连接时，在主梁翼缘的对应位置应设置柱的横向加劲肋和竖向

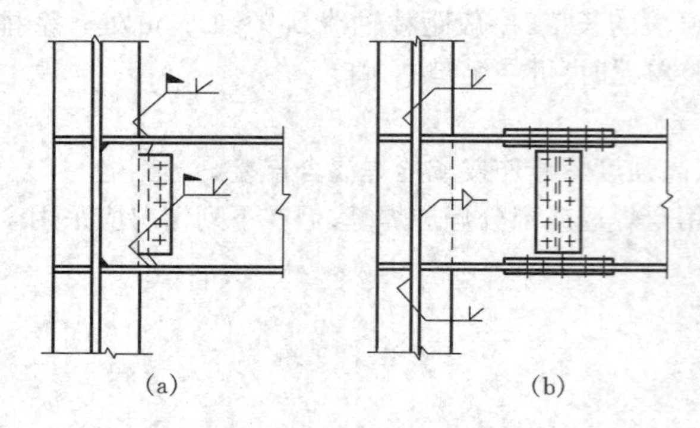

图 10-28　柱在弱轴方向与主梁连接

(a)栓焊连接;(b)螺栓连接

加劲肋。主梁与柱的现场连接,梁翼缘采用焊接,腹板为高强度螺栓连接(图 10-28(a)),其计算方法与在强轴方向连接相同。也可在柱与主梁的对应位置焊接悬臂段,主梁在现场拼接(图 10-28)。

⑥主梁翼缘与柱焊接时,应一律采用全焊透坡口焊缝,并按规定设置焊接垫板,翼缘坡口两侧设置引弧板(图 10-29(a))。

为设置焊接垫板,要求在梁腹板上下两端作弧形缺口,缺口半径 $R=35$ mm(图 10-29(b))。

⑦主梁与柱刚接时,应在梁翼缘的对应位置设置柱水平加劲肋。对抗震结构,柱水平加劲肋一般与梁翼缘等厚。对非抗震结构,应能传递两侧梁翼缘的集中力,并符合板件宽厚比限值。其水平中心线均应对准。

柱水平加劲肋与柱翼缘的焊接宜采用坡口全焊透焊缝,与柱腹板连接可用角焊缝。当柱在弱轴方向与主梁连接时,水平加劲肋与柱腹板连接则用坡口全焊透焊缝。

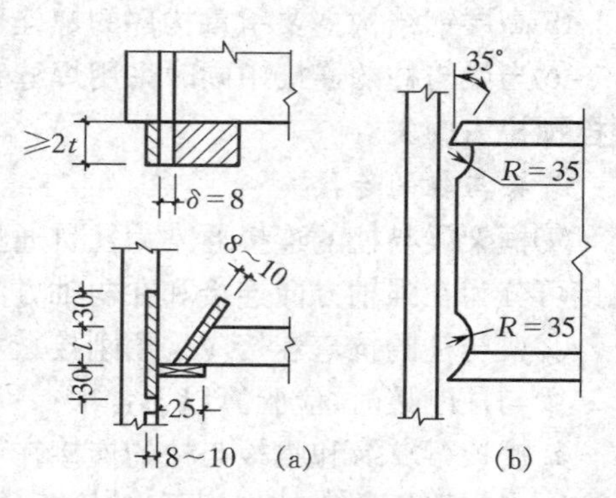

图 10-29　梁—柱刚接细部构造

(a)详图;(b)焊接节点

⑧箱形柱水平加劲隔板与柱的焊接,宜采用坡口全焊透焊缝,对无法进行手工焊接的焊缝,可采用熔化嘴电渣焊,并对称布置,同时施焊。

当箱形柱截面较小时,为加工方便,也可设置柱外水平加劲板,应注意避免由于形状突变而形成应力集中。

⑨当柱两侧的梁高度不等时,对应每个梁翼缘均应设置水平加劲肋。考虑焊接操作,横向加劲肋间距 e 不宜小于 150 mm,且不小于水平加劲肋外伸的宽度(图 10-30(a))。当不能满足此要求时,需调整梁的端部高度,可将截面高度较小的梁腹板高度局部加大,腋部翼缘的坡度不得大于 1∶3(图 10-30(b))。

当与柱正交的梁高度不等时,同样也应分别设置水平加劲肋(图 10-30(c))。

⑩箱形梁与箱形柱的刚接连接,宜采用工厂焊接的柱外带悬臂梁段节点形式,悬臂段的梁翼缘可逐步放宽,与柱有充分连接,增加节点刚性。梁的安装接头设置于反弯点附近,并应满足运输尺寸限制。

⑪梁与柱铰接时(图 10-31),与梁腹板相连的高强度螺栓除承受梁端剪力外,还应考虑偏心弯矩 $M=V\cdot e$(e 为支撑点到螺栓的距离)的作用。

4. 柱与柱的连接

①钢框架宜选用 H 形或箱形截面柱,型钢混凝土部分宜采用 H 形或十字形截面柱。

②箱形柱通常为焊接柱,在工厂采用自动焊接组装而成。其角部焊缝为部分焊透的 V 形或 U 形焊缝,焊缝厚度不小于板厚的 1/3,并且不小于 13 mm;按抗震设计时,不小于板厚的

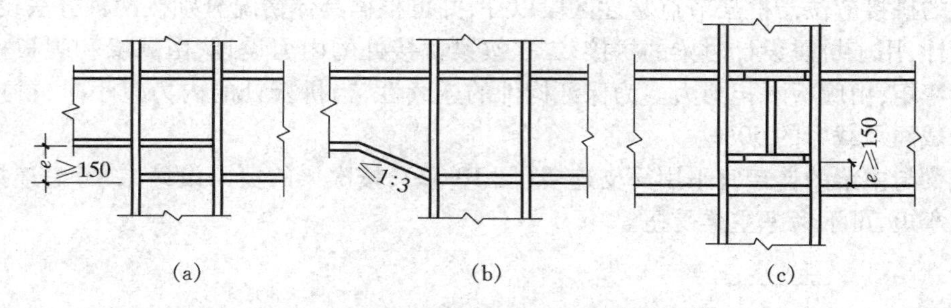

图 10-30　柱侧梁高不等时的节点构造

(a)不等高水平加劲肋;(b)腹杆加高节点;(c)正交梁不等高水平加劲肋

1/2。当梁柱刚接,在主梁上下至少 600 mm 范围内,应采用全焊透焊缝。

十字形柱由钢板或两个 H 形钢焊接而成,组装焊缝均采用部分焊透的 K 形坡口焊缝,每边焊接深度为 1/3 板厚。

③为保证柱接头的安装质量和施工安全,柱的工地拼接必须设置安装耳板临时固定。耳板厚度的确定应考虑阵风和其他施工荷载的影响,并不得小于 10 mm。耳板设置于柱翼缘两侧,以便发挥较大作用。

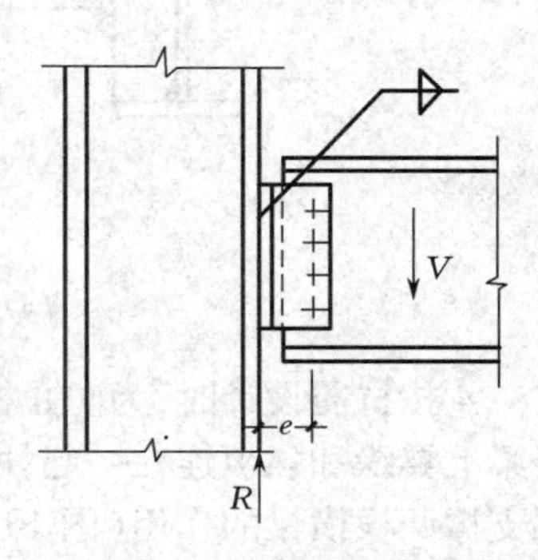

图 10-31　梁—柱的铰接

④按非抗震设计的高层钢结构,当柱截面上的弯矩较小,截面不产生拉力时可通过上下柱接触面直接传递 25% 的压力和弯矩。柱的上下端应铣平,并与轴线垂直。一般坡口焊缝的深度不小于板厚的 1/2。

⑤H 形柱的工地拼接设计,由柱翼缘和腹板分担轴力和弯矩,腹板承受剪力。翼缘通常为坡口全焊透焊接,腹板为高强度螺栓连接。当采用全焊接时,上柱翼缘开 V 形坡口、腹板开 K 形坡口。

⑥箱形柱的工地拼接全部采用焊接,对要求等强设计的连接,为保证焊透应采取以下措施。

箱形柱的上端应设置横隔板,并与柱口齐平,厚度一般不小于 16 mm,其边缘与柱口截面一起刨平,以便与上柱的焊接垫板有良好的接触面。在箱形柱安装单元的下部附近,尚应设置上柱横隔板,以防止运输、堆放和焊接时截面变形,其厚度通常不小于 10 mm。

⑦与上部钢结构相连的型钢混凝土十字形钢柱及伸入钢筋混凝土基础的钢柱嵌固段,宜在其柱翼缘设置栓钉,与外包混凝土相连,传递轴力和弯矩。十字形柱与箱形柱相连时,两种截面的搭接段中,十字形柱的腹板应伸入箱形柱内,其伸入长度 $L \geq$ 柱宽 $B + 200$ mm。

⑧柱需要变截面时,宜采用柱截面高度不变,而改变翼缘厚度的方法。

5. 梁与梁的连接

①主梁的工地拼接,主要用于柱外带悬臂梁段与梁的连接,其拼接形式有:

a. 翼缘为全焊透连接,腹板用高强度螺栓连接;

b. 翼缘和腹板都用高强度螺栓连接;

c. 翼缘和腹板均为全焊透连接。

②梁的拼接应位于框架节点塑性区段以外，并可根据具体情况分别按两种方法设计：一是等强度设计，用于抗震设计时梁的拼接；二是按梁拼接处的内力设计，由翼缘和腹板根据其刚度比分担弯矩，由腹板承担剪力。为保证构件的连续性，当拼接处的内力较小时，拼接强度应不小于原截面承载力的50%。

③次梁与主梁的连接宜采用简支连接（图10-32），按次梁的剪力设计，并考虑连接偏心产生的附加弯矩，可不考虑主梁受扭。

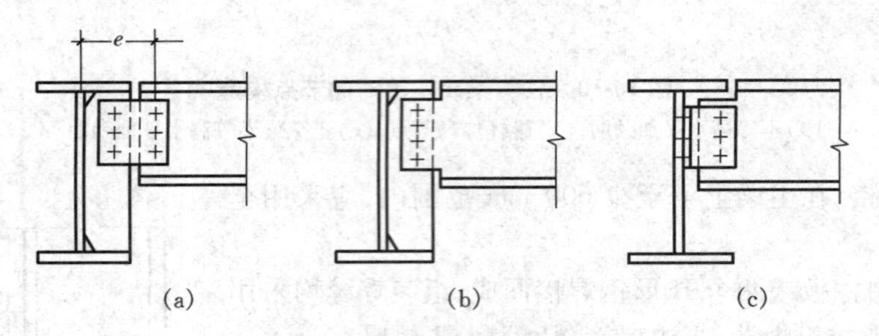

图10-32　次梁与主梁的简支连接

（a）肋板加栓接；（b）无节点板；（c）上翼缘局部切口

④按抗震设计时，为防止框架横梁的侧向屈曲，在节点塑性区段应设置侧向支撑构件。由于梁上翼缘和楼板连在一起，所以只需在互相垂直的主梁下翼缘设置侧向隅撑，此时隅撑可起到支撑两根横梁的作用（图10-33）。

侧向隅撑的轴向力N应根据梁的侧向力按下式确定：

$$N = \frac{A_f \cdot f}{85\cos\alpha}\sqrt{f_y/235} \qquad (10.4.36)$$

式中　A_f——梁受压翼缘的截面积；

f——隅撑抗压强度设计值；

α——隅撑与梁翼缘的夹角。

侧向隅撑长细比不大于130。

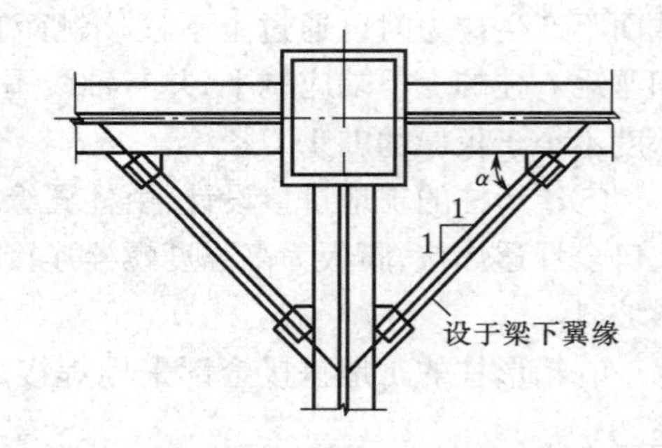

图10-33　梁的侧向隅撑

⑤当设备用配管等穿过Ⅰ形梁时，腹板开洞周围应予补强。其补强的原则是，弯矩可考虑仅由梁翼缘承担，剪力由开洞腹板和补强板共同承担，因此，应按梁开洞部位腹板加补强板后的截面面积与梁腹板截面面积相等的原则，予以补强。

一般情况，应避免在距梁端1/10跨度范围内设孔，孔洞高度（或直径）不宜大于梁腹板高度的1/3，孔的间距不宜小于孔洞直径的3倍。当孔直径小于10 cm时可不予补强。

6. 抗侧力构件与框架的连接

（1）抗侧力支撑的节点设计

①支撑是承受侧力的主要构件，按抗震设计时，其节点连接的最大承载力应满足公式（10.4.34）的要求。

②除偏心支撑外，支撑的重心线原则上应通过梁与柱轴线的交点，否则应考虑节点偏心造成的附加弯矩的影响。

③柱和梁与支撑翼缘的连接处应设置加劲肋。加劲肋的设计,原则上应按支撑对梁和柱的分力计算。支撑与箱形柱连接时,在柱壁板的相应位置设置加劲横隔板。

④由于支撑平面外计算长度较大,设计上宜把支撑截面的强轴置于平面外方向,由于支撑在节点处构造复杂,支撑节点设计应避免应力集中。

⑤地震区 I 形截面支撑,宜采用宽翼缘 H 型钢,不宜采用焊接组合 H 形截面,因为支撑屈曲常导致在组合焊缝中出现裂缝。

(2)构造要点

当采用带缝剪力墙和内藏钢板支撑剪力墙等预制混凝土墙板作为抗侧力构件时,其构造要点如下。

①带竖缝或横缝的剪力墙,墙板与柱没有连接,仅用砂浆填塞。墙的上端以连接件与钢梁用高强度螺栓连接。墙的下端沿全长埋置于现浇混凝土楼板中,或与钢梁上的连接件焊接。

②内藏钢板支撑剪力墙,墙板与四周柱、梁均留有 25 mm 空隙,上节点通过钢板端部用高强度螺栓与上钢梁下翼缘连接件相连,下节点与下钢梁上翼缘连接件采用坡口焊接。

7. 钢梁与混凝土结构的连接

钢梁与钢筋混凝土剪力墙、地下室墙的连接一般为简支连接。钢梁安装前,将抗剪连接件(角钢、T 形钢或钢板)按正确位置焊于混凝土墙的预埋件上,通过高强度螺栓与钢梁相连。

对于梁端反力较大的梁,可采用在混凝土墙上预留梁窝的构造,钢梁安装完毕后,用细石混凝土填灌预留孔,并验算混凝土的局部承压强度。

附　录

附录 1　结构或构件的变形容许值

1.1 受弯构件挠度容许值

吊车梁、楼盖梁、屋盖梁工作平台梁以及墙架构件的挠度不宜超过表 1-1 所列的容许值。

表 1-1　受弯构件挠度容许值

项次	构件类型	挠度容许值	
		$[v_T]$	$[v_Q]$
1	吊车梁和吊车桁架(按自重和起重量最大的一台吊车计算挠度)		
	(1) 手动吊车和单梁吊车(含悬挂吊车)	l/500	—
	(2) 轻级工作制桥式吊车	l/750	
	(3) 中级工作制桥式吊车	l/900	
	(4) 重级工作制桥式吊车	l/1 000	
2	手动或电动葫芦的轨道梁	l/400	—
3	有重轨(重量等于或大于 38 kg/m)轨道的工作平台梁	l/600	—
	有轻轨(重量等于或小于 24 kg/m)轨道的工作平台梁	l/400	
4	楼(屋)盖梁或桁架、工作平台梁(第 3 项除外)和平台板		
	(1) 主梁或桁架(包括设有悬挂起重设备的梁和桁架)	l/400	l/500
	(2) 仅支承压型金属板屋面和冷弯型钢檩条	l/180	
	(3) 除支承压型金属板屋面和冷弯型钢檩条外,尚有吊顶	l/240	
	(4) 抹灰顶棚的次梁	l/250	l/350
	(5) 除第(1)款~第(4)款外的其他梁(包括楼梯梁)	l/250	l/300
	(6) 屋盖檩条		
	支承压型金属板屋面者	l/150	—
	支承其他屋面材料者	l/200	—
	有吊顶	l/240	—
	(7) 平台板	l/150	—
5	墙架构件(风荷载不考虑阵风系数)		
	(1) 支柱	—	l/400
	(2) 抗风桁架(作为连续支柱的支撑时,水平位移)	—	l/1 000
	(3) 砌体墙的横梁(水平方向)	—	l/300
	(4) 支承压型金属板的横梁(水平方向)	—	l/100
	(5) 支承其他墙面材料的横梁(水平方向)	—	l/200
	(6) 带有玻璃窗的横梁(竖直和水平方向)	l/200	l/200

注:① l 为受弯构件的跨度(对悬臂梁和伸臂梁为悬伸长度的两倍)。

② $[v_T]$为永久和可变荷载标准值产生的挠度(如有起拱应减去拱度)的容许值;$[v_Q]$为可变荷载标准值产生的挠度的容许值。

1.2 设有 A7、A8 级吊车的车间中制动结构挠度容许值

冶金工厂或类似车间中设有工作级别为 A7、A8 级吊车的车间,其跨间每侧吊车梁或吊车桁架的制动结构,由一台最大吊车横向水平荷载(按荷载规范取值)所产生的挠度不宜超过制动结构跨度的 1/2 200。

附录 2 梁的整体稳定系数

2.1 等截面焊接工字形和轧制 H 型钢简支梁

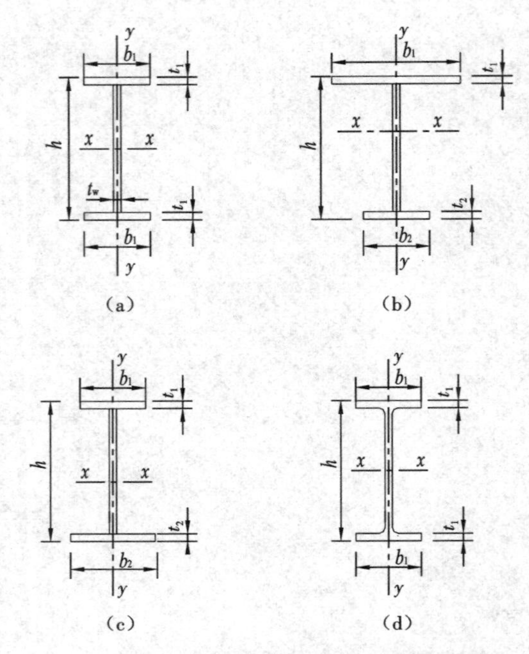

图 2-1 焊接工字形和轧制 H 型钢截面

(a)双轴对称焊接工字形截面;(b)加强受压翼缘的单轴对称焊接工字形截面;
(c)加强受接翼缘的单轴对称焊接工字形截面;(d)轧制 H 型钢截面

等截面焊接工字形和轧制 H 型钢(见图 2-1)简支梁的整体稳定系数 φ_b 应按下式计算:

$$\varphi_b=\beta_b\frac{4\ 320\ Ah}{\lambda_y^2\ W_x}\left[\sqrt{1+\left(\frac{\lambda_y t_1}{4.4h}\right)^2}+\eta_b\right]\frac{235}{f_y} \tag{2.1.1}$$

式中 β_b——梁整体稳定的等效临界弯矩系数,按表 2-1 采用;

λ_y——梁在侧向支承点间对截面弱轴 y—y 的长细比,$\lambda_y=l_1/i_y$,l_1 为梁受压翼缘侧向支承点之间的距离,i_y为梁毛截面对 y 轴的截面回转半径;

A——梁的毛截面面积;

h、t_1——梁截面的全高和受压翼缘厚度;

η_b——截面不对称影响系数。对双轴对称截面(见图 2.1(a)、(d))$\eta_b=0$,对单轴对称工字形截面(见图 2-1(b)、(c))加强受压翼缘 $\eta_b=0.8(2\alpha_b-1)$,加强受拉翼缘 $\eta_b=2\alpha_b-1$,$\alpha_b=\dfrac{I_1}{I_1+I_2}$,式中 I_1和 I_2分别为受压翼缘和受拉翼缘对 y 轴的惯性

矩。

当按式(2.1.1)算得的 φ_b 值大于 0.6 时,应用下式计算的 φ'_b 代替 φ_b 值:

$$\varphi'_b = 1.07 - \frac{0.282}{\varphi_b} \leqslant 1.0 \tag{2.1.2}$$

式(2.1.1)亦适用于等截面铆接(或高强度螺栓连接)简支梁,其受压翼缘厚度 t_1 包括翼缘角钢厚度在内。

表 2-1　H 型钢和等截面工字形简支梁的系数 β_b

<table>
<tr><th>项次</th><th>侧向支撑</th><th colspan="2">荷载</th><th>$\xi \leqslant 2.0$</th><th>$\xi > 2.0$</th><th>适用范围</th></tr>
<tr><td>1</td><td rowspan="4">跨中无侧向支撑</td><td rowspan="2">均布荷载作用在</td><td>上翼缘</td><td>$0.69 + 0.13\xi$</td><td>0.95</td><td rowspan="4">图 2-1(a)、(b)和(d)的截面</td></tr>
<tr><td>2</td><td>下翼缘</td><td>$1.73 - 0.20\xi$</td><td>1.33</td></tr>
<tr><td>3</td><td rowspan="2">集中荷载作用在</td><td>上翼缘</td><td>$0.73 + 0.18\xi$</td><td>1.09</td></tr>
<tr><td>4</td><td>下翼缘</td><td>$2.23 - 0.28\xi$</td><td>1.67</td></tr>
<tr><td>5</td><td rowspan="3">跨中有一个侧向支撑点</td><td rowspan="2">均布荷载作用在</td><td>上翼缘</td><td colspan="2">1.15</td><td rowspan="6">图 2-1 中的所有截面</td></tr>
<tr><td>6</td><td>下翼缘</td><td colspan="2">1.40</td></tr>
<tr><td>7</td><td colspan="2">集中荷载作用在截面高度上任意位置</td><td colspan="2">1.75</td></tr>
<tr><td>8</td><td rowspan="2">跨中有不少于两个等距离侧向支撑点</td><td rowspan="2">任意荷载作用在</td><td>上翼缘</td><td colspan="2">1.20</td></tr>
<tr><td>9</td><td>下翼缘</td><td colspan="2">1.40</td></tr>
<tr><td>10</td><td colspan="3">梁端有弯矩,但跨中无荷载作用</td><td colspan="2">$1.75 - 1.05\left(\frac{M_2}{M_1}\right) + 0.3\left(\frac{M_2}{M_1}\right)^2$,
但不大于 2.3</td></tr>
</table>

注:① ξ 为参数,$\xi = \frac{l_1 t_1}{b_1 h}$,其中 b_1 和 l_1 见《钢结构设计标准》第 4.2.1 条。

② M_1、M_2 为梁的端弯矩,使梁产生同向曲率时 M_1 和 M_2 取同号,产生反向曲率时取异号,$|M_1| \geqslant |M_2|$。

③ 表中项次 3、4 和 7 的集中荷载是指一个或少数几个集中荷载位于跨中附近的情况,对其他情况的集中荷载,应按表中项次 1、2、5、6 内的数值采用。

④ 表中项次 8、9 的 β_b,当集中荷载作用在侧向支承点处时,取 $\beta_b = 1.20$。

⑤ 荷载作用在上翼缘系指荷载作用点在翼缘表面,方向指向截面形心;荷载作用在下翼缘系指荷载作用点在翼缘表面,方向背向截面形心。

⑥ 对 $\alpha_b > 0.8$ 的加强受压翼缘工字形截面,下列情况的 β_b 值应乘以相应的系数:

项次 1,当 $\xi \leqslant 1.0$ 时,乘以 0.95;

项次 2,当 $\xi \leqslant 0.5$ 时,乘以 0.90;当 $0.5 < \xi \leqslant 1.0$ 时,乘以 0.95。

2.2　轧制普通工字钢简支梁

轧制普通工字钢简支梁的整体稳定系数 φ_b 应按表 2-2 采用,当所得的 φ_b 值大于 0.6 时,应按式(2.1.2)算得相应的 φ'_b 代替 φ_b 值。

表 2-2　轧制普通工字钢简支梁的 φ_b

项次	荷载情况			工字钢型号	自由长度 l_1/m								
					2	3	4	5	6	7	8	9	10
1	跨中无侧向支撑点的梁	集中荷载作用于	上翼缘	10～20	2.00	1.30	0.99	0.80	0.68	0.58	0.53	0.48	0.43
				22～32	2.40	1.48	1.09	0.86	0.72	0.62	0.54	0.49	0.45
				36～63	2.80	1.60	1.07	0.83	0.68	0.56	0.50	0.45	0.40
2			下翼缘	10～20	3.10	1.95	1.34	1.01	0.82	0.69	0.63	0.57	0.52
				22～40	5.50	2.80	1.84	1.37	1.07	0.86	0.73	0.64	0.56
				45～63	7.30	3.60	2.30	1.62	1.20	0.96	0.80	0.69	0.60
3		均布荷载作用于	上翼缘	10～20	1.70	1.12	0.84	0.68	0.57	0.50	0.45	0.41	0.37
				22～40	2.10	1.30	0.93	0.73	0.60	0.51	0.45	0.40	0.36
				45～63	2.60	1.45	0.97	0.73	0.59	0.50	0.44	0.38	0.35
4			下翼缘	10～20	2.50	1.55	1.08	0.83	0.68	0.56	0.52	0.47	0.42
				22～40	4.00	2.20	1.45	1.10	0.85	0.70	0.60	0.52	0.46
				45～63	5.60	2.80	1.80	1.25	0.95	0.78	0.65	0.55	0.49
5	跨中有侧向支撑点的梁(不论荷载作用点在截面高度上的位置)			10～20	2.20	1.39	1.01	0.79	0.66	0.57	0.52	0.47	0.42
				22～40	3.00	1.80	1.24	0.96	0.76	0.65	0.56	0.49	0.43
				45～63	4.00	2.20	1.38	1.01	0.80	0.66	0.56	0.49	0.43

注:① 同表 2-1 的注③、⑤。
② 表中的 φ_b 适用于 Q235 钢。对其他钢号,表中数值应乘以 $235/f_y$。

2.3　轧制槽钢简支梁

轧制槽钢简支梁的整体稳定系数,不论荷载的形式和荷载作用点在截面高度上的位置,均可按下式计算:

$$\varphi_b = \frac{570bt}{l_1 h}\frac{235}{f_y} \tag{2.3.1}$$

式中　h、b、t——槽钢截面的高度、翼缘宽度和平均厚度。

按式(2.3.1)算得的 φ_b 大于 0.6 时,应按式(2.1.2)算得相应的 φ'_b 代替 φ_b 值。

2.4　双轴对称工字形等截面(含 H 型钢)悬臂梁

双轴对称工字形等截面(含 H 型钢)悬臂梁的整体稳定系数,可按式(2.1.1)计算,但式中系数 β_b 应按表 2-3 查得,$\lambda_y = l_1/i_y$(l_1 为悬臂梁的悬伸长度)。当求得的 φ_b 大于 0.6 时,应按式(2.1.2)算得相应的 φ'_b 代替 φ_b 值。

表 2-3　双轴对称工字形等截面(含 H 型钢)悬臂梁的系数 ξ_b

项次	荷载形式		$0.60 \leq \xi \leq 1.24$	$1.24 < \xi \leq 1.96$	$1.96 < \xi \leq 3.10$
1	自由端一个集中荷载作用在	上翼缘	$0.21 + 0.67\xi$	$0.72 + 0.26\xi$	$1.17 + 0.03\xi$
2		下翼缘	$2.94 - 0.65\xi$	$2.64 - 0.40\xi$	$2.15 - 0.15\xi$
3	均布荷载作用在上翼缘		$0.62 + 0.82\xi$	$1.25 + 0.31\xi$	$1.66 + 0.10\xi$

注:① 本表是按支撑端为固定的情况确定的,当用于由邻跨延伸出来的伸臂梁时,应在构造上采取措施加强支撑处的抗扭能力。

② 表中 ξ 见表 2-1 注①。

2.5 受弯构件整体稳定系数的近似计算

均匀弯曲的受弯构件,当 $\lambda_y \leqslant 120\sqrt{235/f_y}$ 时,其整体稳定系数 φ_b 可按下列近似公式计算。

1. 工字形截面(含 H 型钢)

双轴对称时,

$$\varphi_b = 1.07 - \frac{\lambda_y^2}{44\,000}\frac{f_y}{235} \tag{2.5.1}$$

单轴对称时,

$$\varphi_b = 1.07 - \frac{W_x}{(2\alpha_b + 0.1)Ah}\frac{\lambda_y^2}{14\,000}\frac{f_y}{235} \tag{2.5.2}$$

2. T 形截面(弯矩作用在对称轴平面,绕 x 轴)

①弯矩使翼缘受压时:

双角钢 T 形截面

$$\varphi_b = 1 - 0.001\,7\lambda_y\sqrt{f_y/235} \tag{2.5.3}$$

剖分 T 型钢和两板组合 T 形截面:

$$\varphi_b = 1 - 0.002\,2\lambda_y\sqrt{f_y/235} \tag{2.5.4}$$

②弯矩使翼缘受拉且腹板宽厚比不大于 $18\sqrt{235/f_y}$ 时:

$$\varphi_b = 1 - 0.000\,5\lambda_y\sqrt{f_y/235} \tag{2.5.5}$$

按式(2.5.1)~式(2.5.5)算得的 φ_b 值大于 0.6 时,不需按式(2.1.2)换算成 φ'_b 值;当按式(2.5.1)和公式(2.5.2)算得的 φ_b 值大于 1.0 时,取 $\varphi_b = 1.0$。

附录3　钢材和连接强度设计值

钢材和连接强度设计值见表3-1～表3-5。

表3-1　钢材的设计用强度指标　N/mm²

钢材牌号		钢材厚度或直径/mm	强度设计值			屈服强度 f_y	抗拉强度 f_u
			抗拉、抗压、抗弯强度 f	抗剪强度 f_v	端面承压（刨平顶紧）f_{ce}		
碳素结构钢	Q235	≤16	215	125	320	235	370
		>16,≤40	205	120		225	
		>40,≤100	200	115		215	
低合金高强度结构钢	Q345	≤16	305	175	400	345	470
		>16,≤40	295	170		335	
		>40,≤63	290	165		325	
		>63,≤80	280	160		315	
		>80,≤100	270	155		305	
	Q390	≤16	345	200	415	390	490
		>16,≤40	330	190		370	
		>40,≤63	310	180		350	
		>63,≤100	295	170		330	
	Q420	≤16	375	215	440	420	520
		>16,≤40	355	205		400	
		>40,≤63	320	185		380	
		>63,≤100	305	175		360	
	Q460	≤16	410	235	470	460	550
		>16,≤40	390	225		440	
		>40,≤63	355	205		420	
		>63,≤100	340	195		400	

注：1. 表中直径指实心棒材直径，厚度指计算点的钢材或钢管壁厚度，对轴心受拉和轴心受压构件指截面中较厚板件的厚度。

2. 冷弯型材和冷弯钢管，其强度设计值应按现行有关国家标准的规定采用。

表 3-2　焊缝的强度指标

N/mm²

焊接方法和焊条型号	构件钢材		对接焊缝强度设计值				角焊缝强度设计值	对接焊缝抗拉强度 f_u^w	角焊缝抗拉、抗压和抗剪强度 f_u^f
	牌号	厚度或直径/mm	抗压强度 f_c^w	焊缝质量为下列等级时，抗拉 f_t^w		抗剪强度 f_v^w	抗拉、抗压和抗剪强度 f_f^w		
				一级、二级	三级				
自动焊、半自动焊和E43型焊条手工焊	Q235	≤16	215	215	185	125	160	415	240
		>16，≤40	205	205	175	120			
		>40，≤100	200	200	170	115			
自动焊、半自动焊和E50、E55型焊条手工焊	Q345	≤16	305	305	260	175	200	480(E50) 540(E55)	280(E50) 315(E55)
		>16，≤40	295	295	250	170			
		>40，≤63	290	290	245	165			
		>63，≤80	280	280	240	160			
		>80，≤100	270	270	230	155			
	Q390	≤16	345	345	295	200	200(E50) 220(E55)		
		>16，≤40	330	330	280	190			
		>40，≤63	310	310	265	180			
		>63，≤100	295	295	250	170			
自动焊、半自动焊和E55、E60型焊条手工焊	Q420	≤16	375	375	320	215	220(E55) 240(E60)	540(E55) 590(E60)	315(E55) 340(E60)
		>16，≤40	355	355	300	205			
		>40，≤63	320	320	270	185			
		>63，≤100	305	305	260	175			
自动焊、半自动焊和E55、E60型焊条手工焊	Q460	≤16	410	410	350	235	220(E55) 240(E60)	540(E55) 590(E60)	315(E55) 340(E60)
		>16，≤40	390	390	330	225			
		>40，≤63	355	355	300	205			
		>63，≤100	340	340	290	195			
自动焊、半自动焊和E50、E55型焊条手工焊	Q345GJ	>16，≤35	310	310	265	180	200	480(E50) 540(E55)	280(E50) 315(E55)
		>35，≤50	290	290	245	170			
		>50，≤100	285	285	240	165			

注：表中厚度指计算点的钢材厚度，对轴心受拉和轴心受压构件指截面中较厚板件的厚度。

螺栓连接的强度指标应按表 3-3 采用。

表 3-3　螺栓连接的强度指标

N/mm²

螺栓的性能等级、锚栓和构件钢材的牌号		强度设计值										高强度螺栓的抗拉强度 f_u^b
		普通螺栓						锚栓	承压型连接或网架用高强度螺栓			
		C 级螺栓			A 级、B 级螺栓							
		抗拉 f_t^b	抗剪 f_v^b	承压 f_c^b	抗拉 f_t^b	抗剪 f_v^b	承压 f_c^b	抗拉 f_t^a	抗拉 f_t^b	抗剪 f_v^b	承压 f_c^b	
普通螺栓	4.6 级、4.8 级	170	140	—	—	—	—	—	—	—	—	—
	5.6 级	—	—	—	210	190	—	—	—	—	—	—
	8.8 级	—	—	—	400	320	—	—	—	—	—	—
锚栓	Q235	—	—	—	—	—	—	140	—	—	—	—
	Q345	—	—	—	—	—	—	180	—	—	—	—
	Q390	—	—	—	—	—	—	185	—	—	—	—
承压型连接高强度螺栓	8.8 级	—	—	—	—	—	—	—	400	250	—	830
	10.9 级	—	—	—	—	—	—	—	500	310	—	1040
螺栓球节点用高强度螺栓	9.8 级	—	—	—	—	—	—	—	385	—	—	—
	10.9 级	—	—	—	—	—	—	—	430	—	—	—
构件钢材牌号	Q235	—	—	305	—	—	405	—	—	—	470	—
	Q345	—	—	385	—	—	510	—	—	—	590	—
	Q390	—	—	400	—	—	530	—	—	—	615	—
	Q420	—	—	425	—	—	560	—	—	—	655	—
	Q460	—	—	450	—	—	595	—	—	—	695	—
	Q345GJ	—	—	400	—	—	530	—	—	—	615	—

注：1. A 级螺栓用于 $d \leqslant 24$ mm 和 $L \leqslant 10d$ 或 $L \leqslant 150$ mm（取较小值）的螺栓；B 级螺栓用于 $d > 24$ mm 和 $L > 10d$ 或 $L > 150$ mm（取较小值）的螺栓；d 为公称直径，L 为螺栓公称长度。

2. A、B 级螺栓孔的精度和孔壁表面粗糙度，C 级螺栓孔的允许偏差和孔壁表面粗糙度，均应符合现行国家标准《钢结构工程施工质量验收规范》（GB 50205—2001）的要求。

3. 用于螺栓球节点网架的高强度螺栓，M12 ~ M36 为 10.9 级，M39 ~ M64 为 9.8 级。

表 3-4　铆钉连接的强度设计值　N/mm²

铆钉钢号和构件钢材牌号		抗拉(钉头拉脱)强度 f_t	抗剪强度 f_v		承压强度 f_c	
			Ⅰ类孔	Ⅱ类孔	Ⅰ类孔	Ⅱ类孔
铆钉	BL2 或 BL3	120	185	155	—	—
构件钢材牌号	Q235	—	—	—	450	365
	Q345	—	—	—	565	460
	Q390	—	—	—	590	480

表 3-5　结构构件或连接设计强度的折减系数

项 次	情 况	折 减 系 数
1	单面连接的单角钢 ① 按轴心受力计算强度和连接 ② 按轴心受压计算稳定性 等边角钢 短边相连的不等边角钢 长边相连的不等边角钢	 0.85 $0.6+0.0015\lambda$,但不大于 1.0 $0.5+0.0025\lambda$,但不大于 1.0 0.70
2	跨度不小于 60 m 桁架的受压弦杆和端部受压腹杆	0.95
3	无垫板的单面施焊对接焊缝	0.85
4	施工条件较差的高空安装焊缝和铆钉连接	0.90
5	沉头和半沉头铆钉连接	0.80

注:① λ 为长细比,对中间无联系的单角钢压杆,应按最小回转半径计算;当 $\lambda<20$ 时,取 $\lambda=20$。

② 当几种情况同时存在时,其折减系数应连乘。

附录4　轴心受压构件的稳定系数

各类轴心受压构件的稳定系数见表4-1～表4-5。

表4-1　a类截面轴心受压构件的稳定系数 φ

$\lambda\sqrt{\frac{f_y}{235}}$	0	1	2	3	4	5	6	7	8	9
0	1.000	1.000	1.000	1.000	0.999	0.999	0.998	0.998	0.997	0.996
10	0.995	0.994	0.993	0.992	0.991	0.989	0.988	0.986	0.985	0.983
20	0.981	0.979	0.977	0.976	0.974	0.972	0.970	0.968	0.966	0.964
30	0.963	0.961	0.959	0.957	0.955	0.952	0.950	0.948	0.946	0.944
40	0.941	0.939	0.937	0.934	0.932	0.929	0.927	0.924	0.921	0.919
50	0.916	0.913	0.910	0.907	0.904	0.900	0.897	0.894	0.890	0.886
60	0.883	0.879	0.875	0.871	0.867	0.863	0.858	0.854	0.859	0.844
70	0.839	0.834	0.829	0.824	0.818	0.813	0.807	0.801	0.795	0.789
80	0.783	0.776	0.770	0.763	0.757	0.750	0.743	0.736	0.728	0.721
90	0.714	0.706	0.699	0.691	0.684	0.676	0.668	0.661	0.653	0.645
100	0.638	0.630	0.622	0.615	0.607	0.600	0.592	0.585	0.577	0.570
110	0.563	0.555	0.548	0.541	0.534	0.527	0.520	0.514	0.507	0.500
120	0.494	0.488	0.481	0.475	0.469	0.463	0.457	0.451	0.445	0.440
130	0.434	0.429	0.423	0.418	0.412	0.407	0.402	0.397	0.392	0.387
140	0.383	0.378	0.373	0.369	0.364	0.360	0.356	0.351	0.347	0.343
150	0.339	0.335	0.331	0.327	0.323	0.320	0.316	0.312	0.309	0.305
160	0.302	0.298	0.295	0.292	0.289	0.285	0.282	0.279	0.276	0.273
170	0.270	0.267	0.264	0.262	0.259	0.256	0.253	0.251	0.248	0.246
180	0.243	0.241	0.238	0.236	0.233	0.231	0.229	0.226	0.224	0.222
190	0.220	0.218	0.215	0.213	0.211	0.209	0.207	0.205	0.203	0.201
200	0.199	0.198	0.196	0.194	0.192	0.190	0.189	0.187	0.185	0.183
210	0.182	0.180	0.179	0.177	0.175	0.174	0.172	0.171	0.169	0.168
220	0.166	0.165	0.164	0.162	0.161	0.159	0.158	0.157	0.155	0.154
230	0.153	0.152	0.150	0.149	0.148	0.147	0.146	0.144	0.143	0.142
240	0.141	0.140	0.139	0.138	0.136	0.135	0.134	0.133	0.132	0.131
250	0.130	—	—	—	—	—	—	—	—	—

表4-2　b类截面轴心受压构件的稳定系数 φ

$\lambda\sqrt{\frac{f_y}{235}}$	0	1	2	3	4	5	6	7	8	9
0	1.000	1.000	1.000	0.999	0.999	0.998	0.997	0.996	0.995	0.994
10	0.992	0.991	0.989	0.987	0.985	0.983	0.981	0.978	0.976	0.973
20	0.970	0.967	0.963	0.960	0.957	0.953	0.950	0.946	0.943	0.939

续表

$\lambda\sqrt{\frac{f_y}{235}}$	0	1	2	3	4	5	6	7	8	9
30	0.936	0.932	0.929	0.925	0.922	0.918	0.914	0.910	0.906	0.903
40	0.899	0.895	0.891	0.887	0.882	0.878	0.874	0.870	0.865	0.861
50	0.856	0.852	0.847	0.842	0.838	0.833	0.828	0.823	0.818	0.813
60	0.807	0.802	0.797	0.791	0.786	0.780	0.774	0.769	0.763	0.757
70	0.751	0.745	0.739	0.732	0.726	0.720	0.714	0.707	0.701	0.694
80	0.688	0.681	0.675	0.668	0.661	0.655	0.648	0.641	0.635	0.628
90	0.621	0.614	0.608	0.601	0.594	0.588	0.581	0.575	0.568	0.561
100	0.555	0.549	0.542	0.536	0.529	0.523	0.517	0.511	0.505	0.499
110	0.493	0.487	0.481	0.475	0.470	0.464	0.458	0.453	0.447	0.442
120	0.437	0.432	0.426	0.421	0.416	0.411	0.406	0.402	0.397	0.392
130	0.387	0.383	0.378	0.374	0.370	0.365	0.361	0.357	0.353	0.349
140	0.345	0.341	0.337	0.333	0.329	0.326	0.322	0.318	0.315	0.311
150	0.308	0.304	0.301	0.298	0.295	0.291	0.288	0.285	0.282	0.279
160	0.276	0.273	0.270	0.267	0.265	0.262	0.259	0.256	0.254	0.251
170	0.249	0.246	0.244	0.241	0.239	0.236	0.234	0.232	0.229	0.227
180	0.225	0.223	0.220	0.218	0.216	0.214	0.212	0.210	0.208	0.206
190	0.204	0.202	0.200	0.198	0.197	0.195	0.193	0.191	0.190	0.188
200	0.186	0.184	0.183	0.181	0.180	0.178	0.176	0.175	0.173	0.172
210	0.170	0.169	0.167	0.166	0.165	0.163	0.162	0.160	0.159	0.158
220	0.156	0.155	0.154	0.153	0.151	0.150	0.149	0.148	0.146	0.145
230	0.144	0.143	0.142	0.141	0.140	0.138	0.137	0.136	0.135	0.134
240	0.133	0.122	0.131	0.130	0.129	0.128	0.127	0.126	0.125	0.124
250	0.123	—	—	—	—	—	—	—	—	—

表 4-3 c 类截面轴心受压构件的稳定系数 φ

$\lambda\sqrt{\frac{f_y}{235}}$	0	1	2	3	4	5	6	7	8	9
0	1.000	1.000	1.000	0.999	0.999	0.998	0.997	0.996	0.995	0.993
10	0.992	0.990	0.988	0.986	0.983	0.981	0.978	0.976	0.973	0.970
20	0.966	0.959	0.953	0.947	0.940	0.934	0.928	0.921	0.915	0.909
30	0.902	0.896	0.890	0.884	0.877	0.871	0.865	0.858	0.852	0.846
40	0.839	0.833	0.826	0.820	0.814	0.807	0.801	0.794	0.788	0.781
50	0.775	0.768	0.762	0.755	0.748	0.742	0.735	0.729	0.722	0.715
60	0.709	0.702	0.695	0.689	0.682	0.676	0.669	0.662	0.656	0.649
70	0.643	0.636	0.629	0.623	0.616	0.610	0.604	0.597	0.591	0.584
80	0.578	0.572	0.566	0.559	0.553	0.547	0.541	0.535	0.529	0.523
90	0.517	0.511	0.505	0.500	0.494	0.488	0.483	0.477	0.472	0.467
100	0.463	0.458	0.454	0.449	0.445	0.441	0.436	0.432	0.428	0.423
110	0.419	0.415	0.411	0.407	0.403	0.339	0.395	0.391	0.387	0.383
120	0.379	0.375	0.371	0.367	0.364	0.360	0.356	0.353	0.349	0.346
130	0.342	0.339	0.335	0.332	0.328	0.325	0.322	0.319	0.315	0.312

续表

$\lambda\sqrt{\frac{f_y}{235}}$	0	1	2	3	4	5	6	7	8	9
140	0.309	0.306	0.303	0.300	0.297	0.294	0.291	0.288	0.285	0.282
150	0.280	0.277	0.274	0.271	0.269	0.266	0.264	0.261	0.258	0.256
160	0.254	0.251	0.249	0.246	0.244	0.242	0.239	0.237	0.235	0.233
170	0.230	0.228	0.226	0.224	0.222	0.220	0.218	0.216	0.214	0.212
180	0.210	0.208	0.206	0.205	0.203	0.201	0.199	0.197	0.196	0.194
190	0.192	0.190	0.189	0.187	0.186	0.184	0.182	0.181	0.179	0.178
200	0.176	0.175	0.173	0.172	0.170	0.169	0.168	0.166	0.165	0.163
210	0.162	0.161	0.159	0.158	0.157	0.156	0.154	0.153	0.152	0.151
220	0.150	0.148	0.147	0.146	0.145	0.144	0.143	0.142	0.140	0.139
230	0.138	0.137	0.136	0.135	0.134	0.133	0.132	0.131	0.130	0.129
240	0.128	0.127	0.126	0.125	0.124	0.124	0.123	0.122	0.121	0.120
250	0.119	—	—	—	—	—	—	—	—	—

表 4-4　d 类截面轴心受压构件的稳定系数 φ

$\lambda\sqrt{\frac{f_y}{235}}$	0	1	2	3	4	5	6	7	8	9
0	1.000	1.000	0.999	0.999	0.998	0.996	0.994	0.992	0.990	0.987
10	0.984	0.981	0.978	0.974	0.969	0.965	0.960	0.955	0.949	0.944
20	0.937	0.927	0.918	0.909	0.900	0.891	0.883	0.874	0.865	0.857
30	0.848	0.840	0.831	0.823	0.815	0.807	0.799	0.790	0.782	0.774
40	0.766	0.759	0.751	0.743	0.735	0.728	0.720	0.712	0.705	0.697
50	0.690	0.683	0.675	0.668	0.661	0.654	0.646	0.639	0.632	0.625
60	0.618	0.612	0.605	0.598	0.591	0.585	0.578	0.572	0.565	0.559
70	0.552	0.546	0.540	0.534	0.528	0.522	0.516	0.510	0.504	0.498
80	0.493	0.487	0.481	0.476	0.470	0.465	0.460	0.454	0.449	0.444
90	0.439	0.434	0.429	0.424	0.419	0.414	0.140	0.405	0.401	0.397
100	0.394	0.390	0.387	0.383	0.380	0.376	0.373	0.370	0.366	0.363
110	0.359	0.356	0.353	0.350	0.346	0.343	0.340	0.337	0.334	0.331
120	0.328	0.325	0.322	0.319	0.316	0.313	0.310	0.307	0.304	0.301
130	0.299	0.296	0.293	0.290	0.288	0.285	0.282	0.280	0.277	0.275
140	0.272	0.270	0.267	0.265	0.262	0.260	0.258	0.255	0.253	0.251
150	0.248	0.246	0.244	0.242	0.240	0.237	0.235	0.233	0.231	0.229
160	0.227	0.225	0.223	0.221	0.219	0.217	0.215	0.213	0.212	0.210
170	0.208	0.206	0.204	0.203	0.201	0.199	0.197	0.196	0.194	0.192
180	0.191	0.189	0.188	0.186	0.184	0.183	0.181	0.180	0.178	0.177
190	0.176	0.174	0.173	0.171	0.170	0.168	0.167	0.166	0.164	0.163
200	0.162	—	—	—	—	—	—	—	—	—

注:① 表 4-1 ~ 表 4-4 中的 φ 值系按下列公式算得:

当 $\lambda_n = \frac{\lambda}{\pi}\sqrt{f_y/E} \leqslant 0.215$ 时:

$$\varphi = 1 - \alpha_1 \lambda_n^2$$

当 $\lambda_n > 0.215$ 时：

$$\varphi = \frac{1}{2\lambda_n^2}\left[(\alpha_2 + \alpha_3\lambda_n + \lambda_n^2) - \sqrt{(\alpha_2 + \alpha_3\lambda_n + \lambda_n^2)^2 - 4\lambda_n^2}\right]$$

式中，α_1、α_2、α_3 为系数，根据表 5-4 和表 5-5 的截面分类，按附录表 4-5 采用。

② 当构件的 $\lambda\sqrt{f_y/235}$ 值超出附录表 4-1 ~ 附录表 4-5 的范围时，则 φ 值按注①所列的公式计算。

表 4-5　系数 α_1、α_2、α_3

截面类别		α_1	α_2	α_3
a 类		0.41	0.986	0.152
b 类		0.65	0.965	0.300
c 类	$\lambda_n \leqslant 1.05$	0.73	0.906	0.595
	$\lambda_n > 1.05$		1.216	0.302
d 类	$\lambda_n \leqslant 1.05$	1.35	0.868	0.915
	$\lambda_n > 1.05$		1.375	0.432

附录5 型钢表

表5-1 普通工字钢

符号 h—高度

b—翼缘宽度

t_w—腹板厚度

t—翼缘平均厚度

I—惯性矩

W—截面模量

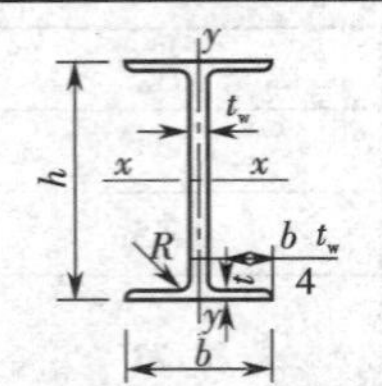

i—回转半径

S—半截面的面积矩

长度：型号10～18，

长度5～19 m；

型号20～63；

长度6～19 m。

型号	尺寸					截面积	质量	x—x轴				y—y轴		
	h	b	t_w	t	R	A	q	I_x	W_x	i_x	I_x/S_x	I_y	W_y	i_y
	mm					cm²	kg/m	cm⁴	cm³	cm		cm⁴	cm³	cm
10	100	68	4.5	7.6	6.5	14.3	11.2	245	49	4.14	8.69	33	9.6	1.51
12.6	126	74	5.0	8.4	7.0	18.1	14.2	488	77	5.19	11.0	47	12.7	1.61
14	140	80	5.5	9.1	7.5	21.5	16.9	712	102	5.75	12.2	64	16.1	1.73
16	160	88	6.0	9.9	8.0	26.1	20.5	1 127	141	6.57	13.9	93	21.1	1.89
18	180	94	6.5	10.7	8.5	30.7	24.1	1 699	185	7.37	15.4	123	26.2	2.00
20a	200	100	7.0	11.4	9.0	35.5	27.9	2 369	237	8.16	17.4	158	31.6	2.11
20b		102	9.0			39.5	31.1	2 502	250	7.95	17.1	169	33.1	2.07
22a	220	110	7.5	12.3	9.5	42.1	33.0	3 406	310	8.99	19.2	226	41.1	2.32
22b		112	9.5			46.5	36.5	3 583	326	8.78	18.9	240	42.9	2.27
25a	250	116	8.0	13.0	10.0	48.5	38.1	5 017	401	10.2	21.7	280	48.4	2.40
25b		118	10.0			53.5	42.0	5 278	422	9.93	21.4	297	50.4	2.36
28a	280	122	8.5	13.7	10.5	55.4	43.5	7 115	508	11.3	24.3	344	56.4	2.49
28b		124	10.5			61.0	47.9	7 481	534	11.1	24.0	364	58.7	2.44
32a		130	9.5			67.1	52.7	11 080	692	12.8	27.7	459	70.6	2.62
32b	320	132	11.5	15.0	11.5	73.5	57.7	11 626	727	12.6	27.3	484	73.3	2.57
32c		134	13.5			79.9	62.7	12 173	761	12.3	26.9	510	76.1	2.53
36a		136	10.0			76.4	60.0	15 796	878	14.4	31.0	555	81.6	2.69
36b	360	138	12.0	15.8	12.0	83.6	65.6	16 574	921	14.1	30.6	584	84.6	2.64
36c		140	14.0			90.8	71.3	17 351	964	13.8	30.2	614	87.7	2.60
40a		142	10.5			86.1	67.6	21 714	1 086	15.9	34.4	660	92.9	2.77
40b	400	144	12.5	16.5	12.5	94.1	73.8	22 781	1 139	15.6	33.9	693	96.2	2.71
40c		146	14.5			102	80.1	23 847	1 192	15.3	33.5	727	99.7	2.67
45a		150	11.5			102	80.4	32 241	1 433	17.7	38.5	855	114	2.89
45b	450	152	13.5	18.0	13.5	111	87.4	33 759	1 500	17.4	38.1	895	118	2.84
45c		154	15.5			120	94.5	35 278	1 568	17.1	37.6	938	122	2.79
50a		158	12.0			119	93.6	46 472	1 859	19.7	42.9	1 122	142	3.07
50b	500	160	14.0	20	14	129	101	48 556	1 942	19.4	42.3	1 171	146	3.01
50c		162	16.0			139	109	50 639	2 026	19.1	41.9	1 224	151	2.96

续表

型号	尺寸					截面积	质量	x—x 轴				y—y 轴		
	h	b	t_w	t	R	A	q	I_x	W_x	i_x	I_x/S_x	I_y	W_y	i_y
	mm					cm²	kg/m	cm⁴	cm³	cm		cm⁴	cm³	cm
56 a	560	166	12.5	21	14.5	135	106	65 576	2 342	22.0	47.9	1 366	165	3.18
56 b		168	14.5			147	115	68 503	2 447	21.6	47.3	1 424	170	3.12
56 c		170	16.5			158	124	71 430	2 551	21.3	46.8	1 485	175	3.07
63 a	630	176	13.0	22	15	155	122	94 004	2 984	24.7	53.8	1 702	194	3.32
63 b		178	15.0			167	131	98 171	3 117	24.2	53.2	1 771	199	3.25
63 c		180	17.0			180	141	102 339	3 249	23.9	52.6	1 842	205	3.20

表 5-2 H 型钢和 T 型钢

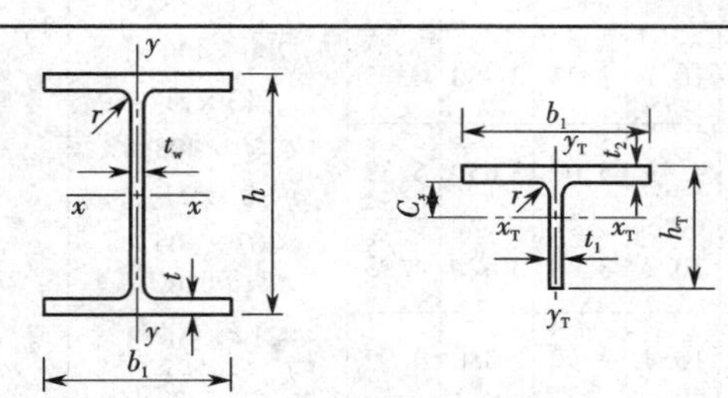

H 型钢：h—截面高度；b—翼缘宽度；t_w—腹板厚度；t—翼缘厚度；W—截面模量；i—回转半径；S—半截面的面积矩；I—惯性矩。

T 型钢：截面高度 h_T，截面积 A_T，质量 q_T，惯性矩 I_{yT} 等于相应 H 型钢的 1/2；HW、HM、HN 分别代表宽翼缘、中翼缘、窄翼缘 H 型钢；TW、TM、TN 分别代表各自 H 型钢部分的 T 型钢。

类别	H 型钢								H 和 T	T 型钢				类别
	H 型钢规格	截面积	质量	x—x 轴			y—y 轴			质心	x_T—x_T 轴		T 型钢规格	
	$h \times b_1 \times t_w \times t$	A	q	I_x	W_x	i_x	I_y	W_y	i_y, i_{yT}	C_A	I_{xT}	i_{xT}	$h_T \times b_1 \times l_w \times t$	
	mm	cm²	kg/m	cm⁴	cm³	cm	cm⁴	cm³	cm	cm	cm⁴	cm	mm	
HW	100×100×6×8	21.90	17.2	383	76.5	4.18	134	26.7	2.47	1.00	16.1	1.12	50×100×6×8	TW
	125×125×6.5×9	30.31	23.8	847	136	5.29	294	47.0	3.11	1.19	35.0	1.52	62.5×125×6.5×9	
	150×150×7×10	40.55	31.9	1 660	221	6.39	564	75.1	3.73	1.37	66.4	1.18	75×150×7×10	
	175×175×7.5×11	51.43	40.3	2 900	331	7.50	984	112	4.37	1.55	115	2.11	87.5×175×7.5×11	
	200×200×8×12	64.28	50.5	4 770	477	8.61	1 600	160	4.99	1.73	185	2.40	100×200×8×12	
	#200×204×12×12	72.28	56.7	5 030	503	8.35	1 700	167	4.85	2.09	256	2.66	#100×204×12×12	
	250×250×9×14	92.18	72.4	10 800	867	10.8	3 650	292	6.29	2.08	412	2.99	125×250×9×14	
	#250×250×14×14	104.7	82.2	11 500	919	10.5	3 880	304	6.09	2.58	589	3.36	#125×255×14×14	
	#294×302×12×12	108.3	85.0	17 000	1 160	12.5	5 520	365	7.14	2.83	858	3.98	#147×302×12×12	
	300×300×10×15	120.4	94.5	20 500	1 370	13.1	6 760	450	7.49	2.47	798	3.64	150×300×10×15	
	300×305×15×15	135.4	106	21 600	1 440	12.6	7 100	466	7.24	3.02	1 110	4.05	150×305×15×15	

续表

H 型钢									H和T	T 型钢				
类别	H 型钢规格	截面积	质量	x—x 轴			y—y 轴			质心	x_T—x_T 轴		T 型钢规格	类别
	$h \times b_1 \times t_w \times t$	A	q	I_x	W_x	i_x	I_y	W_y	i_y, i_{yT}	C_A	I_{xT}	i_{xT}	$h_T \times b_1 \times l_w \times t$	
	mm	cm^2	kg/m	cm^4	cm^3	cm	cm^4	cm^3	cm	cm	cm^4	cm	mm	
HW	#344 × 348 × 10 × 16	146.0	115	33 300	1 940	15.1	11 200	646	8.78	2.67	1 230	4.11	172 × 348 × 10 × 16	TW
	350 × 350 × 12 × 19	173.9	137	40 300	2 300	15.2	13 600	776	8.84	2.86	1 520	4.18	175 × 350 × 12 × 19	
	#388 × 402 × 15 × 15	179.2	141	49 200	2 540	16.6	16 300	809	9.52	3.69	2 480	5.26	#194 × 402 × 15 × 15	
	#394 × 398 × 11 × 18	187.6	147	56 400	2 860	17.3	18 900	951	10.0	3.01	2 060	4.67	#197 × 398 × 11 × 18	
	400 × 400 × 13 × 21	219.5	172	66 900	3 340	17.5	22 400	1 120	10.1	3.21	2 480	4.75	200 × 400 × 13 × 21	
	#400 × 408 × 21 × 21	251.5	197	71 100	3 560	16.8	23 800	1 170	9.73	4.07	3 650	5.39	#200 × 408 × 21 × 21	
	#414 × 405 × 18 × 28	296.2	233	93 000	4 490	17.7	31 000	1 530	10.2	3.68	3 620	4.95	#207 × 405 × 18 × 28	
	#428 × 407 × 20 × 35	361.4	284	119 000	5 580	18.2	39 400	1 930	10.4	3.90	4 380	4.92	#214 × 407 × 20 × 35	
HM	148 × 100 × 6 × 9	27.25	21.4	1 040	140	6.17	151	30.2	2.35	1.55	51.7	1.95	74 × 100 × 6 × 9	TM
	194 × 150 × 6 × 9	39.76	31.2	2 740	283	8.30	508	67.7	3.57	1.78	125	2.50	97 × 150 × 6 × 9	
	244 × 175 × 7 × 11	56.24	44.1	6 120	502	10.4	985	113	4.18	2.27	289	3.20	122 × 175 × 7 × 11	
	294 × 200 × 8 × 12	73.03	57.3	11 400	779	12.5	1 600	160	4.69	2.82	572	3.96	147 × 200 × 8 × 12	
	340 × 250 × 9 × 14	101.5	79.7	21 700	1 280	14.6	3 650	292	6.00	3.09	1 020	4.48	170 × 250 × 9 × 14	
	390 × 300 × 10 × 16	136.7	107	38 900	2 000	16.9	7 210	481	7.26	3.40	1 730	5.03	195 × 300 × 10 × 16	
	440 × 300 × 11 × 18	157.4	124	56 100	2 500	18.9	8 110	541	7.18	4.05	2 680	5.84	220 × 300 × 11 × 18	
HM	482 × 300 × 11 × 15	146.4	115	60 800	2 520	20.4	6 770	451	6.80	4.90	3 420	6.83	241 × 300 × 11 × 15	TM
	488 × 300 × 11 × 18	164.4	129	71 400	2 930	20.8	8 120	541	7.03	4.65	3 620	6.64	244 × 300 × 11 × 18	
	582 × 300 × 12 × 17	174.5	137	103 000	3 530	24.3	7 670	511	6.63	6.39	6 360	8.54	291 × 300 × 12 × 17	
	588 × 300 × 12 × 20	192.5	151	118 000	4 020	24.8	9 020	601	6.85	6.08	6 710	8.35	294 × 300 × 12 × 20	
	#594 × 302 × 14 × 23	222.4	175	137 000	4 620	24.9	10 600	701	6.90	6.33	7 920	8.44	#297 × 302 × 14 × 23	

续表

类别	H 型钢								H和T	T 型钢				类别
	H 型钢规格	截面积	质量	x—x 轴			y—y 轴			质心	x_T—x_T 轴		T 型钢规格	
	$h \times b_1 \times t_w \times t$	A	q	I_x	W_x	i_x	I_y	W_y	i_y, i_{yT}	C_A	I_{xT}	i_{xT}	$h_T \times b_1 \times l_w \times t$	
	mm	cm^2	kg/m	cm^4	cm^3	cm	cm^4	cm^3	cm	cm	cm^4	cm	mm	
HN	100×50×5×7	12.16	9.54	192	38.5	3.98	14.9	5.96	1.11	1.27	11.9	1.40	50×50×5×7	TN
	125×60×6×8	17.01	13.3	417	66.8	4.95	29.3	9.75	1.31	1.63	27.5	1.80	62.5×60×6×8	
	150×75×5×7	18.16	14.3	679	90.6	6.12	49.6	13.2	1.65	1.78	42.7	2.17	75×75×5×7	
	175×90×5×8	23.21	18.2	1 220	140	7.26	97.6	21.7	2.05	1.92	70.7	2.47	87.5×90×5×8	
	198×99×4.5×7	23.59	18.5	1 610	163	8.27	114	23.0	2.20	2.13	94.0	2.82	99×99×4.5×7	
	200×100×5.5×8	27.57	21.7	1 880	188	8.25	134	26.8	2.21	2.27	115	2.88	100×100×5.5×8	
	248×124×5×8	23.89	25.8	3 560	287	10.4	255	41.1	2.78	2.62	208	3.56	124×124×5×8	
	250×125×6×9	37.87	29.7	4 080	326	10.4	294	47.0	2.79	2.78	249	3.62	125×125×6×9	
	298×149×5.5×8	41.55	32.6	6 460	433	12.4	443	59.4	3.26	3.22	395	4.36	149×149×5.5×8	
	300×150×6.5×9	47.53	37.3	7 350	490	12.4	508	67.7	3.27	3.38	465	4.42	150×150×6.5×9	
	346×174×6×9	53.19	41.8	11 200	649	14.5	792	91.0	3.86	3.68	681	5.06	173×174×6×9	
	350×175×7×11	63.66	50.0	13 700	782	14.7	985	113	3.93	3.74	816	5.06	175×175×7×11	
	#400×150×8×13	71.12	55.8	18 800	942	16.3	734	97.9	3.21	—	—	—	—	
	396×199×7×11	72.16	56.7	20 000	1 010	16.7	1 450	145	4.48	4.17	1 190	5.76	198×199×7×11	
	400×200×8×13	84.12	66.0	23 700	1 190	16.8	1 740	174	4.54	4.23	1 400	5.76	200×200×8×13	
	#450×150×9×14	83.41	65.5	27 100	1 200	18.0	793	106	3.08	—	—	—	—	
	446×199×8×12	84.95	66.7	29 000	1 300	18.5	1 580	159	4.31	5.07	1 880	6.65	223×199×8×12	
	450×200×9×14	97.41	76.5	33 700	1 500	18.6	1 870	187	4.38	5.13	2 160	6.66	225×200×9×14	
	#500×150×10×16	98.23	77.1	38 500	1 540	19.8	907	121	3.04	—	—	—	—	

续表

H 型 钢										H和T	T 型 钢				
类别	H型钢规格	截面积	质量	x—x 轴			y—y 轴			质心	x_T—x_T 轴		T型钢规格	类别
	$h \times b_1 \times t_w \times t$	A	q	I_x	W_x	i_x	I_y	W_y	i_y, i_{yT}	C_A	I_{xT}	i_{xT}	$h_T \times b_1 \times t_w \times t$	
	mm	cm^2	kg/m	cm^4	cm^3	cm	cm^4	cm^3	cm	cm	cm^4	cm	mm	
HN	496×199×9×14	101.3	79.5	41 900	1 690	20.3	1 840	185	4.27	5.90	2 840	7.49	248×199×9×14	TN
	500×200×10×16	114.2	89.6	47 800	1 910	20.5	2 140	214	4.33	5.96	3 210	7.50	250×200×10×16	
	#506×201×11×19	131.3	103	56 500	2 230	20.8	2 580	257	4.43	5.95	3 670	7.48	#253×201×11×19	
	596×199×10×15	121.2	95.1	69 300	2 330	23.9	1 980	199	4.04	7.76	5 200	9.27	298×199×10×15	
	600×200×11×17	135.2	106	78 200	2 610	24.1	2 280	228	4.11	7.81	5 820	9.28	300×200×11×17	
	#606×201×12×20	153.3	120	91 000	3 000	24.4	2 720	271	4.21	7.76	6 580	9.26	#303×201×12×20	
	#692×300×13×20	211.5	166	172 000	4 980	28.6	9 020	6.02	6.53	—	—	—	—	
	700×300×13×24	125.5	185	201 000	5 760	29.3	10 800	722	6.78	—	—	—	—	

注:“#”表示的规格为非常用规格。

附录 6　柱的计算长度系数

柱的计算长度系数见表 6-1、表 6-2。

表 6-1　无侧移框架柱的计算长度系数 μ

K_2 \ K_1	0	0.05	0.1	0.2	0.3	0.4	0.5	1	2	3	4	5	≥10
0	1.000	0.990	0.981	0.964	0.949	0.935	0.922	0.875	0.820	0.791	0.773	0.760	0.732
0.05	0.990	0.981	0.971	0.955	0.940	0.926	0.914	0.867	0.814	0.784	0.766	0.754	0.726
0.1	0.981	0.971	0.962	0.946	0.931	0.918	0.906	0.860	0.807	0.778	0.760	0.784	0.721
0.2	0.964	0.955	0.946	0.930	0.916	0.903	0.891	0.846	0.795	0.767	0.749	0.737	0.711
0.3	0.949	0.940	0.931	0.916	0.902	0.889	0.878	0.834	0.784	0.756	0.739	0.728	0.701
0.4	0.935	0.926	0.918	0.903	0.889	0.877	0.866	0.823	0.774	0.747	0.730	0.719	0.693
0.5	0.922	0.914	0.906	0.891	0.878	0.866	0.855	0.813	0.765	0.738	0.721	0.710	0.685
1	0.875	0.867	0.860	0.846	0.834	0.823	0.813	0.774	0.729	0.704	0.688	0.677	0.654
2	0.820	0.814	0.807	0.795	0.784	0.774	0.765	0.729	0.686	0.663	0.648	0.638	0.615
3	0.791	0.784	0.778	0.767	0.756	0.747	0.738	0.704	0.663	0.640	0.625	0.616	0.593
4	0.773	0.766	0.760	0.749	0.739	0.730	0.721	0.688	0.648	0.625	0.611	0.601	0.580
5	0.760	0.754	0.748	0.737	0.728	0.719	0.710	0.677	0.638	0.616	0.601	0.592	0.570
≥10	0.732	0.726	0.721	0.711	0.701	0.693	0.685	0.654	0.615	0.593	0.580	0.570	0.549

注：① 表中的计算长度系数 μ 值系按下式算得：

$$\left[\left(\frac{\pi}{\mu}\right)+2(K_1+K_2)-4K_1K_2\right]\frac{\pi}{\mu}\sin\frac{\pi}{\mu}-2\left[(K_1+K_2)\left(\frac{\pi}{\mu}\right)^2+4K_1K_2\right]\cos\frac{\pi}{\mu}+8K_1K_2=0$$

式中，K_1、K_2 分别为相交于柱上端、柱下端的横梁线刚度之和与柱线刚度之和的比值。当梁远端为铰接时，应将横梁线刚度乘以 1.5；当横梁远端为嵌固时，则将横梁线刚度乘以 2。

② 当横梁与柱铰接时，取横梁线刚度为 0。

③ 对底层框架柱：当柱与基础铰接时，取 $K_2=0$（对平板支座可取 $K_2=0.1$）；当柱与基础刚性连接时，取 $K_2=10$。

④ 当与柱刚性连接的横梁所受轴心压力 N_b 较大时，横梁线刚度应乘以折减系数 a_N。

横梁远端与柱刚性连接和横梁远端铰支时　　$a_N=1-N_b/N_{Eb}$

横梁远端嵌固时　　$a_N=1-N_b/(2N_{Eb})$

式中，$N_{Eb}=\pi^2EI_b/l^2$，I_b 为横梁截面惯性矩，l 为横梁长度。

表 6-2　有侧移框架柱的计算长度系数 μ

K_2 \ K_1	0	0.05	0.1	0.2	0.3	0.4	0.5	1	2	3	4	5	≥10
0	∞	6.02	4.46	3.42	3.01	2.78	2.64	2.33	2.17	2.11	2.08	2.07	2.03
0.05	6.02	4.16	3.47	2.86	2.58	2.42	2.31	2.07	1.94	1.90	1.87	1.86	1.83

续表

K_2 \ K_1	0	0.05	0.1	0.2	0.3	0.4	0.5	1	2	3	4	5	≥10
0.1	4.46	3.47	3.01	2.56	2.33	2.20	2.11	1.90	1.79	1.75	1.73	1.72	1.70
0.2	3.42	2.86	2.56	2.23	2.05	1.94	1.87	1.70	1.60	1.57	1.55	1.54	1.52
0.3	3.01	2.58	2.33	2.05	1.90	1.80	1.74	1.58	1.49	1.46	1.45	1.44	1.42
0.4	2.78	2.42	2.20	1.94	1.80	1.71	1.65	1.50	1.42	1.39	1.37	1.37	1.35
0.5	2.64	2.31	2.11	1.87	1.74	1.65	1.59	1.45	1.37	1.34	1.32	1.32	1.30
1	2.33	2.07	1.90	1.70	1.58	1.50	1.45	1.32	1.24	1.21	1.20	1.19	1.17
2	2.17	1.94	1.79	1.60	1.49	1.42	1.37	1.24	1.16	1.14	1.12	1.12	1.10
3	2.11	1.90	1.75	1.57	1.46	1.39	1.34	1.21	1.14	1.11	1.10	1.09	1.07
4	2.08	1.87	1.73	1.55	1.45	1.37	1.32	1.20	1.12	1.10	1.08	1.08	1.06
5	2.07	1.86	1.72	1.54	1.44	1.37	1.32	1.19	1.12	1.09	1.08	1.07	1.05
≥10	2.03	1.83	1.70	1.52	1.42	1.35	1.30	1.17	1.10	1.07	1.06	1.05	1.03

注:① 表中的计算长度系数μ值系按下式算得:

$$\left[36K_1K_2-\left(\frac{\pi}{\mu}\right)^2\right]\sin\frac{\pi}{\mu}+6(K_1+K_2)\frac{\pi}{\mu}\cdot\cos\frac{\pi}{\mu}=0$$

式中,K_1、K_2 分别为相交于柱上端、柱下端的横梁线刚度之和与柱线刚度之和的比值。当横梁远端为铰接时，应将横梁线度乘以 0.5;当横梁远端为嵌固时,则应乘以 2/3。

② 当横梁与柱铰接时,取横梁线刚度为 0。

③ 对底层框架柱:当柱与基础铰接时,取 $K_2=0$(对平板支座可取 $K_2=0.1$);当柱与基础刚性连接时,取 $K_2=10$。

④ 当与柱刚性连接的横梁所受轴心压力 N_b 较大时,横梁线刚度应乘以折减系数 a_N。

横梁远端与柱刚接时　　$a_N=1-N_b/(4N_{Eb})$

横梁远端铰支时　　$a_N=1-N_b/N_{Eb}$

横梁远端嵌固时　　$a_N=1-N_b/(2N_{Eb})$

N_{Eb} 的计算式见表 6-1 注④。

附录 7　螺栓和锚栓规格

表 7-1　螺栓螺纹处的有效截面积

公称直径	12	14	16	18	20	22	24	27	30
螺栓有效截面积 A_e/cm^2	0.84	1.15	1.57	1.92	2.45	3.03	3.53	4.59	5.61
公称直径	33	36	39	42	45	48	52	56	60
螺栓有效截面积 A_e/cm^2	6.94	8.17	9.76	11.2	13.1	14.7	17.6	20.3	23.6
公称直径	64	68	72	76	80	85	90	95	100
螺栓有效截面积 A_e/cm^2	26.8	30.6	34.6	38.9	43.4	49.5	55.9	62.7	70.0

表 7-2　锚栓规格

形式										
锚栓直径 d/mm	20	24	30	36	42	48	56	64	72	80	90
锚栓有效截面积/cm^2	2.45	3.53	5.61	8.17	11.21	14.73	20.30	26.80	34.60	43.44	55.91
锚栓设计拉力/kN（Q235 钢）	34.3	49.4	78.5	114.1	156.9	206.2	284.2	375.2	484.4	608.2	782.7
Ⅲ型锚栓 锚板宽度 c/mm	—	—	—	—	140	200	200	240	280	350	400
Ⅲ型锚栓 锚板厚度 t/mm	—	—	—	—	20	20	20	25	30	40	40

附录 8　截面塑性发展系数

截面塑性发展系数见表 8-1。

表 8-1　截面塑性发展系数 γ_x、γ_y 值

<table>
<tr><th>截面形式</th><th>γ_x</th><th>γ_y</th><th>截面形式</th><th>γ_x</th><th>γ_y</th></tr>
<tr><td> 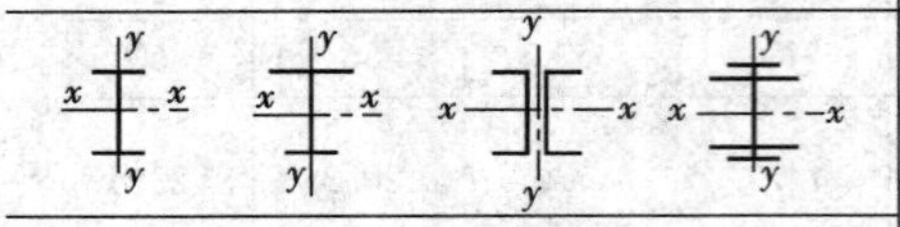</td><td rowspan="2">1. 05</td><td>1. 2</td><td> 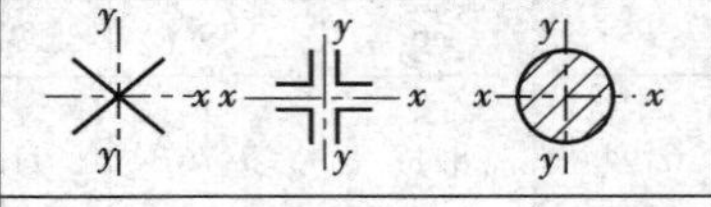</td><td>1. 2</td><td>1. 2</td></tr>
<tr><td></td><td>1. 05</td><td> 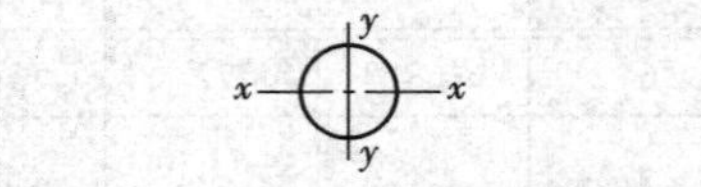</td><td>1. 15</td><td>1. 15</td></tr>
<tr><td> 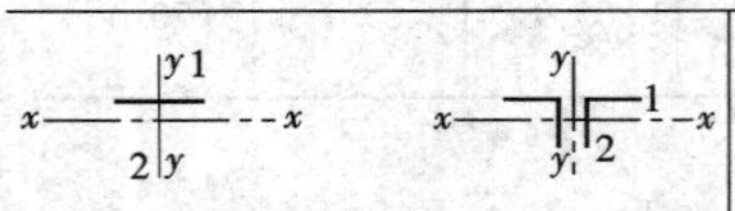</td><td rowspan="2">γ_{x1} = 1. 05
γ_{x2} = 1. 2</td><td>1. 2</td><td> 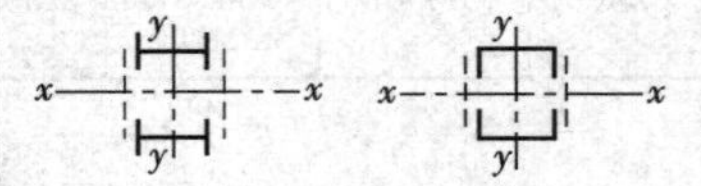</td><td rowspan="2">1. 0</td><td>1. 05</td></tr>
<tr><td></td><td>1. 05</td><td></td><td>1. 0</td></tr>
</table>

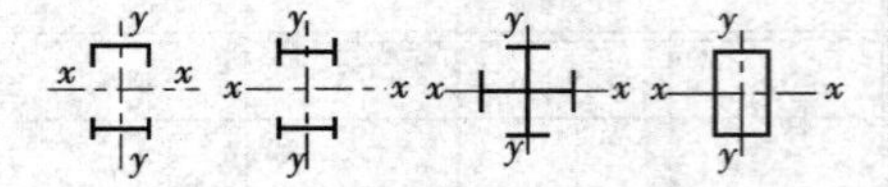

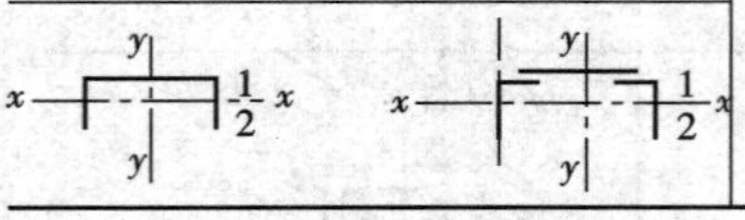

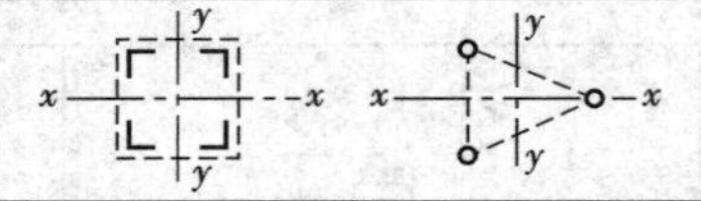

附录9　方形管规格表

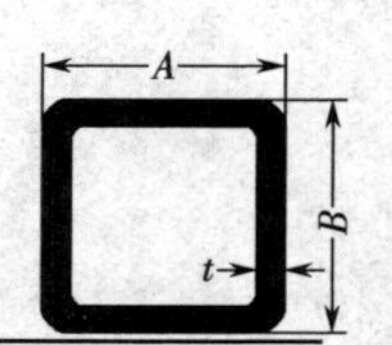

常用规格($A \times B \times t$)		
20×20×1.5～2.5	95×95×1.5～12.7	175×175×5.0～12.7
25×25×1.5～3.0	100×100×3.0～12.7	180×180×7.0～12.7
30×30×1.5～4.0	105×105×3.0～12.7	195×195×4.0～8.0
35×35×1.5～4.0	108×180×3.0～12.7	200×200×4.0～12.7
38×38×1.5～4.0	110×110×3.0～12.7	217×217×3.0～12.7
40×40×1.5～4.5	115×115×3.0～12.7	231×231×3.0～12.7
42×42×1.5～4.5	120×120×3.0～12.7	246×246×3.0～12.7
45×45×1.5～5.0	125×125×3.0～12.7	250×250×7.0～12.7
50×50×1.5～6.3	130×130×3.0～12.7	256×256×5.0～12.7
60×60×1.5～6.3	135×135×3.0～12.7	260×260×7.0～12.7
70×70×1.5～9.0	140×140×3.0～12.7	280×280×8.0～16.0
75×75×1.5～10.0	150×150×6.0～12.7	300×300×8.0～22.0
80×80×1.5～10.0	153×153×6.0～12.7	350×350×8.0～22.0
85×85×1.5～10.0	155×155×6.0～12.7	400×400×8.0～22.0
90×90×1.5～10.0	160×160×6.0～12.7	

附录 10　矩形管规格表

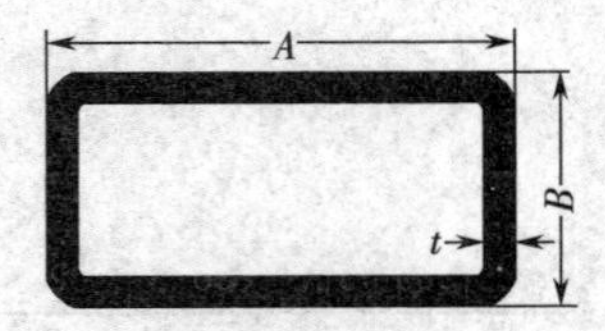

常用规格($A\times B\times t$)		
30×20×1.5～2.5	50×40×1.5～4.0	75×25×1.5～3.5
30×25×1.5～3.0	55×30×1.5～4.0	75×45×1.5～4.5
32×16×1.5～2.5	55×38×1.5～4.0	75×55×1.5～3.0
35×11×1.5～2.5	60×13×1.5～3.0	80×10×1.5～2.5
35×25×1.5～3.5	60×20×1.5～3.0	80×20×1.5～5.0
37×22×1.5～3.5	60×30×1.5～4.0	80×40×1.5～5.0
38×25×1.5～3.5	60×40×1.5～4.0	80×50×1.5～5.0
40×10×1.5～2.5	63.5×38×1.5～4.0	80×60×1.5～6.0
40×20×1.5～3.0	65×15×1.5～4.0	80×70×2.5～6.0
40×25×1.5～3.0	65×30×1.5～4.0	90×10×1.5～3.0
40×30×1.5～3.5	70×10×1.5～3.0	90×30×1.5～5.0
45×20×1.5～3.5	70×20×1.5～4.0	90×40×1.5～5.0
45×30×2.5～4.5	70×25×1.5～4.0	90×50×1.5～5.0
50×11×1.5～3.5	70×30×1.5～4.0	90×53×1.5～6.0
50×20×1.5～4.0	70×50×1.5～4.5	90×60×2.0～8.0
50×25×1.5～4.0	70×60×1.5～4.5	90×70×2.0～8.0
50×30×1.5～4.0	75×10×1.5～2.5	90×80×2.0～8.0

附录 11　圆柱头焊钉的抗剪承载力设计值

直径/mm	截面面积/mm²	混凝土强度等级	一个圆柱头焊钉抗剪承载力/kN		在下列间距(mm)沿梁每米单排圆柱头焊钉的抗剪设计承载力/kN									
			$0.7A_s\gamma f$	$0.43A_s\sqrt{E_cf_c}$	150	175	200	250	300	350	400	450	500	600
8	50.27	C20	12.63	10.69	84.22	72.19	63.17	50.53	42.11	36.10	31.58	28.07	25.27	21.06
		C30		14.16										
		C40		17.03										
10	78.54	C20	19.74	16.71	131.60	112.80	98.70	78.96	65.80	56.40	49.35	43.87	39.48	32.90
		C30		22.12										
		C40		26.61										
13	132.73	C20	33.36	28.24	222.40	190.63	166.80	133.44	111.20	95.32	83.40	74.13	66.72	55.60
		C30		37.38										
		C40		44.97										
16	201.06	C20	50.53	42.78	336.89	288.77	252.67	202.14	168.45	144.38	126.33	112.30	101.07	84.22
		C30		56.63										
		C40		68.12										
19	283.53	C20	71.26	60.32	475.07	407.20	356.30	285.04	237.54	203.60	178.15	158.36	142.52	118.77
		C30		79.85										
		C40		96.06										
22	380.13	C20	95.54	80.87	636.94	545.95	477.70	382.16	318.47	272.97	238.85	212.31	191.08	159.23
		C30		107.06										
		C40		128.78										

附录 12　每 1cm 长直角角焊缝的设计承载力

角焊缝的焊角尺寸 h_f/mm	受压、受拉、受剪的设计承载力 N_f^w/kN · mm^{-1}		
	采用自动焊、半自动焊和 E43 × × 型焊条的手工焊焊接 Q235 钢钢件	采用自动焊、半自动焊和 E50 × × 型焊条的手工焊焊接 Q345 钢钢件	采用自动焊、半自动焊和用 E55 × × 型焊条的手工焊焊接 Q390 钢、Q345 钢构件
3	3. 36	4. 20	4. 62
4	4. 48	5. 60	6. 16
5	5. 60	7. 00	7. 70
6	6. 72	8. 40	9. 24
8	8. 96	11. 20	12. 32
10	11. 20	14. 00	15. 40
12	13. 44	16. 80	18. 48
14	15. 68	19. 60	21. 56
16	17. 92	22. 40	24. 64
18	20. 16	25. 20	27. 72
20	22. 40	28. 00	30. 80
22	24. 64	30. 80	33. 88
24	26. 88	33. 60	36. 96
26	29. 12	36. 40	40. 04
28	31. 36	39. 20	43. 12

附录 13　一个普通螺栓的承载力设计值

螺栓直径 d/mm	螺栓毛截面面积 A /cm²	螺栓有效截面面积 A_e /cm²	构件钢材的钢号	挤压的承载力设计值 N_c^b/kN 承压板的厚度 t/(mm)为										受拉的承载力设计值 N_t^b /kN	受剪的承载力设计值 N_v^b/kN	
				5	6	7	8	10	12	14	16	18	20		单剪	双剪
12	1.131	0.843	Q235	18.30	21.96	25.62	29.28	36.60	43.92	51.24	58.56	65.88	73.20	14.33	15.83	31.67
			Q345	23.10	27.72	32.34	36.96	46.20	55.44	64.68	73.92	83.16	92.40			
			Q390	24.00	28.80	33.60	38.40	48.00	57.60	67.20	76.80	86.40	96.00			
14	1.539	1.154	Q235	21.35	25.62	29.89	34.16	42.70	51.24	59.78	68.32	76.86	85.40	19.62	21.55	43.09
			Q345	26.95	32.34	37.73	43.12	53.90	64.68	75.46	86.24	97.02	107.80			
			Q390	28.00	33.60	39.20	44.80	56.00	67.20	78.40	89.60	100.80	112.00			
16	2.011	1.567	Q235	24.40	29.28	34.16	39.04	48.80	58.56	68.32	78.08	87.84	97.60	26.64	28.15	56.31
			Q345	30.80	36.96	43.12	49.28	61.60	73.92	86.24	98.56	110.88	123.20			
			Q390	32.00	38.40	44.80	51.20	64.00	76.80	89.60	102.40	115.20	128.00			
18	2.545	1.925	Q235	27.45	32.94	38.43	43.92	54.90	65.88	76.86	87.84	98.82	109.80	32.73	35.63	71.26
			Q345	34.65	41.58	48.51	55.44	69.30	83.16	97.02	110.88	124.74	138.60			
			Q390	36.00	43.20	50.40	57.60	72.00	86.40	100.80	115.20	129.60	144.00			
20	3.142	2.448	Q235	30.50	36.60	42.70	48.80	61.00	73.20	85.40	97.60	109.80	122.00	41.62	43.99	87.98
			Q345	38.50	46.20	53.90	61.60	77.00	92.40	107.80	123.20	138.60	154.00			
			Q390	40.00	48.00	56.00	64.00	80.00	96.00	112.00	128.00	144.00	160.00			
22	3.801	3.034	Q235	33.55	40.26	46.97	53.68	67.10	80.52	93.94	107.36	120.78	134.20	51.58	53.21	106.43
			Q345	42.35	50.82	59.29	67.76	84.70	101.64	118.58	135.52	152.46	169.40			
			Q390	44.00	52.80	61.60	70.40	88.00	105.60	123.20	140.80	158.40	176.00			

注：①表中螺栓的承载力设计值系数按下列公式算得：

挤压 $N_c^b = d\Sigma t f_c^b$；受拉 $N_t^b = A_e f_t^b$；受剪 $N_v^b = n_v A f_v^b$；式中 n_v 为每个螺栓的受剪面数目。

②单角钢单面连接的螺栓，其承载力设计值应按表中的数值乘以 0.85。

附录 14 一个摩擦型高强度螺栓的承载力设计值

螺栓的性能等级	构件钢材的钢号	构件在连接处接触面的处理方法	受剪的承载力设计值 N_v^b/kN											
			单 剪($n_f=1$)						双 剪($n_f=2$)					
			当螺栓直径 d(mm)为											
			16	20	22	24	27	30	16	20	22	24	27	30
8.8 级	Q235	喷砂	32.40	50.63	60.75	70.88	93.15	113.40	64.80	101.25	121.50	141.75	186.30	226.80
		喷砂后涂无机富锌漆	25.20	39.38	47.25	55.13	72.45	88.20	50.40	78.75	94.50	110.25	144.90	176.40
		喷砂后生赤锈	32.40	50.63	60.75	70.88	93.15	113.40	64.80	101.25	121.50	141.75	186.30	226.80
		钢丝刷清除浮锈或未经处理的干净轧制表面	21.60	33.75	40.50	47.25	62.10	75.60	43.20	67.50	81.00	94.50	124.20	151.20
	Q345 和 Q390	喷砂	36.00	56.25	67.50	78.75	103.50	126.00	72.00	112.50	135.00	157.50	207.00	252.00
		喷砂后涂无机富锌漆	28.80	45.00	54.00	63.00	82.80	100.80	57.60	90.00	108.00	126.00	165.60	201.60
		喷砂后生赤锈	36.00	56.25	67.50	78.75	103.50	126.00	72.00	112.50	135.00	157.50	207.00	252.00
		钢丝刷清除浮锈或未经处理的干净轧制表面	25.20	39.38	47.25	55.13	72.45	88.20	50.40	78.75	94.50	110.25	144.90	176.40
10.9 级	Q235	喷砂	40.50	62.78	76.95	91.13	117.45	143.78	81.00	125.55	153.90	182.25	234.90	287.55
		喷砂后涂无机富锌漆	31.50	48.83	59.85	70.88	91.35	111.83	63.00	97.65	119.70	141.75	182.70	223.65
		喷砂后生赤锈	40.50	62.78	76.95	91.13	117.45	143.78	81.00	125.55	153.90	182.25	234.90	287.55
		钢丝刷清除浮锈或未经处理的干净轧制表面	27.00	41.85	51.30	60.75	78.30	95.85	54.00	83.70	102.60	121.50	156.60	191.70
	Q345 和 Q390	喷砂	45.00	69.75	85.50	101.25	130.50	159.75	90.00	139.50	171.00	202.50	261.00	319.50
		喷砂后涂无机富锌漆	36.00	55.80	68.40	81.00	104.40	127.80	72.00	111.60	136.80	162.00	208.80	255.60
		喷砂后生赤锈	45.00	69.75	85.50	101.25	130.50	159.75	90.00	139.50	171.00	202.50	261.00	319.50
		钢丝刷清除浮锈或未经处理的干净轧制表面	31.50	48.83	59.85	70.88	91.35	111.83	63.00	97.65	119.70	141.75	182.70	223.65

注:①表中高强度螺栓的剪切承载力设计值系按下式算得:

$$N_v^b = 0.9\, n_f \mu P$$

式中:n_f 为传力的摩擦面数目;μ 为摩擦系数;P 为高强度螺栓的预拉力。

②单角钢单面连接的高强度螺栓,其承载力设计值应按表中的数值乘以 0.85。

附录 15　一个高强度螺栓的预拉力 P

kN

螺栓的性能等级	螺栓公称直径/mm					
	M16	M20	M22	M24	M27	M30
8.8 级	80	125	150	175	230	280
10.9 级	100	155	190	225	290	355

附录 16 摩擦面的抗滑移系数 μ

在连接处构件接触面的处理方法	构件的钢号		
	Q235 钢	Q345 钢和 Q390 钢	Q420 钢
喷砂(丸)	0.45	0.50	0.50
喷砂(丸)后涂无机富锌漆	0.35	0.40	0.40
喷砂(丸)后生赤锈	0.45	0.50	0.50
钢丝刷清除浮锈或未经处理的干净轧制表面	0.30	0.35	0.40

附录 17　梁的整体稳定系数

17.0.1　等截面焊接工字形和轧制 H 型钢(图 17.0.1)简支梁的整体稳定系数 φ_b 应按下列公式计算：

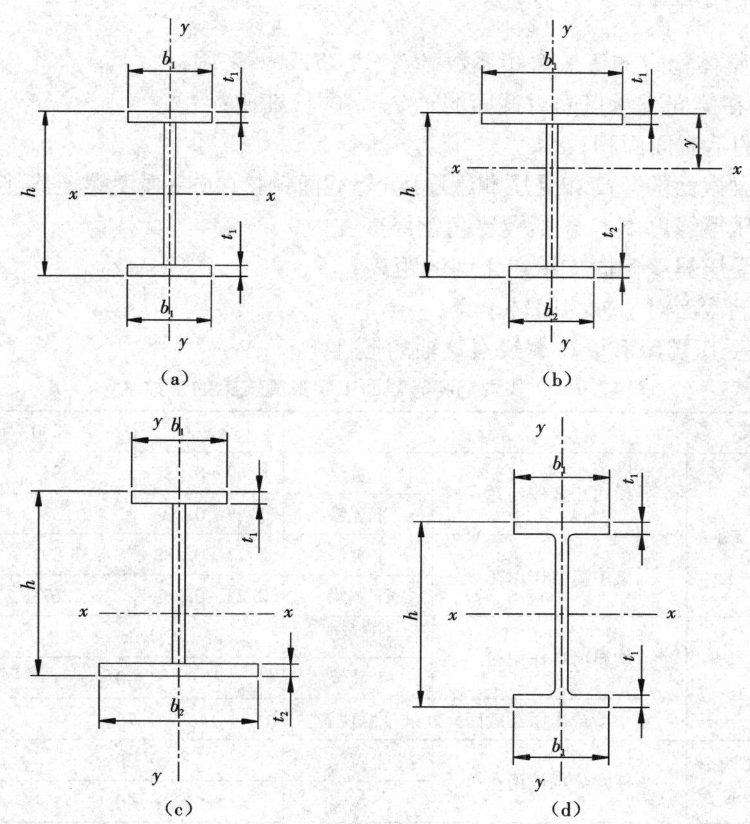

图 17.0.1　焊接工字形和轧制 H 型钢

(a)双轴对称焊接工字形截面；(b)加强受压翼缘的单轴对称焊接工字形截面

(c)加强受拉翼缘的单轴对称焊接工字形截面；(d)轧制 H 型钢截面

$$\varphi_b = \beta_b \frac{4\ 320}{\lambda_y^2} \cdot \frac{Ah}{W_x}\left[1 + \left(\frac{\lambda_y t_1}{4.4h}\right)^2 + \eta_b\right]\varepsilon_k \tag{17.0.1-1}$$

$$\lambda_y = \frac{l_1}{i_y} \tag{17.0.1-2}$$

截面不对称影响系数 η_b 应按下列公式计算。

对双轴对称截面((图 17.0.1(a)、(d))：

$$\eta_b = 0 \tag{17.0.1-3}$$

对单轴对称工字形截面(图 17.0.1(b)、(c))：

加强受压翼缘

$$\eta_b = 0.8(2\alpha_b - 1) \tag{17.0.1-4}$$

加强受拉翼缘

$$\eta_b = 2\alpha_b - 1 \tag{17.0.1-5}$$

$$\alpha_b = \frac{I_1}{I_1 + I_2} \tag{17.0.1-6}$$

当按公式(17.0.1-1)算得的值大于0.6时,应用下式计算的 φ_b' 代替 φ_b 值:

$$\varphi_b' = 1.07 - \frac{0.282}{\varphi_b} \leqslant 1.0 \tag{17.0.1-7}$$

式中 β_b——梁整体稳定的等效弯矩系数,应按表17.0.1采用;

λ_y——梁在侧向支承点间对截面弱轴 y—y 的长细比;

A——梁的毛截面面积;

h、t_1——梁截面的全高和受压翼缘厚度,等截面铆接(或高强度螺栓连接)简支梁,其受压翼缘厚度 t_1 包括翼缘角钢厚度在内;

l_1——梁受压翼缘侧向支承点之间的距离;

i_y——梁毛截面对 y 轴的回转半径;

I_1、I_2——受压翼缘和受拉翼缘对 y 轴的惯性矩。

表17.0.1 H型钢和等截面工字形简支梁的系数 β_b

项次	侧向支承	荷载		$\xi \leqslant 2.0$	$\xi > 2.0$	适用范围
1	跨中无侧向支承	均布荷载作用在	上翼缘	$0.69 + 0.13\xi$	0.95	图17.0.1(a)、(b)和(d)的截面
2			下翼缘	$1.73 - 0.20\xi$	1.33	
3		集中荷载作用在	上翼缘	$0.73 + 0.18\xi$	1.09	
4			下翼缘	$2.23 - 0.28\xi$	1.67	
5	跨度中点有一个侧向支承点	均布荷载作用在	上翼缘	1.15		图17.0.1中的所有截面
6			下翼缘	1.40		
7		集中荷载作用在截面高度的任意位置		1.75		
8	跨中有不少于两个等距离侧向支承点	任意荷载作用在	上翼缘	1.20		
9			下翼缘	1.40		
10	梁端有弯矩,但跨中无荷载作用			$1.75 - 1.05\left(\frac{M_2}{M_1}\right) + 0.3\left(\frac{M_2}{M_1}\right)^2$ 但 $\leqslant 2.3$		

注:①ξ 为参数,$\xi = \frac{l_1 t_1}{b_1 h}$,其中 b_1 为受压翼缘的宽度。

②M_1 和 M_2 为梁的端弯矩,使梁产生同向曲率时 M_1 和 M_2 取同号,产生反向曲率时取异号,$|M_1| \geqslant |M_2|$。

③表中项次3、4和7的集中荷载是指一个或少数几个集中荷载位于跨中央附近的情况,对其他情况的集中荷载,应按表中项次1、2、5、6内的数值采用。

④表中项次8、9的 β_b,当集中荷载作用在侧向支承点处时,取 $\beta_b = 1.20$。

⑤荷载作用在上翼缘系指荷载作用点在翼缘表面,方向指向截面形心;荷载作用在下翼缘系指荷载作用点在翼缘表面,方向背向截面形心。

⑥对 $\alpha_b > 0.8$ 的加强受压翼缘工字形截面,下列情况的 β_b 值应乘以相应的系数。

项次1:当 $\xi \leqslant 1.0$ 时,乘以0.95。

项次3:当 $\xi \leqslant 0.5$ 时,乘以0.90;当 $0.5 < \xi \leqslant 1.0$ 时,乘以0.95。

17.0.2 轧制普通工字形简支梁的整体稳定系数 φ_b 应按表 17.0.2 采用，当所得的 φ_b 值大于 0.6 时，应按 GB 50017—2017 式(17.0.1-7)算得的值代替。

表 17.0.2 轧制普通工字钢简支梁的 φ_b

项次	荷载情况			工字钢型号	自由长度 l_1/m								
					2	3	4	5	6	7	8	9	10
1	跨中无侧向支承点的梁	集中荷载作用于	上翼缘	10~20	2.00	1.30	0.99	0.80	0.68	0.58	0.53	0.48	0.43
				22~32	2.40	1.48	1.09	0.86	0.72	0.62	0.54	0.49	0.45
				36~63	2.80	1.60	1.07	0.83	0.68	0.56	0.50	0.45	0.40
2			下翼缘	10~20	3.10	1.95	1.34	1.01	0.82	0.69	0.63	0.57	0.52
				22~40	5.50	2.80	1.84	1.37	1.07	0.86	0.73	0.64	0.56
				45~63	7.30	3.60	2.30	1.62	1.20	0.96	0.80	0.69	0.60
3		均布荷载作用于	上翼缘	10~20	1.70	1.12	0.84	0.68	0.57	0.50	0.45	0.41	0.37
				22~40	2.10	1.30	0.93	0.73	0.60	0.51	0.45	0.40	0.36
				45~63	2.60	1.45	0.97	0.73	0.59	0.50	0.44	0.38	0.35
4			下翼缘	10~20	2.50	1.55	1.08	0.83	0.68	0.56	0.52	0.47	0.42
				22~40	4.00	2.20	1.45	1.10	0.85	0.70	0.60	0.52	0.46
				45~63	5.60	2.80	1.80	1.25	0.95	0.78	0.65	0.55	0.49
5	跨中有侧向支承点的梁(不论荷载作用点在截面高度上的位置)			10~20	2.20	1.39	1.01	0.79	-0.66	0.57	0.52	0.47	0.42
				22~40	3.00	1.80	1.24	0.96	0.76	0.65	0.56	0.49	0.43
				45~63	4.00	2.20	1.38	1.01	0.80	0.66	0.56	0.49	0.43

注：①同表 17.0.1 的注③、⑤。

②表中的 φ_b 适用于 Q235 钢。对其他钢号，表中数值应乘以 ε_k。

17.0.3 轧制槽钢简支梁的整体稳定系数，不论荷载的形式和荷载作用点在截面高度上的位置，均可按下式计算：

$$\varphi_b = \frac{570bt}{l_1 h} \cdot \varepsilon_k^2 \tag{17.0.3}$$

式中 h、b、t——槽钢截面的高度、翼缘宽度和平均厚度。

当按公式(17.0.3)算得的 φ_b 值大于 0.6 时，应按 GB 50017—2017 式(17.0.1-7)算得相应的 φ_b' 代替 φ_b 值。

17.0.4 双轴对称工字形等截面悬臂梁的整体稳定系数，可按 GB 50017—2017 式(17.0.1-1)计算，但式中系数 β_b 应按表 17.0.4 查得，当按 GB 50017—2017 式(17.0.1-2)计算长细比 λ_y 时，l_1 为悬臂梁的悬伸长度。当求得的 φ_b 值大于 0.6 时，应按 GB 50017—2017 式(17.0.1-7)算得的 φ_b' 代替 φ_b 值。

表 17.0.4 双轴对称工字形等截面悬臂梁的系数 β_b

项次	荷载形式		$0.60 \leqslant \xi \leqslant 1.24$	$1.24 \leqslant \xi \leqslant 1.96$	$1.96 \leqslant \xi \leqslant 3.10$
1	自由端一个集中荷载作用在	上翼缘	$0.21+0.67\xi$	$0.72+0.26\xi$	$1.17+0.03\xi$
2		下翼缘	$2.94-0.65\xi$	$2.64-0.40\xi$	$2.15-0.15\xi$
3	均布荷载作用在上翼缘		$0.62+0.82\xi$	$1.25+0.31\xi$	$1.66+0.10\xi$

注：①本表是按支承端为固定的情况确定的，当用于由邻跨延伸出来的伸臂梁时，应在构造上采取措施加强支承处的抗扭能力。

②表中 ξ 见表 17.0.1 注①。

17.0.5 均匀弯曲的受弯构件，当 $\lambda_y \leqslant 120\varepsilon_k$ 时，其整体稳定系数 φ_b 可按下列近似公式计算：

(1)工字形截面：

双轴对称

$$\varphi_b = 1.07 - \frac{\lambda_y^2}{44\,000\varepsilon_k^2} \tag{17.0.5-1}$$

单轴对称

$$\varphi_b = 1.07 - \frac{W_x}{(2\alpha_b + 0.1)Ah} \cdot \frac{\lambda_y^2}{14\,000\varepsilon_k^2} \tag{17.0.5-2}$$

(2)弯矩作用在对称轴平面，绕 x 轴的 T 形截面：

1)弯矩使翼缘受压时：

双角钢 T 形截面

$$\varphi_b = 1 - 0.001\,7\lambda_y/\varepsilon_k \tag{17.0.5-3}$$

剖分 T 型钢和两板组合 T 形截面

$$\varphi_b = 1 - 0.002\,2\lambda_y/\varepsilon_k \tag{17.0.5-4}$$

2)弯矩使翼缘受拉且腹板宽厚比不大于 $18\varepsilon_k$ 时：

$$\varphi_b = 1 - 0.000\,5\lambda_y/\varepsilon_k \tag{17.0.5-5}$$

当按公式(17.0.5-1)和公式(17.0.5-2)算得的 φ_b 值大于 1.0 时，取 φ_b。

参考文献

[1] 沈祖炎,陈扬骥,陈以一. 钢结构基本原理[M]. 北京:中国建筑工业出版社,2000.

[2] 陈绍蕃. 钢结构设计原理[M]. 北京:科学出版社,1998.

[3] 刘锡良,韩庆华. 网格结构设计与施工[M]. 天津:天津大学出版社,2004.

[4] 宋景华,柴昶. 钢结构设计与计算[M]. 北京:机械工业出版社,2001.

[5] 魏明钟. 钢结构[M]. 武汉:武汉理工大学出版社,2005.

[6] 陈志华. 建筑钢结构设计[M]. 天津:天津大学出版社,2004.

[7] 丁阳. 钢结构设计原理[M]. 天津:天津大学出版社,2004.

[8] 中国钢结构协会. 发展中的钢结构[M]. 北京:中国钢结构协会,2004.

[9] 中国钢结构协会. 中国钢结构年鉴 2005[M]. 北京:中国钢结构协会,2006.

[10] 中华人民共和国住房和城乡建设部. GB 50017—2017 钢结构设计标准[S]. 北京:中国计划出版社,2017.

[11] 刘声扬. 钢结构[M].4 版. 北京:中国建筑工业出版社,2004.

[12] 武汉大学,大连理工大学,河海大学. 水工钢结构[M].3 版. 北京:中国水利水电出版社,1995.

[13] 郭成喜. 钢结构习题辅导与习题精解[M].1 版. 北京:中国建筑工业出版社,2005.

[14] 曹双寅,等. 工程结构设计原理[M]. 南京:东南大学出版社,2004.

[15] 陈绍藩,顾强. 钢结构[M]. 北京:中国建筑工业出版社,2004.

[16] 沈祖炎,等. 钢结构基本原理[M]. 北京:中国建筑工业出版社,2005.

[17] 中华人民共和国建设部. GB 50205—2001 钢结构工程施工质量验收规范 [S]. 北京:中国计划出版社,2001.

[18] 中华人民共和国住房和城乡建设部. GB/T 50083—2014 工程结构设计基本术语标准[S]. 北京:中国建筑工业出版社,2014.

[19] 宋曼华. 钢结构设计与计算[M]. 北京:机械工业出版社,2000.

[20] 李洪歧. 钢结构[M]. 北京:科学出版社,2002.

[21] 董卫华. 钢结构[M]. 北京:高等教育出版社,2003.

[22] 黎钟,高云虹. 钢结构[M]. 北京:高等教育出版社,1990.

[23] 黄呈伟,孙玉萍,于江. 钢结构基本原理[M]. 重庆:重庆大学出版社,2002.

[24] 颜卫亨. 钢结构典型解析及自测试题[M]. 西安:西北工业大学出版社,2002.

[25] 宗听聪. 钢结构[M]. 北京:中国建筑工业出版社,1991.

[26] 刘声扬. 钢结构疑难释义[M]. 北京:中国建筑工业出版社,1998.

[27] 李峰. 钢结构[M]. 北京:中国建筑工业出版社,2003.

[28] 夏志斌,姚谏. 钢结构[M]. 杭州:浙江大学出版社,1996.

[29] 孙丽萍,聂武. 海洋工程概论[M]. 哈尔滨:哈尔滨工程大学出版社,2000.

[30] 张淑茳,史冬岩. 海洋工程结构的疲劳与断裂[M]. 哈尔滨:哈尔滨工程大学出版社,2005.

[31] 周学军,顾发全,王示. 钢结构工程施工质量验收规范应用指导[M]. 济南:山东科学 技术出版社,2003.

[32] 刘哲. 钢结构施工常见质量缺陷及预控措施[J]. 中国建设信息,2006(8).

[33] 建设部科技发展促进中心. 钢结构住宅设计与施工技术[M]. 北京:中国建筑工业出版社,2003.

[34] 李国强,蒋首超,林桂祥. 钢结构抗火计算与设计[M]. 北京:中国建筑工业出版社,1999.
[35] 刘新,时虎. 钢结构防腐蚀和防火涂装[M]. 北京:化学工业出版社,2005.
[36] 李金桂. 防腐蚀表面工程技术[M]. 北京:化学工业出版社,2003.
[37] 湖北省发展计划委员会. GB 50018—2002 冷弯薄壁型钢结构技术规范[S]. 北京:中国计划出版社,2002.
[38] 崔佳,魏明钟,赵熙元,等. 钢结构设计规范理解与应用[M]. 北京:中国建筑工业出版社,2004.
[39] 王书增,丘鹤年. 钢结构设计规范新旧对照手册[M]. 北京:中国电力出版社,2005.
[40] 钟善桐. 钢结构[M]. 北京:中国建筑工业出版社,2001.
[41] (日)渡边邦夫,等. 钢结构设计与施工[M]. 周耀坤,等,译. 北京:中国建筑工业出版社,2000.
[42] 赵熙元. 建筑钢结构设计手册(上、下)[M]. 北京:冶金工业出版社,1995.
[43] 陈建平. 钢结构工程施工质量控制[M]. 上海:同济大学出版社,1999.
[44] 轻型钢结构设计手册编辑委员会. 轻型钢结构设计手册[M]. 北京:中国建筑工业出版社,1998.
[45] 资料集编写组. 高层钢结构建筑设计资料集[M]. 北京:机械工业出版社,1999.
[46] 陈富生,等. 高层建筑钢结构设计[M]. 北京:中国建筑工业出版社,2000.
[47] 秦效启. 钢结构技术、规范、规程概论[M]. 上海:同济大学出版社,1999.
[48] 宗听聪. 钢结构构件和结构体系概论[M]. 上海:同济大学出版社,1999.
[49] 轻型钢结构设计指南(实例与图集)编辑委员会. 轻型钢结构设计指南(实例与图集)[M]. 北京:中国建筑工业出版社,2001.
[50] 朱伯龙,等. 建筑结构抗震设计原理[M]. 上海:同济大学出版社,1999.
[51] 王肇民,等. 钢结构设计原理[M]. 上海:同济大学出版社,1995.
[52] 周学军,等. 门式刚架轻钢结构设计与施工[M]. 济南:山东科学技术出版社,2001.
[53] 严正庭,等. 简明钢结构设计手册[M]. 北京:中国建筑工业出版社,1997.
[54] 周绥平. 钢结构[M]. 武汉:武汉工业大学出版社,2000.
[55] 吴建有. 钢结构设计原理[M]. 北京:中国建材工业出版社,2001.
[56] 刘锡良,陈志华,等. 平板网架分析、设计与施工[M]. 天津:天津大学出版社,2000.
[57] 刘锡良,陈志华,等. 现代空间结构[M]. 天津:天津大学出版社,2003.
[58] 陈熬宜,陈志华,等. 天津市钢结构住宅设计规程[M]. 天津:天津市建设管理委员会,2003.
[59] 陈志华,等. 方钢管混凝土节点连接承载力实验研究报告[R]. 天津:天津大学,2002.
[60] 陈熬宜,等. 现代中高层钢结构住宅体系的研究报告[R]. 天津:天津市建设管理委员会,2003.
[61] 李长永,姜忻良,等. 钢结构耗能支撑及弹塑性时程分析[C]//第二届全国现代结构工程学术研讨会论文集. 马鞍山:2002:608-612.
[62] 李树海,陈志华,等. 矩形钢管混凝土柱计算[C]//第二届全国现代结构工程学术研讨会论文集. 马鞍山:2002:646-653.
[63] 李忠献,等. 圆钢管高强混凝土框架模型滞回特性实验研究[C]//第二届全国现代结构工程学术研讨会论文集. 马鞍山:2002:654-658.
[64] 王来,王铁成,等. 方钢管混凝土的研究现状及应用前景[C]//第三届全国现代结构工程学术研讨会论文集. 天津:2003:903-907.
[65] 沈祖炎,等. 钢结构学[M]. 北京:中国建筑工业出版社,2005.